钢筋混凝土结构

（第三版）

舒士霖　主编

ZHEJIANG UNIVERSITY PRESS
浙江大学出版社

图书在版编目（CIP）数据

钢筋混凝土结构／舒士霖主编. —杭州：浙江大学出版社，1996.5（2024.2 重印）

ISBN 978-7-308-01808-1

Ⅰ.钢… Ⅱ.舒… Ⅲ.钢筋混凝土结构－高等学校－教材 Ⅳ.TU375

中国版本图书馆 CIP 数据核字（2001）第 095124 号

钢筋混凝土结构(第三版)

舒士霖　主编

责任编辑	杜希武
封面设计	刘依群
出版发行	浙江大学出版社
	（杭州市天目山路 148 号　邮政编码 310007）
	（网址：http://www.zjupress.com）
排　　版	杭州好友排版工作室
印　　刷	广东虎彩云印刷有限公司绍兴分公司
开　　本	787mm×1092mm　1/16
印　　张	30
字　　数	730 千
版 印 次	2011 年 11 月第 3 版　2024 年 2 月第 24 次印刷
书　　号	ISBN 978-7-308-01808-1
定　　价	69.00 元

内容简介

本书系统阐述了钢筋混凝土材料的力学性能；以概率理论为基础的极限状态设计方法；各类结构构件的受力（包括弯、剪、扭、压、拉等）性能、承载力极限状态计算方法及配筋构造；变形及裂缝宽度等正常使用极限状态的验算以及预应力混凝土的基本原理及构件计算。全书共分十章，书中有较多的典型实例，每章开始有导读，每章末均有复习思考题及代表性习题。

本书根据我国现行《混凝土结构设计规范》（GB 50010—2010）等有关设计规范编写。

通过本书的学习，要求能够比较全面、系统、深入地理解混凝土结构的基本概念、基本原理、基本理论和基本计算方法，并能在理论指导下运用有关设计规范正确地进行钢筋混凝土结构构件的设计计算。

本书主要对象为高等院校土木建筑工程类专业本科学生；对大专、夜大和函授等学生，在按不同要求对本书内容取舍后也同样适用，本书亦可供土木建筑工程设计、施工及科学研究人员参考。

第三版说明

  《钢筋混凝土结构》(第三版)是在本书 2003 年第二版的基础上,根据 2010 年新颁布的《混凝土结构设计规范》(GB 50010—2010)及其他有关新版的规范修改而成。金伟良教授和黄楠研究生修改了第 1、2、3 等三章,并新增了钢纤维混凝土的内容;张爱晖副教授修改了第 4 至第 8 等五章;赵羽习教授修改了第 9、10 等两章,并撰写了"结构的耐久性"和"预应力结构荷载平衡法"两部分内容,已分别列入第 3 和第 10 章。在此,对他们的工作表示深切的感谢。在修改初稿的基础上,主编又对全书作了进一步的修改、补充和校核,并增写了部分有关内容。为了使读者明确学习要求,掌握重点,使学习更有针对性,特在每章开始新增了简要的"导读",希望能对学习有所帮助。

主 编

2011 年 6 月

第一版前言

本书根据建设部建筑工程专业指导委员会制订的"混凝土结构及砌体结构"课程中"基本构件"的基本要求,并按我国现行《混凝土结构设计规范》(GBJ 10—89)及《建筑结构设计统一标准》(GBJ 68—84)等有关设计规范编写,从而,便于大学生在走上工作岗位后尽快地适应实际工作。书中适当地介绍了国外规范的有关内容以及一些最新的科技成果。编写时还参考引用了国内外有关教材、专著和论文。

全书共分十章,系统阐述了钢筋混凝土材料的力学性能;以概率理论为基础的极限状态设计方法;钢筋混凝土受弯、受剪、受扭、受压和受拉等各类基本构件的受力性能、破坏形态、基本理论、计算方法和配筋构造;变形和裂缝宽度的验算方法以及预应力混凝土的基本原理和构件的计算方法。

本课程的性质属于专业基础课,是土木建筑类专业学生的必修课,也是进一步学习混凝土结构设计的基础。

在编写过程中,编者注意到了以下几点:

- 注重理论立足应用

通过本书的学习,要求达到两个基本目的:既要比较全面系统地理解钢筋混凝土和预应力混凝土结构的基本概念、基本原理和基本理论,又要比较熟练地掌握各类基本构件的设计计算方法。

为此,本书除简要地介绍以概率理论为基础的极限状态设计方法和结构可靠度理论外,着重阐述了各类受力(受弯、受剪、受扭、受压和受拉等)构件的试验研究、受力性能、破坏形态、基本理论、设计计算方法和构造要求等,还介绍了变形和裂缝宽度的验算。要求在深入掌握基本原理的基础上,能在理论指导下,运用有关设计规范正确地进行钢筋混凝土和预应力混凝土结构构件的设计计算。

- 为自学创造条件

课堂教学无疑是一个十分重要的教学环节,但在校学习还应十分注意培养自学能力,养成自学习惯,通过自学去获得知识。因为在学校里限于时间,只能学习一些最基本的理论、基本的知识和基本的技能,以便为今后的工作和发展打下扎实的基础,而对今后工作中将遇到的各种工程实际问题不可能都在学校里学到,特别是科学技术的迅猛发展均有赖于不断通过自学加以充实、更新和提高。

教材编写自然亦应为便于自学创造条件,因此,在编写过程中,力求遵循认识规律,由浅入深,循序渐进。学生们在从学习数学、力学等基础课和技术基础课转而学习混凝土结构等专业基础课和专业课时,往往会有难学、难记、抓不住重点的困难,为此,编写中尽量注意分清主次、"削枝强干"、突出重点、抓住难点;对基本概念、基本原理和基本方法力求概念清晰、说理详尽;对非本质性问题则加以压缩简化。学习不仅是循序渐进的过程,也是反复循环和不断深化、提高的过程,编写中注意到问题间的内在联系和相互关系,对基本概念反复交代、前后呼应、及时小结。书中有较多典型实例,每章均附有复习思考题和习题,便于学生自行检查理解和掌握基本内容和基本要求的程度。

● 结合课程特点注意对分析解决问题能力的培养

钢筋混凝土结构构件计算理论和计算方法的建立都离不开试验研究。正是在大量试验研究的基础上,通过理论分析,概括出了结构构件的受力性能和破坏机理,得出强度和变形的规律,并从中抽象出计算模型,提出了各类受力构件的计算方法和计算模式,因此对于钢筋混凝土结构的大部分计算公式都是基于试验研究的半理论半经验公式。解决钢筋混凝土结构构件的计算问题有其特有的规律。教材编写中,注意指出了解决问题的思路、方法和途径。使学生在获得知识的同时,逐步培养和提高分析解决钢筋混凝土结构计算问题的能力,以利于在今后的工作中更好地运用所学知识,独立地、有创造性地解决各种工程实际问题。

但限于编者水平,上述愿望不一定能在教材中得到很好的体现,此外,书中也一定还有不少缺点和错误,均望得到读者的批评和指正。

本书由舒士霖教授主编,并撰写了第一、第三、五、六、七、八、九、十各章,第二和第四章分别由邵永治副教授和陈鸣副教授执笔,焦彬如副教授参加了讨论。本书承钱在兹教授主审,全书插图均由温晓贵同志绘制,邓华同志亦为本书的出版做了很多工作,编者在此一并表示深深的谢意。

舒士霖

1995 年 6 月于浙江大学求是园

目　　录

第 1 章

绪　　论

导读

　　通过本章学习,要求:(1)理解钢筋混凝土结构的特点和混凝土梁柱等构件必须配置钢筋的作用;(2)简要了解混凝土结构的发展和应用,对计算理论方面的进展宜作更多关注;(3)了解课程的内容、任务及课程特点。学习中应注意的几个问题是编者多年教学实践的体会,供学习时参考。

1.1　钢筋混凝土结构的特点

　　建筑物中由若干基本构件(如梁、板、柱、墙、屋架和基础等)组成,用以承受直接作用(常称荷载,如构件自重等恒荷载、屋面和楼面活荷载、风荷载、雪荷载等可变荷载以及地震、撞击、爆炸、火灾等偶然荷载)和间接作用(如温度变化、地基变形、混凝土的收缩和徐变等)的体系称为"建筑结构"(简称结构),它是建筑物的基本受力骨架,是建筑物赖以存在的物质基础,对建筑物的坚固、安全、适用和耐久起着决定性的作用。

　　结构设计必须满足功能的要求,即在整个使用期间内应能安全可靠地工作,并具有良好的适用性和足够的耐久性,不致因结构损伤和失效影响生产和生活,甚至造成生命和财产的重大损失。

　　建筑结构按采用材料的不同,可分为混凝土结构、砌体结构、钢结构和木结构等。混凝土结构包括钢筋混凝土结构、预应力混凝土结构和不配钢筋的素混凝土结构,但后者

1

在工程中应用很少。

钢筋混凝土结构是由钢筋和混凝土两种性能很不相同的材料组成。混凝土类似于天然石材,具有较高的抗压强度,但抗拉强度很低,大致仅为抗压强度的 $1/8 \sim 1/16$,因此它能承受较大的压力,但经不起受拉;而钢筋则具有较高的抗拉强度。钢筋混凝土结构就是将两种材料结合在一起,钢筋主要用于受拉,混凝土主要用于受压,亦即利用钢筋较高的抗拉强度去弥补混凝土抗拉强度的不足。

图 1.1(a),(c) 所示为截面尺寸、跨度和混凝土强度等级均相同的两根梁,其中一根为素混凝土梁,如图 1.1(a) 所示;另一根为配有钢筋的梁,如图 1.1(c) 所示。当梁上作用荷载时,中和轴以上为受压区,以下为受拉区。当荷载不大,梁受拉区边缘(即梁底部)混凝土的拉应力未达到其抗拉强度时,两根梁都不会开裂。随着荷载增大,当梁受拉区边缘混凝土的拉应力达到其抗拉强度时,将在梁受拉区最薄弱的截面出现一条垂直于梁纵轴的垂直裂缝。对素混凝土梁,一旦开裂,裂缝迅速向上发展,梁随即脆断而破坏,如图 1.1(b) 所示,素混凝土梁破坏时能承受的荷载很小,梁的受弯承载能力很低,因为对破坏起决定作用的是混凝土的抗拉强度,此时受压区混凝土的压应力还很小,其抗压强度远未得到充分利用。如果要提高梁的承载能力,势必要将梁的截面尺寸增大到很不合理和很不经济的程度。此外,素混凝土梁受弯破坏是突然发生的,破坏前缺乏必要的预兆,事先无法对即将破坏的结构采取必要的安全措施以避免生命和财产的损失。因此,这种属于脆性破坏的素混凝土梁在建筑工程中是不允许采用的。

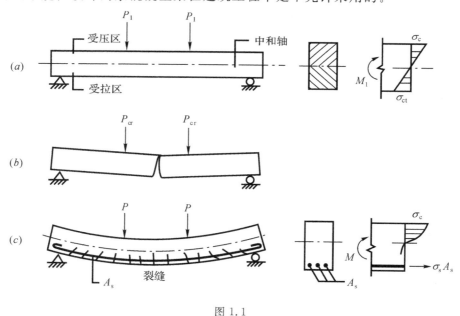

图 1.1

当在梁的受拉区配置数量适当的纵向钢筋后,在荷载作用下,当受拉区边缘混凝土的拉应力达到其抗拉强度时,钢筋混凝土梁和素混凝土梁一样亦将开裂,但开裂后的情况就发生了质的变化,裂缝截面的混凝土退出工作,不再参与受拉,全部拉力转由钢筋承受,此时仍可继续对其加荷,即不致于像素混凝土梁那样一裂即坏。在钢筋混凝土梁两个集中荷载间的纯弯段内,随着第一条裂缝的出现,相继出现大致等间距分布的多条裂缝,裂缝宽度细而分散,如图1.1(*c*)所示,不像素混凝土梁那样只有一条裂缝。随着荷载的不断增大,临近破坏时钢筋中拉应力首先达到其抗拉强度。在多条裂缝中,最后有一条发展成为破坏的主裂缝,其宽度不断加大并向上延伸,梁的挠度也显著增大。最后,梁顶受压区混凝土被压坏,梁即告破坏。由上述可见,在配筋适当的梁中,两种材料的强度都能得到充分的利用,且这类梁在破坏前有明显的预兆(称为塑性破坏或称延性破坏),工程中只允许设计成这种梁。

钢筋混凝土梁的抗裂荷载和素混凝土梁基本相同,并不因为配了钢筋使抗裂荷载有所提高,但配筋梁破坏时能承受的极限荷载比素混凝土梁大得多。

房屋中的柱子主要承受压力,而混凝土的抗压强度是比较高的,那末是否可不配钢筋呢?实际工程中的柱子也是配筋的(图1.2)。柱中钢筋的作用是与混凝土共同承受压力,以减小柱截面尺寸,或增大柱的受压承载力,并承受由于混凝土收缩、温度变化和荷载初始偏心距等原因在柱中引起的拉应力。此外,如果柱子是预制的,则在起吊、运输或安装过程中还可承受由于柱子受弯引起的拉应力。

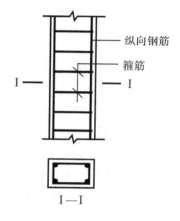

图 1.2

在建筑工程中,绝大多数结构构件都应该是配筋的钢筋混凝土构件。

钢筋和混凝土虽然是两种力学性能不相同的材料,但它们能很好地结合在一起共同工作。这主要是由于两种材料具有以下特性:

(1)混凝土结硬后与钢筋之间存在着良好的粘结,在荷载作用下,两者成为一个整体,能协调变形,共同受力。

(2)钢筋和混凝土的温度线膨胀系数很接近,钢筋约为1.2×10^{-5},混凝土大致在$(1.0 \sim 1.5) \times 10^{-5}$之间,故当温度变化时,两者间不致因产生较大的相对变形使粘结遭受破坏。

(3)钢筋受到混凝土的保护不易生锈,具有很好的耐久性。

钢筋混凝土结构在建筑和土木工程中得到最为广泛的应用,主要因有如下优点:

(1)合理地利用了钢筋和混凝土两种材料各自的特性,相互取长补短,发挥各自优势,使之结合在一起形成强度较高、刚度较大的结构。

(2)钢筋混凝土结构具有很好的耐久性和耐火性。混凝土是不良导体,钢筋又受到混凝土包裹,火灾时不致因钢筋很快达到软化温度而导致结构破坏。混凝土结构与钢结构相比还可省去经常性的维修费用。

(3)钢筋混凝土结构,尤其是现浇结构具有很好的整体性,其抵抗地震、振动以及爆炸冲击波的性能都比较好。

(4)便于就地取材,与钢结构相比可节约钢材、降低造价。

（5）现浇混凝土具有良好的可模性，可按建筑结构物的需要浇制成各种形状。

钢筋混凝土结构的主要缺点是自重较大、抗裂性能较差、隔热和隔声性能也不够理想，此外，现浇结构施工周期较长，易受气候条件限制，模板消耗也较多。但随着混凝土材料和结构的不断发展以及预应力结构的推广应用，这些缺点正在不断得到改进和克服。

1.2　钢筋混凝土结构的应用与发展

1.2.1　钢筋混凝土结构发展简况

人类采用土、木、石和砖瓦作为结构材料经历了漫长的岁月。1824 年，阿斯普丁（J. Aspdin）虽已发明了波特兰水泥，但直到 19 世纪 50 年代，随着水泥和钢材等现代工业的兴起，混凝土才开始出现并作为结构材料，从那时至今不过 150 年的历史。混凝土作为结构材料是结构史上的一大飞跃。

一般认为，钢筋混凝土结构的发明者是法国花匠蒙约（J. Monier），他在 1861 年用铁丝配筋制成的花盆于 1867 年获得专利权，后来他又制造了钢筋混凝土板、管和拱等结构。但是由于缺乏对钢筋混凝土结构基本原理的认识，纯凭经验制作，因此他曾误将钢筋放在板的中部，而板的这个部位不可能产生拉应力。

从混凝土结构开始出现至上世纪 20 年代，是混凝土结构发展的初期阶段。在此期间出现了钢筋混凝土梁、板、柱、拱和基础等一系列结构构件，但由于当时混凝土和钢筋的强度都比较低；人们对混凝土的性能也缺乏认识，因而简单地将混凝土视为弹性材料；设计计算则沿用材料力学的容许应力法；混凝土结构计算理论亦未建立，更没有正式的设计规范及技术标准，所以混凝土结构的发展比较缓慢。

上世纪 20 年代以后，随着生产的发展、试验工作和理论研究的开展，以及施工技术的改进，混凝土结构进入了第二个发展阶段并逐步得到了广泛的应用。在此期间，装配式结构和空间结构相继出现，特别是预应力混凝土结构的出现，不仅改善了混凝土结构的性能，克服了抗裂性能差的缺点，而且极大地拓宽了混凝土结构的应用领域，产生了一些具有预应力特色，而非其他结构材料所能替代的结构形式和结构体系，成为混凝土结构发展中的一次飞跃。在这期间出现了许多独特的建筑物，如美国波士顿市的 Kresge 大会堂、英国的 1951 节日穹顶、美国芝加哥市的 Marina 摩天大楼等建筑物。

法国的弗列西涅（F. Freyssient）、比利时的麦格尼尔（G. Magnel）及华裔学者林同炎在发展预应力混凝土方面作出了卓越的贡献。

在混凝土结构发展的第二个阶段，1938 年前苏联学者提出了破损阶段设计理论，首次反映了混凝土材料的塑性性质,改变了长期以来将混凝土视为弹性材料的观点。结构设计以构件最终破坏时的截面承载力为依据,并在此基础上制定了钢筋混凝土结构的设计标准及技术规范。

第二次世界大战后,随着各国城市的恢复和重建,混凝土结构有了更快的发展,进入了第三个发展时期。其特征是混凝土结构进入了工业化的生产,此外,前苏联学者又在破损阶段设计理论的基础上提出了更为合理的极限状态设计理论,即工程设计应保证结构在使用期内不致进入承载能力、变形和裂缝宽度三种极限状态中之任何一种极限状态,并在荷载和材料强度中开始引进概率方法和统计分析,使设计理论前进了一大步。经过 20 多年的研究和实践,至 70 年代,极限状态设计理论已为很多国家所采用。

前苏联学者罗列依特(А. Ф. Лолейт)、葛渥滋捷夫(А. А. Гвоздев)、穆拉谢夫(В. N. Мурашев)、巴斯特纳克(П. Л. Пастернак)以及德国赖翁哈特博士(F. Leonhardt)等在建立混凝土结构设计理论和工程实践方面都发挥了十分重要的作用。

19 世纪末 20 世纪初,我国也开始有了混凝土结构,但工程规模很小,发展十分缓慢。全国解放后,随着大规模社会主义建设事业的蓬勃发展,混凝土结构才逐步在建筑和土木工程中得到迅速的发展和广泛的应用,并在全国范围内先后进行过五次钢筋混凝土结构设计规范的编制和修订工作,从 1966 年开始,我国规范中已开始采用极限状态设计理论。

1.2.2 混凝土结构的应用与发展

下面将就材料、结构、计算理论和全寿命四方面作一个简要介绍。

一、材料方面

随着我国工业发展,企业的转制升级,建筑工程中所用混凝土和钢材的强度不断提高。

我国目前常用的混凝土强度等级为 C25 ～ C40,预应力混凝土强度等级为 C40 ～ C60,发达国家已大多采用强度为 40 ～ 60N/mm² 的混凝土,预应力结构中混凝土强度已达到 60 ～ 100N/mm²。

混凝土发展的方向是采用高强混凝土、轻骨料混凝土和多功能改性混凝土。

采用高强混凝土可以减小截面尺寸,减轻构件自重,是发展高层、大跨重载和特种结构的需要。发展高强混凝土的措施是合理利用优质掺合料和高效减水剂。

采用轻骨料混凝土可以大大减轻结构自重,而且具有抗震性能、保温性能和耐火性能都比较好的优点。我国有丰富的天然轻骨料资源,如浮石、火山渣和珍珠岩等,人造轻骨料主要采用工业废料制成粉煤灰陶粒,既可废物利用,又可减少环境污染和大面积堆场。我国轻骨料混凝土的容重大致为 18kN/m³,强度等级为 C15 ～ C40。与国外相比,还是比较低的。

美国于 1971 年在休斯顿所建贝壳广场大厦(One Shell Plaza)是一个有效应用轻骨

料混凝土的典型工程实例,该大厦原设计为 35 层,采用轻骨料混凝土后在不改变原基础的情况下增加了 17 层,达到 52 层。

我国在北京、天津和上海等地也用轻骨料混凝土建造了一批房屋,但工程规模和发展速度都还有待于扩大和提高。

改性混凝土是当前国内外很活跃的一个研究领域。为了改善混凝土抗拉强度低和延性差的不足,人们正致力于钢纤维混凝土、耐碱玻璃纤维混凝土及合成纤维混凝土的研究,并已取得相当成果。例如,碳纤维是一种纤维状材料,混凝土中掺加碳纤维即为碳纤维混凝土。它能显著提高混凝土强度、韧性、延性,抗冲击疲劳性能和变形模量。树脂混凝土、浸渍混凝土等聚合物混凝土具有耐腐蚀和耐冲刷的特点,可满足化工、水工、海洋等工程中多功能的需要。防渗、保温、防射线等特殊功能的混凝土也在研究之中。

钢筋混凝土结构中,国内较普遍采用热轧钢筋,以及利用我国丰富的自然资源锰、硅、钛和钒等元素生产的低合金钢钢筋,他们的屈服强度标准值约为 $300 \sim 500 N/mm^2$。

预应力混凝土结构大多采用:大直径钢铰线、消除应力高强钢丝、大直径预应力螺纹钢筋(精轧螺纹钢筋)和主要用于中、小跨度的预应力结构构件的中强度预应力细丝。高强度、低松弛的钢铰线和钢丝宜作为我国预应力混凝土结构的主导钢筋。

预应力钢筋的发展方向是高强度、延性好、低松弛、粗直径和耐腐蚀。

目前我国建筑工程实际应用的混凝土平均强度等级和钢筋的平均强度等级,均低于发达国家。我国结构可靠度总体上比国际水平低,但材料用量并不少,其原因在于国际上较高的可靠度是依赖较高强度的材料实现的。为此,应进一步发展和采用高强度混凝土和高强度钢筋。

随着科学技术的发展,人类生产活动涉及的范围越来越广,各种在严酷环境下使用的混凝土工程,如跨海大桥、海洋工程、核反应堆、电站大坝等不断增多,这就更加要求混凝土具有优异的耐久性即足够长的使用寿命。进入 20 世纪 90 年代以后,高性能混凝土的研究开发与推广应用快速发展,世界各国均对此予以高度重视。高性能混凝土是指混凝土必须具有高耐久性并具有良好的工作性和适宜的强度,因其优异的综合性能必将逐步取代过去的普通混凝土,可以预想,21 世纪将成为高性能混凝土的时代。

二、结构方面

我国居住建筑目前大多采用多层小开间砖混结构,楼板大多用现浇空心板或现浇混凝土各种形式楼板;也有采用大开间、大柱网的框架结构,灵活的隔断使住户可根据各自需要进行合理的空间分隔。板块结构体系是当前建筑业推广的一项新技术,它采用混凝土小型空心砌块作为墙体,代替黏土砖,以节约土地资源和能源;楼板用工厂预制的预应力混凝土 SP 空心板,跨度为 $6 \sim 18m$,以提高装配程度,促进工业化生产。混凝土大板建筑体系和框架轻墙建筑体系也是装配程度较高的居住建筑。近年来,高层住宅也得到较快发展。

单层工业厂房绝大部分采用预制装配式单跨或多跨排架结构体系,由预应力混凝土屋架、屋面大梁、吊车梁、柱和基础等主要构件组成。这些构件都在现场制作,除柱和基础外,其他构件均有全国或地方的标准设计图集。

上世纪 80 年代以来,高层和大空间结构有了很大发展,高度 100m 以上的钢筋混凝土高层建筑在全国已不计其数。1990 年已建成的广州广东国际大厦地上 63 层,地下 2 层,高 199m,筒中筒结构体系,为国内当时最高的钢筋混凝土高层建筑。上海展览中心北楼地上 48 层,地下 2 层,高 165m,框架-剪刀墙结构体系。香港中国银行大厦 42 层,高 367.4m 为钢混组合结构,亦建成于 1990 年。上海金茂大厦,占地 2.3 万 m^2,地上 88 层,地下 3 层,裙房 6 层,总建筑面积 29 万 m^2。上海环球金融中心摩天大楼,楼高 492m,地上 101 层,建成于 2008 年。

大跨空间结构中,于 2000 年建成的浙江省黄龙体育中心主体育场,屋盖采用斜拉网壳大悬挑空间结构,建筑面积 13.3 万 m^2,可容纳观众 6 万人,这是斜拉桥技术和预应力技术相结合在房屋建筑中的应用。

组合网架结构是近 10 年来新开发的一种结构体系,以钢筋混凝土上弦板代替钢的上弦杆,可充分发挥混凝土受压,钢材受拉两种不同材料的优势,使结构的承重和围护作用合而为一,我国现已建成约 40 幢组合网架结构,如新乡百货大楼和长沙纺织大厦。其形式之多,跨度之大,应用范围之广,在国际上亦属领先。

高耸结构领域,1994 年建成的上海明珠电视塔高 468m,是国内甚至亚洲最高的电视塔。

我国的公路桥梁绝大部分为钢筋混凝土和预应力混凝土结构,很多铁路桥梁亦为预应力混凝土结构。1993 年建成的上海杨浦大桥,为双塔(塔高 220m)、双索面(256 根斜拉索)叠合梁的斜拉桥,主桥跨径 602m,是世界上跨径最大的斜拉桥之一。杭州湾跨海大桥,长 36.0km,为混合结构建筑,建成于 2008 年。又如三峡大坝最大坝高 181m,长为 2309m,坝顶宽 15m,坝底宽 124m,为钢筋混凝土结构,建成于 2006 年。

上海金茂大厦

大容积的水池、水塔、贮罐、轨枕、桩、压力管道、电杆以及技术要求复杂的核电站、海上石油开采平台、地下结构以及土木工程的其他领域,混凝土结构均得到日益广泛的应用。如英吉利海峡海底隧道(英国—法国)断面直径 7.6m,全长 51.0km,海底 38kmm,为钢混组合结构,建成于 1994 年;菲律宾苏比克海湾马拉帕亚混凝土重力石油平台长度 99m,宽度 80m,塔柱高 59m,建成于 2000 年。

下面举出国际上一些著名的混凝土结构建筑物。朝鲜平壤的柳京大厦，101层，高305m，为全剪力墙结构，建于1990年。马来西亚吉隆坡石油双塔高452m，建筑面积28.95万 m^2，为钢混组合结构，建成于1996年。美国是世界上高层建筑最多的国家，帝国大厦高448.7m，建筑面积20.4万 m^2，建成于1931年。芝加哥第一瓦克公司大楼（1 Wacker Drive），80层，高295m。日本是个多地震国家，致力于高层建筑抗震设计研究，1964年废除了建筑物高度不超过31m的限制后，先后兴建了一批超过100m高度的高层建筑。东京新宿是高层建筑集中的地区，新宿中心大厦54层，高216m，为混凝土和钢的组合结构。跨度最大的混凝土结构是法国巴黎国家工业与技术中心陈列馆，呈三角形平面，每边跨度为218m，采用总厚度仅为120mm的双层双曲钢筋混凝土波形拱壳结构，还有德国法兰克福机场中270mm×100m的大跨度悬索轻混凝土板带结构飞机库。最高的高耸建筑是加拿大多伦多国际电视塔，高549m，被称为世界第一塔。

杭州湾跨海大桥（2008）

帝国大厦·美国

未来混凝土结构的发展，应继续注意量大面广的民用与工业建筑结构中的基本问题，大力发展工业化生产，装配式或半装配式结构应成为主要发展方向，大量采用定型化标准化设计。继续研究和探索高层建筑、大跨空间建筑、桥梁、能源、海洋、地下及防护工程中新的有效的结构形式，研究新的计算分析方法。设计中应首先合理选择结构方案，重视抗震设计中的概念设计。预应力混凝土仍然是很有发展前途的结构，要合理采用各类预应力结构，增加预应力混凝土结构在整个混凝土结构工程中的比重，灵活地运用预应力技术将会创造出各种新结构，解决工程中的许多困难问题。采用混凝土结构与钢结构的组合结构体系可用于高层建筑、大跨空间结构和桥梁工程。型钢与混凝土的组合梁、组合柱以及钢管混凝土约束柱都可充分发挥两种材料各自的优势，取长补短，互为补充。

三、计算理论方面

上世纪70年代以来，结构可靠度理论的研究有了很大进展，并已逐步引入结构设计规范，使极限状态设计方法向着更完善、更科学的方向发展。以概率理论为基础，用失效概率或可靠指标来度量结构的可靠性,以替代过去沿用的由经验确定的安全系数,使以往的"定值设计法"(或称经验设计法)转变为"非定值设计法"(或称概率设计法),对提高结构设计的合理性具有重要意义。1971 年,由欧洲混凝土委员会(CEB)等 6 个国际组织联合组成了结构安全度联合委员会,通过广泛的国际合作,于 1976 年编制了依据近似概率极限状态设计方法的《统一标准规范的国际体系》。1975 年,加拿大率先在结构设计规范中采用了可靠度理论。

我国于 1984 年制订了《建筑结构设计统一标准》(GBJ 68—84)(以下简称《统一标准》),规定了适用于各类结构(包括混凝土、钢、木及砌体结构等)的结构可靠性分析方法和设计准则,统一了以往各类结构规范分别采用不同设计准则的结构设计方法。

根据《统一标准》,我国在试验研究的基础上制订了以近似概率极限状态设计方法为准则的《混凝土结构设计规范》(GBJ 10—89),对 1974 年制订的原规范作了全面修改,2002 年和 2010 年两次修订,颁布了《混凝土结构设计规范》GB 50010—2002 和 GB50010—2010(以下简称《规范》)反映了我国钢筋混凝土结构学科的最新科学技术水平,使我国的混凝土结构设计规范跻身于国际先进规范行列。今后的研究工作将进一步向全概率的极限状态设计方法发展,采用优化设计,研究开发人工智能决策系统及专家系统。

近年来,混凝土结构的基本理论和计算方法也正在不断取得新的研究成果。

随着对混凝土应力 - 应变等本构关系和弹塑性变形性质的深入研究、电子计算机的迅速发展和有限元计算方法的广泛应用,以及现代化测试技术的采用,使混凝土结构已向弹塑性计算方法发展,目前已可进行结构构件从加荷开始直至破坏的全过程分析。

新《规范》中增加了结构分析的内容。在结构分析时,宜根据结构类型、构件布置、材料性能和受力特点等选择下列方法:弹性分析方法;塑性内力重分布的分析方法;弹塑性分析;塑性极限分析方法(又称塑性分析法或极限平衡法)以及试验分析方法。

结构分析亦已逐渐从单个构件的分析计算向整体空间工作分析的方向发展。而且不仅对结构的骨架进行分析计算,还将针对上部结构与其相关部分(如地基基础和填充墙等)之间的相互影响和共同工作进行分析计算。结构工程的发展将把结构作为一个系统,对其全过程反应进行强度和变形的综合分析,主动设计出优化的结构。

混凝土软化桁架理论的研究近年来已取得较大进展,应用混凝土软化应力 - 应变关系,通过软化桁架模型可望从理论上解决混凝土受剪和受扭构件的计算问题,改变长期以来沿用直接依靠试验结果的经验公式。

复杂应力状态下混凝土构件的强度、裂缝和变形计算问题、混凝土裂缝扩展理论、混凝土和钢筋粘结理论、结构防灾减灾(地震、风灾和火灾等)研究及其对策、混凝土结构在设计和使用期间的评价、结构的风险估计以及混凝土结构耐久性理论研究等,都是正在进行而且将不断深化的研究领域。

可以预见,采用现代学科研究的新成果,通过现代学科和混凝土学科的横向联系、交叉和渗透,将为创立新的混凝土结构理论和设计方法开辟更为广阔的前景。

四、全寿命方面

如今,环保节能已经成为全球关注的主题,在钢筋混凝土领域,人们已经开始关注混凝土的全寿命周期发展。2008 年,第二届沿海混凝土结构全寿命周期管理国际研讨会在浙江大学建筑工程学院举行。这说明关注全寿命周期内混凝土结构的发展将成为今后世界各地研究的重点和趋势。

从施工上讲,首先在对混凝土的组成材料砂、石、水泥、水及各种掺合料等的选择上,仍大有改进空间。比如,从对自然环境的保护角度出发,选择当地或临近区域资源丰富并不对环境构成损害的砂、石料作为混凝土配制的主要粗细骨料;从对人体保护的角度出发,选择对人体无害物质的砂石料作为混凝土骨料;选用粉煤灰等工业废渣,改善混凝土性能的同时,达到替代水泥、减少废物排放等综合环境保护目的;根据混凝土构件使用部位的不同,以及不同的强度、抗渗、抗冻融、耐久性等具体指标要求,选择不同种类的高效(高性能)外加剂,有效改善混凝土的和易性、抗渗性、抗冻融性、耐久性等性能,通过性能的改善和强度的提高,来实现节省混凝土用量的目的,从而达到节材要求。混凝土构件施工过程中,要包括降低噪声、粉尘、节约用水和减少水污染等,因此工艺的选择亦应充分考虑这些因素,比如采用环保型振捣设备替代常规振捣设备以减少噪声,采用养护液或塑料薄膜覆盖养护替代浇水养护以节省用水并减少水污染等。

在使用和维护上,应分别向前延伸至施工环节、设计环节,甚至策划环节,至少应延伸至施工环节。设计环节,应根据其设计结果,预估其耐久性和耐久年限,并提出分阶段的治理(维护)建议;施工环节则是在竣工交付时,针对各具体部位所用材料的耐久年限和施工质量的保用年限提出该混凝土结构的维护建议,比如抹灰层的使用年限及其维护建议、油漆涂料的使用年限及其维护建议等。作为用户,在享受建(构)筑物提供各种便利的同时,还应正确地按照用户手册要求进行使用,这是最基本的职责,具体包括:不随意改变工程用途和使用环境;定期进行或请维修单位对工程进行维护保养;对工程或其中部分单元进行改造时,按照预定方案进行;对于超出预定方案的设想,必须请专业公司在充分研究原设计和施工情况后提出改造方案,并经审查批准后由专业公司负责实施;接受并协助维护单位和工程评估鉴定单位对工程展开的正常维护和鉴定工作。

在废弃物再利用方面,大量砖混结构中所拆除的预制过梁、挑梁以及圈梁、构造柱等被分段切割后即成为规整的混凝土块,可用于临时场地铺砌,坡道堡坎砌筑等,预制楼板亦可用于临时场地铺砌,其他可用的预制或现浇混凝土的构件被合理地切割后,用于合适的地方,完全不能再利用的混凝土构件,将其分类集中,破碎后作为再生混凝土骨料使用。

1.3 课程的内容、任务和特点

1.3.1 课程的内容和任务

混凝土结构可分为"混凝土结构"和"混凝土结构设计"两部分。

"混凝土结构"主要介绍混凝土结构的基本原理和基本构件的计算方法,内容包括混凝土和钢筋的力学性能、结构设计的基本方法、各类基本构件的受力性能、计算理论、计算方法、配筋构造、混凝土构件变形及裂缝宽度的验算以及预应力混凝土的基本原理和构件计算。

混凝土结构构件从其受力特性分析,可归纳为以下几类常用的基本构件:

1. 受弯构件

截面内力以弯矩和剪力为主。如梁、板及其组合的楼盖和屋盖结构、雨篷、阳台和楼梯等。

2. 受压构件

截面内力以压力为主,或兼有弯矩及剪力作用。如框架结构中的柱子、屋架或桁架的上弦杆和受压腹杆等。

3. 受拉构件

截面内力以拉力为主,或兼有弯矩及剪力作用。如水池池壁、屋架或桁架的下弦杆和受拉腹杆等。

4. 受扭构件

截面内力有扭矩,或兼有弯矩及剪力作用。如框架结构的边梁、厂房中吊车梁及雨篷梁等。

混凝土结构是一门理论和应用并重的专业基础课,是建筑和土木类专业的必修课,也是学习"混凝土结构设计"的基础和必需的基本知识。

本课程的基本任务是要求较为全面深入地理解和掌握钢筋混凝土结构的基本原理,并能在理论指导下,具有正确运用《规范》进行工业与民用建筑结构构件的设计计算能力。

学习本课程必需的前期基础是数学、材料力学、建筑材料、房屋构造和施工技术等课程。

1.3.2 课程特点和学习时应注意的几个问题

指出课程的特点,主要是为了能按照课程自身的规律进行学习,注意学习方法,以便更快、更好地适应和掌握本门课程。

一、钢筋混凝土构件是由两种力学性能不相同的材料组成的构件

"钢筋混凝土结构"和材料力学一样,都是研究构件受力时强度和变形规律的学科,内容是类似的,材料力学中解决问题的方法,在"钢筋混凝土结构"中亦可同样适用,故可认为"钢筋混凝土结构"在性质上相当于"钢筋混凝土的材料力学"。因此,学习本课程时,应注意随时与材料力学进行联系对比。

但材料力学研究的对象是"单一、匀质、连续、弹性"材料的构件,而钢筋混凝土结构是由钢筋和混凝土两种力学性能不相同的材料所组成,混凝土又是"非匀质、非连续、非弹性"的材料。材料性能的不同将导致结构性能的差异,材料性能的复杂性将带来结构受力性能的复杂性和解决问题的困难程度。因此,在与材料力学的对比学习中,特别要注意找出它们之间存在着的差异。

例如钢筋混凝土构件是由两种材料结合在一起共同工作的,因而就存在着两者间相互协调、相互制约的问题;就有两种材料在数量上和强度上合理搭配的问题。配筋率(构件截面上钢筋截面面积与混凝土截面面积的比值)的多少不仅影响构件截面的承载能力,还影响到构件的受力性能和破坏形态,故在进行构件计算时,还要注意其配筋限制条件。与单一材料构件计算相比,这是混凝土构件计算中的一个特殊问题,也是一个重要而基本的问题。

又如材料力学在研究梁的变形问题时,抗弯刚度是一个常数,而混凝土梁在使用阶段,一般都是带裂缝工作的,开裂后梁的抗弯刚度就不是一个常数,随荷载大小而变化,并随时间增长而降低,因此,解决钢筋混凝土梁的刚度问题远比单一弹性材料梁复杂得多。

举出这些例子是希望在与材料力学的对比学习中更多地注意其差别,以加深对钢筋混凝土结构特点的理解,更好地掌握课程的内容。

二、重视试验研究在建立钢筋混凝土结构计算理论和计算方法中的作用

对任何一门学科,实验和实践都是建立和检验理论的基础。混凝土结构由于材料的复杂性,至今尚缺乏完整系统的强度和变形理论,因此,混凝土结构比其他学科在更大程度上需要依靠试验研究。混凝土构件的计算理论和计算方法都离不开大量的试验研究和对试验结果的分析,随着计算机的运用,试验数量可以减少,但不能完全代替真实的结构试验。

根据当前混凝土学科理论发展的水平,结构构件计算的很多公式都是半理论半经验的公式,还有一些公式至今仍沿用直接依靠试验结果的经验公式。混凝土构件计算中完全由理论推导的计算公式是不多的。

由于试验的局限性,所建立的计算公式都有一定的限制范围和适用条件,还有很多经验系数,所有这些都使学习时感到与数学和力学类课程有很大不同,觉得混凝土结构这门课程"概念多、方法多、公式多、条件多、系数多",似乎缺乏完整、系统能解决各类受

力构件计算问题的理论,从而产生"难学、难记、抓不住重点"的困难。

为了逐步克服这些困难,学习时应重视试验研究及通过受力分析概括出来的受力性能和破坏机理,以及在此基础上提出的计算方法和计算模式。因为只有在深入理解和掌握这些客观规律的基础上,再来学习计算理论和计算方法,才会感到这些都是顺理成章的事,也才能主动地进行结构构件的设计计算。学习"钢筋混凝土结构",要特别注意对基本概念和基本原理的理解,不要死记硬背公式。

三、本课程要解决的不仅是力学计算问题,还是一个设计问题

材料力学和结构力学等课程侧重于应力、应变、强度和变形的分析,主要解决的是一个计算问题。"钢筋混凝土结构"不仅要解决结构构件强度和变形的计算问题,还要解决设计问题。

结构构件的设计包括下列内容:① 构件选型;② 作用及作用效应分析;③ 选择材料和施工方法;④ 结构构件截面承载力极限状态计算及正常使用极限状态的验算;⑤ 结构构件的构造、连接措施;⑥ 对耐久性及施工的要求;⑦ 满足特殊要求结构构件的专门性能设计。此外,设计还要正确处理安全和经济的矛盾,满足预定功能的要求,因此是一个综合性的问题。力学的解答往往是惟一的,虽然解题的方法和途径可以是各式各样的,但钢筋混凝土结构构件设计计算的解答却往往是多种多样的。例如在给定荷载作用下,设计一个钢筋混凝土构件就可能面临多种选择:不同的截面形状和尺寸、不同品种的材料和强度等级、不同的配筋方式和不同的配筋数量等,我们只能经过全面考虑、综合分析,从中找出符合实际情况的较优解。

通过本课程的学习,应有意识地培养自己全面综合分析和解决问题的能力。

设计结构构件时还应十分重视配筋构造。构造措施是长期工程实践经验的积累,是试验研究和理论分析的成果,它不仅是对计算的必要补充,有时还通过一些简便的构造措施来代替计算。设计结构构件时,计算和构造都是很重要的,要避免重计算轻构造的倾向。实际工程中,由于构造措施不当造成事故的实例是屡见不鲜的。学习构造措施亦应理解其作用和实质,通过反复应用加以掌握。

工程实践和施工知识不论对设计工作还是对本门课程的学习都是十分重要的,因此除按计划参加生产实习和参观外,还应随时有意识地观察和了解附近在建工程的施工方法、结构布置和配筋构造等实践知识。

四、熟悉、理解和运用设计规范

结构设计规范是国家颁布的具有法律性的文件,是进行结构设计计算和构造要求的技术规定和技术标准,是设计人员进行设计时必须遵守的准则,也是设计校核和审核的依据。

应用规范的目的是贯彻国家的技术经济政策,保证设计质量,达到设计方法必要的统一性和标准化。

本门课程内容与我国现行的《规范》密切关联,学习课程时要联系规范,逐步熟悉,

学会运用,以便走上工作岗位后能尽快地适应工作。

学习规范和学习课程一样,重在正确理解规范条文的内容和实质,了解有关背景材料,切忌死记硬背公式和盲目套用规范条文,只有这样,才能在设计工作中发挥主动性、灵活性和创造性,提高设计质量。

要从发展的观点看待规范,随着科学研究的深入和工程实践经验的积累,规范将不断进行修订和补充,以吸收最新科学技术成果,不断完善和提高规范的内容和质量。著名预应力混凝土结构专家林同炎在他的专著《预应力混凝土结构设计》一书的扉页曾有一句名言,即把该书"献给不盲从规范而寻求利用自然规律的工程师"。

除《规范》外,本课程还与另外一些规范有关,如《建筑结构可靠度设计统一标准》(GB 50068)、《建筑结构荷载规范》(GB50009)、《混凝土结构工程施工及验收规范》(GB 50204)(以下简称《施工规范》)等。

第 2 章

钢筋混凝土材料的力学性能

导 读

通过本章学习要求:(1)了解软钢和硬钢的区别,钢筋受拉时的应力 — 应变关系以及常用的简化计算模式,了解常用钢筋的品种和级别,熟悉强度取值等有关表格,详见附表;(2)了解混凝土单轴受压、受拉的破坏机理,应力 — 应变关系及其简化的计算模型;了解双轴、三轴受压时的强度性能,了解混凝土的变形模量,熟悉各等级混凝土强度和变形模量的有关表格,详见附表;(3)理解混凝土收缩徐变的意义及其对混凝土构件的影响;(4)理解粘结对混凝土结构的作用和重要性,了解两类粘结应力的区别和不同类型钢筋的粘结性能,应能计算钢筋的锚固长度和搭接长度,应能合理应用锚固构造措施及减少锚固长度的措施。

要掌握钢筋混凝土结构的受力性能和基本原理,需要首先了解钢筋和混凝土两种材料各自的力学性能及其在结构内的相互作用。工程设计时,也只有深入了解材料的性能,才能正确、合理地选用材料,取得良好的技术经济效果。

2.1 钢 筋

2.1.1 钢筋的强度和变形

钢筋混凝土结构中所用的钢筋主要有软钢和硬钢两大类,具有明显屈服点和屈服台阶的钢筋称为软钢;无明显屈服点和屈服台阶的钢筋称为硬钢。

一、软钢受拉时的应力－应变曲线

根据图 2.1 所示曲线的特性,可将钢筋拉伸的全过程分为以下四个阶段。

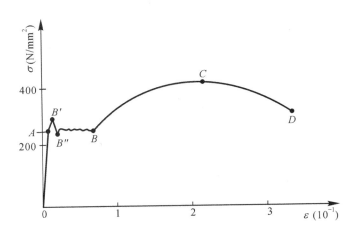

图 2.1　软钢受拉应力－应变曲线

弹性阶段(0—A 段):这个阶段中,应变 ε 与应力 σ 按比例增加,0—A 为直线;如卸去拉力,钢筋的变形可全部恢复,具有弹性性能。A 点对应的应力称比例极限,或称弹性极限。

屈服阶段(A—B 段):当应力超过 A 点后,应变比应力增加得快,到达 B' 点后进入屈服阶段。B' 点的应力称为屈服上限,B'' 点的应力称为屈服下限。屈服上限受加荷速度、截面形状等因素的影响而很不稳定;但屈服下限较为稳定。因此,一般将屈服下限作为屈服强度,或称流限。过 B'' 点后,应力保持不变,应变继续增加形成屈服台阶或称流幅,即图 2.1 中水平段 B''—B。屈服台阶长短随钢筋品种而异,屈服台阶越长,表示钢筋的塑性性能越好。可见此阶段钢筋的性能已由弹性转为塑性。如将拉力卸去,则钢筋的变形将不可能全部恢复。不能恢复的那部分变形称残余变形,或称塑性变形。因此当钢筋应力到达屈服强度后,由于很大的塑性变形,钢筋混凝土构件将产生很大的裂缝和变形,已不能满足正常使用要求。因此,在进行钢筋混凝土结构计算时,对有明显屈服点的钢筋,取其屈服强度作为设计强度的依据。

强化阶段(B—C 段):过 B 点后,由于钢筋内部晶体结构的变化,其抗拉强度会进一步提高,但变形速率较大,因而形成图示 B—C 段上升曲线,称为强化阶段,或称硬化阶段。对应于最高点 C 的应力称为极限强度。

破坏(颈缩)阶段(C—D 段):当钢筋强化达到最高点 C 后,产生"颈缩"现象,应力开始下降,但变形仍能增长,这预示着钢筋即将丧失承载能力。到达 D 点时,钢筋被拉断。对应于 D 点的应变称为伸长率,它是衡量钢筋塑性性能的一个指标。含碳量越低的钢筋,屈服台阶越长,伸长率也越大,塑性性能越好。

二、硬钢受拉时的应力－应变曲线

从图 2.2 可见,在硬钢拉伸全过程的上升曲线 OAB 中,没有明显的屈服点和屈服台阶。如果加荷至 A 点后,卸去拉力,其应力－应变曲线将沿虚直线退至 C 点。其中弹性应变可以恢复,0—C 为不能恢复的塑性应变,亦即残余应变。通常当残余应变为 0.2% 时,则称 A 点为条件屈服点,或名义屈服点,对应的应力称为条件屈服强度。根据钢筋的国家标准,《规范》取用 0.85 的极限抗拉强度作为条件屈服强度(B 点为极限抗拉强度),以 $\sigma_{0.2}$ 表示。曲线到达 B 点后钢筋出现"颈缩",随变形的发展应力下降,B 点的应力称为极限强度。

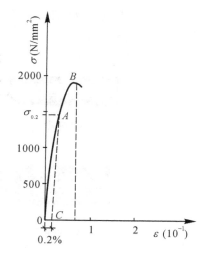

图 2.2　硬钢受拉应力－应变曲线

三、软钢受压时的应力－应变曲线

试验表明,软钢受压时,在钢筋强化前,其曲线基本上和拉伸时的曲线相同,进入强化段后,试件将越压越短,并产生明显的横向膨胀,试件的横截面面积越压越大。由于钢筋受压试件不会产生材料破坏,因此很难测定其极限抗压强度。

综上所述,可见:

(1)软钢具有明显的屈服点和屈服台阶。硬钢没有明显的屈服点和屈服台阶。

(2)软钢屈服强度较低,属低、中等强度钢筋,一般用于钢筋混凝土结构。硬钢属高强度钢筋,主要用于预应力混凝土结构。

(3)软钢具有良好的塑性性能,伸长率较大,采用软钢配筋的构件破坏前有明显的预兆(裂缝的开展和变形增大),属塑性破坏或称延性破坏;硬钢配筋的构件塑性性能较差,伸长率很小,破坏前缺乏预兆,属脆性破坏。

2.1.2　钢筋的种类和性能

钢筋按成分的不同可分为碳素钢和普通低合金钢两类。

碳素钢按含碳量多少,分为低碳钢(含碳量 ≤ 0.25%)、中碳钢(含碳量 0.25% ～ 0.6%)、高碳钢(含碳量0.6% ～ 1.4%)。碳素钢的含碳量越高,强度越高,但塑性和可焊性降低。

普通低合金钢是在碳素钢中再加入少量合金元素锰、硅、钒、钛等。加入少量的合金元素不仅能显著提高钢筋强度还能改善其他性能。

钢筋按其表面形状可分为光面钢筋和带肋钢筋。光面钢筋表面没有肋纹,与混凝土粘结较差。带肋钢筋表面有两条纵向凸缘(纵肋),两侧有等距离的斜向凸缘(横肋),如螺旋纹、人字纹等。各种钢筋形状均见图 2.3。变形钢筋与混凝土具有较好的粘结性能和较高的粘结强度。

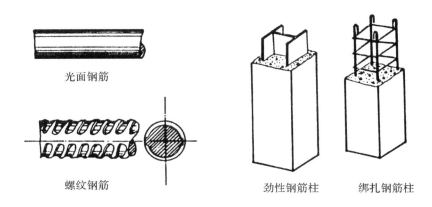

光面钢筋

螺纹钢筋

劲性钢筋柱

绑扎钢筋柱

图 2.3　各种钢筋的形状

带肋钢筋的直径是标志尺寸(和光面钢筋具有相同重量的当量直径)其截面面积按当量直径确定。带肋钢筋直径一般不小于 10mm,直径小于 10mm 的细钢筋或钢丝均以盘圆形式供应,长度为 30 ～ 40m。直径大于 12mm 的单根粗钢筋,其供应长度一般为 7 ～ 12m。

目前,我国用于钢筋混凝土和预应力混凝土结构的钢材有以下二类。

一、普通钢筋

普通钢筋用于钢筋混凝土结构和预应力混凝土结构中的非预应力钢筋。由低碳钢或低合金钢经高度温轧制而成的热轧带肋钢筋一般属软钢。

目前使用的品种有:

1. HPB300,符号用 φ,直径有 6mm ～ 22mm,屈服强度标准值为 300N/mm² ;

2. HRB335、HRBF335,符号分别用 Φ 和 Φ^F,直径有 6mm ～ 50mm,屈服强度标准值为 335N/mm² ;

3. HRB400、HRBF400、RRB400,符号分别用 Φ、Φ^F、Φ^R,直径有 6mm ～ 50mm,屈服强度标准值为 400N/mm² 。

4. HRB500、HRBF500,符号分别用 Φ、Φ^F,直径有 6mm ～ 50mm,屈服强度标准值为 500N/mm² 。

新《规范》推广具有较好延性、抗震性能、可焊性、机械连接性能及施工适应性的 HRB 系列普通热轧带肋钢筋。列入了采用控温轧制工艺生产的 HRBF 系列细晶粒带肋钢筋。RRB 系列余热处理钢筋由轧制钢筋经高温淬火,余热处理后提高强度,其延性、可焊性、机械连接性能及施工适应性降低,一般可用于对变形性能及加工性能要求不高的构件中,如基础、大体积混凝土、楼板、墙体以及次要的中小结构构件等,亦不应用于直接承受疲劳荷载的构件。

纵向受力普通钢筋宜采用 HRB400、HRB500、HRBF400 和 HRBF500 钢筋,也可采用 HPB300、HRB335、HRBF335 和 RRB400 钢筋。

梁、柱纵向受力普通钢筋应采用 HRB400、HRB500、HRBF400 和 HRBF500 钢筋。《规范》推荐使用 400MPa 和 500MPa 级钢筋作为主导钢筋。

箍筋同于抗剪、抗扭和抗冲切设计时，其抗拉强度设计值受到限制，不宜采用强度高于 400MPa 级和钢筋。当用于约束混凝土的间接配筋（如连续螺旋配箍或封闭焊接箍）时，其高强度可以得到充分发挥，采用 500MPa 级钢筋具有一定的经济效益。

箍筋的抗拉设计值 f_{yv} 应按附表 4 中采用相应等级钢筋的 f_y 数值。用作抗剪、抗扭和抗冲切承载力计算时其数值大于 $360N/mm^2$ 时，应取用 360MPa。

普通钢筋的有关资料可查阅附表 4。

二、预应力钢筋

预应力钢筋主要用于预应力混凝土结构。他们主要有以下四种，均属硬钢。

1. 钢铰线

钢铰线 ϕ^s 是由多根（或称股）高强钢丝绞合在一起，再经低温回火处理制成。目前国内有三股和七股两种。直径有从 8.6mm ～ 21.6mm 10 个等级，抗拉强度标准值从 $1570N/mm^2$ 至 $1960N/mm^2$，应用钢铰线应与相应的锚具配合。

2. 消除应力钢丝

消除应力钢丝是由高碳镇静钢轧制成盘圆后，经多道冷拔并经应力消除、矫直、回火处理制成。其表面形状有光面 ϕ^P、螺旋肋 ϕ^H 两种。直径有 5mm、7mm 和 9mm 三种，抗拉强度标准值从 $1470N/mm^2$ ～ $1860N/mm^2$，亦需挑选与之匹配锚夹具。

3. 预应力螺纹钢筋（精轧螺纹钢筋）

这是大多用于后张法的粗直径钢筋 ϕ^T，其直径从 18mm ～ 50mm，抗拉强度标准值从 $980N/mm^2$ ～ $1230N/mm^2$。

4. 中强度预应力钢丝

中强度预应力钢丝分为光面 ϕ^{PM} 和螺旋肋 ϕ^{HM} 两种，直径有 5mm、7mm 和 9mm 三种，抗拉强度标准值从 $800N/mm^2$ ～ $1270N/mm^2$，主要用于中、小跨预应力混凝土结构。

2.1.3　钢筋的冷加工

对热轧钢筋进行机械冷加工，可以提高钢筋强度，节约用钢。

一、冷拉

冷拉是将热轧钢筋拉至超过其屈服强度的某一应力值，称为冷拉控制应力，如图 2.4 中的 K 点，然后卸荷至零，应力 - 应变曲线就沿着平行于 OA 的直线退回到 O_1 点。这时钢筋产生残余变形 OO_1。如果立即重新张拉，则其应力 - 应变曲线将为 O_1KC，其屈服强度（K 点）将高于冷拉前的屈服强度（A 点）。如果卸荷后经过一段时间再张拉，则应力 - 应变曲线将沿着 $O_1K'C'$ 发展，其屈服强度又进一步提高到 K' 点，且有一段屈服台阶。

这种现象称为冷拉时效。热轧钢筋经冷拉后，屈服强度有明显提高，但屈服台阶缩短，伸长率减少，塑性降低，但仍属软钢。

温度对冷拉时效有较大的影响。例如 HPB300 级钢筋的冷拉时效在常温时约需 20 天左右，若温度为 100℃ 时，仅需 2 小时左右。但如果继续加温，有可能变为相反的效果。

为了使钢筋冷拉后，既能较大地提高其屈服强度，又具有所要求的伸长率，必须选择合适的冷拉控制应力（K 点）。冷拉控制应力太高，虽屈服强度有较大提高，但延性将显著降低；冷拉控制应力太低，则相反。各种级别热轧钢筋的冷拉控制应力和相应的冷拉（伸长）率可参见《施工规范》。

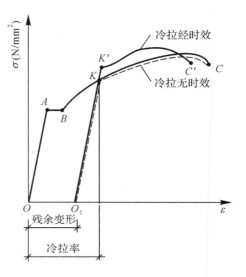

图 2.4　冷拉钢筋的应力 - 应变曲线

需要指出的是，冷拉只能提高钢筋受拉时的屈服强度，而不能提高其受压时的屈服强度。故冷拉钢筋不宜用作受压钢筋。当用作受压钢筋时，其屈服强度与未经冷拉的钢筋相同。

二、冷拔

冷拔 是将热轧光面钢筋用强力通过拔丝模上的拔丝孔，拔丝孔直径小于钢筋直径，如图 2.5 所示。钢筋冷拔时，因受到轴向拉力和侧向挤压力的共同作用，使直径减小，内部结构发生变化，强度明显提高，但延性大大降低，脆性增加。

钢筋需经多次冷拔，才能明显提高其强度。图 2.6 为直径 6mm 的 HPB235 级钢筋经过三次冷拔，拔至直径为 3mm 的过程中，冷拔钢丝应力 - 应变曲线的变化。可见，冷拔后的钢丝没有明显的屈服点和屈服台阶，伸长率逐级减小，其性质从冷拔前的软钢变为硬钢。冷拔钢丝的 $\sigma_{0.2}$ 高达 $(0.9 \sim 0.95)\sigma_u$，其中 σ_u 为其极限抗拉强度，但其伸长率很小，δ_{10} 仅为 $2\% \sim 3\%$。

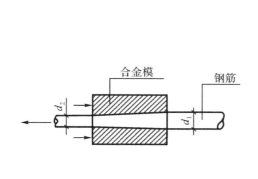

图 2.5　钢丝的冷拔

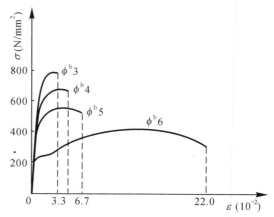

图 2.6　钢丝经三次冷拔后应力 - 应变曲线的变化

冷拔既提高了钢筋的抗拉强度,同时也提高了抗压强度。

经过冷加工的钢筋,加热后其力学性能又会发生变化。当加热至200℃时,钢筋的强度还略有提高;但当加热到450℃时,强度反而略有降低;当温度达到700℃,且持续一定时间后,钢筋的力学性能将恢复到冷加工前的水平。因此,在焊接冷加工钢筋时,应对加热的时间加以控制。

还需指出,新《规范》中,未列入冷加工的钢筋,但在以往结构中曾采用过,故对既有结构重新计算及修复和加固时,其设计强度可仍按原规范及专门规程的规定取用。

2.1.4 钢筋应力应变关系的计算模式

为了便于进行理论分析,须对钢筋受拉时的应力-应变曲线加以简化,各国学者对不同性能钢筋的应力应变关系已经提出了多种不同的计算模式。

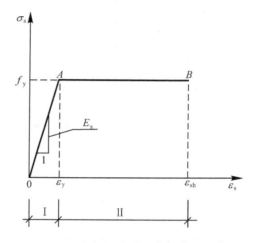

图 2.7 钢筋应力-应变的双直线计算模式

一、双直线(理想弹塑性)模型

这个计算模式适用于流幅较长、强度较低的软钢。钢筋的应力应变关系简化为两直线段,如图 2.7 所示。第 I 阶段 0—A 为理想弹性阶段。该阶段末 A 点的应力称屈服强度 f_y,一般相当于实测曲线的屈服下限,ε_y 为相应的屈服应变,E_s 为弹性模量,也为 0—A 直线的斜率。第 II 阶段(A—B)为理想塑性阶段。B 点在第 II 阶段末,相当于实测曲线应力强化段的起点,对应的应变为 ε_{sh}。过 B 点后,认为钢筋变形过大而不能正常使用。

双直线模型的数学表达式为:

$$\varepsilon_s \leqslant \varepsilon_y \text{ 时,} \qquad \sigma_s = E_s \varepsilon_s \tag{2.1}$$

$$\varepsilon_y < \varepsilon_s \leqslant \varepsilon_{sh} \text{ 时,} \qquad \sigma_s = f_y \tag{2.2}$$

$$\text{弹性模量:} \qquad E_s = \frac{f_y}{\varepsilon_y} \tag{2.3}$$

二、三折线(理想弹塑性加硬化)模型

这个计算模式适用于流幅较短的软钢。钢筋的应力应变关系分为三条直线,如图 2.8 所示。0—A 及 A—B 段与前一个计算模式相同。过 B 点后,认为钢筋仍能工作,且表现出硬化性能。第 III 阶段 B—C 为硬化阶段,其弹性模量为 E'_s,一般小于 E_s 值。第 III 阶段末 C 点的应力为极限值 f_{su},应变为 ε_{su}。过 C 点后,认为钢筋不能再继续工作。

三折线模型较之双直线模型,可比较正确地估计高应变时的应力。

三折线模型的数学表达式为:

$$\varepsilon_s \leqslant \varepsilon_y \text{ 时,} \qquad \sigma_s = E_s \varepsilon_s \qquad (2.1)$$

$$\varepsilon_y < \varepsilon_s \leqslant \varepsilon_{sh} \text{ 时,} \qquad \sigma_s = f_y \qquad (2.2)$$

$$\varepsilon_{sh} < \varepsilon_s \leqslant \varepsilon_{su} \text{ 时,} \qquad \sigma_s = f_y + E_s'(\varepsilon_s - \varepsilon_{sh}) \qquad (2.4)$$

弹性模量:
$$E_s = \frac{f_y}{\varepsilon_y} \qquad (2.3)$$

$$E_s' = \frac{f_{su} - f_y}{\varepsilon_{su} - \varepsilon_{sh}} \qquad (2.5)$$

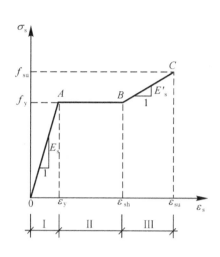 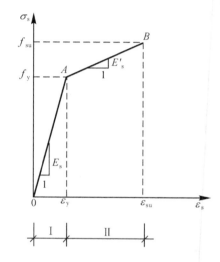

图 2.8　钢筋应力 - 应变的三析线计算模式　　　图 2.9　钢筋应力 - 应变的双斜线计算模式

三、双斜线(弹塑性)模型

这个计算模式适用于无明显流幅的硬钢。钢筋的应力应变关系为两条斜直线,如图 2.9 所示。0—A 为第 Ⅰ 阶段,A 点为条件屈服点。A—B 为第 Ⅱ 阶段,B 点应力为极限强度 f_{su}。

双斜线模型的数学表达式为:

$$\varepsilon_s \leqslant \varepsilon_y \text{ 时,} \qquad \sigma_s = E_s \varepsilon_s \qquad (2.1)$$

$$\varepsilon_y < \varepsilon_s \leqslant \varepsilon_{su} \text{ 时,} \qquad \sigma_s = f_y + E_s''(\varepsilon_s - \varepsilon_y) \qquad (2.6)$$

弹性模量:
$$E_s = \frac{f_y}{\varepsilon_y} \qquad (2.3)$$

$$E_s'' = \frac{f_{su} - f_y}{\varepsilon_{su} - \varepsilon_y} \qquad (2.7)$$

2.1.5　钢筋混凝土结构对钢筋性能的要求

一、强　度

对钢筋强度的要求主要有两个指标,即屈服强度和极限强度。屈服强度是设计计算时的主要依据。采用屈服强度高的高强钢筋可以节约钢材，取得较好的经济效果。但是钢筋混凝土结构中由于受到裂缝宽度的制约，高强钢筋的强度不能充分发挥，因此只宜采用热轧钢筋，规范推荐 400MPa 和 500MPa 级热轧带肋钢筋作为构件纵向受力主导钢筋，并优先采用 HRB400 级钢筋。预应力混凝土结构优先采用高强钢铰线和大直径预应力螺纹钢筋（精轧螺纹钢筋）作为预应力钢筋。

除屈服强度外，对钢筋的极限强度也有一定要求。极限强度与屈服强度之比称强屈比。强屈比越大，结构可靠性越大；但比值过大，强度的有效利用率太低，因此，应保持适宜的强屈比，如 1.25 左右。

二、塑性（延性）性能

钢筋除需要有足够的强度外，还应具有一定的塑性变形能力。钢筋的塑性用伸长率 δ 来衡量，此外，钢筋的冷弯也是反映钢筋塑性性能的主要指标。

1. 伸长率

钢筋的伸长率为

$$\delta = \frac{l_1 - l}{l}$$

式中，l—— 试件量测标距；

l_1—— 试件拉断后量测的标距伸长长度。

如图 2.10 所示，当量测标距为 $10d$ 或 $5d$（d 为钢筋试件直径）时，伸长率分别用 δ_{10} 和 δ_5 表示。伸长率 δ 越大，钢筋的塑性性能越好。钢筋的伸长率指标见《施工规范》。

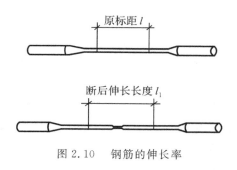

图 2.10　钢筋的伸长率

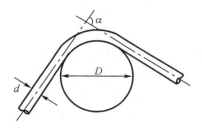

图 2.11　钢筋的冷弯

2. 冷弯性能

冷弯是反映钢筋塑性性能的另一个重要指标。冷弯试验是将直径为 d 的钢筋围绕一直径为 D 的钢轴弯成一定角度 α（图 2.11）而不产生裂缝、分层甚至断裂等情况。一般，D 常为 $1d$，$3d$ 和 $5d$ 三种（d 为冷弯钢筋直径）；冷弯角 α 要求为 90° 和 180° 两种。D 越小，α 越大，表明钢筋的塑性性能越好。冷弯试验的要求见《施工规范》。

三、与混凝土有良好的粘结

这是保证钢筋与混凝土共同工作的必要条件之一，它不仅影响结构构件的强度，同时影响结构构件正常使用时的性能，如变形及裂缝宽度等。钢筋表面形状对粘结力有很大影响。变形钢筋比光面钢筋的粘结强度高。此外,还应具有较好的机械连接性能及施工适应性。

四、可焊性

钢筋的可焊性要求是钢筋在焊接处不产生裂缝或过大的变形。钢筋的可焊性取决于钢筋的成分。热轧钢筋的可焊性较好。

2.2 混凝土的强度

2.2.1 混凝土的抗压强度

混凝土的强度除与水泥和骨料的品种、配合比、养护条件及龄期等多种因素有关外,还与试件的形状和大小、试件受压时横向变形的约束以及加荷的速度等因素有关。因此,测试混凝土的强度指标,应以统一规定的试验方法为依据。同时,在进行结构构件的受力分析及强度计算时,应按设计和施工时不同的受力状态,取用不同的抗压强度。

一、立方体抗压强度(强度等级)

国际上,用来测定混凝土抗压强度的试件,通常有圆柱体和立方体两种。我国规范采用边长为 150mm 的立方体试块,在温度为 20℃±3℃ 及相对湿度在 90% 以上的潮湿空气中养护 28 天,按标准试验方法测得其具有 95% 保证率的抗压强度特征值作为混凝土立方体抗压强度标准值 $f_{cu,k}$,以 N/mm² 为单位,称为混凝土强度等级,记为 C。

立方体试块的受力情况虽不能反映混凝土在结构中的实际受力状态。但由于制作、试验方便,且测得数值的离散性小,所以《规范》将它作为混凝土各种力学指标的基本代表值,并用以划分混凝土的强度等级,如强度等级为 C20 的混凝土表示其立方体抗压强度标准值为 $f_{cu,k} = 20N/mm^2$。《规范》将混凝土强度等级从 C15 ~ C80 分为 14 个等级。

如果试验采用边长为 100mm 或 200mm 的立方体试块,则应将测得的抗压强度分别乘以尺寸效应系数 0.95 和 1.05,换算成边长为 150mm 的立方体试块强度。

国外一些规范常以圆柱体抗压强度标准值作为确定混凝土强度等级的依据。

例如:欧盟规范(EN 1992-1-1:2004)以圆柱体抗压强度标准值作为确定混凝土强度等级的依据,但同时也给出了与之相应的混凝土立方体强度。而欧盟规范的混凝土圆柱体强度及立方体强度的标准试件尺寸、养护条件、测试方法及统计定义均执行国际标准化组织(ISO)的标准,因此欧盟规范的混凝土立方体强度与中国规范完全相同。

欧盟规范采用的圆柱体标准试件为直径 6 英寸(152mm)、高 12 英寸(305mm)的圆柱体试件,而立方体标准试件也是边长为 150mm 的立方体试件。欧盟规范将按照标准实验方法测得的具有 95% 保证率的圆柱体强度（或立方体抗压强度）的特征值作为混凝土的强度等级。其强度特征值从统计意义上来说与中国的强度标准值相同。

欧盟规范所得的混凝土立方体强度与圆柱体强度的关系见表 2.1。

表 2.1　欧盟规范所得的混凝土立方体强度与圆柱体强度的关系

混凝土强度等级 f_{cuk}（立方体抗压强度）	C15	C20	C25	C30	C35	C40	C45	C50	C60
f_{ck}/f_{cuk}	0.8	0.8	0.8	0.83	0.82	0.80	0.78	0.80	0.83

二、轴心抗压强度（棱柱体抗压强度）

在实际结构中，受压混凝土的形状往往不是立方体而是棱柱体。所以，用棱柱体试件比立方体试块能更真实地反映混凝土的抗压强度。

用棱柱体试件测得的抗压强度称为轴心抗压强度，也称棱柱体抗压强度。

棱柱体试件截面取边长为 b 的正方形，b 一般为 150mm 或 200mm；试件高度为 h。试件上、下两端表面不涂润滑剂，因此，试件承压面与试验机压板间的摩擦力将约束试件受压时的横向变形。但只要试件有相当的高度（h 一般为 b 的 $3 \sim 4$ 倍），则试件中部的混凝土就可基本上消除横向变形约束的影响。因此，可认为，棱柱体试件的中部区段处于均匀受压状态，与轴心受压柱中的混凝土强度基本相同。它是混凝土受力最重要的特征之一（图 2.12）。

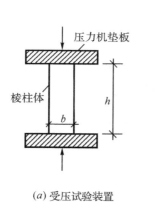

（a）受压试验装置　　　　　（b）受压破坏时裂缝情况

图 2.12　混凝土棱柱体试验

根据国内棱柱体和立方体的抗压强度试验结果，得到两者间的统计公式为：

$$f_{ck} = 0.88\alpha_{c1}\alpha_{c2}f_{cu,k} \tag{2.8}$$

式中，f_{ck}——棱柱体强度标准值；

　　　$f_{cu,k}$——边长为 150mm 的混凝土立方体抗压强度标准值；

　　　α_{c1}——棱柱体强度与立方体抗压强度之比值，对普通混凝土，其强度等级 $\leqslant$ C50 时，取 $\alpha_{c1} = 0.76$，对高强混凝土 C80，取 $\alpha_{c1} = 0.82$，其间按线性内插法取用；

α_{c2}—— 对 C40 以上等级的混凝土考虑脆性折减系数,当 $\leqslant$ C$_{40}$ 时,取 $\alpha_{c2}=1$,对 C80,取 $\alpha_{c2}=0.87$,其间按线性内插法取用;

0.88—— 试件混凝土强度修正系数。考虑到结构中混凝土强度与试件混凝土强度之间的差异,根据以往经验,并结合试验数据分析,以及参考其他国家的有关规定而取用的。

三、受压破坏机理

混凝土是由水泥、砂、石子加水拌和而成的人工石材。水泥水化后经凝结、硬化,形成水泥石。水泥石由凝胶体、晶体、未水化的水泥颗粒及毛孔组成。水泥石中的晶体和砂、石等骨料组成混凝土中的弹性骨架,主要承受外力,并使混凝土在承受外力时表现为弹性变形的特征。另一方面,在初凝过程中,由于水泥石的收缩、泌水和骨料的下沉等原因,在骨料与水泥石接触的局部界面上产生细微的粘结裂缝,同时,水泥石中也存在一些细微的裂缝,这些统称为混凝土内部的微裂缝。当混凝土受外力作用时,由于微裂缝发展以及水泥石中凝胶体的黏性流动,使混凝土又具有塑性变形的特征,并起着调整和扩散内部应力的作用。

国内外大量试验研究表明,微裂缝的存在和发展对混凝土的受力性能和受力破坏起着重要的作用。

当混凝土试件的应力较小时($\sigma_c \leqslant 0.3 f_c$,$f_c$ 为轴心抗压强度),混凝土的变形主要是弹性骨架受力后的弹性变形。此时,水泥石中凝胶体的黏性流动很小,微裂缝也无多大变化,如图2.13(b) 所示。

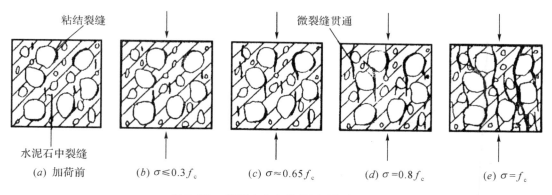

粘结裂缝　　　　　　　　　　　微裂缝贯通

水泥石中裂缝

(a) 加荷前　　　(b) $\sigma \leqslant 0.3 f_c$　　　(c) $\sigma \approx 0.65 f_c$　　　(d) $\sigma = 0.8 f_c$　　　(e) $\sigma = f_c$

图 2.13　混凝土立方体受压破坏全过程

随着压应力的增大,凝胶体的黏性流动也逐渐增大,同时微裂缝也开始发展变化,这就形成了混凝土的塑性变形。并且在混凝土的全部变形中,塑性变形所占的比例比弹性变形越来越大。微裂缝的发展变化表现为两方面:一方面是原有与受力方向平行的初始微裂缝伸长和变宽,甚至部分连接;另一方面,在混凝土内部的水泥石中,由于气泡和水分逸出形成的孔洞产生应力集中,还会产生新的微裂缝。此时,试件的外观表现为横向变形加速。一般当应力 $\sigma_c < 0.8 f_c$ 时,微裂缝的发展变化还是个别和分散的细微裂缝,处于稳定状态(图2.13(c)),即当应力增加时,微裂缝才发展;当应力不再增加时,微裂

缝也维持原状不再继续发展。

当应力增大至 $\sigma_c = 0.8f_c$ 时(图 2.13(d)),微裂缝的发展在混凝土的变形中起着主要作用。应变比应力增长更快,骨料界面上的粘结微裂缝和水泥石内部的微裂缝已连成通缝,并且发展成为不稳定状态,此时,即使应力不再增加,微裂缝仍将继续不断发展。最后混凝土被分割成若干小柱体而破坏(图 2.13(e))。随着应力增加至极限强度 $\sigma_c = f_c$ 时,内部微裂缝发展为试件表面的纵向裂缝,此时,骨料与水泥石之间的粘结遭到破坏,混凝土剥落,试件压坏。

从上述破坏机理可知,混凝土的受压破坏与其内部微裂缝的延伸和扩展密切相关。混凝土在单轴压力作用下,将产生纵向压缩变形和横向拉伸变形,而横向变形是引起纵向裂缝的主要原因。如果对混凝土的横向变形加以约束,使微裂缝发展受到抑制,则抗压强度就会提高。横向变形约束越大,抗压强度就越高。如局部受压强度就比轴心抗压强度高。

抗压强度还与加荷速度有关,加荷速度快,测得的强度高;加荷速度慢,测得的强度低,因为快速加荷时,内部微裂缝来不及发展。通常试验规定的加荷速度为每秒 $0.15 \sim 0.3\text{N/mm}^2$。前述各种强度均是在标准加荷速度下测定的。如果加荷速度提高到每秒 10N/mm^2 时,混凝土的抗压强度将提高 10% 左右,在每秒 10^5N/mm^2 的快速冲击荷载作用下,强度将可提高 60% 左右。

如前所述,试件中压应力超过其极限强度的 80% 左右时,微裂缝已进入不稳定状态,即使维持此应力不变,经过一段时间后,试件亦将破坏。可见,在长期荷载作用下(相当于加荷速度降至零),轴心抗压强度将降低为 $0.8f_c$ 左右。

2.2.2　混凝土的抗拉强度

混凝土的轴心抗拉强度是确定钢筋混凝土构件抗裂度的重要指标。有时也用它来间接地衡量混凝土的其他力学性能,如混凝土的冲切强度等。

混凝土的抗拉强度很低,远小于其抗压强度,一般只有抗压强度的 $1/8 \sim 1/16$,且其比值随混凝土抗压强度的增大而减小。

测定混凝土抗拉强度的方法有直接测试法(如轴向拉伸试验)和间接测试法(如弯折试验和劈裂试验)。直接轴向拉伸试验如图 2.14 所示。但这种方法的试件制作和安装均较困难,不易对中成为真正的轴心受拉状态。试验结果的离散程度也较大。目前,国内外多采用圆柱体或立方体的劈裂试验来间接测定抗拉强度,如图 2.15(a) 所示。在圆柱体或立方体($150\text{mm} \times 150\text{mm} \times 150\text{mm}$)试件中,通过垫条横向作用着一条线荷载。这样,在垂直面(破裂线面)上,除加力点附近很小范围外,都产生均匀的拉应力,其方向与截面(破裂线面)垂直,如图 2.15(b) 所示。

根据弹性理论,混凝土的抗拉强度可由下式确定: *

---

* 本书图中表示长度的单位若以毫米计,一律略去不注 —— 编者注。

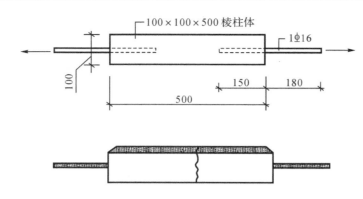

图 2.14　混凝土轴心受拉试验

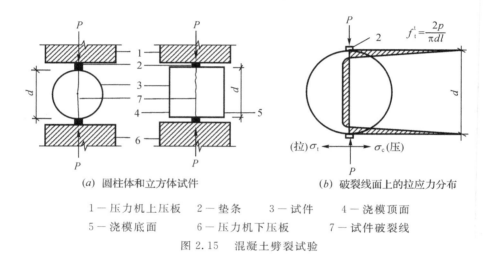

(a) 圆柱体和立方体试件　　　　　(b) 破裂线面上的拉应力分布

1—压力机上压板　　2—垫条　　3—试件　　4—浇模顶面

5—浇模底面　　　6—压力机下压板　　　7—试件破裂线

图 2.15　混凝土劈裂试验

$$f_{\mathrm{t}}^{\mathrm{t}} = \frac{2P}{\pi dl} \tag{2.9}$$

式中，$f_{\mathrm{t}}^{\mathrm{t}}$—— 试件的轴心抗拉强度（N/mm²）；

　　　P—— 破坏荷载（N）；

　　　d—— 圆柱体直径或立方体边长（mm）；

　　　l—— 圆柱体长度或立方体边长（mm）。

根据国内试验，混凝土抗拉强度标准值 f_{tk} 和立方体抗压强度标准值 $f_{\mathrm{cu,k}}$ 之间的统计公式为：

$$f_{\mathrm{tk}} = 0.88 \times 0.395 \times (f_{\mathrm{cu,k}})^{0.55} \times (1 - 1.645\delta)^{0.45} \times \alpha_{c2} \tag{2.10}$$

式中，δ—— 立方体强度的变异系数；对不同强度等级的 δ 值，可查《规范》。

　　　α_{c2}—— 与公式（2.8）相同。

系数 0.395 和指数 0.55 是根据原规范确定抗拉强度的试验数据再加上我国近年来对高强混凝土研究的试验数据，统一进行分析后得出的。其他符号均同式（2.8）。

各强度等级混凝土的轴心抗压和轴心抗拉强度的标准值、设计值可见附表1。

2.2.3　混凝土复合受力时的强度

钢筋混凝土结构构件通常受到轴力、弯矩、剪力和扭矩不同组合的作用,混凝土一般都处于复合受力状态。如钢筋混凝土梁的剪压区、框架梁与柱的节点区和后张法预应力混凝土的锚固区等。因此,研究复合受力状态下的问题是钢筋混凝土结构的一个基本理论问题。但由于混凝土材料性能的复杂性,至今尚难建立起得到公认的复合受力状态下的混凝土强度理论。目前,还只能借助试验资料,提出一些近似的经验公式作为计算分析的依据。

一、双轴受力时混凝土的强度

1969 年,Kupfer,Hilsdorf 和 Rüsch 等人对 200mm×200mm×50mm 的混凝土板进行了双轴受力试验。由图 2.16 可见,沿试件两个主轴方向作用有不同的正应力 σ_1,σ_2,第三个主轴方向(沿板厚方向)正应力为零。图中示出了双向受力时的强度变化规律:

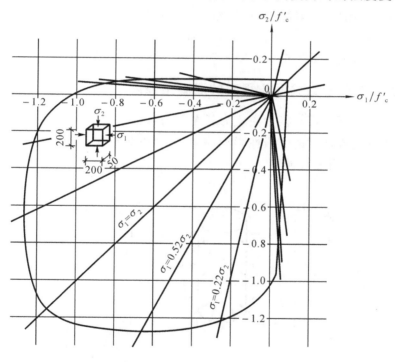

图 2.16　双轴受力的强度变化曲线

(1)在第一象限为双轴受拉状态。σ_1 与 σ_2 相互影响不大,一个方向上的抗拉强度基本上与另一个方向上的拉应力大小无关,即其抗拉强度几乎和单向轴心抗拉强度相同。

(2)第三象限为双向受压状态。一方向的强度随另一方向压应力的增大而提高。当一方向应力与另一方向应力之比约为 0.5 或 2 时,其强度比单向抗压强度可提高 27% 左右。这主要是由于横向变形受到了约束。

（3）第二、四象限为拉 — 压应力状态。此时，混凝土的强度均低于单轴拉伸或压缩时的强度，即混凝土的抗压强度随另一方向拉应力的存在而降低，同样混凝土的抗拉强度随另一方向压应力的存在而降低。

二、三轴受压时混凝土的强度

早在 30 年代，Richart 等人就进行了圆柱体周围受液压约束的试验，图 2.17 表明三轴受压时，混凝土的强度和延性均有较大的增长。这是由于一个方向受压时，其横向变形受到另外两个方向的约束，使微裂缝发展受到抑制。试验得出的经验公式为：

$$\sigma_1 = f'_c + 4.1\sigma_2 \tag{2.11}$$

式中，σ_1—— 有侧向压力时混凝土的轴心抗压强度；

$\quad\quad f'_c$—— 无侧向压力时混凝土的轴心抗压强度；

$\quad\quad \sigma_2$—— 侧向约束压应力。

公式（2.11）中，σ_2 项的系数（这里为 4.1），不同试验者提出过不同的数值。

实际工程中常用横向钢筋来约束混凝土，如在钢筋混凝土柱中配置螺距较密的螺旋形箍筋，以对混凝土施加侧向约束，形成三向受压应力状态，如图 2.18 所示（详见第 7 章 7.1.2 节）。此外，还有采用钢管混凝土等的组合结构。

三、正应力与剪应力共同作用时的混凝土强度

在理论上，这类问题可转换为主应力状态下的双轴受力情况，但由于混凝土材料性能的复杂性，如临近破坏时的非线性影响等，使纯理论分析比较困难。因此，实际上仍通过直接试验的方法来测定其强度。

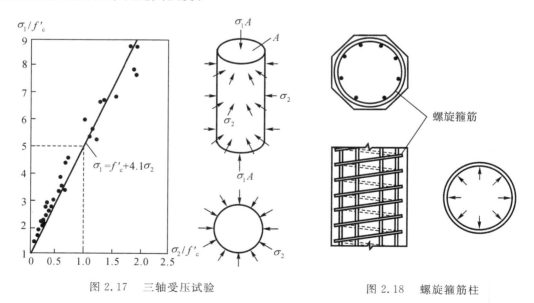

图 2.17　三轴受压试验　　　　　　　图 2.18　螺旋箍筋柱

B. Bresler 的试验是用混凝土空心薄壁圆筒试件（$6 \times 12''$）先施加轴向压力（或拉

力），然后再扭转的方法，如图 2.19(a) 所示；也有采用图 2.19(b) 所示试件的，试验时先由水平力对剪切面施加压力（或拉力），再通过纵向压力对剪切面施加剪力。

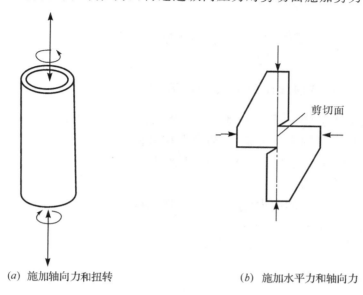

(a) 施加轴向力和扭转　　　　　　　(b) 施加水平力和轴向力

图 2.19　正应力与剪应力共同作用的试验

由图 2.20 可见，抗剪强度随拉应力增大而减小，亦即剪应力的存在使抗拉强度降低。当 $\sigma/f'_c < (0.5 \sim 0.7)$ 时，抗剪强度随压应力增大而增大；当 $\sigma/f'_c > (0.5 \sim 0.7)$ 时，抗剪强度随压应力增大而减小，亦即剪应力的存在将使混凝土的抗压强度低于单轴抗压强度。所以，结构中出现剪应力时，将要影响梁或柱中受压区混凝土的强度。

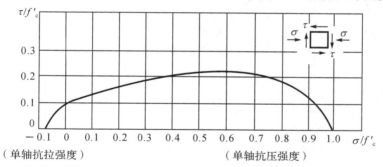

图 2.20　剪应力与轴向应力关系图

2.3　混凝土的变形

混凝土的变形有两类，一类是混凝土的受力变形，包括一次短期单轴加荷变形、荷载长期作用下的变形(徐变)和重复荷载作用下的变形等;另一类为混凝土的体积变形,它与荷载无关,包括混凝土的收缩变形、温度变形等。

2.3.1 混凝土在一次短期单轴加压时的变形性能

一、一次短期单轴加压时的应力应变关系

混凝土的应力应变关系(σ—ε曲线)是混凝土力学特性的一个基本问题,反映了混凝土强度和变形之间的本构关系,是研究分析截面应力,深入了解混凝土破坏机理及破坏形态,建立强度和变形理论、计算方法以及用计算机进行有限元非线性分析及受力全过程分析必不可少的依据。

混凝土单轴受压时的应力应变关系,一般用棱柱体试件测定。图2.21是实测一次短期单轴加压时混凝土的σ—ε曲线。

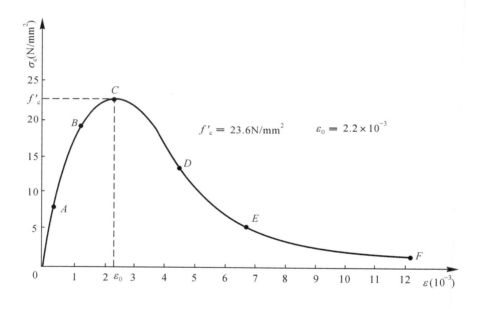

图 2.21 短期单轴加压时混凝土的应力 - 应变曲线

对σ—ε曲线,主要应了解它的形状、最大应力及其对应的应变、破坏时的极限压应变等三个特征值。从图2.21可见,σ—ε全曲线可分为上升段(0ABC)和下降段($CDEF$)两部分。根据变形性质及内部微裂缝的发展情况,又可将上升段分为0A,AB,BC三段,下降段分为CE和EF两段。各分段的弯曲程度均不相同。曲线上任意一点的应变ε_c均由弹性应变ε_{el}和塑性应变ε_{pl}两部分组成,即$\varepsilon_c = \varepsilon_{el} + \varepsilon_{pl}$。下面讨论各分段的特性,并可与前述受压破坏机理(2.2.1节)联系学习。

0—A段:应力较小,一般为$\sigma \leqslant 0.3f_c$(f_c为棱柱体试件抗压强度)。应变主要为弹性应变,塑性应变很小。σ—ε曲线接近于直线。水泥石中的凝胶体黏性流动很小,微裂缝也没有发展,基本上处于弹性工作阶段。

$A—B$ 段:随着应力增大,当 $\sigma = (0.3 \sim 0.8)f_c$ 时,应变的增长大于应力增大。凝胶体的黏性流动不断增大,微裂缝也不断发展,但仍处于稳定状态。塑性应变在总应变中所占比例越来越大,$\sigma—\varepsilon$ 曲线偏离直线,弯曲程度越来越明显。混凝土已处于弹塑性工作阶段。

$B—C$ 段:当 $\sigma \geqslant 0.8f_c$ 时,塑性变形更为显著,骨料界面粘结微裂缝与水泥石中的微裂缝贯通,微裂缝已处于不稳定状态,$\sigma—\varepsilon$ 曲线斜率急剧减少趋向水平。至 C 点,应力达到最大值 $\sigma = f_c$(f_c 即为棱柱体抗压强度)。此时,内裂缝已发展为表面纵向裂缝,混凝土被压坏。对应于 f_c 的应变记为 ε_0,是构件均匀受压时的最大压应变值。国内外试验表明,不同强度等级混凝土的 ε_0 值大都在 $(1.5 \sim 2.5) \times 10^{-3}$ 之间。

在普通压力机上试验时,当应力达到 f_c 后,试件突然破坏,只能测到 $\sigma—\varepsilon$ 曲线的上升段。当试验机立柱刚度很大或采用增设辅助装置时,如在试件边增设高强弹簧或油压千斤顶等以协助试件共同吸收试验机所释放的变形能,则可调整试验机回弹对试件冲击造成的突然破坏。这样,当试件应力达到 f_c 后,并不立即破坏,变形持续发展,则可测得曲线的下降段。

在 $CDEF$ 下降段中,应力随应变的增长而逐渐降低,D 为曲线的反弯点。一般,当 $\varepsilon = (4 \sim 6) \times 10^{-3}$ 时,应力下降减缓,并进入收敛段,即图 2.21 中的 E 点。此时,应变仍不断发展而应力则趋向于稳定的残余应力,它主要由为裂缝所分割的混凝土小柱体的残余强度和沿裂缝滑移面上的摩擦力提供。实际上,收敛段 EF 对无侧向约束的混凝土已失去结构意义。因此,一般将收敛点 E 的应变作为试件破坏时的最大应变,称为极限压应变,记为 ε_{cu}。大量试验表明,ε_{cu} 约为 $(4 \sim 6) \times 10^{-3}$。

对于结构混凝土,既要利用其强度,还要利用其变形能力。所谓变形能力,是指 $\sigma—\varepsilon$ 曲线到达峰值应力后,在应力下降幅度相同情况下变形的大小,变形大的表明该混凝土耐受变形的能力强、延性好。这对抗震结构具有重要意义。

二、影响应力应变关系的因素

1. 混凝土强度等级

图 2.22 为不同强度等级混凝土的 $\sigma—\varepsilon$ 全曲线。从图中可见,抗压强度随混凝土强度等级的提高而提高,但 ε_0 的变化不大,一般均在 $(1.5 \sim 2.5) \times 10^{-3}$ 之间。上升段形状大致相似。但强度等级高的混凝土上升段更接近于直线,斜率较陡,表明更接近于弹性体,下降段的坡度也较陡,残余应力相对较低。这也表明强度等级高的混凝土延性较差,脆性较大,而强度等级低的混凝土延性较好。

2. 加荷速度

图 2.23 表示用同一强度等级混凝土制成的一组试件在不同加荷速度下实测的 $\sigma—\varepsilon$ 曲线。从图中可见,加荷速度(即应变速度)越慢,峰值应力(即棱柱体实测抗压强度 f_c)越小,对应的应变 ε_0 越大,下降段也越平缓。

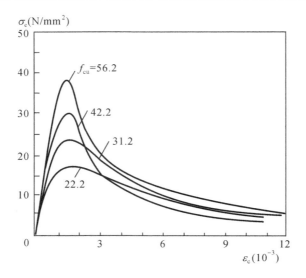

图 2.22　不同强度等级混凝土的应力－应变曲线

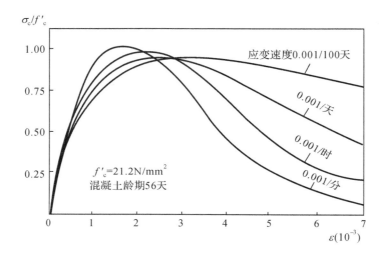

图 2.23　不同加荷速度时混凝土的应力－应变曲线

3．横向钢筋的约束

如图 2.24 所示，随着箍筋数量的增加和间距的减小，抗压强度 f_c 随之提高，ε_0 值增大，下降段趋向平缓，ε_{cu} 亦有增大，表明横向钢筋的约束作用改善了混凝土后期的变形能力。因此，对承受地震作用的梁、柱和节点区，加密箍筋对混凝土的约束能有效地提高构件的延性。

三、混凝土单轴受压时应力应变关系的计算模式

对结构进行理论分析时，需对混凝土的应力应变关系建立计算模式。目前，国内外提出的计算模式很多，下面介绍两种使用较为广泛的模式。

1．二次抛物线加水平直线

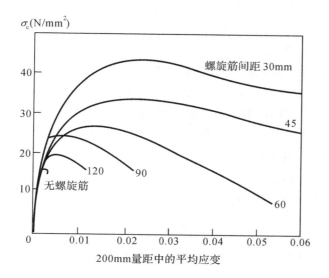

图 2.24　螺旋箍筋不同间距时混凝土的应力 - 应变曲线

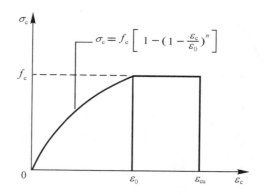

图 2.25　混凝土单轴受压时的简化计算模式

我国《规范》采用这种计算模式,从图 2.25 可见,上升段为二次抛物线,下降段为水平线。其优点是形式简单,能较好地反映 σ—ε 曲线上升段的特点。德国的 Rüsch 亦曾提出过这种模式。

其数学表达式为:

当 $\varepsilon_c \leqslant \varepsilon_0$ 时,　$\sigma_c = f_c\left[1 - \left(1 - \dfrac{\varepsilon_c}{\varepsilon_0}\right)^n\right]$ 　　　　　　　　(2.12)

当 $\varepsilon_0 < \varepsilon_c \leqslant \varepsilon_{cu}$ 时,　$\sigma_c = f_c$ 　　　　　　　　　　　(2.13)

$\quad\quad\varepsilon_0 = 0.002 + 0.5(f_{cu,k} - 50) \times 10^{-5}$ 　　　　　　(2.14)

$\quad\quad\varepsilon_{cu} = 0.0033 - (f_{cu,k} - 50) \times 10^{-5}$ 　　　　　　(2.15)

$\quad\quad n = 2 - \dfrac{1}{60}(f_{cu,k} - 50)$ 　　　　　　　　　(2.16)

式中,σ_c—— 混凝土压应变为 ε_c 时的混凝土压应力;

f_c—— 混凝土轴心抗压强度设计值,按本书附表 1 采用;

ε_0—— 混凝土压应力刚达到 f_c 时的混凝土压应变,当计算的 ε_0 值小于 0.002 时,取为 0.002;

ε_{cu}—— 正截面的混凝土极限压应变,当处于非均匀受压时按公式(2.15)计算,如计算的 ε_{cu} 值大于 0.0033,取为 0.0033;当处于轴心受压时取为 ε_0。[(CEB-FIP)及德国规范,取 $\varepsilon_{cu} = 0.0035$]。

$f_{cu,k}$—— 混凝土立方体抗压强度标准值,按本书附表 1 确定;

n—— 系数,当计算的 n 值大于 2.0 时,取为 2.0。

2. 二次抛物线加斜直线

这种模式系由美国的 E. Hognested 提出,如图 2.26 所示。其上升段亦为二次抛物

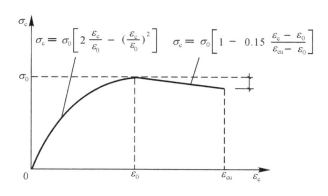

图 2.26　混凝土单轴受压时的简化计算模式

线,只是下降段采用斜直线以反映应力应变关系的下降段特性。美国规范及国外还有一些国家的规范采用此模式。其数学表达式为:

$$\varepsilon_c \leqslant \varepsilon_0 \text{ 时} \qquad \sigma = \sigma_0 \left[2\frac{\varepsilon_c}{\varepsilon_0} - \left(\frac{\varepsilon_c}{\varepsilon_0}\right)^2 \right] \qquad (2.17)$$

$$\varepsilon_0 < \varepsilon_c \leqslant \varepsilon_{cu} \text{ 时} \qquad \sigma = \sigma_0 \left[1 - 0.15\frac{\varepsilon_c - \varepsilon_0}{\varepsilon_{cu} - \varepsilon_0} \right] \qquad (2.18)$$

式中,σ_0—— 应力峰值,当均匀受压时,即为轴心抗压强度 $\sigma_0 = f_c$;

ε_0—— 对应于应力峰值的应变,为均匀受压时的极限压应变值,$\varepsilon_0 = 0.002$;

ε_{cu}—— 非均匀受压时的极限压应变值,$\varepsilon_{cu} = 0.003$(美国规范)。

四、混凝土三向受压时的变形特点

对混凝土构件的横向变形加以约束,不仅可以提高其抗压强度,还可以大大提高其延性。图 2.27 表示混凝土圆柱体在三向受压时的轴向应力-应变曲线。从图中可见,随着侧向压应力 σ_2 的增加,试件的强度与变形均有提高。构件能承受的变形越大,表明其延性越好。所以,配置密排螺旋箍筋的受压柱,不但受压承载能力得到提高,而且也获得较好的延性。

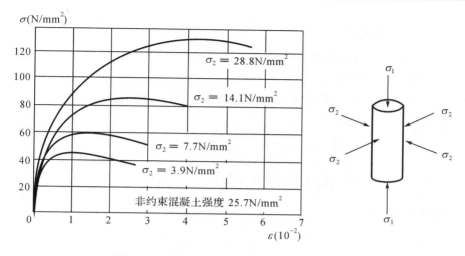

图 2.27　混凝土三轴受压时应力 - 应变曲线

2.3.2　混凝土的变形模量

弹性材料的应力应变是线性关系,因此弹性模量 $E = \sigma/\varepsilon$ 为一常数。混凝土为非弹性材料,应力应变关系为一曲线。只是当应力较小即 $\sigma \leqslant 0.3f_c$ 时,σ—ε 关系大致为一直线,弹性模量 E_c 接近常数;当应力 $\sigma > 0.3f_c$ 时,σ—ε 为非线性关系,E_c 将为一变数,且随应力大小而异,即对应不同的应力 σ 有不同的弹性模量 E_c,故称其为变形模量,用 E'_c 表示。混凝土的受压变形模量有三种表示方法。

一、弹性模量 E_c

如图 2.28 所示,弹性模量为过 σ—ε 曲线原点 0 所作切线的斜率,故亦称原点切线弹性模量。即:

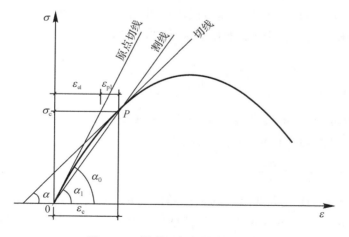

图 2.28　混凝土的三种变形模量

$$E_c = \tan\alpha_0 = \frac{\sigma_c}{\varepsilon_{el}} \tag{2.19}$$

式中,α_0——过原点 0 的切线与 ε 轴的夹角;

ε_{el}——混凝土的弹性应变。

对不同强度等级混凝土的试验数据进行统计分析,得到混凝土弹性模量与立方体强度标准值 $f_{cu,k}$ 间的关系式如下:

$$E_c = \frac{10^5}{2.2 + 34.7/f_{cu,k}} (N/mm^2) \tag{2.20}$$

附表 2 即为不同强度等级混凝土的弹性模量值。

二、变形模量 E_c'

σ—ε 曲线上应力为 σ_c 的任意一点(如图 2.28 中 P 点)与原点 0 连线的斜率称为变形模量 E_c'。因其为曲线上的割线,故亦称割线模量。即:

$$E_c' = \tan\alpha_1 = \frac{\sigma_c}{\varepsilon_c} \tag{2.21}$$

式中,α_1——割线 $0P$ 与 ε 轴的夹角;

ε_c——相应于应力为 σ_c 时的总应变:

$$\varepsilon_c = \varepsilon_{el} + \varepsilon_{pl}$$

ε_{el}——混凝土弹性应变;

ε_{pl}——混凝土塑性应变。

E_c 与 E_c' 的关系可推导如下,由公式(2.19)和公式(2.21)可得:

$$E_c \varepsilon_{el} = E_c' \varepsilon_c \tag{2.22}$$

$$E_c' = \frac{\varepsilon_{el}}{\varepsilon_c} E_c = \frac{\varepsilon_{el}}{\varepsilon_{el} + \varepsilon_{pl}} E_c = \nu E_c \tag{2.23}$$

式中,ν 为混凝土受压时的弹性系数,为弹性应变 ε_{el} 与总应变 ε_c 之比,反映了混凝土的弹塑性性质。当应力较小($\sigma_c \leqslant 0.3f_c$)时,混凝土可视为处于弹性阶段,$\varepsilon_{pl} = 0$,$\varepsilon_c = \varepsilon_{el}$,可取 $\nu = 1$;当应力较大时,混凝土处于弹塑性阶段,$\nu < 1$,ν 值随应力增加而减小;当应力 $\sigma = 0.8f_c$ 时,$\nu = 0.4 \sim 0.7$。

三、切线模量 E_c''

从图 2.28 中可知,过 σ—ε 曲线上某一应力 σ_c 处 P 点作一切线,则该切线的斜率即为相应于应力为 σ_c 时的切线模量,可表达为:

$$E_c'' = \tan\alpha = \frac{d\sigma_c}{d\varepsilon_c} \tag{2.24}$$

要直接在 σ—ε 曲线上得到原点的切线是困难的。混凝土弹性模量目前主要通过试验测定,用 $150mm \times 150mm \times 300mm$ 的棱柱体试件,先加荷至 $0.4f_c$,然后卸荷至零。如此重复加卸荷 $5 \sim 10$ 次,每次加卸荷总有一部分塑性应变 ε_{pl} 不能恢复,成为残余变形,从而使应力 - 应变曲线逐渐接近于一条直线,该直线的正切值即为混凝土的弹性模量。

2.3.3　混凝土受拉时的变形性能

混凝土受拉时的应力应变关系也是一条曲线,分为上升段和下降段,如图 2.29 所示。曲线的形状与受压时的曲线相似。但各特征值要小得多。其应力 - 应变曲线方程可按下列公式确定:

当 $x \leqslant 1$ 时

$$y = 1.2x - 0.2x^6 \qquad (2.25)$$

当 $x > 1$ 时

$$y = \frac{x}{\alpha_t(x-1)^{1.7} + x} \qquad (2.26)$$

$$x = \varepsilon/\varepsilon_t \qquad (2.27)$$

$$y = \sigma/f_t^* \qquad (2.28)$$

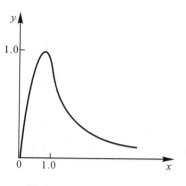

图 2.29　混凝土受拉时的应力 - 应变曲线

式中:α_t—— 单轴受拉应力 - 应变曲线下降段的参数值,按表 2.1 取用,其计算式为 $\alpha_t = 0.312 f_t^{*2}$;

f_t^*—— 混凝土的单轴抗拉强度 (f_{tk}, f_t, f_{tm});

ε_t—— 与 f_t^* 相应的混凝土峰值拉应变,按表 2.1 取用,其计算式为 $\varepsilon_t = f_t^{*0.54} \times 65 \times 10^{-6}$

表 2.2　混凝土单轴受拉应力 - 应变曲线的参数值

f_t^* (N/mm^2)	1.0	1.5	2.0	2.5	3.0	3.5	4.0
$\varepsilon_t (\times 10^{-6})$	65	81	95	107	118	128	137
α_t	0.31	0.70	1.25	1.95	2.81	3.82	5.00

图 2.29 中曲线原点的切线斜率与受压时基本一致,故受拉弹性模量可采用与受压弹性模量 E_c 相同的数值。受拉时变形模量 $E_c' = \nu_t E_c$,达到最大拉应力 f_t 时的弹性系数 $\nu_t = 0.5$,即 $\varepsilon_{el} \approx \varepsilon_{pl}$,故相应于 f_t 的变形模量 $E_c' = 0.5E_c$。

试验得到相应于应力 - 应变曲线应力峰值(即抗拉强度 f_t)时的极限拉应变值 ε_t 大致为 $(50 \sim 270) \times 10^{-6}$。混凝土强度等级越高,其值越大。构件计算时,极限拉应变值可取 $(100 \sim 150) \times 10^{-6}$。

2.3.4　混凝土在单轴重复荷载作用下的变形性能

工业厂房中的吊车梁就是承受重复荷载的典型构件。在整个使用期间内,吊车作用的重复次数可达 200 ~ 600 万次。

混凝土在重复荷载作用下,其变形性能有如下特点。

一、一次加荷卸荷时的应力 - 应变曲线

如图 2.30 所示,当混凝土棱柱体试件一次短期单轴加荷至应力为 $\sigma_1(A)$ 点时,其应

力 - 应变曲线为 0—A。若卸荷至零,则应力 - 应变曲线为 A—B,卸荷时瞬时恢复的应变值为 ε'_{el};经过一段时间,应变还能恢复一部分为 ε''_{el}(图中 B—B′ 段)称弹性后效,最后剩下不可恢复的塑性变形为 ε_{pl},亦称残余变形(图中 B′—0 段)。可见,经过一次加荷和卸荷的全过程,混凝土的应力 - 应变曲线形成一个封闭的应力应变滞回环。

二、多次重复荷载作用下的应力 - 应变曲线

如图 2.31 所示,如果一次加荷应力小于混凝土疲劳强度 f^f_c 时,其加荷卸荷的应力 - 应变曲线如上所述,形成一个滞回环 OAB。在多次加荷和卸荷的循环过程中,塑性变形将逐渐积累,每次循环产生的残余变形随循环次数的增加而不断减小,滞回环所包围的面积不断减小,表明混凝土内部的能量逐渐消失,内部组织结构渐趋稳定。经过多次循环,σ—ε 曲线闭合成为一条直线(图 2.31 中的 CD′ 线)。

试验表明,该直线与一次加荷曲线原点 0 的切线基本平行。如果继续重复加荷,混凝土的应力应变关系仍维持直线的弹性工作状态。如果将应力从 σ_1 加大至 σ_2,只要 σ_2 仍小于混凝土疲劳强度 f^f_c,则其加荷和卸荷的规律与上述相同,σ—ε 曲线仍为一滞回环,经多次重复加、卸荷后,应力 - 应变曲线仍闭合成一条直线(图 2.31 中的 EF′ 线)。

如果加荷应力增大至 σ_3,超过疲劳强度 f^f_c 时,σ—ε 曲线开始时仍为滞回环,经多次循环后成为一条直线,如再继续重复加荷卸荷,则应力 - 应变曲线转向相反方向弯曲,从凸向应力轴转为凸向应变轴(图 2.31 中的 GH 线),以致不能形成封闭的滞回环,σ—ε 曲线的斜率不断降低,最后因混凝土严重开裂或变形太大而破坏,这种破坏称为混凝土的疲劳破坏。

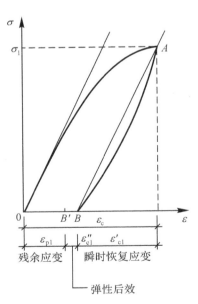

图 2.30   一次加、卸荷时混凝土
的应力 - 应变曲线

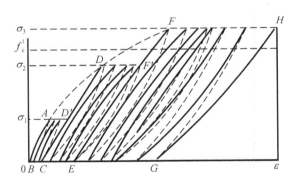

图 2.31   重复荷载作用下混凝土
的应力 - 应变曲线

上述两种不同应力 - 应变曲线的发展过程和变化,其关键是施加荷载时应力的大小,其应力的界限即为混凝土疲劳强度 f_c^f。

国内外大量试验表明,混凝土的疲劳强度要低于混凝土轴心抗压强度,其值比较分散,除与重复加荷次数、混凝土强度等级有关外,还随构件截面同一纤维上最小应力与最大应力的比值 $\rho^f = \sigma_{c,\min}^f / \sigma_{c,\max}^f$ 而变化,比值越小,混凝土疲劳强度越低。不同 ρ_c^f 值时混凝土的疲劳强度修正系数 γ_ρ 见附表 3。

2.3.5　混凝土在荷载长期作用下的变形性能——徐变

混凝土在恒定荷载长期作用下,变形随时间而增长的现象称为混凝土的徐变。因此混凝土徐变特性主要与时间参数有关。图 2.32 为徐变与时间关系的试验曲线,试件用 $100\text{mm} \times 100\text{mm} \times 400\text{mm}$ 的棱柱体。从图中可见,当试件加荷至应力 $\sigma = 0.5f_c$ 时,加荷瞬时产生的应变为瞬时弹性应变 ε_{el}。若保持荷载不变,随时间的增加,应变继续增长,这就是混凝土的徐变应变 ε_{cr}。徐变在加荷的前四个月左右增长较快,以后逐渐减慢;六个月达最终徐变应变的 $70\% \sim 80\%$,一年可完成 90%,基本上趋于稳定;之后还会继续有所发展,但数量不大。两年的徐变应变值约为瞬时应变值的 $2 \sim 4$ 倍。徐变应变和瞬时弹性应变之比称为徐变系数 φ_{cr},则 $\varphi_{cr} = \varepsilon_{cr(t=\infty)} / \varepsilon_{el} = (2 \sim 4)$。从图 2.32 尚可见,若两年后卸荷,试件瞬时将恢复一部分应变,称为瞬时恢复的弹性应变 ε_{el}',其值比加荷时的瞬时弹性应变 ε_{el} 略小。经过一段时间,约 20 天左右,由于水泥凝胶体的黏性流动,又会恢复一部分应变,称为弹性后效 ε_{el}'',其数量约为徐变应变的 1/12,试件中最终留下绝大部分不可恢复的塑性应变,即为残余应变 ε_{cr}'。

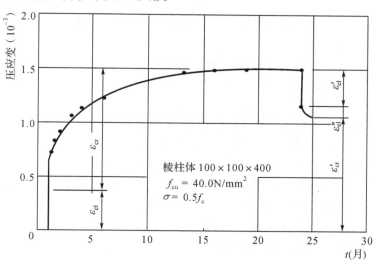

图 2.32　混凝土徐变与时间的关系曲线

产生混凝土徐变的原因较为复杂。一般认为,主要是由于混凝土受力后水泥凝胶体的黏性流动要持续一个很长的时间以及微裂缝的持续延伸和发展。当应力不大时($\sigma \leqslant 0.5f_c$),徐变主要是由于水泥凝胶体的黏性流动产生的塑性变形;当应力较大($\sigma > 0.5f_c$)时,产生徐变的主要原因则为应力集中引起微裂缝持续发展而引起的塑性变形。

因此,凡对上述原因有关的因素都将影响混凝土的徐变。

1. 混凝土组成成分及配合比

混凝土中水泥用量越多,水灰比越大,骨料强度和弹性模量越小或其用量越少,徐变就越大。此外,徐变还与水泥品种有关。

2. 混凝土养护条件和使用环境

混凝土养护时的温度越高,湿度越大,水泥水化作用越充分,徐变就越小。加荷期间,温度越高,湿度越低,徐变越大。加荷时,混凝土龄期对徐变亦有影响,龄期越短,徐变越大。

3. 构件的体表比

体表比为构件体积和表面积之比,体表比越小,徐变越大。所以构件尺寸越小,徐变也就越大。

4. 应力大小

应力大小对徐变有很大影响。若结构构件在恒定荷载长期作用下截面中的应力为σ,混凝土受荷时强度为f_c,则σ / f_c值越大,徐变也就越大。

当应力$\sigma \leqslant 0.5f_c$时,混凝土的徐变为线性徐变,即徐变与应力大致为线性关系,随着时间增长,徐变趋向稳定,最终接近于某一定值。徐变与时间即ε_{cr}—t曲线的渐近线将与横轴(时间轴)平行。

当应力$\sigma > (0.5 \sim 0.8)f_c$时,徐变比应力增长更快,两者不成比例,发展为非线性徐变。此时水泥凝胶体黏性流动的增长速度大致稳定,而微裂缝将随应力增大急剧发展。

当应力$\sigma > 0.8f_c$时,徐变将变为非收敛性徐变。此时微裂缝已处于不稳定状态,最终徐变将导致混凝土破坏。

所以,结构长期处于高应力状态下是不安全的。实际上$\sigma = 0.8f_c$即为荷载长期作用下混凝土的抗压强度。

混凝土的徐变将对结构的受力性能产生影响:

(1) 在荷载长期作用下,梁受压区混凝土的徐变将使梁挠度增大。徐变还将引起截面应力的重分布,如在受压柱中,随着恒定荷载的长期作用,混凝土压应力不断降低,钢筋压应力不断增加(详见第 7 章 7.1.1 节);又如在预应力混凝土结构中,混凝土徐变将引起预应力损失。所有这些都将对结构受力性能产生不利影响。

(2) 受拉徐变使混凝土拉应力减小,从而延缓收缩裂缝的出现,以及减少由于支座不均匀沉降产生的应力等。这些则是对结构的有利方面。

因此,在结构分析和设计时,应注意混凝土徐变所产生的各种影响。

2.3.6　混凝土的收缩

混凝土在空气中结硬时体积缩小(称为收缩);在水中结硬时体积膨胀,这些均属体积变形,与外力无关。收缩值要比膨胀值大得多。图 2.33 为混凝土自由收缩的试验结果。从图中可见,收缩是一种随时间而增长的变形。

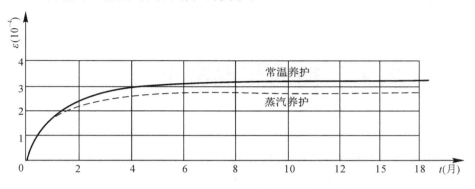

图 2.33　混凝土收缩与时间的关系曲线

收缩变形的规律是先快后慢,在开始两周内可完成全部收缩量的 25% 左右,一个月约可完成 50%,三个月后收缩减慢,六个月可完成全部收缩量的 80% ～ 90%,一般两年后趋向稳定。普通混凝土的最终收缩应变值大致为 $(2 \sim 6) \times 10^{-4}$,但有时可能更大;轻骨料混凝土的收缩较大,约为 $(4 \sim 7) \times 10^{-4}$。

混凝土结硬初期收缩变形发展较快,主要是水泥石在水化、凝固和结硬过程中产生的体积变形;后期主要是混凝土内部自由水分蒸发造成的干缩。因此,凡是影响这两部分变形的因素都与混凝土收缩有关,且与影响混凝土徐变的因素亦基本相同(除应力条件外),主要有以下几方面。

1. 混凝土的组成成分和配合比

水泥用量越多,水灰比越大,收缩越大。骨料弹性模量高,粒径大,级配好,所占体积比大,则收缩小。因为骨料对水泥石收缩有约束作用。

2. 混凝土养护条件和使用环境

高温湿养可加快水泥水化,减少混凝土中的自由水分,使收缩减小。构件在使用环境中,温度越高、相对湿度越小,收缩越大,因为干燥失水促使收缩增大。如果处于水中或湿度较高的环境中,混凝土反而会产生体积膨胀。

3. 构件体表比

构件体表比越小,收缩越大。如尺寸较小的构件、工字形和箱形等薄壁构件的收缩量均较大。

混凝土的收缩将对结构构件产生下述影响:

(1) 混凝土如果能自由收缩,不受到约束,将不产生应力,但如果混凝土的收缩受到外部(如支承处)或内部(如钢筋)的各种约束,就将在其中产生拉应力,加速裂缝的出现和发展,甚至可能在构件未受荷前,即出现初始的收缩裂缝;

(2) 引起预应力混凝土构件中的预应力损失;

(3) 因为收缩引起的变形与荷载作用下梁的弯曲变形是叠加的,所以将增大梁的长期挠度;

（4）对跨度变化比较敏感的静不定结构，如拱等将产生不利的内力。

当混凝土收缩很大时，应对收缩应力作出估算。

2.4　钢筋与混凝土的粘结

钢筋与混凝土间的粘结是钢筋混凝土构件共同工作的必要条件，通过粘结传递混凝土和钢筋两者间的应力，协调变形。

钢筋混凝土结构的粘结问题不仅在理论上具有重要意义，在工程实践中也很重要，如钢筋的锚固、搭接和延伸等，钢筋细部构造设计最主要的目的之一也就是要获得良好的粘结性能。

2.4.1　粘结的作用与性质

图 2.34 为混凝土中埋入的一根直径为 d 的钢筋，其端部施加拉力 N，如果钢筋和混凝土之间无粘结，钢筋将被拔出；如果有粘结，但钢筋埋入长度不足，也同样会被拔出。只有当钢筋和混凝土之间具有一定的粘结应力和足够的埋入长度，钢筋才不会被拔出。可见，粘结应力实质上是钢筋和混凝土接触面上抵抗相对滑移而产生的剪应力，通过粘结应力，钢筋将部分拉力传给混凝土，使两者共同受力。

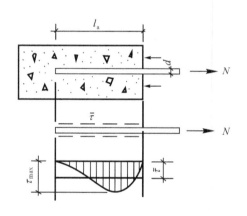

图 2.34　拔出试验与锚固粘结应力分布图

若取钢筋为脱离体，则钢筋所承受的拉力 N 将由其表面的平均粘结应力 τ 平衡，当钢筋应力达到其抗拉强度 f_y 时，所需的埋入长度称为锚固长度 l_a，可从下式计算：

$$N = \bar{\tau}\pi d l_a \tag{2.29}$$

$$N = f_y A_s = f_y \frac{\pi d^2}{4} \tag{2.30}$$

从以上两式即得：

$$l_a = \frac{d}{4} \cdot \frac{f_y}{\tau} \tag{2.31}$$

从上式可见,锚固长度 l_a 与钢筋抗拉强度 f_y 成正比,与平均粘结应力 $\bar{\tau}$ 成反比。

下面,再以钢筋混凝土梁为例,进一步说明粘结的作用。如图 2.35 所示的梁,受荷后弯曲变形,如果钢筋与混凝土无粘结,则两者之间就不会产生阻止相对滑移所需的作用力,钢筋将不参与受拉,配筋的梁就和素混凝土梁一样,在不大的荷载作用下,即开裂发生脆性破坏,如图 2.35(a) 所示。当钢筋与混凝土之间有粘结时,情况就完全不同了,梁受荷后,在支座与集中荷载之间的弯剪段内,钢筋与混凝土接触面上将产生粘结应力,通过它将拉力传给钢筋,使钢筋与混凝土共同受力,成为钢筋混凝土梁。

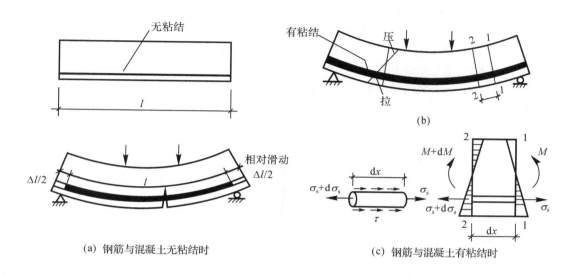

图 2.35　梁内锚固粘结应力图

从图 2.35(b) 取出截面 1—1 和 2—2 之间微段 dx 作为脱离体,如图 2.35(c) 所示,可见,受拉钢筋两端的应力是不相等的,其应力差将由表面的粘结应力相平衡。从钢筋微段的脱离体可得平均粘结应力 $\bar{\tau}$ 为:

$$(\sigma_s + d\sigma_s)A_s - \sigma_s A_s = \pi d\bar{\tau}\,dx$$

$$\bar{\tau} = \frac{d}{4} \cdot \frac{d\sigma_s}{dx} \tag{2.32}$$

式中,A_s 为钢筋截面面积。

从公式(2.32)可见,如果没有粘结应力,钢筋应力就不会沿其长度发生变化;反之,如果钢筋应力沿其长度没有变化,即钢筋两端没有应力差,也就不会产生粘结应力。

2.4.2　两类粘结应力

粘结应力按其作用与性质可分为锚固粘结应力和局部粘结应力两类。

一、锚固粘结应力

在图 2.34 中,钢筋在锚固长度 l_a 内,与混凝土接触面上的剪应力即属锚固粘结应力。

图 2.36 所示为一钢筋混凝土悬臂梁，钢筋由支座边伸入梁端必须有足够的长度，通过这段长度上粘结应力的积累，才能保证充分利用受拉钢筋的强度，使钢筋应力由支座边的设计强度逐渐减小至在钢筋端部为零。这段长度就是锚固长度 l_a。从图中可见，最大粘结应力 τ_{max} 发生在离支座边某一距离处，并向钢筋端部逐渐减小至零，因此，钢筋必须要有足够的锚固长度，但也不需太长，否则亦不起作用。

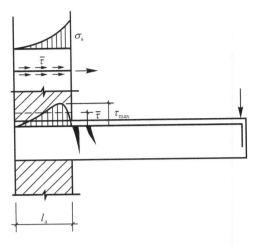

图 2.36　伸臂梁端部锚固粘结应力分布图

连续梁或伸臂梁中间支座承受负弯矩的纵向受拉钢筋，在其受力不需要的截面从理论上即可截断(称理论截断点)，但亦需再延伸一段距离进行锚固，称为延伸长度 l_d，如图 2.37 所示，以保证钢筋设计强度的充分发挥，满足斜截面抗弯强度的需要(详见第 5 章 5.7 节)。

此外，由于钢筋长度不够，或构造需要搭接时(如设置施工缝等)，亦必须有一定的搭接长度 l_l，以保证两根钢筋的拉力分别依靠它们与混凝土之间的粘结应力进行传递。

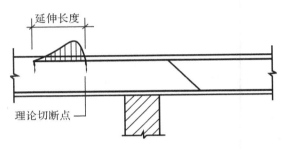

图 2.37　连续梁负弯矩处钢筋的理论切断点与实际切断点

钢筋的延伸及搭接亦均属于锚固粘结应力。

锚固粘结应力直接影响结构构件的承载力，必须予以保证。锚固、延伸或搭接长度不足，构件均会因粘结不足而破坏。

锚固长度 l_a 可通过计算或采用构造措施予以确定。有些国家的规范和我国原规范均采用一定的构造措施予以保证。我国新《规范》在试验研究、工程经验和可靠度分析的基础上，改用计算方法确定锚固长度和搭接长度。

二、局部粘结应力

局部粘结应力是指裂缝附近的粘结应力。图 2.38 所示为一轴心受拉构件，两端各作用有拉力 N。

当 N 较小，混凝土未开裂时，从图 2.38(a) 可见，除构件端部区段外，构件中部钢筋和混凝土的应变是相同的，$\varepsilon_s = \varepsilon_c$，这表明两者共同变形、共同受力，钢筋和混凝土的应力 σ_s 和 σ_c 沿构件长度也是均匀分布的。

随 N 增大，σ_s 和 σ_c 亦相应增大。当混凝土应力 σ_c 达到其抗拉强度时，在构件最薄弱

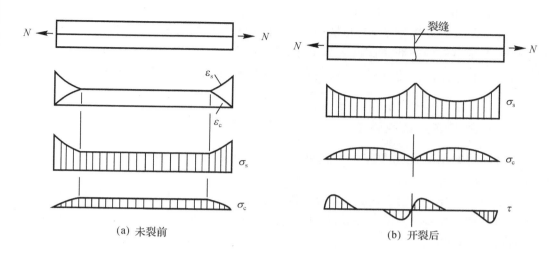

图 2.38　局部粘结应力图

的截面将出现第一条垂直于构件纵轴的裂缝。裂缝出现后,裂缝截面混凝土退出工作,沿钢筋向两边滑移回缩,不再参与受拉,此时,拉力全部转由钢筋承受,使其应力突然增大。从图 2.38(b) 可见,钢筋应力 σ_s 在裂缝截面出现一个峰值,相应的混凝土应力为零,即 $\sigma_c = 0$。

　　由于钢筋与混凝土之间存在着粘结,离开裂缝截面,混凝土的回缩受到约束,相对滑移逐渐减小,钢筋通过粘结应力又将部分拉力传给混凝土,使混凝土的应力又逐渐增大,钢筋应力相应减小。经过一段距离,钢筋与混凝土又共同受力,直至混凝土应力达到抗拉强度又出现新的裂缝。

　　这种裂缝附近产生的局部粘结应力,其作用是使裂缝之间的混凝土参与受拉,与锚固粘结应力的作用不同。

2.4.3　粘结力的组成和粘结性能

一、粘结力的组成

钢筋与混凝土之间的粘结力由三部分组成。

1. 钢筋与混凝土接触面上的化学胶着力

化学胶着力是混凝土中水泥凝胶体与钢筋表面产生的吸附胶着作用。化学胶着力一般很小,只在钢筋和混凝土界面处于原生状态时才存在,一旦钢筋和混凝土产生相对滑移,就失去作用。

2. 钢筋与混凝土之间的摩擦力

摩擦力是由于混凝土硬化时的收缩对钢筋产生的握裹挤压作用产生的,挤压力越大,接触面上的粗糙程度越大,摩擦力也越大。

3．钢筋与混凝土的机械咬合力

机械咬合力对光面钢筋，主要是由于表面凹凸不平产生的；对带肋钢筋，主要是由于在钢筋表面突出的横肋之间嵌入混凝土而形成的。

光面钢筋与混凝土之间的粘结力主要来自摩擦力；对带肋钢筋，则主要来自机械咬合力。

二、光面钢筋的粘结性能

光面钢筋的粘结性能和破坏形态可通过拔出试验加以研究，混凝土的粘结强度通常亦可用拔出试验来测定。

图 2.39 为拔出试验所得粘结应力 τ 和粘结滑移 s 的关系曲线（τ—s 曲线），纵坐标表示试件的平均粘结应力 $\bar{\tau} = P/\pi dl$，横坐标表示试件加荷端的滑移值 s_1（即钢筋和周围混凝土的相对位移值）。

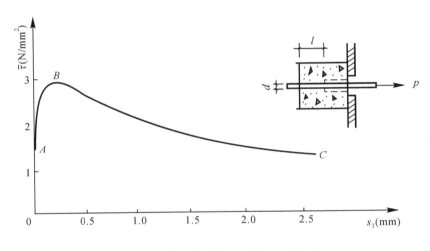

图 2.39　粘结应力与粘结滑移关系曲线

当加荷初期，拉力较小，钢筋与混凝土界面上开始受剪时，化学胶着力起主要作用，此时，界面上无滑移（如图 2.39 中 A 点以前），随着拉力增大，从加荷端开始化学胶着力逐渐丧失，摩擦力开始起主要作用，此时，滑移逐渐增大，粘结刚度逐渐减小。曲线到达 B 点时，粘结应力达到峰值，称为平均粘结强度。然后，滑移急剧增大，τ—s 曲线进入下降段，此时，嵌入钢筋表面凹陷处的混凝土被陆续剪碎磨平，摩擦力不断减小。当曲线下降到 C 点时，曲线趋于平缓，但仍存在残余粘结强度。破坏时，钢筋从试件内拔出，拔出的钢筋表面与其周围混凝土表面沾满了水泥和铁锈粉末，并有明显的纵向摩擦痕迹。

光面钢筋的粘结破坏属剪切型破坏，光面钢筋的一大缺点是粘结强度较低、滑移较大，与混凝土的粘结较差。

粘结应力和粘结滑移的关系曲线（τ—s 曲线）与混凝土的应力 - 应变关系曲线（σ—ε 曲线）具有同样重要的意义，它们都是非线性计算中不可缺少的本构关系。

三、带肋钢筋的粘结性能

拔出试验表明,当受荷开始拉力不大、钢筋与混凝土之间的界面开始受剪时,主要是化学胶着力和摩擦力起作用。当界面剪应力逐渐增大,化学胶着力和摩擦力的作用逐渐减小或丧失时,机械咬合力接着起主要作用。

带肋钢筋的表面,混凝土以齿状嵌入其横肋之间,而横肋则对混凝土产生斜向挤压力,犹如楔的作用,形成对滑动的阻力,如图 2.40(a) 所示。

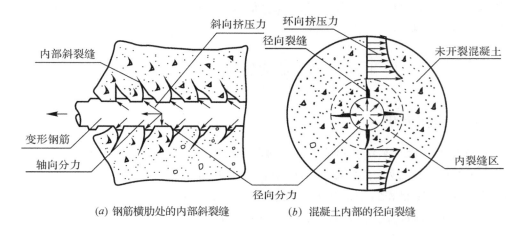

(a) 钢筋横肋处的内部斜裂缝　　　　(b) 混凝土内部的径向裂缝

图 2.40　带肋钢筋的粘结性能

斜向挤压力沿钢筋的轴向分力,使肋与肋之间的混凝土犹如一伸臂梁受弯和受剪,在剪应力和纵向拉应力的作用下,使横肋处的混凝土产生内部斜裂缝(图 2.40(a))。日本的后藤通过在钢筋表面的混凝土中压入彩色墨水,然后剖开混凝土,清晰地观察到了这种内部斜裂缝。

斜向挤压力的径向分力,则使外围混凝土犹如一承受内压力的管壁,产生环向拉应力,当环向拉应力超过混凝土的抗拉强度时,混凝土中就产生内部径向裂缝(图 2.40(b));当其发展至构件表面,即形成纵向劈裂裂缝。

加荷初期,相对滑移主要是由于在斜向挤压力作用下,肋处混凝土的局部变形。而内部斜裂缝的出现和发展,使钢筋有可能沿肋前混凝土挤碎粉末物堆积形成的新滑移面产生较大的相对滑动,如图 2.41 所示。

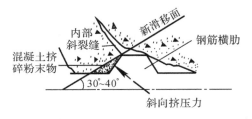

图 2.41　带肋钢筋加荷初期的相对滑移

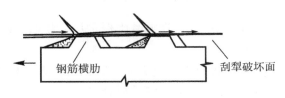

图 2.42　带肋钢筋的刮犁式破坏

当钢筋外围混凝土保护层较薄，且无箍筋对混凝土的约束时，劈裂裂缝将很快发展，形成劈裂破坏。将劈裂试件的混凝土剖开后，在混凝土劈裂面上留有清晰的钢筋肋印，肋前的混凝土被挤碎，在钢筋横肋之间的根部嵌固着挤碎的粉末状混凝土。如果混凝土保护层有足够厚度或配有箍筋时，劈裂裂缝的扩展将受到约束，不致发生劈裂破坏，而肋与肋之间的混凝土齿状突出部分将被压碎或剪断，使钢筋带着横肋之间的混凝土沿横肋外径圆柱面发生剪切滑动，直至被拔出，形成刮犁式破坏，如图2.42所示。钢筋被拔出后，钢筋的肋与肋之间全部为混凝土粉末紧密地填实。

由上述可见，带肋钢筋粘结破坏的形态与光面钢筋形成剪切型破坏不同，而是形成劈裂型或刮犁式破坏。

2.4.4　影响粘结强度的因素

一、钢筋表面形状

钢筋的表面形状对粘结强度有明显影响，带肋钢筋的粘结强度比光面钢筋高得多，大致可高出 $2 \sim 3$ 倍，故钢筋混凝土结构中宜优先采用带肋钢筋。如果采用光面钢筋，其端部应做弯钩。新轧制表面未锈蚀光面钢筋的粘结强度比有锈蚀的光面钢筋低，因此表面有轻度锈蚀的钢筋使用时可不必除锈。直径较粗钢筋的粘结强度比直径较细的钢筋低，因直径加大时相对肋的面积增加不多。

二、混凝土强度等级

粘结强度随混凝土强度等级的提高而提高，但并非线性关系。带肋钢筋的粘结强度与混凝土的抗拉强度大致成正比。

三、浇灌混凝土时钢筋所处的位置

粘结强度与浇灌混凝土时钢筋所处的位置有关。对混凝土浇灌厚度超过300mm以上的顶部水平钢筋，由于混凝土的泌水下沉和气泡逸出，使顶部水平钢筋（特别是直径较大的粗钢筋）的底面与混凝土之间形成空隙层，从而削弱了粘结作用，钢筋上面还可能出现纵向裂缝。《施工规范》对混凝土浇灌层的厚度作出了有关规定。

四、保护层厚度和钢筋间距

对带肋钢筋，当混凝土保护层太薄时，径向裂缝可能发展至构件表面出现纵向劈裂裂缝。

当钢筋的净间距太小时，其外围混凝土将发生沿钢筋水平处贯穿整个梁宽的水平劈裂裂缝，使整个混凝土保护层崩落。

因此，《规范》规定了各类构件在不同使用环境和不同混凝土强度等级时，混凝土保护层的最小厚度以及钢筋之间的最小间距（附表19）。

五、横向钢筋

梁中如果配有箍筋,可以延缓劈裂裂缝的发展或限制其宽度,从而提高粘结强度。因此在较大直径钢筋的锚固区和搭接长度范围内,以及当一排并列的钢筋根数较多时,均应增加一定数量的附加箍筋,以防止混凝土保护层的劈裂崩落。

六、侧向压力的作用

当钢筋的锚固区有侧向压力作用时(如简支梁的支座反力),粘结强度将提高,锚固长度 l_{as} 可比 l_a 相应减少,但侧向压力过大,或有侧向拉力时,反而会使混凝土产生沿钢筋的劈裂。

2.5 钢筋的锚固和搭接

2.5.1 锚固长度 l_a 的计算

为了使钢筋和混凝土能够可靠地共同工作,钢筋在混凝土中必须要有可靠的锚固。

近年来,我国钢筋强度不断提高,外形日趋多样化、结构形式也日益丰富,这些均使锚固条件有了很大的变化。根据近年来系统试验研究及可靠度分析的结果,并参考国外标准,新《规范》采用了以简单的计算方法确定锚固长度。

当计算中充分利用钢筋的抗拉强度时,受拉钢筋的基本锚固长度 l_{ab} 可按下式计算:

$$l_{ab} = \alpha \frac{f_y}{f_t} d \tag{2.33}$$

式中:f_y —— 普通钢筋的抗拉强度设计值,当采用预应力钢筋时,以 f_{py} 代替 f_y;

f_t —— 混凝土轴心抗拉强度设计值,当混凝土强度等级高于 C60 时,按 C60 取值;

d —— 锚固钢筋的公称直径(附表 12 ~ 14);

α —— 锚固钢筋的外形系数,按表 2.3 取用。

表 2.3 锚固钢筋的外形系数

钢筋类型	光面钢筋	带肋钢筋	螺旋肋钢丝	三股钢绞线	七股钢绞线
α	0.16	0.14	0.13	0.16	0.17

注:光面钢筋末端应做 180° 弯钩,弯后平直段长度不应小于 $3d$,但作受压钢筋时可不做弯钩;带肋 钢筋系指 HRB335 级、HRB400 级钢筋及 RRB400 级余热处理钢筋。

从上式可见,基本锚固长度 l_a 与钢筋抗拉强度 f_y、混凝土抗拉强度 f_t、钢筋直径 d 与钢筋外形有关。式中分母项反映了混凝土粘结锚固强度的影响。取用 f_t 时,限制混凝土强度等级,高于 C60,按 C60 取值,其目的是控制高强混凝土中的锚固长度不致过小。

受拉钢筋的锚固长度尚应根据具体锚固条件按下列公式计算,且不应小于 $0.6l_{ab}$ 的倍及 200mm;

$$l_a = \zeta_a l_{ab} \tag{2.34}$$

式中: l_{ab} —— 受拉钢筋的基本锚固长度;

ζ_a —— 锚固长度修正系数。

锚固长度修正系数 ζ_a 应根据钢筋的锚固条件按下列规定取用:

1. 当带肋钢筋直径大于 25mm 时,其锚固长度应适当加大,乘以修正系数 1.1,因带肋钢筋直径较大时,相对肋高减小,对锚固作用将降低;

2. 环氧树脂涂层带肋钢筋,由于其表面光滑状态对锚固作用降低的影响,其锚固长度应乘以 1.25 的修正系数;

3. 当钢筋在混凝土施工过程中受到扰动(例如滑模施工或其他施工期依托钢筋承载的情况),将对钢筋锚固作用产生不利影响,故应乘以 1.1 的修正系数;

4. 当纵向受力钢筋的实际配筋面积大于其设计计算面积时,因钢筋的实际应力小于强度设计值,因此其锚固长度可以减少,其数值与配筋余量的大小成比例,此时,修正系数可取设计计算面积与实际配筋面积的比值,但对有抗震设防要求及直接承受动力荷载的结构构件,不应考虑此项修正;

5. 锚固区保护层厚度为钢筋直径 d 的 3 倍时,即 $3d$ 时其锚固长度的修正系数可取 0.8;保护层厚度为 $5d$ 时,修正系数可取 0.7,中间按内插取值,因此时握裹作用将加强。

以上五项系数可以连乘计算,但出于构造要求,修正后的受拉钢筋锚固长度不应小于 0.6 及 200mm。对预应力钢筋可取 1.0。

当锚固钢筋保护层厚度不大于 $5d$ 时,锚固长度范围内应配置横向构造钢筋,其直径不应小于 $d/4$;对梁、柱等杆件构件间距不应大于 $5d$,对板、墙等平面构件间距不大于 $10d$,且均不应小于 100mm,此处 d 为锚固钢筋的直径。

混凝土结构中的受压钢筋也存在锚固问题,当计算中充分利用抗压钢筋的抗压强度时,受压钢筋的锚固长度应不小于相应受拉锚固长度的 0.7 倍。

受压钢筋不应采用末端弯钩和一侧贴焊锚筋的锚固措施。受压钢筋锚固长度范围内的横向构造钢筋应符合受拉钢筋锚固长度的要求。

2.5.2　减少锚固长度的措施

在钢筋末端配置弯钩和机械锚固是减少锚固长度的有效方式,其原理是利用受力钢筋端部锚头(弯钩、贴焊锚筋、焊接锚板或螺栓锚头)对混凝土的局部挤压作用加大锚固承载力。锚头对混凝土的局部挤压保证了钢筋不会发生锚固拔出破坏,但锚头必须有一定的直段锚固长度,以控制锚固钢筋的滑移,使构件不致发生较大的裂缝和变形。因此对钢筋末端弯钩和机械锚固可以乘修正系数 0.6,有效地减小锚固长度。应该注意的是上述修正的锚固长度已达到 $0.6l_{ab}$,不应再考虑前述五项的锚固长度修正系数 ζ_a。

钢筋弯钩和机械锚固的形式和技术要求应符合表 2.4 和图 2.43 规定。锚固长度范围内的构造钢筋应符合受拉钢筋锚固长度的要求。

表 2.4　钢筋弯钩和机械锚固的形式和技术要求

锚固形式	技术要求
90° 弯钩	末端 90° 弯钩,弯后直段长度 12d
135° 弯钩	末端 135° 弯钩,弯后直段长度 5d
一侧贴焊锚筋	末端一侧贴焊长 5d 同直径钢筋,焊缝满足强度要求
两侧贴焊锚筋	末端两侧贴焊长 3d 同直径钢筋,焊缝满足强度要求
焊端锚板	末端与厚度 d 的锚板穿孔塞焊,焊缝满足强度要求
螺栓锚头	末端旋式螺栓锚头,螺纹长度满足强度要求

注:1. 锚板式锚头的承压面积应不小于锚固钢筋计算截面积的 4 倍;
　　2. 螺栓锚头产品的规格、尺寸应满足螺纹连接的要求,并应符合相关标准的要求;
　　3. 螺栓锚头和焊接锚板的间距不大于 3d 时,宜考虑群锚效应对锚固的不利影响;
　　4. 截面角部的弯钩和一侧贴焊锚筋的布筋方向宜向内偏置。

承受动力荷载的预制构件,为吊车梁等构件,应将纵向受力普通钢筋末端焊接在钢板或角钢上,钢板或角钢应可靠地锚固在混凝土中。钢板或角钢的尺寸应按计算确定,其厚度不宜小于 10mm。

其他构件中的受力普通钢筋的末端也可通过焊接钢板或型钢实现锚固。

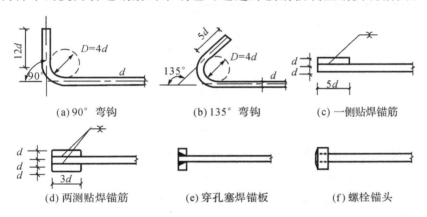

(a) 90° 弯钩　　　　(b) 135° 弯钩　　　　(c) 一侧贴焊锚筋

(d) 两测贴焊锚筋　　　　(e) 穿孔塞焊锚板　　　　(f) 螺栓锚头

图 2.43　钢筋弯钩和机械锚固的形式和技术要求

2.5.3　钢筋的搭接

构件中的纵向受力钢筋如由于长度不够或其他原因时,可将钢筋搭接一段长度,称为搭接长度 l_l,通过搭接长度内钢筋与混凝土之间的粘结,将一根钢筋所受的力传递给另一根钢筋。

搭接的方式有两类:绑扎搭接;机械连接或焊接。

由于钢筋通过连接接头,传力的性能总不如整根钢筋,任何形式的钢筋连接均会削弱其受力性能,故设置钢筋连接的原则是:受力钢筋的接头应设置在受力较小处;同一根钢筋上应尽可能少设接头。同一构件中相邻纵向受力钢筋的绑扎搭接接头宜相互错开,接头端面位置应保持一定间距,首尾相接式的布置会在相接处引起应力集中和局部裂缝,应加以避免。在结构的重要构件和关键传力部位,纵向受力钢筋不宜设置连接接头。

一、绑扎搭接接头

受拉构件,如轴心受拉及小偏心受拉构件(桁架和拱的拉杆等)的纵向受力钢筋不得采用绑扎搭接接头。

当受拉钢筋的直径 $d > 28$mm 及受压钢筋 $d > 30$mm 时,不宜采用绑扎搭接接头。

1. 纵向受拉钢筋绑扎搭接接头的长度 l_l

搭接长度与同一连接区段内钢筋搭接接头面积百分率有关。连接区段的长度为 1.3 倍搭接长度,凡搭接接头中点位于该连接区段长度内的搭接接头均属于同一连接区段。同一连接区段内纵向钢筋搭接接头面积百分率为该区段内有搭接接头的纵向受力钢筋截面面积与全部纵向受力钢筋截面面积的比值。图 2.44 中所示同一连接区段内($1.3l_l$)共有 4 根纵向受力钢筋,其中有搭接接头的钢筋为两根,当钢筋直径相同时,钢筋搭接接头面积百分率为 50%。

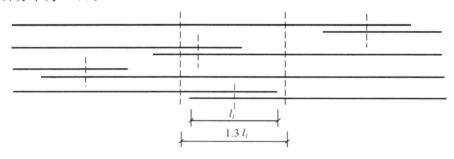

图 2.44   钢筋的搭接位置和长度

位于同一连接区段内的受拉钢筋搭接接头面积百分率为:对梁类、板类及墙类构件不宜大于 25%。对柱类结构不宜大于 50%。当工程中确有必要增大,受拉钢筋搭接接头面积百分率时,对梁类构件,不应大于 50%;对板类、墙类构件可根据实际情况放宽。

纵向受拉钢筋绑扎搭接接头的搭接长度 l_l 按下式计算:

$$l_l = \zeta_l l_{ab} \tag{2.35}$$

式中:l_{ab}——纵向受拉钢筋的锚固长度(式 2.33);

   ζ_l——纵向受拉钢筋搭接长度修正系数,按表 2.5 取用。

在任何情况下,纵向受拉钢筋绑扎搭接接头的搭接长度均不应小于 300mm。

表 2.5   纵向受拉钢筋搭接长度修正系数

纵向钢筋搭接接头面积百分率(%)	≤ 25	50	100
ζ_l	1.2	1.4	1.6

注:粗细钢筋搭接时,按粗钢筋截面积计算接头面积百分率,按细钢筋直径计算搭接长度。

从式(2.35)可见,受拉钢筋绑扎搭接接头搭接长度的计算中反映了接头面积百分率的影响。搭接长度随接头面积百分率的提高而增大，这是因为搭接接头受力后，相互搭接的两根钢筋将产生相对滑移，搭接长度越小，滑移越大。为了使接头在充分受力的同时，刚度不致过差，就需要相应增大搭接长度。

2. 纵向受压钢筋绑扎搭接接头的长度

构件中的纵向受压钢筋，当采用搭接连接时，其受压搭接长度不应小于纵向受拉钢筋搭接长度的 0.7 倍，且在任何情况下不应小于 200mm。

3. 搭接接头长度内配箍的构造要求

搭接接头区域的配箍构造措施对保证搭接传力至关重要。配箍的构造要求列于表 2.6。

表 2.6　纵向受力钢筋绑扎搭接长度范围内配箍要求

箍筋直径 d	箍筋间距 s		
$d \geqslant 0.25d$（搭接钢筋较大直径）	钢筋受拉时	$s \leqslant 5d$ $s \leqslant 100mm$	两者中取小者
	钢筋受压时	$s \leqslant 10d$ $s \leqslant 200mm$	两者中取小者
	（d 为搭接钢筋较小直径）		

受压钢筋直径较大时，应增加配箍要求，以防止局部挤压裂缝。当其直径 $d > 25mm$ 时，尚应在搭接接头两个端面外 100mm 范围内各设置两个箍筋。

二、机械连接接头

机械连接接头有套筒挤压连接技术、锥螺纹连接技术及直螺纹连接技术等。

钢筋机械连接接头连接区段的长度取为 $35d$（d 为纵向受力钢筋的较大直径），凡接头中点位于该连接区段长度内的机械连接接头均属于同一连接区段。

设置机械连接接头时，位于同一连接区段内的纵向受拉钢筋接头面积百分率不宜大于 50%。纵向受压钢筋的接头面积百分率可不受限制。

直接承受动力荷载的结构构件中的机械连接接头，除应满足设计要求的抗疲劳性能外，位于同一连接区段内的纵向受力钢筋接头面积百分率不应大于 50%。

机械连接接头连接件（如套筒）的混凝土保护层厚度宜满足纵向受力钢筋最小保护层厚度的要求。连接件之间的横向净间距不宜小于 25mm。

三、焊接接头

细晶粒热轧带肋钢筋以及直径大于 28mm 的带肋钢筋，其焊接应经试验确定，余热处理钢筋不宜焊接。

纵向受力钢筋的焊接接头应相互错开。钢筋焊接接头连接区段的长度亦为 $35d$（d 为纵向受力钢筋的较大直径），且不小于 500mm。

位于同一连接区段内纵向受力钢筋的焊接接头面积百分率，对纵向受拉钢筋接头，不应大于 50%。纵向受压钢筋的接头面积百分率可不受限制。

　　装配式构件连接处的纵向受力钢筋焊接接头可不受上述限制;承受均布荷载作用的屋面板、楼板、檩条等简支受弯构件,如在受拉区内配置的纵向受力钢筋少于 3 根时,可在跨度两端各 1/4 跨度范围内设置一个焊接接头。

　　需进行疲劳验算的构件,如吊车梁等,其纵向受拉钢筋不得采用绑扎搭接接头,也不宜采用焊接接头,且严禁在钢筋上焊有任何附件(端部锚固除外)。

　　当直接承受吊车荷载的钢筋混凝土吊车梁、屋面梁及屋架下弦的纵向受拉钢筋必须采用焊接接头时,应符合下列规定:

　　1. 必须采用闪光接触对焊,并去掉接头的毛刺及卷边;

　　2. 同一连接区段内纵向受拉钢筋焊接接头面积百分率不应大于 25%,此时,焊接接头连接区段的长度应取为 $45d$(d 为纵向受力钢筋的较大直径);

　　3. 疲劳验算时,应按附表 8~9 的规定对焊接接头处的疲劳应力幅限值进行折减。

复习思考题

　　2.1　用应力‐应变曲线说明软钢和硬钢的区别。

　　2.2　为什么软钢取屈服点强度作为计算抗拉强度时的依据?硬钢呢?

　　2.3　对钢筋进行冷加工的目的是什么?冷拉钢筋和冷拔钢筋的力学性能有什么差别?

　　2.4　在普通钢筋混凝土结构中,常采用哪些品种和级别的钢筋?采用高强度钢筋和钢丝是否合适?为什么?

　　2.5　钢筋混凝土结构对钢筋的性能有何要求?

　　2.6　何谓混凝土的强度等级?如何确定?

　　2.7　测定混凝土轴心抗压强度 f_c 为什么要采用棱柱体试件而不采用立方体试件?

　　2.8　混凝土双轴受压或受拉,或一拉一压时,强度有什么变化?为什么?

　　2.9　混凝土在正应力和剪应力共同作用时,有何相互影响?

　　2.10　图 2.45 为四个微元体,若混凝土的强度等级相同,试排出 σ_1,σ_2,σ_3 和 σ_4 的大小顺序。

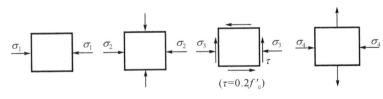

图 2.45　复习思考题 2.10

　　2.11　什么是约束混凝土?约束混凝土的抗压强度与轴心抗压强度有什么关系?为什么强度和延性均能提高?

　　2.12　由混凝土一次短期单轴受压时的应力‐应变全曲线,说明混凝土在受荷过程中的受力和变形特点。影响应力 - 应变曲线的主要因素有哪些?《规范》对受压时的应力应变关系采用什么样的计算模式?

2.13　混凝土的弹性模量 E_c 如何测定?它和变形模量 E'_c 有何区别?两者间有何关系?

2.14　混凝土在轴心受拉、轴心受压、弯曲受压、徐变和收缩时的极限应变值大致是多少?

2.15　混凝土的收缩变形有何规律?它在构件的钢筋和混凝土中各产生何种初应力?

2.16　什么是混凝土的徐变?它和收缩变形有何区别?徐变变形的规律如何?

2.17　有一钢筋混凝土短柱,在轴心压力 N 作用下,钢筋和混凝土中的应力分别为 σ_s 和 σ_c,如果保持 N 大小不变,过一段时间后 σ_s 和 σ_c 会发生什么变化?这种现象叫什么?是由什么原因引起的?

2.18　如何减少混凝土的收缩和徐变变形?

2.19　钢筋和混凝土是两种力学性能很不相同的材料,为什么在钢筋混凝土结构中能有效地结合在一起共同工作?

2.20　粘结应力可分哪两类?它们各起什么作用?

2.21　粘结力由哪些部分组成?

2.22　为什么光面钢筋的粘结破坏属剪切型破坏,而变形钢筋的粘结破坏属劈裂破坏或刮犁式破坏?

2.23　钢筋的锚固长度根据什么原则确定?在钢筋总面积不变的条件下,用直径较小的钢筋代替直径较大的钢筋,对总的粘结应力有什么影响?

2.24　图 2.46 为一轴心受拉构件,A 和 B 为两条裂缝,试绘出钢筋和混凝土的应力图以及粘结应力图。

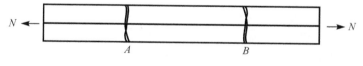

图 2.46　复习思考题 2.24

2.25　钢筋的锚固长度如何确定,在哪些情况下需要对计算所得的锚固长度进行修正?

2.26　钢筋的搭接长度如何确定?有几种搭接的方法?他们各有什么限制条件。

习　　题

2.1　已知强度等级为 C25 的混凝土,在应力 $\sigma_c = 0.6 f_c$ 时的变形模量 $E'_c = 1.60 \times 10^{-4} \text{N/mm}^2$。要求计算在此应力时的弹性应变 ε_{el}、塑性应变 ε_{pl} 和弹性特征系数 ν。

2.2　强度等级为 C30 的素混凝土构件的收缩应变 $\varepsilon = 0.0002$,配置钢筋后

（HPB300级钢筋、对称配筋）的收缩应变为素混凝土构件的80％。要求计算钢筋和混凝土中的初应力 σ_s 和 σ_c；试问构件在未受荷前是否会出现收缩裂缝？

2.3 有一钢筋混凝土构件，截面尺寸 $b \times h = 200\text{mm} \times 240\text{mm}$。混凝土强度等级为C25、钢筋用HRB335级钢，配有4Φ20，对称配筋。三个月后测得构件长度方向应变为 2×10^{-4}。要求计算钢筋和混凝土的收缩应力 σ_s 和 σ_c，并说明构件是否会因此开裂？

2.4 有甲、乙两组配合比相同的混凝土棱柱体试件。截面尺寸为 $250\text{mm} \times 250\text{mm}$、高为 1000mm；混凝土强度等级为C30；放置在同样环境中。甲组试件受轴心压力 $N = 700\text{kN}$ 的长期作用，乙组试件未加荷载。一年后，测得甲、乙两组试件的高度分别减少了1.6mm和0.4mm。要求计算混凝土的收缩变形、受压瞬时变形和徐变变形。假设瞬时加荷时，弹性系数 $\nu = 1.0$。

第 **3** 章

结构设计的基本方法

导 读

　　通过本章学习要求:(1)准确理解:① 对结构的功能要求;② 结构极限状的含义和分类;③ 结构可靠度的含义;④ 定值设计与非定值设计的区别;⑤ 失效概率 P_f 与可靠指标 β 的意义和两者间关系,熟悉结构物不同安全等级目标可靠指标的取值,最好能记住;(2)以概率理论为基础的极限状态设计法是《混凝土结构设计规范》采用的结构设计方法,是本章的核心内容,应作为重点理解其含义,并能作准确的表述;(3)理解各类荷载代表值的含义,能对可变荷载标准值进行计算;(4)了解荷载设计值与标准值之间的关系,最好能记住各类荷载的分项系数;(5)了解材料强度取值标准;(6)能熟练地写出承载能力和正常使用两类极限状态的实用表达式;(7)了解对耐久性设计的要求。

　　结构设计的根本任务是正确处理结构安全可靠和经济合理这一对矛盾,在两者之间选择一种合理的平衡,力求以最低的代价使所建造的结构物在规定的使用期限内和规定的条件下,能满足结构预定功能的要求。为了达到这个目的,近百年来,结构设计已先后采用过多种设计方法,诸如容许应力法、破损阶段设计法和极限状态设计法等。

　　从结构可靠度方面来看,有些方法基本上属于定值设计法。它将影响结构可靠度的主要因素,如荷载、材料强度、几何参数及计算公式精度等均视为非随机变量。这是一种采用以经验为主的安全系数来度量结构可靠度的设计方法。例如上述容许应力法和破损阶段设计法等都属于这一类。我国和国外的一些主要结构设计规范都曾采用过这种方法。

　　近年来,国际上应用概率理论研究结构的可靠度问题,取得了显著的进展,提出了概率极限状态设计法,并很快进入实用阶段,使结构可靠度理论进入了一个新的阶段。

　　概率设计法将影响结构可靠度的主要因素作为随机变量。根据统计资料,运用概率论方法确定结构的失效概率或可靠指标,以此来度量结构的可靠度,是一种非定值设计法。我国于1984年颁布的《统一标准》和1989年颁布的《混凝土结构设计规范》均已采用了以概率理论为基础的极限状态设计法。

3.1 极限状态设计法的基本概念

3.1.1 结构的功能要求

结构在规定的设计使用年限内(普通房屋和构筑物为50年,详见3.2.2)必须满足下列功能要求:

一、安全性

在正常施工和正常使用时,结构应能承受可能出现的各种作用而不破坏;还应在偶然事件(如撞击、爆炸、火灾及罕遇地震等)发生时及发生后,结构允许发生局部的破坏,而不致引发灾难性的大范围连续倒塌,保持必须的整体稳定性。

结构上的作用指能使结构产生效应,即使结构产生内力、变形、应力、应变和裂缝等的各种原因。结构设计中涉及的作用包括直接作用和间接作用。

由于常见的能使结构产生效应的原因,多数可归结为直接作用在结构上的力集(包括集中力和分布力),因此习惯上常将直接作用称为荷载。荷载可按随时间的变异、空间位置的变异以及按结构的反应等来分类,其中,按随时间的变异分类是对荷载的基本分类,它直接关系到概率模型的选择,而且按各类极限状态设计时所采用的荷载代表值一般与其出现的持续时间长短有关,故将结构上的荷载分为下列三类:

1. 永久荷载(或称恒荷载):在结构使用期间,其值不随时间变化,或其变化值与平均值相比可忽略不计,或其变化是单调的并能趋于限值的荷载。例如结构自重、土压力、预应力等。

2. 可变荷载(或称活荷载):在结构使用期间,其值随时间变化,且其变化值与平均值相比不能忽略不计的荷载。例如楼面和屋面的活荷载、吊车荷载、风荷载、雪荷载和积灰荷载等。在结构设计中,有时会遇到有水压力作用的情况,对水位不变的水压力可按永久荷载考虑,对水位变化的水压力应按可变荷载考虑。

3. 偶然荷载:在结构使用期间不一定出现,但一旦出现,其值很大且持续时间很短的荷载。偶然荷载的出现是罕遇事件,发生的概率很小。例如地震、撞击力、爆炸力及火灾等。

除直接作用荷载外,还有很多其他原因也能使结构产生效应,这些原因称为间接作用,如地基变形、混凝土收缩和徐变、温度变化、焊接变形以及环境引起材料性能劣化等造成的影响等。

二、适用性

结构或结构构件在正常作用时应具有良好的工作性能,如不应产生过大的变形、裂缝宽度和振动,不能超过《规范》规定的限值。否则将无法满足建筑结构的正常使用。如工业厂房中吊车梁变形过大,会影响吊车的正常运形;又如梁板变形过大,将导致房屋内粉刷层剥落、填充墙和隔断墙开裂及屋面积水渗漏。过大的裂缝会影响结构的耐久性,水池如产生裂缝将影响蓄水等。

过大的变形、裂缝也会造成使用者心理上的不安全感。

三、耐久性

结构应在正常维护条件下,具有足够的耐久性能,结构在规定的工作环境中,在预定的时期内,不致因材料受外界环境侵蚀而使其性能劣化,如混凝土的老化、腐蚀或钢筋的锈蚀,导致结构出现不可接受的失效概率,不能够正常使用至规定的使用年限。

3.1.2　结构的极限状态

结构能满足上述功能要求而良好工作的状态称为可靠状态或有效状态,反之称为不可靠状态或失效状态。在可靠与不可靠、有效和失效之间的状态称为极限状态。由此可见,极限状态是一种界限状态,一种特定状态。当整个结构或结构的一部分超过这一特定状态就不能满足设计规定的某一功能要求,则此特定状态就称为该功能的极限状态。

结构的极限状态分为两类,它们均有明确的标志及限值。

一、承载能力极限状态

承载能力极限状态对应于结构或结构构件达到最大承载能力、出现疲劳破坏、发生不适于继续承载的变形,或因结构局部破坏而引发的连续倒塌,从而丧失了安全性功能的一种特定状态。混凝土结构的承载能力极限状态计算包括下列内容:

(1) 结构构件应进行承载力(包括失稳)的计算;

(2) 直接承受重复荷载的构件应进行疲劳验算;

(3) 有抗震设防要求时,应进行抗震承载力计算;

(4) 必要时还要进行结构的倾覆、滑移和漂浮验算;

(5) 对于可能遭受偶然作用,且倒塌可能引起严重后果的重要结构,宜进行防连续倒塌设计。

当结构或构件一旦达到承载能力极限状态,将造成人身伤亡和重大经济损失,后果十分严重。因此,所有结构构件都必须进行承载能力极限状态的计算,并保证具有较高的结构可靠度。

二、正常使用极限状态

正常使用极限状态是指结构或结构构件达到或超过正常使用的某项规定限值或耐久性能的某种规定状态,从而丧失了适用性和耐久性功能的一种特定状态。正常使用极限状态按以下规定进行验算:

(1) 对需要控制变形的构件,应进行变形验算;

(2) 对不允许出现裂缝的构件,应进行混凝土拉应力的验算;

(3) 对允许出现裂缝的构件,应进行受力裂缝宽度的验算;

(4) 对舒适度有要求的楼盖结构,应根据使用功能的要求,进行竖向自振频率的验算。

超过正常使用极限状态,将影响结构或构件的适用性及耐久性。但与承载能力极限状态相比,超过正常使用极限状态,一般不致造成人身伤亡,经济损失也小些,故可把这类极限状态的结构可靠度定得稍低一些。

结构上的直接作用(荷载)应根据《建筑结构荷载规定》(GB5009)及相关标准确定;地震作用应根据《建筑抗震设计规范》(GB5011—2010)确定。间接作用和偶然作用应根据有关标准或具体情况确定。

直接承受吊车荷载的结构构件应考虑吊车荷载的动力系数。预制构件制作、运输及安装时应考虑相应的动力系数。对现浇结构,必要时应考虑施工阶段的荷载。

3.1.3　结构的功能函数和极限状态方程

结构的极限状态方程是当结构处于极限状态时,各有关基本变量的关系式,可用下式描述:

$$g(x_1, x_2, \cdots, x_n) = 0 \qquad (3.1)$$

式中:$g(\cdot)$——结构的功能函数;

　　$x_i(i = 1, 2, \cdots, n)$——基本变量。

基本变量是极限状态方程中所包含的影响结构可靠度的各种物理量,它包括结构上的各种作用和材料性能、几何参数等。

结构按极限状态设计时应符合下式要求:

$$g(x_1, x_2, \cdots, x_n) \geqslant 0 \qquad (3.2)$$

当仅有作用效应 S 和结构抗力 R 两个基本变量时,进行可靠度分析时可采用 S 和 R 两个基本变量作为综合的基本变量,综合基本变量亦应作为随机变量来考虑。此时,结构按极限状态设计应符合下式要求:

$$g(R, S) = Z = R - S > 0 \qquad (3.3)$$

上式中 S 表示作用效应,它是指各种作用(荷载、地震、温度变化、混凝土收缩和地基变形等)在结构和构件中所产生的内力(轴力、弯矩、剪力和扭矩等)和变形(挠度、转角、位移和裂缝宽度等),因荷载作用产生的效应称荷载效应。如均布荷载 q 在计算跨度为 l_0 的简支梁中所产生的荷载效应 S 即为弯矩 $M = \frac{1}{8}ql_0^2$ 和剪力 $V = \frac{1}{2}ql_0$ 等。

R 表示结构抗力,它是指结构或构件能承受内力和变形的能力,即能抵抗作用效应 S 的能力。构成结构抗力 R 的各种因素有材料性能和用量、构件截面尺寸、几何参数和计算模式等。

从式(3.3)可判别结构所处的工作状态:

当 $Z > 0$,即 $R > S$,表示结构处于可靠状态;

当 $Z < 0$,即 $R < S$,表示结构处于失效状态;

当 $Z = 0$,即 $R = S$,表示结构处于极限状态。

[**例题 3.1**] 有一钢筋混凝土轴心受压短柱,混凝土和钢筋截面面积分别为 A_c 和 A_s,其抗压和抗拉强度设计值分别为 f_c 和 f_y;承受由荷载产生的轴向压力设计值为 N。

要求写出柱截面承载能力的极限状态方程。

[**解**] 由题意已知,

荷载效应 $S = N$

结构抗力 $R = N_u = f_c A_c + f_y A_s$

承载能力极限状态方程为:
$$S = R$$
即
$$N = N_u = f_c A_c + f_y A_s$$

[**例题 3.2**] 图 3.1 所示为一承受均布荷载 q 的钢筋混凝土拉杆拱,拉杆截面尺寸为 $b \times h$,配有钢筋面积为 A_s,钢筋的抗拉强度设计值为 f_y。

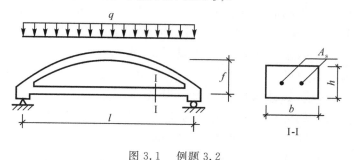

图 3.1 例题 3.2

要求写出拉杆截面承载能力的极限状态方程。

[**解**] 荷载 q 在拉杆中产生的轴向拉力 N 为:
$$N = ql^2/8f$$

荷载效应 $S = N = ql^2/8f$

结构抗力 $R = N_u = f_y A_s$

拉杆截面承载能力极限状态方程为:
$$S = R$$
$$N = N_u$$
即
$$ql^2/8f = f_y A_s$$

3.2　结构可靠度的基本概念

3.2.1　结构设计问题的不确定性

为了使结构不超过极限状态,必须满足:

$$S \leqslant R \tag{3.4}$$

如果作用效应 S 和结构抗力 R 都是非随机变量,或者说都是一个确定的量,则要满足式(3.4)的不等式是容易的。但是影响作用效应 S 和结构抗力 R 的许多因素都是随机变量,都具有不确定性。现以承载能力极限状态为例加以分析。

一、作用效应 S 的不确定性

如果以荷载效应为例,可知荷载作用于结构将产生内力,而影响结构内力的大小有很多不确定因素。

1. 荷载本身的变异性

如前所述,结构上作用的荷载按其随时间的变异性和出现的可能性可分为永久荷载(恒载)、可变荷载(活载)和偶然荷载。可变荷载在结构使用期间,其值随时间而变化,其变异性是显而易见的,楼面使用的活荷载、吊车荷载、风荷载和雪荷载等均具有不确定性,如楼面上人群有集散、风压有强弱、积雪有厚薄等。

结构上的永久荷载,如结构自重和固定设备等,它们的变化幅度虽较可变荷载小,但也是有变异性的,如构件施工时尺寸的偏差和材料容重的变化等。

2. 内力计算假定与结构实际受力情况间的差异

在计算内力时,我们往往采用理想化的计算简图,它与实际结构不可避免地会有差异,从而使计算所得内力与结构中实际产生的内力不可能完全相符。计算值可能偏大,也可能偏小。设计时应适当考虑其不利的影响。

二、结构抗力 R 的不确定性

1. 材料性能的不确定性

这主要是指材料性能的变异性、实际材料性能与标准试件材料性能的差别,以及实际工作条件与标准试验条件的差别等,它是影响结构抗力的主要因素之一。如设计采用某一强度等级的混凝土,但施工后检验表明,每批混凝土的强度值并不完全相同;又如同一强度等级的钢筋,抽样检验的结果,其强度亦在一定范围内变化。这些情况都说明,材料强度存在着变异性,而材料实际强度的高低,将直接影响到结构构件的抗力。

2. 结构构件几何参数的不确定性

这主要是指制作尺寸偏差和安装误差等引起的构件几何参数的变异性,它反映了所设计的构件和制作安装后的实际构件之间几何参数上的差异。根据对结构构件抗力的影响程度,一般构件可仅考虑截面几何参数(如宽度、有效高度、面积、面积矩、抵抗矩、惯性矩、钢筋位置及箍筋间距的偏差等)的变异性。

3. 结构构件计算模式的不确定性

这主要是指结构抗力计算所采用的基本假定和计算公式不精确等引起的变异性。因为计算构件抗力所采用的计算公式都有一个能否客观如实地反映构件实际受力规律的问题。如轴拉或受弯等构件,由于截面中钢筋和混凝土的受力比较明确,影响抗力的因素较少,计算公式比较容易反映其强度规律,计算结果与试验结果符合程度就比较好,离散度也不大。但对受剪或受扭等构件,混凝土处于复合受力状态,影响抗力的因素也比较多,计算值与试验值相比,离散度就大得多。

3.2.2　设计基准期和设计使用年限

一、设计基准期

结构的可靠度与结构的使用期有关,因为设计中所考虑的基本变量均随时间而变化,因此在计算结构可靠度时必须确定结构的使用期,即设计基准期。设计基准期是为确定可变作用及与时间有关的材料性能取值而选用的时间参数,《统一标准》取用的设计基准期为 50 年。因此所考虑的荷载统计参数都是按设计基准期为 50 年确定的。如设计时需采用其他设计基准期,则必须另行确定在设计基准期内最大荷载的概率分布及相应的统计参数。需要说明,当结构的使用年限达到或超过设计基准期后,并非意味该结构已不能使用,只是结构的可靠度将逐渐降低。

二、设计使用年限

随着我国市场经济的发展,建筑市场迫切要求明确建筑结构的设计使用年限。最新版国际标准 ISO2394:1998《结构可靠度总原则》上首次正式提出了设计工作年限(Design working life)的概念并给出了具体分类。我国《统一标准》借鉴了这一概念,提出了各种建筑结构的"设计使用年限",明确了设计使用年限是设计规定的一个时期,在这一规定时间内,只需进行正常的维护而不需要进行大修就能按预期目的使用,完成预定的功能,即房屋在正常设计、正常施工、正常使用和维护下所应达到的使用年限,如达不到这个年限,则意味着在设计、施工、使用与维护的某一环节上出现了非正常情况,应查找原因。所谓"正常维护"包括必要的检测、防护及维修。设计使用年限是房屋建筑的地基基础工程和主体结构工程"合理使用年限"的具体化。

《统一标准》(GB 50068—2001)规定结构的设计使用年限见表 3.1。

表 3.1　设计使用年限分类

类别	设计使用年限（年）	示　　　例
1	5	临时性结构
2	25	易于替换的结构构件
3	50	普通房屋和构筑物
4	100	纪念性建筑和特别重要的建筑结构

3.2.3　结构的可靠度

结构在规定时间内（即设计使用年限）、规定条件下（指正常设计、正常施工和正常使用,不考虑人为的过失或错误）能完成预定功能（安全性、适用性和耐久性）的能力,称为结构的可靠性。那末,这种可靠性有多大?如何用定量指标来加以描述呢?

由于作用效应 S 和结构抗力 R 都是随机变量,具有不确定性,而对随机事件比较科学的处理方法,就是应用概率理论和数理统计的方法,通过失效概率 P_f 或可靠概率 P_s（由概率论可知;两者互补,即 $P_f + P_s = 1$）来度量结构能完成预定功能的可靠性,并定义此概率为结构的可靠度,可见结构的可靠度就是结构可靠性的概率度量。因此结构可靠度可定义为结构在规定时间内,在规定条件下能完成预定功能的概率。这是从统计数学观点出发的比较科学的定义。

应用结构可靠度进行结构设计,是一种非定值的设计方法,与以往定值设计法有本质不同。在定值设计法中,往往采用一个由经验确定的安全系数 K,因此,常易使人误认为只要设计中采用了某一规定的安全系数,结构就绝对安全可靠;或认为设计中取用了某一安全系数 K,结构就有了 K 倍的安全贮备,这种把结构可靠度和安全系数等同起来的看法是不恰当和不正确的。

结构设计时,必须使结构抗力 R 大于作用效应 S,即 $R > S$。从定值设计法看,认为这个结构就绝对安全可靠;但从概率角度看,它仍然存在着 $R < S$,即失效的可能性,但只要使 $R < S_d$ 这种可能性发生的概率（即失效概率 P_f）降低到人们足以放心可以接受的程度,就可认为设计的结构是安全可靠的。所以,概率极限状态设计方法就是在安全可靠和经济合理这对矛盾中寻求一个合理的结构可靠度的方法。这就是非定值设计法的概念,与定值法设计概念完全不同。

可靠度理论于本世纪 40 年代提出,近 20 年来有了很大的发展,70 年代后期,已开始引入结构设计规范。1980 年,加拿大率先颁布了采用概率极限状态设计法的房屋建筑规范,美国、前西德等国也采用这种方法编制了有关的国家标准。1981 年,国际结构安全度联合委员会（JCSS）提出了《结构可靠度总原则》的建议,1986 年,国际标准化组织（ISO）正式颁布了《结构可靠度总原则》（ISO2394）,将概率理论和可靠度理论系统地应用于工程结构设计,对由定值设计法发展到非定值设计法起了重要作用,这是指导工程结构采用概率极限状态设计法的一个国际性基本文件。我国于 1984 年颁布的《统一标准》及随后颁布的各类结构设计规范,如《混凝土结构设计规范》等,亦已开始采用概率极限状态设计法。

目前,国际上在用概率方法处理结构可靠度时,按其精确程度的不同,分为三个水准:

1. 水准 Ⅰ —— 半概率法

这种方法仅对影响结构可靠度诸因素中的荷载和材料强度两个因素,根据各自的统计资料,采用数理统计方法确定其标准值和设计值,而对其他因素仍采用了由工程经验确定的分项系数或安全系数,没有对结构构件的可靠度给出科学的定量描述。由于只对影响结构构件可靠度的部分因素用概率处理,故称半概率法。从总体上说,这种方法还没有脱出定值设计的框子。

我国 1974 年颁布的《钢筋混凝土结构设计规范》TJ 10—74 就是采用这一方法。

2. 水准 Ⅱ —— 近似概率法

我国 1989 年颁布的《混凝土结构设计规范》(GBJ 10—89)、随后颁布的 (GB 50010—2002) 及最新颁布的 (GB50010—2010) 和当前国际上许多国家的标准规范都已采用了这种方法。

它将结构抗力 R 和作用效应 S 两个随机变量之差,即结构功能函数 $g(R,S) = Z = R - S$ 作为一个随机变量,然后计算其失效概率 P_f 或可靠概率 P_s,$P_f = P_{(Z<0)} = P_{(R<S)}$。为此,必须确定 R 和 S 两者的实际联合分布,但由于 R 和 S 的分布常常不是简单的概率分布函数,有时还难以用函数描述,数学运算也比较复杂。因此采用了一些近似方法,如对随机变量 R 和 S 只考虑用两个统计参数来表征其分布,即平均值(一阶原点矩)和标准差(二阶中心矩),而不考虑二阶矩以上的统计特征值,亦即未考虑变量的实际分布,同时,对极限状态方程采取了线性方程的简化处理,从而导出失效概率 P_f,故称近似概率法,亦称一次二阶矩法。

3. 水准 Ⅲ —— 全概率法

应考虑随机变量 R 和 S 的实际联合分布,是完全基于概率理论和结构整体优化的设计方法。目前,尚处于研究阶段,还未进入工程实际应用。

3.2.4　失效概率 P_f 和可靠指标 β

一、失效概率 P_f

通常,我们都习惯于用失效概率 P_f 来衡量结构的可靠度。因为失效概率 P_f 和可靠概率 P_s 是互补的,$P_f = 1 - P_s$。如前所述,所谓失效概率就是结构不能完成预定功能的概率,或者说出现 $Z = R - S < 0$,即 $R < S$ 状态的概率,可表达为:

$$P_f = P_{(Z<0)} = P_{(R<S)} \tag{3.5}$$

假定在功能函数 $Z = R - S$ 中,只有两个随机变量 R 和 S,且都符合正态分布,其平均值分别为 μ_R 和 μ_S、标准差分别为 σ_R 和 σ_S;又这两个随机变量是相互独立的,极限状态方程为线性方程。下面就以此简单情况为例来说明失效概率 P_f。

结构上的荷载效应可用结构构件各截面的内力来表示(如受弯构件可用弯矩 M 表示等),而结构抗力也可用各截面的内力来表示(如用极限弯矩 M_u 表示等),因此,可将 R 和 S 的统计关系在同一坐标图上用两条概率分布曲线来表示。图3.2为 R 和 S 的相互

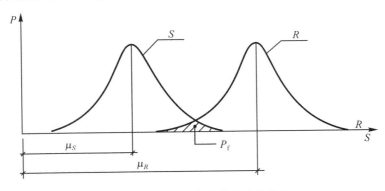

图3.2　荷载效应与结构抗力的关系

关系图,以 R 和 S 为横坐标,以它们出现的概率为纵坐标。为了结构安全可靠,必须使 R > S,从图3.2中可见,绝大多数情况下 R > S,但也存在 R < S 的失效情况,图中阴影面积就代表了失效概率 P_f 的大小。如果要减小 P_f,就必须拉开 R 和 S 两条分布曲线的位置,就是要增大 R 值,扩大 $\mu_R - \mu_S$ 的差距。但不管 $\mu_R - \mu_S$ 的差值多大,理论上始终存在着失效概率 P_f。我们只能限制 P_f 出现的大小而无法消除 P_f。因此,从概率角度讲,要使设计的结构绝对安全可靠是不可能的,我们只能做到使 P_f 减少至人们足以放心的某个较小的数值。

但是提高结构的抗力 R,扩大 $\mu_R - \mu_S$ 的差距,就必须加大构件截面尺寸,增加配筋量或提高材料的强度等级。可见,提高结构的可靠性,减少失效概率 P_f 总是以增加材料用量和提高造价为代价的。所以,设计方法可归结为在结构可靠性和经济性之间取用一个合理的失效概率限值 $[P_f]$。

影响 P_f 大小的因素,除 R 和 S 平均值的差值外,还与它们标准差的大小有关,当 $\mu_R - \mu_S$ 相同时,标准差 σ_R 或 σ_S 增大时,P_f 亦将随之增大。

如果 R 和 S 变量的分布是两个相互独立的正态分布,则从概率论可知,功能函数 $Z = R - S$ 亦为正态分布,现以功能函数 Z 为横坐标,以 $R - S$ 事件出现的概率为纵坐标,则功能函数随机变量的概率分布曲线如图3.3(a)所示。

图3.3(a)直观地表达了 P_f 的含义,失效事件($R - S$ < 0)出现的概率就等于原点 O 以左曲线下面所包围的面积(图中阴影线面积)。

如果已知 $f(Z)$ 的概率密度函数,就不难通过积分求得 P_f：

$$P_f = P_{(Z<0)} = \int_{-\infty}^{0} f(Z) \mathrm{d}Z = \int_{-\infty}^{0} \frac{1}{\sigma_Z \sqrt{2\pi}} \exp\left[-\frac{(Z-\mu_Z)^2}{2\sigma_Z^2}\right] \mathrm{d}Z \tag{3.6}$$

$$P_S = 1 - P_f \tag{3.7}$$

式中,μ_Z 和 σ_Z 为功能函数 Z 的平均值和标准差,从概率论可知：

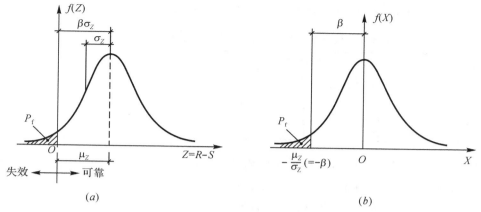

图 3.3　失效概率与可靠指标

$$\mu_Z = \mu_R - \mu_S \tag{3.8}$$

$$\sigma_Z = \sqrt{\sigma_R^2 + \sigma_S^2} \tag{3.9}$$

二、可靠指标 β

用失效概率 P_f 来度量结构可靠性具有明确的物理意义,能较好反映问题的实质,因此,近年来已为国内外所公认。但计算 P_f 在数学上比较复杂。因此,现有的国际标准和一些国家的标准以及我国《统一标准》都采用可靠指标 β 来代替 P_f 以度量结构的可靠性。

从图 3.3(a) 可见,结构的失效概率 P_f 与功能函数 Z 的平均值 μ_Z 至原点 O 的距离有关,若令:

$$\mu_Z = \beta\sigma_Z \tag{3.10}$$

则

$$\beta = \frac{\mu_Z}{\sigma_Z} = \frac{\mu_R - \mu_S}{\sqrt{\sigma_R^2 + \sigma_S^2}} \tag{3.11}$$

由式可见,计算可靠指标 β 只需要简单的代数运算,比计算 P_f 要方便得多。

可靠指标 β 与失效概率 P_f 之间的相互关系可由以下公式求得。

把功能函数 Z 变换为标准正态分布($\mu_Z = 0, \sigma_Z = 1$),如图 3.3(b) 所示,令 $X = (Z - \mu_Z)/\sigma_Z$,$dZ = \sigma_Z dx$,则公式(3.6) 将转换为:

$$P_f = P_{X<-\beta} = P_{(Z-\mu_z/\sigma_z)<(-\mu_z/\sigma_z)} = \int_{-\infty}^{\frac{\mu_z}{\sigma_z}} \frac{1}{\sqrt{2\pi}}\exp\left[-\frac{x^2}{2}\right]dx$$

$$= \Phi[-\beta] = 1 - \Phi[\beta] \tag{3.12}$$

式中,$\Phi[\beta]$ 为标准正态分布函数值,已制成现成表格。故从公式(3.12),可很方便地求得 β 与 P_f 的对应关系,如表 3.2 所示。

上述对 P_f 和 β 的计算,均假定作用效应 S_d 和结构抗力 R 服从正态分布和极限状态方程为线性方程的简化情况。实际上,S 和 R 大多为非正态分布,对于非正态分布的随机变量和非线性极限状态方程,有关 P_f 和 β 的概念是完全相同的,但计算要复杂得多,可参见《统一标准》，此时 P_f 和 β 的对应关系亦与表3.2不同。

表 3.2　建筑结构物不同安全等级时的目标可靠指标 β

安全等级	延性破坏		脆性破坏	
	$[\beta]$	$[P_f]$	$[\beta]$	$[P_f]$
一级	3.7	1.1×10^{-4}	4.2	1.3×10^{-5}
二级	3.2	6.9×10^{-4}	3.7	1.1×10^{-4}
三级	2.7	3.5×10^{-3}	3.2	6.9×10^{-4}

[例题 3.3]　若例题3.2拉杆拱的跨度为 $l = 15\text{m}$，矢高 $f = 3\text{m}$；钢筋混凝土拉杆的截面尺寸 $b \times h = 250\text{mm} \times 200\text{mm}$；配有 HRB400 级钢筋 2$\Phi$20；设均布荷载为正态分布，其平均值 $\mu_q = 18\text{kN/m}$，变异系数 $\delta_q = 0.070$；钢筋屈服强度 f_y 亦为正态分布，其平均值 $\mu_{f_y} = 380\text{N/mm}^2$，变异系数 $\delta_{f_y} = 0.074$。不考虑结构尺寸的变异和计算公式精度的不准确性。

要求计算拉杆的可靠指标 β 和失效概率 P_f。

[解]　均布荷载作用下，荷载效应 S 即为拉杆的轴力 N

$$S = N = ql^2/8f$$
$$\mu_S = \mu_N = (l^2/8f)\mu_q = (15^2/8 \times 3) \times 18 \times 10^3 = 168750(\text{N})$$
$$\sigma_S = \sigma_N = \mu_q \delta_q = 168750 \times 0.070 = 11813(\text{N})$$

拉杆的抗力

$$R = N_u = f_y A_s$$
$$\mu_R = A_s \mu_{f_y} = 628 \times 380 = 238640(\text{N})$$
$$\sigma_R = \mu_R \delta_{f_y} = 238640 \times 0.074 = 17659(\text{N})$$

由公式(3.11)，

$$\beta = \frac{\mu_R - \mu_S}{\sqrt{\sigma_R^2 + \sigma_S^2}} = \frac{238640 - 168750}{\sqrt{17659^2 + 11813^2}} = 3.29$$

根据 $\beta = 3.29$ 查标准正态分布函数表，得 $\Phi[3.29] = 0.9994991$

$$P_f = 1 - \Phi[3.29] = 1 - 0.9994991 = 5.01 \times 10^{-4}$$

三、目标可靠指标及结构安全等级

1. 目标可靠指标

作为结构设计依据的可靠指标称为目标可靠指标，亦称设计可靠指标。

目标可靠指标理论上应根据各种结构构件的重要性、破坏性质（延性或脆性）及失效后果用优化方法分析确定。但限于目前的条件，并考虑到标准规范的现实继承性，《统一标准》采用了工程经验校准法。所谓工程经验校准法就是根据目前已有的荷载效应 S_d 和结构抗力 R 的概率分布类型及统计参数（平均值及标准差），对根据我国原规范（70年代编制）所设计的结构构件的可靠度进行反算（参见例题3.3），以作为确定目标可靠指标的依据。

《统一标准》选择了各种类型的结构材料按五本原设计规范（钢筋混凝土、钢、薄壁型钢、砌体及木结构）设计的14种有代表性的结构构件（如轴拉、轴压、偏压、受弯及受剪等),对其可靠指标进行了反演计算和综合分析。在计算时考虑了各种最常遇的荷载效应组合情况(永久荷载和办公楼楼面可变荷载、永久荷载和住宅楼面可变荷载以及永久荷载和风荷载组合等),以及可变荷载效应 S_{QK} 和永久荷载效应 S_{GK} 具有不同比值 $\rho = S_{QK}/S_{GK}$ 的情况。

可见,采用工程经验校准法,就是根据我国原规范的平均可靠指标来确定目前设计时采用的目标可靠指标,其实质是从总体上继承原规范具有的、反映我国长期工程经验的可靠水准。

通过大量计算分析,《统一标准》制订了建筑结构物不同安全等级时的目标可靠指标(表 3.2)。属于延性破坏结构构件的目标可靠指标取为 $[\beta] = 3.2$;属于脆性破坏结构构件的可靠指标取为 $[\beta] = 3.7$(当结构安全等级均为二级时)。

所谓延性破坏,即指构件破坏前具有明显的预兆,如产生较大的变形及裂缝等,这类构件破坏时一般受拉钢筋首先达到屈服强度,如轴心受拉和受弯构件等。所谓脆性破坏,即指构件破坏前无明显的预兆,破坏一般由混凝土压坏引起,如受压、受剪和受扭构件等。

相应于延性和脆性破坏,目标可靠指标为 3.2 和 3.7 的失效概率分别为 $P_f = 6.9 \times 10^{-4}$ 和 $P_f = 1.1 \times 10^{-4}$。

还应指出,目前由于统一资料不够完备以及结构可靠度分析中引入了近似假定,因此所得的失效概率 P_f 及相应的 β 尚非实际值。这些值是一种与结构构件实际失效概率有一定联系的运算值,主要用于对各类结构构件可靠度作相对的度量。

2. 建筑结构的安全等级

选用结构设计的目标可靠指标时,还应根据建筑结构物的重要性取用不同的数值。所谓建筑结构物的重要性是指结构失效时,对生命财产的危害程度以及对社会影响的大小,亦即破坏后果的严重程度。《统一标准》将建筑结构物分为三个安全等级(表 3.3):

表 3.3　建筑结构的安全等级

安全等级	破坏后果	建筑物类型
一级	很严重	重要的建筑物
二级	严重	一般的建筑物
三级	不严重	次要的建筑物

注:对有特殊要求的建筑物,其安全等级应根据具体情况另行确定。

结构构件承载能力极限状态的可靠指标不应低于表(3.2)中的规定,不同安全等级的结构物取用不同的目标可靠指标 $[\beta]$ 及其相应的失效概率 $[P_f]$(表 3.2)。

建筑物中各类结构构件的安全等级宜与整个结构的安全等级相同,但对其中部分结构构件的安全等级,可根据其重要程度作适当调整,但不得低于三级。

3.3 极限状态设计实用表达式

上面介绍了有关结构失效概率 P_f 和可靠指标 β 的概念、计算方法及其相互关系,从理论上讲,我们就可针对不同安全等级的结构构件,根据目标可靠指标来进行结构设计。但要真正用于工程设计,还有很多困难,首先是设计人员必须具备大量的统计资料,加上有些影响结构可靠性的不确定因素至今还研究得很不够,统计资料也不完备;其次是设计人员多年来比较习惯于应用基本变量的标准值和以分项系数形式出现的较为简便的设计表达式,因此,当前国内外只对某些很重要的结构物,才根据目标可靠指标用概率计算进行结构设计,而对大量的一般工业与民用建筑仍采用与传统相似的设计表达式,但对各类分项系数的取值不是只凭经验,而是根据统一给定的目标可靠指标经过概率分析,或按工程经验校准后确定的。这样就满足了结构可靠度的要求,而具体设计方法仍与传统方法相似,设计人员并不直接涉及统计参数和概率的运算。

可见,《规范》是采用以概率理论为基础的极限状态设计法,以可靠指标度量结构构件的可靠度,采用以分项系数的设计表达式进行设计。

3.3.1 荷载的代表值

永久荷载(恒荷载)和可变荷载(活荷载)均具有不同性质的变异性,设计时,不可能直接引用反映荷载变异性的各种参数,通过复杂的概率运算进行具体设计。因此,在实际设计时,除采用便于设计使用的设计表达式外,对荷载亦应赋予一个规定的量值,称为荷载的代表值。荷载应根据不同极限状态设计的要求,规定不同的代表值,以便能更确切地反映它在设计中的特点。《建筑结构荷载规范》GB 50009—2011(以后简称《荷载规范》)给出了荷载的四种代表值:标准值、组合值、频遇值和准永久值。永久荷载应采用标准值作为代表值;可变荷载应采用标准值、组合值、频遇值和准永久值作为代表值。对偶然荷载应按建筑结构使用的特点确定其代表值。

一、荷载的标准值

荷载的标准值是荷载的基本代表值,是结构使用期内可能出现的最大荷载值,由于荷载本身的随机性,因而使用期内的最大荷载也是随机变量,原则上可用它的统计分布来描述。《统一标准》规定,荷载的标准值为设计基准期内最大荷载概率分布的某一分位值。设计基准期统一规定为50年。

1. 永久荷载(恒荷载)的标准值 G_k

永久荷载(结构或非承重构件的自重)的标准值由于其量值在整个设计基准期内变

异不大或基本保持不变,故可按结构设计规定的尺寸和材料单位体积(或单位面积)的自重平均值计算而得。其取值水平一般相当于永久荷载在基准设计期内最大荷载概率分布的 0.5 分位值,即正态分布的平均值。

对于自重量变异较大的材料,尤其是制作屋面的轻质或保温材料,考虑到使结构构件具有规定的可靠度,在设计中应根据该荷载对结构有利或不利分别取其自重的下限值或上限值。《荷载规范》对某些变异性较大的材料分别给出其自重的上限值和下限值。

2. 可变荷载(活荷载)的标准值 Q_k

可变荷载的特点是其统计规律与时间参数有关,故应采用随机过程概率模型来描述,可变荷载的标准值也是根据设计基准期内最大荷载概率分布的某一分位值确定。但目前,并非对所有可变荷载都能取得充分的统计资料,为此,从实际出发,根据已有的工程实践经验,通过分析判断后,协议一个公称值作为标准值。目前,这两种方法都用来确定可变荷载的标准值。

《荷载规范》通过对全国某些城市的实际调查统计分析,对民用建筑楼面均布活荷载、工业建筑楼面活荷载、屋面活荷载、施工和检修荷载及栏杆水平荷载等活荷载的标准值均作出了具体规定(参见《荷载规范》)。

吊车竖向荷载的标准值应采用吊车最大轮压和最小轮压;吊车纵向水平荷载标准值,应按作用在一边轨道上所有刹车轮的最大轮压之和的 10% 采用,该项荷载的作用点位于刹车轮与轨道的接触处,其方向与轨道方向一致;吊车横向水平荷载标准值应取横行小车重量与额定起重量之和的某一百分数,并乘以重力加速度,百分数根据软钩或硬钩吊车以及额定起重量,按《荷载规范》的规定取用。横向水平荷载应等分于桥架的两端,分别由轨道上的车轮平均传至轨道,其方向与轨道垂直并应考虑正、反两个方向的刹车情况。

设计时,应直接参照吊车制造厂当时的产品规格作为依据。选用的吊车,按其工作繁重程度共分 8 个等级,即 $A1 \sim A8$,作为吊车设计的依据。吊车的工作繁重程度由吊车在使用期内要求的总工作循环次数(分为 10 个利用等级)以及吊车荷载达到其额定值的频繁程度(分为轻、中、重、特重 4 个等级)决定。

雪荷载(屋面水平投影面积上)的标准值 $S_k(kN/m^2)$ 按下式计算:

$$S_k = \mu_r S_0 \tag{3.13}$$

式中:μ_r——屋面积雪分布系数(见《荷载规范》);

S_0——基本雪压(kN/m^2)。

基本雪压 S_0 是根据全国 672 个地点的气象站台,从建站起到 1995 年的最大雪压或雪深资料,经统计得出 50 年一遇的最大雪压,即重现期为 50 年的最大雪压,作为当地的基本雪压,可见其保证率为 98%。《荷载规范》给出了全国基本雪压分布图表,从中可知,杭州市 50 年一遇的基本雪压值 S_0 为 $45kN/m^2$。

风荷载(垂直于建筑物表面)的标准值 $W_k(kN/m^2)$ 的确定方法如下:

当计算主要承重结构时,风荷载标准值的表达可有两种形式:其一为平均风压加上由脉动风引起导致结构风振的等效风压;另一种为平均风压乘以风振系数。由于在结构的风振计算中一般是第 1 振型起主要作用,因此我国与大多数国家相同,采用后一种表达形式,即采用风振系数 β_z,它综合考虑了结构在风荷载作用下的动力响应,其中包括风速随时间、空间的变异性和结构的阻尼特性等因素。故计算主要承重结构时,风压标准值 W_k 按下式计算:

$$W_k = \beta_z \mu_s \mu_z W_0 \tag{3.14}$$

式中:β_z—— 高度 Z 处的风振系数(见《荷载规范》,下同);

μ_s—— 风荷载体型系数;

μ_z—— 风压高度变化系数;

W_0—— 基本风压(kN/m^2)。

当计算围护结构的风荷载标准值时,由于其刚性一般较大,在结构效应中可不考虑其共振分量,而仅在平均风压的基础上,近似考虑脉动风瞬间的增大因素,通过阵风系数 β_{gz} 来计算风荷载的标准值 W_k:

$$W_k = \beta_{gz} \mu_s \mu_z W_0 \tag{3.15}$$

式中:β_{gz} 为高度 Z 处的阵风系数,其他均同式(3.14)。

基本风压 W_0 是根据全国各气象台历年来的最大风速记录,经统计分析确定重现期为 50 年的最大风速,作为当地的基本风速 V_0,再按贝努利公式

$$W_0 = \frac{1}{2} \rho V_0^2 \tag{3.16}$$

确定基本风压,式中 ρ 为观测当时的空气密度。《荷载规范》给出了全国基本风压分布图。

对于高层建筑、高耸结构以及对风荷载比较敏感的其他结构,基本风压应适当提高,由有关的结构设计规范具体规定。

3. 偶然荷载的标准值 P_k

偶然荷载包括地震、爆炸、撞击、火灾及其他偶然出现的灾害引起的荷载。偶然荷载的确定一般根据三个方面来考虑:(1)荷载的机理,包括形成的原因、短暂的时间内结构的动力响应、计算模型等的确定;(2)从概率的观点对荷载发生的后果进行分析;(3)针对不同后果采取的措施从经济上考虑优化设计的问题。

从上述三方面综合确定偶然荷载的代表值相当复杂,偶然荷载的有效统计数据在很多情况下不够充分,此时只能根据工程经验确定。但对有些可变荷载,例如风、雪荷载,当有必要按偶然荷载考虑时,可采用上述原则。

当偶然荷载作为结构设计主导荷载时,允许结构出现局部构件破坏,但应保证结构不致因偶然荷载引起连续倒塌。偶然荷载出现时,结构一般还同时承担其他荷载,例如恒载、活载或其他荷载。因此偶然荷载工况设计时,结构还需要同时承担偶然荷载与其他荷载的组合。

荷载规范目前仅对爆炸和撞击荷载作出规定,地震荷载可根据《建筑抗震设计规范》(GB50011—2010)确定。

(1)爆炸荷载

由炸药、燃气、粉尘等引起的爆炸荷载宜按等效静力荷载采用。

在常规炸药爆炸动荷载作用下,结构构件的等效均布静力荷载标准值可按下式计算:

$$q_{ce} = K_{dc} p_c \tag{3.17}$$

式中:q_{ce}—— 作用在结构构件上的等效均布静力荷载标准值;

p_c—— 作用在结构构件上的均布动荷载最大压力,可参照《人民防空地下室设计规范》(GB50038—2005)有关规定确定;

K_{dc}—— 动力系数,根据构件在均布动荷作用下的动力分析结果,按最大内力等效的原则确定。

当前在房屋设计中考虑燃气爆炸的偶然荷载是有实际意义的,设计的主要思想是通过窗户破坏后的泄压过程,提供爆炸空间内的等效静力荷载公式对于有玻璃窗的房屋结构,燃气爆炸的等效静力均布荷载与窗口面积与爆炸空间体积之比有关,确定方法详见《荷载规范》。

(2) 撞击荷载

规范中给出了电梯竖向撞击荷载、汽车撞击荷载、直升飞机非正常着陆时引起的撞击荷载的确定方法。

电梯的竖向撞击荷载的标准值可取电梯总重力荷的 2.0 倍。

汽车的撞击荷载可按下列规定采用:

(a) 顺行方向的汽车撞击力标准值 P_k(kN) 可按下列计算

$$P_k = \frac{mv}{t} \tag{3.18}$$

式中:m—— 汽车质量(kg),包括实际车重加荷重

v—— 车速(m/s)

t—— 撞击时间

撞击力计算参数 m、v、t 和荷载作用点位置宜按实际情况采用;当无数据时,汽车质量 m 可取 $1.5t$,车速可取 $22.2m/s$,撞击时间可取 $1.0s$;小型车和大型车的撞击力荷载的位置可分别取位于路面以上的 $0.5m$ 和 $1.5m$ 处。

(b) 垂直行车的撞击力标准值可取顺行方向撞击力标准值的 0.5 倍,但两者不考虑同时作用。

建筑结构可能承担的车辆撞击主要包括地下车库及通道车辆撞击,路边建筑物车辆撞击等,由于所处环境不同、车辆质量、车速等变化较大,因此给出一般值的基础上,设计人员可根据实际情情况调整。

直升飞机非正常着陆时引起的撞击可按下列规定采用:

竖向等效静力撞击力标准值 P_k(kN) 可按下式计算:

$$P_k = c \sqrt{m} \tag{3.19}$$

式中:c—— 系数,取 $3kN \cdot kg^{-0.5}$

m—— 直升机的质量(kg)

竖向撞击力的作用范围宜包括停机坪内任何区域以及停机坪边缘线 7m 之内的屋

顶结构。

竖向撞击力的作用区域为 $2m \times 2m$。

4. 温度作用的标准值

温度作用属于可变的间接作用,主要由季节性气温变化、太阳辐射、使用热源等因素引起,在结构或构件中一般可以用温度场的变化来表示。《荷载规范》中,对季节性气温变化产生的结构或构件的均匀温度场变化作出了规定。

当温度作用产生的结构变形或应力可能超过承载能力或正常使用极限状态时,如结构某一方向的平面尺寸超过伸缩缝最大间距或温度区段长度、结构水平约束较大等,宜考虑温度作用效应。

《荷载规范》给出了温度作用标准值的确定方法:

(1)对结构最大温升工况,温度作用标准值按下式计算:

$$\Delta T_\kappa = T_{s,\max} - T_{0,\min} \tag{3.20}$$

式中:$T_{s,\max}$——结构最高平均温度,根据基本气温 $T_{\max}$ 确定;

$T_{0,\min}$——结构最低初始温度,采用施工时可能出现的实际合拢温度的最低值。

(2)对结构最大温降工况,温度作用标准值按下式计算:

$$\Delta T_k = T_{s,\min} - T_{0,\max} \tag{3.21}$$

式中:$T_{s,\min}$——结构最低平均温度,根据基本气温 $T_{\min}$ 确定;

$T_{0,\max}$——结构最高初始温度,采用施工时可能出现的实际合拢温度的最高值。

结构的最高平均气温 $T_{s,\max}$ 和最低平均气温 $T_{s,\min}$ 应分别根据基本气温 $T_{\max}$、$T_{\min}$ 确定。对于有围护的室内结构,结构平均温度应考虑室内外温差的影响,对于暴露于室外的结构或施工期间的结构,尚应依据结构的朝向和表面吸热性质考虑太阳辐射的影响。

基本气温 $T_{\max}$ 和 $T_{\min}$ 应分别取当地最高月平均气温和最低月平均气温。对暴露于室外,且对气温变化敏感的结构,宜考虑昼夜极值气温变化的影响,基本气温 $T_{\max}$ 和 $T_{\min}$ 宜根据当地气候条件适当增加或降低。

对于混凝土等传导速率较慢的结构,可直接取用最高月平均气温和最低月平均气温作为基本气温。

结构的最高初始温度 $T_{0,\max}$ 和最低初始温度 $T_{0,\min}$ 应采用施工时可能出现的实际合拢温度按不利情况确定。

混凝土结构的合拢温度一般可取后浇带封闭时的月平均气温。但当合拢时有日照时,应考虑日照的影响。结构设计时,往往不能准确确定施工工期,因此,结构合拢温度通常是一个区间值,这个区间值应包括施工可能出现的合拢温度,即应考虑施工的可能性。参照国外有关规范并考虑基本气温定义差别的调整,当无法确定时,可根据不同的结构工况近似 $T_{0,\min} = 0.7T_{\min} + 0.3T_{\max}$,$T_{0,\max} = 0.3T_{\min} + 0.7T_{\max}$。

温度作用的组合值系数可取 0.6,频遇系数可取 0.5,准永久值系数可取 0,温度作用按可变荷载考虑,其荷载分项系数可取 0.4。

混凝土结构分析时,考虑温度作用的结构刚度折减以及混凝土材料的徐变和收缩作用等,可参考有关资料,如《公路桥涵设计通用规范》(JTGD60)及《公路钢筋混凝土及预应力混凝土桥涵设计规范》(JTGD62) 等。

二、荷载的组合值

荷载的组合值是对可变荷载(活荷载)而言的。

作用在结构构件上的可变荷载往往不止一种,由于所有可变荷载同时达到其最大值(即标准值)的概率显然要比一种可变荷载达到最大值的概率要小得多。为了使结构构件在设计基准期内有两种或两种以上可变荷载参加组合时的情况与仅有一种可变荷载时的可靠度具有最佳的一致性,故应取用可变荷载的组合值,即对可变荷载的标准值 Q_k 乘以荷载组合值系数 ψ_0(一般均小于 1),实质上就是对可变荷载的标准值进行折减。

如民用建筑楼面均布活荷载、工业建筑楼面活荷载和屋面活荷载的组合值系数取为 0.7;书库、档案库、贮藏室、通风机房和电梯机房为 0.9;雪荷载和风荷载分别为 0.7 和 0.6 等。

组合值系数可见《荷载规范》。

三、荷载的准永久值

荷载的准永久值也是对可变荷载而言,主要用于正常使用极限状态设计时的准永久组合和频遇组合。可变荷载的标准值是设计基准期内可能出现的最大值,但它不是结构构件在使用期内经常持续作用的荷载值。按国际标准 ISO2394:1998 建议,当荷载作用在结构构件上的持续时间达到和超过设计基准期的 $\frac{1}{2}$ 时,则称该荷载为准永久值。

荷载的准永久值为可变荷载的标准值 Q_k 乘以准永久值系数 ψ_q。《荷载规范》有关表格中均列出了各种可变荷载的 ψ_q 值。如住宅楼面均布可变荷载标准值 Q_k 为 $2.0kN/m^2$,准永久值系数 ψ_q 为 0.4,则准永值为 $2.0 \times 0.4 = 0.8kN/m^2$,它为住宅楼面持续作用时间较长的荷载值。

四、荷载的频遇值

荷载频遇值也是对可变荷载而言,主要用于正常使用极限状态设计的频遇组合中。根据国际标准 ISO2394:1998,频遇值是设计基准期内,其超越的总时间为规定的较小比率或超越频率为规定频率的荷载值。

荷载频遇值为荷载标准值乘以频遇值系数 ψ_{fe}(见《荷载规范》)。

3.3.2　荷载分项系数和设计值

按承载能力极限状态设计时,荷载效应组合应取设计值,它是荷载标准值与荷载分项系数的乘积。

荷载分项系数应根据荷载不同的变异性质和荷载的具体组合情况以及与抗力有关的分项系数的取值水平等因素来确定,使在不同设计情况下的结构可靠度能趋于一致。但为了设计方便,《统一标准》针对永久荷载和可变荷载相应给出两个分项系数,即永久

荷载分项系数 r_G 和可变荷载分项系数 r_Q。这两个分项系数是在荷载标准值已给定的前提下,以按极限状态设计表达式设计所得的各类结构构件的可靠指标与规定的目标可靠指标之间在总体上误差最小为原则,经优化后选定的。

《统一标准》原编制组曾选择了 14 种有代表性的结构构件,针对永久荷载与办公楼活荷载、永久荷载与住宅活荷载以及永久荷载与风荷载三种简单组合情况进行分析,并在 $r_G = 1.1$、1.2、1.3 和 $r_Q = 1.1$、1.2、1.3、1.4、1.5、1.6 共 3×6 组方案中,选用一组最优方案为 $r_G = 1.2$ 和 $r_Q = 1.4$。但考虑到前提条件的局限性,允许在特殊的情况下作合理的调整,如对标准值大于 $4kN/m^2$ 的工业楼面活荷载,其变异系数一般较小,此时,从经济上考虑,可取 $r_Q = 1.3$。

分析表明,当永久荷载效应与可变荷载效应相比很大时,若仍采用 $r_G = 1.2$,则结构的可靠度远不能达到目标可靠指标的要求,因此,在由永久荷载效应控制的设计组合值中相应取 $r_G = 1.35$。

分析还表明,当永久荷载效应与可变荷载效应异号时,若仍采用 $r_G = 1.2$,则结构的可靠度会随永久荷载效应所占比重的增大而严重降低,此时,r_G 宜取小于 1 的系数,但考虑到经济效果和应用方便的因素,建议取 $r_G = 1$,而在验算结构倾复、滑移或漂浮时,一部分永久荷载实际上起着抵抗倾复、滑移或漂浮的作用,对于这部分永久荷载,其荷载分项系数 r_G 显然也应取用小于 1 的系数。

综上所述,将按承载能力极限状态设计时采用基本组合的荷载分项系数归纳如下:

1. 永久荷载的分项系数 r_G

(1)当其效应对结构不利时:

对由可变荷载效应控制的组合,$r_G = 1.2$;

对由永久荷载效应控制的组合,$r_G = 1.35$。

(2)当其效应对结构有利时:

一般情况下,$r_G = 1.0$;

对结构的倾复、滑移或漂浮验算时,荷载的分项系数应按有关的结构统计规范的规定采用。

2. 可变荷载的分项系数 r_Q

(1)一般情况下,$r_Q = 1.4$;

(2)对标准值大于 $4kN/m^2$ 的工业建筑楼面的活荷载,$r_Q = 1.3$。

3.3.3　材料强度的取值

材料的性能实际上是随时间变化的,如混凝土等某些材料,这种变化还相当明显,但为简化起见,各种材料的性能仍作为与时间无关的随机变量概率模型来描述。材料强度的概率分布宜采用正态分布或对数正态分布。

材料强度分为标准值与设计值。材料强度标准值一般取概率分布的低分位值,国际上一般取 0.05 分位值,保证率为 95%。我国《统一标准》也以此分位值来确定材料强度

标准值。当材料强度按正态分布时,标准值为:

$$f_k = \mu_f(1 - 1.645\delta_f) \tag{3.22}$$

当按对数正态分布时,标准值近似为:

$$f_k = \mu_f \exp(1 - 1.645\delta_f) \tag{3.23}$$

式中:μ_f 和 δ_f 分别为材料强度的平均值和变异系数。

材料强度的设计值 f 用材料强度的标准值除以一个大于 1 的材料分项系数 r,可表达为:

$$f = \frac{f_k}{r} \tag{3.24}$$

还应指出,用材料的标准试件试验所得的材料性能,一般来说并不等同于结构中实际的材料性能,有时,两者可能有较大的差别,如材料试验的加荷速度远超过实际结构的受荷速度,致使试件的材料强度较实际结构中的偏高;又如试件的尺寸远小于结构的尺寸,使试件的材料强度受到尺寸效应的影响而与结构中的不同;又如混凝土,其标准试件的成型和养护与实际结构也不完全相同,有时甚至差别很大,以致两者的材料性能有所差别,所有这些因素都应在材料强度取值时给予考虑。

一、混凝土强度

1. 立方体抗压强度标准值

混凝土立方体抗压强度标准值的取值原则是混凝土强度总体的平均值减去 1.645 倍标准差,保证率为 95%,即:

$$f_{cu,k} = \mu_{f_{cu}} - 1.645\sigma_{f_{cu}} = \mu_{f_{cu}}(1 - 1.645\delta_{f_{cu}}) \tag{3.25}$$

式中:$f_{cu,k}$ —— 混凝土立方体抗压强度标准值;

$\mu_{f_{cu}}$ —— 周边长为 150mm 的立方体试块按标准方法制作、养护并按标准试验方法测得 28 天立方体抗压强度的平均值;

$\sigma_{f_{cu}}$ —— 标准差;

$\delta_{f_{cu}}$ —— 变异系数。

立方体抗压强度标准值是混凝土各种力学指标的基本代表值,也就是《规范》中的混凝土强度等级。

《规范》规定了 14 个混凝土强度等级,最低为 C15,最高为 C80。用于钢筋混凝土结构的混凝土强度等级,当采用 HRB335 级钢筋时,不应低于 C20;当采用 HRB400 级和 RRB400 级钢筋以及承受重复荷载的构件,不得低于 C25;预应力混凝土结构的混凝土强度不宜低于 C40,当采用钢绞线、钢丝和热处理钢筋作预应力钢筋时,混凝土强度等级亦不宜低于 C40。

过去我国建筑工程实际应用的混凝土强度等级较低,最近修订的《规范》新增加了有关高强混凝土的内容。

2. 混凝土抗压抗拉强度的标准值和设计值

不同强度等级混凝土的轴心抗压和抗拉强度的标准值 f_{ck} 和 f_{tk} 可通过立方体抗压强度标准值 $f_{cu,k}$ 推算而得。

（1）轴心抗压强度

根据对试验资料的统计分析,轴心抗压强度标准值和立方体抗压强度标准值之间的关系为

$$f_{ck} = 0.88\alpha_{c1}\alpha_{c2}f_{cu,k} \tag{3.26}$$

式中符号均见公式（2.8）说明。

轴心抗压强度的设计值,取其标准值除以混凝土材料分项系数 $r_c = 1.4$,按下式计算：

$$f_c = \frac{f_{ck}}{r_c} = \frac{f_{ck}}{1.4} \tag{3.27}$$

混凝土材料的分项系数是根据试验数据的统计分析和工程经验确定的。

（2）轴心抗拉强度

混凝土轴心抗拉强度标准值 f_{tk} 和设计值 f_t 分别按下式计算：

$$f_{tk} = 0.88 \times 0.395 f_{cu,k}^{0.55}(1 - 1.645\delta)^{0.45} \times \alpha_{c2} \tag{3.28}$$

$$f_t = f_{tk}/r_c = f_{tk}/1.4 \tag{3.29}$$

公式（3.28）中系数 0.395 和指数 0.55 为轴心抗拉强度与立方体抗压强度的折算关系,是根据试验数据统计测后确定的。

基于 1979—1980 年对全国 10 个省、市、自治区的混凝土强度的统计调查结果,以及对 C60 以上混凝土的估计判断,《规范》对式（3.23）中混凝土立方体强度采用的变异系数 δ 如下表：

表 3.5　混凝土不同强度等级时的变异系数

$f_{cu,k}$	C15	C20	C25	C30	C35	C40	C45	C50	C60	C70	C80
δ_f	0.21	0.18	0.16	0.14	0.13	0.12	0.12	0.11	0.11	0.10	
	(0.13)	(0.11)	(0.10)	(0.09)	(0.08)	(0.07)	(0.07)	(0.07)	(0.06)	(0.05)	(0.05)

表中括号内数值为近年商品混凝土的统计数据。

二、钢纤维混凝土强度

目前,《纤维混凝土结构技术规范》(CECS 38—2004) 中,对钢纤维混凝土的强度作了相应规定。

钢纤维混凝土的强度等级应按立方体抗压强度标准值确定。立方体抗压强度标准值按现行有关的混凝土结构设计规范的规定采用。

钢纤维混凝土强度等级不宜低于 CF20,并应满足结构设计对强度等级与抗拉强度的要求或对强度等级与抗折强度的要求。

1. 大量试验研究表明,钢纤维掺入的体积率小于 2% 时,对混凝土抗压强度有一定影响,一般在 20% 以下。经统计分析,各种钢纤维对混凝土抗压强度的影响系数平均为 $\alpha_c = 0.15$。试验研究还表明,钢纤维混凝土轴压强度和立方体抗压强度间的换算关系,与普通混凝土的相应换算关系相近。如果设计中采用相同的强度保证率和材料分项系数,就可以按有关混凝土结构规范的相应规定,根据钢纤维混凝土的强度等级确定轴心抗压强度标准值与设计值。

2. 基于大量的试验资料统计结果,钢纤维混凝土抗拉强度的标准值和设计值可分别按下列公式确定:

$$f_{ftk} = f_{tk}(1 + \alpha_t \lambda_f) \tag{3.30}$$

$$f_{ft} = f_t(1 + \alpha_t \lambda_f) \tag{3.31}$$

$$\lambda_f = \rho_f l_f / d_f \tag{3.32}$$

式中: f_{tk}、f_t——根据钢纤维混凝土强度等级(或标号)按现行有关混凝土结构设计规范确定的抗拉强度标准值、设计值;

λ_f—— 钢纤维含量特征参数;

ρ_f—— 钢纤维体积率;

l_f—— 钢纤维长度;

d_f—— 钢纤维直径;

α_t— 钢纤维对抗拉强度的影响系数,宜通过试验确定,当钢纤维混凝土强度等级为 CF20 ~ CF80 时,可按表 3.6 采用。

表 3.6　钢纤维对抗拉强度的影响系数

钢纤维品种	纤维外形	强度等级	α_t
高强钢丝切断型	端钩形	CF20 ~ CF45	0.76
		CF50 ~ CF80	1.03
钢板剪切型	平直形	CF20 ~ CF45	0.42
		CF50 ~ CF80	0.46
	异形	F20 ~ CF45	0.55
		CF50 ~ CF80	0.63
钢锭铣削型	端钩形	CF20 ~ CF45	0.70
		CF50 ~ CF80	0.84
低合金钢熔抽异型	大头形	CF20 ~ CF45	0.52
		CF50 ~ CF80	0.62

三、钢筋强度的标准值和设计值

对有明显屈服点的热轧钢筋(属软钢),采用国家钢筋标准规定的屈服强度作为强度的标准值 f_{yk},它也是钢筋出厂检验的废品限值。为保证钢材质量,出厂前必须进行抽样检查,检查标准即称为废品限值。将废品限值作为热轧钢筋的标准值,可使钢筋强度的标准值和检验标准统一起来,同时,它也是施工时规定进场检验的废品限值。

废品限值大致相当于钢筋屈服强度的平均值 μ_s 减去 2 倍均方差 σ_s:

$$f_{yk} = \mu_s - 2\sigma_s = \mu_s(1 - 2\delta_s) \tag{3.33}$$

式中 δ_s 为变异系数,可见其保证率为 97.73% 比《统一标准》规定材料强度标准值的保证率 95% 更为严格。

热轧钢筋的设计值取用其标准值除以大于 1 的钢筋材料分项系数 $r_s = 1.1$:

$$f_y = f_{yk}/r_s = f_{yk}/1.1 \tag{3.34}$$

对预应力用的钢绞线、钢丝和热处理钢筋均属硬钢,无明显屈服点,按国家钢筋标准规定,他们的标准值 f_{ptk} 根据极限抗拉强度 σ_b 确定。但在结构构件设计时,仍按传统取 $0.85f_{ptk}$ 作为条件屈服强度,它相当于残余变形为 0.2% 时的钢筋应力,记为 $\sigma_{0.2}$。

预应力钢筋的材料分项系数 r_s 取用 1.2,故钢绞线、钢丝和热处理钢筋的强度设计值为:

$$f_{py} = f_{ptk} \times 0.85/r_s = f_{ptk} \times 0.85/1.2 \tag{3.35}$$

热轧钢筋、钢绞线、消除应力钢丝和热处理钢筋强度的标准值和设计值均见附表 $4 \sim 6$。

3.3.4　承载能力极限状态设计表达式

结构及结构构件承载能力(包括失稳)计算和倾复、滑移及漂浮验算等均应采用设计值,直接承受吊车的构件,在计算承载力及验算疲劳时尚应考虑吊车荷载的动力系数。

对持久设计状况、短暂设计状况和地震设计状况,当用内力的形式表达时,结构构件应采用下列承载能力极限状态设计表达式:

$$r_0 S \leqslant R \tag{3.36}$$
$$R = R(f_c, f_s, a_k, \cdots)/r_{Rd} \tag{3.37}$$

式中:r_0——结构重要性系数:在持久设计状况和短暂设计状况下,对安全等级为一级的结构构件不应小于 1.1,对安全等级为二级的结构构件不应小于 1.0,对安全等级为三级的结构构件不应小于 0.9;对地震设计状况下应取 1.0;

S——承载能力极限状态下作用组合的效应设计值:对持久设计状况和短暂设计状况,应按作用的基本组合计算;

R——结构构件的抗力设计值;

$R(\cdot)$——结构构件的抗力函数;

r_{Rd}——结构构件的抗力模型不定性系数、静力设计取 1.0,对不确定性较大的结构构件根据具体情况的大于 1.0 的数值;抗震设计应用承载力抗震调整系数 r_{RE} 代替 r_{Rd};

f_c、f_s——混凝土、钢筋的强度设计值;

a_k——几何参数的标准值,当几何参数的变异性对结构性能有明显的不利影响时,应增减一个附加值。

将式(3.36)中荷载效应 S 和结构抗力 R 转化为按基本变量的设计值时,即可得设计时采用的实用表达式。

承载能力极限状态计算时,结构构件应采用荷载效应的基本组合或偶然组合:

一、荷载效应的基本组合

基本组合应分别计算由可变荷载效应控制的组合及由永久荷载效应控制的组合,然后取其最不利值确定。目的是为了保证在各种可能出现的荷载组合情况下,通过设计都能使结构构件维持相同的可靠度水平。

1. 由可变荷载效应控制的组合时：

$$S = \sum_{j=1}^{m} r_{Gj} S_{Gjk} + r_{Q1} r_{L1} S_{Q1k} + \sum_{i=2}^{n} r_{Qi} r_{Li} \psi_{ci} S_{Qik} \tag{3.38}$$

式中：r_{Gj}—— 第 j 个永久荷载的分项系数，一般情况 $r_G = 1.2$，其他情况详见 3.3.2 节；

r_{Q1}—— 起控制作用的主导可变荷载，即产生最不利效应的可变荷载的分项系数，一般情况 $r_{Q1} = 1.4$，其他情况详见 3.3.2 节；

r_{Qi}—— 第 i 个可变荷载的分项系数，取值同 r_{Q1}；

r_{L1}—— 起控制作用的主导可变荷载考虑设计年限的调整系数，按表 3.7 使用；

r_{Li}—— 第 i 个可变荷载考虑设计使用同年限的调整系数，取值同 r_{L1}；

S_{Gjk}—— 按永久荷载标准值 G_{jk} 计算的荷载效应值（内力）；

S_{Q1K}—— 按产生最不利效应的主导可变荷载标准值 Q_{1K} 计算的荷载效应值（内力）；当设计时无法明显判断时，可轮次以各可变荷载效应 S_{QiK} 为 S_{Q1K}，选其中最不利的荷载效应组合为设计依据，这个过程由计算机程序来完成将很方便；

S_{QiK}—— 按可变荷载标准值 Q_{iK} 计算的荷载效应值（内力）；

ψ_{ci}—— 除起控制作用的可变荷载外，其他所有可变荷载 Q_i 的组合值系数（见《荷载规范》）；

m—— 参与组合的永久荷载数；

n—— 参与组合的可变荷载数；

$R(\cdot)$—— 结构构件承载力函数的设计值。

2. 由永久荷载效应控制的组合时：

$$S = \sum_{j=1}^{m} r_{Gj} S_{Gjk} + \sum_{j=1}^{n} r_{Q1} r_{L1} \psi_{ci} S_{Qik} \tag{3.39}$$

式中 r_{Gj} 为永久荷载的分项系数，$r_{Gj} = 1.35$。其他符号均同式（3.38）。

在应用式（3.39）时，为减轻计算工作量，当考虑以自重为主时，对参与组合的可变荷载允许只考虑与结构自重方向一致的竖向荷载、如雪荷载、吊车竖向荷载等。

考虑由永久荷载效应控制的组合（式 3.39）是因为当结构的自重占主要时，若不考虑这种组合，将使可靠度偏低，从式（3.38）和式（3.39）可见，永久荷载的分项系数分别取用了 $r_G = 1.2$ 和 $r_G = 1.35$ 的不同数值。

基本组合中的效应的设计值仅适用于荷载与荷载效应为线性的情况。

可变荷载考虑结构使用年限的调整系数：

设计基准期是为统一确定荷载和材料的标准值而规定的年限，通常是一个固定值。可变荷载是一个随机过程，其标准值是指在结构设计基准期内可能出现的最大值，由设计基准期最大荷载概率分布的某个分位值来确定。

设计使用年限是指设计规定的结构或构件不需要进行大修即可按其预期目的使用的时期，它不是一个固定值，与结构的用途和重要性有关。设计使用年限长短对结构设计的影响要从荷载和耐久性两个方面考虑。设计使用年限越长，结构使用中荷载出现

"大值"的可能性越大,所以设计中应调整高荷载标准值;相反,设计使用年限越短,结构使用中荷载出现"大值"的可能性越小,设计中可降低荷载标准值,以保持结构安全和经济的一致性。耐久性是决定结构设计使用年限的主要因素,这方面应在结构设计规范中考虑。故我们采用可变荷载考虑结构使用年限的调整系数 γ_L 来考虑设计使用年限对结构效应的影响。

可变荷载考虑设计使用年限的调整系数 γ_L 应按表 3.7 取值:

表 3.7   可变荷载考虑设计使用年限的调整系数 γ_L

设计使用年限(年)	5	50	100
γ_L	0.9	1.0	1.1

注:1. 当设计使用年限不为表中数值时,调整系数 γ_L 可线性内插;

2. 当采用 100 年重现期的风压和雪压为荷载标准值时,设计使用年限大于 50 年时风、雪荷载的 γ_L 取 1.0;

3. 对于荷载标准值可控制的可变荷载,设计使用年限调整系数 γ_L 取 1.0。

从上述承载能力极限状态计算表达式中可见,设计计算时均未直接涉及目标可靠指标及概率运算,实质上,目标可靠指标 β 均已综合隐含在 ① 荷载及材料强度的标准值;② 荷载和材料的分项系数;③ 结构重要性系数;④ 结构抗力函数 R,即计算承载能力的计算式及有关系数的取值中。

二、荷载效应的偶然组合

1. 偶然荷载作用下的结构承载力计算

$$S = \sum_{j=1}^{m} S_{Gjk} + S_{Ad} + \psi_{f1} S_{Q1k} + \sum_{i=2}^{n} \psi_{qi} S_{Qik} \tag{3.40}$$

式中:S_{Ad}—— 按偶然荷载设计值 A_d 计算的荷载效应值;

ψ_{f1}—— 第 1 个可变荷载的频遇值系数;

ψ_{qi}—— 第 i 个可变荷载的准永久值系数;

2. 偶然事件发生后受损结构整体稳定性验算

$$S = \sum_{j=1}^{m} S_{Gjk} + \psi_{f1} S_{Q1k} + \sum_{i=2}^{n} \psi_{qi} S_{Qik} \tag{3.41}$$

组合中效应设计值仅适用于荷载与荷载效应为线性的情况。

在偶然荷载效应组合的表达式中主要考虑到:

(1)由于偶然荷载的确定往往带有主观臆测因素,因而设计表达式中不再考虑荷载分项系数,而直接采用规定的实际值;

(2)对偶然设计状况,偶然事件本身属于小概率事件,两种不相关的偶然事件同时发生的概率更小,所以不必同时考虑两种偶然荷载;

(3)偶然事件的发生是一个不确定性事件,偶然荷载的大小也是不确定的,所以实际中偶然荷哉超过规定的设计值的可能性是存在的,所有按规定设计值设计的结构仍然存在破坏的可能性,但为了保证人的生命安全,设计还是要保证偶然事件发生后受损的结构能够承担对应于偶然设计状况的永久荷载和可变荷载,所以,表达式分别给出了偶然事件发生时承载能力计算和发生后整体稳定性验算的两种不同情况。

事实上,要求按荷载效应的偶然组合进行设计,以保证结构的完整无缺,往往经济上代价太高,有时甚至不现实。比较可行的方法是按允许结构因出现设计规定的偶然荷载发生局部破坏,但整个结构在一段时间内不致发生连续大面积倒塌的原则进行设计,以保证结构的整体稳定性。

[例题 3.4]　有一钢筋混凝土简支梁,计算跨度 $l_0 = 4.0$m;梁上作用有均布永久荷载标准值 $g_k = 10.0$kN/m(已包括梁自重)、均布可变荷载标准值 $q_k = 5$kN/m,梁跨中还作用有一个集中可变荷载,其标准值 $P_K = 15$KN;组合值系数 $\psi_c = 0.7$。该梁安全等级为二级。

要求按承载能力极限状态荷载效应的基本组合计算跨中截面弯矩值。

[解]

安全等级为二级,故结构重要性系数 $r_0 = 1.0$。

(1)计算由可变荷载效应控制的组合:

永久荷载标准值 g_k 作用时荷载效应:

$$S_{Gk} = \frac{1}{8}g_k l_0^2 = \frac{1}{8} \times 10 \times 4^2 = 20\text{kN} \cdot \text{m}$$

均布可变荷载标准值 q_k 作用时荷载效应:

$$S_{Qk} = \frac{1}{8}q_k l_0^2 = \frac{1}{8} \times 5 \times 4^2 = 10\text{kN} \cdot \text{m}$$

集中可变荷载标准值 P_k 作用时荷载效应:

$$S_{pk} = \frac{1}{4}P_k l_0 = \frac{1}{4} \times 15 \times 4 = 15\text{kN} \cdot \text{m} > S_{qk} = 10\text{KN} \cdot \text{m}$$

可知起控制作用的主导可变荷载应为集中荷载 P_k。

计算跨中截面弯矩值 M,即计算荷载效应 S,由式(3.38):

$$M = r_0 S = r_0 (r_G S_{Gk} + r_{Q1} S_{Q1k} + \sum_{i=2}^{n} r_{Qi} \psi_{ci} S_{Qik})$$

$$M_1 = r_0 S = 1.0(1.2 \times 20 + 1.4 \times 15 + 1.4 \times 0.7 \times 10) = 54.8\text{kN} \cdot \text{m}$$

(2)计算由永久荷载效应控制的组合,由式(3.39):

$$M = r_0 S = r_0 (r_G S_{Gk} + \sum_{i=1}^{n} r_{Qi} \psi_{ci} S_{Qik})$$

$$M_2 = r_0 S = 1.0[1.35 \times 20 + 1.4 \times 0.7(15 + 10)] = 27 + 24.5$$
$$= 51.5\text{kN} \cdot \text{m} < M_1 = 54.8\text{kN} \cdot \text{m}$$

故梁跨中截面弯矩应取由可变荷载效应控制的组合值 54.8kN $\cdot$ m。

[例题 3.5]　有一钢筋混凝土轴心受压短柱,截面为正方形,边长 $b = 400$mm;柱的计算长度 $l_0 = 3.0$m;混凝土强度等级为 C30;纵向受力钢筋为 HRB400 钢筋;已配 4Φ20。该柱的安全等级为二级。

要求计算:

(1)该柱正截面的受压承载能力;

(2)若该柱承受可变荷载(轴向力)的标准值 $Q_k = 1600$kN,试问该柱是否安全?

[解]

(1)计算柱正截面承载能力 N_u(即结构抗力设计值 R):

轴心受压短柱的承载能力主要由混凝土和钢筋两者提供,柱子达到承载能力极限状态时,混凝土和钢筋分别达到其抗压强度设计值 f_c 和 f'_y。

轴心受压柱正截面承载能力计算式为(详见第七章):

$$Nu = R = 0.9\varphi(f_c A + f'_y A'_s)$$

式中 0.9 为系数;φ 为稳定系数,当 $l_0/b = 3000/400 = 7.5 < 8.0$ 时,$\varphi = 1.0$(表 7.1);A 为柱截面积 $A = 400 \times 400 = 160000 \text{mm}^2$;$A'_s$ 为钢筋截面积 $A'_s = 1256 \text{mm}^2$(附表 12)。

从附表 1 及附表 4 可知 $f_c = 14.3 \text{N/mm}^2$;$f'_y = 360 \text{N/mm}^2$;将上述数据代入上式得:

$$Nu = R = 0.9 \times 1.0(14.3 \times 160000 + 360 \times 1256)$$
$$= 0.9(2288000 + 452160) = 2466144\text{N} = 2466.1\text{kN}$$

该柱正截面轴心受压承载力设计值为 2466.1kN。

(2) 计算荷载产生的轴心压力设计值 N(即荷载效应 S):

永久荷载(柱自重)标准值 G_K 产生的荷载效应 S_{GK}:

$$S_{Gk} = 0.4 \times 0.4 \times 3.0 \times 25 = 12\text{kN}$$

可变荷载标准值 Q_k 产生的荷载效应 S_{Qk}:

$$S_{Qk} = 1600\text{kN}$$

可变荷载仅一个,且其值远大于永久荷载,故按式(3.38)可得:

$$N = r_0 S = r_0(r_G S_{Gk} + r_Q S_{Qk})$$
$$= 1.0(1.2 \times 12 + 1.4 \times 1600) = 2254.4\text{kN} < Nu = 2466.1\text{kN}$$

满足承载能力极限状态要求,故该柱是安全的。

3.3.5 正常使用极限状态验算表达式

按正常使用极限状态设计时,主要验算结构构件的变形、抗裂度和裂缝宽度。

结构丧失承载能力极限状态造成的后果,显然要比正常使用极限状态严重得多,故正常使用极限状态下的可靠度可较低,因此计算时对荷载和材料强度均取用标准值,不再乘以相应的分项系数,也不再考虑结构的重要性系数 r_0。

由于荷载短期作用和长期作用对结构构件正常使用性能的影响不同,对正常使用极限状态验算时,应根据不同的要求,分别按荷载效应的标准组合 S_k 频遇组合和准永久组合 S_q。对于正常使用极限状态、预应力混凝土构件、钢筋混凝土构件应分别按标准组合 S_k 并考虑长期作用的影响或准永久组合并考虑长期作用的影响,采用下列正常使用极限状态验算的表达式:

$$S_d \leqslant C \tag{3.42}$$

式中:S_d—— 正常使用极限状态的荷载效应组合值;

C—— 结构构件达到正常使用要求的规定限值,例如变形、裂缝宽度和自振频率等的限值。

一、荷载效应组合

1. 标准组合：

$$S_k = S_{Gk} + S_{Q1k} + \sum_{i=2}^{n} \psi_{ci} S_{Qik} \tag{3.43}$$

将上式与承载能力极限状态设计的基本组合式(3.38)比较可见,标准组合只采用荷载标准值产生的效应,不再乘以荷载分项系数。

2. 频遇组合

$$S = S_{Gk} + \psi_{f1} S_{Q1k} + \sum_{i=2}^{n} \psi_{qi} S_{Qik} \tag{3.44}$$

式中：ψ_{f1}——起控制效应的主导可变荷载 Q_{1K} 的频遇值系数；

　　　ψ_{qi}——可变荷载 Q_{ik} 的准永久值系数。

其他式中符号均与式(3.38)相同。

3. 准永久组合

$$S_q = S_{Gk} + \sum_{i=1}^{n} \psi_{qi} S_{Qik} \tag{3.45}$$

二、受弯构件挠度的验算

钢筋混凝土受弯构件在使用期间需要控制其挠度时,应进行挠度验算。最大挠度应按荷载的准永久组合,预应力混凝土受弯构件的最大挠度应按荷载的标准组合,并均需考虑荷载长期作用的影响。

$$f \leqslant [f] \tag{3.46}$$

式中：f——受弯构件的最大挠度；

　　　$[f]$——规定的挠度限值(附表 10)。

三、裂缝控制验算

结构构件在正常使用期间是否允许开裂取决于结构使用功能的要求,和所处的环境。

钢筋混凝土和预应力混凝土构件应按所处环境类别和结构类别,确定相应的裂缝控制等级及最大裂缝宽度的限值(附表 11)。

《规范》规定,裂缝控制分为三个等级：

一级 —— 严格要求不出现裂缝的构件；

二级 —— 一般要求不出现裂缝的构件；

三级 —— 允许出现裂缝的构件。

对正常使用期间不允许开裂的结构,应分别采用一级或二级裂缝控制等级(只宜用于预应力混凝土结构),主要是控制混凝土的拉应力,详见第十章预应力混凝土构件的计算。三级裂缝控制适用于钢筋混凝土结构及部分预应力混凝土结构,此时,应验算裂缝宽度,并满足下式：

$$\omega_{max} \leqslant \omega_{lim} \qquad (3.47)$$

式中：ω_{max}——按荷载效应标准组合并考虑荷载长期作用影响计算的最大裂缝宽度；

ω_{lim}——最大裂缝宽度限值（附表 11）。

［例题 3.6］ 例题（3.4）中若可变荷载的组合值系数 ψ_{ci} 均为 0.7；准永久值系数 ψ_{qi} 均为 0.4，要求按正常使用极限状态计算荷载效应的标准组合值 M_k 和准永久组合值 M_q。

［解］

荷载效应的标准组合值 $S_k(M_k)$

由例题（3.4）已知可变荷载中起控制作用的主导可变荷载为 $P_k = 15kN$，故可写出：

$$M_k = S_{Gk} + S_{Q1k} + \sum_{l=2}^{n} \psi_{ci} S_{Qik}$$

$$= \frac{1}{8} \times 10 \times 4^2 + \frac{1}{4} \times 15 \times 4 + 0.7 \times \frac{1}{8} \times 5 \times 4^2 = 20 + 15 + 7$$

$$= 42kN \cdot m$$

荷载效应的准永久组合值 $S_q(M_q)$

$$M_q = S_{Gk} + \sum_{i=1}^{n} \psi_{qi} S_{Qik} = 20 + 0.4(15 + 10) = 20 + 10 = 30kN \cdot m$$

3.3.6 混凝土结构耐久性规定设计

一、概述

国内外大量的文献资料表明：混凝土结构耐久性病害而导致的损失是巨大的，结构耐久性造成的损失大大超过了人们的估计。混凝土结构耐久性问题是一个十分重要也是迫切需要加以解决的问题。

近年来世界各国均越来越重视混凝土结构的耐久性问题，众多的研究者对混凝土结构耐久性展开了研究，取得了系列研究成果。迄今为止，已经形成了混凝土结构耐久性研究框架，如图 3-4 所示。

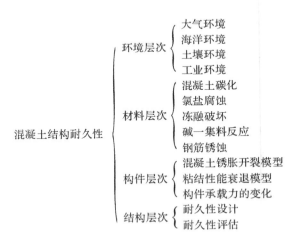

图 3-4 混凝土结构耐久性研究框架

可以看到，混凝土结构耐久性问题涉及到环境，材料，构件和结构四个层面。混凝土结构耐久性设计是在对环境，材料和构件层面的耐久性问题深刻理解的基础上形成。

二、耐久性基本概念

因为混凝土结构处于不同的环境中工作,不同环境中的混凝土结构将有不同的性能退化规律。一般而言,处于工业腐蚀环境中的混凝土结构,比其他环境中的混凝土结构劣化速度要快得多;而海洋环境中的结构,由于受到氯盐侵蚀,其劣化速度要比大气环境中工作的混凝土结构要快。因此,混凝土结构耐久性问题,必然是与结构工作环境联系起来的。

处于一定环境中工作的混凝土结构,可能会受到包括碳化,氯离子侵蚀,冻融破坏,碱集料破坏等多种耐久性病害情况。而混凝土保护层在环境侵蚀后的劣化,将导致混凝土结构内部钢筋的加速锈蚀,从而影响混凝土结构的安全性与适用性。

大气环境中的混凝土结构会发生碳化现象。混凝土的碳化是指空气中二氧化碳与水泥石中的碱性物质相互作用,使其成分、组织和性能发生变化,使用机能下降的一种较复杂的物理化学过程。其影响因素包括混凝土本身的密实度,环境二氧化碳的浓度,和环境温湿度。

海洋环境中的结构物,以及北方地区撒除冰盐地区的交通设施,均会有大量环境中的氯离子渗入混凝土,引起钢筋锈蚀破坏。氯离子侵蚀混凝土的规律一直是耐久性研究领域的热门课题,工程上目前一般采用 Fick 第二定律来描述这个规律。

在北方寒冷区域,冬天的低温会引发混凝土冻融破坏。混凝土毛细孔中的自由水遇冷冻结冰会发生体积膨胀,当这种膨胀压力超过混凝土的抗拉强度时,混凝土就会开裂。钢筋在混凝土的碱性环境中表面将产生一层钝化膜,能够阻止混凝土中钢筋的锈蚀。但当有二氧化碳和氯离子等有害物质从混凝土表面通过孔隙进入混凝土内部时,与混凝土材料中的碱性物质中和,从而导致了混凝土的 pH 值的降低,当 pH 小于 9 时,混凝土中埋置钢筋表面的钝化膜被逐渐破坏,在其他条件具备的情况下,钢筋就会发生锈蚀,并且随着锈蚀的加剧,将导致混凝土保护层开裂,钢筋与混凝土之间的粘结力破坏,钢筋受力截面减少,结构强度降低等一系列不良后果,从而导致结构耐久性的降低。通常情况下,受氯盐污染的混凝土中的钢筋有更严重的锈蚀情况。

三、耐久性设计

在混凝土结构耐久性研究的过程中,混凝土结构耐久性设计的思想也不断地被尝试引入结构设计和工程实践中。1990 年日本发布了《混凝土结构耐久性设计建议》,1989 年欧洲出版了《CEB 耐久混凝土结构设计指南》,RILEM 于 1990 年出版的《混凝土结构的耐久性设计》,欧盟在 2000 年出版了《混凝土结构耐久性设计指南》。在总结国内外研究成果的基础上,我国土木工程学会于 2004 年编制完成了《混凝土结构耐久性设计与施工指南》(CCES01—2004),2008 年我国的第一部关于混凝土结构耐久性的国家标准《混凝土结构耐久性设计规范》(GB/T 50476—2008) 发布,我国现行规范也对混凝土结构耐久性设计做了详细的规定。耐久性相关规范和指南的问世,无疑对改善我国混凝土结构耐久性状况将起到非常好的作用,也为混凝土结构的耐久性设计和延长工作寿命明确了方向。下面简要介绍现行规范中关于混凝土结构耐久性方面的相关内容。

混凝土结构耐久性设计的主要目标,是为了确保主体结构能够达到规定的设计使用年限,满足建筑物的合理使用年限要求。

混凝土结构的耐久性设计应包括下列内容:

(1) 确定结构所处的环境类别;

(2) 提出材料的耐久性质量要求;

(3) 确定构件中钢筋的混凝土保护层厚度;

(4) 满足耐久性要求相应的技术措施;

(5) 在不利的环境条件下应采取的防护措施;

(6) 提出结构使用阶段的维护与检测要求。

混凝土结构的耐久性应根据下表的环境类别和设计使用年限进行设计。

环境类别的划分应符合表 3.8 的要求。

表 3.8　混凝土结构的环境类别

环境类别		条　　件
一		室内干燥环境; 无侵蚀性静水浸没环境
二	a	室内潮湿环境; 非严寒和非寒冷地区的露天环境; 非严寒和非寒冷地区与无侵蚀性的水或土壤直接接触的环境; 严寒和寒冷地区的冰冻线以下与无侵蚀的水或土壤直接接触的环境
	b	干湿交替环境; 水位频繁变动环境; 严寒和寒冷地区的露天环境; 严寒和寒冷地区冰冻线以上与无侵蚀性的水或土壤直接接触的环境
三	a	严寒和寒冷地区冬季水位变动区环境; 受除冰盐影响环境; 海风环境
	b	盐渍环境; 受除冰盐作用环境; 海岸环境
四		海洋环境
五		受人为或自然的侵蚀性物质影响的环境

注:1. 室内潮湿环境是指构件表面经常处于结露或湿润状态的环境;

2. 严寒和寒冷地区的划分应符合国家现行标准《民用建筑热工设计规程》GB50176 的有关规定;

3. 海岸环境和海风环境宜根据当地情况,考虑主导风向及结构所处迎风、背风部位等因素的影响,由调查研究和工程经验确定;

4. 受除冰盐影响环境为受到除冰盐盐雾影响的环境;受除冰盐作用环境指被除冰盐溶液溅射的环境以及使用除冰盐地区的洗车房、停车楼等建筑;

5. 暴露的环境是指混凝土结构表面所处的环境。

非严寒和非寒冷地区与严寒和寒冷地区的区别主要在于有无冰冻及冻融循环现象。

关于严寒和寒冷地区的划分,《民用建筑热工设计规程》GB50176—93 规定为:

严寒地区:最冷月平均温度低于或等于 −10℃,日平均气温低于或等于 5℃ 的天数不少于 145d 的地区。

寒冷地区:最冷月平均温度高于 −10℃ 的地区,低于或等于 0℃,日平均温度低于或等于 5℃ 的天数不少于 90d 且少于 145d 的地区。

1. 对设计使用年限为 50 年的结构

结构处于一类、二类和三类环境时,结构所用的混凝土材料宜符合表 3.9 规定。

表 3.9 结构混凝土耐久性的基本要求

环境类别		最大水胶比	最低混凝土 强度等级	最大氯离子含量 （%）	最大碱含量 （kg/m³）
一		0.60	C20	0.30	不限制
二	a	0.55	C25	0.20	3.0
	b	0.50(0.55)	C30(C25)	0.15	3.0
三	a	0.45(0.50)	C35(C3.0)	0.15	3.0
	b	0.40	C40	0.10	3.0

注:1. 氯离子含量系指其占胶凝材料总量的百分比;

2. 预应力构件混凝土中的最大氯离子含量为 0.06%,最低混凝土强度等级应按表中规定提高两个等级;

3. 素混凝土构件的水胶比及最低强度等级的要求可适当放松;

4. 有可靠工程经验时,二类环境中的最低混凝土强度等级可降低一个等级;

5. 处于严寒和寒冷地区二 b、三 a 类环境中的混凝土应使用引气剂,并可采用括号中的有关参数;

6. 当使用非碱活性骨料时,对混凝土中的碱含量可不作限制。

混凝土结构及构件,尚应采用下列耐久性技术措施:

（1）预应力混凝土结构中的预应力筋应根据具体情况采取表面防护、孔道灌浆、加大混凝土保护层厚度等措施,外露的锚固端应采取封锚和混凝土表面处理等有效措施;

（2）有抗渗要求的混凝土结构,混凝土的抗渗等级应符合有关标准的要求;

（3）严寒及寒冷地区的潮湿环境中,结构混凝土应满足抗冻要求,混凝土抗冻等级应符合有关标准的要求;

（4）处于在三类环境中的混凝土结构,钢筋可采用阻锈剂、环氧树脂涂层钢筋或其他具有耐腐蚀性能的钢筋,也可采取阴极保护措施或采用可交换的构件等措施。

（5）处于二、三类环境中的悬臂构件宜采用悬臂梁 — 板的结构形式,或在其上表面增设防护层;

（6）处于二、三类环境中的结构,其表面的预埋件、吊钩、连接件等金属部件应采取可靠的防锈措施。

2. 对设计使用年限为 100 年的结构

1）处于一类环境

根据国内混凝土结构耐久性状态的调查,一类环境设计使用年限为 50 年基本可以得到保证。但国内一类环境实际使用年数超过 100 年的混凝土结构极少。耐久性调查发现,实际使用年数在 $70 \sim 80$ 年一类环境中的混凝土构件也基本完好,这些构件的混凝土立方体抗压强度在 $15N/mm^2$ 左右,保护层厚度 $15 \sim 20mm$。

因此,一类环境中,设计使用年限为 100 年的结构混凝土应满足下列规定:

(1) 适当提高混凝土强度等级,钢筋混凝土结构的最低混凝土强度等级应为 C30;预应力混凝土结构的最低混凝土强度等级应为 C40;

(2) 限制氯离子含量,混凝土中的最大氯离子含量为 0.06%;

(3) 宜使用非碱活性骨料,当使用碱活性骨料时,混凝土中最大碱含量为3.0kg/m;

(4) 适当增加保护层厚度,应按附表 19 的规定再增加 40%,当采取有效的表面防护措施时,混凝土保护层厚度可适当减少;

(5) 在使用过程中,应特别强调定期检测维修。

2) 处于二类和三类环境中,设计使用年限 100 年的混凝土结构,应采取专门的有效措施。

3) 耐久性环境类别为四类和五类的混凝土结构,其耐久性要求应符合有关标准的规定。对临时性混凝土结构,可不考虑混凝土耐久性要求。

混凝土结构在设计使用年限内尚应遵守下列规定:

(1) 结构应按设计规定的环境类别使用,并定期进行检测、维修制度;

(2) 设计中的可更换的混凝土构件应按规定定期更换;

(3) 构件表面的防护层,应按规定维护或更换;

(4) 构件出现可见的耐久性缺陷时,应及时进行检测处理。

3.3.7　混凝土结构防连续倒塌设计原则

房屋结构在遭受偶然作用时如发生连续倒塌,将造成人员伤亡和财产损失,是对安全的最大威胁。总结结构倒塌和未倒塌的规律,采取针对性的措施加强结构的整体稳固性,就可以提高结构和抗灾性能,减少结构连续倒塌的可能性。

混凝土结构防连续倒塌是提高结构综合抗灾能力的重要内容。在特定类型的偶然作用发生时或发生后,结构能够承受这种作用,或当结构体系发生局部垮塌时,依靠剩余结构体系仍能连续承载,避免发生与作用不相匹配的大范围破坏或连续倒塌。这就是结构防连续倒塌设计的目标。无法抗拒的地质灾害破坏作用,不包括在防连续倒塌设计的范围内。

结构防连续倒塌设计的难度和代价都很大,一般结构只须进行防连续倒塌的概念设计,其基本原则就是以定性设计的方法增强结构的整体稳固性,控制发生连续倒塌和大范围破坏。当结构发生局部破坏时,如不引发大范围倒塌,即认为结构具有整体稳定性。结构和材料的延性、传力途径的多重性以及超静定结构体系,均能加强结构的整体稳定性。

一、混凝土结构防连续倒塌设计宜符合下列要求

1. 采取减小偶然作用效应的措施;
2. 采取使重要构件及关键传力部位避免直接遭受偶然作用的措施;
3. 在结构容易遭受偶然作用影响的区域增加冗余约束,布置备用的传力途径;
4. 增强疏散通道,避难空间等重要结构构件及关键传力部位的承载力和变形性能;
5. 配置贯通水平、竖向构件的钢筋,并与四边构件可靠地锚固;
6. 设置结构缝,控制可能发生连续倒塌的范围。

二、重要结构的防连续倒塌设计可采用下列方法

1. 局部加强法:提高可能遭受偶然作用而发生局部破坏的竖向重要构件和多条传力途径交汇的关键传力部位的安全储备和变形能力,也可直接考虑偶然作用进行设计。这种按特定的局部破坏状态的荷载组合进行构件设计,是保证结构整体稳定性的有效措施之一。但当偶然事件产生特大荷载时,按效应的偶然组合进行设计以保持结构体系完整往往代价太高,有时甚至不现实。

2. 拉结构件法:允许爆炸或撞击造成结构局部破坏,在结构局部竖向构件失效的条件下,可根据具体情况,分别按梁—拉结模型、悬索—拉结模型和悬臂—拉结模型进行承载力验算,继续承载受力,按整个结构不发生连续倒塌的原则进行设计,从而避免结构的整体垮塌,维持结构的整体稳固性;

3. 拆除构件法:按一定规则拆除结构的主要受力构件,验算剩余结构体系的极限承载力;也可采用倒塌全过程分析进行设计。

实际工程的防连续倒塌,应根据具体情况进行适当的选择。

当进行偶然作用下结构防连续倒塌验算时,效应除按偶然作用计算外,还宜考虑结构相应部位倒塌冲击引起的动力系数。在抗力函数的计算中,混凝土强度取强度标准值 f_{ck};普通钢筋取极限强度标准值 f_{stk};预应力钢筋强度取极限强度标准值 f_{ptk},并考虑锚具的影响。宜考虑偶然作用下结构倒塌对几何参数的影响。必要时尚应考虑材料性能在动力作用下的强化和脆性,并取相应的强度特征值。

3.3.8　间接作用的分析

当混凝土的收缩、徐变以及温度变化等间接作用在结构中产生的作用效应可能危及结构的安全或正常使用时,需进行间接作用效应的分析,并应采取相应的构造措施和施工措施。

大体积混凝土结构、超长混凝土结构等约束积累较大的超静定结构,在间接作用下的裂缝问题比较突出,需对结构进行间接作用效应分析。对于允许出现裂缝的钢筋混凝土结构构件,应考虑裂缝的开展使构件刚度降低的影响,以减少作用效应计算的失真。

混凝土结构进行间接作用效应的分析时,对重要或受力复杂的结构,宜采用弹塑性

分析方法对结构整体或局部进行验算,此时应遵循以下原则:

1. 应预先设定结构的形状、尺寸、边界条件、材料性能和配筋等;

2. 材料的性能指标宜取平均值,并宜通过试验分析确定,也可按《规范》附录C的规定确定;

3. 宜考虑结构几何非线性的不利影响;

4. 分析结果用于承载设计时,宜考虑抗力模型不定性系数对结构的抗力进行适当调整;

混凝土结构的弹塑性分析,可根据实际情况采用静力或动力分析方法,可参见《规范》第5.5节弹塑性分析及附录C的有关规定,或其他有关著作。

复习思考题

3.1 结构的功能要求有哪些?什么是功能函数?

3.2 结构极限状态的定义是什么?结构的极限状态有几类?主要内容是什么?

3.3 什么是结构上的作用、直接作用、间接作用和作用效应?什么是结构抗力?

3.4 为什么说作用效应和结构抗力都具有不确定性?

3.5 结构的可靠性和结构的可靠度有何区别?结构的可靠度一般用什么指标加以衡量?

3.6 什么是可靠指标 β?写出其表达式。它与失效概率 P_f 有何关系?

3.7 什么是目标可靠指标?我国《统一标准》对各类构件的目标可靠指标和失效概率的取值是多少?

3.8 为什么说我国现行《规范》采用的设计方法是近似概率极限状态设计法?

3.9 什么是荷载的标准值、荷载的组合值和荷载的准永久值?它们是怎样确定的?

3.10 什么是荷载的分项系数?它与以往的安全系数在概念上有何差别?

3.11 填写下表:

分项系数	取值	采 用 场 合
结构重要性系数 γ_0	1.1	
	1.0	
	0.9	
永久荷载分项系数 γ_G	1.2	
	1.35	
	1.0	
	0.9	
可变荷载分项系数 γ_Q	1.4	
	1.3	

3.12 材料强度的标准值和设计值如何确定?

3.13 写出计算承载能力极限状态时,荷载效应 S 的基本组合的表达式。

3.14 写出计算正常使用极限状态时,荷载效应标准组合和准永久组合表达式,指出其不同点。说明与承载能力极限状态荷载效应基本组合的表达式有何区别？

3.15　按照耐久性的要求，设计使用年限为 50 年的结构，对混凝土有何要求？

3.16　防止混凝土结构连续倒塌设计时应符合哪些要求？可采用哪些方法？

习　　题

3.1　有一两端简支的预应力混凝土空心板，计算跨度 $l_0 = 3.4\text{m}$；楼板自重产生的永久荷载标准值为 1.62kN/m^2（已包括板缝间灌缝在内），楼面采用 25mm 厚的水泥砂浆抹面（自重 20kN/m^3），板底用 15mm 厚纸筋石灰粉刷（自重 16kN/m^3）；楼面可变荷载标准值为 2.0kN/m^2，准永久值系数 $\psi_q = 0.5$；结构安全等级为二级。要求计算：

（1）沿板长每米均布线荷载标准值，取板宽 $b = 1\text{m}$ 计算；

（2）按承载能力极限状态计算楼板跨中截面的弯矩设计值 $M_{\max}$；

（3）按正常使用极限状态荷载效应的标准组合和准永久组合计算楼板跨中截面弯矩值 M_k 和 M_q。

3.2　某一钢筋混凝土受弯构件承受下述各种荷载标准值产生的弯矩为：

永久荷载　　1.8kN·m

使用活荷载 1.6kN·m　　准永久值系数 $\psi_q = 0.4$　　组合值系数 $\psi_c = 0.7$

风荷载　　　0.4kN·m　　　　　　　$\psi_q = 0$　　　　　　　$\psi_c = 0.6$

雪荷载　　　0.2kN·m　　　　　　　$\psi_q = 0.2$　　　　　　$\psi_c = 0.7$

结构安全等级为二级。

要求计算：

（1）按承载能力极限状态设计时，荷载效应基本组合时弯矩 M 的设计值；

（2）按正常使用极限状态设计时，荷载效应标准组合和准永久组合时产生的弯矩值 M_k 和 M_q。

第 **4** 章

受弯构件正截面承载力的计算

导 读

受弯构件如梁板等是最常用的结构构件,受弯构件的设计计算是其他各类受力构件计算的基础,应作为本书学习中的一个重点,为此要求:(1)深入理解在受弯构件实验的基础上建立受弯构件计算公式的全过程,这也是建立混凝土结构其他各类受力构件计算方法常用的方法;(2)掌握受弯构件从加荷至破坏全过程中应力应变变化的规律,重点掌握正截面工作的三个阶段,他们是建立正常使用极限状态验算(抗裂度、裂缝宽度和挠度等)和承载力极限状态计算的依据;(3)了解适筋梁、超筋梁和少筋梁的破坏特征;(4)了解建立梁正截面受弯承载力计算公式的几个基本假定,要了解采用的平截面假定与材料力学中的平截面假定有何不同;熟悉掌握梁正截受弯承载力的计算,它也是其他各类受力构件计算的基础,领会将梁受压区的压应力曲线分布图转换为等效矩形应力图,这种为简化计算采用的方法可加以学习和参考,受弯承载力计算时最好记住截面的应力图形,图形比硬记公式要好,有了计算图就很易列出计算公式,要特别记住适用条件的验算及规定的构造要求;(5)了解相对界限受压区高度,最大和最小配筋率的含义;(6)能熟练运用图表进行单筋矩形截面配筋计算,避免了用公式计算时,需解二次联立方程组之繁;(7)熟练掌握双筋矩形截面和 T 形截面梁的配筋计算,比较他们与单筋矩形截面的不同,能熟练地分解双筋截面和 T 形截面的应力图,以便于用单筋矩形截面的图表进行计算;要了解双筋梁中受压钢筋抗压强度取值的规定;能区分和判别两类 T 形截面梁;计算时同样要记住适用条件的验算和必要的构造措施。

梁和板是钢筋混凝土结构中最常见的承重构件,它们一般承受由荷载产生的弯矩和剪力,称为受弯构件。根据施工方法的不同,钢筋混凝土梁板可分为现浇和预制两大类。受弯构件常用的截面形式有矩形、Γ形、工字形、L形、槽形板、空心板以及花蓝型梁等。如图 4.1 所示。

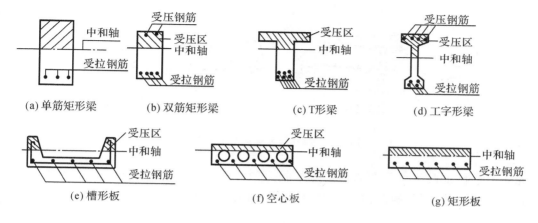

图 4.1　常用受弯构件截面形式

梁和板的区别主要在于截面高宽比 h/b 的不同,其受力状态是相同的,故其计算方法也基本相同。

从材料力学可知,受弯构件无论其截面形状如何,在荷载作用下,其截面都将以中和轴为界分为受压区和受拉区。由于混凝土的抗拉强度很低,故需在受拉区配置钢筋来承受拉力。仅在截面受拉区配置纵向受力钢筋的构件称为单筋截面受弯构件;在截面受拉区和受压区皆配有纵向受力钢筋的构件称为双筋截面受弯构件,如图 4.2 所示。

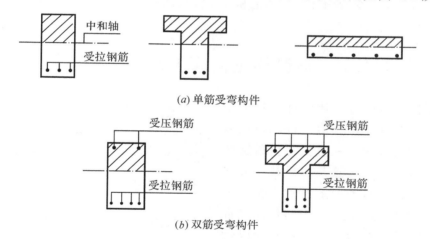

图 4.2　单筋和双筋受弯构件

受弯构件在荷载作用下,截面上将产生弯矩和剪力。钢筋混凝土受弯构件可能沿弯矩最大的截面发生破坏,也可能沿剪力最大或弯矩和剪力都较大的截面发生破坏。当受弯构件沿弯矩最大的截面破坏时,破坏截面与构件的纵轴线垂直,称为正截面破坏,如图4.3(a) 所示;当受弯构件沿剪力最大的截面破坏时,破坏截面与构件的纵轴线成某一倾角,称为斜截面破坏,如图 4.3(b) 所示。

设计受弯构件时,既要保证构件不发生正截面破坏,又要保证不发生斜截面破坏,

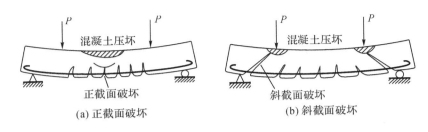

图 4.3　梁的抗弯破坏与抗剪破坏

因此需要进行正截面承载力和斜截面承载力的计算。本章先讨论钢筋混凝土受弯构件正截面承载力的计算,斜截面承载力的计算将在第 5 章讨论。

4.1　试验研究

通过对受弯构件的大量试验研究,分析从加荷开始直至破坏全过程中的受力性能和破坏特征,是建立受弯构件计算理论和计算方法的基础,下面以矩形截面梁的试验为例进行分析。

4.1.1　适筋梁正截面工作的三个阶段

由材料力学可知,匀质弹性材料梁受弯时,垂直于梁轴的正截面应力 σ 与弯矩 M 成正比,这种线性关系一直保持至边缘纤维应力达到屈服强度。这是由于其变形规律符合平截面假定(截面上各点应变与该点至中和轴距离成正比),且材料性能又符合虎克定律(应力与应变成正比),所以受压区和受拉区的应力分布均呈三角形。此外,梁的挠度与弯矩也始终保持线性关系。

钢筋混凝土梁是由钢筋和混凝土两种力学性能很不相同的材料所组成,混凝土

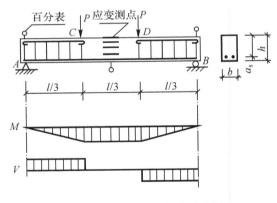

图 4.4　梁抗弯实验加载示意图

本身又是非弹性和非匀质材料,因此其正截面应力和应变的变化规律与匀质弹性体的梁有明显不同。

试验梁的布置一般如图 4.4 所示。

为了避免剪力的影响,以便着重研究正截面的受弯性能,通常采用两点集中加荷形

式,这样就在两个对称集中荷载之间形成了纯弯段(当忽略梁自重时),在此区段内只配置纵向钢筋不配箍筋,而在梁两端支座与集中荷载之间的弯剪段(因同时作用有弯矩和剪力,故称弯剪段),则加强箍筋的配置,以保证梁不致发生沿斜截面的剪切破坏。

在纯弯段内,沿梁高两侧布置测点,用仪表量测梁的纵向变形。在制作试验梁时,在梁的跨中附近的钢筋表面处预留孔洞或预埋电阻片,用以量测钢筋的应变。同时在跨中和支座上分别安装百分表,以量测跨中的实际挠度 f。有时还需要装倾角仪,以量测梁的转角。试验时逐级加荷,在每级荷载下量测混凝土和纵向钢筋的应变、跨中挠度以及裂缝的宽度和高度。

图 4.5 为试验梁的弯矩 M 与钢筋应力 σ_s 以及弯矩 M 与跨中挠度 f 关系曲线的实测结果。图中纵坐标为实测弯矩与梁破坏时极限弯矩之比值,横坐标分别为钢筋应力 σ_s 和梁跨中挠度 f 的实测值。

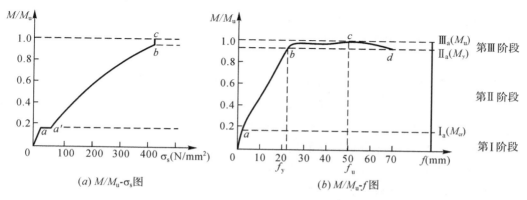

图 4.5　受弯梁中纵筋应力、跨中挠度与弯矩的关系

试验梁配置了 2Φ20 的纵向受拉钢筋,梁的宽度 $b = 150\text{mm}$,梁截面的有效高度 $h_0 = 260\text{mm}(h_0 = h - a_s)$,$h$ 为截面高度,a_s 为钢筋合力点至截面受拉边缘的距离。

根据梁在荷载作用下的受力特点,梁正截面工作可分为三个阶段,如图 4.5(b)所示。

第 Ⅰ 阶段 —— 弹性工作阶段(0—a 段):

当弯矩较小(一般为 $M < 20\% M_u$ 时),梁基本上处于弹性工作阶段,挠度也很小,挠度和弯矩的关系接近线性变化。这时梁尚未出现裂缝,应力与应变成正比,钢筋与混凝土共同变形、共同受力,故亦称整体工作阶段。

在第 Ⅰ 阶段末 Ⅰ$_a$(a 点),混凝土即将开裂,梁中弯矩达到了开裂弯矩 M_{cr}。

第 Ⅱ 阶段 —— 带裂缝工作阶段(a—b 段):

当弯矩超过开裂弯矩 M_{cr} 时,在梁纯弯段内受拉区最薄弱的截面上首先出现第一条与梁纵轴线垂直的裂缝(称为垂直裂缝),梁随即进入第 Ⅱ 阶段。梁在使用时即处于这一工作阶段,故钢筋混凝土梁在使用阶段是带裂缝工作的。

梁开裂后,裂缝截面混凝土随即退出工作,不再参加受拉,拉力全部转由钢筋承担,故在图 4.5(a)中,钢筋应力在 a 点突然增大,在图 4.5(b)中,M/M_u—f 曲线在 a 点处出现了第一个明显的转折点。由于新裂缝的不断出现和裂缝的不断开展,以及混凝土塑性变形的发展,梁挠度的增加要比弯矩 M 增长为快, M/M_u—f 关系从 0—a 直线变为 a—b 曲线。

在第 Ⅱ 阶段整个发展过程中,随着弯矩的增加,受拉钢筋应力不断增大,当其应力达到屈服强度,即 $\sigma_s = f_y$ 时(图 4.5 中 b 点),梁所承受的弯矩称为屈服弯矩 M_y,它标志着第 Ⅱ 阶段的结束,记为 Ⅱ$_a$。

第 Ⅲ 阶段 —— 屈服阶段(b—c 段):

钢筋屈服后,梁随即进入第 Ⅲ 阶段。由于钢筋屈服后进入屈服台阶,梁的挠度急剧增加,裂缝急剧开展,中和轴不断上升,受压区高度不断减小。此时钢筋的应变虽急剧增长,但其应力始终保持屈服强度 f_y 不变,故弯矩增加不多。受拉钢筋的屈服使曲线出现了第二个明显的转折点(图 4.5 中 b 点),此时 M/M_u—f 曲线接近于一水平线。

当截面受压区边缘混凝土的应变到达极限压应变 ε_{cu} 时,混凝土因出现纵向裂缝而被压碎,梁的弯矩达到极限弯矩 M_u(图 4.5 中 c 点),标志着梁的破坏,第 Ⅲ 阶段结束,记为 Ⅲ$_a$。

根据试验梁纯弯段内两侧面沿梁高布置的应变测点所测得的应变数据分析可知,开裂前梁截面应变分布符合平截面假定,开裂后只要测量应变的标距选得足够大(在 100mm 以上,且不小于裂缝间距),则直至梁受弯破坏的整个过程中,所测得的平均应变沿截面高度的分布仍能符合平截面假定。

下面进一步分析各个阶段中截面应力和应变的变化规律。由于现有的常规试验手段只能测得梁中混凝土和钢筋的应变,无法直接测得它们的应力,因此只能根据试验测得的应变分布,利用混凝土棱柱体轴心受压时测得的应力-应变全曲线和钢筋受拉时的应力-应变曲线来推断梁截面在各个受力阶段的应力分布,认为梁内混凝土各纤维的应力和应变分别符合棱柱体轴心受压时的应力应变规律。

梁在各受力阶段的截面应变分布和利用上述方法推断的截面应力分布如图 4.6 所示。

第 Ⅰ 阶段:

当开始加荷时,由于弯矩很小,裂缝尚未出现,梁的挠度也不大,梁截面上各纤维的应变也很小,截面应变符合平截面假定,应力与应变成正比,截面上的应力与应变均为三角形分布,如图 4.6(a),梁基本上处于弹性工作阶段,其工作情况与匀质弹性材料梁相似。这时梁的正截面应力可用换算截面(详见第 5 章 5.1.1 节)按材料力学公式计算。

随着荷载增加、弯矩加大,应变亦随之加大,但其变化规律仍符合平截面假定。由于混凝土抗拉强度远低于其抗压强度,且混凝土受拉时的应力应变关系呈曲线形,故受拉区边缘纤维混凝土将首先表现出塑性性质。这时受拉区应力图形开始偏离直线而逐渐变弯,随着弯矩的不断增加,受拉区应力图形中曲线的范围将不断沿梁高向上发展。

当弯矩增加到开裂弯矩 M_{cr},截面受拉区边缘的应变刚好达到受弯时混凝土的极限拉应变 ε_{tu} 时,梁处于将裂未裂的极限状态,即为第 Ⅰ 阶段末 Ⅰ$_a$,如图 4.6(b)。此时受压区边缘纤维混凝土应变值相对较小,受压区混凝土基本上处于弹性工作阶段,故受压

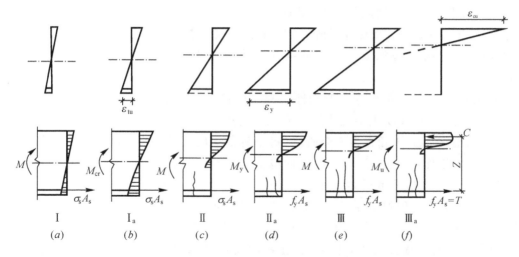

图 4.6　梁受弯正截面上各受力阶段应变和应力分布图

区应力图形仍接近于三角形,而受拉区应力则呈曲线分布,其边缘混凝土拉应力已达到其抗拉强度 f_t,截面中和轴的位置较第 Ⅰ 阶段初期略有上升。在 Ⅰ$_a$ 时,由于黏结力的存在,受拉钢筋的应变与外围同一水平处混凝土的拉应变相等,即钢筋应变接近 ε_{tu} 值,故此时钢筋的应力为

$$\sigma_s = \varepsilon_{tu}E_s = (100 \sim 150) \times 10^{-6} \times 2 \times 10^5 = (20 \sim 30)\text{N/mm}^2$$

式中,E_s 为钢筋的弹性模量,此处取常用 HRB335、HRB400、HRB500 级钢的数值。可见,当混凝土即将开裂时,钢筋中应力还很低。

Ⅰ$_a$ 时梁处于将裂未裂的极限状态,故对于不允许出现裂缝的受弯构件,此时的应力状态可作为其抗裂度计算的依据。

第 Ⅱ 阶段:

从图 4.6(c) 可见,截面平均应变仍符合平截面假定。在裂缝截面处,由于混凝土退出工作,钢筋应力较开裂前突然增大,并有较多的伸长,因此,裂缝一旦出现,就具有一定宽度,并沿梁高延伸到一定高度。随着弯矩的增加,受压区混凝土也表现出塑性性质,应力图形呈明显的曲线分布。这时中和轴的位置又有上升,但中和轴以下尚未开裂的混凝土仍可承受部分拉力。

随着弯矩的增大,梁的挠度逐渐加大,裂缝越来越宽,当梁处于第 Ⅱ 阶段末 Ⅱ$_a$ 时,受拉钢筋的应力达到屈服强度 f_y,如图 4.6(d) 所示。

第 Ⅱ 阶段的应力状态代表了受弯构件在使用时的应力状态,故可作为构件在使用阶段裂缝宽度和挠度计算的依据。

第 Ⅲ 阶段:

当受拉钢筋应力达到屈服强度 f_y 后,应力将保持不变,$\sigma_s = f_y$,但应变急剧增大,表明已进入屈服台阶。裂缝宽度亦不断扩展并沿梁高向上延伸。中和轴继续上移,受压区高度进一步缩小。为了保持截面内力平衡,受压区混凝土应力必然相应增大,其塑性特征更为明显,应力图形更趋丰满。

在第 Ⅲ 阶段，由于钢筋的屈服，截面受拉区与受压区的合力保持不变，但因中和轴上移，使内力臂变大，故弯矩略有增加。当弯矩达到极限弯矩 M_u 时，即为第 Ⅲ 阶段末 Ⅲ$_a$，此时受压区外边缘混凝土应变达到其极限压应变 ε_{cu}，标志着梁已开始破坏，如图 4.6(f) 所示。

Ⅲ$_a$ 时的应力状态可作为受弯构件正截面承载能力计算的依据。

综上所述，钢筋混凝土梁受力后具有以下特点：

(1) 梁正截面工作可分为三个阶段，每个阶段都反映了梁不同的受力特征。

(2) 三个工作阶段中，梁截面的平均应变均符合平截面假定，使变形协调条件有可能引入梁的受力分析及承载力计算。

(3) 混凝土是一种弹塑性材料，当荷载较小时，梁基本上处于弹性工作阶段，截面受拉区和受压区混凝土的应力图形均为三角形，呈线性分布，应力的计算可应用材料力学公式，但须采用换算截面及其几何特征值。随着荷载的增大，由于截面开裂和混凝土塑性变形不断发展，混凝土的应力图形逐渐发展为曲线，呈非线性分布，此时应力的计算不能再应用材料力学公式。

(4) 钢筋混凝土梁在使用阶段一般都是带裂缝工作的，但裂缝的宽度必须加以限制，以满足梁正常使用的要求。

(5) 钢筋混凝土梁开裂后的抗弯刚度不是一个始终不变的常数，而是一个变数。反映在开裂后的弯矩 — 挠度关系是一条曲线。随着荷载的增大，裂缝不断开展、混凝土塑性变形不断发展和粘结逐渐被破坏，刚度不断降低。这与弹性匀质材料梁的等刚度有显著不同。

(6) 从受拉钢筋应力达到屈服强度开始至构件破坏，弯矩 — 挠度曲线接近于一水平线，表明在荷载（弯矩）增加不多的情况下，变形仍有较大的发展，从而反映出梁配置适当数量的纵向钢筋后（适筋梁），破坏时表现出一定的延性性质和明显预兆。

4.1.2　钢筋混凝土梁正截面的破坏形态

试验表明，钢筋混凝土梁的配筋数量不仅影响到梁的承载能力，而且也影响到梁的破坏形态。4.1.1 中试验梁由于配置的钢筋数量适当，其正截面具有上述三个阶段的工作特点和破坏特征。梁的配筋量可用截面配筋率 ρ 来表示：

$$\rho = A_s / b h_0$$

式中，A_s——受拉钢筋截面面积；

　　b—— 梁宽度；

　　h_0—— 梁的有效高度 $h_0 = h - c - d/2 - d_v = h - a_s$，其中 h 为梁高度；c 为构件钢筋外边缘（一般为箍筋外边缘）至构件表面的距离；d 为纵向受力钢筋的直径；d_v 为箍筋直径。

　　a_s—— 纵向受拉钢筋合力点至截面下边缘的距离。

当梁的材料品种选定以后，由于配筋率 ρ 的不同，梁的正截面可能出现三种不同的破坏形态,即适筋梁破坏、超筋梁破坏和少筋梁破坏,如图 4.7 所示。

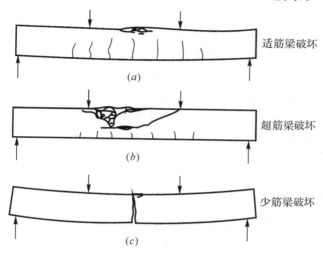

图 4.7　梁受弯破坏时的三种形态

一、适筋梁破坏

4.1.1 中试验梁的破坏即为适筋梁破坏,其破坏特点是受拉区钢筋首先达到屈服强度,然后,受压区外边缘纤维混凝土的应变逐渐达到极限压应变 ε_{cu},受压区混凝土在出现纵向裂缝后被压碎。从受拉钢筋屈服到受压区混凝土被压碎,梁经历了一个裂缝和挠度均有较大发展的过程。破坏时,在众多裂缝中,有一条主要的破坏裂缝,其宽度较大,延伸较高,挠度亦剧增。这些明显的破坏预兆使人们有可能及时采取必要的安全措施,这也正是设计者所期望的。

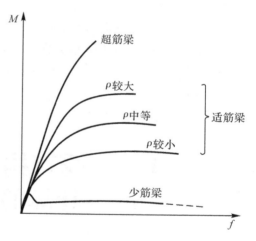

图 4.8　不同配筋量的 M-f 曲线

由图 4.5(b)可见,弯矩从受拉钢筋屈服时的 M_y 增加到混凝土压碎时的 M_u,其增量($M_u - M_y$)不大,但相应的挠度增量($f_u - f_y$)却很大,这说明当弯矩超过屈服弯矩 M_y 以后,在截面承载力没有明显变化的情况下,适筋梁具有一定的变形能力,通常把这种性质称为延性。显然,($f_u - f_y$)越大,截面延性越好。

梁在不同配筋率 ρ 时的弯矩 — 挠度曲线如图 4.8 所示,由图可见,当梁的配筋率较低时,其延性较好,但随着配筋率的不断增高,其延性也越来越差。

适筋梁的破坏通常称为延性破坏,或称塑性破坏。

由于适筋梁在破坏阶段通常具有一定的延性性质及破坏预兆,且钢筋与混凝土的强度又都能得到充分利用,所以实际工程中的受弯构件都应设计成适筋梁。

二、超筋梁破坏

若梁截面的配筋率 ρ 很高,即配置了过多的受拉钢筋,则梁的破坏始自受压区混凝土的压碎,即当钢筋应力尚未达到屈服强度 f_y 时,受压区边缘纤维的混凝土应变就因已达到极限压应变 ε_{cu} 而破坏。由于受拉钢筋未屈服,故裂缝宽度较细,间距较小,延伸不高,梁的挠度亦不大,如图 4.7(b) 和图 4.8 所示,表明梁是在没有明显预兆的情况下由于受压区混凝土的突然压碎被破坏的,这种破坏形态称为脆性破坏,这种梁称为超筋梁。

超筋梁由于受拉钢筋不能充分发挥作用,且破坏前又无预兆,因此既不经济,又不安全。设计中不允许采用超筋梁。

三、少筋梁破坏

若梁截面的配筋率 ρ 很低,即配置的受拉钢筋过少,当梁一旦达到开裂弯矩 M_{cr},截面即告破坏。这是由于梁一旦开裂,裂缝截面处混凝土承受的拉力将全部转由钢筋承担,而所配受拉钢筋的数量又很少,因此使受拉钢筋立即达到屈服强度,并迅速经历整个屈服台阶而进入强化阶段,甚至被拉断。这种梁称为少筋梁。

少筋梁破坏时,裂缝往往只有一条,且宽度很大、延伸很高,如图 4.7(c) 所示。通常,当裂缝宽度超过 1.5mm 时,亦标志着梁的破坏。

少筋梁虽然配了钢筋,但由于配筋太少,其承载能力主要取决于混凝土的抗拉强度,类似于素混凝土梁,故受弯承载力很低。同时少筋梁在破坏前也缺乏预兆,属于脆性破坏,破坏时受压区混凝土的强度亦未得到充分利用,造成材料的浪费,故在设计中也不允许采用少筋梁。

4.2 受弯构件正截面承载力计算的基本原理

4.2.1 基本假定

根据上述适筋受弯构件正截面的受力性能及破坏特征,在正截面受弯承载力计算中采用以下基本假定。

一、平截面假定

试验表明,梁受弯后,在纵向受拉钢筋的应力达到屈服强度之前及达到的瞬间,截面的平均应变基本符合平截面假定,即截面各点应变与该点至中和轴的距离成正比,钢筋应变与外围相应处混凝土的应变相同。

这里所指的应变应该是跨越几条裂缝在一定长度内量测到的平均应变,因为梁开裂后,裂缝截面及其附近区段的截面应变已不再符合平截面假定,所以严格说,应该是平均应变符合平截面假定。

引用平截面假定提供变形协调条件,可以较为完善地建立正截面受弯承载力的计算体系,可以将各种类型截面(包括周边配筋截面)在单向或双向受力情况下的正截面承载力计算贯穿起来,提高计算方法的逻辑性和条理性,使计算公式具有更明确的物理概念。

国际上许多国家(如美国和欧洲各国)的规范也都采用了这一假定。

二、材料的应力应变关系(本构关系,即物理关系)

根据截面的应变分布确定截面的应力分布时,需要知道材料的应力应变关系。

1. 混凝土的应力应变关系

通常采用与轴心受压相似的应力－应变曲线,已如前述,如图4.9所示。

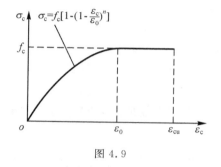

图 4.9

当 $\varepsilon_c \leqslant \varepsilon_0$ 时,

$$\sigma_c = f_c\left[1-(1-\frac{\varepsilon_c}{\varepsilon_0})^n\right] \tag{4.1}$$

当 $\varepsilon_0 < \varepsilon_c \leqslant \varepsilon_{cu}$ 时,

$$\sigma_c = f_0 \tag{4.2}$$

$$\varepsilon_0 = 0.002 + 0.5(f_{cu,k} - 50) \times 10^{-5} \tag{4.2a}$$

$$\varepsilon_{cu} = 0.0033 - (f_{cu,k} - 50) \times 10^{-5} \tag{4.2b}$$

$$n = 2 - \frac{1}{60}(f_{cu,k} - 50) \tag{4.2c}$$

式中,ε_c—— 混凝土压应变;

σ_c—— 对应于混凝土压应变为 ε_c 时的混凝土压应力;

f_c—— 混凝土轴心抗压强度设计值;

ε_0—— 对应于混凝土压应力刚达到 f_c 时的混凝土压应变,当计算的 ε_0 值小于 0.002 时,取为 0.002;

ε_{cu}—— 正截面处于非均匀受压时的混凝土极限压应变,当计算的 ε_{cu} 值大于 0.0033 时,取为 0.0033;

$f_{cu,k}$—— 混凝土立方体抗压强度标准值;

n—— 系数,当计算的 n 值大于 2.0 时,取为 2.0。

试验表明,随着混凝土强度的提高,混凝土受压时的应力－应变曲线将逐渐变化,其上升段将逐渐趋向线性变化,且保持在较高的应力水平,对应于峰值应力的应变稍有提高,而下降段变陡,极限应变稍有减小。上述公式能较好地反映这个规律性。

2. 钢筋的应力应变关系

热轧钢筋采用如图 4.10 所示的理想弹性材料的应力应变关系,已如前述。

钢筋屈服前,应力应变为线性关系,钢筋应力取其应变与弹性模量的乘积,但不大于其抗拉强度设计值 f_y;钢筋屈服后,其应力保持 f_y 不变,应变继续增加,进入屈服台阶,即

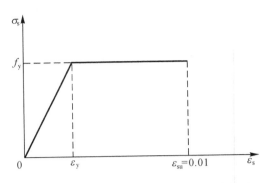

图 4.10 钢筋受拉应力-应变的简化计算图

当 $0 < \varepsilon_s \leqslant \varepsilon_y$ 时

$$\sigma_s = \varepsilon_s E_s \qquad (4.3)$$

当 $\varepsilon_y < \varepsilon_s \leqslant \varepsilon_{su}$ 时,

$$\sigma_s = f_y \qquad (4.4)$$

σ_s 值应符合下列要求

$$-f'_y \leqslant \sigma_s \leqslant f_y$$

受拉钢筋的极限拉应变值取 $\varepsilon_{su} = 0.01$,它也作为构件破坏时受拉钢筋应变的标志值。

三、不考虑混凝土的抗拉强度

处于裂缝截面受拉区的混凝土已大部分退出工作,靠近中和轴附近虽仍有少量混凝土参与受拉,但其承受的拉力很小,且内力臂也不大,故略去其作用,认为全部拉力均由钢筋承受。

4.2.2　正截面承载力计算的基本方程

根据上述基本假定,可得出截面在受弯承载力极限状态 III_a 时的应变和应力分布图,如图 4.11 所示。

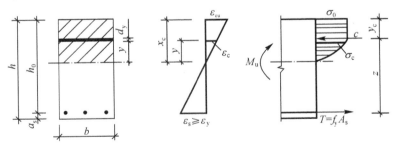

图 4.11 受弯构件承载力极限状时截面的应力-应变图

此时截面受压区边缘混凝土的应变达到极限压应变 ε_{cu}。假定截面受压区高度为 x_c,则根据平截面假定,受压区任一高度 y 处混凝土的压应变为:

$$\varepsilon_c = \varepsilon_{cu} \frac{y}{x_c} \tag{4.5}$$

受拉钢筋的应变为：

$$\varepsilon_s = \varepsilon_{cu} \frac{h_0 - x_c}{x_c} \tag{4.6}$$

根据截面受压区混凝土的应力分布图,受压区混凝土的合力 C 可用下式表示：

$$C = \int_0^{x_c} \sigma_c b \mathrm{d}y \tag{4.7}$$

上式中混凝土应力 σ_c 可用应变函数来表示,即可用公式(4.1),(4.2)和(4.5)代入。

当梁的配筋率在适筋范围时,纵向受拉钢筋的应力可达到抗拉强度设计值 f_y,若钢筋面积为 A_s,则受拉钢筋的合力 T 为：

$$T = f_y A_s \tag{4.8}$$

根据截面静力平衡条件,可得正截面受弯承载力计算的两个基本方程：

$$\sum x = 0, \qquad C = T$$

$$\int_0^{x_c} \sigma_c b \mathrm{d}y = f_y A_s \tag{4.9}$$

$$\sum M_{A_s} = 0 \qquad M_u = C \cdot Z$$

$$M_u = \int_0^{x_c} \sigma_c b (h_0 - x_c + y) \mathrm{d}y = \int_0^{x_c} \sigma_c b (h_0 - y_c) \mathrm{d}y \tag{4.10}$$

或 $\qquad \sum M_c = 0 \qquad M_u = T \cdot Z$

$$M_u = f_y A_s (h_0 - x_c + y) = f_y A_s (h_0 - y_c) \tag{4.11}$$

式中 Z 为 C 与 T 之间的距离 z,称为内力臂。y_c 为受压区混凝土合力 C 的作用点至受压区边缘的距离,可由下式计算：

$$y_c = x_c - \frac{\int_0^{x_c} \sigma_c b y \mathrm{d}y}{\int_0^{x_c} \sigma_c b \mathrm{d}y} \tag{4.12}$$

利用以上各式可进行截面承载力极限弯矩 M_u 的计算,但计算比较繁复,特别当设计弯矩已知而需计算受拉钢筋截面面积 A_s 时,需经多次试算才能得到满意的结果,故不便于设计应用。因此这种方法一般只适宜用计算机进行理论分析。

4.2.3　等效矩形应力图

为了寻求更为简便的设计计算方法,可对受压区混凝土的应力分布图形作进一步的简化,国内外设计规范多将受压区混凝土的曲线应力分布图形简化为等效矩形应力分布图,如图4.12所示(图中 σ_0 为受压区混凝土最大应力,x_c 为实际受压区高度)。

由于在受弯承载力的计算时,需要知道的主要是受压区混凝土压应力合力 C 值的大小及其作用位置,而混凝土压应力的实际分布图形并不十分重要。

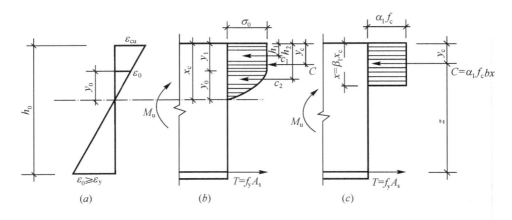

图 4.12　受压区混凝土的等效矩形应力图

将实际应力图形中换算为等效矩形应力图形时,必须满足以下两个条件:

(1) 受压区混凝土压应力合力 C 值的大小不变,即两个图形的面积应相等;

(2) 合力 C 作用点位置不变,即两个应力图形的形心位置应相同。

当满足上述两个条件时,采用等效矩形应力图形就不会影响正截面承载力 M_u 的计算结果。

设等效矩形应力图形的高度为 x(称为受压区计算高度),并令 $x = \beta_1 x_c$;压应力值为 $\alpha_1 f_c$;压应力合力 C 至截面受压区边缘的距离为 y_c。

实际应力图形中压应力合力 C 的大小及其作用位置可由图 4.12(a),(b) 求得。

实际应力图中曲线部分的高度 y_0 可由图 4.12(a) 根据平截面假定求得,当混凝土强度等级不超过 C50 时,其应力 - 应变曲线取 $n = 2$(即曲线部分为抛物线),$\varepsilon_0 = 0.002$,$\varepsilon_{cu} = 0.0033$,则

$$y_0 = \frac{\varepsilon_0}{\varepsilon_{cu}} x_c = \frac{0.002}{0.0033} x_c = \frac{20}{33} x_c$$

实际应力图形中矩形部分的高度 y_1 为:

$$y_1 = x_c - y_0 = \frac{13}{33} x_c$$

由实际应力图形的面积乘以截面宽度 b 即可求得压应力的合力 C 为:

$$C = C_1 + C_2 = \sigma_0 \frac{13}{33} x_c b + \frac{2}{3} \sigma_0 \frac{20}{33} x_c b = 0.798 \sigma_0 x_c b \tag{4.13}$$

合力 C 至截面受压边缘的距离 y_c 为:

$$
\begin{aligned}
y_c &= \frac{C_1 h_1 + C_2 h_2}{C} \\
&= \frac{\sigma_0 \frac{13}{33} x_c b \left(\frac{1}{2} \times \frac{13}{33} x_c \right) + \frac{2}{3} \sigma_0 \frac{20}{33} x_c b \left(\frac{13}{33} x_c + \frac{3}{8} \times \frac{20}{33} x_c \right)}{0.798 \sigma_0 x_c b} \\
&= 0.412 x_c
\end{aligned}
\tag{4.14}
$$

等效矩形应力图形合力 C 可从图 4.12(c) 求得：

$$C = \alpha_1 f_c bx = \alpha_1 f_c b\beta_1 x_c \tag{4.15}$$

合力 C 至截面受压区边缘的距离 y_c 为：

$$y_c = \frac{1}{2}x = \frac{1}{2}\beta_1 x_c \tag{4.16}$$

根据两个应力图形合力作用点位置不变的条件，令公式(4.14)与公式(4.16)相等可得：

$$\frac{1}{2}\beta_1 x_c = 0.412 x_c$$

故　　　　　　　$\beta_1 = 0.824$

根据两个应力图形压应力合力 C 大小不变的条件，令公式(4.13)与公式(4.15)相等可得：

$$\alpha_1 f_c b\beta_1 x_c = 0.798\sigma_0 x_c b$$

σ_0 一般等于 $(1.0 \sim 1.2)f_c$，《规范》规定取 $\sigma_0 = 1.0 f_c$，由此可得：

$$\alpha_1 = \frac{0.798}{\beta_1} = \frac{0.798}{0.824} = 0.968$$

为简化计算，《规范》取 $\alpha_1 = 1.0$，$\beta_1 = 0.8$，当混凝土强度等级为 C80 时，取 $\alpha_1 = 0.94$，$\beta_1 = 0.74$。当混凝土强度等级为 C50 ~ C80 之间时，可用线性内插法取值。

综上所述，可得到按等效矩形应力图形计算正截面受弯承载力的两个基本方程：

$$\sum x = 0, \qquad C = T$$

$$\alpha_1 f_c bx = f_y A_s \tag{4.17}$$

$$\sum M_{A_s} = 0, \qquad M_u = C \cdot Z$$

$$M_u = \alpha_1 f_c bx\left(h_0 - \frac{x}{2}\right) \tag{4.18}$$

或　　$\sum M_c = 0, \qquad M_u = T \cdot Z$

$$M_u = f_y A_s\left(h_0 - \frac{x}{2}\right) \tag{4.18a}$$

以上各式即为单筋矩形截面受弯承载力计算的基本公式。

4.2.4　相对界限受压区高度 ξ_b 和最大配筋率 ρ_{max}

如前所述，受弯构件正截面适筋破坏的特征是受拉钢筋首先屈服（钢筋应变 ε_s 大于屈服应变 ε_y），然后受压区边缘纤维混凝土达到极限压应变 ε_{cu}，构件破坏。超筋破坏的特征是当受拉钢筋尚未屈服时（钢筋应变 ε_s 小于屈服应变 ε_y），受压区边缘纤维混凝土已先达到极限压应变 ε_{cu}，构件破坏。

当受拉钢筋的应变 ε_s 达到屈服应变 ε_y 时，受压区边缘纤维混凝土亦同时达到极限压应变 ε_{cu} 的情况称为受弯构件的界限破坏，它是判别适筋梁和超筋梁的界限条件，也是确定超筋界限，即最大配筋率 ρ_{max} 的条件。

不同破坏情况下截面的应变分布如图 4.13 所示。

从图中可见,当构件处于界限破坏时,应变图中受压区高度为 x_{cb},它与截面有效高度 h_0 之比称为实际相对界限受压区高度,以 ξ_{cb} 表示,从图 4.13 可得

$$\xi_{cb} = \frac{x_{cb}}{h_0} = \frac{\varepsilon_{cu}}{\varepsilon_{cu} + \varepsilon_y} \qquad (4.19)$$

取 $\varepsilon_y = f_y/E_s$,即得:

$$\xi_{cb} = \frac{1}{1 + \dfrac{f_y}{\varepsilon_{cu} E_s}} \qquad (4.20)$$

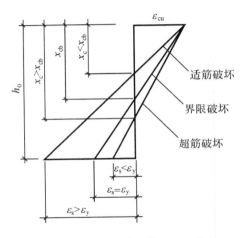

图 4.13　不同配筋梁截面应变分布

当采用等效矩形应力图形时,则界限受压区高度 x_b 与截面有效高度 h_0 之比称为相对界限受压区高度,以 ξ_b 表示:

$$\xi_b = \frac{x_b}{h_0} = \frac{\beta_1 x_{cb}}{h_0} = \frac{\beta_1}{1 + \dfrac{f_y}{\varepsilon_{cu} E_s}} \qquad (4.21)$$

由公式(4.21)可知,相对界限受压区高度 ξ_b 与钢筋的屈服强度和弹性模量以及混凝土的强度等级有关。

当混凝土的强度等级不大于 C50 时,取 $\varepsilon_{cu} = 0.0033$,$\beta_1 = 0.8$,可得

$$\xi_b = \frac{0.8}{1 + \dfrac{f_y}{0.0033 E_s}} \qquad (4.22)$$

当混凝土强度等级为 C80 时,β 取为 0.74,其间按线性内插法确定。

此外,对于常用的钢筋品种,ξ_b 可按表 4.1 采用。

表 4.1　钢筋混凝土构件的相对界限受压区高度 ξ_b

钢　筋　级　别	f_y(N/mm^2)	ξ_b
HPB300	270	0.576
HRB335 和 HRBF335	300	0.550
HRB400、HRBF400 和 RRB400	360	0.518
HRB500 和 HRBF500	435	0.482

公式(4.21)只适用于配有明显屈服点的软钢的受弯构件,对于无明显屈服点硬钢配筋的受弯构件,其相对界限受压区高度的计算,详见预应力混凝土构件计算一章中的相关章节。

界限破坏时的特定配筋率称为适筋梁的最大配筋率,以 ρ_{max} 表示。

由公式(4.17)可得:

$$x = \frac{f_y A_s}{\alpha_1 f_c b}$$

$$\xi = \frac{x}{h_0} = \frac{A_s}{bh_0} \cdot \frac{f_y}{\alpha_1 f_c} = \rho \frac{f_y}{\alpha_1 f_c} \tag{4.23}$$

式中 ρ 为截面配筋率，$\rho = A_s/bh_0$。

公式(4.23)亦可改写为：

$$\rho = \xi \frac{\alpha_1 f_c}{f_y} \tag{4.24}$$

当取相对受压区高度 ξ 为相对界限受压区高度 ξ_b 时，从公式(4.24)即可得最大配筋率 ρ_{max}：

$$\rho_{max} = \xi_b \frac{\alpha_1 f_c}{f_y} \tag{4.25}$$

最大配筋率 ρ_{max} 是区分适筋梁和超筋梁的界限，当梁截面配筋率 $\rho \leqslant \rho_{max}$ 或相对受压区高度 $\xi \leqslant \xi_b$ 时，截面将不会发生超筋破坏。

从公式(4.23)可见，ξ 不仅反映了配筋率 ρ，同时还反映了钢筋和混凝土材料强度的比值，亦即反映了两种材料面积和强度的配比，故 ξ 又称为含钢特征值，是一个比配筋率更具有一般性的参数。

4.2.5　最小配筋率 ρ_{min}

最小配筋率是区分适筋梁和少筋梁的界限。从理论上讲，最小配筋率可按下述原则确定，即具有最小配筋率 ρ_{min} 的钢筋混凝土梁破坏时的承载力 M_u（按 III_a 阶段计算），等于相同截面混凝土梁的开裂弯矩 M_{cr}（按 I_a 阶段计算），则由 $M_u^{RC} = M_{cr}^c$ 即可求出梁的最小配筋率数值。

但确定最小配筋率的数值是一个与很多因素有关的复杂问题，故《规范》规定的最小配筋率数值，除按上述原则确定外，还考虑到以往工程经验及温度、收缩等因素的影响，取用了偏高的数值。

最小配筋率 ρ_{min} 的取值详见附表18。

工程设计时，当计算所得的配筋率 $\rho < \rho_{min}$ 时，应配置不少于 ρ_{min} 的构造钢筋，以防止出现少筋梁而发生脆性破坏。需要指出的是，验算最小配筋率时所取的截面面积为扣除受压翼缘以外的全部截面面积，这与前述的计算配筋率是不同的。

4.2.6　经济配筋率

对于截面高宽比适当的梁，在满足适配筋的条件下，尚应尽可能使其配筋率 ρ 满足经济配筋率的要求。

根据设计经验，钢筋混凝土常用构件的经济配筋率如下：

实心板　　　　$\rho = (0.4\% \sim 0.8\%)$

矩形截面梁　　$\rho = (0.6\% \sim 1.5\%)$

T 形截面梁　　$\rho = (0.9\% \sim 1.8\%)$

4.3　单筋矩形截面受弯构件正截面承载力的计算与构造要求

4.3.1　基本计算公式及适用条件

一、计算公式

根据结构设计的基本方法,进行承载能力极限状态计算时,必须使荷载效应小于或等于结构抗力,对受弯构件,应使弯矩设计值 M 小于或等于正截面承载力 M_u,即

$$M \leqslant M_u \tag{4.26}$$

工程设计时为经济起见,上式可取:

$$M = M_u \tag{4.27}$$

式中 M_u 可按公式(4.18)和(4.18a)计算,或由图4.14直接得出单筋矩形截面受弯构件正截面承载力计算的基本公式:

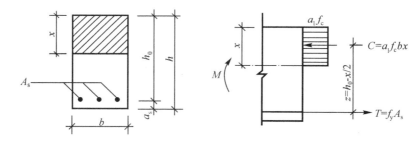

图 4.14　单筋矩形截面计算图

$$\sum x = 0, \qquad \alpha_1 f_c b x = f_y A_s \tag{4.28}$$

$$\sum M_{A_s} = 0, \quad M = \alpha_1 f_c b x \left(h_0 - \frac{x}{2}\right) \tag{4.29}$$

或 $$\sum M_c = 0, \quad M = f_y A_s \left(h_0 - \frac{x}{2}\right) \tag{4.29a}$$

式中,M——弯矩设计值(N·mm);

　　f_c——混凝土轴心抗压强度设计值(N/mm²);

　　f_y——钢筋抗拉强度设计值(N/mm²);

　　A_s——纵向受拉钢筋的截面面积(mm²);

　　b——截面宽度(mm);

x——等效矩形应力图受压区高度(mm);

h_0——截面的有效高度(mm)，$h_0 = h - a_s$，其中 h 为截面高度，a_s 为纵向受拉钢筋合力点至截面受拉边缘的距离。

二、适用条件

（1）为了防止配筋过多而发生超筋破坏，梁截面的实际配筋率 ρ 必须满足下列条件：

$$\rho \leqslant \rho_{\max}(= \xi_b \frac{\alpha_1 f_c}{f_y}) \tag{4.30}$$

上述适用条件亦可采用以下任意一种在应用时较为方便的形式：

$$\xi \leqslant \xi_b \tag{4.30a}$$

$$x \leqslant x_b(= \xi_b h_0) \tag{4.30b}$$

$$M \leqslant M_{u,\max}(= \xi_b(1 - 0.5\xi_b)\alpha_1 f_c bh_0^2 = \alpha_{s,\max}\alpha_1 f_c bh_0^2) \tag{4.30c}$$

式中 $M_{u,\max}$ 为单筋矩形截面能承受的最大弯矩设计值；$\alpha_{s,\max}$ 为一系数，详见第4.3.6节。

（2）为了防止配筋过少而发生少筋破坏，梁截面的实际配筋还应满足下列条件：

$$A_s \geqslant \rho_{\min}bh \tag{4.31}$$

式中 $\rho_{\min}$ 按附表 18 取用。

4.3.2　截面构造要求

进行钢筋混凝土受弯构件设计时，构件的截面尺寸及配筋数量由计算确定，但还有一些不易通过计算确定的因素，这些因素采取一定的构造措施给予补充，否则不仅会影响正常使用，甚至危及安全。所以构造措施也是结构构件设计中的一个不可忽视的重要组成部分。构造措施要在工程设计中逐步积累深化。重计算轻构造的倾向应予避免。构造措施的原则应是经济合理，且便于施工。

梁和板的有关构造要求如下：

一、截面尺寸

梁的截面高度 h 可根据刚度要求，按高跨比在受弯承载力计算前进行预先估计：

简支梁　　　　$h = (1/16 \sim 1/8)l_0$；　（l_0 为梁的计算跨度）

连续次梁　　　$h = (1/18 \sim 1/12)l_0$；

连续主梁　　　$h = (1/14 \sim 1/8)l_0$；

对矩形截面梁，截面宽度 b 一般取 $(1/3 \sim 1/2)h$；对 T 形截面梁，梁腹板宽度 b 一般取 $b = (1/3.5 \sim 1/2.5)h$。

为了能重复利用模板，要求尽可能统一截面尺寸，梁截面高度的常用尺寸为 $h = 200mm, 250mm, 300mm, 350mm, 400mm$ 等，级差可取 50mm；当梁截面高度 $h > 800mm$ 时，级差可取 100mm。梁截面宽度的常用尺寸为 $b = 120mm、150mm、180mm、200mm、220mm、250mm$ 等；当梁截面宽度 $b > 250mm$ 时，级差可取 50mm。

两对边支承的板,和四边支承的板但板长边与短边之比大于或等于3时,可按单向板计算,计算方法与受弯的梁相同;当板长边与短边之比大于2但小于3时,宜按双向板计算,若按沿短边方向受力的单向板计算,则应沿长边方向布置足够数量的构造钢筋;当板长边与短边之比小于或等于2时,应按双向板计算。

现浇板的宽度一般较大,计算时可取 $b = 1000mm$ 作为单位宽度进行计算。板的厚度,对简支单向板可预先估计 $h \geqslant l_0/35$,对连续单向板可取 $h \geqslant l_0/40$(l_0 为板的计算跨度)。板的最小厚度见表4.2。

表 4.2　现浇钢筋混凝土板的最小厚度(mm)

板　的　类　别		最小厚度
单 向 板	屋面板	60
	民用建筑楼板	60
	工业建筑楼板	70
	行车道下的楼板	80
双 向 板		80
密肋楼盖	面板	50
	肋高	250
悬臂板 (固定端)	板的悬臂长度小于或等于500mm	60
	板的悬臂长度1200mm	100
无 梁 楼 板		150
现浇空心楼板		200

注:当采取有效措施时,预制板面的最小厚度可取40mm。

预制板的最小厚度应考虑混凝土保护层厚度的要求。现浇板厚度的级差可取10mm;预制板厚度的级差可取5mm。

二、混凝土保护层厚度

结构构件中钢筋(箍筋和构造钢筋)的外边缘至构件表面的最小垂直距离称为混凝土保护层厚度,图4.15中以 c 表示。

混凝土保护层厚度的规定是为了满足结构构件的耐久性要求和对受力钢筋有效锚固的要求。如保护钢筋避免锈蚀;防止构件纵向劈裂;火灾时可延缓钢筋的升温速度等。保护层混凝土应灌注密实。

考虑耐久性要求,《规范》对设计使用年限为50年,处于环境类别为一、二、三类的混凝土结构均在附表19中规定了保护层的最小厚度。此外混凝土保护层厚度不应小于单根钢筋的公称直径和并筋的等效直径。都是为了保证握裹层混凝土对受力钢筋的锚固。

对处于一类环境,设计使用年限为100年的混凝土结构的保护层厚度应按附表19中的规定再增加40%。

当梁、柱、墙中纵向受力钢筋的混凝土保护层厚度大于50mm时,应对保护层采取有效的防裂构造措施。可在保护层内配置防裂,防剥落的焊接钢筋网片,网片钢筋的保护层厚度不应小于25mm,并应采取有效的绝缘、定位措施。

对有防火要求的建筑物,混凝土保护层厚度尚应符合国家现行有关标准的要求。

当有充分依据并采取下列有效措施时,可适当减小混凝土保护层的厚度。

1. 构件表面有可靠的防护层;

2. 采用工厂化生产的预制构件,并能保证其质量;

3. 在混凝土中掺加阻锈剂或采用阴极保护处理等防锈措施;

4. 当对地下室墙体采取可靠的建筑防水做法或防腐措施时与土壤接触一侧钢筋的保护层厚度可适当减少,但不应小于 25mm。

受弯梁正截面承载力计算时,截面的有效高度 h_0,对一层钢筋,一般可取 $h_0 = (h-40)\text{mm}$;对两层钢筋,可取 $h_0 = (h-60)\text{mm}$;板中可取 $h_0 = (h-20)\text{mm}$。当混凝土强度等级 $\leqslant$ C25 时,由于保护层的最小厚度增加了 5mm,故截面的有效高度 h_0 相应减少 5mm。

三、钢筋的净间距

纵向受力钢筋之间应有一定的净间距(图 4.15),以保证钢筋和混凝土之间有良好的粘结,防止混凝土的横向劈裂,且便于混凝土的浇灌和捣实。

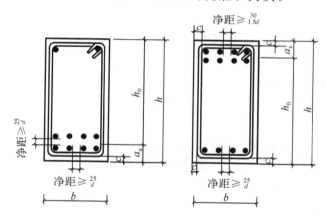

图 4.15　钢筋的净间距

梁下部纵向钢筋水平方向的净间距应 $\geqslant$ 25mm,且 $\geqslant d$(d 为钢筋中最大直径);梁上部纵向钢筋水平方向的净间距应 $\geqslant 1.5d$,且 $\geqslant$ 30mm。当钢筋根数较多,布置一层不能满足上述要求时,可布置成两层,两层以上纵向钢筋水平方向的中距应比下面两层的中距增大一倍,各层钢筋之间的净间距应 $\geqslant$ 25mm,且 $\geqslant d$。

四、梁的纵向钢筋

1. 受力钢筋

纵向受力钢筋的根数不宜过多,以免钢筋之间的净间距不足;但也不应少于两根。当梁截面宽度 $b \geqslant 100$mm 时,伸入梁支座范围内的纵向受力钢筋不能少于两根;当 $b < 100$mm 时,可为一根。纵向受力钢筋伸入梁支座范围内的锚固长度详见 5.9.4 节。

纵向受力钢筋的直径不宜过细,也不宜过粗,以免裂缝开展过宽,特别当梁中所需受力钢筋数量不是太多时,更不宜选用太粗直径的钢筋。梁高不小于 300mm 时,钢筋直径不应小于100mm,梁高小于300mm时,钢筋直径不应小于8mm。梁中纵向受力钢筋常用的直径一般为 $10 \sim 30$mm,并提倡使用 400MPa 和 500MPa 级高强热轧带肋钢筋作为受力的主导钢筋。并推荐 400MPa 级钢筋,推进在工程实践中提升钢筋的强度等级。此外,在同一截面内不宜采用两种以上不同直径的钢筋,且直径相差至少应为 2mm,以便于施工时识别,但同一截面内纵向受力钢筋的直径也不宜相差太大。

构件中的钢筋可采用并筋的配置形式。直径 28mm 及以下的钢筋并筋数量不应超过 3 根;直径 32mm 的钢筋并筋数量宜为 2 根;直径 36mm 及以上的钢筋不应采用并筋。并筋应按单根等效钢筋进行计算。等效钢筋的等效直径应按截面面积相等的原则换算确定。

2. 架立钢筋

为了固定箍筋并与纵向受力钢筋构成钢筋骨架,梁内应设置架立钢筋,见图 4.16。架立钢筋的直径常在 $8 \sim 12$mm 之间。

当梁的跨度 $l_0 < 4$m 时,$d \geqslant 8$mm;

$$4 \leqslant l_0 \leqslant 6\text{m 时},d \geqslant 10\text{mm};$$

$$l_0 > 6\text{m 时},d \geqslant 12\text{mm}。$$

架立钢筋一般为两根,可采用 HPB300 或 HRB335 钢筋。

3. 构造钢筋

(1)支座区上部构造钢筋

因梁端实际受到部分约束(如梁端上部的砌体等),故应在支座区上部设置纵向构造钢筋,以承受负弯矩。

纵向构造钢筋的截面面积不应小于梁跨中下部纵向受拉钢筋计算所需截面面积的 1/4,且不应少于两根,该纵向构造钢筋自支座边缘向跨中伸出的长度不应小于 $0.2l_0$,此处,l_0 为该跨的计算跨度。

(2)梁侧构造钢筋

当梁的截面尺寸较大时,有可能在梁侧面产生垂直于梁轴线的收缩裂缝,裂缝一般是枣核状,两头尖而中间宽,向上伸至梁顶,向下可至梁底纵筋处,截面高度大的梁,情况将更严重。同时也为了保持钢筋骨架的刚度,故应在梁两侧沿梁长度方向设置纵向构造钢筋。

根据目前工程中使用大截面尺寸现浇混凝土梁日益增多的情况,根据工程经验,当梁腹板高度 $h_w \geqslant 450$mm 时(对矩形梁 $h_w = h_0$,T 形梁 $h_w = h_0 - h_f'$;Ⅰ 形梁 $h_w =$ 腹板净高),应在梁的两个侧面设置间距不宜大于 200mm 的纵向构造钢筋,每侧纵向构造钢筋(不包括梁上、下部的纵向受力钢筋及架立钢筋)的截面面积不应小于腹板截面面积 bh_w 的 0.1%。

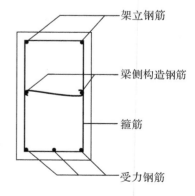

图 4.16　梁侧构造钢筋

对钢筋混凝土薄腹梁或需作疲劳验算的钢筋混凝土梁,截面上部1/2梁高腹板内两侧构造钢筋的配置与上述相同,但应在下部 1/2 梁高的腹板内予以加强,可沿两侧配置直径为 8 ~ 14mm,间距为 100 ~ 150mm 的纵向构造钢筋,并应按下密上疏的方式布置。

五、板内钢筋

1. 受力钢筋

板中的受力钢筋一般采用 HPB300 级钢筋,常用的钢筋直径为 6,8,10,12mm。

为了保证混凝土浇捣的密实性,钢筋的间距不宜过小;同时,为了使板内受力均匀,钢筋的间距也不能过大。钢筋的间距一般为 70 ~ 200mm。当板厚 $h \leqslant 150mm$ 时,间距不宜大于 200mm。当板厚 $h > 150mm$ 时,间距不宜大于 $1.5h$,且不宜大于 250mm。

当采用分离式配筋的多跨板,板底钢筋全部伸入支座,支座负弯距钢筋向跨内延伸的长度应根据负弯矩图确定,并满足钢筋锚固的要求。简支板或连续板下部纵向受力钢筋伸入支座的锚固长度,不应小于钢筋直径的 5 倍,且宜伸至支座中心线。当连续板内温度、收缩应力较大时,伸入支座的长度宜适当增加。

每米板宽内不同配筋间距时的钢筋截面面积见附表 16。

2. 分布钢筋

当按单向板设计时,在垂直于板受力钢筋的方向应布置分布钢筋,以固定受力钢筋的位置,并承受温度和收缩应力,同时将板上的荷载均匀地传递给受力钢筋。分布钢筋的截面面积不宜小于跨中受力钢筋截面面积的 15%,且配筋率不宜小于 0.15%。分布钢筋的间距不宜大于 250mm,直径不宜小于 6mm,如图 4.17 所示。分布钢筋的直径及间距可参见附表 17。当集中荷载较大时,分布钢筋的配筋面积尚应增加,且间距不宜大于 200mm。

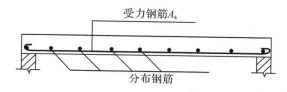

图 4.17　板中分布钢筋

3. 构造钢筋

按简支边或非受力边设计现浇混凝土板,当与混凝土梁、墙整体浇筑或嵌固在砌体墙内时,应在板面设置构造钢筋,并符合下列要求:

(1) 钢筋直径不宜小于 8mm,间距不宜大于 200mm,且单位宽度内的配筋面积不宜小于跨中相应方向板底钢筋截面面积的 1/3。与混凝土梁、混凝土墙整体浇筑单向板的非受力方向的钢筋截面面积尚不宜小于受力方向跨中板底钢筋截面面积的 1/3。

(2) 钢筋从混凝梁处、柱边,墙边伸入板面的长度不宜小于 $l_0/4$,砌体墙支座边钢筋伸入板边的长度不宜小于 $l_0/7$,其中计算跨度 l_0 对单向板按受力方向考虑,对双向板按短边方向考虑。

(3) 在楼板角部,宜沿两个方向正交、斜向平行或放射状布置附加钢筋。

（4）钢筋应在梁内、墙内或柱内可靠锚固。

在温度、收缩应力较大的现浇板区域，应在板的表面双向配置防裂构造钢筋。配筋率均不宜小于 0.10%，间距不宜大于 200mm，防裂钢筋可利用原有的钢筋贯通布置，也可另行设置钢筋并与原有的钢筋按受拉钢筋的要求搭接或在四边构件中锚固。

楼板平面的瓶颈部位宜适当增加板厚和配筋。沿板的洞边、凹角部位宜加配防裂构造钢筋，并采取可靠的锚固措施。

4.3.3　截面设计

设计受弯构件时，一般只对控制截面的受弯承载力进行计算。在等截面构件中控制截面是指弯矩设计值最大的截面；在变截面构件中则指截面相对较小，而弯矩设计值相对较大，对配筋数量起控制作用的一个或若干个截面。

截面设计的一般步骤为：

（1）选择混凝土强度等级、钢筋品种和级别；

（2）确定截面尺寸；

（3）计算钢筋截面面积并选配钢筋；

（4）验算适用条件。

截面设计时，常遇到以下两种情况：

［截面设计情况一］

已知弯矩设计值 M、材料强度设计值 $\alpha_1 f_c$ 及 f_y、截面尺寸 $b \times h$，要求计算钢筋用量 A_s。

计算公式为：

$$\alpha_1 f_c bx = f_y A_s \tag{4.28}$$

$$M = \alpha_1 f_c bx \left(h_0 - \frac{x}{2} \right) \tag{4.29}$$

两个方程可求解两个未知数 x 和 A_s。

解题步骤如下：

1. 由公式（4.29）解二次方程计算 x

$$x = h_0 - \sqrt{h_0^2 - \frac{2M}{\alpha_1 f_c b}} \tag{4.32}$$

2. 验算最大配筋率的适用条件

若 $x > x_b (= \xi_b h_0)$，表明已知截面尺寸偏小，截面将发生超筋破坏，此时应先加大截面尺寸或提高混凝土强度等级后再重新计算。

若 $x \leqslant x_b (= \xi_b h_0)$，则可将 x 代入公式（4.28）计算 A_s。

3. 计算钢筋截面面积 A_s

$$A_s = \frac{\alpha_1 f_c bx}{f_y}$$

4. 验算最小配筋率的适用条件

若 $A_s \geqslant \rho_{\min} bh$，满足要求，$\rho$ 宜在经济配筋率范围内。

若 $A_s < \rho_{\min} bh$，应取 $A_s = \rho_{\min} bh$。

5. 选配钢筋

根据 4.3.2 节构造要求选用钢筋的直径及根数，可查附表 12。

［截面设计情况二］

已知弯矩设计值 M、材料强度设计值 $\alpha_1 f_c$ 和 f_y，要求确定截面尺寸 $b \times h$，并计算钢筋用量 A_s。

此时共有四个未知数 b, h, x 和 A_s，而可用方程只有（4.28）和（4.29）两个，故需补充两个条件才能求解。

一般先确定截面尺寸 $b \times h$，可按 4.3.2 节所述，根据刚度要求按高跨比进行估计；亦可在经济配筋率范围内选定配筋率 ρ，由公式（4.23）可得 ξ 值：

$$\xi = \rho \frac{f_y}{\alpha_1 f_c}$$

公式（4.29）可改写为：

$$M = \alpha_1 f_c bx\left(h_0 - \frac{x}{2}\right) = \xi(1 - 0.5\xi)\alpha_1 f_c bh_0^2 = \alpha_s \alpha_1 f_c bh_0^2$$

将已知 ξ 值代入上式即可求得 h_0 为：

$$h_0 = \sqrt{\frac{M}{\alpha_s \alpha_1 f_c b}} \tag{4.33}$$

式中，$\alpha_s = \xi(1 - 0.5\xi)$。

因此可得 $h = h_0 + a_s$（若混凝土强度等级为 C25～C45 时，估计为一排钢筋时，取 a_s = 40mm；二排钢筋时，取 a_s = 60mm），然后取整数并选定截面宽度 b，截面尺寸 h 及 b 应符合构造要求中的常用尺寸。

当截面尺寸 $b \times h$ 确定后，即可按情况一的计算步骤计算所需钢筋用量 A_s。

4.3.4　截面复核

截面复核就是要求计算构件的受弯承载能力 M_u，此时截面尺寸 $b \times h$、材料强度设计值 $\alpha_1 f_c$ 和 f_y 以及配筋数量 A_s 均为已知，计算步骤如下。

1. 验算最小配筋率的适用条件

若所配钢筋截面面积 $A_s < \rho_{\min} bh$，表明原设计截面配筋过少，不合理，应修改设计。若 $A_s \geqslant \rho_{\min} bh$，则可继续进行如下计算。

2. 计算受压区高度 x

由公式（4.28）可得：

$$x = \frac{f_y A_s}{\alpha_1 f_c b}$$

3. 验算最大配筋率的适用条件

若 $x \leqslant x_b (= \xi_b h_0)$，表明为适筋构件。

若 $x > x_b (= \xi_b h_0)$，表明截面配筋过多，为超筋构件。

4. 计算截面受弯承载力 M_u

若为适筋构件，可将求得的 x 直接代入公式(4.18)和(4.18a)计算出 M_u。

若为超筋构件，可有以下两种计算方法。

[**第一种方法**]

由于适筋截面最大的受压区高度只能为 x_b，故可取 $x = x_b = \xi_b h_0$，代入公式(4.18)求解 M_u：

$$M_u = \xi_b(1 - 0.5\xi_b)\alpha_1 f_c b h_0^2$$

由上式所得 M_u 值亦即单筋矩形截面所具有的最大受弯承载能力。

当 M_u 值不小于外荷载产生的截面弯矩设计值 M 时，则构件的受弯承载力能满足要求。

[**第二种方法**]

由于超筋构件达到承载力极限状态时，受拉钢筋的应力 σ_s 不能达到屈服强度，故应以 σ_s 替代公式(4.17)和(4.18a)中钢筋的抗拉强度设计值 f_y，得：

$$\alpha_1 f_c b x = \sigma_s A_s \tag{4.34}$$

$$M_u = \sigma_s A_s \left(h_0 - \frac{x}{2}\right) \tag{4.35}$$

从上述公式求解 M_u 时，必须先计算出钢筋应力 σ_s。

4.3.5　超筋构件受拉钢筋应力 σ_s 的计算

根据平截面假定，由图 4.18(a) 可得：

$$\varepsilon_s = \frac{h_0 - x_c}{x_c}\varepsilon_{cu}$$

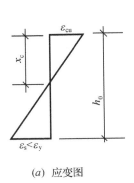

(a) 应变图

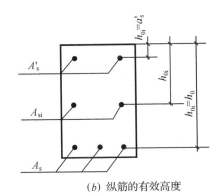

(b) 纵筋的有效高度

图 4.18　超筋构件纵向钢筋应力计算

当混凝土强度等级不超过 C50 时，取 $\varepsilon_{cu} = 0.0033$，并将 $\varepsilon_s = \sigma_s/E_s$，$x_c = x/0.8$ 代入

上式时,即得 σ_s 的计算公式:

$$\sigma_s = 0.0033E_s\left(\frac{0.8h_0}{x} - 1\right) = 0.0033E_s\left(\frac{0.8}{\xi} - 1\right) \tag{4.36}$$

上式中正号为拉应力,负号为压应力;且 σ_s 的计算值应符合 $-f'_y \leqslant \sigma_s \leqslant f_y$, f_y 和 $-f'_y$ 分别为钢筋的抗拉和抗压强度设计值。

从公式(4.36)可见,钢筋应力 σ_s 与其至截面上边缘的距离为线性关系,故将公式(4.36)改写为下式后即可计算截面上任意位置处钢筋的应力 σ_{si}

$$\sigma_{si} = 0.0033E_s\left(\frac{0.8h_{0i}}{x} - 1\right) = 0.0033E_s\left(\frac{0.8}{\xi_i} - 1\right) \tag{4.37}$$

式中,h_{0i} 为截面任意位置上钢筋 A_{si} 合力点至截面上边缘的距离,如图 4.18(b)所示。

将公式(4.36)代入公式(4.34)和(4.35)即可求解 x 和 M_u。

公式(4.36)亦可用于偏心受压构件正截面承载力的计算(详见第 7 章),但由于式中 σ_s 与 x 为非线性关系,在计算时需求解 x 的三次方程。为简化计算,可根据两个边界条件得到 σ_s 与 x(或 ξ)为线性关系的近似方程。这两个边界条件为:① 当 $\xi = \xi_b$ 时为界限破坏,$\sigma_s = f_y$;② 当 $\xi = 0.8$ 时,则 $\xi_c = \xi/0.8 = 1.0$,即 $x_c = h_0$,表明中和轴正好位于受拉钢筋合力点处,因此 $\sigma_s = 0$。从而可得 σ_s 的近似计算式:

$$\sigma_s = \frac{\xi - 0.8}{\xi_b - 0.8}f_y \tag{4.38}$$

与公式(4.37)相同,上式中正号为拉应力,负号为压应力,σ_s 的计算值亦应符合 $-f'_y \leqslant \sigma_s \leqslant f_y$, f_y 和 $-f'_y$ 分别为钢筋的抗拉和抗压强度设计值。

当混凝土强度等级超过 C50 时,公式(4.38)改写为:

$$\sigma_s = \frac{\xi - \beta_1}{\xi_b - \beta_1}f_y \tag{4.38a}$$

[例题 4.1][①]　有一钢筋混凝土矩形截面简支梁,截面尺寸 $b \times h = 250\text{mm} \times 500\text{mm}$,计算跨度为 $l = 5.7\text{m}$;梁承受均布永久荷载标准值为 $g_k = 7.0\text{kN/m}$(未包括梁自重),均布可变荷载标准值为 $P_k = 20\text{kN/m}$,采用混凝土强度等级为 C25,钢筋为 HRB335 级。

要求计算该梁截面所需钢筋截面面积 A_s。

[解]　钢筋混凝土容重为 25kN/m^3;经计算比较,本题以可变荷载效应控制为主,则总均布荷载设计值为:

$$\begin{aligned}
q &= \gamma_G g_k + \gamma_Q P_k \\
&= 1.2(7.0 + 0.25 \times 0.5 \times 25) + 1.4 \times 20 \\
&= 40.15(\text{kN/m})
\end{aligned}$$

跨中截面最大弯矩设计值为:

$$\begin{aligned}
M &= \frac{1}{8}ql^2 \\
&= \frac{1}{8} \times 40.15 \times 5.7^2 = 163.06(\text{kN} \cdot \text{m})
\end{aligned}$$

---

① 本书所有例题和习题中的结构或结构构件除有说明者外,皆为处于一类环境类别。

从附表 1 及附表 4 得 $\alpha_1 f_c = 11.9\text{N/mm}^2$，$f_y = 300\text{N/mm}^2$。

假设为一排钢筋，则 $h_0 = h - 45 = 500 - 45 = 455(\text{mm})$。

由公式(4.29)计算 x：

$$M = \alpha_1 f_c bx\left(h_0 - \frac{x}{2}\right)$$

$$163.06 \times 10^6 = 11.9 \times 250x\left(455 - \frac{x}{2}\right)$$

$$x^2 - 910x + 109620 = 0$$

解方程得：

$$x = 142.9\text{mm} < \xi_b h_0 (= 0.55 \times 455 = 250(\text{mm}))\qquad\text{（满足要求）}$$

将 x 代入公式(4.28)计算 A_s：

$$A_s = \frac{\alpha_1 f_c bx}{f_y}$$

$$= \frac{11.9 \times 250 \times 142.9}{300}$$

$$\doteq 1417(\text{mm}^2)$$

$$> \rho_{\min}bh = 0.2\% \times 250 \times 500 = 250(\text{mm}^2)$$

$$0.45\frac{f_t}{f_y} = 0.45\frac{1.27}{300} \doteq 0.19\% < 0.2\%\qquad\text{（满足要求）}$$

选用钢筋 4Φ22，实配 $A_s = 1520\text{mm}^2 > 1417\text{mm}^2$，钢筋布置如图 4.19 所示。验算表明，钢筋净距满足构造要求（当计算所需钢筋一排放不下时，应取 $h_0 = h - 65\text{mm}$ 后重新计算 x 及 A_s）。

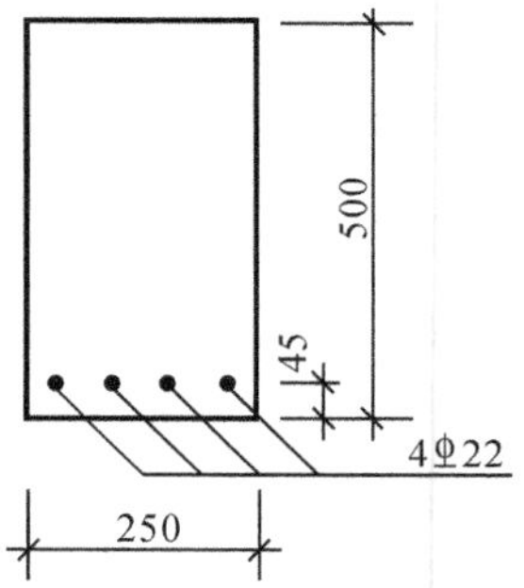

[例 4.2] 某矩形截面梁的截面尺寸 $b \times h = 200\text{mm} \times 450\text{mm}$；混凝土强度等级为 C25，采用 HRB400 级钢筋，已配纵向受拉钢筋 3Φ20($A_s = 942\text{mm}^2$)。

试复核该梁能承受的弯矩设计值。

[解]

由附表 1 和附表 4 可得 $f_c = 11.9\text{N/mm}^2$

$f_y = 360\text{N/mm}^2$

$$h_0 = 450 - 45 = 405(\text{mm})$$

$$A_s = 942\text{mm}^2$$

$$> \rho_{\min}bh = 0.002 \times 200 \times 450 = 180(\text{mm}^2)$$

$$0.45\frac{f_t}{f_y} = 0.45\frac{1.27}{360} \doteq 0.16\% < 0.2\%\qquad\text{（满足要求）}$$

由公式(4.28)计算 x 值：

$$x = \frac{f_y A_s}{\alpha_1 f_c b}$$

$$= \frac{360 \times 942}{11.9 \times 200} = 142.5(\text{mm})$$

图 4.19　例题 4.1 截面图

$$< \xi_b h_0 (= 0.518 \times 405 = 209.8 (\text{mm}))$$ 　　　　　　（满足要求）

将 x 值代入公式（4.18）计算 M_u：

$$M_u = \alpha_1 f_c bx(h_0 - x/2)$$
$$= 11.9 \times 200 \times 142.5 \times (405 - 142.5/2)$$
$$= 113.19 \times 10^6 (\text{N} \cdot \text{mm}) = 113.19(\text{kN} \cdot \text{m})$$

该梁能承受的最大弯矩设计值为 113.19kN·m。

4.3.6　计算表格

利用公式（4.28）及（4.29）或（4.29a）进行截面配筋计算，一般需解二次联立方程组，计算较繁。为方便计算，根据基本公式制成表格以供设计时使用。

公式（4.29）可改写为：

$$M = \alpha_1 f_c bh_0^2 \left[\frac{x}{h_0} \left(1 - 0.5 \frac{x}{h_0} \right) \right]$$
$$= \alpha_1 f_c bh_0^2 [\xi(1 - 0.5\xi)]$$

令

$$\alpha_s = \xi(1 - 0.5\xi) \tag{4.39}$$

可得

$$M = \alpha_s \alpha_1 f_c bh_0^2 \tag{4.40}$$

再将公式（4.29a）改写为：

$$M = f_y A_s \left(1 - 0.5 \frac{x}{h_0} \right) h_0$$
$$= f_y A_s (1 - 0.5\xi) h_0$$

令

$$\gamma_s = 1 - 0.5\xi \tag{4.41}$$

可得

$$M = f_y A_s \gamma_s h_0 \tag{4.42}$$

系数 α_s 和 γ_s 均具有一定的物理意义。从公式（4.40）可见，$\alpha_s bh_0^2$ 相当于破坏阶段钢筋混凝土梁的截面抵抗矩，因此系数 α_s 称为截面抵抗矩系数，α_s 不是一个定值，它随 ξ（或 ρ）的变化而变化。从公式（4.42）可见，$\gamma_s h_0$ 相当于截面的内力臂，因此系数 γ_s 称截面内力臂系数，它随 ξ 的增加而减少。

由于 α_s 和 γ_s 均为 ξ 的函数，故可将它们与 ξ 之间的数值关系制成计算表格（见附表15）。

在截面设计时，根据弯矩设计值 M 计算 α_s：

$$\alpha_s = \frac{M}{\alpha_1 f_c bh_0^2} \leqslant \alpha_{s,\max}$$

由 α_s 查附表 15 得 γ_s，则钢筋截面面积 A_s 为：

$$A_s = \frac{M}{f_y \gamma_s h_0}$$

或由 α_s 查附表 15 得 ξ,则钢筋截面面积 A_s 为:

$$A_s = \frac{\alpha_1 f_c b \xi h_0}{f_y}$$

验算最大配筋率适用条件,既可通过 α_s 查表得到 ξ,并满足 $\xi \leqslant \xi_b$ 条件;亦可直接由计算所得的 α_s 进行验算,当满足 $\alpha_s \leqslant \alpha_{s,\max}$ 时为适筋构件,否则为超筋构件,应加大截面尺寸或提高混凝土强度等级后重新计算 α_s,其中 $\alpha_{s,\max} = \xi_b(1 - 0.5\xi_b)$。

若由 α_s 查表求 γ_s 或 ξ,因内插而感到不便时,亦可按下列公式直接计算。

由公式(4.39)可得:

$$\xi = 1 - \sqrt{1 - 2\alpha_s} \tag{4.43}$$

代入公式(4.41)可得:

$$\gamma_s = \frac{1 + \sqrt{1 - 2\alpha_s}}{2} \tag{4.44}$$

复核题因不需解二次方程,故一般可直接利用公式(4.17)和(4.18)求解。

[**例 4.3**] 试用查表法计算例 4.1。

[**解**]

$$\alpha_s = \frac{M}{\alpha_1 f_c b h_0^2}$$

$$= \frac{163.06 \times 10^6}{11.9 \times 250 \times 455^2} = 0.265 < \alpha_{s,\max}(= 0.4)$$

由 $\alpha_s = 0.265$ 查表可得:

$$\xi = 0.314 < \xi_b(= 0.55) \qquad\qquad (满足要求)$$

已知 ξ,则由公式(4.28)可得:

$$A_s = \frac{\alpha_1 f_c b x}{f_y} = \frac{\alpha_1 f_c b \xi h_0}{f_y}$$

$$= \frac{11.9 \times 250 \times 0.314 \times 455}{300} = 1417(\text{mm}^2)$$

也可由 α_s 查表得 $\gamma_s = 0.843$,则钢筋截面面积 A_s 为:

$$A_s = \frac{M}{f_y \gamma_s h_0}$$

$$= \frac{163.06 \times 10^6}{300 \times 0.843 \times 455} = 1417(\text{mm}^2)$$

$$> \rho_{\min} bh = 0.2\% \times 250 \times 500 = 250(\text{mm}^2)$$

$$0.45 \frac{f_t}{f_y} = 0.45 \frac{1.27}{300} \doteq 0.19\% < 0.2\% \qquad\qquad (满足要求)$$

用查表法计算的结果与用公式计算的结果完全相同。

[**例 4.4**] 某矩形截面梁承受弯矩的设计值为 $M = 200\text{kN} \cdot \text{m}$(已包括自重)。混凝土强度等级为 C25;采用 HRB400 级钢筋。

试设计梁截面尺寸及所需纵向受拉钢筋的截面面积 A_s。

[**解**] 由附表 1 和附表 4 可得:$\alpha_1 f_c = 11.9\text{N/mm}^2$,$f_y = 360\text{N/mm}^2$

由于此题有四个未知数 b,h,x 和 A_s，故需补充两个条件。

设 $b = 250\text{mm},\rho = 1.0\%$，则可得：

$$\xi = \rho \frac{f_y}{\alpha_1 f_c}$$

$$= 0.01 \times \frac{360}{11.9} = 0.303$$

查表得 $\alpha_s = 0.257$。

由公式(4.33)可得：

$$h_0 = \sqrt{\frac{M}{\alpha_s \alpha_1 f_c b}}$$

$$= \sqrt{\frac{200 \times 10^6}{0.257 \times 11.9 \times 250}} = 511(\text{mm})$$

$$h = 511 + 45 = 556(\text{mm})$$

取 $h = 550\text{mm}$，假设钢筋为一排，则 $h_0 = 550 - 45 = 505(\text{mm})$。

由公式(4.40)得：

$$\alpha_s = \frac{M}{\alpha_1 f_c b h_0^2}$$

$$= \frac{200 \times 10^6}{11.9 \times 250 \times 505^2} = 0.264$$

查表得 $\gamma_s = 0.844$，代入公式(4.42)可得：

$$A_s = \frac{M}{f_y \gamma_s h_0}$$

$$= \frac{200 \times 10^6}{360 \times 0.844 \times 505} = 1303(\text{mm}^2)$$

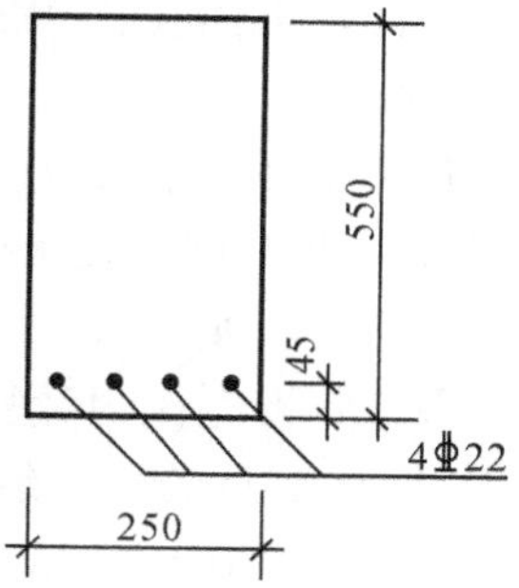

图 4.20　例题 4.4 截面图

选用 4Φ22 的钢筋，实配 $A_s = 1520\text{mm}^2 > 1303\text{mm}^2$。配筋布置如图 4.20 所示。

由于估算截面尺寸时已假设截面配筋率 ρ 在经济配筋率范围内，所以实际配筋一般能满足 $\rho_{\min} bh \leqslant A_s \leqslant \rho_{\max} bh_0$ 的适用条件，不必再作验算。

此题也可取 $h = 500\text{mm}$，则

$$h_0 = 500 - 45 = 455(\text{mm})$$

$$\alpha_s = \frac{M}{\alpha_1 f_c b h_0^2}$$

$$= \frac{200 \times 10^6}{11.9 \times 250 \times 455^2}$$

$$= 0.325$$

查表得 $\qquad \gamma_s = 0.796$

$$A_s = \frac{M}{f_y \gamma_s h_0}$$

$$= \frac{200 \times 10^6}{360 \times 0.796 \times 455}$$

$$= 1534(\mathrm{mm}^2)$$

此题所选两种截面的 h/b 值均在合适的范围内。比较计算结果可见,截面尺寸减小后,钢筋用量相应增大(此处未考虑截面尺寸改变后其自重的变化)。

[**例4.5**] 某一钢筋混凝土单跨简支板如图4.21所示。计算跨度 $l_0 = 2.34\mathrm{m}$,板厚 $h = 80\mathrm{mm}$;承受均布可变荷载标准值 $2\mathrm{kN/m}^2$,板面现浇细石混凝土面层厚 $30\mathrm{mm}$,采用 HPB300 级钢筋,混凝土强度等级为 C25。

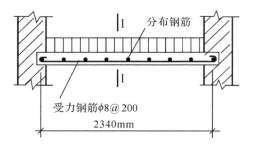 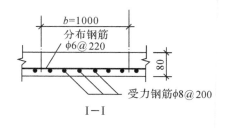

图 4.21　例题 4.5 图

试计算纵向受拉钢筋的截面面积 A_s,并选用分布钢筋。

[**解**]

钢筋混凝土自重为 $25\mathrm{kN/m}^3$,细石混凝土自重值为 $22\mathrm{kN/m}^3$。

查附表 1 及附表 4 得 $\alpha_1 f_c = 11.9\mathrm{N/mm}^2$,$f_y = 210\mathrm{N/mm}^2$

$$h_0 = h - a_s = 80 - 20 = 60(\mathrm{mm})。$$

取 1m 板宽作为计算单元,即 $b = 1000\mathrm{mm}$,经计算比较,本题以可变荷载效应控制为主,则板上总的均布线荷载设计值为:

$$
\begin{aligned}
q &= \gamma_G g_k + \gamma_Q P_k \\
&= [1.2 \times (0.08 \times 25 + 0.03 \times 22) + 1.4 \times 2] \times 1 \\
&= 5.992(\mathrm{kN/m})
\end{aligned}
$$

跨中截面最大弯矩设计值为:

$$
\begin{aligned}
M_{\max} &= \frac{1}{8} q l_0^2 \\
&= \frac{1}{8} \times 5.992 \times 2.34^2 = 4.101(\mathrm{kN \cdot m})
\end{aligned}
$$

由公式(4.40)可得:

$$
\begin{aligned}
\alpha_s &= \frac{M}{\alpha_1 f_c b h_0^2} \\
&= \frac{4.101 \times 10^6}{11.9 \times 1000 \times 60^2} = 0.096 < \alpha_{s,\max}(= 0.426)
\end{aligned}
$$
（满足要求）

查表得 $\xi = 0.101$,由公式(4.28)可得:

$$
\begin{aligned}
A_s &= \frac{\alpha_1 f_c b \xi h_0}{f_y} \\
&= \frac{11.9 \times 1000 \times 0.101 \times 60}{300} = 240(\mathrm{mm}^2)
\end{aligned}
$$

$$0.45\frac{f_{\mathrm{t}}}{f_{\mathrm{y}}} = 0.45 \times \frac{1.27}{300} \doteq 0.19\% < 0.2\%$$

则 $\qquad \rho_{\min}bh = 0.20\% \times 1000 \times 80 = 160(\mathrm{mm}^2) < 240(\mathrm{mm}^2)$ 　　（满足要求）

由附表 16，选用 $\phi 8@200$ 的钢筋，实配 $A_{\mathrm{s}} = 251\mathrm{mm}^2 > 240\mathrm{mm}^2$。

分布钢筋从附表 17 选用 $\phi 6@220$，从附表 16 得

$$A_{\mathrm{s}}^* = 129\mathrm{mm}^2 > 0.15\%bh = 0.15\% \times 1000 \times 80 = 120(\mathrm{mm}^2)$$
$$> 15\%A_{\mathrm{s}} = 0.15 \times 240 = 36(\mathrm{mm}^2) \qquad \text{（满足要求）}$$

配筋布置如图 4.21 所示。

4.3.7　影响受弯构件正截面承载力的因素

从单筋矩形截面受弯承载力计算的基本公式（4.28）和（4.29）中可见，影响截面受弯承载能力的主要因素为 b，h_0，$\alpha_1 f_{\mathrm{c}}$，f_{y} 和 A_{s} 等。了解这些因素对受弯承载能力的影响程度，有助于在实际设计中作出合理的选择。

一、截面尺寸 b 和 h

通过计算可知，虽然增加截面宽度 b 可以提高受弯承载能力，但增加不多。从经济角度考虑，靠增大 b 来提高截面的受弯承载能力是不可取的。而随着截面高度 h 的增加，截面受弯承载能力显著提高，因此增加截面高度 h 是提高截面受弯承载能力的有效措施。

在截面面积及其他条件不变的情况下，高宽比 h/b 越大的截面，其受弯承载能力亦越大，故应尽可能地选择较大的高宽比。但在实际工程中，由于结构高度受到限制，且排列受拉钢筋亦需要一定的截面宽度，同时高宽比过大的截面不利于构件的侧向稳定，所以截面的高宽比也不能选得过大。一般可选 h/b 为 $2 \sim 3$。

二、混凝土强度等级

通过计算可知，提高混凝土强度等级以提高 f_{c}，对提高截面受弯承载能力的效果不明显，且增加了施工难度，故一般不采用强度等级过高的混凝土。对现浇构件混凝土强度等级可采用 C25 和 C30；对预制构件可采用的混凝土强度等级为 C30 $\sim$ C40。

三、钢筋级别和钢筋截面面积

钢筋级别（即钢筋强度 f_{y}）和钢筋截面面积 A_{s} 对提高截面受弯承载能力的效果较为显著，且选用高强度的钢筋可节约钢材，但在普通钢筋混凝土受弯构件中，因受到裂缝宽度的制约，高强度钢筋的作用不能充分发挥，故在实际工程中主要依靠增加钢筋的截面面积 A_{s} 来提高截面的受弯承载能力。在钢筋品种的选用上，通常选用热轧带肋钢筋 HRB400、HRBF400 级和 HRB500 级钢筋。混凝土强度等级不宜小于 C25。

4.4 双筋矩形截面受弯构件
正截面承载力的计算

双筋矩形截面受弯构件除了在受拉区配置受拉钢筋外,还在截面的受压区配置纵向受压钢筋,以协助混凝土承受压力,从而提高了截面的受弯承载力。由于受压钢筋的存在,还增加了截面的延性,有利于改善构件的抗震性能。此外,受压钢筋能减少受压区混凝土在荷载长期作用下产生的徐变,故对减少构件在荷载长期作用下的挠度也是有利的。

利用受压钢筋虽具有上述优点,但增加了用钢量,故在一般情况下是不经济的,不宜普遍采用。

在下列情况下,可考虑采用双筋截面:

(1) 截面承受的弯矩较大,单筋截面的承载力无法满足适筋梁的条件($x \leqslant \xi_b h_0$),而截面高度又因受建筑净空的限制不能增加,混凝土强度等级又不宜再提高时,可考虑设计成双筋截面梁。

(2) 截面在不同荷载组合下产生“变号”弯矩(如在风或地震荷载作用下框架横梁的截面),为了承受正、负号弯矩分别作用时截面所出现的拉应力,需要在截面上、下部均配置纵向受力钢筋,从而形成双筋截面。

(3) 截面由于构造的原因,在受压区已配有钢筋(如连续梁的中间支座),为了节省受拉钢筋,这时可按双筋截面计算。

4.4.1 受压钢筋的抗压强度

试验表明,只要满足 $\xi \leqslant \xi_b$ 的条件,双筋梁和单筋适筋梁一样,具有相同的受力性能和破坏特征。因此,在计算双筋矩形截面受弯承载力时,所采用的截面应力分布图形与单筋矩形截面的应力分布图形基本相同,区别只是在受压区多了纵向受压钢筋,故应首先了解受压钢筋在截面破坏时能达到的压应力值。

钢筋的抗压设计值 f'_y 取与抗拉强度相同,这是由于构件中混凝土受到配箍的约束,实际极限受压应变加大,受压钢筋可以达到较高强度。但 f'_y 的取值也不能大于 $410N/mm^2$

各类钢筋的抗压强度设计值 f'_y 详见附表4。

在受弯构件中,由于混凝土为非均匀受压,当截面破坏,受压边缘纤维混凝土达到极限压应变 ε_{cu} 时,因受压钢筋 A'_s 离截面受压区边缘有一定距离,故其压应变 ε'_s 将小于极限压应变 ε_{cu},即 $\varepsilon'_s < \varepsilon_{cu}$。由于钢筋和混凝土共同变形,受压钢筋的压应变 ε'_s 与同一位置

处混凝土的压应变 ε'_c 相同,根据平截面假定,由图 4.22 可得:

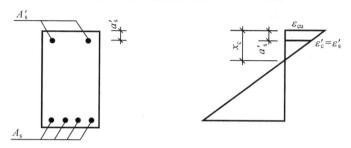

图 4.22　双筋截面中受压钢筋的应变

$$\varepsilon'_s = \frac{x_c - a'_s}{x_c}\varepsilon_{cu} = (1 - \frac{a'_s}{x_c})\varepsilon_{cu} = (1 - \frac{\beta_1 a'_s}{x})\varepsilon_{cu} \qquad (4.45)$$

从上式可见,ε'_s 与 a'_s/x 有关,a'_s/x 越大,ε'_s 越小。当混凝土强度等级不超过 C50 时,为了使 ε'_s 能达到 0.002,取 $\varepsilon_{cu} = 0.0033$,$\beta_1 = 0.8$,即可得 $x \doteq 2a'_s$;若 $x < 2a'_s$,ε'_s 将达不到 0.002,为了使受压钢筋 A'_s 能达到抗压强度设计值,必须满足以下条件:

$$x \geqslant 2a'_s \qquad (4.46)$$

或

$$z \leqslant h_0 - a'_s \qquad (4.47)$$

式中,z 为纵向受拉钢筋合力点至混凝土受压区合力点之间的距离,即内力臂高度。

此外,计算中如果考虑受压钢筋的作用时,除应满足式(4.46)或(4.47)外,还应采取以下构造措施,即箍筋应采用封闭式以防止受压钢筋的压曲向侧面凸出。其间距在绑扎骨架中不应大于 $15d$(d 为受压钢筋 A'_s 中的最小直径),且不大于 400mm 及构件截面短边尺寸;箍筋的直径不应小于 $d/4$(d 为受压钢筋 A'_s 中的最大直径),且不应小于 6mm。当梁宽 > 400mm,且一排内的纵向受压钢筋多于三根,或当梁的宽度 $b \leqslant 400$mm,一排内的纵向受压钢筋多于四根时,尚应设置复合箍筋。所有这些构造措施主要是为了防止纵向受压钢筋可能发生压屈而向外凸出,引起混凝土保护层的剥落,甚至使受压区混凝土过早发生破坏。

4.4.2　基本计算公式及适用条件

双筋截面相当于在单筋截面基础上增加了配置在受压区的受压钢筋 A'_s,与混凝土共同承受压力,因此计算时仍采用如图 4.23 所示的等效矩形应力图形。

一、计算公式

根据力的平衡条件,按图 4.23 可得:

$$\sum x = 0 \qquad \alpha_1 f_c bx + f'_y A'_s = f_y A_s \qquad (4.48)$$

$$\sum M_{A_s} = 0 \qquad M_u = \alpha_1 f_c bx(h_0 - \frac{x}{2}) + f'_y A'_s(h_0 - a'_s) \qquad (4.49)$$

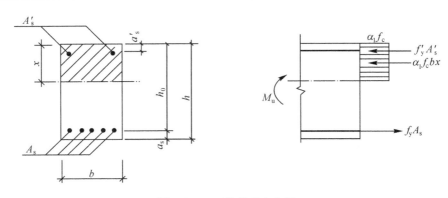

图 4.23　双筋截面应力图

式中，M_u——双筋截面受弯承载力；

$\quad\quad f'_y$——钢筋抗压强度设计值；

$\quad\quad A'_s$——受压钢筋的截面面积；

$\quad\quad a'_s$——受压钢筋合力点至截面受压边缘的距离。

其他符号同公式（4.28）和（4.29）。

二、适用条件

为了防止发生超筋破坏，应满足：

$$x \leqslant \xi_b h_0$$

为了使受压钢筋 A'_s 在截面破坏时能达到抗压强度设计值，应满足：

$$x \geqslant 2a'_s$$

这相当于限制了内力臂 z 的最大值，即：

$$z = \gamma_s h_0 \leqslant h_0 - a'_s$$

截面设计时，当 $x < 2a'_s$ 时，理论上应根据平截面假定确定受压钢筋的应力 σ'_s（$\sigma'_s < f'_y$），然后代入基本公式进行计算。但为了简化计算，可近似取 $x = 2a'_s$（即 $z = h_0 - a'_s$），这意味着受压钢筋的合力点与混凝土受压区的合力点相重合，如图 4.24 所示。由于 σ'_s 不大，作此假定对截面承载力影响不大，且偏于安全。

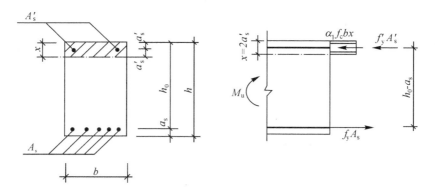

图 4.24　取 $x = 2a'_s$ 时的应力图

按图 4.24 对受压钢筋合力点取矩,即可得截面受弯承载力的计算公式:

$$\sum M_{A'} = 0 \qquad M_u = f_y A_s (h_0 - a'_s) \tag{4.50}$$

对于双筋截面,其配筋率往往较高,一般均能满足最小配筋率的限制条件,故可不再进行最小配筋率的验算。

从理论上说,双筋截面通过增加受压钢筋的用量,可以无限制地提高截面的受弯承载能力,但配置的受压钢筋过多,将使钢筋的排列过分拥挤,难以保证施工质量,而且也不经济。所以,在设计中应将钢筋的用量控制在合理的范围内。

4.4.3　基本公式的应用

一、截面设计

根据弯矩设计值 M 不应超过截面受弯承载力 M_u(即 $M \leqslant M_u$)的原则,设计时以 M 代替公式(4.49)和(4.50)中的 M_u,则公式(4.48)~(4.50)应改写为

$$\alpha_1 f_c bx + f'_y A'_s = f_y A_s \tag{4.51}$$

$$M = \alpha_1 f_c bx \left(h_0 - \frac{x}{2} \right) + f'_y A'_s (h_0 - a'_s) \tag{4.52}$$

$$M = f_y A_s (h_0 - a'_s) \tag{4.53}$$

具体设计时会遇到以下两种情况:

[情况一]　已知截面尺寸 $b \times h$;材料强度 $\alpha_1 f_c, f_y, f'_y$;弯矩设计值 M,要求计算钢筋截面面积 A_s 和 A'_s。

计算步骤如下:

1. 首先验算是否有必要采用双筋截面

若满足以下条件,可按单筋截面设计:

$$M \leqslant M_{u,max} = \xi_b (1 - 0.5\xi_b) \alpha_1 f_c bh_0^2 = \alpha_{s,max} \alpha_1 f_c bh_0^2$$

否则可设计为双筋截面。

2. 计算 A'_s 及 A_s

若按双筋截面设计,则在(4.51)和(4.52)两个基本公式中有三个未知数 x, A_s 和 A'_s,必须再补充一个条件才能求解。为了充分利用受压区的混凝土,以减少钢筋($A_s + A'_s$)总的用量,并考虑到设计方便,可取:

$$x = x_b = \xi_b h_0$$

将其代入公式(4.52)可得:

$$A'_s = \frac{M - \xi_b (1 - 0.5\xi_b) \alpha_1 f_c bh_0^2}{f'_y (h_0 - a'_s)} = \frac{M - \alpha_{s,max} \alpha_1 f_c bh_0^2}{f'_y (h_0 - a'_s)} \tag{4.54}$$

将 A'_s 值及 $x = \xi_b h_0$ 代入公式(4.51)可得:

$$A_s = \frac{\alpha_1 f_c b \xi_b h_0 + f'_y A'_s}{f_y} \tag{4-55}$$

因取 $x = \xi_b h_0$,已满足双筋截面计算公式的适用条件,故不必再进行验算。

［情况二］ 已知截面尺寸 $b \times h$；材料强度 $\alpha_1 f_c$，f_y，f'_y；弯矩设计值 M 及受压钢筋截面面积 A'_s，要求计算受拉钢筋截面面积 A_s。

由于只有两个未知数 x 和 A_s，故可直接用公式（4.51）和（4.52）求解。

首先由公式（4.52）计算出 x 值，此时可能会有以下三种情况：

（1）若 $2a'_s \leqslant x \leqslant \xi_b h_0$，表明满足适用条件，则可将 x 值直接代入公式（4.51）求解 A_s 值。

（2）若 $x > \xi_b h_0$，表明已配置的受压钢筋截面面积 A'_s 太小，需增加 A'_s，否则将发生超筋梁破坏。此时应将 A'_s 作为未知，按"情况一"重新计算 A'_s 和 A_s。

（3）若 $x < 2a'_s$，表明受压钢筋的应力 σ'_s 未能达到抗压强度设计值 f'_y，此时可近似取 $x = 2a'_s$，对受压钢筋 A'_s 合力点取矩 $\sum M_{A'_s} = 0$，按公式（4.53）计算 A_s。当 a'_s/h_0 较大时，按单筋截面（$A'_s = 0$）计算所得的 A_s 有可能比按公式（4.53）计算所得的 A_s 要小，故尚应按单筋截面计算受拉钢筋的截面面积 A_s，并取两者中之较小者，以节约钢筋。

设计时为了避免按公式（4.52）计算 x 时求解二次方程，可将双筋截面的应力图形进行分解后利用单筋截面的计算表格进行计算，如图 4.25 所示。

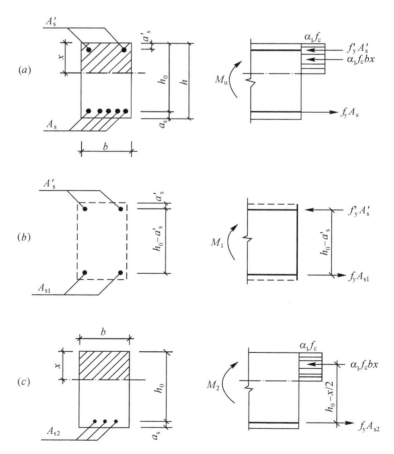

图 4.25　双筋截面利用单筋截面计算时的图形分解

将分解后的双筋截面应力图与单筋截面应力图进行比较,亦有助于进一步了解两者的异同,深入理解双筋梁的受力特点。

图 4.25(a) 所示的双筋截面可视为图 4.25(b) 和图 4.25(c) 的叠加。

由图可知,双筋矩形截面受弯承载力 M_u 由两部分组成,一部分为受压钢筋 A'_s 与其相应的受拉钢筋 A_{s1} 所组成的截面受弯承载力 M_1,另一部分为相当于单筋矩形截面的受弯承载力 M_2,即:

$$M \leqslant M_u = M_1 + M_2 \tag{4.56}$$
$$A_s = A_{s1} + A_{s2} \tag{4.57}$$

由图 4.25(b) 可得出受压钢筋 A'_s 所能承受的弯矩 M_1,以及与之相应的受拉钢筋 A_{s1}:

$$\sum M_{A_s} = 0 \qquad M_1 = f'_y A'_s (h_0 - a'_s) \tag{4.58}$$
$$\sum x = 0 \qquad f_y A_{s1} = f'_y A'_s \tag{4.59}$$
$$A_{s1} = f'_y A'_s / f_y$$

当 $f'_y = f_y$ 时,$A_{s1} = A'_s$。

由图 4.25(c) 可知,单筋矩形截面应承受的弯矩为 $M_2 = M - M_1$,则利用计算表格可计算 A_{s2} 如下。由

$$\alpha_s = \frac{M_2}{\alpha_1 f_c b h_0^2} = \frac{M - M_1}{\alpha_1 f_c b h_0^2} \tag{4.60}$$

查表得 ξ 和 γ_s,若 ξ 满足适用条件

$$2a'_s \leqslant \xi h_0 \leqslant \xi_b h_0$$

则

$$A_{s2} = \frac{M_2}{f_y \gamma_s h_0} = \frac{M - M_1}{f_y \gamma_s h_0} \tag{4.61}$$

或

$$A_{s2} = \frac{\alpha_1 f_c b \xi h_0}{f_y} \tag{4.61a}$$

双筋截面所需纵向受拉钢筋的截面面积 A_s 为:

$$A_s = A_{s1} + A_{s2}$$

若所求之 ξ 不能满足双筋截面计算公式的适用条件,则按前述方法处理。

二、截面复核

已知截面尺寸 $b \times h$,材料强度 $\alpha_1 f_c$、f'_y、f_y;钢筋截面面积 A_s 和 A'_s,要求复核截面受弯承载力 M_u。

计算步骤如下:

(1) 由公式(4.48)可直接得出:

$$x = \frac{f_y A_s - f'_y A'_s}{\alpha_1 f_c b}$$

(2) 若 $2a'_s \leqslant x \leqslant \xi_b h_0$,表明为适筋构件,则可将 x 值代入公式(4.49)求得截面的受

弯承截力 M_u。

（3）若 $x > \xi_b h_0$，表明所配的受拉钢筋太多，其应力未能达到抗拉强度设计值 f_y，此时可取 $x = \xi_b h_0$ 代入公式（4.49）求得 M_u：

$$M_u = \xi_b(1 - 0.5\xi_b)\alpha_1 f_c b h_0^2 + f'_y A'_s(h_0 - a'_s)$$
$$= \alpha_{s,\max}\alpha_1 f_c b h_0^2 + f'_y A'_s(h_0 - a'_s) \tag{4.62}$$

（4）若 $x < 2a'_s$，表明受压钢筋的应力未能达到抗压强度设计值 f'_y，此时截面的受弯承载力 M_u 可由公式（4.50）计算。然后再按单筋截面（$A'_s = 0$）计算 M_u 值，取两者中之较大 M_u 值作为截面所具有的受弯承载力。

[**例题 4.6**]　某钢筋混凝土矩形截面梁，承受弯矩设计值 $M = 218\text{kN} \cdot \text{m}$；截面尺寸为 $b \times h = 200\text{mm} \times 500\text{mm}$；混凝土强度等级为 C25，采用 HRB335 级钢筋。

要求计算截面配筋。

[**解**]

（1）验算单筋截面受弯承载力

假定受拉钢筋放两排，

$$h_0 = h - a_s = 500 - 65 = 435(\text{mm})$$
$$M_{u,\max} = \xi_b(1 - 0.5\xi_b)\alpha_1 f_c b h_0^2$$
$$= 0.55(1 - 0.5 \times 0.55) \times 11.9 \times 200 \times 435^2$$
$$= 179.58 \times 10^6(\text{N} \cdot \text{mm}) < M(= 218 \times 10^6\text{N} \cdot \text{mm})$$

应设计为双筋截面，否则需加大截面尺寸或提高混凝土强度等级。

（2）计算 A_s 和 A'_s

取 $x = \xi_b h_0$，由公式（4.54）计算 A'_s：

$$A'_s = \frac{M - \xi_b(1 - 0.5\xi_b)\alpha_1 f_c b h_0^2}{f'_y(h_0 - a'_s)}$$
$$= \frac{218 \times 10^6 - 179.58 \times 10^6}{300 \times (435 - 45)} = 328(\text{mm}^2)$$

由公式（4.55）计算 A_s：

$$A_s = \frac{\alpha_1 f_c b \xi_b h_0 + f'_y A'_s}{f_y}$$
$$= \frac{11.9 \times 200 \times 0.55 \times 435 + 300 \times 328}{300}$$
$$= 2226(\text{mm}^2)$$

（3）选配钢筋：

选 A'_s 为 2Φ16，

实配 $A'_s = 402\text{mm}^2 > 328\text{mm}^2$。

选 A_s 为 6Φ22，

实配 $A_s = 2281\text{mm}^2 > 2226\text{mm}^2$。

截面配筋如图 4.26 所示。

[**例 4.7**]　条件同例 4.6，但在受压区已配置了 3Φ20 的

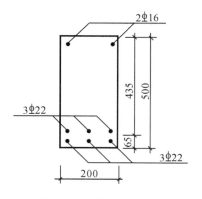

图 4.26　例题 4.6 图

受压钢筋 $(A'_s = 942\text{mm}^2)$。

试求受拉钢筋的截面面积 A_s。

[解]

由公式(4.58)得:

$$M_1 = f'_y A'_s (h_0 - a'_s)$$
$$= 300 \times 942 \times (435 - 45)$$
$$= 110.21 \times 10^6 (\text{N} \cdot \text{mm})$$

由公式(4.60)得:

$$\alpha_s = \frac{M - M_1}{\alpha_1 f_c b h_0^2}$$
$$= \frac{218 \times 10^6 - 110.21 \times 10^6}{11.9 \times 200 \times 435^2} = 0.239$$

查表得 $\xi = 0.280$

$$x = \xi h_0 = 0.280 \times 435 = 122(\text{mm}) \quad \begin{array}{l} < \xi_b h_0 = 239\text{mm} \\ > 2a'_s = 90\text{mm} \end{array} \quad \text{(满足要求)}$$

将 ξ 值代入公式(4.61a)得:

$$A_{s2} = \frac{\alpha_1 f_c b \xi h_0}{f_y}$$
$$= \frac{11.9 \times 200 \times 0.280 \times 435}{300} = 966(\text{mm}^2)$$

$$A_s = A_{s1} + A_{s2} = \frac{f'_y}{f_y} A'_s + A_{s2}$$
$$= A'_s + A_{s2}$$
$$= 942 + 966 = 1908(\text{mm}^2)$$

选用 4Φ20 + 3Φ18,实配 $A_s = 2019\text{mm}^2 >$ 1908mm²。

截面配筋如图 4.27 所示。

比较以上两例可知,例题 4.6 的钢筋总用量为 $A'_s + A_s = 328 + 2226 = 2554(\text{mm}^2)$,本例 $A'_s + A_s = 942 + 1908 = 2850(\text{mm}^2) > 2554\text{mm}^2$,表明当 A'_s 及 A_s 均为未知,取 $x = \xi_b h_0$ 时,所求得的截面总用钢量较为节省。

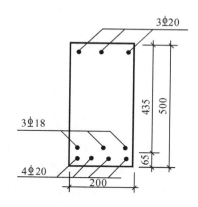

图 4.27　例题 4.7 图

[例题 4.8]　某钢筋混凝土矩形截面双筋梁截面尺寸为 $b \times h = 200\text{mm} \times 450\text{mm}$;承受弯矩设计值 $M = 137\text{kN} \cdot \text{m}$;混凝土强度等级为 C25,采用 HRB400 级钢筋,在受压区已配置 2Φ20 的受压钢筋 $A'_s = 628\text{mm}^2$。

要求计算所需纵向受拉钢筋的截面面积 A_s。

[解]

假定受拉钢筋为一排,

$$h_0 = h - 45 = 450 - 45 = 405(\text{mm})$$

由公式(4.58)得：

$$M_1 = f_y' A_s'(h_0 - a_s')$$
$$= 360 \times 628 \times (405 - 45) = 81.39 \times 10^6 (\text{N} \cdot \text{mm})$$

由公式(4.60)得：

$$\alpha_s = \frac{M - M_1}{\alpha_1 f_c b h_0^2}$$
$$= \frac{137 \times 10^6 - 81.39 \times 10^6}{11.9 \times 200 \times 405^2} = 0.142$$

查表得 $\xi = 0.154$，

$$x = \xi h_0 = 0.154 \times 405 = 62.4(\text{mm}) < 2a_s'(= 90\text{mm})$$

表明受压钢筋应力未达到抗压强度设计值 f_y'。此时可取 $x = 2a_s'$，并对受压钢筋取矩，按公式(4.53)计算得：

$$A_s = \frac{M}{f_y(h_0 - a_s')}$$
$$= \frac{137 \times 10^6}{360 \times (405 - 45)} = 1057(\text{mm}^2)$$

再取 $A_s' = 0$，即按单筋截面计算：

$$\alpha_s = \frac{M}{\alpha_1 f_c b h_0^2}$$
$$= \frac{137 \times 10^6}{11.9 \times 200 \times 405^2} = 0.351 < 0.385 \quad （满足要求）$$

查表得 $\gamma_s = 0.773, \xi = 0.454$

$$A_s = \frac{M}{f_y \gamma_s h_0}$$
$$= \frac{137 \times 10^6}{360 \times 0.773 \times 405}$$
$$= 1216(\text{mm}^2) > 1057\text{mm}^2$$

取两者中之较小值，即取 $A_s = 1057\text{mm}^2$。

选用 3Φ22，实配 $A_s = 1140\text{mm}^2 > 1057\text{mm}^2$。

截面配筋如图 4.28 所示。

由以上计算可见，按单筋截面计算的 $x = \xi h_0 = 0.454 \times 405 = 184(\text{mm}) > 2a_s' = 90\text{mm}$，因此计算所得的 A_s 必定大于按公式(4.53)计算所得的 A_s，故实际上可不必再往下进行单筋截面钢筋面积 A_s 的计算。

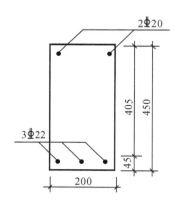

图 4.28　例题 4.8 图

［例题 4.9］ 某钢筋混凝土矩形截面双筋梁，截面尺寸为 $b \times h = 250\text{mm} \times 550\text{mm}$。混凝土强度等级为 C25，采用 HRB335 级钢筋。截面已配有受压钢筋 3Φ20($A_s' = 942\text{mm}^2$)、受拉钢筋 8Φ25($A_s = 3927\text{mm}^2$)；截面承受的弯矩设计值为 390.0kN · m。

要求复核截面是否安全。

［解］

$$h_0 = 550 - (25 + 8 + 25 + 25/2)$$
$$= 479.5(\text{mm})$$

将已知条件代入公式(4.48)计算 x：

$$x = \frac{f_y A_s - f'_y A'_s}{\alpha_1 f_c b}$$

$$= \frac{300 \times 3927 - 300 \times 942}{11.9 \times 250}$$

$$= 301.0(\text{mm}) > \xi_b h_0 (= 0.55 \times 479.5 = 263.7(\text{mm}))$$

表明已配受拉钢筋偏多，其应力未能达到抗拉强度设计值 f_y，故应取 $x = \xi_b h_0$，按公式 (4.62)计算 M_u：

$$M_u = \xi_b(1 - 0.5\xi_b)\alpha_1 f_c b h_0^2 + f'_y A'_s(h_0 - a'_s)$$

$$= 0.55(1 - 0.5 \times 0.55) \times 11.9 \times 250 \times 479.5^2 + 300 \times 942(479.5 - 45)$$

$$= 395.54 \times 10^6 (\text{N} \cdot \text{mm}) = 395.54(\text{kN} \cdot \text{m}) > M(= 390.0\text{kN} \cdot \text{m})$$

（安全）

4.5　T 形截面受弯构件正截面承载力的计算

　　矩形截面受弯构件在破坏时，受拉区混凝土早已开裂退出工作，这部分混凝土对截面受弯承载能力的作用不大，反而增加了构件的自重，若将受拉区的一部分混凝土挖去，并将钢筋布置得集中一些，就会形成如图4.29 所示的 T 形截面，其受弯承载能力与原有的矩形截面完全相同，还可以节省混凝土用量，减轻构件自重，使材料更为合理地得到利用。

　　T 形截面由两边挑出的翼缘 $(b'_f - b) \times h'_f$ 和腹板 $b \times h$ 两部分组成。翼缘承受压力，腹板除部分受压

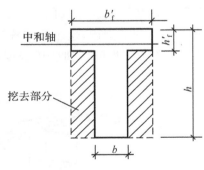

图 4.29　T 形截面图

外，主要用于联系受压区混凝土和受拉钢筋，并承受剪力。

　　T 形截面受弯构件在实际工程中应用比较广泛。如现浇楼盖结构中与板整浇在一起的主梁和次梁、T 形截面的屋面薄腹梁、吊车梁和檩条等，此外如槽形、箱形、空心及工字形等截面，由于位于截面受拉区的翼缘不参加受拉，故在截面受弯承载力计算时亦按 T 形截面计算，如图 4.30 所示。

　　但是，对于倒 T 形截面，或如图 4.30(f) 中所示的承受负弯矩的 T 形截面，由于其实

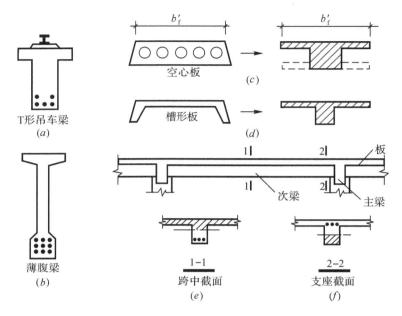

图 4.30　常用的 T 形截面受弯构件

际受压区为矩形,所以受弯承载能力只能按腹板宽为 b 的矩形截面计算。

4.5.1　T 形截面翼缘计算宽度 b'_f

根据力的平衡条件可知,增大翼缘宽度可减小受压区高度,增大内力臂,从而提高截面的受弯承载能力,但翼缘宽度不能无限制地增大。试验和理论分析表明,T 形梁受力后,其翼缘上纵向压应力的分布是不均匀的,离梁腹板越远,压力越小(图 4.31(a)),也就是说能协助梁腹板共同工作的翼缘宽度是有限的。因此应将 T 形截面的翼缘宽度限制在一定的范围内,这个范围称为翼缘的计算宽度 b'_f。计算时假定在 b'_f 范围内应力的分布是均匀的,并可达到抗压强度 $\alpha_1 f_c$,而在这个范围以外的翼缘,则认为不受力(图 4.31(b))。

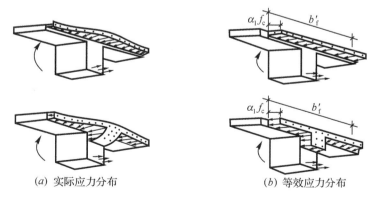

(a) 实际应力分布　　　　　　　　　(b) 等效应力分布

图 4.31　T 形截面等效应力分布示意图

《规范》规定 T 形截面翼缘计算宽度 b_f' 的取值见表 4.3。b_f' 值应选用表中所给三项中之最小值。表中的符号意义参见图 4.32。

表 4.3 T 形、工形及倒 L 形截面受弯构件翼缘计算宽度 b_f'

项次	考 虑 情 况		T 形、工形截面		倒 L 形截面
			肋形梁（板）	独 立 梁	肋形梁（板）
1	按跨度 l_0 考虑		$\dfrac{1}{3}l_0$	$\dfrac{1}{3}l_0$	$\dfrac{1}{6}l_0$
2	按梁（纵肋）净距 s_n 考虑		$b+s_n$	—	$b+\dfrac{s_n}{2}$
3	按翼缘高度 h_f' 考虑	当 $h_f'/h_0 \geqslant 0.1$	—	$b+12h_f'$	—
		当 $0.1 > h_f'/h_0 \geqslant 0.05$	$b+12h_f'$	$b+6h_f'$	$b+5h_f'$
		当 $h_f'/h_0 < 0.05$	$b+12h_f'$	b	$b+5h_f'$

注：① 表中 b 为梁的腹板宽度；

② 如果肋形梁在梁跨内设有间距小于纵肋间距的横肋时，则可不遵守表列第三种情况的规定；

③ 对有加腋的 T 形、I 形和倒 L 形截面，当受压区加腋的高度 $h_h \geqslant h_f'$，且加腋的宽度 $b_h \leqslant 3h_h$ 时，则其翼缘计算宽度可按表列第三种情况规定分别增加 $2b_h$（T 形、I 形截面）和 b_h（倒 L 形截面）；

④ 独立梁受压区的翼缘板在荷载作用下经验算沿纵肋方向可能产生裂缝时，其计算宽度应取用腹板宽度 b。

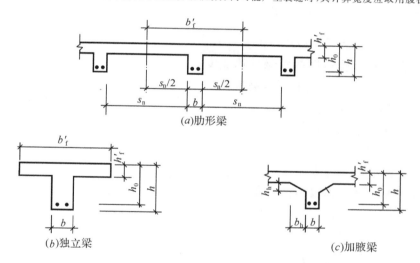

图 4.32 T 形截面翼缘计算宽度的取值图

4.5.2 T 形截面梁的分类与判别

计算 T 形截面梁时，根据中和轴位置的不同，通常可将截面分为两种类型。

第一类 T 形截面：中和轴在翼缘内，即 $x \leqslant h_f'$，如图 4.33(a) 所示。

第二类 T 形截面：中和轴在腹板内，即 $x > h_f'$，如图 4.33(b) 所示。

为了判别 T 形截面梁的类型，首先分析一下图 4.33(c) 所示 $x = h_f'$ 的界限情况。

由静力平衡条件可得：

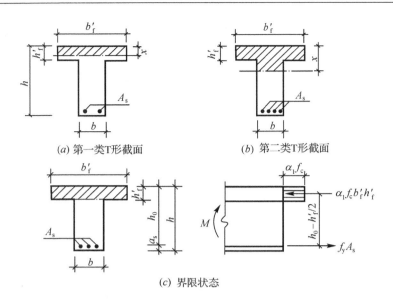

图 4.33　不同类型 T 形截面

$$\sum x = 0 \qquad \alpha_1 f_c b_f' h_f' = f_y A_s \tag{4.63}$$

$$\sum M_{A_s} = 0 \qquad M = \alpha_1 f_c b_f' h_f' (h_0 - h_f'/2) \tag{4.64}$$

式中，b_f'——T 形截面受压区的翼缘计算宽度；

$\qquad h_f'$——T 形截面受压区的翼缘高度。

由以上两式可见，若

$$M \leqslant \alpha_1 f_c b_f' h_f' (h_0 - h_f'/2) \tag{4.65}$$

或

$$f_y A_s \leqslant \alpha_1 f_c b_f' h_f' \tag{4.66}$$

则 $x \leqslant h_f'$ 属于第一类 T 形截面梁。若

$$M > \alpha_1 f_c b_f' h_f' (h_0 - h_f'/2) \tag{4.67}$$

或

$$f_y A_s > \alpha_1 f_c b_f' h_f' \tag{4.68}$$

则 $x > h_f'$ 属于第二类 T 形截面梁。

上述公式(4.65)和(4.67)适用于截面设计时的判别，而公式(4.66)和(4.68)适用于截面复核时的判别。

4.5.3　基本计算公式及适用条件

一、第一类 T 形截面

第一类 T 形截面的等效应力如图 4.34 所示。由于受压区的截面仍为矩形，而受拉区的形状与承载力的计算无关。可见第一类 T 形截面相当于宽度 $b = b_f'$ 的矩形截面，故可

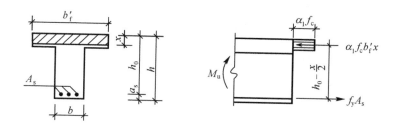

图 4.34　第一类 T 形截面的应力图

以 b_f' 代替 b，按矩形截面受弯承载力的公式计算：

$$\sum x = 0 \qquad \alpha_1 f_c b_f' x = f_y A_s \tag{4.69}$$

$$\sum M_{A_s} = 0 \qquad M_u = \alpha_1 f_c b_f' x (h_0 - x/2) \tag{4.70}$$

适用条件为：

1. $x \leqslant \xi_b h_0$

由于 $x \leqslant h_f'$，而一般 T 形截面 h_f'/h_0 的比值均较小，故受压区高度 x 通常都能满足上述适用条件而不必验算。

2. $A_s \geqslant \rho_{\min} bh$

T 形截面最小配筋率验算取腹板宽度 b 计算，而不是取受压翼缘宽度 b_f' 计算，即扣除受压翼缘的面积，因为 $\rho_{\min}$ 是根据钢筋混凝土梁的极限弯矩 M_u（III_a 阶段）与同样截面素混凝土梁的开裂弯矩 M_{cr}（I_a 阶段）相等的条件确定的，而素混凝土梁的开裂弯矩主要与受拉区的形状有关，T 形截面中受压翼缘对素混凝土梁的开裂弯矩影响不大。但若存在受拉翼缘，如倒 T 形及 I 形截面，则需计入受拉翼缘的面积，此时验算公式应为 $A_s \geqslant \rho_{\min}[bh + (b_f - b)h_f]$。

二、第二类 T 形截面

第二类 T 形截面 $x > h_f'$，中和轴在腹板内，故受压区为 T 形，如图 4.35 所示。

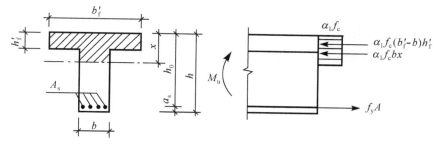

图 4.35　第二类 T 形截面的应力图

由静力平衡条件可得：

$$\sum x = 0 \qquad \alpha_1 f_c bx + \alpha_1 f_c (b_f' - b) h_f' = f_y A_s \tag{4.71}$$

$$\sum M_{A_s} = 0 \qquad M_u = \alpha_1 f_c b x \left(h_0 - \frac{x}{2}\right) + \alpha_1 f_c (b_f' - b) h_f' \left(h_0 - \frac{h_f'}{2}\right)$$

$$(4.72)$$

适用条件为：

(1) $x \leqslant \xi_b h_0$；

(2) $A_s \geqslant \rho_{min} bh$。

第二类 T 形截面的配筋率均较高，一般能满足第(2)个适用条件，故可不作验算。

4.5.4　基本公式的应用

根据 $M \leqslant M_u$ 的原则，设计时以 M 代替公式(4.70)和(4.72)中的 M_u。

一、截面设计

已知 $b, h, b_f', h_f', M, \alpha_1 f_c, f_y$，求 A_s。

计算时首先判别 T 形截面的类型。若

$$M \leqslant \alpha_1 f_c b_f' h_f' (h_0 - h_f'/2)$$

则为第一类 T 形截面，计算方法与 $b_f' \times h$ 的单筋矩形梁完全相同。若

$$M > \alpha_1 f_c b_f' h_f' (h_0 - h_f'/2)$$

则为第二类 T 形截面，可直接代入公式(4.71)和(4.72)，求解 x 和 A_s。

在实际设计中，为了避免解二次方程，可仿照双筋截面的作法，把截面的应力图分解为两部分。由图 4.36 可知：

$$M = M_1 + M_2$$
$$A_s = A_{s1} + A_{s2}$$

式中，M_1 为翼缘挑出部分与其相应钢筋 A_{s1} 组成的截面承载力，与双筋截面比较，T 形截面翼缘挑出部分相当于双筋截面中的受压钢筋 A_s'；M_2 则为相应于单筋截面的承载力。

根据图 4.36(b) 可求出 A_{s1} 和 M_1：

$$\sum x = 0 \qquad f_y A_{s1} = \alpha_1 f_c (b_f' - b) h_f'$$

$$A_{s1} = \frac{\alpha_1 f_c (b_f' - b) h_f'}{f_y}$$

$$(4.73)$$

$$\sum M_{A_s} = 0 \qquad M_1 = \alpha_1 f_c (b_f' - b) h_f' (h_0 - h_f'/2)$$

$$(4.74)$$

计算出 A_{s1} 和 M_1 后，可根据图 4.36(c) 利用计算表格计算 A_{s2} 如下。由

$$\alpha_s = \frac{M_2}{\alpha_1 f_c bh_0^2} = \frac{M - M_1}{\alpha_1 f_c bh_0^2}$$

查表得 ξ 和 γ_s，若满足适用条件 $\xi \leqslant \xi_b$，则

$$A_{s2} = \frac{M_2}{f_y \gamma_s h_0} = \frac{M - M_1}{f_y \gamma_s h_0}$$

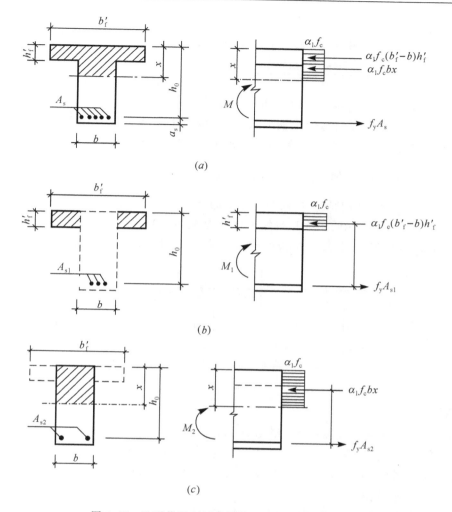

$$(a)$$

$$(b)$$

$$(c)$$

图 4.36　T 形截面利用单筋截面计算的图形分解

或
$$A_{s2} = \frac{\alpha_1 f_c b \xi h_0}{f_y}$$

最后将所求得的 A_{s1} 和 A_{s2} 相加,即可得出纵向受拉钢筋的截面面积 A_s。

若所求得之 ξ 不能满足适用条件,即 $\xi > \xi_b$,则可考虑增加截面尺寸、提高混凝土强度等级或配置受压钢筋而设计成双筋 T 形截面。

二、截面复核

已知 $b, h, b_f', h_f', \alpha_1 f_c, f_y$ 和 A_s,求 M。

由于这时不必求解二次方程,故可直接利用基本计算公式求解。

首先判别 T 形截面的类型。若
$$f_y A_s \leqslant \alpha_1 f_c b_f' h_f'$$

则为第一类 T 形截面,按截面 $b_f' \times h$ 的单筋矩形梁的计算公式(4.69)和(4.70)计算截面的受弯承载力 M_u。若

$$f_y A_s > \alpha_1 f_c b_f' h_f'$$

则为第二类 T 形截面。由公式(4.71)计算 x：

$$x = \frac{f_y A_s - \alpha_1 f_c (b_f' - b) h_f'}{\alpha_1 f_c b}$$

将 x 值代入公式(4.72)即可求得截面的受弯承载力 M_u。

若 $x > \xi_b h_0$，表明所配的受拉钢筋太多，其应力未能达到抗拉强度设计值 f_y。此时可取 $x = \xi_b h_0$，代入公式(4.72)得截面受弯承载力 M_u 为：

$$M_u = \alpha_1 f_c b h_0^2 \xi_b (1 - 0.5\xi_b) + \alpha_1 f_c (b_f' - b) h_f' (h_0 - \frac{h_f'}{2}) \tag{4.75}$$

[例 4.10] 某钢筋混凝土现浇肋形楼盖的次梁，计算跨度为 6m，间距为 2.4m；截面尺寸如图 4.37 所示；跨中承受最大正弯矩设计值为 $M = 109\text{kN·m}$。混凝土强度等级为 C25，采用 HRB335 级钢筋。试计算次梁跨中截面所需受拉钢筋的截面面积 A_s。

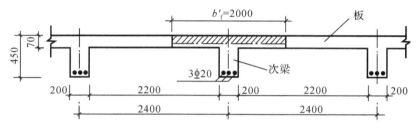

图 4.37 例题 4.10

[解]

(1) 先确定翼缘计算宽度 b_f'。根据表 4.3 可得：

按梁跨度 l_0 考虑，$b_f' = l_0/3 = 6000/3 = 2000(\text{mm})$；

按梁净距考虑，$b_f' = b + S_n = 200 + 2200 = 2400(\text{mm})$；

按翼缘高度考虑，$h_f'/h_0 = 70/405 = 0.172 > 0.1$，故翼缘宽度不受此项限制。

翼缘计算宽度取上述两项中之较小值，即 $b_f' = 2000\text{mm}$。

(2) 判别 T 形截面的类型：

$$\alpha_1 f_c b_f' h_f' (h_0 - h_f'/2) = 11.9 \times 2000 \times 70 \times (405 - 70/2)$$
$$= 616.42 \times 10^6 (\text{N·mm}) > 109 \times 10^6 \text{N/mm}$$

故属第一类 T 形截面梁，按梁宽为 b_f' 的矩形截面计算。

(3) 计算钢筋截面面积 A_s

$$\alpha_s = \frac{M}{\alpha_1 f_c b_f' h_0^2}$$
$$= \frac{109 \times 10^6}{11.9 \times 2000 \times 405^2} = 0.028$$

查表得 $\gamma_s = 0.984$，

$$A_s = \frac{M}{f_y \gamma_s h_0}$$
$$= \frac{109 \times 10^6}{300 \times 0.984 \times 405} = 912(\text{mm}^2)$$

$$> \rho_{\min}bh = 0.2\% \times 200 \times 450 = 180(\text{mm}^2)$$

$$0.45\frac{f_t}{f_y} = 0.45 \times \frac{1.27}{300} \doteq 0.19\% < 0.2\% \qquad (\text{满足要求})$$

选用 3Φ20 的钢筋,实配 $A_s = 942\text{mm}^2 > 912\text{mm}^2$,截面配筋见图 4.37。

[例 **4.11**]　某 T 形截面梁的截面尺寸如图 4.38 所示。混凝土强度等级为 C25,采用 HRB400 级钢筋。截面承受的弯矩设计值为 $M = 250\text{kN} \cdot \text{m}$。

试计算所需的受拉钢筋截面面积 A_s。

[**解**]　(1)判别 T 形截面类型

假定钢筋放两排,$h_0 = 500 - 65 = 435\text{mm}$,

$$\alpha_1 f_c b_f' h_f' (h_0 - h_f'/2) = 1 \times 11.9 \times 400 \times 100 \times (435 - 100/2)$$
$$= 183.26 \times 10^6 (\text{N} \cdot \text{mm}) < 250 \times 10^6 (\text{N} \cdot \text{mm})$$

故属于第二类 T 形截面。

(2)计算钢筋截面面积 A_s

由公式(4.73)和(4.74)可得

$$A_{s1} = \frac{\alpha_1 f_c (b_f' - b) h_f'}{f_y}$$
$$= \frac{11.9 \times (400 - 200) \times 100}{360} = 661(\text{mm}^2)$$

$$M_1 = \alpha_1 f_c (b_f' - b) h_f' (h_0 - h_f'/2)$$
$$= 11.9 \times (400 - 200) \times 100 \times (435 - 100/2)$$
$$= 91.63 \times 10^6 (\text{N} \cdot \text{mm})$$

$$\alpha_s = \frac{M - M_1}{\alpha_1 f_c b h_0^2}$$
$$= \frac{250 \times 10^6 - 91.63 \times 10^6}{11.9 \times 200 \times 435^2} = 0.352$$

查表得

$$\xi = 0.456 < \xi_b (= 0.518) \qquad (\text{满足要求})$$

$$A_{s2} = \frac{\alpha_1 f_c b \xi h_0}{f_y}$$
$$= \frac{11.9 \times 200 \times 0.456 \times 435}{360} = 1311(\text{mm}^2)$$

故　　　　　$A_s = A_{s1} + A_{s2}$
$$= 661 + 1311 = 1972(\text{mm}^2)$$

选用 3Φ22+2Φ25 的钢筋,实配 $A_s = 2122\text{mm}^2 > 1972\text{mm}^2$。截面配筋如图 4.38 所示。

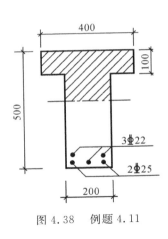

图 4.38 例题 4.11

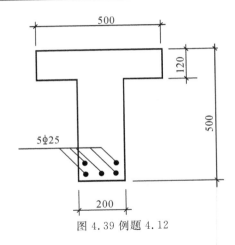

图 4.39 例题 4.12

[例 4.12] 某 T 形截面梁尺寸如图 4.39 所示。混凝土强度等级为 C25,采用 HRB335 级钢筋,已配受拉钢筋 $5\Phi25(A_s = 2454mm^2)$。

试计算此截面所能承受的最大弯矩设计值。

[解]

(1) 判别 T 形截面的类型

$$f_y A_s = 300 \times 2454 = 736200(N)$$
$$\alpha_1 f_c b'_f h'_f = 1 \times 11.9 \times 500 \times 120$$
$$= 714000(N) < f_y A_s = 736200N$$

故属于第二类 T 形截面。

(2) 计算截面受弯承载能力 M_u

$$h_0 = 500 - 70 = 430(mm)$$

由公式(4.71)可得:

$$x = \frac{f_y A_s - \alpha_1 f_c (b'_f - b)h'_f}{\alpha_1 f_c b}$$
$$= \frac{300 \times 2454 - 11.9 \times (500 - 200) \times 120}{11.9 \times 200}$$
$$= 129.3(mm) < \xi_b h_0 (= 0.55 \times 430 = 236.5(mm)) \qquad (满足要求)$$

将 x 值代入公式(4.72)可得:

$$M_u = \alpha_1 f_c bx(h_0 - x/2) + \alpha_1 f_c (b'_f - b)h'_f(h_0 - h'_f/2)$$
$$= 1 \times 11.9 \times 200 \times 129.3(430 - 129.3/2) + 11.9 \times (500 - 200)$$
$$\times 120(430 - 120/2)$$
$$= 270.94 \times 10^6 (N \cdot mm) = 270.94 \ kN \cdot m$$

此截面所能承受的最大弯矩设计值为 270.94kN·m。

复习思考题

4.1 受弯构件中的适筋梁,从加荷至破坏经历了哪几个工作阶段?试绘出各阶段截面上的应力应变分布图形,指出其变化规律,并说明每个阶段的应力图形是哪类极限状态的计算依据?

4.2　试根据适筋梁的弯矩-挠度(M-f)曲线说明梁在正截面三个工作阶段中的变形特点。

4.3　配筋率的大小对梁的正截面破坏形态有何影响?

4.4　少筋梁、适筋梁与超筋梁的破坏形态有什么不同?如何确定三者之间的界限?

4.5　什么叫延性破坏?什么叫脆性破坏?

4.6　进行梁正截面承载能力计算时,有哪些基本假定?

4.7　什么叫截面的相对界限受压区高度 ξ_b?它在正截面承载力计算中有什么作用?如何确定其数值?

4.8　受弯构件达到正截面承载力极限状态时,截面实际应力和应变分布图形是怎样的?受压区的最大压应力和最大压应变是否在同一纤维处?为什么?

4.9　单筋矩形截面梁正截面承载力的计算应力图形如何确定?

4.10　受弯构件的最小配筋率 ρ_{min} 是多少?梁和板的经济配筋率大致是多少?

4.11　梁的架立钢筋和板的分布钢筋起什么作用?

4.12　在梁内布置纵向受力钢筋时,对其净距和保护层厚度有哪些要求?

4.13　在梁正截面承载力计算中,要求 $\xi \le \xi_b$ 和 $A_s \ge \rho_{min} bh$,其意义何在?

4.14　在查表法计算中,α_s 和 γ_s 的物理意义是什么?

4.15　图 4.40 中有 4 个截面尺寸相同,而配筋率 ρ 不同的梁,试回答下列问题:

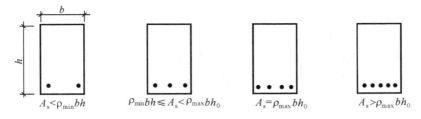

图 4.40　复习思考题 4.15

(1) 各属何种破坏?破坏现象有何不同?

(2) 破坏时钢筋的应力情况如何?

(3) 破坏时钢筋和混凝土的强度是否被充分利用?

(4) 破坏时对哪些截面能写出受压区高度 x 的计算式,对哪些截面则不能?

(5) 破坏时截面的极限弯矩 M_u 多大?

4.16　超筋梁破坏时,受拉钢筋应力 σ_s 达不到抗拉强度设计值 f_y,此时可用什么方法计算其应力 σ_s?

4.17　在什么情况下可采用双筋梁?其计算应力图形如何确定?试与单筋矩形截面计算应力图形作比较,指出其异同。

4.18　双筋截面中的受压钢筋起什么作用?对箍筋有什么要求?

4.19　如何确定双筋截面中受压钢筋的抗压强度设计值 f'_y?

4.20 双筋截面受弯承载力的计算中有哪些适用条件?为什么要满足这些适用条件?

4.21 双筋截面当 $x < 2a'_s$ 时,应如何计算受压钢筋的应力 σ'_s?《规范》采用什么方法计算 $x < 2a'_s$ 时的正截面承载力?

4.22 为什么要限制 T 形截面的翼缘计算宽度 b'_f?根据哪些条件来确定 b'_f?

4.23 如何判别两类 T 形截面?

4.24 试用分解后的计算应力图来比较第二类 T 形截面梁和双筋截面梁的异同。

4.25 第一类 T 形截面梁的受弯承载力,可按截面尺寸为 $b'_f \times h$ 的单筋矩形截面计算,但在验算 T 形截面梁最小配筋率 ρ_{min} 时,为什么要用腹板宽度 b 而不用翼缘宽度 b'_f?

4.26 当材料、截面高度和所承受的外弯矩均相同时,图 4.41 所示 4 种截面按受弯承载力所需的钢筋截面面积 A_s 是否一样?为什么?

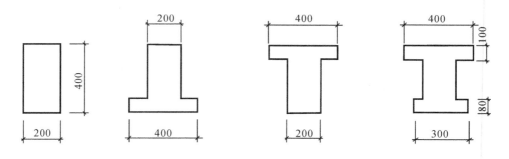

图 4.41 复习思考题 4.26 图

4.27 编制单筋矩形截面受弯构件截面设计和复核时的计算框图。

4.28 编制双筋矩形截面受弯构件截面设计和复核时的计算框图。

4.29 编制 T 形截面受弯构件截面设计和复核时的计算框图。

习 题

4.1 钢筋混凝土矩形截面梁的尺寸为 $b \times h = 200\text{mm} \times 500\text{mm}$;混凝土强度等级为 C30,采用 HRB400 级钢筋;承受弯矩设计值 $M = 125\text{kN} \cdot \text{m}$。试计算受拉钢筋的截面面积 A_s。

4.2 钢筋混凝土矩形截面梁的尺寸为 $b \times h = 200\text{mm} \times 450\text{mm}$;混凝土强度等级为 C25,采用 HRB400 级钢筋;承受弯矩设计值 $M = 100\text{kN} \cdot \text{m}$。试计算受拉钢筋截面面积 A_s。

4.3 某钢筋混凝土矩形截面梁的计算跨度 $l_0 = 5.7\text{m}$;承受弯矩设计值 $M = 180\text{kN} \cdot \text{m}$(未包括梁自重);混凝土强度等级为 C25,采用 HRB335 级钢筋。试确定截面尺寸及配筋。

4.4 某钢筋混凝土矩形截面简支梁的尺寸 $b \times h = 250\text{mm} \times 600\text{mm}$;混凝土强度

等级为 C25,采用 HRB335 级钢筋;若配置的受拉钢筋分别为 2Φ25,4Φ25 和 8Φ25,其截面的受弯承载力 M_u 各为多少?截面受弯承载力 M_u 是否与钢筋截面面积 A_s 成比例增长?

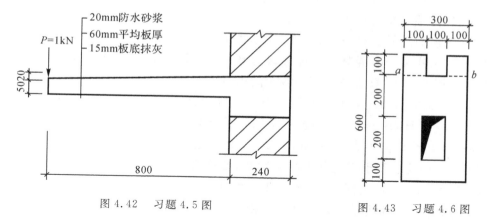

图 4.42　习题 4.5 图　　　　　　　　图 4.43　习题 4.6 图

4.5　某钢筋混凝土雨篷板如图 4.42 所示,板根部的厚度为 70mm、板端部厚度为 50mm;作用在板上的荷载除防水砂浆层自重(容重为 20kN/m³)、板自重和板底抹灰层自重(容重为 17kN/m³)外,在每米板宽的端部还作用着一个施工检修荷载 $P=1$ kN;若选用混凝土强度等级为 C25,采用 HPB300 级钢筋。要求计算雨篷板所需的受拉钢筋截面面积 A_s,并绘出板根部截面的配筋图。

4.6　某钢筋混凝土梁截面尺寸如图 4.43 所示。截面承受的弯矩设计值为 $M=300$ kN·m;混凝土强度等级为 C25,采用 HRB400 级钢筋。要求计算所需的受拉钢筋截面面积 A_s。

4.7　试计算下表所给出的五种情况的截面受弯承载力 M_u,并分析提高混凝土强度等级、提高钢筋级别、加大截面高度和加大截面宽度这几种措施对提高截面受弯承载力的效果。从中可以得出什么结论?

序号	情　况	梁高 h(mm)	梁宽 b(mm)	A_s (3Φ20) (mm²)	钢　筋 级　别	混凝土 强度等级	M_u	$\dfrac{M_{ui}}{M_{u1}}$
1	原情况	500	200	942	HRB335 级	C25		
2	提高混凝土强度等级	500	200	942	HRB335 级	C40		
3	提高钢筋级别	500	200	942	HRB400 级	C25		
4	加大截面高度	600	200	942	HRB335 级	C25		
5	加大截面宽度	500	250	942	HRB335 级	C25		

4.8　某钢筋混凝土矩形截面简支梁,受建筑净空的限制,截面尺寸为 $b \times h = 200$ mm × 500mm;计算跨度为 $l_0 = 5.7$ m;承受均布永久荷载标准值 25.5kN/m(包括梁自重)、均布可变荷载标准值 22.5kN/m,组合值系数 $\psi_c = 0.7$;混凝土强度等级为 C25,

采用 HRB400 级钢筋。

（1）要求计算截面配筋；

（2）若受压区已配置 3Φ20 的受压钢筋,试计算受拉钢筋的截面面积 A_s；

（3）比较上述结果可得出什么结论？

4.9　某钢筋混凝土双筋截面梁截面尺寸为 $b \times h = 200mm \times 500mm$；承受弯矩设计值为 $M = 140kN \cdot m$；混凝土强度等级为 C25,采用 HRB335 级钢筋,受压区已配置 2Φ22 的受压钢筋。试计算受拉钢筋的截面面积 A_s。

4.10　某钢筋混凝土双筋截面梁截面尺寸为 $b \times h = 200mm \times 450mm$；混凝土强度等级为 C25,采用 HRB335 级钢筋；截面上已配受压钢筋为 2Φ20,受拉钢筋为 6Φ22。若此截面需承受弯矩设计值为 $M = 178kN \cdot m$,问是否安全？

4.11　某钢筋混凝土现浇肋形楼盖次梁,截面尺寸如图 4.44 所示。混凝土强度等级为 C25,采用 HRB335 级钢筋；翼缘计算宽度为 $b_f' = 1600mm$；承受弯矩设计值为 $M = 128kN \cdot m$。要求计算所需受拉钢筋截面面积 A_s。

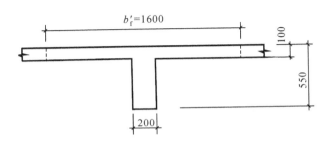

图 4.44　习题 4.11 图

4.12　某钢筋混凝土 T 形截面梁尺寸为 $b \times h = 250mm \times 600mm, b_f' = 500mm, h_f' = 100mm$。混凝土强度等级为 C25,采用 HRB400 级钢筋；梁承受弯矩设计值为 $M = 310kN \cdot m$。要求计算所需受拉钢筋的截面面积 A_s。

4.13　某钢筋混凝土 T 形梁,截面尺寸为 $b \times h = 200mm \times 600mm, b_f' = 400mm, h_f' = 120mm$；混凝土强度等级为 C25,采用 HRB335 级钢筋,若截面已配置了 6Φ22 的受拉钢筋。试计算此梁所能承受的最大弯矩设计值 M。

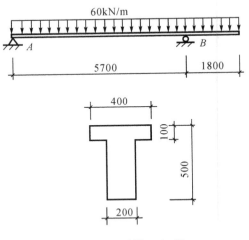

图 4.45　习题 4.14 图

4.14　某 T 形截面伸臂梁计算简图及截面尺寸如图 4.45 所示；承受均布荷载设计值为 $q = 60kN/m$（已包括梁自重）；混凝土强度等级为 C25,采用 HRB400 级钢筋。试计算跨中及 B 支座截面纵向受拉钢筋的截面面积,并绘出截面配筋图。

4.15　有一 T 形截面简支梁,截面尺寸为 $b \times h = 200\text{mm} \times 600\text{mm}$,$b'_\text{f} = 400\text{mm}$,$h'_\text{f} = 100\text{mm}$,梁的计算跨度为 $l = 5.4\text{m}$,承受均布荷载设计值 $q = 85\text{kN/m}$(已包括梁自重),跨中集中荷载设计值 $P = 100\text{kN}$,混凝土强度等级为 C25,采用 HRB400 级钢筋,取 $h_0 = 540\text{mm}$,要求计算跨中截面所需纵向受力钢筋的截面面积。

第 **5** 章

斜截面受剪承载力的计算

导 读

受弯构件除承受弯矩外,还同时承受剪力,因此,受弯构件的完整计算,除计算上章所述正截面受弯承载力配置纵向受拉钢筋外,还应按本章所述进行斜截面抗剪承载力计算,配置箍筋(有时还配置弯筋,统称腹筋)。学习本章的要求是:(1)理解无腹筋梁斜截面受剪性能;(2)了解箍筋的作用;(3)理解斜截面破坏的三种形态及破坏特点,为什么说他们均属脆性破坏,了解本章计算主要是针对那种破坏形态?为什么?(4)了解影响斜截面受剪承载力的主要因素;(5)熟练掌握有腹筋梁斜截面受剪承载力计算,能正确地配置箍筋和弯筋,记住适用条件(上下限值)的验算及意义;了解受剪承载力计算式主要是基于实验统计数据回归的经验公式,由于受力情况较为复杂,目前尚缺乏可资应用的理论指导;(6)斜截面除进行受剪承载力计算外,还需进行斜截面受弯承载力计算,目前《规范》是通过构造措施即绘制抵抗弯矩图亦称材料图来替代计算,虽然目前实际工程中已很少采用这种方法,但它对理解保证斜截面受剪不致被破坏的构造措施还是有作用的;(7)能进行连续梁、偏心受力构件斜截面受剪承载力的计算。

钢筋混凝土受弯构件除承受弯矩外,一般还同时承受剪力,如图 5.1(a) 所示,在集中荷载与支座之间的 Am 段和 Bn 段,即为弯矩与剪力共同作用的区段,称为弯剪段。集中荷载与支座之间的距离 a 称为剪跨。剪跨 a 与构件截面有效高度 h_0 的比值称为剪跨比 $\lambda = a/h_0$。

弯剪段内在弯矩和剪力共同作用下将产生斜裂缝,如果受弯构件正截面受弯承载力得到保证,则有可能沿斜裂缝发生斜截面的破坏,这种破坏呈脆性,因此必须进行斜截面承载力的计算,以防止发生斜截面破坏。

为了防止沿斜截面破坏,受弯构件应有合理的截面尺寸、合适的混凝土强度等级,并配置必要的受剪钢筋。受剪钢筋包括与构件轴线垂直布置的箍筋和弯起钢筋,两者统

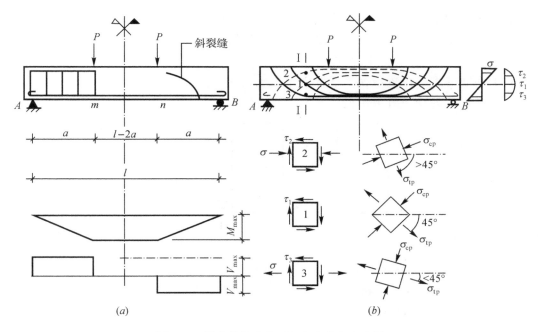

图 5.1 梁弯剪段内截面上各点的主应力图

称腹筋。配置腹筋的梁称有腹筋梁,未配腹筋的梁称无腹筋梁。

箍筋、弯起钢筋、纵向钢筋及架立钢筋绑扎或焊接在一起,形成一个刚性较好的骨架(图 5.2),同时固定各种钢筋的位置,避免混凝土浇灌时钢筋发生移动。

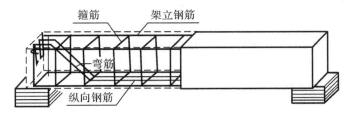

图 5.2 钢筋混凝土梁的钢筋骨架图

5.1 无腹筋梁斜截面的受剪性能

5.1.1 斜裂缝出现前的截面应力状态

为了了解斜裂缝出现的原因,先分析无腹筋梁斜裂缝出现前的截面应力状态。当梁上作用的荷载较小,混凝土尚未开裂前,钢筋混凝土梁基本上处于弹性工作阶段,故可应用材料力学公式来分析其应力。但钢筋混凝土构件是由钢筋和混凝土两种材料组成,因此应先将两种材料换算为同一种材料,通常将钢筋换算成"等效混凝土",将两种材料组成的截面视为单一材料(混凝土)的截面,然后才可应用材料力学公式。换算的原则是:

(1)钢筋的重心位置与换算后等效混凝土的重心位置一致;

(2)换算后的受力效果不变。

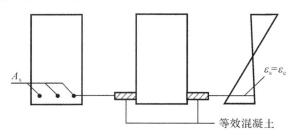

图 5.3　钢筋换算为等效混凝土

混凝土未开裂前,在荷载作用下钢筋和混凝土共同变形,钢筋重心处的应变 ε_s 与其同一位置处混凝土纤维的应变 ε_c 相同,即:

$$\varepsilon_s = \varepsilon_c$$

根据材料的应力应变关系,上式可改写为:

$$\sigma_s / E_s = \sigma_c / E_c$$

$$\sigma_s = (E_s / E_c)\sigma_c = \alpha_E \sigma_c \tag{5.1}$$

可见钢筋应力 σ_s 为混凝土应力 σ_c 的 $\alpha_E = E_s / E_c$ 倍,其中 E_s 和 E_c 分别为钢筋和混凝土的弹性模量,α_E 称为换算系数。

从上述第(2)条原则,可写出:

$$\sigma_s A_s = \sigma_c A_c$$

因此,换算后等效混凝土的面积 A_c 为:

$$A_c = (\sigma_s / \sigma_c)A_s \tag{5.2}$$

将式(5.1)代入式(5.2)可得:

$$A_c = (E_s / E_c)A_s = \alpha_E A_s \tag{5.3}$$

可见,换算后等效混凝土的面积相当于钢筋面积的 α_E 倍。

从而可写出换算截面面积 A_0 为:

$$A_0 = A_n + \alpha_E A_s = (A - A_s) + \alpha_E A_s = A + (\alpha_E - 1)A_s \tag{5.4}$$

式中,A——构件的截面面积;

A_n——减去钢筋面积后,构件的净截面面积。

据此,即可算出换算截面的重心轴、惯性矩 I_0 和截面弹性抵抗矩 W_0 等换算截面的几何特征值。然后按材料力学公式即可求得截面上由弯矩 M 和剪力 V 产生的正应力 σ 和剪应力 τ 的数值:

$$\sigma = My / I_0 \tag{5.5}$$

$$\tau = VS_0 / bI_0 \tag{5.6}$$

式中,y——换算截面形心轴至计算位置距离;

　　I_0——换算截面惯性矩;

　　S_0——换算截面面积矩。

在正应力 σ 和剪应力 τ 共同作用下,将产生主拉应力 σ_{tp} 和主压应力 σ_{cp}:

$$\sigma_{tp} = \frac{\sigma}{2} + \sqrt{\frac{\sigma^2}{4} + \tau^2} \tag{5.7}$$

$$\sigma_{cp} = \frac{\sigma}{2} - \sqrt{\frac{\sigma^2}{4} + \tau^2} \tag{5.8}$$

主应力作用方向与梁纵轴的夹角 α 为:

$$\tan 2\alpha = -\frac{2\tau}{\sigma} \tag{5.9}$$

从图 5.1(b) 中梁 Ⅰ-Ⅰ 截面上分别取三个点:

1 点:位于中和轴处,正应力 $\sigma = 0$,剪应力 τ 有最大值,主拉应力 σ_{tp} 与主压应力 σ_{cp} 作用方向均与梁纵轴成 45°角;

2 点:位于中和轴以上受压区内,正应力 σ 为压应力,使主拉应力 σ_{tp} 减小,主压应力 σ_{cp} 增大,主拉应力 σ_{tp} 作用方向与梁纵轴的夹角 α 大于 45°;

3 点:位于中和轴以下受拉区内,正应力 σ 为拉应力,它使主拉应力 σ_{tp} 增大,主压应力 σ_{cp} 减小,主拉应力 σ_{tp} 作用方向与梁纵轴的夹角 α 小于 45°。

据此,即可画出梁中主应力迹线,图 5.1(b) 中实线为主拉应力 σ_{tp} 迹线,虚线为主压应力 σ_{cp} 迹线,两者在同一点处相交成 90° 角。

5.1.2　斜裂缝出现后的截面应力状态

随着荷载增大,梁内各点主应力也在增大,当主拉应力 σ_{tp} 达到混凝土抗拉强度 f_t 时,构件中将出现斜裂缝。

一、两类斜裂缝

1. 弯剪斜裂缝

一般发生在实腹矩形截面或剪跨比较大的梁中,首先在弯剪段内梁的下边缘出现一系列垂直于梁纵轴线的垂直弯曲裂缝,随后逐渐向上发展变弯,其方向大致垂直于主拉应力迹线。随着荷载进一步增加,斜裂缝向上发展至受

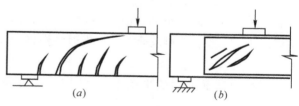

图 5.4　弯剪斜裂缝

压区,这种斜裂缝称为弯剪斜裂缝,其特征是裂缝宽度下宽上窄,如图 5.4(a) 所示。

在弯剪段内,这种裂缝一般有多条,它们将拉区混凝土分割成为几个从受压区伸出的梳状齿块(图 5.5),纵向钢筋穿过梳状齿的自由端。在受力和变形过程中,相邻的混凝土齿将发生相对位移和错动。在众多条斜裂缝中,最后形成一条破坏斜裂缝,称为临界斜

裂缝。梁即沿斜截面发生弯剪破坏。

2. 腹剪斜裂缝

一般发生在梁的腹板较薄（如工字形截面的薄腹梁等）和剪跨比较小的梁中，由于作用于梁上的弯矩不大而剪力较大，因此各截面上的正应力不大，而梁腹部的剪应力却很大，因此斜裂缝首先出现在梁腹中部附近。随着荷载增加，腹剪斜裂缝向上下两端斜向延伸，

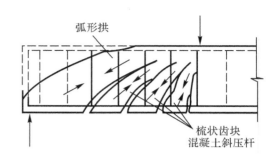

图 5.5 梁弯剪段裂缝分布图

向下延伸至支座，向上发展至集中荷载作用点。梁即沿斜面发生剪切破坏，这种裂缝的特征是中部宽，两头细，呈枣核状，如图 5.4(b) 所示。

二、斜裂缝出现后截面应力的变化

斜裂缝出现后，梁的受力状态发生了质的变化，截面应力发生重分布。这时不能再用公式(5.5)和(5.6)来计算梁中的正应力和剪应力，因为开裂后的梁已不再是完好的匀质梁。

现以图 5.6 中临界斜裂缝 AB 与支座间的块体作为脱离体来分析其受力状态。

从图中可见，荷载在斜截面上产生的弯矩为 $M_{C-C'}$，剪力为 $V_{C-C'}$，而斜截面上的抗力有以下几部分：

(1) 纵向钢筋的拉力 T；

(2) 斜裂缝上端混凝土剩余截面（高度为 BC）上的压力 C_c 和剪力 V_c；剩余截面上由于有压力和剪力共同作用，故称剪压面；

(3) 斜裂缝两侧混凝土发生相对位移和错动时产生的摩擦力，称为骨料咬合力，其垂直分力为 V_a；

(4) 由于斜裂缝两侧的上下错动，从而使纵筋受到一定剪力，如销栓一样，将斜裂缝两侧的混凝土联系起来，称为钢筋销栓力 V_d。

无腹筋梁中，由于阻止纵筋产生剪切变形的只有下面厚度不大的混凝土保护层，故钢筋销栓力 V_d 是很小的。此外，骨料咬合力也很难估计，因随斜裂缝的扩大而逐渐减弱以致消失。当忽略骨料咬合力 V_a 及钢筋销栓力 V_d 后，则斜截面上抵抗剪力的只有剪压面上的剪力 V_c。

根据斜截面上力的平衡条件，从图 5.6 可得

$$\sum V = 0 \qquad V_c = V \tag{5.10}$$

$$\sum M = 0 \qquad V \cdot a = M_{C-C'} = T \cdot z \tag{5.11a}$$

$$T = \frac{M_{C-C'}}{z} \tag{5.11b}$$

式中，z 为纵向钢筋拉力 T 与剪压面上混凝土压力 C_c 之间的力臂。

公式(5.10)为斜截面上的受剪平衡条件；公式(5.11)为斜截面上的受弯平衡条件。

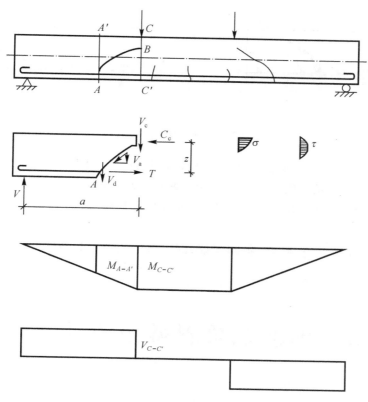

图 5.6　临界斜裂缝受力图

由以上分析可知,斜裂缝出现后构件内的应力发生了如下变化:

(1)斜裂缝出现前,荷载产生的剪力 $V_{C-C'}$ 由梁整个截面的混凝土承受,当斜裂缝出现后,$V_{C-C'}$ 只由斜裂缝上端的剪压面 BC 来承受。因此梁开裂后,混凝土承受的剪应力突然增大。

(2)斜裂缝出现前,各垂直截面纵向钢筋的拉力由该截面的弯矩所决定,拉力 T 的变化基本上与弯矩图一致,由图 5.6 可知,当斜裂缝未出现前,纵向钢筋拉力 T 取决于 A 点处垂直截面的弯矩 $M_{A-A'}$,当斜裂缝出现后,从公式(5.11b)可知,T 将取决于 C 点处垂直截面弯矩 $M_{C-C'}$,而 $M_{C-C'}$ 远大于 $M_{A-A'}$,且接近于纯弯段内的最大弯矩值,说明纵筋中拉应力也突然增大很多。

(3)由图 5.6 可见,剪压面上的压力 C_c 应与纵筋拉力 T 平衡,即 $C_c = T$,由于 T 突然增大,C_c 亦将突然增大。同时,由于 T 突然增大,促使斜裂缝进一步向上开展,剪压面更加缩小,从而使剪压面混凝土在压应力和剪应力的复合受力下,成为一个薄弱环节。

(4)由于纵筋拉力 T 的突然增大,纵筋与周围混凝土之间的粘结可能遭到破坏而出现粘结裂缝(图 5.7(a)),再加上钢筋销栓力 V_d 的作用,可能产生沿纵筋的撕裂裂缝(图 5.7(b)),使纵筋拉力在裂缝截面与支座之间几乎相同。于是纵筋和混凝土之间的共同工作,主要依靠纵筋在支座处的锚固。随荷载增大,如果这种锚固得不到保证,梁就会在支座处产生粘结锚固破坏。

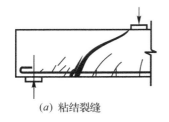
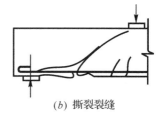

(a) 粘结裂缝　　　　　　　　　　(b) 撕裂裂缝

图 5.7　　无腹筋梁受剪裂缝图

综上所述,如果梁正截面受弯承载力和纵向钢筋的锚固得到保证,则梁将有可能因斜截面承载力不足而发生破坏,这时,可能有两种破坏情况:

(1) 由于纵筋屈服或滑动过大,使梁绕斜裂缝末端剪压面产生过大转动,造成斜截面弯曲破坏。

(2) 如果斜截面受弯承载力得到保证,则梁将产生沿斜截面的剪切破坏。

5.2　有腹筋梁斜截面的受剪性能

无腹筋梁斜截面受剪承载力很低,且破坏时呈脆性。在不配箍筋的梁中,斜裂缝一旦形成,可能导致梁呈脆性的斜拉破坏,单靠混凝土承受剪力是不安全的。故《规范》规定,除了截面高度小于 150mm 的梁可不设置箍筋外,一般的梁都需设置箍筋。配置腹筋是提高梁斜截面受剪承载力和防止脆性破坏的有效方法。

腹筋布置的方向最好与主拉应力方向一致,和梁轴线交角大致成 30° ～ 45°。但为了施工方便,一般都采用垂直与梁轴线的箍筋。弯起钢筋的方向大致与主拉应力方向一致,与梁轴线交角一般为 45°(当梁高 ≥ 700mm 时弯起角取为 60°),弯起钢筋大多由跨中的纵向钢筋直接弯起,当弯起钢筋直径较粗和根数较少时,受力不很均匀,传力较为集中,有可能引起弯起处混凝土发生劈裂现象。所以在配置腹筋时,一般首先配置一定数量的箍筋,当箍筋用量较大时,则可同时配置部分弯起钢筋。

5.2.1　箍筋的作用

斜裂缝出现前,箍筋的应力很小,箍筋对阻止和推迟斜裂缝出现的作用也很小。但在斜裂缝出现以后,箍筋将大大提高斜截面的承载力,其作用为:

(1) 与斜裂缝相交的箍筋直接参加抗剪,承受部分剪力。

(2) 箍筋抑制斜裂缝开展高度,从而增大斜裂缝顶端混凝土的剪压面,提高了混凝土的抗剪能力。

（3）箍筋可减小斜裂缝宽度，从而提高斜截面上的骨料咬合力。

（4）箍筋限制了纵向钢筋的竖向位移，阻止混凝土沿纵向钢筋的撕裂，提高了纵向钢筋的销栓作用。

可见，箍筋对提高斜截面受剪承载力的作用是多方面和综合性的。

5.2.2　剪力传递机理

为了进一步了解梁中箍筋的作用，再对剪力传递机理以及无腹筋梁和有腹筋梁受力模型的变化作一分析。

对无腹筋梁，临界斜裂缝出现后，其传力体系可比拟为一组拉杆拱，如图 5.8(a) 所示，它由一个位于临界斜裂缝上方的基本拱 Ⅰ 和临界斜裂缝下方的一组小拱 Ⅱ 和 Ⅲ 等组合而成，拱的拉杆即为梁的纵向钢筋。小拱体 Ⅱ，Ⅲ 能传递的剪力很小，绝大部分剪力由基本拱体 Ⅰ 承受，并直接将剪力传递至支座。但由于基本拱拱顶截面（即剪压面）较小，成为整根梁的薄弱环节，而基本拱的其他部分，特别是靠近支座部位的截面面积比较大，因此尚有继续受荷的潜力。

梁中设置箍筋后，上述受力情况发生了很大变化。箍筋将被斜裂缝分割的小拱 Ⅱ，Ⅲ 牢固地连接起来，如图 5.8(b) 所示，这些小拱支承在纵向钢筋上，小拱传递过来的内力通过箍筋再传

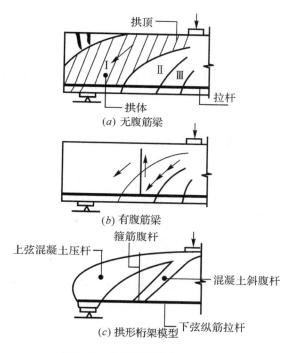

图 5.8　比拟拱形桁架的受力图

递到临界斜裂缝以上的基本拱体 Ⅰ 上，使小拱能更多地传递内力，从而减轻了基本拱体拱顶截面的负担，使剪压面上的应力集中得到缓和，从而提高了整根梁的抗剪能力。所以有腹筋梁的受力模型可比拟为一个拱形桁架，如图 5.8(c) 所示，混凝土基本拱体 Ⅰ 为受压上弦杆，纵向钢筋为受拉下弦杆，斜裂缝之间的小拱 Ⅱ，Ⅲ 等为混凝土受压斜腹杆，箍筋则为受拉垂直腹杆，如果尚配有弯起钢筋，则可视为受拉斜腹杆。

5.3 斜截面破坏的主要形态

梁沿斜截面剪切破坏的形态与其所承受的荷载形式(集中或均布荷载)、加荷方式(直接或间接加荷)、剪跨比(集中荷载)或跨高比(均布荷载)以及腹筋的用量和强度等因素有关,主要的破坏形态有斜拉破坏、剪压破坏和斜压破坏等三种。

5.3.1 斜拉破坏

一般发生在剪跨比较大($\lambda > 3$)或跨高比较大($l/h_0 > 10$)的无腹筋梁或腹筋用量过少的有腹筋梁中。

破坏特征是斜裂缝一经出现,很快就形成一条临界斜裂缝,并迅速向受压边缘发展,直至将整个截面裂通,使构件斜向拉裂为两部分,如图5.9(a)所示。破坏面整齐而无压碎痕迹,同时沿纵向钢筋往往伴随产生水平撕裂裂缝。破坏过程快速而突然,变形很小,无明显预兆,具有很大脆性和危险性。

斜拉破坏主要是由于主拉应力超过了混凝土的抗拉强度,因此梁的受剪承载力很低,破坏荷载和斜裂缝出现时的开裂荷载差不多。

有腹筋梁中虽然配置了腹筋,但由于用量过少,与少筋梁的正截面破坏相似,斜裂缝一经开展,腹筋应力很快达到屈服强度,不能起到抑制斜裂缝开展的作用,因此与无腹筋梁相似,当剪跨比 λ 较大时,亦将产生斜拉破坏。

工程中不允许设计斜拉破坏的梁,《规范》通过构造措施,控制最小配箍率(即配箍的下限值)予以防止。

5.3.2 剪压破坏

剪压破坏一般发生在剪跨比或跨高比适中($1 < \lambda \leqslant 3, 3 < l/h_0 \leqslant 10$)、腹筋配置数量亦适量的梁中。破坏的特征是,加荷后在梁的弯剪段内先出现若干条弯剪斜裂缝,随荷载增大,其中将出现一条延伸较长、开展较宽的主要斜裂缝,称为临界斜裂缝。随着荷载继续增大,临界斜裂缝将不断向集中荷载作用点处延伸,使斜裂缝上端混凝土的剪压面不断减小,最后剪压面在正应力和剪应力共同作用下,混凝土达到复合受力极限强度而破坏,故称剪压破坏,如图5.9(b)所示。

破坏时,剪压面上的混凝土有明显压碎现象,与斜裂缝相交的箍筋亦可达到受拉屈服强度。破坏时的极限荷载较斜裂缝出现时的抗裂荷载高得多。

剪压破坏时,斜截面受剪承载力比斜拉破坏要高。剪压破坏虽然也属脆性破坏,但其破坏过程比斜拉破坏缓慢,脆性程度有所缓和。

　　剪压破坏是斜截面剪切破坏中最常见的一种破坏形态。本章斜截面受剪承载力的计算也主要是针对剪压破坏这种破坏形态,并通过计算确定腹筋的用量。

5.3.3　斜压破坏

　　当梁的剪跨比或跨高比较小($\lambda \leqslant 1, l/h_0 \leqslant 5$),或剪跨比虽较适中但腹筋配置过多,以及 T 形或工字形截面梁的腹板宽度较小时,将发生斜压破坏。

　　破坏特征是在荷载作用点与支座之间,即梁的腹部首先出现一系列大体上相互平行的斜裂缝,这些斜裂缝将梁腹分割为若干根

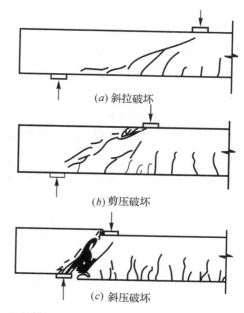

图 5.9　梁受剪破坏的三种形态

斜向的受压杆件。最后由于主压应力过大,超过了混凝土的抗压强度,使梁犹如一个斜向短柱沿斜向压坏,故称斜压破坏(图 5.9(c))。破坏呈脆性。箍筋由于用量过多而未能达到屈服强度,类似于梁正截面的超筋破坏。

　　斜压破坏时,斜截面受剪承载力主要取决于构件截面尺寸和混凝土抗压强度。

　　工程中不允许设计斜压破坏的梁,《规范》通过构造措施,控制最大配箍率(即配箍的上限值),或控制构件最小截面尺寸予以防止。

　　除上述三种主要破坏形态外,有时还可能发生局部挤压和纵向钢筋锚固等破坏。

5.4　影响斜截面受剪承载力
的主要因素

5.4.1　剪跨比 λ

　　集中荷载作用下简支梁的剪跨比为(图 5.1):

$$\lambda = a/h_0 \tag{5.12}$$

式中,a—— 支座与第一个集中力之间的距离,称为剪跨;

　　　　h_0—— 梁截面的有效高度。

上式亦可改写为：

$$\lambda = V \cdot a/(Vh_0) = M/(Vh_0) \tag{5.13}$$

可见，剪跨比实质上反映了截面弯矩M与剪力V的比值，亦即正应力与剪应力的比值，公式(5.12)中的λ称为计算剪跨比，公式(5.13)中的λ称为广义剪跨比。对于承受均布荷载或其他复杂荷载的梁，可用广义剪跨比来反映截面上弯矩与剪力的相对比值。

对集中荷载作用下的无腹筋梁，剪跨比是影响破坏形态和受剪承载力的主要因素之一。图5.10为不同剪跨比时梁的破坏形态，图5.11为剪跨比与受剪承载力的关系曲线。

从以上两图可见，随着剪跨比λ的增大，破坏形态从斜压、剪压逐渐向斜拉变化，受剪承载力逐步降低。当$\lambda > 3$后，受剪承载力趋向稳定，剪跨比已无明显影响。

对承受均布荷载q、跨度为l的简支梁，距支座为$x = \alpha l$截面中的弯矩M和剪力V可表示为：

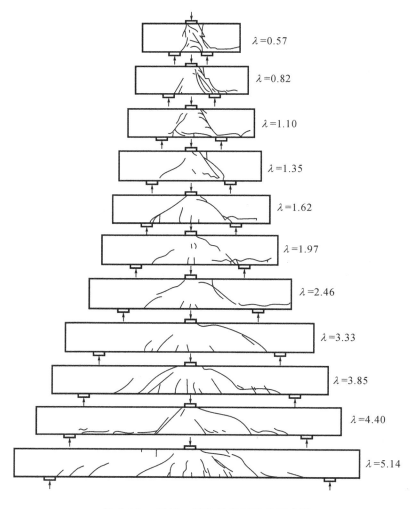

图5.10　不同λ时梁的破坏形态示意图

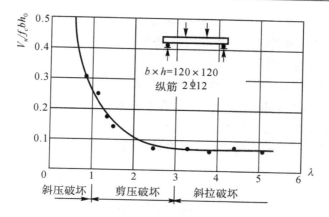

图 5.11　λ 对受剪承载力的影响

$$M = \frac{q\alpha l^2}{2} - \frac{q(\alpha l)^2}{2}$$

$$V = \frac{ql}{2} - q\alpha l$$

从公式(5.13)可得：

$$\lambda = \frac{M}{V h_0} = (\frac{\alpha - \alpha^2}{1 - 2\alpha}) \frac{l}{h_0} \tag{5.14}$$

从上式可见，对均布荷载作用下的无腹筋梁，可用跨高比 l/h_0 来反映梁斜截面受剪的破坏形态和承载力。

5.4.2　混凝土强度等级

混凝土强度对受剪承载力有较大影响。从图 5.12 可见，受剪承载力随混凝土强度等级的提高而提高，两者大致为线性关系。但剪跨比不同时，提高的程度不同：

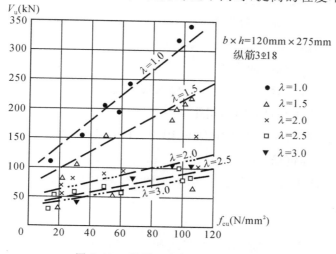

图 5.12　混凝土强度对 V_a 的影响

163

（1）当剪跨比较小时（$\lambda \leqslant 1$），受剪承载力提高较多，表明混凝土强度影响较大，因小剪跨比时大多为斜压破坏，受剪承载力取决于混凝土的轴心抗压强度，而轴心抗压强度随混凝土强度等级的提高增长较多。

（2）当剪跨比较大时（$\lambda > 3$），受剪承载力提高不多，表明混凝土强度影响程度减小，因大剪跨比时大多为斜拉破坏，受剪承载力主要取决于混凝土的抗拉强度，而抗拉强度随混凝土强度等级的提高增长不多。

（3）对中等剪跨比（$1 < \lambda \leqslant 3$），一般为剪压破坏，混凝土强度的影响介于斜压和斜拉之间。

5.4.3　腹筋数量和强度

一、配箍率和箍筋强度

有腹筋梁中，箍筋对提高受剪承载力的作用如 5.2.1 节所述。当梁内箍筋数量配置适当时，从图 5.13 可见，梁的受剪承载力将随箍筋用量增多和箍筋强度的提高有较大幅度增长，两者亦大致为线性关系。

箍筋用量用配箍率 ρ_{sv} 表示：

$$\rho_{sv} = A_{sv}/bs$$

或

$$\rho_{sv} = nA_{sv1}/bs \qquad (5.15)$$

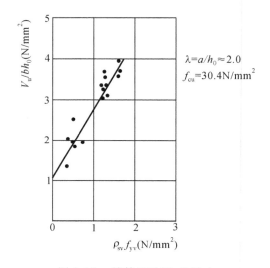

图 5.13　箍筋量对 V_u 的影响

式中，A_{sv}—— 同一截面内箍筋总的截面面积，$A_{sv} = nA_{sv1}$；

n—— 同一截面内箍筋的肢数，对双肢箍，$n = 2$；

A_{sv1}—— 单肢箍筋的截面面积；

b—— 截面宽度，T 形或工字形截面梁取腹板宽度；

s—— 沿构件长度方向箍筋的间距。

箍筋宜采用 HRB400、HRBF400、HPB300、HRB500、HRBF500 钢筋，也可采用 HRB335、HRBF335 等钢筋，作为受剪（和受扭、受冲切）箍筋其抗拉强度设计值 f_{sv} 取用该钢筋的抗拉强度设计值 f_g，但应小于 340MPa，否则取 340MPa。

二、弯起钢筋

与斜裂缝相交的弯起钢筋，基本上与主拉应力方向相同，故直接承受拉力，因此其截面面积愈大，强度愈高，斜截面承载力也愈高。

5.4.4　纵向钢筋的配筋率

纵向钢筋配筋率 ρ 对斜截面受剪承载力有一定影响,因为纵向钢筋能起到抑制斜裂缝开展和增大剪压面的作用。此外,纵筋数量增多,加强了销栓力。

图 5.14 为纵向钢筋配筋率 ρ 对斜截面受剪承载力的关系曲线,两者大体上成线性关系。影响程度与剪跨比有关,剪跨比小时,影响明显一些;剪跨比大时,影响程度减小。总的说来,纵向钢筋配筋率 ρ 对斜截面受剪承载力的影响程度不大。

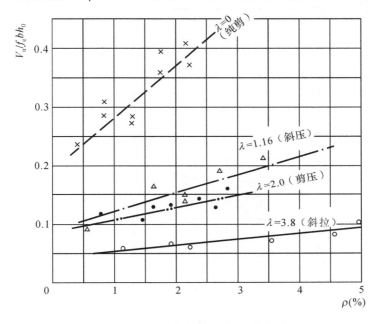

图 5.14　梁纵向钢筋量对 V_u 的影响

5.4.5　加荷方式

当集中荷载不是直接作用于梁顶,而是作用于梁腹时,随着传力位置高低的不同,梁的受剪承载力是不相同的,因为荷载作用截面受压区混凝土的应力状态发生了变化,如图 5.15 所示。直接加荷时,垂直梁轴的正应力 σ_y 为压应力,间接加荷时,σ_y 变为拉应力。由于应力变号,破坏形态和承载力就发生变化,即使在小剪跨时,间接加荷也发生斜拉破坏,因临界斜裂缝出现后,受拉的 σ_y 促使斜裂缝越过荷载作用截面而直通梁顶,故当斜裂缝一旦出现,梁即被剪断。开裂荷载几乎等于破坏荷载。图 5.16 表示出两种加荷方式在小剪跨时受剪破坏承载力的差别。

除上述主要影响因素外,构件的类型(简支梁、连续梁、受压和受拉构件以及预应力混凝土构件等)、构件截面形式(矩形、T 形和工字形等)及高度、荷载形式(集中荷载、均布荷载、轴向荷载及复杂荷载等)等因素亦都影响斜截面受剪承载力。

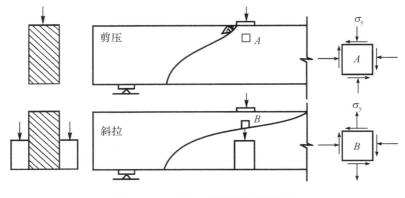

图 5.15　加载点对破坏形态的影响

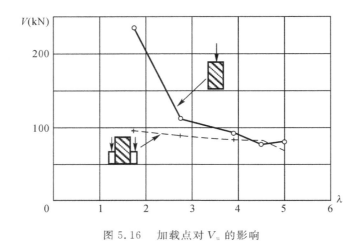

图 5.16　加载点对 V_u 的影响

5.5　受弯构件斜截面受剪承载力的计算

　　本节所述斜截面受剪承载力的计算主要是针对常见的剪压破坏形态,发生剪压破坏时梁受剪承载力的变化幅度较大,故必须加以计算。而对斜压和斜拉破坏形态,则采取一定的构造措施加以避免,如限制其截面尺寸不致过小(即限制其最大配箍率)和限制其最小配箍率等。

　　国内外对斜截面受剪承载力进行了大量的试验研究和理论分析,提出过如前所述无腹筋梁的拉杆拱和有腹筋梁的桁架模型等。但由于影响因素很多,破坏形态复杂,对混凝土构件受剪机理的认识也不充分,故至今尚未能像正截面受弯承载力计算一样,建立一套较完整的理论体系。目前国外各主要规范及国内各行业规范中计算方法各异，计算模式也不尽相同。我国最近修订的规范仍主要采用以大量试验研究为基础，经统计分析得出的半理论半经验公式。

5.5.1　无腹筋梁斜截面受剪承载力的计算

《规范》组根据收集到大量均布荷载和集中荷载作用下无腹筋简支梁（其中除浅梁外还包括简支短梁和深梁）及连续梁的试验数据，进行了分析研究，得出了承受均布荷载为主，无腹筋矩形、T 形和 I 形截面一般受弯构件斜截面受剪承载力 V_u 的计算公式为：

$$V_u = 0.7 f_t b h_0 \tag{5.16}$$

式中，f_t —— 混凝土轴心抗拉强度设计值；

　　b —— 梁截面的宽度；

　　h_0 —— 梁截面的有效高度。

从图 5.17 可见，这是一个试验所得的偏下值。

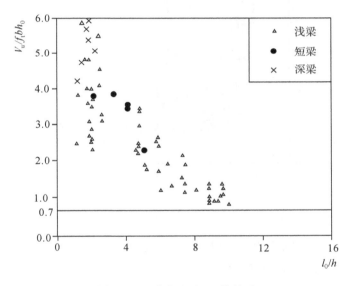

图 5.17　跨高比对 V_u 的关系

对集中荷载作用下的无腹筋梁，试验表明剪跨比对斜截面受剪承载力有明显影响，随着剪跨比的增大，受剪承载力急剧下降。如仍按公式（5.16）计算，受剪承载力的计算值将偏高。

因此，对集中荷载作用下的矩形、T 形和 I 形截面的独立梁（包括作用有多种荷载，其中集中荷载对支座截面或节点边缘所产生的剪力值占总剪力值的 75% 以上的情况），受剪承载力 V_u 的计算公式中应引入剪跨比参数 λ，计算式如下：

$$V_u = \frac{1.75}{\lambda + 1} f_t b h_0 \tag{5.17}$$

$$1.5 \leqslant \lambda \leqslant 3$$

式中,λ—— 计算截面的剪跨比,可取 $\lambda = a/h_0$,a 为集中荷载作用点至支座或节点边缘的距离,计算截面取集中荷载作用点处的截面,h_0 为截面的有效高度;

$\quad\quad f_t$—— 混凝土轴心抗拉强度设计值;

$\quad\quad b$—— 构件截面的宽度;

$\quad\quad h_0$—— 构件截面的有效高度。

按公式(5.17)计算 V_u 时,当 $\lambda < 1.5$,取 $\lambda = 1.5$,则 $V_u = 0.7f_t bh_0$,与均布荷载作用下受剪承载力计算公式(5.16)的取值相同;当 $\lambda > 3.0$,取 $\lambda = 3.0$,则 $V_u = 0.45f_t bh_0$,表明集中荷载作用下无腹筋梁的受剪承载力低于均布荷载作用下无腹筋梁的的斜截面受剪承载力,最大降低幅度大致为 37%。

公式(5.17)所指的独立梁为不与楼板整体浇筑的梁。

从图 5.18 可见,式(5.17)的取值 V_u 也是一个试验所得的偏下值。

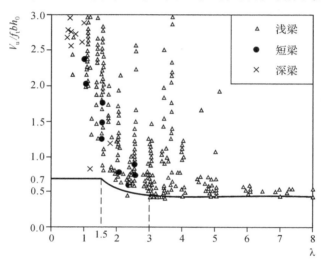

图 5.18　λ 与 V_u 的关系

对不配置箍筋和弯起钢筋的一般板类受弯构件,主要指受均布荷载作用的单向板和双向板需按单向板计算的构件,其斜截面受剪承载力 V_u 按下式计算:

$$V_u = 0.7\beta_h f_t bh_0 \tag{5.18}$$

$$\beta_h = \left(\frac{800}{h_0}\right)^{1/4} \tag{5.19}$$

式中,β_h—— 截面高度影响系数,当 $h_0 < 800\text{mm}$ 时,取 $h_0 = 800$;当 $h_0 > 2000\text{mm}$ 时,取 $h_0 = 2000\text{mm}$;

其他符号均与式(5.16)相同。

上式合理地反映了截面尺寸效应的影响,当截面有效高度超过 2000mm 后,其受剪承载力还将会有所降低。此时,除沿板的上、下表面按计算或构造配置双向钢筋之外,在板厚中间部位配置双向钢筋网,将会较好地改善其受剪承载力性能(参见《规范》第 10.1.11 条)。

5.5.2　有腹筋梁斜截面受剪承载力的计算

为了分析受力情况,和无腹筋梁一样,取临界斜裂缝至支座间部分为脱离体,如图 5.19 所示。设荷载在斜截面上产生的剪力设计值为 V,则斜截面上抵抗剪力的值,除与无腹筋梁相似的剪压面上的剪力 V_c、骨料咬合力 V_a 和纵向钢筋的销栓力 V_d 外,还增加了与斜裂缝相交的箍筋和弯起钢筋所承受的剪力 V_{sv} 和 V_{sb}。

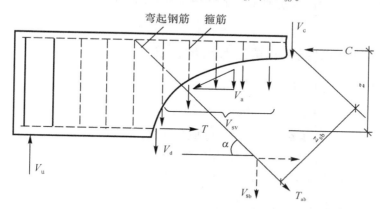

图 5.19　有腹筋梁临界斜裂缝面受力图

一、基本假定和计算方程

为简化计算,在按图 5.19 建立受剪承载力计算公式时,作如下基本假定:

(1)剪压破坏时,斜截面受剪承载力 V_u 主要由三部分组成,即剪压面上混凝土、箍筋和弯起钢筋所承受的剪力 V_c、V_{sv} 和 V_{sb}。由于箍筋的存在,纵向钢筋的销栓力 V_d 和骨料咬合力 V_a 虽比无腹筋梁有所增强,但随着斜裂缝的开展,其作用逐渐减小,为简化计算,略去 V_d 和 V_a 的影响。

(2)剪压破坏时,与斜裂缝相交的箍筋和弯起钢筋的拉应力都达到抗拉强度设计值,但需考虑拉应力的不均匀性,特别是靠近剪压区的弯起钢筋,有可能达不到抗拉强度。

(3)承受集中荷载为主的矩形截面独立梁应考虑剪跨比的影响。

(4)纵向钢筋的数量虽对受剪承载力有影响,但影响不大,为简化计算,略去其影响。

根据以上假定,按图 5.19,由力的平衡条件可得出基本计算方程:

$$\sum V = 0 \quad V \leqslant V_u (= V_c + \sum V_{sv} + V_{sb} = V_{cs} + V_{sb}) \tag{5.20}$$

$$\sum M = 0 \quad M \leqslant M_u (= Tz + \sum V_{sv} z_{sv} + T_{sb} z_{sb}) \tag{5.21}$$

式中,V,M——剪力和弯矩设计值;

　　　V_u,M_u——斜截面受剪和受弯承载力设计值;

　　　V_c——剪压面上混凝土承受的剪力;

$\sum V_{sv}, V_{sb}$—— 与斜裂缝相交的所有箍筋与弯起钢筋承受的剪力；

V_{cs}—— 混凝土和箍筋共同承受的剪力；

T—— 纵向钢筋承受的拉力；

z—— 纵向钢筋至剪压面上合力中心点的距离，可近似取 $0.9h_0$；；

z_{sv}, z_{sb}—— 同一斜面上箍筋与同一弯起平面内弯起钢筋至斜截面受压区合力点距离。

公式(5.20)为斜截面受剪承载力计算式，公式(5.21)为斜截面受弯承载力的计算式(详见 5.7 节)。

二、仅配箍筋梁斜截面受剪承载力的计算

对仅配箍筋的梁，公式(5.20)将为：

$$V \leqslant V_u = V_c + \sum V_{sv} = V_{cs} \tag{5.22}$$

从 5.4 节可知，受剪承载力与混凝土强度、配箍率和箍筋强度之间基本上均为线性关系，如果以名义剪应力 V_{cs}/bh_0(即作用在垂直截面有效面积上的平均剪应力)来表示与 f_t 和 $\rho_{sv} f_{yv}$ 的线性关系，则式(5.22)可表达为：

$$\frac{V_{cs}}{bh_0} = K_c f_t + K_{sv} \rho_{sv} f_{yv} \tag{5.23}$$

上式亦可改写为无量纲形式：

$$\frac{V_{cs}}{f_t bh_0} = K_c + K_{sv} \rho_{sv} \frac{f_{yv}}{f_t} \tag{5.24}$$

可见式(5.24)为一直线方程，式中 $V_{cs}/f_t bh_0$ 为名义剪应力与混凝土轴心抗拉强度的比值，称为剪切特征值；$\rho_{sv} f_{yv}/f_t$ 为配箍率与两种材料强度的比值，称为配箍特征值(相似于正截面受弯承载力计算中的含钢特征值 $\xi = \rho f_y/f_c$) K_c 和 K_{sv} 分别为混凝土和箍筋受剪承载力系数，这是两个待定系数，《规范》通过大量试验研究决定其取值。

图 5.20 为均布荷载和集中荷载作用下，仅配箍筋梁的试验值与计算值的比较，图中以 $V_{cs}/f_t bh_0$ 为纵坐标，$\rho_{sv} f_{yv}/f_t$ 为横坐标。根据对试验资料的统计分析，《规范》建议：

(1) 对均布荷载作用下，矩形、T 形、工字形截面受弯构件斜截面受剪承载力的计算表达式可按直线 b—c 计算，新规范为了提高斜截面受剪承载力的可靠度，取消了图 5.20 所示箍筋项前的系数 1.25，改为 1.0；

$$\frac{V_{cs}}{f_t bh_0} = 0.7 + \rho_{sv} \frac{f_{yv}}{f_t} \tag{5.25}$$

上式改写后为：

$$V_{cs} = 0.7 f_t bh_0 + f_{yv} \frac{n A_{sv1}}{s} h_0 \tag{5.26}$$

上式等号右边第一项系数 0.7 即为式(5.24)中系数 K_c 为混凝土项系数；取消第二项系数，即箍筋项系数 K_{sv}(1.25)。因此箍筋用量将有所增加。

(2) 当配箍特征值 $\rho_{sv} f_{yv}/f_t \leqslant 0.24$ 时，从图 5.20 可见，试验点将落在直线 b—c 的延长线 b—a 以下，表明箍筋用量过少时，如果仍按式(5.26)计算，计算值将大于试验值，

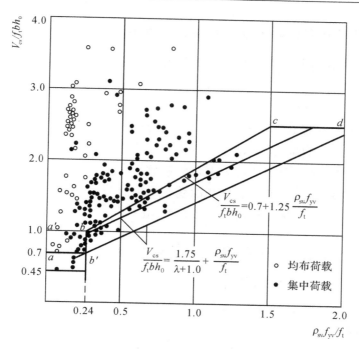

图 5.20　配箍率与 V_{cs} 的实验图

偏于不安全,因此《规范》取水平线 a—b' 作为计算的下限值,即 $V_{cs} = 0.7 f_t bh_0$,并按 $\rho_{sv} f_{yv}/f_t = 0.24$ 确定最小配箍率 $\rho_{sv,min} = 0.24 f_t/f_{yv}$。

（3）当配箍特征值 $\rho_{sv} f_{yv}/f_t \geqslant 1.5$ 时,试验值将不再随配箍率的增加而提高,基本上保持常值不变,因此《规范》取水平线 c—d 作为计算上限值,即 $V_{cs} = 2.5 f_t bh_0$,并按 $\rho_{sv} f_{yv}/f_t = 1.5$ 确定最大配箍率 $\rho_{sv,max} = 1.5 f_t/f_{yv}$。

图 5.20 中亦示出了集中荷载作用下仅配箍筋梁的试验值与计算值的比较。根据对试验资料的统计分析,系数 K_c 和 K_{sv} 的取值分别为 $K_c = 1.75/(\lambda+1)$,$K_{sv} = 1.0$。因此,集中荷载作用下的独立梁（包括作用有多种荷载,其中集中荷载对支座截面或节点边缘所产生的剪力值占总剪力值的 75% 以上情况）的计算式为:

$$V_{cs} = \frac{1.75}{\lambda+1} f_t bh_0 + f_{yv} \frac{nA_{sv1}}{s} h_0 \tag{5.27}$$

$\lambda < 1.5$ 时,取 $\lambda = 1.5$;

$\lambda > 3.0$ 时,取 $\lambda = 3.0$。

图 5.20 中分别示出了 $\lambda = 1.5$ 和 $\lambda = 3.0$ 时的计算取值。

综上所述,可对建立斜截面受剪承载力计算公式的方法归纳如下:通过试验研究和理论分析,首先确定影响受剪承载力的主要因素（如混凝土强度、配箍率及箍筋强度等）,并分别得出每个因素与受剪承载力之间的关系,从而建立受剪承载力计算的基本表达式（式(5.24)）;然后再根据梁试验的大量实测数据,经目标可靠指标 $[\beta]$ 的校核,确定计算公式中的有关系数 K_c 和 K_{sv}。可见,斜截面受剪承载力的计算公式是以试验统计分析为主的半理论半经验公式。

三、配有箍筋和弯起钢筋受剪承载力的计算

弯起钢筋能承受的剪力为弯起钢筋所承受的总拉力在垂直于梁轴线方向的垂直分力 V_{cb}（图 5.19）：

$$V_{sb} = 0.8 f_y A_{sb} \sin\alpha_s \tag{5.28}$$

式中，A_{sb} 和 f_y 分别为弯起钢筋的截面面积及其抗拉强度设计值；α_s 为弯起钢筋与构件纵轴线之间的夹角，一般取为 $45°$；系数 0.8 是考虑到靠近剪压区弯起钢筋在斜截面破坏时可能达不到抗拉强度而取用的应力不均匀系数。

因此，既配有箍筋，又配有弯起钢筋的受弯构件斜截面受剪承载力的计算公式为：

$$V_u = V_{cs} + V_{sb} = V_{cs} + 0.8 f_y A_{sb} \sin\alpha_s \tag{5.29}$$

5.5.3 斜截面受剪承载力计算公式的适用条件 —— 上、下限值

一、上限值

上限值即为受剪破坏最大配箍率限制条件或受剪最小截面的限制条件。

试验已表明，配箍量超过一定数量后，梁的受剪承载力不再随配箍量的增加而提高，基本保持在一定数值上。梁的破坏将从剪压破坏转化为斜压破坏，此时斜截面受剪承载力主要取决于截面尺寸及混凝土强度，而与配箍量无关。因此梁内箍筋不应配置过多，或梁的截面尺寸不能过小。

可见，规定上限值的目的是：① 防止发生斜压破坏（或腹板压坏）；② 限制在使用阶段的斜裂缝宽度；③ 也是斜截面受剪破坏的最大配箍率。

最大配箍率已如前述为 $\rho_{sv,max} = 1.5 f_t / f_{yv}$，相应斜截面所能承受的最大受剪承载力为 $V_{cs,max} = 2.5 f_t b h_0$，此式亦称为截面限制条件。当剪力最大设计值 V 超过以上数值，即 $V > V_{cs,max}$ 时，表明梁已成为超配箍梁，此时，应加大构件截面尺寸或提高混凝土强度。

《规范》规定的截面限制条件为：

当 $h_w/b \leqslant 4.0$ 时（普通构件），应满足：

$$V \leqslant 0.25 \beta_c f_c b h_0 \tag{5.30}$$

当 $h_w/b \geqslant 6.0$ 时（薄腹构件），应满足：

$$V \leqslant 0.20 \beta_c f_c b h_0 \tag{5.31}$$

当 $4.0 < h_w/b < 6$ 时，按线性内插法确定。

式中，V—— 剪力设计值；

β_c—— 混凝土强度影响系数：当混凝土强度等级不超过 C50 时，取 $\beta_c = 1.0$；当混凝土强度等级为 C80 时，取 $\beta_c = 0.8$；其间按线性内插法确定；

f_c—— 混凝土轴心抗压强度设计值；

b—— 矩形截面的宽度，T 形或工字形截面取腹板宽度；

h_w——截面的腹板高度,矩形截面取有效高度 h_0,T 形截面取有效高度 h_0 减去翼缘高度 h'_f,工字形截面取腹板净高。

对 T 形或工字形截面的简支受弯构件,当有实践经验时,公式(5.30)中系数 0.25 可改用 0.3;对受拉边倾斜的构件,当有实践经验时,其截面尺寸条件亦可适当放宽。

二、下限值

下限值即为最小配箍率条件。试验表明,若箍筋用量过少或箍筋间距太大,当临界斜裂缝一出现,可能使箍筋应力立即达到屈服,不能限制斜裂缝急剧开展,从而导致斜拉破坏,箍筋亦不能起到提高受剪承载力的作用,梁的受力情况与无腹筋梁相近,类似于受弯构件中的少筋梁。

矩形、T 形和 I 形截面的一般受弯构件,当承受的剪力较小,截面尺寸较大,并符合以下条件时,可不进行斜截面受剪承载力的计算,而仅需按构造要求配置箍筋,但应满足最小配箍率的要求,即 $\rho_{sv,min} = 0.24 f_t / f_{yv}$。

均布荷载作用时:

$$V \leqslant 0.7 f_t b h_0 \tag{5.32}$$

集中荷载作用下的独立梁:

$$V \leqslant \frac{1.75}{\lambda + 1} f_t b h_0, \ (1.5 \leqslant \lambda \leqslant 3.0) \tag{5.33}$$

5.6　斜截面受剪承载力计算的位置和计算步骤

一、计算截面位置的选取

在计算斜截面受剪承载力时,其剪力设计值的计算截面按以下规定采用:

(1) 支座边缘处截面(图 5.21 中 1—1 截面);

(2) 受拉区弯起钢筋弯起点处截面(图 5.21 中 2—2 和 3—3 截面);

(3) 箍筋截面面积或间距改变处截面(图 5.21 中 4—4 截面);

(4) 截面尺寸改变处的截面。

图 5.21 中的 S_{max} 应取附表 21(梁中箍筋的最大间距)中,$V > 0.7 f_t b h_0$ 一栏中规定的数值。

二、计算步骤

1. 确定计算截面位置,计算其剪力设计值

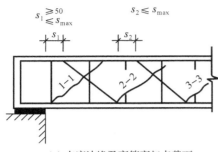
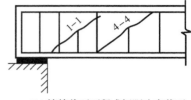

(a) 支座边缘及弯筋弯起点截面　　　　　　*(b)* 箍筋截面面积或间距改变截面

图 5.21　斜截面受剪承载力的计算截面

2. 复核截面尺寸

构件截面尺寸通常在正截面受弯承载力计算时确定,然后按斜截面受剪承载力的要求进行复核,如能满足公式(5.30)或(5.31)的条件,则其截面尺寸能满足要求,否则应加大截面尺寸或提高混凝土强度等级。

3. 确定是否需按计算配置箍筋

当满足公式(5.32)或(5.33)的要求时,可按最小配箍率配置箍筋,不必进行计算,称构造配箍;否则应按公式(5.26)、(5.27)和(5.29)进行斜截面受剪承载力计算。

4. 计算腹筋

配置腹筋有以下两种方法:

(1) 只配箍筋,不配弯起钢筋

对承受均布荷载的矩形、T 形或工字形截面的一般受弯构件,从公式(5.26)可得:

$$V \leqslant V_u (= 0.7 f_t b h_0 + f_{yv} \frac{n A_{sv1}}{s} h_0)$$

$$\frac{n A_{sv1}}{s} = \frac{V - 0.7 f_t b h_0}{f_{yv} h_0}$$

对承受集中荷载的独立梁,从公式(5.27)可得:

$$V \leqslant V_u (= \frac{1.75}{\lambda + 1} f_t b h_0 + f_{yv} \frac{n A_{sv1}}{s} h_0)$$

$$\frac{n A_{sv1}}{s} = \frac{V - [1.75/(\lambda + 1)] f_t b h_0}{f_{yv} h_0}$$

$$1.5 \leqslant \lambda \leqslant 3.0$$

计算出 $n A_{sv1}/s$ 后,当采用双肢箍时,取 $n = 2$,然后可先选定箍筋直径,得到单肢箍筋截面面积 A_{sv1} 后,即可计算出箍筋间距 s;亦可先选定箍筋间距 s,再计算出 A_{sv1},然后确定箍筋直径。

计算出箍筋用量后,应检查是否满足最小配箍率条件,使 $\rho_{sv} \geqslant \rho_{sv,min} = 0.24 f_t / f_{yv}$。选用的箍筋直径和间距尚应分别满足附表 20 和附表 21 的构造要求。

(2) 既配箍筋,又配弯起钢筋

当需要配置弯起钢筋,或由正截面受弯承载力计算所配置的纵向钢筋有部分可作为弯起钢筋时，可先按最小配箍率 $\rho_{sv,min}$ 选定箍筋直径和间距，按公式（5.26）或（5.27）计算 V_{cs}，再从公式（5.29）计算所需弯起钢筋的截面面积 A_{sb}：

$$A_{sb} = \frac{V - V_{cs}}{0.8 f_y \sin\alpha_s}$$

计算 A_{sb} 时，上式中的剪力设计值 V 按下述规定取用：

（1）计算支座边第一排弯起钢筋时，取支座边截面剪力设计值。

（2）计算以后每排弯起钢筋时，取前一排弯起钢筋弯起点处的剪力设计值。

（3）第一排弯起钢筋与支座边的距离以及各排弯起钢筋的间距均应满足附表 21 中 $s \leqslant s_{max}$ 的要求（图 5.21）。

三、截面复核

截面复核时，已知剪力设计值 V、材料强度设计值 f_c、f_t 和 f_{yv} 及 f_y、截面尺寸 $b \times h$、腹筋数量 n，A_{sv1}，s 或 A_{sb} 等，要求复核斜截面受剪承载力 V_u。复核步骤如下：

（1）检查截面限制条件，如果不满足，应修改原始条件或停止继续计算。

（2）当 $V > 0.7 f_t bh_0$（均布荷载作用时）或 $V > [1.75/(\lambda+1)] f_t bh_0$（集中荷载作用时），检查是否满足最小配箍率条件 $\rho_{sv} \geqslant \rho_{sv,min}$，如果不满足，应修改原始条件或停止继续计算。

（3）以上检查均通过后，将已知数据代入公式（5.26），（5.27）或（5.29），求出 V_u。当 $V \leqslant V_u$ 时，满足斜截面受剪承载力，否则不满足。

［例题 5.1］　已知一钢筋混凝土矩形截面简支梁截面尺寸 $b \times h = 250mm \times 500mm$，$h_0 = 455mm$，梁的净跨度为 $l_n = 5.0m$，承受均布荷载设计值 $q = 35kN/m$（已包括梁自重）；混凝土强度等级为 C25，箍筋用 HPB300 级钢筋。

要求计算箍筋用量。

［解］

（1）计算内力，支座边截面剪力值为：

$$V_{max} = \frac{1}{2}q l_n = \frac{1}{2} \times 35 \times 5.0 = 87.5(kN)$$

（2）复核截面尺寸：

$$h_w/b = 455/250 = 1.82 < 4.0$$

$$0.25\beta_c f_c bh_0 = 0.25 \times 1 \times 11.9 \times 250 \times 455 = 338.4(kN) > V_{max}(= 87.5kN)$$

截面尺寸满足要求。

（3）确定是否需按计算配箍筋：

$$0.7 f_t bh_0 = 0.7 \times 1.27 \times 250 \times 455 = 101.1(kN) > V_{max}(= 87.5kN)$$

可按最小配箍率配置箍筋。

由附表 20 可知，当 $h = 500 < 800mm$ 时，箍筋直径可选用 $d = 6mm$；

由附表 21 可知，当 $V_{max}(= 87.5kN) \leqslant 0.7 f_t hh_0(= 101.1kN)$，且 $300 < h \leqslant 500$ 时，箍筋最大间距为 $s_{max} = 300mm$。

（4）计算最小配箍率及配置箍筋：

$$\rho_{sv,min} = 0.24f_t/f_{yv} = 0.24 \times 1.27/270 = 0.11\%$$

由 $\rho_{sv} = \dfrac{nA_{sv1}}{bs} = \rho_{sv,min}$ 可得：

$$s = \frac{nA_{sv1}}{b\rho_{sv,min}} = \frac{2 \times 28.3}{250 \times 0.11\%} = 206(mm)$$

选双肢箍筋为 $\phi6@200$。

[例题 5.2]　一矩形截面钢筋混凝土简支梁截面尺寸 $b \times h = 200mm \times 500mm$，梁的净跨度 $l_n = 4.76m$；承受均布荷载设计值 $q = 55kN/m$（已包括梁自重）；混凝土强度等级为 C25，箍筋用 HPB300 级钢筋，经正截面受弯承载力计算，已配置 HRB335 级纵向受拉钢筋 $2\Phi28 + 1\Phi22$，如图 5.22 所示。要求：

（1）计算所需箍筋用量；

（2）如果纵向受拉钢筋一部分可以弯起作为受剪腹筋，试计算弯起钢筋和箍筋用量。

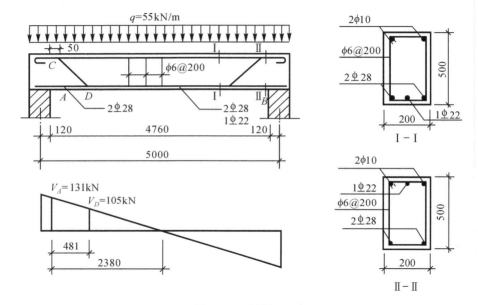

图 5.22　例题 5.2

[解]

（1）计算内力。支座边截面剪力为：

$$V_{max} = \frac{1}{2}ql_n = \frac{1}{2} \times 55 \times 4.76 = 131(kN)$$

（2）复核截面尺寸：

$$h_w/b = 455/200 = 2.3 < 4.0$$

$$0.25\beta_c f_c bh_0 = 0.25 \times 1 \times 11.9 \times 200 \times 455$$
$$= 270.7(kN) > V_{max}(=131kN)$$

截面尺寸满足要求。

（3）确定是否需按计算配置箍筋：

$$0.7f_t bh_0 = 0.7 \times 1.27 \times 200 \times 455 = 80.9(\text{kN}) < V_{\max}(= 131\text{kN})$$

需按计算配置箍筋。

（4）只配箍筋的计算：

$$\frac{nA_{sv1}}{s} = \frac{V_{\max} - 0.7f_t bh_0}{f_{yv}h_0} = \frac{131 \times 10^3 - 0.7 \times 1.27 \times 200 \times 455}{270 \times 455}$$

$$= 0.408(\text{mm}^2/\text{mm})$$

选用双肢箍筋 $n = 2$，箍筋直径 $d = 6\text{mm}$，$A_{sv1} = 28.3\text{mm}$，代入上式得：

$$s = nA_{sv1}/0.408 = 2 \times 28.3/0.408 = 139(\text{mm})$$

选取 $s(= 120\text{mm}) < s_{\max}(= 200\text{mm})$

验算最小配箍率：

$$\rho_{sv} = \frac{nA_{sv1}}{bs} = \frac{2 \times 28.3}{200 \times 120} = 0.24\%$$

$$\rho_{sv,\min} = 0.24f_t/f_{yv} = 0.24 \times 1.27/270 = 0.11\% < \rho_{sv}(= 0.24\%)$$

（满足要求）

（5）既配箍筋又配弯筋的计算：

1）先按构造要求选定箍筋：

从附表 20 和附表 21 选用双肢箍 $\phi6@200$

$$\rho_{sv} = \frac{nA_{sv1}}{bs} = \frac{2 \times 28.3}{200 \times 200} = 0.14\% \doteq \rho_{sv,\min}(= 0.15\%)$$

2）计算 V_{cs}：

$$V_{cs} = 0.7f_t bh_0 + f_{yv}\frac{nA_{sv1}}{s}h_0$$

$$= 0.7 \times 1.27 \times 200 \times 455 + 270 \times \frac{2 \times 28.3}{200} \times 455$$

$$= 115666(\text{N})$$

3）计算 A_{sb}：

$$A_{sb} = \frac{V_{\max} - V_{cs}}{0.8f_y \sin45°} = \frac{131000 - 115666}{0.8 \times 300 \times 0.707} = 90.4(\text{mm}^2)$$

弯起 $1\Phi22$，实配 $A_{sb}(= 380\text{mm}^2) > 90.4\text{mm}^2$。

4）验算弯起钢筋弯起点截面受剪承载力：

取弯起钢筋弯终点 C（图 5.22）至支座边距离为 $50\text{mm} < s_{\max}(= 200\text{mm})$，则弯起钢筋弯起点 D 至支座边 A 距离为 $50 + (500 - 90) = 460(\text{mm})$。

弯起钢筋弯起点 D 截面剪力设计值（图 5.22）为：

$$V_D = \frac{2380 - 460}{2380} \times 131000 = 105.7(\text{kN}) < V_{cs}(= 115.7\text{kN})$$

不需要再配置第二排弯起钢筋。

[例题 5.3]　有一矩形截面钢筋混凝土梁，支承在 240mm 厚的砖墙上，截面尺寸为 $b \times h = 250\text{mm} \times 550\text{mm}$，计算跨度 $l_0 = 5.0\text{m}$，承受均布及集中荷载设计值如图 5.23 所示。混

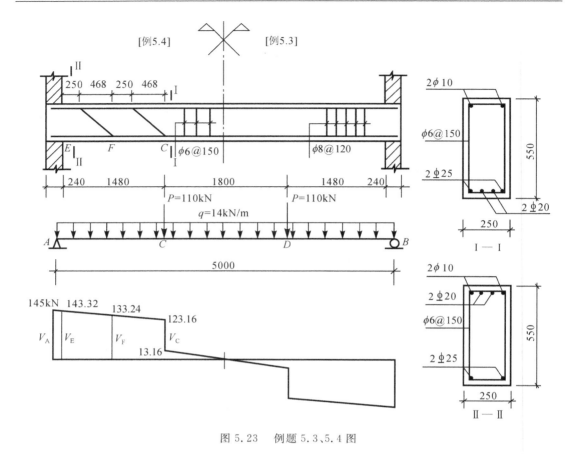

图 5.23 例题 5.3、5.4 图

凝土强度等级为 C25，箍筋用 HPB300 级钢筋。按正截面受弯承载力计算，已配置了纵向受拉钢筋 HRB335 级钢筋 $2\Phi25+2\Phi20$。

要求计算所需箍筋。

［解］

（1）支座边截面总剪力值为：

$$V_E = \frac{1}{2}ql_n + P = \frac{1}{2} \times 14 \times (5.0 - 0.24) + 110 = 143.32(\text{kN})$$

集中荷载 P 对支座截面产生的剪力值占支座截面总剪力值的百分比为：

$$P/V_E = 110/143.32 = 76.8\% > 75\%$$

故应按集中荷载作用受剪承载力公式计算。

（2）复核截面尺寸：

$$h_w/b = (550 - 45)/250 = 2.02 < 4.0$$

$0.25f_c\beta_c bh_0 = 0.25 \times 11.9 \times 1 \times 250 \times 505 = 375.59(\text{kN}) > V_E(= 143.32\text{kN})$

截面尺寸满足要求。

（3）确定是否需按计算配置箍筋：

$$\lambda = a/h_0 = (1480 + 120)/505 = 3.17 > 3.0,$$

取 $\lambda = 3$,则

$$\frac{1.75}{\lambda+1}f_{\mathrm{t}}bh_0 = (\frac{1.75}{3+1}) \times 1.27 \times 250 \times 505$$

$$= 70.15(\mathrm{kN}) < V_E(=143.32\mathrm{kN})$$

需按计算配置箍筋。

（4）计算箍筋用量：

$$\frac{nA_{\mathrm{sv1}}}{s} = \frac{V_E - \dfrac{1.75}{\lambda+1}f_{\mathrm{t}}bh_0}{f_{\mathrm{yv}}h_0}$$

$$= \frac{143.32 \times 10^3 - (\dfrac{1.75}{3+1}) \times 1.27 \times 250 \times 505}{270 \times 505}$$

$$= 0.537(\mathrm{mm}^2/\mathrm{mm})$$

选用双肢箍 $d = 8\mathrm{mm}$（大于 $d_{\min} = 6\mathrm{mm}$）,$A_{\mathrm{sv1}} = 50.3\mathrm{mm}^2$,代入上式得：

$$s = \frac{nA_{\mathrm{sv1}}}{0.537} = \frac{2 \times 50.3}{0.537} = 187(\mathrm{mm}) < s_{\max}(=250\mathrm{mm})$$

配置箍筋 $\phi 8@180$（图 5.23）。

（5）检查最小配箍率：

$$\rho_{\mathrm{sv}} = \frac{nA_{\mathrm{sv1}}}{bs} = \frac{2 \times 50.3}{250 \times 180} = 0.22\% > \rho_{\mathrm{sv,min}}(= 0.24\frac{f_{\mathrm{t}}}{f_{\mathrm{yv}}} = 0.24\frac{1.27}{210} = 0.15\%)$$

（满足要求）

[例题 5.4]　已知条件同例题 5.3,但可利用部分纵向受拉钢筋作为弯起钢筋。要求计算所需弯起钢筋及箍筋数量。

[解]

（1）先按构造要求配置箍筋：

选 $\phi 6@150$（等于 $d_{\min} = 6\mathrm{mm}$,小于 $s_{\max} = 250\mathrm{mm}$）

$$\rho_{\mathrm{sv}} = \frac{nA_{\mathrm{sv1}}}{bs} = \frac{2 \times 28.3}{250 \times 150} = 0.15\% \doteq \rho_{\mathrm{sv,min}}(= 0.24\frac{1.27}{210} = 0.15\%)$$

（满足要求）

（2）计算弯起钢筋：

$$V_{\mathrm{cs}} = \frac{1.75}{\lambda+1}f_{\mathrm{t}}bh_0 + f_{\mathrm{yv}}\frac{nA_{\mathrm{sv1}}}{s}h_0$$

$$= \frac{1.75}{3+1} \times 1.27 \times 250 \times 505 + 270 \times \frac{2 \times 28.3}{150} \times 505 = 121.60(\mathrm{kN})$$

$$A_{\mathrm{sb1}} = \frac{V_E - V_{\mathrm{cs}}}{0.8f_y\sin45°} = \frac{143.32 \times 10^3 - 121.60 \times 10^3}{0.8 \times 300 \times 0.707} = 128(\mathrm{mm}^2)$$

弯起 1Φ20,实配 $A_{\mathrm{sb1}} = 314.2\mathrm{mm}^2 > 128\mathrm{mm}^2$。

（3）验算第一排弯起钢筋弯起点截面的受剪承载力。弯终点距支座边取 $s = s_{\max} = 250\mathrm{mm}$,$A_{\mathrm{sb1}}$ 弯起点 F（图 5.23）距支座边距离为：

$$250 + (550 - 90) = 710(\mathrm{mm}) = 0.71(\mathrm{m})$$

$$V_F = 143.32 - 14 \times 0.71 = 133.38(\text{kN})$$

$$A_{sb2} = \frac{V_F - V_{cs}}{0.8 f_y \sin45°} = \frac{133.38 \times 10^3 - 121.60 \times 10^3}{0.8 \times 300 \times 0.707} = 69(\text{mm}^2)$$

再弯起 1Φ20，实配 $A_{sb2} = 314.2\text{mm}^2 > 69\text{mm}^2$。

从图5.23可见，梁 A—C 段内剪力值变化均不大，V_E 和 V_F 值很接近，这是由于集中荷载比均布荷载在梁内引起的剪力值大得多，因此当仅有集中荷载作用或有多种荷载作用时，只要在集中荷载和支座之间区段内的剪力值变化不大，则在计算了第一排弯起钢筋所需面积后，即可在此区段内等间距布置面积相同的各排弯起钢筋，前排弯起钢筋的起弯点宜与后排弯起钢筋的弯终点位于同一截面上，但有必要时，亦可拉开一定距离，但最大间距应满足 $s \leqslant s_{\max}$（附表21）。

（4）梁 C—D 区段内，C 截面右边剪力值（$V_{c右} = 13.16\text{kN}$）远小于 $V_{cs} = 121.60\text{kN}$，所配箍筋已足够，不需要再弯起钢筋。

[例题5.5] 图5.24所示为一钢筋混凝土简支梁，计算跨度 $l_0 = 4.0\text{m}$；截面尺寸 $b \times h = 200\text{mm} \times 450\text{mm}$；混凝土强度等级为C25，已配置受弯纵筋为 HRB335 级钢筋 3Φ20，架立筋为 HPB300 级钢筋 2Φ8，箍筋为 HPB300 级钢筋 ϕ6@150。

要求计算该梁能承受集中可变荷载 P 的标准值。

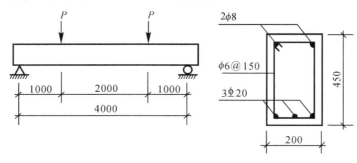

图5.24　例题5.5

[解]

（1）计算内力。梁自重为均布荷载：

$$g = 0.45 \times 0.2 \times 1.0 \times 25 = 2.25(\text{kN/m})$$

$$M_{\max} = \gamma_G \frac{1}{8} g l_0^2 + \gamma_Q P_1 l_1 = 1.2 \times \frac{1}{8} \times 2.25 \times 4^2 + 1.4 \times P_1 \times 1.0$$

$$= 5.40 + 1.4P_1(\text{kN} \cdot \text{m}) \quad （式中用 P_1 代替图5.24中 P）$$

$$V_{\max} = \gamma_G \frac{1}{2} g l_0 + \gamma_Q P_2 = 1.2 \times \frac{1}{2} \times 2.25 \times 4 + 1.4P_2$$

$$= 5.40 + 1.4P_2(\text{kN}) \quad （式中用 P_2 代替5.24中 P）$$

（2）按正截面受弯承载力计算 P_1：

$$h_0 = 450 - 45 = 405(\text{mm})$$

$$\rho = A_s/bh_0 = 942/(200 \times 405) = 1.16\% > \rho_{\min}(= 0.2\%，> 45\frac{f_t}{f_y}$$

$$= 45 \times \frac{1.27}{300} = 0.19\%)$$

$$x = f_y A_s / \alpha_1 f_c b = 300 \times 942 / (1.0 \times 11.9 \times 200) = 119(\text{mm})$$
$$< \xi_b h_0 (= 0.55 \times 405 = 223(\text{mm}))$$

属适筋梁。

$$M_u = \alpha_1 f_c bx \left(h_0 - \frac{x}{2}\right) = 1.0 \times 11.9 \times 200 \times 119(405 - 119/2)$$
$$= 97.85(\text{kN} \cdot \text{m})$$

令 $M_u = M_{\max}$，得

$$97.85 = 5.40 + 1.4 P_1$$
$$P_1 = \frac{97.85 - 5.40}{1.4} = 66.03(\text{kN})$$

（3）按斜截面受剪承载力计算 P_2：

$$\lambda = a/h_0 = 1000/405 = 2.47 > 1.5$$
$$< 3.0$$

$$V_u = \frac{1.75}{\lambda + 1.0} f_t b h_0 + f_{yv} \frac{n A_{sv1}}{s} h_0$$
$$= \frac{1.75}{2.47 + 1.0} \times 1.27 \times 200 \times 405 + 270 \times \frac{2 \times 28.3}{150} \times 405$$
$$= 93.14(\text{kN})$$

令 $V_u = V_{\max}$，则

$$93.14 = 5.40 + 1.4 P_2$$
$$P_2 = \frac{93.14 - 5.40}{1.4} = 62.67(\text{kN})$$

支座截面总剪力 $V = 93.14\text{kN}$，集中力对支座截面产生的剪力 $1.4 \times P_2 = 1.4 \times 62.67 = 87.74(\text{kN})$，得：

$$87.74/93.14 = 94.2\%(> 75\%)$$

故按集中力公式计算是合适的。

（4）梁能承受的集中可变荷载标准值：

$$P_2 = 62.67\text{kN} < P_1(= 66.03\text{kN})$$

取 $P = P_2 = 62.67\text{kN}$，可知此梁能承受的集中可变荷载标准值由斜截面受剪承载力决定。

（5）复核截面尺寸：

$$h_w/b = 405/200 = 2.025 < 4.0$$

$$0.25 \beta_c f_c b h_0 = 0.25 \times 1 \times 11.9 \times 200 \times 405 = 240.98(\text{kN}) > V_{\max}(= 93.14\text{kN})$$

截面尺寸满足要求，不会发生斜压破坏。

（6）验算最小配箍率：

$$\rho_{sv} = \frac{n A_{sv1}}{bs} = \frac{2 \times 28.3}{200 \times 150} = 0.19\%$$

$$> \rho_{sv,min} (= 0.24 f_t / f_{yv} = 0.24 \times 1.27/270 = 0.11\%)$$

满足要求,不会发生斜拉破坏。

5.7　保证斜截面受弯承载力的构造措施

保证斜截面的受弯承载力,《规范》不是通过计算,而是采取一定的构造措施予以满足,这些措施包括纵向钢筋弯起点的确定,纵向钢筋的截断和锚固等。为此,需先引入抵抗弯矩图的概念。

5.7.1　抵抗弯矩图

按照梁内实际配置的纵向钢筋,可以计算出正截面的受弯承载力(抵抗弯矩),亦即截面的抗力,将各截面的抵抗弯矩在图上画出,即为抵抗弯矩图(M_R 图),亦称材料图。

一、纵向钢筋不弯起不截断时的抵抗弯矩图

图 5.25 为承受均布荷载设计值 q 的单筋矩形截面梁,设计弯矩图为 $a0b$,按正截面受弯承载力计算,配置的纵向钢筋为 2Φ20 + 2Φ25。如果纵向钢筋不弯起,亦不截断,全部伸入支座,则各截面的抵抗弯矩,即受弯承载力 M_u 是相同的,将它们在图上示出,即为抵抗弯矩图 $acdb$。

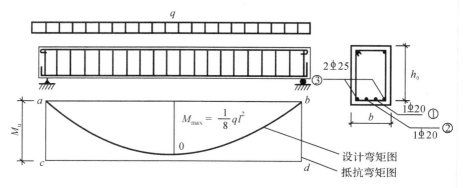

图 5.25　单跨简支梁设计弯矩图与抵抗弯距图

图 5.26 为一伸臂梁,按设计弯矩图经过正截面受弯承载力计算,在 AB 跨内配置了 3Φ18 纵向钢筋,在支座截面 B 处配置了 3Φ14 + 1Φ18 纵向钢筋。如果跨中及支座截面所配纵向钢筋均不弯起,亦不截断,则抵抗弯矩图为 $aa'c'c$。

从以上两图可见:

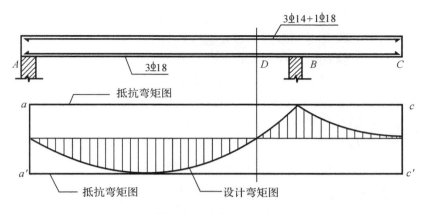

图 5.26　伸臂梁设计弯矩图与抵抗弯矩图

（1）为保证正截面的受弯承载力,必须使抵抗弯矩大于设计弯矩,抵抗弯矩图必须外包设计弯矩图才是安全的。

（2）纵向钢筋不弯起亦不截断是不经济的,因为按最大弯矩设计值配置的纵向钢筋在很多截面上有富裕,得不到充分利用。虽然这种钢筋布置方式具有构造简单、施工方便的优点,但浪费了部分钢筋。因此一般只适用于跨度和荷载均较小的梁中,对跨度较大或荷载较大的连续梁、框架梁等,为了节约钢筋,往往将跨中部分多余的纵向钢筋弯起,用以承受剪力及支座的负弯矩,使一根钢筋同时发挥几种作用。

（3）抵抗弯矩图与设计弯矩图越靠近,纵向钢筋利用得越好。

二、纵向钢筋弯起时的抵抗弯矩图

图 5.27 即为图 5.25 中编号为 ①,② 的 2Φ20 纵向钢筋弯起时的抵抗弯矩图。

图中 $0p$ 为跨中截面按实配 2Φ20＋2Φ25 计算所得抵抗弯矩值,即受弯承载力 M_u。在 $0p$ 线上近似地按每根钢筋截面面积的比例,划分出每根钢筋所承受的抵抗弯矩,0—2 即为 ③ 号纵筋 2Φ25 承受的抵抗弯矩、2—3 和 3—p 分别为 ② 号和 ① 号钢筋 1Φ20 承受的抵抗弯矩。

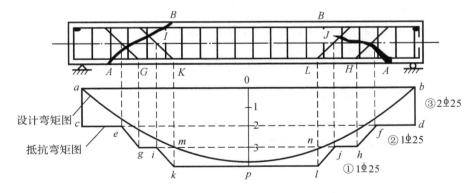

图 5.27　钢筋弯起后抵抗弯矩图

设 ① 号钢筋在 K 和 L 两截面处弯起,则过 K 和 L 点作竖直线分别与抵抗弯矩图上

过 p 点所作水平线交于 k 和 l 两点。如 k 和 l 点位于设计弯矩图外侧,表明在 K 和 L 处弯起时,该两截面的正截面受弯承载力已满足。p 截面称为 ① 号钢筋的充分利用截面,因为在 p 截面上,① 号钢筋是必不可少的。

钢筋在弯起过程中,对受压区合力点的力臂在逐渐减少,如图 5.28 中,从截面 K 的 z_K 减少到 K' 截面的 $z_{K'}$,因而受弯承载力也在逐渐减少,直至它与梁的纵轴线相交于 I 与 J 两点,认为弯起钢筋已基本上进入受压区,不再承受弯矩。因此在图 5.27 中过 I 和 J 点作竖直线分别与弯矩图上过 3 点所作水平线交于 i 和 j 两点,连接 i—k 和 j—l 两条斜直线,表示 ① 号钢筋在弯起过程中受弯承载力逐渐减小的变化。

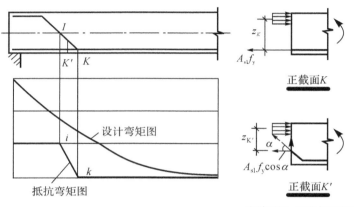

图 5.28　纵向钢筋弯起时的受力变化图

显然,i,k,j,l 点亦均应位于设计弯矩图外侧,才能满足正截面受弯承载力的要求,否则应改变弯起点 K 和 L 的位置。图 5.27 中 m 和 n 截面为 ① 号钢筋的"完全不需要截面",同时亦为 ② 号钢筋的"充分利用截面",这表示在 m 和 n 截面,只需 ② 号和 ③ 号钢筋(1Φ20＋2Φ25)已足以承受弯矩设计值,① 号钢筋已不需要。

同样可画出 ② 号钢筋在 G 和 H 处弯起时的抵抗弯矩图 e—g 和 f—h。③ 号钢筋 2Φ25 伸入支座,故抵抗弯矩图为 c—e 和 f—d 两条水平线。

抵抗弯矩图 M_R 与设计弯矩图 M 越靠近,即截面抗力 R 与荷载效应 M 越接近,则纵向钢筋利用得越好。

5.7.2　保证斜截面受弯承载力的构造措施

一、纵向钢筋弯起时的构造措施

纵向钢筋的弯起,应满足三个要求:

1. 满足正截面受弯承载力的要求

部分纵向钢筋弯起后,余下的纵向钢筋数量减少,正截面受弯承载力将降低,但只要使抵抗弯矩图外包设计弯矩图,正截面的受弯承载力就能得到保证。

2. 满足斜截面受剪承载力的要求

通过受剪承载力的计算,确定所需弯起钢筋的数量和位置。

3. 满足斜截面受弯承载力的要求

不是通过计算,而是采用一定的构造措施予以保证,即弯起钢筋的弯起点与该钢筋"充分利用截面"(即按受弯承载力的计算充分利用该钢筋的截面)之间的距离 s_1 应满足 $s_1 \geqslant h_0/2$ 的条件(h_0 为截面的有效高度)。从图 5.29 可见,连续梁跨中 ② 号钢筋起弯点 d 与该钢筋充分利用截面 d' 之间的距离应满足 $s_1 \geqslant h_0/2$。同时,为了保证正截面受弯承载力,该钢筋与梁纵轴线的交点 e 应位于该钢筋完全不需要截面 f 之外。同样在支座负弯矩处 ② 号钢筋弯起截面 a 与其充分利用截面 a' 的距离 s_1 亦应满足 $s_1 \geqslant h_0/2$ 的条件。此外,该钢筋与梁纵轴线交点 e' 亦应位于完全不需要截面 b' 之外。

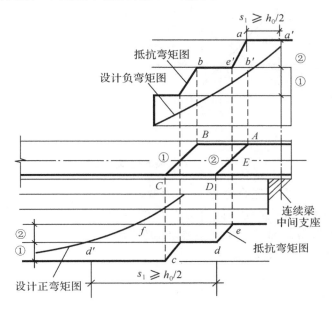

图 5.29　保证斜截面受弯的构造措施

下面证明,为什么 $s_1 \geqslant h_0/2$ 才能保证斜截面的受弯承载力。

图 5.30(a) 中,截面 $C-C'$ 按正截面受弯承载力需要配置纵向受拉钢筋 A_s,若在 K 点处弯起一根(或一排)钢筋 A_{sb},C' 点为其充分利用截面,余下的钢筋为 $A_{s1} = A_s - A_{sb}$。

钢筋未弯起前,A_s 应承受的弯矩为 M_c,对受压区合力点 O 取矩可得:

$$M_c = f_y A_s z \tag{5.34}$$

当出现斜裂缝 $J-H$ 后,取斜裂缝与支座部分 $ABCHJ$ 为脱离体,如图 5.30(b) 所示,则斜截面上 A_{s1} 和 A_{sb} 应承受的弯矩仍为 M_c,当略去斜截面上箍筋的受弯作用后,同样对受压区合力点 O 取矩可得:

$$M_c = A_{s1} f_y z + A_{sb} f_y z_{sb} \tag{5.35}$$

式中,f_y——钢筋抗拉强度设计值;

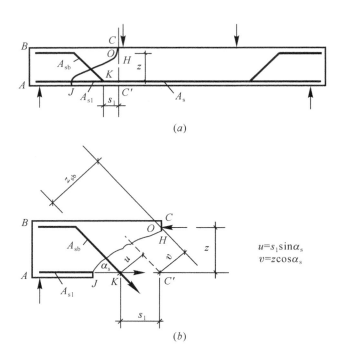

图 5.30　临界斜裂缝截面受力图

z—— 钢筋 A_{s1} 至受压区合力点 O 的力臂；

z_{sb}—— 弯起钢筋 A_{sb} 至受压区合力点 O 的力臂。

为了保证不致沿斜截面 J—H 发生破坏，必须满足以下条件：

$$A_{s1} f_y z + A_{sb} f_y z_{sb} \geqslant A_s f_y z \tag{5.36}$$

亦即应使：

$$z_{sb} \geqslant z \tag{5.37}$$

从图 5.30(b) 可知

$$z_{sb} = u + v = s_1 \sin\alpha_s + z\cos\alpha_s \tag{5.38}$$

式中，α_s—— 弯起钢筋 A_{sb} 与梁纵轴线的夹角。

将公式(5.38)代入公式(5.37)可得：

$$s_1 \sin\alpha_s + z\cos\alpha_s \geqslant z$$

$$s_1 \geqslant \frac{1 - \cos\alpha_s}{\sin\alpha_s} z \tag{5.39}$$

近似取 $z = 0.9h_0$ 或 $z = 0.8h_0$，则

当 $\alpha_s = 45°$ 时，$s_1 \geqslant (0.37 \sim 0.33)h_0$

当 $\alpha_s = 60°$ 时，$s_1 \geqslant (0.52 \sim 0.46)h_0$

因此《规范》取 $s_1 \geqslant h_0/2$，以保证斜截面的受弯承载力。

二、纵向钢筋的截断和锚固

跨中承受正弯矩的纵向受拉钢筋，可以部分弯起作为受剪钢筋，但不宜在跨中

截断。

连续梁中间支座或伸臂梁承受负弯矩的纵向钢筋,由于支座负弯矩随与支座截面距离的增大而迅速减小,因此,为了节约钢筋及方便施工,允许将多余的纵向钢筋在适当位置截断。

图 5.31 所示为连续梁中间支座负弯矩区段纵向钢筋截断时的抵抗弯矩图和截断后的锚固长度。

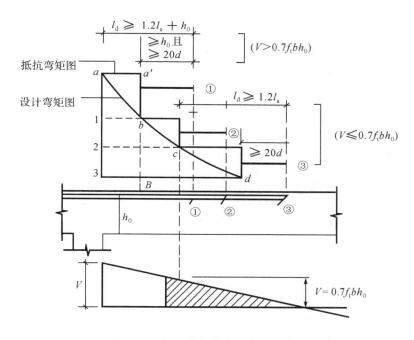

图 5.31　梁上部钢筋截断位置示意图

设计弯矩图上 a—3 为三根钢筋承受的抵抗弯矩,a—1,1—2 和 2—3 分别为 ①,② 和 ③ 号钢筋承受的抵抗弯矩。

设将 ① 号钢筋截断,则过 1 点作水平线与设计弯矩图交于 b 点,过 b 点画一竖直线与过 a 点的水平线交于 a' 点,形成一阶梯形抵抗弯矩图,表示 B 截面抵抗弯矩突然减少。同样可画出 ② 和 ③ 号钢筋截断时的抵抗弯矩图。

图 5.31 中 a 点为 ① 号钢筋的充分利用截面,b 点为完全不需要截面,理论上 ① 号钢筋过 b 点后即可截断,故 b 点亦称理论截断截面。但钢筋不能在理论截断截面立即截断,还必须向外延伸一段长度。

当梁端作用剪力较大时,在支座负弯矩钢筋的延伸区段范围内将形成由负弯矩引起的垂直裂缝和斜裂缝,并可能在斜裂缝区前端沿该钢筋形成劈裂裂缝,使纵筋拉应力由于斜弯作用和粘结退化而增大,并使钢筋受拉范围相应向跨中扩展。

国内外试验研究结果表明,为了使负弯矩钢筋的截断不影响它在各截面中发挥所需的抗弯能力,应通过两个条件控制负弯矩钢筋的截断点。第一个控制条件(即从不需要该批钢筋的截面伸出的长度)是使该批钢筋截断后,继续前伸的钢筋能保证过截断点的斜截面具有足够的受弯承载力;第二个控制条件(即从充分利用截面向前伸出的长度)是使负弯矩钢筋在梁顶部的特定锚固条件(钢筋在斜裂缝处剪力和弯矩共同作用下的粘结锚固问题)下具有必要的锚固长度。根据近期对分批截断负弯矩纵向钢筋情况下钢筋延伸区段受力状态的实测结果,《规范》对截断位置作了如下规定:

1. 当 $V \leqslant 0.7f_tbh_0$(梁端剪力较小)

(1) 从该钢筋不需要截面延伸 $\geqslant 20d$ 处截断(d 为截断钢筋的直径)。

(2) 从该钢筋强度充分利用截面延伸 $\geqslant 1.2l_a$ 处截断(l_a 为纵向受拉钢筋锚固长度)。

2. 当 $V > 0.7f_tbh_0$(梁端剪力较大且负弯矩区相对长度不大时)

(1) 从该钢筋不需要截面延伸 $\geqslant h_0$ 且 $\geqslant 20d$ 处截断。

(2) 从该钢筋强度充分利用截面延伸 $\geqslant 1.2l_a + h_0$ 处截断。

3. 当梁端作用剪力较大($V > 0.7f_tbh_0$),且负弯矩区相对长度较大时,按以上两个条件确定的截断点仍位于负弯矩受拉区内,延伸长度还应进一步增大。

(1) 从该钢筋不需要截面延伸 $\geqslant 1.3h_0$ 且 $\geqslant 20d$ 处截断。

(2) 从该钢筋强度充分利用截面延伸 $\geqslant 1.2l_a + 1.7h_0$ 处截断。

5.7.3 伸臂梁设计和抵抗弯矩图绘制的例题

有一矩形截面钢筋混凝土伸臂梁,如图 5.32 所示,简支跨 $A—B$ 的计算跨度为 $l_1 = 6.0m$,伸臂跨 $B—C$ 的计算跨度为 $l_2 = 2.5m$;承受均布荷载设计值 $q = 100kN/m$;构件截面尺寸 $b \times h = 200mm \times 700mm$;混凝土强度等级为 C30,纵向受力钢筋用 HRB335 级钢筋,箍筋用 HPB300 级钢筋。

要求设计该梁并绘制抵抗弯矩图。

[解]

一、计算内力

$A—B$ 跨中最大正弯矩值 $M_{A-B} = 308kN \cdot m$

B 支座最大负弯矩值 $M_B = 313kN \cdot m$

A 支座边截面剪力值 $V_A = 230kN$

B 支座边截面剪力值 $V_{B左} = 333kN$

                           $V_{B右} = 232kN$

二、跨中及支座截面纵向受拉钢筋的计算

按正截面受弯承载力计算跨中及支座截面应配置的纵向受拉钢筋,计算结果见表 5.1。

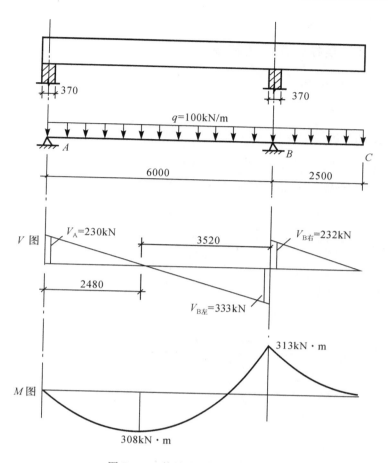

图 5.32 伸臂梁的弯矩和剪力图

表 5.1 纵向受拉钢筋计算表

项次	计 算 内 容	A—B 跨中截面	B 支座截面
1	M_{max}（kN·m）	308	313
2	$\alpha_s = M_{max} / \alpha_1 f_c b h_0^2$ （$h_0 = 640$mm）	0.263	0.267
3	γ_s	0.845	0.842
4	$A_s = M_{max} / f_y \gamma_s h_0$ （mm²）	1898	1936
5	选配钢筋	6 Φ 20	6 Φ 20
6	实配 A_s（mm²）	1884	1884

三、复核截面尺寸

$$h_w/b = h_0/b = 640/200 = 3.2 < 4.0$$

$$0.25\beta_c f_c b h_0 = 0.25 \times 1 \times 14.3 \times 200 \times 640 = 457.6\text{(kN)} > V_{B左}(= 333\text{kN})$$

截面尺寸满足受剪要求。

四、验算是否需要按计算配置箍筋

$$0.7f_tbh_0 = 0.7 \times 1.43 \times 200 \times 640 = 128.1(kN) < V_A(= 230kN)$$

需按计算配置腹筋。

五、计算腹筋

为充分利用 $A-B$ 跨中的纵向钢筋,考虑部分弯起作为受剪腹筋,并伸入 B 支座截面作为承受负弯矩的纵向钢筋。因此先配置双肢箍筋 $\phi 8@250$, $d = 8mm > d_{min}(= 6mm)$, $s = 250mm = s_{max}(= 250mm)$:

$$\rho_{sv} = \frac{nA_{sv1}}{bs} = \frac{2 \times 50.3}{200 \times 250}(= 0.2\%)$$

$$\rho_{sv,min} = 0.24f_t/f_{yv} = 0.24 \times 1.43/270 = 0.13\% < \rho_{sv} = 0.2\%$$

满足最小配箍率要求。

腹筋计算见表 5.2。

表 5.2　腹筋计算表

项次	计　算　内　容	A 截面	$B_{左}$ 截面	$B_{右}$ 截面
1	$V_{max}(kN)$	230	333	232
2	选配箍筋	$\phi 8@250$	$\phi 8@250$	$\phi 8@250$
3	$V_{cs} = 0.7f_tbh_0 + f_{yv}\dfrac{nA_{sv1}}{s}h_0$ 　(kN)	$205.39 < 230$	$205.39 < 333$	$205.39 < 232$
4	$A_{sb1} = (V_{max} - V_{cs})/(0.8f_y\sin45°)(mm^2)$	145	752	157
5	选第一排弯起钢筋	$2\ \Phi\ 20, A_{sb1} = 628mm^2$① 弯终点离支座边 50mm	$2\ \Phi\ 20, A_{sb1} = 628mm^2$ 弯终点离支座边 250mm $= s_{max}$	$2\ \Phi\ 20, A_{sb1} = 628mm^2$ 弯终点离支座边 250mm $= s_{max}$
6	A_{sb1} 弯起点截面剪力值 $V_1(kN)$	$V_1 = (2480 - 185 - 50 - 620)$ $\times 230 \div (2480 - 185)$ $= 163 < V_{cs}$	$V_1 = (3520 - 185 - 250 - 540) \times 333 \div (3520 - 185)$ $= 254 > V_{cs}$	$V_1 = (2500 - 185 - 250 - 540) \times 232 \div (2500 - 185)$ $= 153 < V_{cs}$
7	$A_{sb2} = (V_1 - V_{cs})/(0.8f_y\sin45°)(mm^2)$	——	286	——
8	选第二排弯起钢筋	——	$2\ \Phi\ 20, A_{sb2} = 628mm^2$②	——
9	A_{sb2} 弯起点截面剪力值 $V_2(kN)$	——	$V_2 = (3520 - 185 - 250 - 540 - 250 - 620) \times 333 \div (3520 - 185)$ $= 167 < V_{cs}$	——

注①:按计算弯起 1 Φ 20 已足够,考虑到纵向钢筋较多,为了加强 A 支座边截面受剪承载力,故弯起 2 Φ 20;

　②:按计算弯起 1 Φ 20 已足够,但考虑到 B 支座截面承受负弯矩的需要,故弯起 2 Φ 20。

六、绘制抵抗弯矩图(材料图)M_R

1. 绘制抵抗弯矩图实际上是一个钢筋布置的设计过程

为了充分发挥每根钢筋的作用,在选配钢筋时应将 A—B 跨截面正弯矩所需的钢筋与 B 支座截面负弯矩所需的钢筋以及受剪所需的弯起钢筋综合加以考虑。配置正弯矩钢筋时,应同时考虑其中哪些钢筋可以弯起作为受剪和承受负弯矩的钢筋;同样,选配负弯矩钢筋时,也应考虑利用从跨中弯起后的钢筋。

本例中正弯矩钢筋选配了 6Φ20,其中编号编号 ②,③ 弯起后伸入 B 支座承受负弯矩,因此负弯矩所需的钢筋 6Φ20 由于有了 ②,③ 号弯起钢筋,只需再增配 2Φ20(编号 ⑤)已足够了;②,③ 号钢筋同时又作为 B 支座截面受剪需要的弯起钢筋。

2. 将抵抗弯矩在设计弯矩图上表示出来

选配好钢筋后,需将每根钢筋能承受的抵抗弯矩分别表示在设计弯矩图上(图5.33)。

A—B 跨截面所配 6Φ20 钢筋的抵抗弯矩值为:

$$x = A_s f_y / \alpha_1 f_c b = 1884 \times 300/(1 \times 14.3 \times 200) = 198(\text{mm})$$

$$M_{u,A-B} = \alpha_1 f_c b x (h_0 - x/2)$$

$$= 1 \times 14.3 \times 200 \times 198(640 - 198/2) = 306.4(\text{kN} \cdot \text{m})$$

其中 1Φ20 的抵抗弯矩值为:

$$(314.2/1884) \times 306.4 = 51.1(\text{kN} \cdot \text{m})$$

B 支座截面所配钢筋的抵抗弯矩值亦相同。

计算出每根钢筋的抵抗弯矩值后,在设计弯矩图上按比例画出每根钢筋所承受抵抗弯矩的水平线,并与设计弯矩图相交,交点即为各编号钢筋的充分利用截面或完全不需要截面(即理论截断截面),他们是确定钢筋弯起或截断位置的依据。

跨中纵向钢筋伸入梁支座内的数量,当梁宽 $b \geq 100\text{mm}$ 时不宜少于两根,且不宜少于跨中纵向钢筋数量的1/3。为便于绘制抵抗弯矩图 M_R,宜将伸入支座的钢筋画在靠近梁轴线的位置,如图5.33中的 ① 号钢筋。

3. 确定钢筋起弯点位置

通过计算可知:② 号钢筋将起三个作用,即承受 A—B 跨中正弯矩、弯起后承受剪力及 B 支座的负弯矩。画 ② 号钢筋的 M_R 图时应考虑:

(1)要满足 A—B 跨中正截面受弯承载力的要求,因此 M_R 图应外包设计图 M。

(2)要满足正弯矩区段斜截面受弯承载力的要求,下部弯起截面 a 与其充分利用截面 b 的距离应满足 $s_1(= ab) \geq 0.5h_0$;同时为了满足正截面受弯承载力的要求,② 号弯起钢筋与梁纵轴线的交点 C 应在其完全不需要截面 d 之外。

(3)要满足 $V_{B左}$ 斜截面受剪要求,弯终点 e 与 B 支座边的距离 s 一般取50mm,当需要同时承受负弯矩时,可加大 s,但应使 $s \leq s_{max}$,本例中取 $s = s_{max} = 250\text{mm}$。

(4)要满足 B 支座正截面受弯承载力的要求,M_R 图应外包负弯矩设计图。

(5)要满足负弯矩区段斜截面受弯承载力要求,应使 ② 号钢筋弯终截面 e(对支座

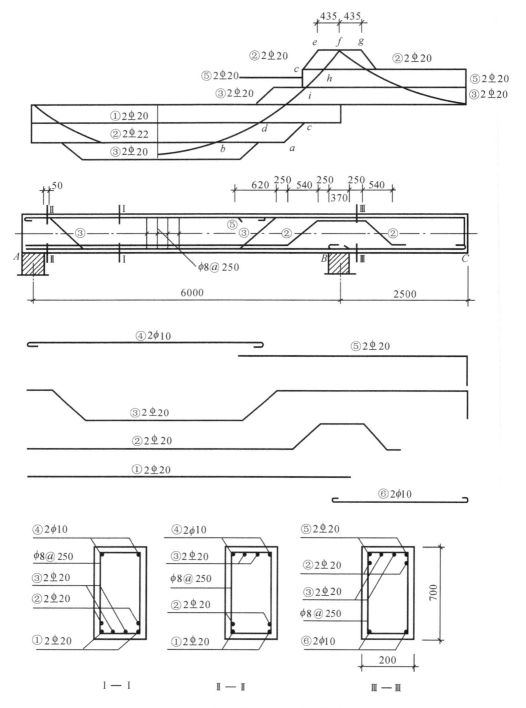

图 5.33　伸臂梁抵抗弯矩图

截面为弯起截面）与其充分利用截面 f 的距离满足 $s_1(= ef) \geqslant 0.5h_0$，本例中 $ef(=$ 435mm）$> 0.5h_0(= 320\text{mm})$，且该钢筋与梁纵轴线的交点 C 应在其负弯矩图上完全不需要截面 h 之外，② 号钢筋过 B 支座后又弯下，是 $V_{B右}$ 受剪的需要，弯下后的平直段位于受压区,其长度应为 $10d = 220\text{mm}$,然后即可截断。

(6) ③ 号钢筋经受剪计算,在 B 支座左侧只需弯起 1Φ20,但为了满足 B 支座负弯矩的需要,故弯起 2Φ20。M_R 图的画法与 ② 号钢筋相同,不再重复。③ 号钢筋弯终点截面与 ② 号钢筋起弯点截面的间距为 $s = s_{\max} = 250\text{mm}$。

(7) ①,② 号钢筋伸入 A 支座的锚固长度,当 $V_A > 0.7f_t bh_0$ 时,对带肋钢筋 $l_{as} = 12d = 12 \times 20 = 240(\text{mm})$,本例伸入 A 支座长度为 $370 - 25 = 345(\text{mm}) > l_{as}(= 240\text{mm})$,满足要求,① 号钢筋伸入 B 支座右边处截面截断。

4. 确定钢筋截断位置

⑤ 号钢筋实际截断点截面位置应满足两个条件,并取其大者:

(1) 自充分利用截面 h 起延伸 $l_d = 1.2l_a + h_0 = 1.2 \times \left(\alpha \dfrac{f_y}{f_t}d\right) + h_0 = 1.2 \times \left(0.14 \times \dfrac{300}{1.43} \times 20\right) + 640 = 695 + 640 = 1335(\text{mm})$(当 $V_h > 0.7f_t bh_0$ 时)。

(2) 自理论截断点 i 截面起延伸 $20d$ 或 h_0 中之大者,$20d = 20 \times 20 = 400(\text{mm})$,$h_0 = 640(\text{mm})$,应取 $640(\text{mm})$,$640(\text{mm}) < (l_d - 340)$,$l_d - 340 = 1335 - 340 = 995(\text{mm})$,其中 340 为 $h—i$ 的水平距离,故 ⑤ 号钢筋应离其充分利用点 h 截面延伸 $l_d = 1335\text{mm}$ 后截断。

③ 号钢筋伸入 B 支座右侧后,亦可按上述方法确定实际截断点位置。经计算后,截断位置离梁端不足 500mm,为施工方便,与 ⑤ 号钢筋一起伸至梁端部截断。

5. 架立筋的选用

架立筋均选用 HPB300 级钢筋 2 ϕ 10,$A—B$ 跨中 ④ 号架立筋与 ⑤ 号钢筋搭接。$B—C$ 跨中 ⑥ 号架立筋伸入 B 支座左边与 ① 号钢筋搭接。

6. 画出梁的剖面图及钢筋分离图

画 M_R 图的同时,要画出梁的纵、横剖面图,并将每根编号钢筋分离后按比例画在梁的纵剖面图下面。钢筋在梁内位置应与纵、横剖面图相对应,不能有矛盾或差错。钢筋的规格和类型不宜太多,既要经济,也要方便施工。

目前在实际工程设计图中已很少绘制抵抗弯图,这里进行了详细的说明,主要是为了更好理解保证斜截面受弯承载力所采取的构造措施。

5.8　连续梁的受剪性能及受剪承载力的计算

5.8.1　连续梁的受剪性能

连续梁(包括框架梁)与简支梁相比,具有不同的受力特点,主要是梁的中间支座上作用有负弯矩,弯剪段内分别作用着正、负两个方向的弯矩,存在着一个反弯点。因此斜截面的受力状态、斜裂缝的分布及破坏特征均与简支梁有很大不同。

试验表明,影响连续梁和框架梁斜截面受剪承载力的因素,除与简支梁相同的影响因素外,弯矩比 φ 对破坏形态及受剪承载力有明显影响。弯矩比就是最大负弯矩 $-M$ 和最大正弯矩 $+M$ 之比的绝对值,即 $\varphi = |-M/(+M)|$。此外,荷载作用形式对连续梁的受剪性能也有很大影响。

一、集中荷载作用下的连续梁

简支梁在集中荷载作用下,支座截面剪力很大,弯矩为零;而在集中荷载作用截面,剪力和弯矩都很大,正应力和剪应力都很高,因此简支梁的斜裂缝往往出现在集中荷载附近。

连续梁在中间支座和集中荷载作用的两个截面上的弯矩和剪力都很大,在剪跨比适中的梁内,当荷载增加到一定数值时,将首先在正、负弯矩较大的区段内出现垂直裂缝,随荷载增大,将在反弯点两侧分别出现两条由腹剪裂缝发展而成的斜裂缝,如图 5.34(a) 中 ①,② 裂缝,它们大致相互平行,分别指向集中荷载作用点和支座。

连续梁在斜裂缝出现前,纵向钢筋中各点的拉力由过该点垂直截面的弯矩所决定,如图 5.34(c) 中 ② 号斜裂缝出现前,纵筋 a 点的拉力由 M_{II} 决定,当斜裂缝出现并穿过纵筋 a 点后,纵筋拉力则由垂直截面 Ⅰ—Ⅰ 的弯矩 M_{I} 决定。由于 $M_{\mathrm{I}} > M_{\mathrm{II}}$,纵筋拉力在 a 点明显增大,而相距不远,反弯点处纵筋所受的拉力却很小(图 5.34(c) 中 b 点),因此纵筋在 a 和 b 两点之间不长的区段内产生了很大的拉力差,这个拉力差只能由钢筋和混凝土之间的粘结应力来平衡,从而使粘结应力显著增大。在粘结产生的环向劈裂拉应力、纵筋销栓作用产生的竖向拉应力以及剪力产生的主拉应力的共同作用下,沿纵向钢筋将产生一系列断断续续的针脚状的斜向粘结裂缝。

在接近破坏时,这些粘结裂缝最后分别穿过反弯点,延伸至集中荷载作用截面,形成较长的撕裂裂缝,如图 5.34(d) 所示。与此同时,当斜裂缝 ① 出现和开展后,下部纵筋也将产生相同的内力重分布现象,纵筋的受拉范围也可以延伸至支座附近,使得从支座至集中荷载作用点之间的上下纵筋在破坏时全部受拉。可见,按弹性分析,梁中应产生压应力的区域却产生了拉应力,这些反弯点已不再是纵筋受拉和受压的分界点。

梁最后破坏时,在 ① 和 ② 两条斜裂缝中将有一条成为破坏斜裂缝,其顶端剪压区在剪压复合应力下混凝土达到极限强度被压碎,发生剪压破坏。

图 5.34(e) 和 (f) 分别表示 Ⅰ—Ⅰ 截面上应力重分布的情况。

图 5.34(e) 为粘结裂缝出现前,压区混凝土和钢筋承受的压力(分别为 C_1 和 C_2)和上部纵向钢筋承受的拉力 T 相平衡,$T = C_1 + C_2$。粘结裂缝出现后如图 5.34(f) 所示,纵筋受拉区延伸,下部原先受压的纵向钢筋变为受拉。受压区混凝土承受的压力 C 既要平衡原有上部纵向钢筋的拉力 T_1,又要平衡下部纵向钢筋中新出现的拉力 T_2,使 $C = T_1 + T_2$,从而增大了受压区混凝土的压力。同时沿下部纵向钢筋产生的粘结撕裂裂缝一旦延伸至支座,还将使下部纵筋外侧原先受压的保护层混凝土基本上不起作用,使受压

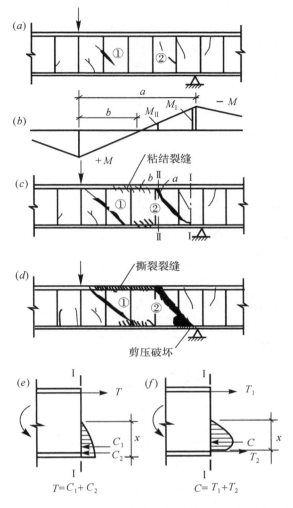

图 5.34　集中荷载作用连续梁的斜裂缝形态及受力分析

区面积减小。而由于受压区面积减小和混凝土压应力增大,导致了斜截面受剪承载力降低。

　　当广义剪跨比($\lambda = M/Vh_0$)相同时,集中荷载作用下连续梁的斜截面的受剪承载力将低于简支梁的受剪承载力,且剪跨比越小,其差别越大。由于在两点加荷的简支梁中广义剪跨比与计算剪跨比是相同的($\lambda = M/Vh_0 = a/h_0$),而在两点加荷的连续梁中,计算剪跨比 $\lambda = a/h_0$ 将大于广义剪跨比 $\lambda = M/Vh_0 = b/h_0$,因从图 5.34(b)中可见 $a >$ b,故如果以计算剪跨比相同来进行对比统计,则连续梁的斜截面受剪承载力反而要高于相同跨度简支梁的受剪承载力。

二、均布荷载作用下的连续梁

　　试验表明,均布荷载作用下连续梁的破坏形态和集中荷载作用时有以下明显不同:
　　(1) 均布荷载作用下连续梁的破坏,一般是只在反弯点的一侧出现一条临界斜裂

缝。受剪破坏位置与受剪承载力均与弯矩比 $\varphi=|-M/(+M)|$ 有关。当 φ 较小时，随着 φ 从零（相当于简支梁）逐渐增大，临界斜裂缝向跨中移动，出现在跨中正弯矩区段内，如图 5.35(a) 所示。受剪承载力亦随 φ 的增大而提高（图 5.36）。当 $\varphi>1$ 时，临界斜裂缝位置移至负弯矩区段内，如图 5.35(b)，受剪承载力随 φ 值的增大而降低（图 5.36）。

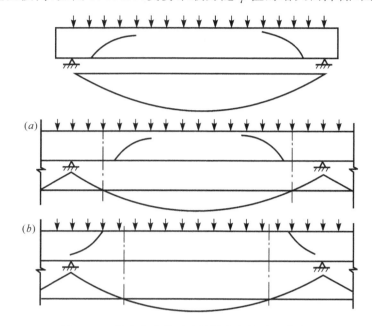

图 5.35　均布荷载作用连续梁的主斜裂缝分布图

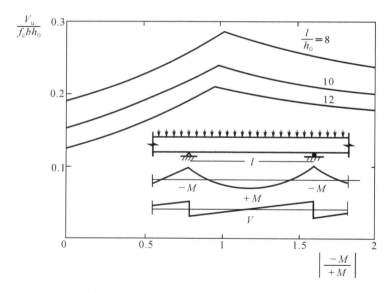

图 5.36　连续梁弯距比与受剪承载力的关系

（2）均布荷载作用下的连续梁没有出现严重的粘结裂缝。由于均布荷载作用于梁顶面，它对混凝土保护层起着一个侧向约束的作用，加强了钢筋与混凝土之间的粘结强度,因此在负弯矩区段内一般很少出现沿纵向钢筋位置的严重粘结裂缝。跨中正弯矩区段内,斜裂缝出现后虽然也发生内力的重分布,但受拉纵筋的应力差一般不大,纵筋和混凝土之间的粘结破坏虽亦发生,但粘结撕裂裂缝不似集中荷载作用时那样严重。

均布荷载作用下连续梁的受剪承载力可以按正弯矩区和负弯矩区两部分来考虑。

图 5.37 为简支梁和伸臂梁的裂缝图,它们的特点是简支梁的支座和伸臂梁的反弯点相重合。从图中可见,在正弯矩区段内两根梁的破坏形态十分相似,故可将连续梁的正弯矩区段作为简支梁来分析,这根简支梁的支座位于下部纵向受拉钢筋的零应力处。

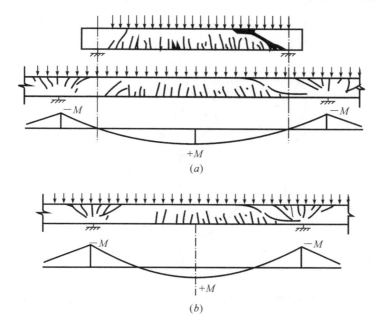

图 5.37　均布荷载作用下简支梁和伸臂梁受剪的裂缝比较图

图 5.38 为连续梁反弯点之间整个负弯矩区段所承受的荷载和裂缝分布图。它的受力性能又可分解成两部分来考虑:

(1)在临界斜裂缝之间的荷载将通过斜裂缝之间的混凝土块体直接传递到支座上,如图 5.38(c) 所示。

(2)其他部分荷载产生的剪力由临界斜裂缝之外的混凝土和纵筋组成的构件承受,这部分的受力情况相当于一个倒置的简支梁,如图 5.38(d) 所示,支座反力可模拟为简支梁承受的集中荷载,它的剪跨比即为支座截面的广义剪跨比 M/Vh_0。

因此,支座截面的受剪承载力由这两部分的受剪承载力所组成,在工程中常见的跨高比 l/h_0 和弯矩比 φ 范围内,支座截面的广义剪跨比很小,故其受剪承载力较高。此外,斜裂缝之间梁顶面的荷载又直接传递到支座上。这些特点使负弯矩区在发生剪切破坏时,支座截面的受剪承载力高于一般简支梁在集中荷载作用下的受剪承载力。

试验表明,在均布荷载作用下,无腹筋连续梁发生剪切破坏时,不论是跨中正弯矩区剪坏,还是支座负弯矩区剪坏,支座截面实测的剪力值均不低于按简支梁公式计算的

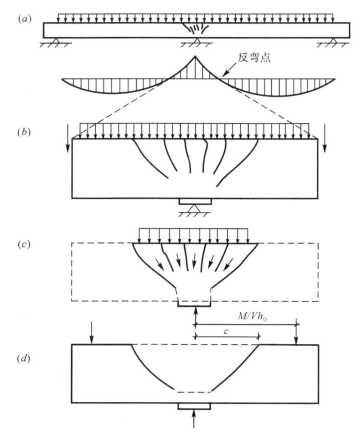

图 5.38　均布荷载作用下连续梁支座负弯矩区段的裂缝分布及受力图

受剪承载力。

5.8.2　连续梁斜截面受剪承载力计算

根据试验结果及上述对受剪性能的分析,《规范》对连续梁斜截面受剪承载力的计算采用了与简支梁相同的计算公式。

集中荷载作用下,连续梁和约束梁斜截面的受剪承载力为:

$$V \leqslant V_{cs}, \qquad V_{cs} = \frac{1.75}{\lambda + 1} f_t b h_0 + f_{yv} \frac{nA_{sv1}}{s} h_0 \tag{5.27}$$

式中,λ 为计算剪跨比,$\lambda = a/h_0$,$1.5 \leqslant \lambda \leqslant 3.0$。

对均布荷载作用下的连续梁和约束梁:

$$V \leqslant V_{cs}, \qquad V_{cs} = 0.7 f_t b h_0 + f_{yv} \frac{nA_{sv1}}{s} h_0 \tag{5.26}$$

上述计算公式的适用条件亦与简支梁的规定相同。

5.9　钢筋的构造要求

5.9.1　箍筋的构造要求

一、箍筋的形状和肢数

箍筋形状有开口式及封闭式两种,如图 5.39 所示,通常采用封闭式箍筋,这样既便于固定纵向钢筋,又对梁的受扭有利。封闭箍在受压区的水平肢将约束混凝土的横向变形,以利于提高混凝土强度。

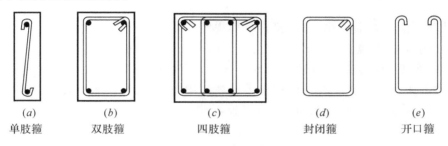

| (a) | (b) | (c) | (d) | (e) |
| 单肢箍 | 双肢箍 | 四肢箍 | 封闭箍 | 开口箍 |

图 5.39　箍筋的形式

现浇 T 形截面梁,当不承受扭矩和动荷载时,在跨中承受正弯矩区段内,由于在翼缘顶面通常配有横向钢筋(如板中承受负弯矩的钢筋),此时亦可采用开口箍筋。但在实际工程中,一般还是采用封闭式箍筋。

箍筋末端应弯折成不小于 135° 的弯钩,不宜用 90° 弯钩,弯钩端头平直段长度对一般结构应不小于 $5d$(d 为箍筋直径),且不小于 50mm。对有抗震设防的结构应不小于 $10d$。箍筋端部应锚固在梁的受压区内。

箍筋可分单肢、双肢及四肢箍(亦称复合箍)等几种:

(1) 梁宽 $b < 350$mm 时,常用双肢箍。

(2) 梁宽 $b \geqslant 350$mm 时,或纵向受拉钢筋在一层中多于 4 根时,应采用四肢箍。

(3) 梁宽 $b > 400$mm 且一层内的纵向受压钢筋多于 3 根,或当梁宽 $b \leqslant 400$mm 但一层内的纵向受压钢筋多于 4 根时,应采用复合箍。

(4) 只有当梁宽 $b < 150$mm 时,才允许用单肢箍。

二、箍筋的强度和直径

宜作为箍筋的钢筋品种已如 5.4.3 节所述。其抗拉强度设计值 f_{yv} 不大于 360MPa,大于 360MPa 时,取用与选用箍筋级别的抗拉强度设计值。

为了使钢筋骨架具有一定刚性,便于制作安装,箍筋直径不应太小,《规范》规定了箍筋的最小直径,见附表 20。

三、箍筋的间距

试验表明,箍筋的分布对斜裂缝开展有明显影响。如果箍筋间距太大,斜裂缝有可能不与箍筋相交,或者相交在箍筋不能充分发挥作用的位置,以致箍筋不能有效地抑制斜裂缝的开展和提高梁的受剪承载力。因此一般宜采用直径略小、间距较密的箍筋。《规范》规定的箍筋最大间距 s_{max} 见附表 21。

当梁中配有按计算需要的纵向受压钢筋时,应采用封闭式箍筋,为防止受压钢筋压屈,箍筋间距尚应满足下述要求:

$s \leqslant 15d$(d 为受压钢筋中的最小直径),同时应符合 $s \leqslant 400$mm;当一排内的纵向受压钢筋多于 5 根,且直径大于 18mm 时,箍筋间距尚应符合 $s \leqslant 10d$ 的要求。

四、箍筋的布置

按计算不需要箍筋的梁,亦应符合下列规定:

(1)当梁截面高度 $h \geqslant 300$mm 时,应沿梁全长设置箍筋。

(2)当梁截面高度 $h = (150 \sim 300)$mm 时,可仅在构件端部 1/4 跨度范围内设置箍筋;但在构件中部 1/2 跨度范围内有集中荷载作用时,则仍应沿梁全长设置箍筋。

(3)当梁截面高度 $h < 150$mm,可不设箍筋。

5.9.2　弯起钢筋的构造要求

一、弯起钢筋的间距和弯起角度

弯起钢筋间距过大,可能在相邻两排弯起钢筋之间出现不与弯起钢筋相交的斜裂缝,使弯起钢筋不能发挥抗剪作用。因此,当按受剪承载力计算,需配置两排及两排以上弯起钢筋时,第一排(对支座而言)弯起钢筋的起弯点与第二排弯起钢筋的弯终点宜在同一截面上,但允许有一定间距 s,但应满足 $s \leqslant s_{max}$(图5.21)。需要作疲劳验算的梁,两排弯起钢筋的间距除满足上述要求外,还应符合 $s \leqslant h_0/2$(h_0 为截面的有效高度)的要求。

为了避免由于钢筋制作尺寸误差而使弯起钢筋的弯终点进入梁的支座范围内,以致不能充分发挥其作用,且不便于施工,靠近支座的第一排弯筋的弯终点至支座边的距离不宜小于 50mm,且不应大于 s_{max}(图 5.21)。

梁中弯起钢筋的弯起角一般为 45°,当梁高 $h \geqslant 700$mm 时,也可采用 60°。

二、弯起钢筋的锚固

为了防止弯起钢筋因锚固长度不足而发生滑动,导致斜裂缝开展过大及弯起钢筋本身的强度不能充分发挥,弯筋在其弯终点以外应留有平行于梁轴线方向的锚固长度。当锚固在受压区时,其锚固长度不应小于 $10d$,d 为弯起钢筋的直径;当锚固在受拉区时,其锚固长度不应小于 $20d$(图 5.40)。对于光面钢筋,在其末端尚应设置弯钩。

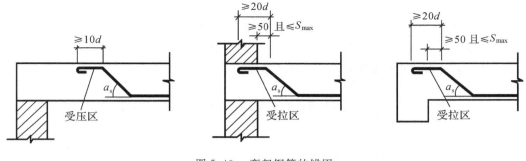

图 5.40　弯起钢筋的锚固

三、弯起钢筋的布置

（1）对采用绑扎骨架的主梁、跨度不小于 6m 的次梁、吊车梁及挑出 1m 以上的伸臂梁，除必须设置箍筋外，尚宜设置弯起钢筋。

（2）当梁宽 $b > 350\text{mm}$ 时，同一截面上的弯起钢筋不宜少于 2 根。

（3）位于梁侧边的底层钢筋不应弯起，梁侧边的顶层钢筋不应弯下。

（4）按正截面受弯承载力计算所配置的纵向受拉钢筋不能弯起作为受剪钢筋时，可经计算设置单独的受剪弯筋，布置成"鸭筋"形状，如图 5.41 所示。但不允许采用图示的"浮筋"，因其锚固性能不如两端均锚固在受压区的"鸭筋"可靠，一旦弯筋发生滑动，将使斜裂缝开展过大。

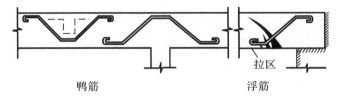

图 5.41　鸭筋的构造要求

5.9.3　纵向构造钢筋

当梁的腹板高度 $h_w \geqslant 450\text{mm}$ 时，在梁的两侧面应沿高度方向配置纵向构造钢筋，每侧纵向构造钢筋（不包括梁上、下部受力钢筋及架立钢筋）的截面面积不应小于腹板截面面积 bh_w 的 0.1%，且其间距不宜大于 200mm。纵向构造钢筋之间用拉筋联系，如图 5.42 所示。

纵向构造钢筋的作用是控制由于混凝土收缩和温度变形在梁腹部产生的竖向裂缝，同时也可控制拉区弯曲裂缝在梁腹部形成宽

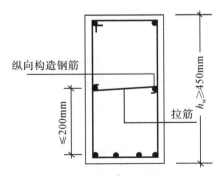

图 5.42　梁侧构造钢筋的配置

度较大的根状裂缝。

对钢筋混凝土薄腹梁或需要作疲劳验算的梁,应在下部 1/2 梁高的腹板内,沿两侧配置直径为 $8 \sim 14mm$、间距为 $100 \sim 150mm$ 的纵向构造钢筋,并按下密上稀的方式布置,在上部 1/2 梁高的腹板内,纵向构造钢筋可按图 5.42 的规定配置。

5.9.4 纵向受力钢筋在支座和节点处锚固

一、简支支座处纵向受力钢筋的锚固

梁下部纵向受力钢筋伸入支座内的数量,当梁宽 $b \geqslant 100$ 时,不宜少于两根;当梁宽 $b < 100$ 时,可为一根。

支座处剪力较大,一旦出现斜裂缝,裂缝截面处钢筋应力将突然增大,如果没有足够伸入支座内的锚固长度,有可能产生纵向钢筋的滑移,甚至可能从支座内拔出而造成粘结锚固破坏,因此纵向受力钢筋伸入支座内必须要有足够的锚固长度。

钢筋混凝土简支梁板和连续梁板简支端的下部纵向受力钢筋伸入支座内的锚固长度用 l_{as} 表示,亦称搁置长度(图 5.43),其值较纵向受拉钢筋的锚

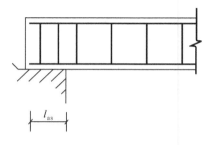

图 5.43 梁纵筋伸入支座加密箍筋

固长度 l_a 要小,这是考虑到支座反力对纵向受力钢筋锚固的有利影响,以及简支端纵向钢筋的强度一般未充分利用等因素。锚固长度 l_{as} 应符合下述规定:

对于板 $\quad l_{as} \geqslant 5d$($d$ 为下部纵向受力钢筋直径);

对于梁 $\quad V \leqslant 0.7f_t bh_0$ 时,$l_{as} \geqslant 5d$;

$\qquad V > 0.7f_t bh_0$ 时,光面钢筋 $l_{as} \geqslant 15d$;

$\qquad\qquad$ 带肋钢筋 $l_{as} \geqslant 12d$;(d 为下部纵向受力钢筋中的最大直径)

当整浇连续板内温度、收缩应力较大时,上述 l_{as} 尚宜适当增加。

如果纵向受力钢筋伸入支座内的锚固长度不能符合上述规定时,可将纵筋上弯以满足 l_{as} 的要求,上弯段长度不应小于 $15d$;也可采用如图 2.43 所示的机械锚固措施。

支承在砌体结构上的钢筋混凝土独立梁,在纵向受力钢筋的锚固长度 l_{as} 范围内,应设置不少于两个箍筋,其直径不宜小于纵向受力钢筋最大直径的 0.25 倍,间距不宜大于纵向受力钢筋最小直径的 10 倍。当采用机械锚固措施时,箍筋间距不宜大于纵向受力钢筋最小直径的 5 倍。

对混凝土强度等级不超过 C25 的简支梁和连续梁的简支端,当距支座边 $1.5h$(h 为梁截面高度)范围内作用有集中荷载,且 $V > 0.7f_t bh_0$ 时,需对带肋钢筋取 $l_{as} \geqslant 15d$ 或采取附加锚固措施。

二、梁柱节点处纵向受力钢筋的锚固

1. 框架中间层端节点

框架梁上部纵向钢筋伸入中间层端节点的锚固长度,当采用直线锚固形式时,不应小于 l_a,且伸过柱中心线不宜小于 $5d$,d 为梁上部纵向钢筋的直径。当柱截面尺寸不足时,梁上部纵向钢筋应伸至节点对边并以 $90°$ 向下弯折,其包含弯弧段在内的水平投影长度不应小于 $0.4l_a$,包含弯弧段在内的竖直投影长度应取为 $15d$(图 5.44)。l_a 为纵向受拉钢筋锚固长度。

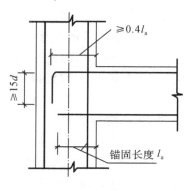

图 5.44　钢筋末端 $90°$ 弯折锚固

试验研究表明,这种锚固端的锚固能力由水平段的粘结能力和弯弧与垂直段的弯折锚固作用所组成。在承受静力荷载为主的情况下,水平段的粘结能力起主导作用。国内外试验结果表明,当水平段投影长度不小于 $0.4l_a$,垂直段投影长度为 $15d$ 时,已能可靠保证梁纵向受力钢筋的锚固强度和刚度。

框架梁下部纵向钢筋在端节点处的锚固要求与下述中间节点处梁下部纵向钢筋的锚固要求相同。

2. 框架中间层节点

框架梁或连续梁的上部纵向钢筋应贯穿中间节点或中间支座范围(图 5.45),该钢筋自节点或支座边缘伸向跨中的截断位置应符合本章 5.7.2 节之二。

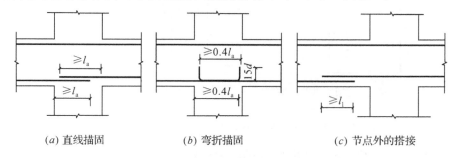

图 5.45　框架中间层节点区梁纵筋的锚固和搭接措施
(a) 节点中的直线锚固;(b) 节点中的弯折锚固;(c) 节点或支座范围外的搭接

框架梁或连续梁的下部纵向钢筋在中间节点或中间支座处应满足下列锚固要求:

(1)当计算中不利用该钢筋强度时,其伸入节点或支座的锚固长度应符合本章第5.9.4 节之一简支支座处纵向受力钢筋锚固要求中 $V > 0.7f_t bl_0$ 的规定,即光面钢筋 $l_{as} \geqslant 15d$、带肋钢筋 $l_{as} \geqslant 12d$,d 为下部纵向受力钢筋中的最大直径。

(2)当计算中充分利用钢筋的抗拉强度时,下部纵向钢筋应锚固在节点或支座内。此时,可采用直线锚固形式,如图 5.45(a) 所示,钢筋的锚固长度不应小于受拉钢筋的锚固长度 l_a;下部纵向钢筋也可采用带 $90°$ 弯折的锚固形式,其中竖直段应向上弯折,锚固端的水平投影长度及竖直投影长度不应小于 $0.4l_a$ 和 $15d$,如图 5.45(b) 所示。

当梁下部钢筋根数较多,且分别从两侧锚入中间节点时,将造成节点下部钢筋拥挤,此时,也可采用将下部纵向钢筋伸过节点或支座范围,并在节点以外梁弯矩较小处设置搭接接头的做法,如图 5.45(c) 所示。搭接长度 l_l 见第二章 2.5.3 节。

（3）当计算中充分利用钢筋的抗压强度时,下部纵向钢筋应按受压钢筋锚固在中间节点或中间支座内处理,此时,其直线锚固长度不应小于 $0.7l_a$;下部纵向钢筋也可伸过节点或支座范围,并在节点以外梁弯矩较小处设置搭接接头。搭接长度 l_l 见第二章 2.5.3 节。

3. 框架顶层端节点

在承受以静力荷载为主的框架中,顶层端节点处的梁、柱端均主要承受负弯矩作用,相当于一段 90° 的折梁,当梁上部钢筋和柱外侧钢筋数量匹配时,可将柱外侧处于梁截面宽度内的纵向钢筋直接弯入梁上部,作为梁上部负钢筋使用。亦可使梁上部钢筋与柱外侧钢筋在顶层端节点及其附近部位搭接。下面推荐了两种搭接方法,供参考。

（1）搭接接头沿顶层端节点外侧及梁端顶部布置（图 5.46(a)）。

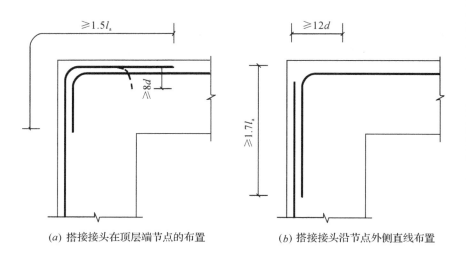

(a) 搭接接头在顶层端节点的布置   (b) 搭接接头沿节点外侧直线布置

图 5.46   框架顶层端节点区梁纵筋的搭接锚固

搭接长度不应小于 $1.5l_a$,其中伸入梁内的外侧柱纵向钢筋截面积不宜小于外侧柱纵向钢筋全部截面面积的 65%;梁宽范围以外的外侧柱纵向钢筋宜沿节点顶部伸至柱内边,当柱纵向钢筋位于柱顶第一层时,至柱内边后宜向下弯折不小于 $8d$ 后截断;当柱纵向钢筋位于柱顶第二层时,可不向下弯折。当有现浇板且板厚不小于 80mm、混凝土强度等级不低于 C20 时,梁宽范围以外的外侧柱纵向钢筋可伸入现浇板内,其长度与伸入梁内的柱纵向钢筋相同。当外侧柱纵向钢筋的配筋率大于 1.2% 时,伸入梁内的柱纵向钢筋应满足以上规定,且宜分两批截断,其截断点之间的距离不宜小于 $20d$。梁上部纵向钢筋应伸至节点外侧并向下弯至梁下边缘高度后截断。此处 d 为柱外侧纵向钢筋的直径。

这种做法适用于梁上部钢筋和柱外侧钢筋数量都不过多的民用或公共建筑框架,其优点是梁上部钢筋不伸入柱内,有利于在梁底标高处设置柱混凝土施工缝,但当梁上部和柱外侧钢筋数量过多时,该布置将造成节点顶部钢筋拥挤,不利于自上而下浇注混凝土。此时,宜采用第 2 种搭接方法。

(2) 搭接接头沿柱顶部外侧布置(图 5.46(b))

此时,梁、柱钢筋采用直线搭接,搭接长度竖直段不应小于 $1.7l_a$。当梁上部纵向钢筋的配筋率大于 1.2% 时,弯入柱外侧的梁上部纵向钢筋应满足以上规定的搭接长度,且宜分两批截断,其截断点之间的距离不宜小于 $20d$,d 为梁上部纵向钢筋的直径。柱外侧纵向钢筋伸至柱顶后宜向节点内水平弯折,弯折段的水平投影长度不宜小于 $12d$,d 为柱外侧的纵向钢筋的直径。

在顶层端节点处不允许采用将柱筋伸至柱顶,并将梁上部钢筋按图 5.44 的规定锚入节点的做法,因这种做法无法保证梁、柱钢筋在节点区的搭接传力,使梁、柱端无法发挥出所需的正截面受弯承载力。

试验表明,当梁上部和柱外侧钢筋配筋率过高时,将引起顶层端节点核心区混凝土的斜压破坏,故对框架顶层端节点处梁上部纵向钢筋的截面面积 A_s 作出如下规定:

$$A_s \leqslant \frac{0.35\beta_c f_c b_b h_0}{f_y} \tag{5.40}$$

式中:b_b—— 梁腹板宽度;

　　h_0—— 梁截面有效高度;

　　β_c—— 混凝土强度影响系数,当混凝土强度等级 $\leqslant$ C50 时,取 $\beta_c = 1.0$;当 C80 时取 $\beta_c = 0.8$;其间按线性内插法确定;

　　f_c—— 混凝土抗压强度设计值;

　　f_y—— 钢筋抗拉强度设计值。

试验还表明,当梁上部钢筋和柱外侧钢筋在顶层端节点外上角的弯弧半径过小时,弯弧下的混凝土可能发生局部受压破坏,故对钢筋的弯弧半径最小值作了相应规定:当钢筋直径 $d \leqslant 25$mm 时,不宜小于 $6d$;当钢筋直径 $d > 25$mm 时,不宜小于 $8d$。

非抗震框架梁柱节点内应设置水平箍筋,这是根据我国工程经验并参考国外有关规范给出的。箍筋应符合柱中箍筋的构造规定(见附表 22),但间距不宜大于 250mm。对四边均有梁与之相连的中间节点,节点内可只设置沿周边的矩形箍筋,可不设复合箍筋。

当顶层端节点内设有梁上部纵向钢筋和柱外侧纵向钢筋的搭接接头时,节点内水平箍筋应符合纵向受力钢筋搭接长度 l_l 范围内对箍筋设置的要求(见第二章 2.5.3 节)。

5.10　偏心受力构件斜截面受剪承载力的计算

构件除承受弯矩和剪力外,还同时承受轴向力时称为偏心受力构件。当轴向力为压力时称为偏心受压构件或压弯构件;当轴向力为拉力时,称为偏心受拉构件(详见第 7 章和第 8 章)。

轴向力的存在对斜截面受剪承载力有明显影响,故对偏心受力构件亦应进行斜截面受剪承载力的计算。

5.10.1 偏心受压构件斜截面受剪承载力的计算

一、轴向压力对简支构件受剪性能的影响

决定偏心受压构件受剪性能的主要因素除与受弯构件一样,受到剪跨比、混凝土强度、腹筋用量和强度以及纵向钢筋配筋率等因素影响外,还将受到轴向压力的影响。轴向压力的大小对构件的破坏形态和受剪承载力亦有较大影响。

试验研究表明,轴向压力对受剪承载力是有利的。轴向压力的存在将延缓斜裂缝的出现,并抑制斜裂缝的开展,增大剪压区高度,从而提高剪压区混凝土的受剪承载力。破坏时临界斜裂缝的倾角较小。

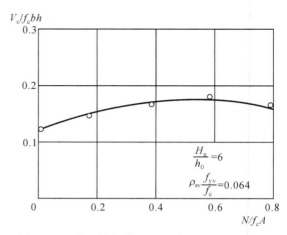

图 5.47　偏压构件轴压比与受剪承载力关系图

随着轴向压力的增大,斜截面受剪承载力亦随之提高,但这种提高是有限度的。图 5.47 为受剪承载力与轴压比 N/f_cA(N 为轴向压力,A 为构件截面面积,f_c 为混凝土轴心抗压强度设计值)的关系曲线,由此可见,受剪承载力随轴压比的增大而提高,当轴压比 N/f_cA 为 $0.3 \sim 0.5$ 时,受剪承载力达到最大值,若轴压比继续增大,受剪承载力将降低。破坏形态亦将从受剪破坏转变为带有斜裂缝的正截面小偏心受压破坏。因此,应对轴心压力提高受剪承载力的范围予以限制,在计算公式中规定了轴向压力 N 的上限值为 $N = 0.3f_cbh$。

二、框架柱的受剪性能

当框架柱承受轴向压力 N、剪力 V 和弯矩 M 时,且由于柱两端受到约束,其上、下端分别作用着相反方向的弯矩,因此在柱中还有一个反弯点,其受力情况可视为一根承受轴向压力 N 的连续梁,反弯点位置对框架柱斜裂缝的分布有明显影响。从图 5.48 可见,临界斜裂缝总是出现在弯矩较大的区段。

影响框架柱破坏形态和受剪承载力的主要因素有轴向力、柱子的高宽比 H_n/h_0(H_n 为柱净高,h_0 为沿弯矩作用方向柱截面的有效高度)及配箍率。

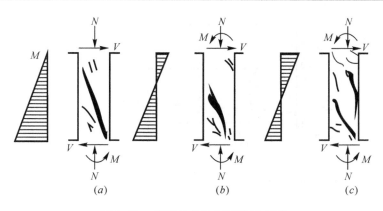

图 5.48　框架柱临界斜裂缝示意图

当 $H_n/h_0 \leqslant 2$、轴压比 N/f_cA 较小或配箍率较低时,破坏时形成一条沿对角线延伸的主要斜裂缝,最后沿对角线裂通,发生斜拉破坏,破坏是脆性的,如图 5.49(a) 所示。随轴压比增大,柱的受剪承载力提高很少,甚至没有提高。当配箍率较高或轴压比较大时,也可能沿对角线发生斜压破坏。所以工程中应尽量避免采用高宽比 $H_n/h_0 \leqslant 2$ 的短柱。

当 $H_n/h_0 > 2$ 时,柱的受剪承载力随轴压比增大而提高,图5.50为当 H_n/h_0 分别为3,4,5 时,受剪承载力与轴压比的关系,它们大致为线性关系,且受剪承载力随轴压比的增大而提高。这类高宽比的柱子破坏时,在柱的上、下两端先后出现两条近于平行的临界斜裂缝,随剪力 V 增大, 沿纵筋出现粘结撕裂裂缝(图 5.49(b))。最后斜裂缝顶端剪压区的混凝

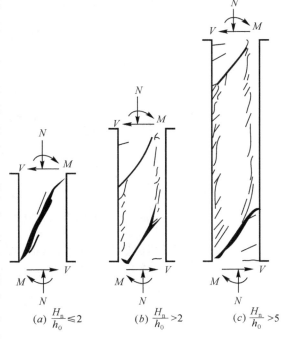

(a) $\dfrac{H_n}{h_0} \leqslant 2$ 　　(b) $\dfrac{H_n}{h_0} > 2$ 　　(c) $\dfrac{H_n}{h_0} > 5$

图 5.49　不同高宽比柱子破坏形态

土被压碎,发生剪压破坏。有时由于粘结撕裂裂缝的发展,导致构件丧失承载能力而发生粘结破坏。

当 $H_n/h_0 > 5$ 时,框架柱高宽比较大,其沿纵筋的粘结破坏现象比较严重,一般为粘结破坏,如图 5.49(c) 所示。

三、计算公式

根据对上述偏心受压构件及框架柱的试验研究及受力分析,并对矩形截面偏压构件斜截面受剪承载力的计算,《规范》采用在集中荷载作用下矩形截面独立梁受剪承载力计算公式的基础上,再增加一项由于轴向压力对受剪承载力的提高值 $V_N = 0.07N$,

207

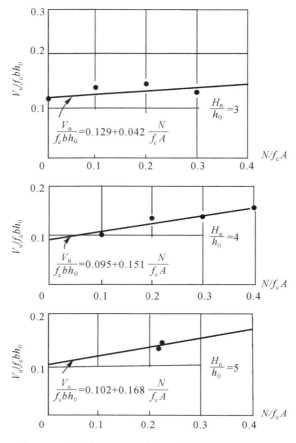

图 5.50　轴压比对不同跨高比柱子受剪承载力关系

其中 N 为轴向压力设计值。但对 N 值应加以限制，当 $N > 0.3 f_c A$ 时（A 为柱截面面积），取 $N = 0.3 f_c A$。因此可得偏心受压构件或框架柱斜截面受剪承载力的计算公式为：

$$V \leqslant V_u, \qquad V_u = V_{cs} + V_N = \frac{1.75}{\lambda + 1.0} f_t b h_0 + f_{yv} \frac{n A_{sv1}}{s} h_0 + 0.07 N$$

$$(5.41)$$

式中，N—— 与剪力设计值 V 相应的轴向压力设计值，$N \leqslant 0.3 f_c A$；

　　　　λ—— 计算截面的计算剪跨比；

　　　　对各类结构的框架柱，宜取 $\lambda = M/(V h_0)$；对框架结构中的框架柱，当其反弯点在柱高范围内时取 $\lambda = H_n/(2 h_0)$，H_n 为柱净高，当 $\lambda < 1.0$ 时，取 $\lambda = 1.0$；当 $\lambda > 3.0$ 时，取 $\lambda = 3.0$；

　　　　对其他偏心受压构件，当承受均布荷载时，取 $\lambda = 1.5$，当承受集中荷载时，取 $\lambda = a/h_0$，a 为集中荷载至支座或节点边缘距离，并应符合 $1.5 \leqslant \lambda \leqslant 3.0$；

　　　　其他符号与公式（5.27）相同。

当符合下述公式要求时，可不进行斜截面受剪承载力计算，仅需按构造要求配置箍筋：

$$V \leqslant \frac{1.75}{\lambda + 1.0} f_t b h_0 + 0.07N \tag{5.42}$$

$$1.5 \leqslant \lambda \leqslant 3.0$$

对矩形截面偏心受压构件受剪要求的截面限制条件与式(5.30)和(5.31)相同。

[例题 5.7]　有一钢筋混凝土框架结构的框架柱,净高 $H_n = 3.0$m,截面尺寸 $b \times h = 400$mm$\times 500$mm,$h_0 = 460$mm;混凝土强度等级为 C30,箍筋为 HPB300 级钢筋;柱端作用轴向压力的设计值 $N = 950$kN,剪力设计值 $V = 250$kN。

要求计算箍筋用量。

[解]

(1) 复核截面尺寸

$$\frac{h_w}{b} = \frac{460}{400} = 1.15 < 4.0$$

$$0.25\beta_c f_c b h_0 = 0.25 \times 1 \times 14.3 \times 400 \times 460 = 657.80(kN) > V(= 250kN)$$

截面尺寸合适。

(2) 验算是否需按计算配置箍筋

$$\lambda = H_n/2h_0 = 3000/2 \times 460 = 3.26 > 3, \quad 取 \lambda = 3.0$$

$$N/f_c A = 950 \times 10^3/(14.3 \times 400 \times 500) = 0.332 > 0.3$$

取　　　　$$N = 0.3 f_c A = 0.3 \times 14.3 \times 400 \times 500 = 858(kN)$$

$$\frac{1.75}{\lambda + 1.0} f_t b h_0 + 0.07N = \frac{1.75}{3 + 1.0} \times 1.43 \times 400 \times 460 + 0.07 \times 858 \times 10^3$$

$$= 160.16(kN) < V(= 250kN)$$

需按计算配置箍筋。

(3) 计算箍筋

$$\frac{nA_{sv1}}{s} = \frac{V - [1.75/(\lambda + 1.0)]f_t b h_0 - 0.07N}{f_{yv} h_0}$$

$$= \frac{250 \times 10^3 - [1.75/(3+1)] \times 1.43 \times 400 \times 460 - 0.07 \times 858 \times 10^3}{270 \times 460}$$

$$= 0.723(mm^2/mm)$$

$$\rho_{sv} = \frac{nA_{sv1}}{bs} = \frac{0.723}{400} = 0.181\%$$

$$> \rho_{sv,min}(= 0.24 f_t/f_{yv} = 0.24 \times 1.43/270 = 0.127\%)$$

配置箍筋。

取 $n = 2$,$d = 8$mm,$A_{sv1} = 50.3$mm^2,则

$$s = \frac{nA_{sv1}}{0.723} = \frac{2 \times 50.3}{0.723} = 139(mm), \quad 取 120mm < 400(mm)$$

实配 $\phi 8 @120$。

5.10.2　偏心受拉构件斜截面受剪承载力计算

偏心受拉构件的受力特点是,在轴向拉力作用下构件上将产生横贯全截面的初始

209

垂直裂缝,如果再施加横向荷载,构件顶部裂缝闭合,底部裂缝加宽,斜裂缝可能直接穿过初始垂直裂缝向上发展,亦可能沿初始垂直裂缝延伸一段距离后再斜向发展。图5.51(a)为无轴向拉力仅受横向荷载构件的裂缝图,而图5.51(b)和(c)为既受轴向拉力又受横向荷载构件的裂缝图。与无轴向拉力的构件相比,承受轴向拉力构件的斜裂缝宽度较大倾角也大,斜裂缝末端剪压区高度减小,甚至没有剪压区,属斜拉破坏,呈明显脆性,其受剪承载力将明显低于无轴向拉力仅受横向荷载的受弯构件。

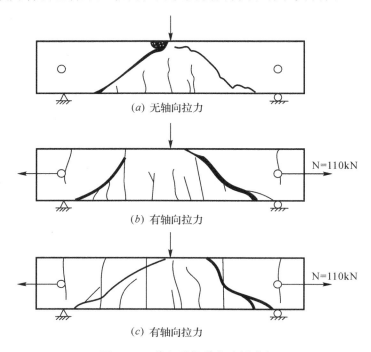

图 5.51　偏心受拉受剪破坏形态

根据试验结果并从稳妥考虑,偏心受拉构件斜截面受剪承载力计算公式亦取用集中荷载作用下受弯构件的斜截面受剪承载力计算公式,但需再减去一项由于轴向拉力引起受剪承载力的降低值:$V_{\mathrm{N}} = 0.2N$,即

$$V \leqslant V_{\mathrm{u}}, \qquad V_{\mathrm{u}} = V_{\mathrm{cs}} - V_{\mathrm{N}} = \frac{1.75}{\lambda + 1.0} f_{\mathrm{t}} b h_0 + f_{\mathrm{yv}} \frac{n A_{\mathrm{sv1}}}{s} h_0 - 0.2N \qquad (5.43)$$

式中,N—— 与剪力设计值 V 相应的轴向拉力设计值;

　　λ—— 计算截面的剪跨比,取 $\lambda = a/h_0$,a 为集中荷载至支座或节点边缘的距离;取值与式(5.41)相同

　　其他符号与公式(5.27)相同。

当公式(5.43)等号右边的计算值小于 $f_{\mathrm{yv}} \dfrac{n A_{\mathrm{sv1}}}{s} h_0$ 时,应取为 $f_{\mathrm{yv}} \dfrac{n A_{\mathrm{sv1}}}{s} h_0$,这相当于不考虑混凝土的受剪承载力,且 $f_{\mathrm{yv}} \dfrac{n A_{\mathrm{sv}}}{s} h_0$ 值不得小于 $0.36 f_{\mathrm{t}} b h_0$。

对矩形截面偏心受拉构件受剪要求的截面限制条件与式(5.30)和式(5.31)相同。

[**例题5.8**]　有一钢筋混凝土偏心受拉构件,两端简支,跨度 $l = 4.0\text{m}$;截面尺寸 $b \times h = 300\text{mm} \times 300\text{mm}, h_0 = 265\text{mm}$;构件上作用轴向拉力设计值 $N = 100\text{kN}$,跨中作用一集中荷载设计值 $P = 150\text{kN}$;混凝土强度等级 C30,箍筋用 HPB300 级钢筋。

要求计算箍筋用量。

[**解**]

(1)复核截面尺寸:

$$\frac{h_w}{b} = \frac{265}{300} = 0.9 < 4.0$$

$$0.25\beta_c f_c bh_0 = 0.25 \times 1 \times 14.3 \times 300 \times 265$$
$$= 284.21(\text{kN}) > V_{\max}(= 150/2 = 75\text{kN}) \qquad (满足要求)$$

(2)计算箍筋:

$$\lambda = a/h_0 = 2000/265 = 7.55 > 3.0,取 \lambda = 3.0$$

$$\frac{nA_{sv1}}{s} = \frac{V_{\max} - [1.75/(\lambda+1.0)]f_t bh_0 + 0.2N}{f_{yv}h_0}$$

$$= \frac{75 \times 10^3 - [1.75/(3+1.0)] \times 1.43 \times 300 \times 265 + 0.2 \times 100 \times 10^3}{270 \times 265}$$

$$= 0.633(\text{mm}^2/\text{mm})$$

取 $n = 2, d = 8\text{mm} > d_{\min} = 6\text{mm}, A_{sv1} = 50.3\text{mm}^2$,

$$s = \frac{2 \times 50.3}{0.633} = 159(\text{mm}), \quad 取 s = 150\text{mm} = S_{\max}(= 150(\text{mm}))$$

选 $\phi 8 @150$。

(3)验算适用条件:

1)　$$\frac{1.75}{\lambda+1.0}f_t bh_0 + f_{yv}\frac{nA_{sv1}}{s}h_0 - 0.2N$$

$$= \frac{1.75}{3+1.0} \times 1.43 \times 300 \times 265 + 270 \times \frac{2 \times 50.3}{150} \times 265 - 0.2 \times 100 \times 10^3$$

$$= 77.73(\text{kN})$$

$$f_{yv}\frac{nA_{sv1}}{s}h_0 = 270 \times \frac{2 \times 50.3}{150} \times 265 = 48.0(\text{kN}) < 77.73\text{kN}$$

2)　$$f_{yv}\frac{nA_{sv1}}{s}h_0 = 270 \times \frac{2 \times 50.3}{150} \times 265 = 48.0(\text{kN})$$

$$0.36f_t bh_0 = 0.36 \times 1.43 \times 300 \times 265 = 40.93(\text{kN}) < 48.00\text{kN}$$

3)　$$\rho_{sv} = \frac{nA_{sv1}}{bs} = \frac{2 \times 50.3}{300 \times 150} = 0.22\% > \rho_{sv,\min}(= 0.24\frac{f_t}{f_{yv}} = 0.24 \times \frac{1.43}{270} = 0.13\%)$$

(均满足要求)

复习思考题

5.1　无腹筋梁当斜裂缝出现后,截面中钢筋和混凝土的应力状态与斜裂缝出现前相比有什么变化?

5.2 何谓换算截面面积 A_0?什么情况下要采用换算截面面积?如何换算?

5.3 梁中箍筋起什么作用?无腹筋梁和有腹筋梁的受剪力学模型有什么不同?

5.4 什么是广义剪跨比和计算剪跨比?

5.5 梁斜截面受剪破坏有几种主要形态?简述其发生的条件和破坏形态,画出破坏时的典型裂缝图。

5.6 影响梁斜截面受剪承载力的主要因素有哪些?它们和受剪承载力是什么关系?

5.7 应用梁斜截面受剪承载力计算公式时,有什么限制条件?其作用是什么?

5.8 什么是抵抗弯矩图 M_R(或称材料图)?绘制 M_R 图的作用是什么?

5.9 在什么情况下会发生斜截面受弯的问题?如何保证梁斜截面受弯承载力?

5.10 梁中哪些部位的纵向受拉钢筋允许截断?按 M_R 图截断钢筋时,如何确定其实际截断点位置?

5.11 当箍筋的直径 d 和间距 s 满足了《规范》规定的最小直径 d_{min} 和最大间距 s_{max} 后,是否还要验算最小配箍率 $\rho_{sv,min}$?如箍筋是按计算配置的,是否也要验算最小配箍率 $\rho_{sv,min}$?

5.12 与简支梁对比,连续梁斜截面受剪性能和破坏形态有何特点?

5.13 偏心受压和偏心受拉构件斜截面受剪承载力的计算公式与受弯构件斜截面受剪承载力计算公式的主要区别是什么?

5.14 编制受弯构件斜截面受剪承载力计算框图。

习 题

5.1 已知一钢筋混凝土矩形截面简支梁截面尺寸 $b \times h = 180mm \times 450mm$,$h_0 = 410mm$;承受均布荷载,最大剪力设计值 $V_{max} = 88kN$;混凝土强度等级为 C25,箍筋用 HPB300 级钢筋。要求计算所需箍筋的直径和间距。

5.2 有一两端支承在砖墙上的矩形截面简支梁,如图 5.52 所示。其截面尺寸 $b \times h = 250mm \times 550mm$,$h_0 = 510mm$;混凝土强度等级为 C25,箍筋用 HPB300 级钢筋;承受均布荷载设计值 $q = 80kN/m$(已包括梁的自重)。按正截面受弯承载力计算,已配置 HRB400 级纵向受拉钢筋 2⾦25+2⾦22。要求计算:

(1)只配置箍筋时所需箍筋的直径和间距;

(2)如果部分纵向受拉钢筋可以作为受剪的弯起钢筋,计算所需弯起钢筋和箍筋的用量。

5.3 已知 T 形截面钢筋混凝土梁,计算跨度 $l_0 = 4.0m$;截面尺寸如图 5.53 所示。承受集中荷载设计值 $P = 560kN$(因梁自重所占比例较小,已折算在集中荷载内)。混凝土强度等级为 C25;已配有 HRB335 级纵向受拉钢筋 8⾦22,可以部分弯起作为受剪钢筋。要求计算所需弯起钢筋和箍筋用量,箍筋用 HPB300 级钢筋,并要求绘制纵剖面及截面配筋图。

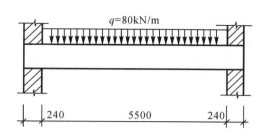
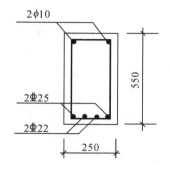

图 5.52　例题 5.2

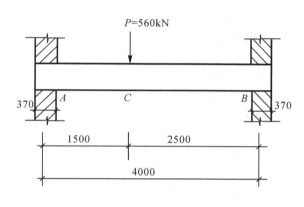
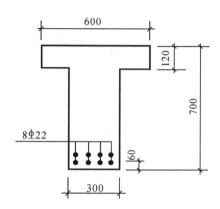

图 5.53　例题 5.3

5.4　已知一钢筋混凝土矩形截面简支梁如图 5.54 所示,截面尺寸 $b \times h = 200\text{mm} \times 550\text{mm}$;混凝土强度等级为 C25;纵向受拉钢筋及弯起钢筋用 HRB335 级钢筋,箍筋用 HPB300 级钢筋。梁上作用有两个集中荷载设计值 $P = 90\text{kN}$,均布荷载设计值(已包括梁自重)$q = 6\text{kN/m}$。要求计算:

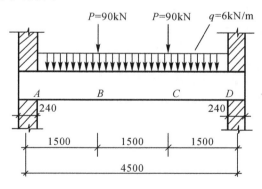

图 5.54　例题 5.4

(1) 只配置箍筋,选择箍筋直径及间距;

(2) 若已配有双肢箍筋 $\phi6$@200,计算所需弯起钢筋用量,并绘制梁的纵剖面及截面配筋图。

提示:需先计算正截面受弯所需的纵向受拉钢筋截面面积 A_s,并选择其直径及根数。

5.5 有一承受均布荷载的钢筋混凝土矩形截面简支梁,计算跨度 $l_0 = 4.8\text{m}$,截面尺寸 $b \times h = 200\text{mm} \times 500\text{mm}$;混凝土强度等级为 C25;箍筋采用双肢箍 $\phi 8 @150$(HPB300 级钢筋)。梁的安全等级为二级。要求计算:

(1) 该梁斜截面受剪承载力 V_u;

(2) 该梁能承受的均布可变荷载的标准值,应考虑梁的自重。

5.6 有一钢筋混凝土矩形截面伸臂梁,承受均布荷载设计值(包括梁自重)如图 5.55 所示;截面尺寸 $b \times h = 250\text{mm} \times 700\text{mm}$;混凝土强度等级为 C25,纵向受拉钢筋及箍筋均用 HRB300 级钢筋。要求:

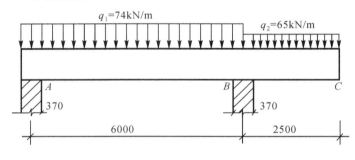

图 5.55 例题 5.6

(1) 按正截面受弯承载力计算所需纵向受拉钢筋截面面积 A_s,并选择其直径及根数;

(2) 按斜截面受剪承载力计算所需箍筋及弯起钢筋;

(3) 绘制抵抗弯矩图 M_R、梁的纵剖面及截面配筋图以及钢筋分离图。(是否完成不作硬性规定)

第 **6** 章

受扭构件扭曲截面承载力的计算

导 读

通过本章学习,要求:(1)理解由于引起构件受扭的原因不同,分为两类扭转。了解对哪类扭转必须作受扭承载力的计算;(2)理解纯扭构件的受力性能和各种破坏形态。能计算开裂扭矩。了解配筋强度比的含义及其计算式,取用不同配筋比意味着什么?(3)能进行矩形、T形、工字形和箱形等截面纯扭构件承载力的计算,检查其适用条件并明确其目的。能计算不同截面形状抗扭塑性抵抗矩;(4)理解剪扭构件三种破坏形态的特点,能进行剪扭构件承载力的计算,知道计算中需要用什么系数对纯剪和纯扭承载力计算公式中的混凝土承载力一项进行进行修正?(5)理解弯扭构件三种破坏形态的特点,能进行弯扭构件承载力的计算;(6)掌握弯、剪、扭构件承载力的计算及相应的适用条件;(7)能正确合理地应用对受扭钢筋的构造措施。

扭转是钢筋混凝土结构构件受力的基本形式之一,在工程中经常遇到。按照引起构件受扭原因的不同,一般将扭转分为两类。

一类构件的受扭是由于荷载的直接作用引起的,如图 6.1(*a*),(*b*) 所示的雨篷梁及受吊车横向刹车力作用的吊车梁,其他还有平面曲梁、折梁及螺旋式楼梯等。截面承受的扭矩可从静力平衡条件求得,它是满足静力平衡不可缺少的主要内力之一,故称平衡扭转,其扭矩不会在梁内产生内力重分布。如果截面受扭承载力不足,构件就会破坏,因此平衡扭转主要是一个承载能力问题,必须通过本章所述的扭曲截面承载力计算以确定构件的截面尺寸及配筋。

还有一类构件的受扭是由于相邻构件的弯曲转动受到支承梁的约束在支承梁内引起的扭转,如图 6.2 所示的框架边梁 *AB*。当支承在 *AB* 边梁上的次梁 *CD* 受弯产生弯曲变形时,由于现浇钢筋混凝土结构的整体性和连续性,边梁 *AB* 对与其整浇在一起的次梁 *CD* 端支座的转动就要产生弹性约束,约束产生的弯矩就是次梁施加给边梁的

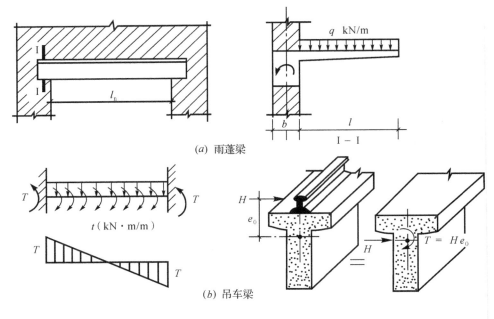

(a) 雨篷梁

(b) 吊车梁

图 6.1　平衡扭转示意图

扭转,从而使边梁受扭。约束力的大小取决于边梁的抗扭刚度和次梁的抗弯刚度,例如当边梁的抗扭刚度无穷大时,梁在端支座处即为固定端;而当边梁的抗扭刚度为零时,次梁在端支座处即为铰支。这类扭转的扭矩不能仅由静力平衡条件求得,还应根据次梁端支座处的转角与该处边梁扭转角的变形协调条件来决定。这种由于变形协调性引起的扭转称为协调扭转或附加扭转。附加扭转引起的扭矩不是主要的受力因素,当梁开裂后,次梁的抗弯刚度和边梁的抗扭刚度都将发生很大

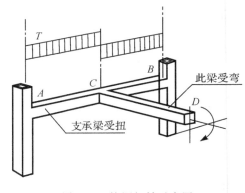

图 6.2　协调扭转示意图

变化,产生内力的重分布,此时边梁的扭转角急剧增大,扭转刚度明显降低,使作用于边梁的扭矩很快减小。因此,对这类扭转一般仅采取一些受扭构造措施予以解决,而不作受扭计算。

　　工程中单纯受扭的构件是不多的,大多数是既受弯、受剪又受扭,如图 6.1 中的雨篷梁和吊车梁也都是弯剪扭复合受力构件。尽管工程中纯扭构件很少,但为了深入了解构件的受扭性能及破坏形态,有必要先介绍纯扭构件,然后介绍复合受扭构件。

6.1　纯扭构件的受力性能

6.1.1　素混凝土纯扭构件的受力性能

图 6.3(a) 所示为一矩形截面构件,在扭矩 T 作用下,截面上将产生剪应力 τ 及相应的主拉应力 σ_{tp},从微元体上可见,在纯扭情况下 $\sigma_{tp} = \sigma_{cp} = \tau$。当主拉应力超过混凝土抗拉强度时,混凝土将在垂直于主拉应力方向开裂。

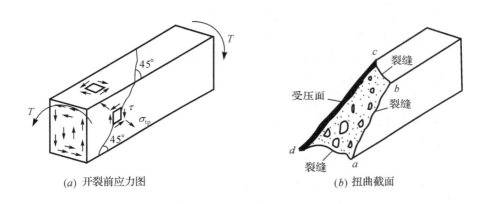

(a) 开裂前应力图　　　　　　　　(b) 扭曲截面

图 6.3　纯扭构件开裂前后示意图

由材料力学可知,矩形截面长边中点剪应力最大,因此裂缝首先发生在长边中点附近混凝土抗拉薄弱部位,其方向与构件纵轴线成 45° 角。这条初始斜裂缝很快向构件上下边缘延伸,接着沿顶面和底面继续发展,最后构件三面开裂(图 6.3(b) 中 ab,bc 和 ad 裂缝),背面沿 cd 两点连线的混凝土被压碎,形成一个空间扭曲面,如图 6.3(b) 所示。

在临界斜裂缝出现后,可设想将作用于构件截面上的扭矩分解为一个沿斜裂缝作用的力矩和一个垂直于斜裂缝作用的力矩,后者相当于垂直作用于空间扭曲面上的一个弯矩,正是它将已经出现的斜裂缝进一步拉开,并使空间扭曲面受压边的混凝土压碎,最后使构件断裂。这种破坏形态称为沿空间扭曲面的斜弯型破坏,如图 6.3(b) 所示。斜弯型破坏属脆性破坏。

6.1.2　钢筋混凝土纯扭构件的受力性能

素混凝土纯扭构件一旦开裂就很快破坏,受扭承载力很低。所以,受扭构件一般均应配置钢筋,配筋后的纯扭构件的受扭承载力将明显提高。

有效的配筋方式应将受扭钢筋布置成为与构件纵轴线大致成 45°交角的螺旋形钢筋,其方向与主拉应力平行,与斜裂缝垂直。但螺旋钢筋施工复杂,且单向螺旋筋也不能适应扭矩方向的改变,故实际工程中一般都采用纵向钢筋和箍筋作为受扭钢筋。受扭纵向钢筋必须沿截面周边对称均匀布置,试验表明,非对称配置的抗扭纵向钢筋在受扭中不能充分发挥作用。箍筋沿构件长度布置,应采用封闭箍。纵向钢筋和箍筋的布置方向虽与主拉应力不平行,但能承受主拉应力,发挥受扭作用。

由于受扭构件配有纵向钢筋和箍筋两种钢筋,因此就有一个两种钢筋在数量和强度方面合理搭配的问题,它们不仅影响到构件的受扭承载力和钢筋的有效利用,还影响到构件的破坏形态,因此先引入配筋强度比的概念。

一、纵向钢筋和箍筋的配筋强度比

如果受扭纵向钢筋的总面积为 A_{stl}(A_{stl} 只能取对称布置的那部分纵向钢筋的截面面积),假设到达承载能力极限状态时,其应力可达到抗拉强度设计值 f_y,则纵向钢筋承受的拉力为 $N_{st} = A_{stl}f_y$,因抗扭纵向钢筋沿截面核芯周长 u_{cor} 均匀布置,则抗扭纵向钢筋沿截面核芯周长单位长度内的受拉承载力为 $N_{st}/u_{cor} = A_{stl}f_y/u_{cor}$。

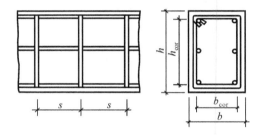

图 6.4　受扭核芯区

核芯周长是沿箍筋内表面计算的长度。设矩形截面长边为 h,短边为 b,混凝土净保护层厚度为 c,则箍筋长肢内表面间距离为 $b_{cor} = b - 2c - 2d$(d 为箍筋直径);同样,箍筋短肢内表面间距离为 $h_{cor} = h - 2c - 2d$(d 为箍筋直径),核芯周长为 $u_{cor} = 2(h_{cor} + b_{cor})$,核芯截面面积为 $A_{cor} = h_{cor} \times b_{cor}$,见图 6.4。

如果单肢箍筋的面积为 A_{st1},到达承载能力极限状态时能承受的拉力为 $N_{sv1} = A_{st1}f_{yv}$,f_{yv} 为箍筋抗拉强度设计值。箍筋沿构件长度均匀分布,则抗扭箍筋沿构件单位长度内的受拉承载力为 $N_{sv1}/s = A_{st1}f_{yv}/s$,$s$ 为箍筋间距。

定义纵筋与箍筋的配筋强度比 ζ 为:

$$\zeta = \frac{A_{stl}f_y/u_{cor}}{A_{st1}f_{yv}/s} = \frac{A_{stl}f_y s}{A_{st1}f_{yv}u_{cor}} \tag{6.1}$$

根据试验结果,当 $0.5 \leqslant \zeta \leqslant 2.0$ 时,纵向钢筋与箍筋在构件破坏时基本上都能达到抗拉强度设计值。为稳妥起见,《规范》规定 ζ 的取值为 $0.6 \leqslant \zeta \leqslant 1.7$。当 $\zeta > 1.7$ 时,取 $\zeta = 1.7$,当 $\zeta = 1.2$ 左右时为钢筋达到屈服的最佳值。故工程设计中 ζ 常用的范围是 $1.0 \sim 1.3$。

二、钢筋混凝土纯扭构件的破坏形态

配筋纯扭构件的破坏形态随配筋量的不同有以下四种情况。

1. 适筋破坏

抗扭纵筋和箍筋的用量都比较适当。构件承受扭矩后,当主拉应力超过混凝土的抗拉强度时,构件开裂。但与素混凝土纯扭构件不同的是开裂后构件并不立即破坏,开裂前混凝土承受的拉应力大部分由钢筋承受,钢筋应力明显增大。随着扭矩增大,构件表面相继出现多条大体连续或不连续的与构件纵轴线成某一交角的螺旋形裂缝,如图 6.5 所示。

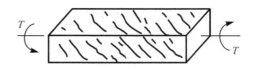

图 6.5　受扭构件适筋破坏时的裂缝分布

图 6.6 为扭矩与扭转角 T—θ 的关系曲线。由图可见,开裂后扭转角明显增大,扭转刚度明显降低,在 T—θ 曲线上出现水平段 1—2。随着扭矩增大,裂缝不断出现和开展,T—θ 关系大体上还是接近直线,如 2—3 段。当荷载接近极限扭矩时,构件长边上的斜裂缝中有一条发展为临界斜裂缝,与这条斜裂缝相交的部分箍筋长肢和纵筋将首先屈服,产生较大的塑性变形,T—θ 曲线趋向水平,如 3—4 段。到达极限状态时,

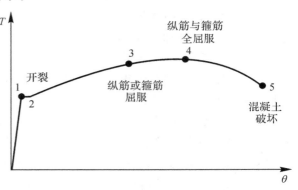

图 6.6　适筋受扭构件 T—θ 关系图

和临界斜裂缝相交的箍筋短肢及纵筋全部达到屈服,截面达到受扭最大承载力,然后由于受压边混凝土的压碎和发展 T—θ 曲线开始下降。破坏仍属三边开裂、一个长边上受压破坏的斜弯型破坏。破坏时钢筋先达到屈服,而后受压区混凝土压坏,破坏具有一定的延性性质。受扭承载力大小直接取决于配筋数量的多少。工程中应尽可能设计为适筋破坏的构件。

2. 少筋破坏

发生在抗扭纵向钢筋和箍筋都配置过少,或两者中有一种配置过少。

扭转裂缝一经出现,构件即告破坏,极限扭矩和开裂扭矩非常接近。这种少筋构件虽然配置了抗扭钢筋,但其破坏形态和受扭承载力与不配钢筋的素混凝土受扭构件没有什么差别。破坏迅速而突然,无预兆,属脆性破坏。

图 6.7 所示为不同配筋量时,抗扭构件的 T—θ 试验曲线图。由图可见,抗扭钢筋越少,裂缝出现后引起钢筋应力的突变就越大,水平段相对较长。当配筋很少,将出现扭矩不增加而扭转角不断增大,进而导致破坏的情况。

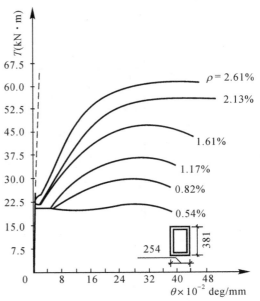

图 6.7　配筋量对受扭性能的影响

工程设计时应避免出现这种情况,因此《规范》分别规定了抗扭纵向钢筋和箍筋的最小配筋率。

3. 部分超配筋破坏

这种情况发生在抗扭纵向钢筋和箍筋的用量都比较多或其中某一种钢筋的用量较多,或配筋强度比不恰当时。

如果抗扭箍筋用量相对较多,则受扭承载力将由数量较少的纵向钢筋控制,多配的箍筋也不能起到提高受扭承载力的作用;同样,当抗扭纵向钢筋较多时,受扭承载力由抗扭箍筋控制,多配的纵向钢筋也不能充分发挥作用,故称部分超配筋破坏。破坏时的塑性性能比适筋破坏时要差。

部分超配筋构件在工程设计中还是允许采用的,但因部分钢筋得不到充分利用,所以是不经济的。

4. 完全超配筋破坏

发生在抗扭纵筋和箍筋用量都过多时,即使配筋强度比 ζ 合适,也会在抗扭纵筋和箍筋均未达到屈服强度时,由于混凝土首先压坏而导致破坏。破坏前出现宽度较细、数量多而密的螺旋形裂缝,破坏前无预兆,属脆性破坏。钢筋亦未得到充分利用,工程设计时应避免设计这种构件。

图 6.8 为配筋强度比 $\zeta = 1$ 时,受扭箍筋用量 $A_{st1}f_{yv}/s$ 和受扭承载力 T 的关系图,$B—C$ 段为适筋构件,可见随箍筋用量增加,受扭承载力提高很快,$C—D$ 段为部分超配筋构件,由于用量较多的那部分钢筋不能充分发挥作用,受扭承载力增长速度减慢;$D—E$ 段为完全超配筋构件,配筋量的增加对受扭承载力影响已不大,$D—E$ 线接近于水平线;$A—B$ 段为少筋构件,受扭承载力为水平线,与配筋量无关。

在配筋强度比不同时,少筋和适筋、适筋与超筋的界限位置是不同的。

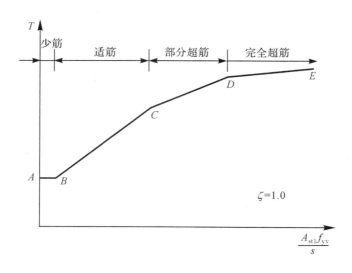

图 6.8 受扭箍筋量与受扭承载力关系图

6.2　纯扭构件开裂扭矩的计算

素混凝土纯扭构件的破坏特征,是一经开裂就达到承载力极限状态而破坏,因此开裂扭矩 T_{cr} 和极限扭矩 T_u 甚为接近,$T_{cr} \doteq T_u$。

试验表明,配筋后的纯扭构件开裂前受扭钢筋的应力很小,钢筋的存在对开裂扭矩影响不大,因此在研究开裂扭矩时,可忽略钢筋的影响,视为与素混凝土纯扭构件相似。

研究纯扭构件的开裂扭矩有弹性和塑性两种分析方法。

6.2.1　弹性分析方法

如将混凝土构件视为单一匀质弹性材料,由材料力学可知,矩形截面上剪应力分布将如图6.9(a)所示,截面上任意一点的剪应力与该点至矩形截面中心的距离不成正比,

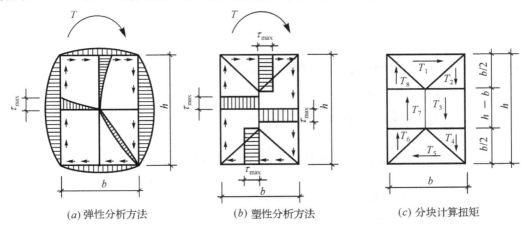

(a) 弹性分析方法　　(b) 塑性分析方法　　(c) 分块计算扭矩

图 6.9　矩形截面受扭剪应力分布

离中心最远的四个角点的剪应力为零,最大剪应力 τ_{max} 发生在截面长边中点,当其达到混凝土抗拉强度时,即可求出截面的开裂扭矩,亦即为纯扭构件的受扭承载力:

$$T_{cr} = \tau_{max}(\alpha b^2 h) = \tau_{max} W_{te} = f_t W_{te} \tag{6.2}$$

式中,b, h —— 截面的短边和长边尺寸;

　　　α —— 与比值 h/b 有关的系数;

　　　W_{te} —— 截面抗扭弹性抵抗矩;

　　　f_t —— 混凝土抗拉强度设计值;

　　　τ_{max} —— 最大剪应力。

6.2.2　塑性分析方法

按塑性分析方法,当截面上某点的最大剪应力或主拉应力达到混凝土抗拉强度时,并不标志构件的破坏,只意味局部材料开始进入塑性状态。在应变增长的情况下,应力不增加,整个截面尚能继续承受扭矩,直至截面上的剪应力全部达到材料的强度极限时,构件才丧失其承载能力。此时截面上剪应力分布图形为矩形,如图 6.9(b) 所示,即为全塑性状态。此时构件能承受的扭矩即为开裂扭矩或极限扭矩。

计算开裂扭矩 T_{cr} 时,为计算方便起见可将截面上的扭剪应力划分为几块,如图 6.9(c) 所示划分为八块。先计算出各分块扭剪应力的合力及其相应组成的力偶,然后相加即得截面的开裂扭矩 T_{cr}。

$$T_{1-5} = \frac{1}{2}b \times \frac{b}{2}\left(h - 2 \times \frac{1}{3} \times \frac{b}{2}\right)\tau_{max} = \frac{b^2}{4}\left(h - \frac{b}{3}\right)\tau_{max}$$

$$T_{2-8} = T_{4-6} = \frac{1}{2} \times \frac{b}{2} \times \frac{b}{2}\left(b - 2\frac{1}{3} \times \frac{b}{2}\right)\tau_{max} = \frac{b^2}{8}\left(b - \frac{b}{3}\right)\tau_{max}$$

$$T_{3-7} = \frac{b}{2}(h - b) \times \frac{b}{2}\tau_{max} = \frac{b^2}{4}(h - b)\tau_{max}$$

$$T_{cr} = T_{1-5} + T_{2-8} + T_{4-6} + T_{3-7}$$
$$= \frac{b^2}{6}(3h - b)\tau_{max} = W_t\tau_{max} = W_t f_t \tag{6.3}$$

式中,W_t —— 截面抗扭塑性抵抗矩,对矩形截面:$W_t = \dfrac{b^2}{6}(3h - b)$;

　　　h, b —— 截面的长边和短边;

　　　f_t —— 混凝土抗拉强度设计值。

6.2.3　纯扭构件的开裂扭矩 T_{cr}

上面分别按弹性和塑性方法得到了截面开裂扭矩的计算方法,但混凝土材料既非理想弹性材料,亦非理想塑性材料,而是一种弹塑性材料。试验亦表明,实测的开裂扭矩值高于按弹性分析(公式 6.2)的计算值,而低于按塑性分析(公式 6.3)的计算值。混凝土纯扭构件的开裂扭矩应介乎两者之间。

此外,构件中除作用有主拉应力外,还作用有主压应力,在拉、压复合应力状态下,混凝土的抗拉强度要低于单向受拉时的强度。混凝土内的微裂缝、裂隙和局部缺陷又会引起应力集中而降低构件的承载力。

根据以上分析,《规范》建议采用以塑性分析方法为基础,但对混凝土的抗拉强度乘以折减系数适当予以降低。根据试验,对强度较低的混凝土,降低系数接近于 0.8;对强度较高的混凝土,降低系数接近于 0.7。《规范》取混凝土强度降低系数为 0.7,则开裂扭矩 T_{cr} 的计算式为:

$$T_{cr} = 0.7 f_t W_t$$

式中符号与公式(6.3)相同。

当荷载产生的扭矩设计值为 T 时,如果满足下式,可认为混凝土足以承受扭矩设计值,抗扭钢筋可不必通过计算而只需按构造要求配置并应满足公式(6.21)和(6.22)的要求:

$$T \leqslant T_{cr}(= 0.7 f_t W_t) \tag{6.4}$$

6.3　纯扭构件承载力的计算

钢筋混凝土纯扭构件受扭承载力的计算,目前主要有以变角空间桁架模型和斜弯破坏模型为基础的两种计算方法。

6.3.1　变角空间桁架模型

变角空间桁架计算模型(图 6.10)由 P. Lampert 和 B. Thürlimann 于 1968 年提出,它是对 1929 年 E. Raüsch 的古典空间桁架模型的改进和发展。

试验研究表明,在裂缝充分发展、抗扭钢筋应力接近于屈服强度、构件即将破坏时,截面核芯部分混凝土退出工作,实心截面的构件可比拟为具有某一厚度的箱形截面构件。具有螺旋形裂缝的混凝土外壁和抗扭纵筋以及抗扭箍筋共同组成一个空间桁架以抵抗外扭矩的作用。

计算时作如下基本假定:

(1)抗扭纵筋和抗扭箍筋分别为空间桁架的弦杆和垂直腹杆,均承受拉力;斜裂缝之间的混凝土外壁为空间桁架的斜腹杆(倾角为某一角度 α),承受压力。

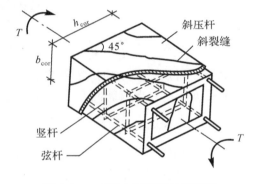

图 6.10　变角空间桁架计算模型

(2)当抗扭钢筋用量适当,配筋强度比 ζ 也在合适范围内,则破坏时穿过扭曲破坏面的抗扭纵向钢筋和抗扭箍筋均可达到抗拉强度设计值,不发生超筋或少筋破坏。

(3)抗扭纵向钢筋沿截面周边对称均匀布置,抗扭箍筋沿构件纵轴线等间距布置。

(4)忽略核芯混凝土的抗扭作用、纵向钢筋的销栓作用以及斜裂缝之间的骨料咬合作用。

根据上述假定,为了计算截面受扭承载力,取变角空间桁架一个侧面上的力加以分析,见图 6.11。

从图 6.11(b)可知,抗扭纵筋在高度 h_{cor} 范围内承受的纵向拉力为:

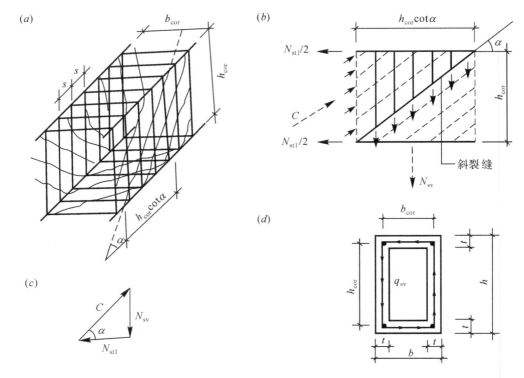

图 6.11　变角空间桁架模型受力分析图

$$N_{stl} = \frac{A_{stl}}{u_{cor}} f_y h_{cor} \tag{6.5}$$

承受竖向拉力 N_{sv} 的抗扭箍筋,应取与斜裂缝相交的箍筋。沿构件纵向能计及的箍筋范围是 $h_{cor}\cot\alpha$,当箍筋间距为 s 时,在此范围内单肢箍筋承受总的竖向拉力为:

$$N_{sv} = \frac{A_{stl}}{s} f_{yv} h_{cor} \cot\alpha \tag{6.6}$$

在 h_{cor} 范围内混凝土斜压杆承受的压力为 C,则 N_{stl},N_{stv} 和 C 构成了一个如图 6.11(c) 所示的平面力系,其中:

$$\cot\alpha = \frac{N_{stl}}{N_{sv}} \tag{6.7}$$

将公式(6.5)和(6.6)代入公式(6.7)可得:

$$\cot\alpha = \frac{N_{stl}}{N_{sv}} = \sqrt{\frac{A_{stl} f_y s}{A_{stl} f_{yv} u_{cor}}} = \sqrt{\zeta} \tag{6.8}$$

式中,ζ 即为抗扭纵筋和抗扭箍筋的配筋强度比,可见斜压杆和斜裂缝的倾角 α 将随 ζ 而变化,当取 $\zeta = 1$ 时,$\alpha = 45°$。古典桁架模型取斜压杆的倾角为 $45°$,因此这只是 $\zeta = 1$ 时的一个特定情况。试验表明,斜压杆倾角一般在 $30° \sim 60°$ 之间变化,故称变角桁架模型。

当在侧面上取单位高度时,则得箱形横截面每单位长度上的剪力值 q_{sv},即剪力流强度如图 6.11(d) 所示:

$$q_{sv} = \frac{N_{sv}}{h_{cor}} = \frac{A_{stl}}{s} f_{yv} h_{cor} \cot\alpha \frac{1}{h_{cor}} = \frac{A_{stl} f_{yv}}{s} \cot\alpha$$

$$= \frac{A_{st1} f_{yv}}{s} \sqrt{\xi} \tag{6.9}$$

剪力流所构成的力偶之和即为截面的受扭承载力 T_u：

$$T_u = (q_{sv} h_{cor}) b_{cor} + (q_{sv} b_{cor}) h_{cor}$$

$$T_u = 2 q_{sv} b_{cor} h_{cor} = 2 q_{sv} A_{cor} \tag{6.10}$$

将公式(6.9)代入公式(6.10)即得截面受扭承载力 T_u 的计算式：

$$T_u = 2 \sqrt{\xi} \frac{A_{st1} f_{yv}}{s} A_{cor} \tag{6.11}$$

上式即为根据变角空间桁架模型导出的截面受扭承载力。按斜弯理论根据扭曲破坏面极限平衡也可得到与变角空间桁架模型得出的相同结果，此处不再详述。

6.3.2　《规范》采用的受扭承载力计算式

受扭承载力的计算虽可根据上述变角空间桁架和斜弯等受力模型求得，但由于受扭构件破坏机理的复杂性，虽经国内外多年研究，至今尚难建立一个比较完善的理论计算公式。按变角空间桁架模型公式(6.11)所得计算值与试验值之间尚有一定偏差。

因此，我国《规范》以大量试验研究为基础，经可靠度校核，采用了一个相似于斜截面受剪承载力计算的经验统计公式。认为受扭承载力由钢筋承受的扭矩 T_s 和混凝土承受的扭矩 T_c 两项组成：

$$T_u = T_s + T_c \tag{6.12}$$

一、钢筋承受的扭矩 T_s

采用由上述变角空间桁架模型导出的计算公式(6.11)中的参数为基本参数，将式中系数 2 改为一个由试验确定的经验系数 β，即得：

$$T_s = \beta \sqrt{\xi} \frac{A_{st1} f_{yv}}{s} A_{cor} \tag{6.13}$$

式中，β 为待定系数，由试验确定。

二、混凝土承受的扭矩 T_c

国内试验研究表明，配筋后的受扭构件开裂后，由于钢筋的约束，斜裂缝的开展受到一定抑制，从而增强了骨料咬合力，使开裂后的混凝土仍具有一定的抗扭能力，这与素混凝土受扭构件一裂即坏的情况不同。

此外，许多大致平行的断断续续的受扭斜裂缝从构件表面向混凝土内部延伸只有一定的深度，并未贯穿整个截面形成通缝，因此混凝土尚未被分割为机动结构，因此认为开裂后的混凝土仍能承受一部分扭矩。

由试验量测和理论分析可知，愈接近截面外边缘的混凝土，其抗扭能力也愈大；混凝土强度等级愈高，其抗扭能力也愈大。可见开裂后混凝土的抗扭能力与截面的抗扭塑性抵抗矩 W_t 和混凝土的抗拉强度有关，因此混凝土的受扭承载力可表达为：

$$T_c = \alpha f_t W_t \tag{6.14}$$

式中,α 为待定系数,由试验确定。

三、受扭承载力计算公式

将公式(6.13)和(6.14)代入公式(6.12),可得受扭承载力:

$$T_u = T_c + T_s = \alpha f_t W_t + \beta \sqrt{\zeta} \frac{A_{st1} f_{yv}}{s} A_{cor} \tag{6.15}$$

将上式改写为:

$$\frac{T_u}{f_t W_t} = \alpha + \beta \sqrt{\zeta} \frac{A_{st1} f_{yv} A_{cor}}{s f_t W_t} \tag{6.16}$$

以 $T_u/(f_t W_t)$ 为纵坐标,$\sqrt{\zeta} A_{st1} f_{yv} A_{cor}/(s f_t W_t)$ 为横坐标,图 6.12 列出了适筋构件及少量部分超配筋构件的实测结果。

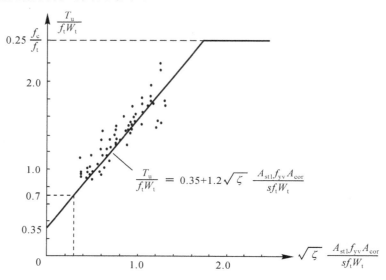

图 6.12　受扭承载力实际拟合结果

计算公式的取值如直线所示,经可靠度校核取用了试验值的偏下限线,系数取值分别为 $\alpha = 0.35$,$\beta = 1.2$,则钢筋混凝土矩形截面纯扭构件受扭承载力 T_u 的计算式如下:

$$T_u = 0.35 f_t W_t + 1.2 \sqrt{\zeta} \frac{A_{st1} f_{yv}}{s} A_{cor} \tag{6.17}$$

当扭矩设计值为 T 时,则应满足下式:

$$T \leqslant T_u, \tag{6.18}$$

式中,f_t——混凝土抗拉强度设计值;

　　W_t——截面抗扭塑性抵抗矩(公式 6.3);

　　ζ——抗扭钢筋配筋强度比(公式 6.1),ζ 值应符合 $0.6 \leqslant \zeta \leqslant 1.7$ 的要求,当 $\zeta > 1.7$ 时,取 $\zeta = 1.7$;

　　A_{st1}——单肢抗扭箍筋截面面积;

f_{yv}—— 箍筋抗拉强度设计值；

s—— 箍筋沿构件纵轴线间距；

A_{cor}—— 混凝土核芯截面面积，$A_{cor} = h_{cor}b_{cor}$，$h_{cor}b_{cor}$ 分别为箍筋内表面范围内截面核心部分的长边、短边尺寸。

6.3.3　纯扭构件承载力计算公式适用条件

公式(6.17)、(6.18)是针对适筋构件和部分超筋构件提出的。为了防止发生完全超筋和少筋破坏，采用限制抗扭钢筋配筋率的上限值和下限值加以保证。

一、上限值 —— 截面限制条件

试验表明，抗扭钢筋的配筋率超过了一定数值，即使再增加钢筋用量，抗扭承载力也不再随之增大，这不仅浪费了钢材，还使构件转化为完全超筋的脆性破坏。为了保证构件在破坏时混凝土不首先被压碎，因此必须限制最大配筋率，规定一个配筋的上限值。和斜截面受剪承载力计算公式的适用条件相似，上限值也可采用限制截面尺寸不能过小的条件。《规范》中纯扭构件的截面限制条件是以 $h_w/b \leqslant 6$ 的试验为依据的。对 $h_w/b \leqslant 6$ 的矩形、T 形、I 形截面和 $h_w/t_w \leqslant 6$ 的箱形截面构件，如图 6.13 所示。其截面应符合下列条件：

当 h_w/b(或 h_w/t_w) $\leqslant 4$ 时

$$T \leqslant 0.2\beta_c f_c W_t \tag{6.19}$$

当 h_w/b(或 h_w/t_w) $= 6$ 时

$$T \leqslant 0.16\beta_c f_c W_t \tag{6.20}$$

当 $4 < h_w/b$(或 h_w/t_w) < 6 时，按线性内插法确定。

式中，T—— 扭矩设计值；

b—— 矩形截面的宽度，T 形或 I 形截面的腹板宽度，箱形截面的两侧壁总厚度 $2t_w$；

W_t—— 受扭构件的截面受扭塑性抵抗矩；

h_0—— 截面的有效高度；

h_w—— 截面的腹板高度；对矩形截面，取有效高度 h_0；对 T 形截面，取有效高度减去翼缘高度 h'_f；对 I 形和箱形截面，取腹板净高；

t_w—— 箱形截面壁厚，其值不应小于 $b_h/7$，此处，b_h 为箱形截面的宽度；

β_c—— 混凝土强度影响系数：当混凝土强度等级不超过 C50 时，取 $\beta_c = 1.0$；当混凝土强度等级为 C80 时，取 $\beta_c = 0.8$；其间按线性内插法确定；

f_c—— 混凝土轴心抗压强度设计值。

当 h_w/b(或 h_w/t_w) > 6 时，受扭构件的截面尺寸条件及扭曲截面承载力计算应符合专门规定。

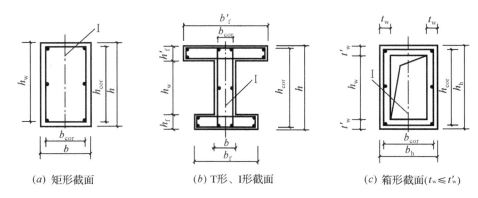

(a) 矩形截面   (b) T形、I形截面   (c) 箱形截面($t_w \leqslant t'_w$)

图 6.13　各类截面对应参数图

Ⅰ— 弯矩、剪力作用平面

二、下限值 —— 最小配筋率

抗扭钢筋配置过少,将发生脆性的少筋破坏,因此必须规定最小配筋率,亦即抗扭钢筋配筋的下限值。

根据试验分析,对纯扭构件,《规范》规定:

箍筋的最小配箍率:

$$\rho_{sv}\left(=\frac{nA_{st1}}{bs}\right) \geqslant \rho_{sv,min}\left(=0.28\frac{f_t}{f_{yv}}\right) \tag{6.21}$$

纵筋的最小配筋率:

$$\rho_{tl}\left(=\frac{A_{stl}}{bh}\right) \geqslant \rho_{tl,min}\left(=0.6\sqrt{\frac{T}{Vb}}\frac{f_t}{f_y}\right) \tag{6.22}$$

当 $T/(Vb) > 2.0$ 时,取 $T/(Vb) = 2.0$,则 $\rho_{tl,min}\left(=0.6\sqrt{2}f_t/f_y = 0.85f_t/f_y\right)$

工程设计中,当满足以下条件

$$T \leqslant 0.7f_tW_t$$

时,则抗扭箍筋和纵筋均可不进行计算,而只需按构造要求配置,但亦应满足上述最小配筋率的要求。

6.3.4　T形和工字形截面纯扭构件承载力计算

试验表明,T形和工字形截面纯扭构件的破坏形态与矩形截面纯扭构件相似,在计算其受扭承载力时,可先将其划分为若干个矩形截面,然后将作用于 T 形或工字形截面上的总扭矩分配给各分块,再按分块的矩形截面进行计算。

分块的原则是首先满足腹板矩形截面的完整性,按截面总高度确定腹板截面,再划分为受压翼缘和受拉翼缘。腹板矩形截面的宽为 b,高为 h;受压和受拉翼缘的宽各为($b'_f - b$)和($b_f - b$),高分别为 h'_f 和 h_f,如图 6.14 所示。

截面上总的扭矩设计值 T 按截面抗扭塑性抵抗矩分配给各矩形分块,则每个矩形分块截面应承受的扭矩可按以下各式计算。

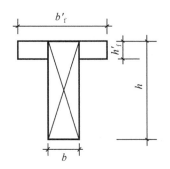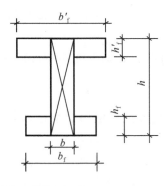

图 6.14　T 形和工字形截面分块图

腹板承受的扭矩设计值 T_w

$$T_\mathrm{w} = \frac{W_\mathrm{tw}}{W_\mathrm{t}} T \tag{6.23}$$

受压翼缘承受的扭矩设计值 T'_f

$$T'_\mathrm{f} = \frac{W'_\mathrm{tf}}{W_\mathrm{t}} T \tag{6.24}$$

受拉翼缘承受的扭矩设计值 T_f

$$T_\mathrm{f} = \frac{W_\mathrm{tf}}{W_\mathrm{t}} T \tag{6.25}$$

腹板、受压翼缘和受拉翼缘部分的矩形截面受扭塑性抵抗矩 W_tw，W'_tf 和 W_tf 可按以下各式计算：

$$W_\mathrm{tw} = \frac{b^2}{6}(3h - b) \tag{6.26}$$

$$W'_\mathrm{tf} = \frac{h'^2_\mathrm{f}}{6}(3b'_\mathrm{f} - h'_\mathrm{f}) - \frac{h'^2_\mathrm{f}}{6}(3b - h'_\mathrm{f}) = \frac{h'^2_\mathrm{f}}{2}(b'_\mathrm{f} - b) \tag{6.27}$$

$$W_\mathrm{tf} = \frac{h^2_\mathrm{f}}{6}(3b_\mathrm{f} - h_\mathrm{f}) - \frac{h^2_\mathrm{f}}{6}(3b - h_\mathrm{f}) = \frac{h^2_\mathrm{f}}{2}(b_\mathrm{f} - b) \tag{6.28}$$

截面总的抗扭塑性抵抗矩近似取为

$$W_\mathrm{t} = W_\mathrm{tw} + W'_\mathrm{tf} + W_\mathrm{tf} \tag{6.29}$$

对于配有封闭式箍筋的翼缘，其截面受扭承载力随翼缘悬挑宽度的增加而提高。当悬挑宽度过小时，提高效果不显著，过大时翼缘与腹板连接的整体刚度减弱，同时翼缘也容易由于受弯而断裂，翼缘的抗扭作用将显著降低。因此，翼缘的计算宽度应符合 $b'_\mathrm{f} \leqslant b + 6h'_\mathrm{f}$ 及 $b_\mathrm{f} \leqslant b + 6h_\mathrm{f}$ 这一要求。

6.3.5　箱形截面纯扭构件承载力计算

对纯扭作用的箱形截面构件，试验表明，一定壁厚箱形截面的受扭承载力与实心截面是类同的。混凝土项受扭承载力与实心截面的取法相同，即取箱形截面开裂扭矩的 50%，此外，尚应乘以箱形截面壁厚的影响系数 α_h；钢筋项受扭承载力取与实心矩形截面相同。通过国内外试验结果比较，下述计算箱形截面纯扭构件受扭承载力的取值是稳妥的。

箱形截面钢筋混凝土纯扭构件的受扭承载力计算公式为：

$$T \leqslant 0.35\alpha_h f_t W_t + 1.2\sqrt{\zeta} f_{yv} \frac{A_{st1}}{s} A_{cor} \tag{6.30}$$

式中：α_h—— 箱形截面壁厚影响系数：

$\alpha_h = 2.5t_w/b_h$，当 $\alpha_h > 1.0$ 时，取 $\alpha_h = 1.0$；

ζ—— 按式(6.1)计算，且应符合 $0.6 \leqslant \zeta \leqslant 1.7$ 的要求，当 $\zeta > 1.7$ 时，取 $\zeta = 1.7$；

W_t—— 箱形截面受扭塑性抵抗矩，

$$W_t = \frac{b_h^2}{6}(3h_h - b_h) - \frac{(b_h - 2t_w)^2}{6}\left[3h_w - (b_h - 2t_w)\right]$$

b_h、h_h—— 箱形截面的短边尺寸和长边尺寸。

[例题 6.1]　有一钢筋混凝土矩形截面纯扭构件，截面尺寸 $b \times h = 250\text{mm} \times 500\text{mm}$；承受扭矩设计值 $T = 18\text{kN} \cdot \text{m}$；混凝土强度等级为 C25，箍筋用 HPB300 级钢筋，纵向钢筋用 HRB335 级钢筋。

要求计算抗扭钢筋。

[解]

（1）检查上限值 —— 截面限制条件

$$\frac{h_w}{b} = \frac{500 - 40}{250} = 1.84 < 4.0$$

$$W_t = \frac{b^2}{6}(3h - b) = \frac{250^2}{6}(3 \times 500 - 250) = 13.02 \times 10^6 (\text{mm}^3)$$

$T = 18\text{kN} \cdot \text{m} < 0.2\beta_c f_c W_t (= 0.2 \times 1 \times 11.9 \times 13.02 \times 10^6 = 31.0(\text{kN} \cdot \text{m}))$

（满足要求）

（2）检查是否需按计算配筋

$$T = 18\text{kN} \cdot \text{m} > 0.7f_t W_t (= 0.7 \times 1.27 \times 13.02 \times 10^6 = 11.57(\text{kN} \cdot \text{m}))$$

需按计算配筋。

（3）计算抗扭箍筋

$$h_{cor} = 500 - 2 \times 25 - 2 \times 8 = 434(\text{mm})$$

$$b_{cor} = 250 - 2 \times 25 - 2 \times 8 = 184(\text{mm})$$

$$A_{cor} = h_{cor}b_{cor} = 434 \times 184 = 8.0 \times 10^4 (\text{mm}^2)$$

$$u_{cor} = 2(h_{cor} + b_{cor}) = 2(434 + 184) = 1236(\text{mm})$$

取 $\zeta = 1.2$，从公式(6.18)和(6.17)可得：

$$\frac{A_{st1}}{s} = \frac{T - 0.35f_t W_t}{1.2\sqrt{\zeta} f_{yv} A_{cor}} = \frac{18 \times 10^6 - 0.35 \times 1.27 \times 13.02 \times 10^6}{1.2\sqrt{1.2} \times 270 \times 8.0 \times 10^4}$$

$$= 0.430(\text{mm}^2/\text{mm})$$

取 $d = 8\text{mm}$，$A_{st1} = 50.3\text{mm}^2$，代入上式得：

$$s = A_{st1}/0.430 = 50.3/0.430 = 117\text{mm} < s_{max} = 200\text{mm}$$

选取箍筋 $\phi8@100$。

（4）验算最小配箍率：

$$\rho_{sv} = \frac{nA_{st1}}{bs} = \frac{2 \times 50.3}{250 \times 100} = 0.40\%$$

$$\rho_{sv,min} = 0.28 f_t/f_{yv} = 0.28 \times \frac{1.27}{270} = 0.13\% < \rho_{sv} = 0.40\%$$

（满足要求）

（5）计算抗扭纵向钢筋：

由公式（6.1）

$$A_{stl} = \zeta \frac{A_{st1} f_{yv} u_{cor}}{f_y s}$$

$$= 1.2 \times \frac{50.3 \times 270 \times 1236}{300 \times 117}$$

$$= 574(\text{mm}^2)$$

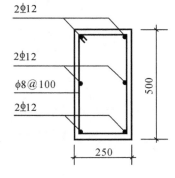

图 6.15　例题 6.1

选取纵向钢筋 6ϕ12，实配 $A_{stl} = 678\text{mm}^2 > 574\text{mm}^2$。

（6）验算最小配筋率：

$$\rho_{tl} = \frac{A_{stl}}{bh} = \frac{678}{250 \times 500} = 0.54\%$$

$$\rho_{tl,min} = 0.85 \frac{f_t}{f_y} = 0.85 \times \frac{1.27}{300}$$

$$= 0.36\% < \rho_{tl}(=0.54\%)$$

（满足要求）

截面配筋如图 6.15 所示。

[例题 6.2]　有一钢筋混凝土 T 形截面纯扭构件，截面尺寸如图 6.16 所示；承受扭矩设计值 $T = 21.9\text{kN} \cdot \text{m}$；混凝土强度等级为 C25，箍筋用 HPB300 级钢筋。纵向钢筋用 HRB335 级钢筋。要求计算抗扭钢筋。

[解]

（1）计算截面抗扭塑性抵抗矩及分配扭矩：

$$W_{tw} = \frac{b^2}{6}(3h - b) = \frac{250^2}{6}(3 \times 500 - 250) = 13.02 \times 10^6(\text{mm}^3)$$

$$W'_{tf} = \frac{h_f'^2}{2}(b_f' - b) = \frac{150^2}{2}(500 - 250) = 2.81 \times 10^6(\text{mm}^3)$$

$$W_t = W_{tw} + W'_{tf} = 13.02 \times 10^6 + 2.81 \times 10^6 = 15.83 \times 10^6(\text{mm}^3)$$

$$T_w = \frac{W_{tw}}{W_t}T = \frac{13.02 \times 10^6}{15.83 \times 10^6} \times 21.9 \times 10^6 = 18 \times 10^6(\text{N} \cdot \text{mm}) = 18(\text{kN} \cdot \text{m})$$

$$T'_f = \frac{W'_{tf}}{W_t}T = \frac{2.81 \times 10^6}{15.83 \times 10^6} \times 21.9 \times 10^6$$

$$= 3.9 \times 10^6(\text{N} \cdot \text{mm}) = 3.9(\text{kN} \cdot \text{m})$$

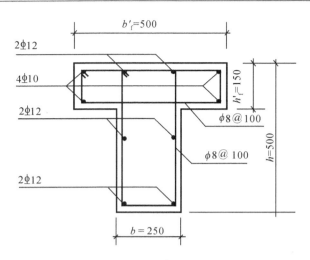

图 6.16 例题 6.2

（2）检查上限值 —— 截面限制条件：

$$\frac{h_w}{b} = \frac{500 - 40 - 150}{250} = 1.24 < 4.0$$

$$T = 21.9 \times 10^6 \text{N} \cdot \text{mm}$$

$$< 0.2\beta_c f_c W_t (= 0.2 \times 1 \times 11.9 \times 15.83 \times 10^6 = 37.68 \times 10^6 (\text{N} \cdot \text{mm}))$$

（满足要求）

（3）检查是否需按计算配筋：

$$T = 21.9 \text{kN} \cdot \text{m} > 0.7 f_t W_t (= 0.7 \times 1.27 \times 15.83 \times 10^6 = 14.07 (\text{kN} \cdot \text{m}))$$

需按计算配筋。

（4）腹板抗扭纵筋和箍筋的计算与例题 6.1 完全相同，即取纵筋 6Φ12、箍筋 $\phi 8@100$。

（5）计算受压翼缘抗扭箍筋：

$$h_{cor} = 250 - 2 \times 25 - 2 \times 8 = 184 (\text{mm})$$

$$b_{cor} = 150 - 2 \times 25 - 2 \times 8 = 84 (\text{mm})$$

$$A_{cor} = h_{cor} b_{cor} = 184 \times 84 = 1.55 \times 10^4 (\text{mm}^2)$$

$$u_{cor} = 2(h_{cor} + b_{cor}) = 2(184 + 84) = 536 (\text{mm})$$

取 $\zeta = 1.2$，由公式（6.18）和（6.17）可得：

$$\frac{A_{stl}}{s} = \frac{T'_f - 0.35 f_t W'_{tf}}{1.2 \sqrt{\zeta} f_{yv} A_{cor}} = \frac{3.9 \times 10^6 - 0.35 \times 1.27 \times 2.81 \times 10^6}{1.2 \sqrt{1.2} \times 270 \times 1.55 \times 10^4}$$

$$= 0.48 (\text{mm}^2/\text{mm})$$

取 $d = 8 \text{mm}$，$A_{stl} = 50.3 \text{mm}^2$，代入上式得：

$$s = 50.3/0.48 = 105 \text{mm} < s_{max} = 200 \text{mm}$$

选用箍筋为 $\phi 8@100$。

（6）验算最小配箍率：

$$\rho_{sv} = \frac{n A_{stl}}{bs} = \frac{2 \times 50.3}{150 \times 100} = 0.67\%$$

$$\rho_{sv,min} = 0.28 f_t / f_{yv} = 0.28 \times \frac{1.27}{270} = 0.13\% < \rho_{sv}(= 0.67\%)$$

（满足要求）

（7）计算受压翼缘抗扭纵筋：

由公式（6.1）

$$A_{stl} = \zeta \frac{A_{st1} f_{yv} u_{cor}}{f_y s} = 1.2 \times \frac{50.3 \times 270 \times 536}{300 \times 105} = 277 (\text{mm}^2)$$

选 4Φ10，实配 $A_{stl} = 314\text{mm}^2 > 277\text{mm}^2$。

（8）验算最小配筋率：

$$\rho_{tl} = \frac{A_{stl}}{bh} = \frac{314}{250 \times 150} = 0.84\%$$

$$\rho_{tl,min} = 0.85 \frac{f_t}{f_y} = 0.85 \times \frac{1.27}{300} = 0.36\% < \rho_{tl}(= 0.84\%) \quad \text{（满足要求）}$$

截面配筋如图 6.16 所示。

[例 6.3]　有一矩形截面受扭构件，截面尺寸 $b \times h = 200\text{mm} \times 500\text{mm}$；混凝土强度等级为 C25；已配有抗扭纵筋 6$\Phi$10（$A_{stl} = 471\text{mm}^2$），为 HRB335 级钢筋；抗扭箍筋 ϕ8@100，为 HPB300 级钢筋。

要求复核该构件能承受的扭矩设计值 T。

[解]

（1）验算最小配筋率

$$\rho_{sv,min} = 0.28 f_t / f_{yv} = 0.28 \times \frac{1.27}{270} = 0.13\%$$

$$\rho_{sv} = \frac{nA_{sv1}}{bs} = \frac{2 \times 50.3}{200 \times 100} = 0.503\% > \rho_{sv,min}(= 0.17\%)$$

$$\rho_{tl,min} = 0.85 f_t / f_y = 0.85 \times \frac{1.27}{300}(= 0.36\%)$$

$$\rho_{tl} = \frac{A_{stl}}{bh} = \frac{471}{200 \times 500} = 0.471\% > \rho_{tl,min}(= 0.36\%) \quad \text{（满足要求）}$$

（2）截面承载力计算：

$$W_t = \frac{b^2}{6}(3h - b) = \frac{200^2}{6}(3 \times 500 - 200) = 8.67 \times 10^6 (\text{mm}^3)$$

$$h_{cor} = 500 - 2 \times 25 - 2 \times 8 = 434 (\text{mm})$$

$$b_{cor} = 200 - 2 \times 25 - 2 \times 8 = 134 (\text{mm})$$

$$A_{cor} = h_{cor} b_{cor} = 434 \times 134 = 58.2 \times 10^3 (\text{mm}^2)$$

$$u_{cor} = 2(h_{cor} + b_{cor}) = 2(434 + 134) = 1.14 \times 10^3 (\text{mm})$$

$$\zeta = \frac{A_{stl} f_y s}{A_{st1} f_{yv} u_{cor}} = \frac{471 \times 300 \times 100}{50.3 \times 270 \times 1.14 \times 10^3} = 0.91 \begin{matrix} > 0.6 \\ < 1.7 \end{matrix}$$

$$T = 0.35 f_t W_t + 1.2 \sqrt{\zeta} \frac{A_{st1} f_{yv}}{s} A_{cor}$$

$$= 0.35 \times 1.27 \times 8.67 \times 10^6 + 1.2 \times \sqrt{0.91} \times \frac{50.3 \times 270}{100}$$

$$\times 58.2 \times 10^3 = 12.90 (\text{kN} \cdot \text{m})$$

（3）检查截面限制条件：

$$h_w/b = 460/200 = 2.30 < 4.0$$

$$0.2\beta_c f_c W_t = 0.2 \times 1 \times 11.9 \times 8.67 \times 10^6$$

$$= 20.63 (\text{kN} \cdot \text{m}) > T (= 12.86 \text{kN} \cdot \text{m}) \qquad \text{（满足要求）}$$

故该截面能承受的扭矩设计值为 $T = 12.9 \text{kN} \cdot \text{m}$。

6.4　剪扭构件承载力的计算

既受剪又受扭的构件称为剪扭复合受力构件，其承载力受到剪力和扭矩的相互影响，这种相互影响称为相关性。

6.4.1　破坏形态

剪扭构件的破坏形态及其承载力与扭矩和剪力的相对大小（通常用扭剪比 T/V_b 来表示）、构件的截面尺寸、配筋形式和数量以及混凝土的强度等级等因素有关。

在扭矩和剪力共同作用下，每个截面都承受由扭矩产生的扭剪应力和剪力产生的剪应力。由于扭剪应力形成剪力流，因此在构件相对的两个侧面上分别出现了剪应力的叠加面和剪应力的相减面。按照扭剪比的不同，裂缝的分布和破坏形态亦不相同，一般有以下三种情况。

破坏类型	$\dfrac{T}{V_b}$	破坏图式	裂缝形式
扭型	$\geqslant 0.6$		
扭剪型	0.4 — 0.5		
剪型	$\leqslant 0.3$		

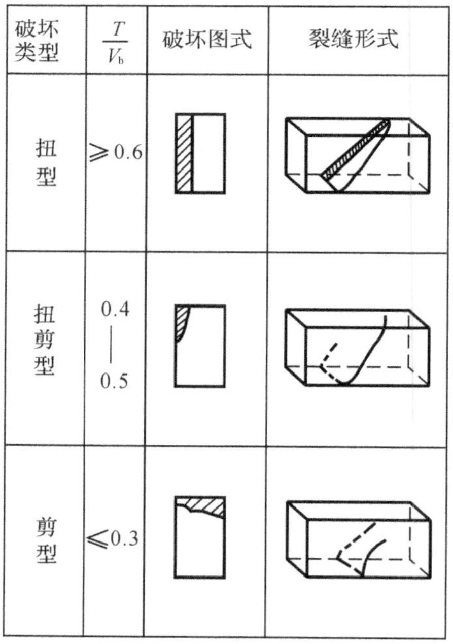

图 6.17　剪扭复合受力时的破坏形态

一、扭型破坏

当扭剪比较大时，如 $T/V_b \geqslant 0.6$，裂缝首先在剪应力叠加的一个侧面上开展，随荷载增大，呈螺旋形向截面顶面和底面发展，如图 6.17 所示。破坏前沿构件全长已有分布比较均匀的大量螺旋形裂缝。破坏时在剪应力叠加面、顶面和底面三个面上形成一条破坏斜裂缝。最后在剪应力相减面上形成混凝土受压区，其破坏形态和纯扭构件相同，故称扭型破坏。

二、剪型破坏

当扭剪比较小时,如 $T/V_b \leqslant 0.3$,首先在截面底面受拉区出现细小的垂直裂缝。随荷载增大,裂缝沿两个侧面斜向发展,破坏时在斜裂缝顶端出现一个高度很小的剪压区。破坏形态类似于受弯构件的斜截面破坏,故称剪型破坏,如图6.17所示。

三、扭剪型破坏

当扭剪比 T/V 为中等($0.4 \sim 0.5$)时,裂缝的出现、分布和破坏形态介乎上述两种情况之间,故称扭剪型破坏。一般斜裂缝首先在剪应力叠加面上出现,并呈螺旋形向顶面和底面发展,随后在剪应力相减面出现斜裂缝,最后在顶面和剪应力相减面相交的角部形成受压区而破坏,如图 6.17 所示。

6.4.2　矩形截面剪扭构件承载力的计算

剪扭复合受力构件的承载力受到扭矩和剪力的相互影响。由于剪力的存在,受扭承载力将降低,同样,扭矩的存在,受剪承载力亦将降低,其值分别小于纯扭和纯剪时的承载力。计算剪扭构件承载力时,应考虑这种相互影响,合理的方法是采用相关设计。但由于剪扭复合受力情况的复杂性,目前能提供的相关设计方法都过于复杂,不便于工程设计的实际应用。

为此,《规范》采用了近似方法,即对混凝土部分考虑了剪扭共同作用下的相关性,而对钢筋部分不考虑其相关性,故称这种方法为部分相关设计方法。

国内外试验表明,素混凝土剪扭构件在不同扭剪比时的相关关系大致符合1/4圆的变化规律,假定配筋剪扭构件混凝土项的相关关系亦符合1/4圆变化规律,则从图6.18(a)可得其表达式为:

$$\left(\frac{T_c}{T_{c0}}\right)^2 + \left(\frac{V_c}{V_{c0}}\right)^2 = 1 \tag{6.31}$$

式中,T_{c0} 和 V_{c0} 分别为纯扭和纯剪时的截面承载力;T_c 和 V_c 分别为考虑剪扭相关关系后,扭曲截面混凝土的受扭承载力和斜截面混凝土的受剪承载力。

从图 6.18(a) 可见,随着作用扭矩的增大,受剪承载力逐渐降低,先慢后快,当扭矩达到纯扭承载力时,受剪承载力下降为零;同样,随着作用剪力的增大,受扭承载力逐渐降低,也是先慢后快,当剪力达到纯剪承载力时,受扭承载力下降为零。

为简化设计,《规范》采用图6.18(b)中三折线(a—b,b—c,c—d)来代替1/4圆的变化规律。

当 $T_c/T_{c0} \leqslant 0.5$,即 $T_c \leqslant 0.5T_{c0}(= 0.5 \times 0.35 f_t W_t = 0.175 f_t W_t)$ 时,取图中 a—b 水平线,即 $V_c/V_{c0} = 1.0$(当均布荷载时 $V_c = V_{c0} = 0.7 f_t b h_0$,集中荷载时 $V_c = V_{c0} = \frac{1.75}{\lambda + 1.0} f_t b h_0$)表示扭矩 T 相对较小时,可不考虑扭矩 T 对混凝土受剪承载力 V_{c0} 的影响。

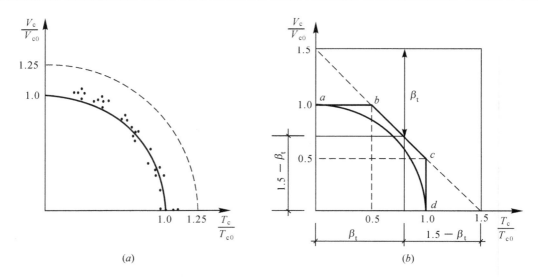

图 6.18　剪扭部分相关关系及其简化图

当 $V_c/V_{c0} \leqslant 0.5$，即均布荷载时 $V_c \leqslant 0.5V_{c0}(=0.5 \times 0.7f_tbh_0 = 0.35f_tbh_0)$；集中荷载时 $V_c \leqslant 0.5V_{c0}(=\dfrac{0.875}{\lambda+1.0}f_tbh_0)$，取图中 c—d 垂直线，即 $T_c/T_{c0} = 1.0(T_c = T_{c0} = 0.35f_tW_t)$ 表示剪力 V 相对较小时，可不考虑剪力 V 对混凝土受扭承载力 T_{c0} 的影响。

当 $T_c/T_{c0} > 0.5$ 及 $V_c/V_{c0} > 0.5$ 时，则用一条在纵坐标和横坐标上截距均为 1.5 的斜直线 b—c 来反映 V_c/V_{c0} 和 T_c/T_{c0} 之间的相关规律。

从图 6.18(b) 中过 $V_c/V_{c0} = 1.5$ 点作一水平线，它与斜直线 b—c 上任意一点的垂直距离用 β_t 表示，从图中可见：

当 $V_c/V_{c0} > 0.5$ 时，$T_c/T_{c0} = \beta_t$，亦即：

$$T_c = \beta_t T_{c0} = 0.35\beta_t f_t W_t \tag{6.32}$$

当 $T_c/T_{c0} > 0.5$ 时，$V_c/V_{c0} = 1.5 - \beta_t$，亦即均布荷载作用时，

$$V_c = (1.5 - \beta_t)V_{c0} = 0.7(1.5 - \beta_t)f_tbh_0 \tag{6.33}$$

对集中荷载为主的矩形截面独立梁，

$$V_c = (1.5 - \beta_t)V_{c0} = \frac{1.75}{\lambda+1.0}(1.5 - \beta_t)f_tbh_0 \tag{6.34}$$

公式(6.32)～(6.34)即为考虑剪力与扭矩共同作用、相互影响时，通过引入剪扭构件混凝土受扭承载力降低系数 β_t 对纯剪和纯扭计算公式中混凝土承载力一项修正后的计算公式。

下面讨论 β_t 的计算式。

从图 6.18(b) 中的几何关系可得：

$$\beta_t : 1.5 = \left(\frac{T_c}{T_{c0}}\right) : \left(\frac{T_c}{T_{c0}} + \frac{V_c}{V_{c0}}\right)$$

$$\beta_t = \frac{1.5}{1 + \dfrac{V_c/V_{c0}}{T_c/T_{c0}}} \tag{6.35}$$

将 $V_{c0} = 0.7 f_t b h_0$ 和 $T_{c0} = 0.35 f_t W_t$ 代入上式,并用剪力设计值 V 和扭矩设计值 T 分别替代上式中 V_c 和 T_c,则从公式(6.35)可得均布荷载作用下 β_t 的计算式:

$$\beta_t = \frac{1.5}{1 + 0.5 \dfrac{V W_t}{T b h_0}} \tag{6.36}$$

集中荷载作用下(包括作用有多种荷载,其中集中荷载对支座截面或节点边缘所产生的剪力值占总剪力值的 75% 以上的情况)独立梁 β_t 的计算式为:

$$\beta_t = \frac{1.5}{1 + 0.2(\lambda + 1.0) \dfrac{V W_t}{T b h_0}} \tag{6.37}$$

公式(6.36)和(6.37)中 β_t 值的适用范围是 $0.5 \leqslant \beta_t \leqslant 1.0$,因 β_t 在 b—c 斜直线以外已无意义,公式(6.37)中 $1.5 \leqslant \lambda \leqslant 3.0$。

根据公式(6.32)~(6.34),再考虑受剪和受扭钢筋的作用后,即可得到矩形截面剪扭构件的受剪扭承载力计算公式如下:

(1) 一般剪扭构件(均布荷载作用时)

1) 受剪承载力

$$V \leqslant (1.5 - \beta_t) 0.7 f_t b h_0 + f_{yv} \frac{n A_{sv1}}{s} h_0 \tag{6.38}$$

2) 受扭承载力

$$T \leqslant 0.35 \beta_t f_t W_t + 1.2 \sqrt{\zeta} f_{yv} \frac{A_{st1}}{s} A_{cor} \tag{6.39}$$

以上两式中 β_t 按式(6.36)计算,当 $\beta_t < 0.5$ 时,取 $\beta_t = 0.5$;当 $\beta_t > 1$ 时,取 $\beta_t = 1$。

(2) 集中荷载为主作用下的独立剪扭构件

1) 受剪承载力

$$V \leqslant (1.5 - \beta_t)(\frac{1.75}{\lambda + 1} f_t b h_0) + f_{yv} \frac{n A_{sv1}}{s} h_0 \tag{6.40}$$

上式中 β_t 按式(6.37)计算,当 $\beta_t < 0.5$ 时,取 $\beta_t = 0.5$;当 $\beta_t > 1$ 时,取 $\beta_t = 1$。

2) 受扭承载力仍按式(6.39)计算,但式中的 β_t 应按式(6.37)计算;同样,当 $\beta_t < 0.5$ 时,取 $\beta_t = 0.5$;$\beta_t > 1$ 时,取 $\beta_t = 1$。

从以上各式可见,抗力 V_u 和 T_u 中钢筋的承载力与纯剪和纯扭的计算公式完全相同,只是对混凝土的承载力在考虑了剪扭的相互影响后作了折减。

截面设计时,先按公式(6.36)或(6.37)计算出 β_t,然后按公式(6.38)或(6.39)以及(6.40)计算出受剪和受扭所需的单肢箍筋用量 A_{sv1}/s 和 A_{st1}/s,叠加后得剪扭构件单肢箍筋总用量,再选定箍筋直径和间距,最后通过配筋强度比 ζ 计算抗扭纵筋,详见例题 6.4。

6.4.3　剪扭构件剪扭承载力计算公式的适用条件

一、上限值 —— 截面限制条件

和纯扭构件一样，为了避免剪扭构件出现配筋过多完全超配筋，以致混凝土首先被压碎的脆性破坏，亦需规定截面的最大配筋率，或采用截面限制条件如下：

当 h_w/b（或 h_w/t_w）$\leqslant 4$ 时，

$$\frac{V}{bh_0} + \frac{T}{0.8W_t} \leqslant 0.25\beta_c f_c \qquad (6.41a)$$

当 h_w/b（或 h_w/t_w）$\leqslant 6$ 时，

$$\frac{V}{bh_0} + \frac{T}{0.8W_t} \leqslant 0.2\beta_c f_c \qquad (6.41b)$$

当 $4 < h_w/b$（或 h_w/t_w）< 6 时，按线性内插法确定。

如不满足上式要求，应加大截面尺寸或提高混凝土强度等级。

二、下限值 —— 最小配筋率

为避免少筋破坏，受剪和受扭箍筋的配箍率 ρ_{sv} 不应小于最小配箍率 $\rho_{sv,min}$；受扭纵向钢筋的配筋率 ρ_{tl} 不应小于最小配筋率 $\rho_{tl,min}$，即：

$$\rho_{sv}\left(= \frac{nA_{sv1}^{总}}{bs}\right) \geqslant \rho_{sv,min} \qquad (6.42)$$

$$\rho_{sv,min} = 0.28\frac{f_t}{f_{yv}} \qquad (6.43)$$

$$\rho_{tl}\left(= \frac{A_{stl}}{bh}\right) \geqslant \rho_{tl,min} \qquad (6.44)$$

$$\rho_{tl,min} = 0.6\sqrt{\frac{T}{Vb}}\frac{f_t}{f_y} \qquad (6.45)$$

当 $T/(Vb) > 2.0$ 时，取 $T/(Vb) = 2.0$。

此外，设计中当符合以下条件时：

$$\frac{V}{bh_0} + \frac{T}{W_t} \leqslant 0.7f_t \qquad (6.46a)$$

或
$$\frac{V}{bh_0} + \frac{T}{W_t} \leqslant 0.7f_t + 0.07\frac{N}{bh_0} \qquad (6.46b)$$

可按构造要求配置纵向钢筋和箍筋，否则应进行受剪扭承载力计算，且应满足最小配筋率和最小配箍率的要求。

式中 N 为与剪力、扭矩设计值相应的轴向压力设计值，当 $N > 0.3f_c A$ 时，取 $N = 0.3f_c A$，A 为构件截面面积。

6.4.4　T 形、工字形截面剪扭构件承载力计算步骤

剪力和扭矩共同作用时，T 形、工字形截面的承载力计算方法可按下述步骤进行。

1. 截面分块

首先将 T 形或工字形截面划分为若干个矩形截面,并将作用于截面的扭矩设计值分配给各个矩形截面。分块原则和扭矩分配方法均与纯扭构件(6.3.4 节)相同。

2. 腹板计算

T 形和工字形截面的剪力主要由腹板承受,因此腹板应根据剪力设计值 V 和分配到的扭矩设计值 T_w 按剪扭构件计算,计算时应取用 T_w 和 W_{tw}(腹板截面的抗扭塑性抵抗矩)代替 β_t 计算公式(6.36)或(6.37)和剪扭构件受扭承载力计算公式(6.39)中之 T 及 W_t。

3. 上、下翼缘计算

上翼缘和下翼缘仅受分配到的扭矩 T'_f 和 T_f 的作用,故只需按纯扭构件分别对上、下翼缘计算所需的受扭钢筋,但需以上、下翼缘的扭矩设计值 T'_f 和 T_f 以及相应的截面抗扭塑性抵抗矩 W'_{tf} 和 W_{tf} 分别代替纯扭构件承载力计算式(6.17)和(6.18)中之 T 及 W_t。

上、下翼缘中配置的箍筋应贯穿整个翼缘。

4. 验算承载力计算公式的适用条件(同 6.4.3 节)

6.4.5 箱形截面剪扭构件承载力的计算

根据钢筋混凝土箱形截面(图 6.13(c))纯扭构件受扭承载力计算公式,并借助矩形截面剪扭构件的相同方法,可导出下列计算公式,经与箱形截面试件的试验结果比较,所提供的方法是相当稳妥的。

1. 均布荷载作用下一般剪扭构件:

(1)受剪承载力

$$V \leqslant 0.7(1.5 - \beta_t)f_t bh_0 + f_{yv}\frac{nA_{sv1}}{s}h_0 \tag{6.47}$$

(2)受扭承载力

$$T \leqslant 0.35\alpha_h\beta_t f_t W_t + 1.2\sqrt{\zeta}f_{yv}\frac{A_{st1}A_{cor}}{s} \tag{6.48}$$

以上两式中的 β_t 值按式(6.36)计算,但式中的 W_t 应以 $\alpha_h W_t$ 替代;α_h 和 W_t 的计算按式(6.30)中的说明;ζ 值的计算见式(6.1)。

2. 集中荷载作用下的独立剪扭构件

(1)受剪承载力

$$V \leqslant (1.5 - \beta_t)\frac{1.75}{\lambda + 1}f_t bh_0 + f_{yv}\frac{nA_{sv1}}{s}h_0 \tag{6.49}$$

(2)受扭承载力

$$T \leqslant 0.35\alpha_h\beta_t f_t W_t + 1.2\sqrt{\zeta}f_{yv}\frac{A_{st1}A_{cor}}{s} \tag{6.50}$$

以上两式中的 β_t 值按式(6.37)计算,但式中的 W_t 应以 $\alpha_h W_t$ 替代。α_h 和 W_t 按式(6.30)中的说明计算。

6.5 弯扭构件承载力的计算

弯扭构件在弯矩和扭矩共同作用下相互影响,与剪扭构件相似,其截面承载力亦存在着相关性。

6.5.1 破坏形态

在截面尺寸、配筋方式和数量以及混凝土强度等级相同的条件下,弯扭构件的破坏形态主要与扭弯比 T/M 有关。随扭弯比的不同,非对称配筋的弯扭构件一般有以下三种破坏形态。

一、扭型破坏

当扭弯比较大,即扭矩较大时,将发生扭型破坏,如图 6.19(a) 所示。

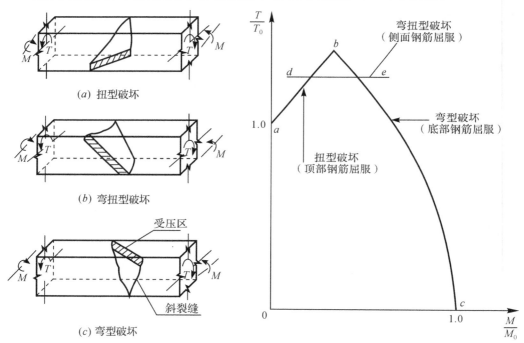

(a) 扭型破坏

(b) 弯扭型破坏

(c) 弯型破坏

图 6.19 弯扭构件的多种破坏形态

图 6.20 弯扭构件的受弯承载力和受扭承载力的相关关系

构件上一般先出现弯曲垂直裂缝,接着在截面长边中点附近出现扭转斜裂缝,并向顶面和底面延伸,裂缝数量不断增多。当构件接近破坏时斜裂缝迅速发展,破坏时顶部纵向钢筋首先受拉屈服,然后底部混凝土受压破坏。

截面顶部纵向钢筋位于弯曲受压区,受到压应力,但由于弯矩不大,压应力很小,而作用的扭矩较大,由此引起的拉应力较大。当非对称配筋时,底部纵向钢筋数量一般多于顶部纵向钢筋。因此,破坏时顶部纵向钢筋首先达到抗拉屈服强度,截面承载力将由顶部纵向钢筋所决定。

随着弯矩增大,扭弯比减小,顶部纵向钢筋所受压应力增大,截面受扭承载力将随之提高。弯矩越大,提高越多,其相关曲线如图 6.20 中之 *ab* 线。

二、弯型破坏

当扭弯比较小,即弯矩较大时,将发生弯型破坏。

裂缝先在弯曲受拉区底面出现,接着向两侧面发展,破坏时底部纵向钢筋首先达到抗拉屈服强度,然后顶面混凝土受压而破坏,如图 6.19(*c*)所示。

由于弯矩较大,位于截面顶部弯曲受压区纵向钢筋中的压应力也较大,而由扭矩引起的拉应力却较小。底部纵向钢筋位于弯曲受拉区,同时承受弯矩和扭矩引起的拉应力则较大,因此破坏时底部纵向钢筋首先受拉屈服,截面承载力由底部纵向钢筋所决定。

随着弯矩的增大,截面受扭承载力将进一步降低,弯矩越大,降低越多,其相关曲线如图 6.20 中之 *bc* 线。

三、弯扭型破坏

在弯矩和扭矩共同作用下,在截面的一个侧面由两者引起的主拉应力方向一致,裂缝开展加剧,而另一侧面主拉应力方向相反,裂缝的开展将受到抑制。特别当截面高宽比较大,梁侧面的纵向钢筋和箍筋配置不足时,截面一个侧面的纵向钢筋或箍筋将首先受拉屈服而发生弯扭型破坏,此时截面的另一个侧面将为受压区,如图 6.19(*b*)所示。截面承载力由侧面钢筋所决定。

由于弯矩对梁侧的受扭承载力影响不大,因此受扭承载力将不受弯矩大小的影响,弯扭型破坏的相关曲线将为一条水平线,如图 6.20 中之 *de* 线。这种破坏多发生在弯型破坏和扭型破坏的交界区附近。水平线在纵坐标上的位置将随截面性质和配筋情况的差异而不同。

对称配筋的弯扭构件,其弯矩与扭矩的相关关系基本上符合 1/4 圆的变化规律。

6.5.2　弯扭构件承载力的计算

根据试验研究,弯扭构件承载力的相关方程如下。

当扭型破坏时(图 6.20):

$$\left(\frac{T}{T_0}\right)^2 = 1 + \gamma \frac{M}{M_0} \tag{6.51}$$

当弯型破坏时(图 6.20):

$$\left(\frac{T}{T_0}\right)^2 = \gamma\left(1 - \frac{M}{M_0}\right) \tag{6.52}$$

式中，T，M—— 分别为扭矩和弯矩共同作用时截面受扭和受剪承载力；

T_0，M_0—— 分别为纯扭和纯弯时截面承载力；

γ—— 纵筋配筋强度比，$\gamma = f_y A_s / f'_y A'_s$；

A_s，A'_s—— 分别为配置于弯曲受拉区和弯曲受压区纵向钢筋的截面面积；

f_y，f'_y—— 分别为 A_s 和 A'_s 的抗拉和抗压强度设计值。

工程设计时利用弯扭相关方程进行截面配筋计算是比较复杂的，为简化设计，《规范》采用了近似的叠加方法，即在弯矩作用下按受弯构件正截面承载力计算出所需纵向钢筋，在扭矩作用下按纯扭构件承载力计算出所需纵向钢筋和箍筋，然后将相应的纵向钢筋截面面积叠加。

纵向钢筋的最小配筋率不应小于受弯构件和受扭构件的最小配筋率之和。受弯构件的最小配筋率 $\rho_{\min}$，按附表 18 取用；受扭构件纵向钢筋的最小配筋率 $\rho_{tl,\min}$ 按公式（6.45）计算。

6.6　弯剪扭构件承载力的计算

弯剪扭复合受力构件截面承载力的计算属于空间受力状态问题，采用相关方法进行截面配筋计算更为复杂。为了便于工程设计，《规范》采用了实用计算方法，即截面纵向受力钢筋分别按受弯和受扭承载力计算，然后叠加；截面箍筋按剪扭构件计算（参见6.4.2节）。

《规范》还对弯剪扭构件的计算，作了如下简化计算的规定：

（1）当构件承受的扭矩 T 小于纯扭构件混凝土承载力 $T_{c0} = 0.35 f_t W_t$ 的 1/2 时，即：

$$T \leqslant 0.175 f_t W_t \quad \text{或} \quad T \leqslant 0.175 \alpha_h f_t W_t \tag{6.53}$$

认为作用的扭矩不大，可略去其影响，仅按弯剪构件计算；式中 α_h 为箱形截面壁厚影响系数，其取值方法见式（6.30）。

（2）当构件承受的剪力 V 小于纯剪构件混凝土承载力 $V_{c0} = 0.7 f_t b h_0$ 或 $V_{c0} = \dfrac{1.75}{\lambda + 1.0} f_t b h_0$ 的 1/2 时，即当：

均布荷载作用时，

$$V \leqslant 0.35 f_t b h_0 \tag{6.54}$$

对集中荷载为主的独立梁，

$$V \leqslant \frac{0.875}{\lambda + 1.0} f_t b h_0 \tag{6.55}$$

$$1.5 \leqslant \lambda \leqslant 3.0$$

认为作用的剪力值不大,可略去其影响,仅按弯扭构件计算。

当不符合以上规定时,应按弯剪扭构件计算。

6.6.1　弯剪扭构件截面设计方法

在弯矩、剪力、扭矩共同作用的矩形、T 形、I 形和箱形截面的承载力计算方法和步骤归纳如下,它同时也是对受扭构件计算的小结。

1. 根据荷载计算截面最大弯矩、剪力和扭矩设计值

2. 选定截面形式和尺寸、钢筋级别和混凝土强度等级

3. 检查简化计算条件

按公式(6.53) ~ (6.55):

当 $T \leqslant 0.175 f_t W_t$ 时,或 $T \leqslant 0.175 \alpha_a f_t w_t$,可仅按受弯构件计算正截面受弯承载力和斜截面受剪承载力;

当 $V \leqslant 0.35 f_t b h_0$ (均布荷载)或 $V \leqslant \dfrac{0.875}{\lambda + 1.0} f_t b h_0$ (以集中荷载为主的独立梁)时,可仅按受弯构件的正截面受弯承载力和纯扭构件的受扭承载力进行计算;

不符合以上规定时,按弯剪扭构件计算。

4. 验算上限值,即截面限制条件

当 h_w/b (或 h_w/t_w) $\leqslant 4$ 时

$$\frac{V}{bh_0} + \frac{T}{0.8W_t} \leqslant 0.25\beta_c f_c \qquad (6.41a)$$

当 h_w/b (或 h_w/t_w) $= 6$ 时

$$\frac{V}{bh_0} + \frac{T}{0.8W_t} \leqslant 0.2\beta_c f_c \qquad (6.41b)$$

当 $4 < h_w/b$ (或 h_w/t_w) < 6 时,按线性内插法确定。

如不能符合上式,应加大截面尺寸或提高混凝土强度等级。

5. 在弯矩、剪力和扭矩共同作用下的构件,当符合下列公式

$$\frac{V}{bh_0} + \frac{T}{W_t} \leqslant 0.7f_t + 0.07\frac{N}{bh_0} \qquad (6.46b)$$

的要求时,可不进行构件受剪扭承载力计算,仅需按构造要求配置纵向钢筋和箍筋,并满足各自最小配筋率及最小配箍率的要求。

式中 N 为与剪力和扭矩设计值相应的轴向压力设计值,当 $N \geqslant 0.3f_c A$ 时,取 $0.3f_c A$,此处 A 为构件的截面面积。

6. 计算箍筋用量

(1) 选定配筋强度比 ζ,ζ 宜在 $1.0 \sim 1.3$ 之间选用。

(2) 计算受扭承载力降低系数 β_t,按公式(6.36)及(6.37)计算:

均布荷载作用时,

$$\beta_t = \frac{1.5}{1 + 0.5 \frac{VW_t}{Tbh_0}} \qquad 0.5 \leqslant \beta_t \leqslant 1.0$$

对集中荷载为主的独立梁，

$$\beta_t = \frac{1.5}{1 + 0.2(\lambda + 1.0)\frac{VW_t}{Tbh_0}} \qquad \begin{array}{l} 0.5 \leqslant \beta_t \leqslant 1.0 \\ 1.5 \leqslant \lambda \leqslant 3.0 \end{array}$$

（3）按剪扭构件受剪承载力计算受剪所需单肢箍筋用量，按公式（6.38）及（6.40）计算：

均布荷载作用时，

$$\frac{A_{sv1}}{s} = \frac{V - 0.7(1.5 - \beta_t)f_t bh_0}{nf_{yv}h_0}$$

对集中荷载为主的独立梁，

$$\frac{A_{sv1}}{s} = \frac{V - \frac{1.75}{\lambda + 1.0}(1.5 - \beta_t)f_t bh_0}{nf_{yv}h_0}$$

（4）按剪扭构件受扭承载力计算受扭所需单肢箍筋用量，按公式（6.39）计算：

$$\frac{A_{st1}}{s} = \frac{T - 0.35\beta_t f_t W_t}{1.2\sqrt{\zeta}f_{yv}A_{cor}}$$

（5）叠加以上（3）和（4）两项计算结果，即得剪扭共同作用时所需单肢箍筋的总用量：

$$\frac{A_{st1}^{总}}{s} = \frac{A_{sv1}}{s} + \frac{A_{st1}}{s}$$

然后可选定箍筋直径 d，从上式计算箍筋间距 s，亦可选定 s 后再确定 d。但必须满足构造要求，即 $d \geqslant d_{min}$（附表 20），$s \leqslant s_{max}$（附表 21）。

7. 验算最小配箍率

按公式（6.42）和（6.43）验算：

$$\rho_{sv} \geqslant \rho_{sv,min}$$

$$\rho_{sv,min} = 0.28\frac{f_t}{f_{yv}}$$

8. 计算纵向受力钢筋

（1）由计算所得受扭箍筋用量，通过配筋强度比 ζ（公式 6.1）计算受扭纵向钢筋 A_{st1}：

$$A_{st1} = \zeta\left(\frac{A_{st1}}{s}\right)\frac{f_{yv}u_{cor}}{f_y}$$

抗扭纵向钢筋应沿截面高度布置成若干排，间距应 $\leqslant 200mm$ 且不应小于截面宽度，均匀对称地配置在截面底部、顶部及侧面。

（2）按受弯构件正截面承载力公式计算受弯所需纵向钢筋 A_s。

（3）将受弯纵向钢筋 A_s 和分配在截面底部的抗扭纵向钢筋叠加，然后选定其直径和根数。

9. 验算纵向钢筋最小配筋率

受弯和受扭纵向钢筋的配筋率$(\rho + \rho_{tl})$不应小于受弯和受扭最小配筋率之和$(\rho_{min} + \rho_{tl,min})$，即：

$$(\rho + \rho_{tl}) \geqslant (\rho_{min} + \rho_{tl,min})$$

$$\rho_{tl,min} = 0.6 \sqrt{\frac{T}{Vb}} \frac{f_t}{f_y}$$

当 $T/(Vb) > 2.0$ 时，取 $T/(Vb) = 2.0$；ρ_{min} 按附表 18 取用。

10. 工字形和 T 形截面

（1）将截面分块，计算分块截面抗扭塑性抵抗矩并分配扭矩。

（2）腹板按剪扭构件计算所需的箍筋及抗扭纵向钢筋；上、下翼缘按纯扭构件计算所需的受扭箍筋及纵向钢筋。

（3）按受弯构件正截面受弯承载力计算所需受弯纵向钢筋，叠加按剪扭构件的受扭承载力计算确定的部分受扭纵向钢筋后配置在相应的位置，如腹板及下翼缘底部等。

11. 箱形截面

计算方法与上述相同，只是所用计算公式不同。

6.6.2 截面承载力的复核

复核步骤如下。

一、验算适用条件和简化计算条件

1. 验算截面限制条件

如果不满足公式（6.41）的要求，表明截面尺寸过小，不必再进行截面承载力复核，或需修改原设计。

2. 验算简化计算条件

按公式（6.53）～（6.55）分别进行验算，以便确定按弯剪、弯扭或弯剪扭构件进行截面承载力复核。

如果满足公式（6.46）的验算条件，只需按受弯构件正截面承载力进行复核，但所配箍筋和抗扭纵向钢筋均需满足最小配箍率公式（6.43）和最小配筋率的要求，公式（6.45）。

二、复核截面承载力

（1）对相同材料强度和相同截面尺寸的构件选择若干个扭矩、剪力或弯矩均较大的截面进行复核。

（2）根据已知弯矩，按受弯构件正截面受弯承载力公式计算出受弯所需的纵向筋 A_s，再根据已知剪力，按剪扭构件的受剪承载力公式（6.38）和（6.40）计算出受剪所需的箍筋 A_{sv1}/s。

（3）从实配纵向钢筋的总用量中减去计算所得受弯纵向钢筋 A_s 后，即为抗扭纵向钢筋 A_{stl}，应检查 A_{stl} 是否对称布置，否则只能取对称配置的那部分作为抗扭的纵向钢筋。

（4）从实配箍筋的总用量中减去计算所得受剪箍筋 A_{sv1}/s 后，即为抗扭箍筋的用量 A_{st1}/s。

（5）根据抗扭箍筋和抗扭纵筋用量计算配筋强度比 ζ（公式 6.1）。

（6）将 ζ，β_t 及 A_{st1}/s 代入剪扭构件受扭承载力计算公式（6.39），计算截面受扭承载力 T_u，如果满足 $T_u \geqslant T$ 的条件（T 为作用在截面上的扭矩设计值），表明该截面的承载力是足够的。

[例题 6.4] 有一承受均布荷载的钢筋混凝土矩形截面梁，截面尺寸为 $b \times h = 200mm \times 400mm$；承受弯矩设计值 $M = 80kN \cdot m$，剪力设计值 $V = 70kN$，扭矩设计值 $T = 7kN \cdot m$；混凝土强度等级为 C25；纵向受力钢筋采用 HRB335 级钢筋，箍筋采用 HPB300 级钢筋。

要求计算截面配筋并作截面配筋图。

[解]

（1）验算截面限制条件（式 6.41）：

$$W_t = \frac{b^2}{6}(3h - b) = \frac{200^2}{6}(3 \times 400 - 200)$$
$$= 6.667 \times 10^6 (mm^3)$$
$$h_0 = h - a_s = 400 - 40 = 360 (mm)$$
$$\frac{h_w}{b} = \frac{360}{200} = 1.8 < 4$$
$$\frac{V}{bh_0} + \frac{T}{0.8W_t} = \frac{70 \times 10^3}{200 \times 360} + \frac{7 \times 10^6}{0.8 \times 6.667 \times 10^6}$$
$$= 0.972 + 1.312 = 2.284 (N/mm^2)$$
$$0.25\beta_c f_c = 0.25 \times 1 \times 11.9 = 2.975 (N/mm^2) > 2.284 (N/mm^2)$$

截面尺寸满足要求。

（2）验算简化计算条件（式 6.53 ~ 6.55）：

$$0.35f_t bh_0 = 0.35 \times 1.27 \times 200 \times 360 = 32.45 (kN) < V(= 70kN)$$
$$0.175 f_t W_t = 0.175 \times 1.27 \times 6.667 \times 10^6$$
$$= 1.48 \times 10^6 (kN \cdot m) < T(= 7kN \cdot m)$$

应按弯剪扭构件计算。

（3）验算是否需按计算配置纵向钢筋和箍筋（式 6.46）：

$$\frac{V}{bh_0} + \frac{T}{W_t} = \frac{70 \times 10^3}{200 \times 360} + \frac{7 \times 10^6}{6.667 \times 10^6}$$
$$= 0.972 + 1.045 = 2.0 (N/mm^2)$$
$$0.7 f_t = 0.7 \times 1.27 = 0.889 (N/mm^2) < 2.0 (N/mm^2)$$

需按计算配置纵向钢筋和箍筋。

（4）计算箍筋用量：

1）计算混凝土强度降低系数 β_t（式 6.36）：

$$\beta_t = \frac{1.5}{1 + 0.5\dfrac{VW_t}{Tbh_0}}$$

$$= \frac{1.5}{1 + 0.5\dfrac{70 \times 10^3 \times 6.667 \times 10^6}{7 \times 10^6 \times 200 \times 360}} = 1.03 > 1$$

取 $\beta_t = 1$。

2）计算受剪箍筋（式（6.38）：

$$\frac{A_{sv1}}{s} = \frac{V - 0.7(1.5 - \beta_t)f_t bh_0}{f_{yv} \times n \times h_0}$$

$$= \frac{70 \times 10^3 - 0.7 \times (1.5 - 1) \times 1.27 \times 200 \times 360}{270 \times 2 \times 360}$$

$$= 0.195(\text{mm}^2/\text{mm})$$

3）计算受扭箍筋（式 6.39）：

取配筋强度比 $\zeta = 1.2$

$$A_{cor} = (200 - 2 \times 25 - 2 \times 8) \times (400 - 2 \times 25 - 2 \times 8) = 44756(\text{mm}^2)$$

$$u_{cor} = 2(134 + 334) = 936(\text{mm}^2)$$

$$\frac{A_{st1}}{s} = \frac{T - 0.35\beta_t f_t W_t}{1.2\sqrt{\zeta}f_{yv}A_{cor}}$$

$$= \frac{7 \times 10^6 - 0.35 \times 1 \times 1.27 \times 6.667 \times 10^6}{1.2\sqrt{1.2} \times 270 \times 44756}$$

$$= 0.254(\text{mm}^2/\text{mm})$$

4）箍筋总用量：

$$\frac{A_{sv1}^{总}}{s} = \frac{A_{sv1}}{s} + \frac{A_{st1}}{s} = 0.195 + 0.254 = 0.449(\text{mm}^2/\text{mm})$$

取 $d = 8\text{mm} > d_{\min}(= 6\text{mm})$，$A_{sv1}^{总} = 50.3(\text{mm}^2)$

$$s = \frac{A_{sv1}^{总}}{0.449} = \frac{50.3}{0.449} = 112(\text{mm}) < S_{\max} = b = 200(\text{mm})$$

选用箍筋 $\Phi 8 @100$。

（5）验算最小配箍率（式 6.43）：

$$\rho_{sv} = \frac{nA_{sv1}}{bs} = \frac{2 \times 50.3}{200 \times 100} = 0.5\%$$

$$\rho_{sv,\min} = 0.28f_t/f_{yv} = 0.28 \times 1.27/270 = 0.13\% < \rho_{sv}(= 0.5\%)$$

（满足要求）

（6）计算受扭纵向钢筋：

由 ζ 计算公式（6.1）可得：

$$A_{stl} = \zeta \frac{f_{yv} u_{cor}}{f_y} \times \frac{A_{st1}}{s}$$

$$= 1.2 \times \frac{270 \times 936}{300} \times 0.254 = 257 (\text{mm}^2)$$

（7）计算受弯纵向钢筋：

$$x = h_0 - \sqrt{h_0^2 - \frac{2M}{\alpha_1 f_c b}}$$

$$= 360 - \sqrt{360^2 - \frac{2 \times 80 \times 10^6}{1 \times 11.9 \times 200}} = 110 (\text{mm})$$

$$\xi_b = \frac{\beta_1}{1 + \dfrac{f_y}{E_s \varepsilon_{cu}}}$$

$$= \frac{0.8}{1 + \dfrac{300}{2 \times 10^5 \times 0.0033}} = 0.55$$

$$x = 110 (\text{mm}) < \xi_b h_0 = 0.55 \times 360 = 198 (\text{mm})$$

$$A_s = \frac{M}{f_y \left(h_0 - \dfrac{x}{2}\right)} = \frac{80 \times 10^6}{300 \left(360 - \dfrac{110}{2}\right)} = 874 (\text{mm}^2)$$

（8）验算纵向钢筋最小配筋率：

受弯纵向钢筋配筋率

$$\rho = \frac{A_s}{bh_0} = \frac{874}{200 \times 360} = 1.21\%$$

受扭纵向钢筋配筋率

$$\rho_{tl} = \frac{A_{stl}}{bh} = \frac{257}{200 \times 400} = 0.32\%$$

受弯纵向钢筋最小配筋率（附表18）

$$\rho_{\min} = 0.2\% \left[> (45 f_t / f_y)\% = (45 \times 1.27/300)\% = 0.19\% \right]$$

受扭钢筋最小配筋率（式6.45）

$$\frac{T}{Vb} = \frac{7 \times 10^6}{70 \times 10^3 \times 200} = 0.5 < 2.0$$

$$\rho_{tl,\min} = 0.6 \times \sqrt{\frac{T}{Vb}} \frac{f_t}{f_y} = 0.6 \times \sqrt{0.5} \times \frac{1.27}{300} = 0.18\%$$

$$\rho_{\min} + \rho_{tl,\min} = 0.2\% + 0.18\% = 0.38\% < \rho + \rho_{tl} (= 1.53\%)$$

满足要求。

（9）配置钢筋及绘制截面配筋图：

受扭钢筋应沿截面四周均匀对称布置，间距 $\leqslant 200$mm。因梁高 $h = 400$mm，应将受扭纵向钢筋面积三等分，分别布置于梁底、梁顶及梁两侧面。

底部配筋：

$$A_s + \frac{A_{stl}}{3} = 874 + \frac{257}{3}$$

$$= 874 + 86 = 940(\text{mm}^2)$$

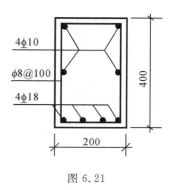

图 6.21

选用 4Φ18，实配 1017(mm²) $>$ A_s (= 960(mm²))。

梁顶及梁侧面各配：

$$\frac{A_{stl}}{3} = \frac{257}{3} = 86(\text{mm}^2)$$

各选用 2Φ10，实配 157(mm²) $>$ 86(mm²)

绘制截面配筋图如图 6.21 所示。

6.7　压、弯、剪、扭构件承载力的计算

在轴向压力、弯矩、剪力和扭矩共同作用下的钢筋混凝土矩形截面框架柱，轴向压力对其受剪扭承载力是有利的，计算式如下：

（1）受剪承载力：

$$V \leqslant (1.5 - \beta_t)\left(\frac{1.75}{\lambda + 1}f_t bh_0 + 0.07N\right) + f_{yv}\frac{nA_{sv1}}{s}h_0 \tag{6.56}$$

（2）受扭承载力：

$$T \leqslant \beta_t\left(0.35f_t + 0.07\frac{N}{A}\right)W_t + 1.2\sqrt{\zeta}f_{yv}\frac{A_{st1}}{s}A_{cor} \tag{6.57}$$

式中 β_t 按式(6.37)计算；ζ 值按式(6.1)计算；λ 值的计算见式(5.41)。

当 $T \leqslant \left(0.175f_t + 0.035\dfrac{N}{A}\right)W_t$ 时，可忽略扭矩 T 对框架柱承载力的影响，仅按偏心受压构件的正截面受压承载力和框架柱斜截面受剪承载力分别进行计算。

在轴向压力、弯矩、剪力和扭矩共同作用下的矩形截面框架柱，其纵向钢筋截面面积应分别按偏心受压构件的正截面受压承载力和剪扭构件的受剪扭承载力计算确定，并应配置在相应的位置；箍筋截面面积分别按剪扭构件的受剪承载力和受扭承载力计算确定，并应配置在相应的位置上。

6.8 受扭钢筋的构造要求

6.8.1 受扭箍筋

受扭箍筋应采用封闭式,且应沿截面周边布置,因箍筋在整个截面周边均承受拉力;当采用复合箍筋时,位于截面内部的箍筋不应计入受扭所需的箍筋面积。

为保证搭接处受力时不致产生相对滑动,受扭箍筋末端应做成 135° 的弯钩,弯钩端部应锚入混凝土核芯内,其平直段长度不应小于 $10d$(d 为箍筋直径)和 50mm,如图 6.22 所示。

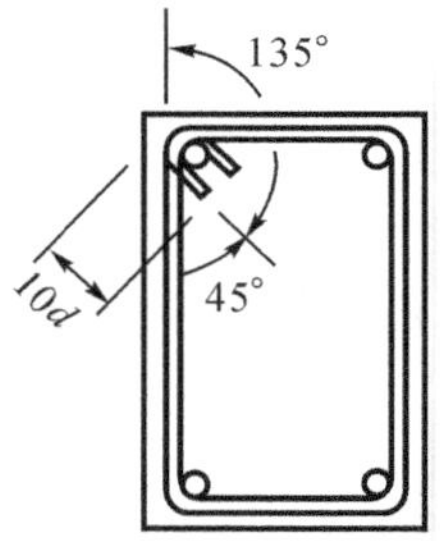

受扭箍筋的抗拉强度设计值与该品种钢筋的抗拉强度设计值相同,但不大于 360MPa。由于其抗拉强度设计值受到限制,故不宜采用强度高于 400MPa 级钢筋。

图 6.22 受扭箍筋的构造

箍筋直径和间距均应满足附表 20 和附表 21 梁中箍筋最小直径和最大间距的构造要求,且箍筋间距不宜大于构件截面短边宽度。

配箍率应满足最小配箍率要求(公式 6.43),否则应按最小配箍率配置箍筋。

在超静定结构中,考虑协调扭转而配置的箍筋,其间距不宜大于 $0.75b$,b 按图 6.13 规定取用。对箱形截面构件,b 应以 b_h 代替。

6.8.2 受扭纵向钢筋

受扭纵向钢筋应沿截面周边对称均匀布置。试验表明,不对称配置的受扭纵向钢筋在受扭过程中不能充分发挥作用。在截面四角应布置受扭纵向钢筋。纵向钢筋的间距不应大于 200mm 和构件截面短边长度。

当受扭纵向钢筋是按计算确定而不是按构造要求配置时,其接头及锚固要求均与受弯构件纵向受拉钢筋的构造要求相同,且均应锚固在支座内。受扭纵向钢筋的直径不宜小于 10mm。

受扭纵向钢筋的配筋率应满足最小配筋率的要求(公式 6.45),否则应按最小配筋率配置纵向钢筋。

弯剪扭构件中纵向钢筋配筋率不应小于受弯和受扭纵向钢筋最小配筋率之和。

复习思考题

6.1　矩形截面素混凝土构件在扭矩作用下,裂缝是怎样形成和发展的?最后是怎样破坏的?与配筋混凝土构件比较有何异同?

6.2　钢筋混凝土纯扭构件的开裂扭矩 T_{cr} 如何计算?什么是截面的抗扭塑性抵抗矩?矩形截面的抗扭塑性抵抗矩如何计算?

6.3　什么是配筋强度比 ζ,写出其表达式,工程中 ζ 的常用数值是多少?

6.4　钢筋混凝土受扭构件有哪几种破坏形态?试说明其发生的条件及破坏特征。

6.5　在受扭承载力计算中,如何避免少筋和完全超配筋破坏?

6.6　什么是变角空间桁架计算模型?如何利用它建立钢筋混凝土矩形截面受扭构件承载力计算式?

6.7　在受扭构件中可否只配置受扭纵筋而不配置受扭箍筋?或只配置受扭箍筋而不配置受扭纵筋?

6.8　剪扭构件的剪扭相关关系服从什么规律?为什么称《规范》对剪扭复合受力时承载力的计算为部分相关设计?

6.9　在剪扭复合受力时,用什么方法对受纯剪和受纯扭时承载力的计算公式进行修正?

6.10　进行弯剪扭构件截面承载力计算时,有哪些简化计算的规定?

6.11　剪力和扭矩共同作用下有哪几种破坏形态?试述其发生的条件及破坏特点?

6.12　弯矩和扭矩共同作用下有哪几种破坏形态?试述其发生的条件及破坏特点?

6.13　在轴向压力、弯矩、剪力和扭矩共同作用下的钢筋混凝土矩形截面框架柱,其纵向钢筋和箍筋如何确定?

6.14　对受扭箍筋有什么构造要求?受扭纵筋为什么要沿截面周边对称均匀布置?且截面四角必须布置?

6.15　编制弯剪扭构件截面配筋计算框图。

习　　题

6.1　有一钢筋混凝土矩形截面纯扭构件,截面尺寸为 $b \times h = 250\text{mm} \times 400\text{mm}$;承受扭矩设计值 $T = 12.0\text{kN} \cdot \text{m}$;混凝土强度等级为 C25,箍筋用 HPB300 级钢筋,受扭纵向钢筋采用 HRB400 级钢筋要求计算所需受扭纵向钢筋和箍筋。

6.2　已知钢筋混凝土矩形截面构件截面尺寸为 $b \times h = 300\text{mm} \times 800\text{mm}$;混凝土强度等级为 C25,箍筋用 HPB300 级钢筋,受扭纵向钢筋采用 HRB335 级钢筋。承受扭矩设计值 $T = 12\text{kN} \cdot \text{m}$,均布荷载作用下的剪力设计值 $V = 250\text{kN}$。纵向受力钢筋为两排,取 $h_0 = 740\text{mm}$,要求计算截面配筋。

6.3　有一 T 形截面钢筋混凝土构件,截面宽度 $b = 300\text{mm}$,截面高度 $h = 700\text{mm}$,

翼缘宽度 $b_f' = 600mm$，翼缘高度 $h_f' = 120mm$；混凝土强度等级为 C25；纵向受力钢筋用 HRB335 级钢筋、箍筋用 HPB300 级钢筋。承受扭矩设计值 $T = 20kN \cdot m$，均布荷载作用下的剪力设计值 $V = 275kN$；取 $h_0 = 640mm$。要求计算截面配筋并绘制配筋图。

6.4　有一钢筋混凝土矩形截面悬臂梁，截面尺寸为 $b \times h = 200mm \times 400mm$；混凝土强度等级为 C30；纵向受力钢筋用 HRB400 级钢筋，箍筋用 HPB300 级钢筋。若在悬臂支座截面作用弯矩设计值 $M = 55.8kN \cdot m$，剪力设计值 $V = 55.4kN$，扭矩设计值 $T = 3.53kN \cdot m$，要求计算截面配筋并绘制配筋图。

6.5　有一钢筋混凝土雨篷板，如图 6.22 所示，承受均布荷载设计值 $q = 2.50kN/m$（包括自重在内），在雨篷板端部沿板宽方向每米承受集中荷载设计值 $P = 1.0kN/m$。雨篷板从墙边伸出的长度为 1.2m。雨篷梁承受自重及上面墙体传来的均布荷载设计值为 25kN/m。雨篷梁载面尺寸为 $b \times h = 240mm \times 240mm$，其净跨度为 $l_n = 2.5m$，计算跨度为 $l_0 = 1.05l_n$。混凝土强度等级为 C25，钢筋均采用 HPB335 级钢筋。要求计算雨篷梁配筋。

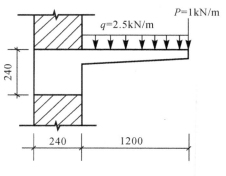

图 6.22　习题 6.5

第7章

受压构件正截面承载力的计算

导读

受压构件尤其是偏压构件和受弯构件都是最常见的结构构件,亦应熟练地掌握其设计计算方法。通过本章学习要求:(1)轴心受压构件工程中用得不多,掌握计算方法也比较容易。学习中可注意螺旋箍筋柱,虽然因施工麻烦用得也不多,但较密的螺旋箍筋能对混凝土起约束作用,从而提高其抗压强度,这就是约束混凝土的概念,钢管混凝土柱就属于这一类,这对今后的设计工作可说是多了一条思路;(2)了解柱长度对受压承载力的影响,受压柱的稳定系数 φ 起什么作用?(3)偏心受压是本章的重点,首先要了解大、小偏心受压破坏形态的差异,然后能对大、小偏压进行判别。承载力计算前,需先理解附加偏心距 e_a、偏心距调节系数 c_m、弯距增大系数 η_{ns} 和柱端截面的附加弯矩的含义,然后掌握其计算方法;(4)熟练地掌握非对称配筋、对称配筋矩形截面和工字形截面构件的承载力计算、合理配筋,可对计算用的应力图与受弯构件承载力计算用的应力图作对比,截面受压区都采用了等效矩形应力图。计算时也要注意验算适用条件,不可疏忽。对小偏心受压还要注意反向破坏性情况,并能作必要的验算;(5)理解正截面受承载力 N_a 和 M_a 的相关曲线的意义及其用途。(6)一般了解沿截面腹部均匀配筋和双向偏压构件承载力的计算;(7)要熟悉并合理地应用受压构件的构造措施,构件的完整设计,计算和构造措施都是不可缺少的,不要重计算而轻构造。

受压构件和受弯构件一样,也是工业与民用建筑中应用最为广泛的基本构件之一,最常见的就是柱子。受压构件按受力情况不同,分为轴心受压和偏心受压构件两大类,当轴向压力 N 作用在构件截面形心上时,称为轴心受压构件,如图 7.1(a) 所示;当轴向压力 N 偏离构件截面形心作用时,称为偏心受压构件,如 7.1(b) 所示。从图可见,偏心受压构件相当于构件上同时作用轴向压力 N 和弯矩 $M = Ne_0$ 的压弯构件。

在实际工程中,理想的轴心受压构件是比较少的,通常由于荷载作用位置的偏差、

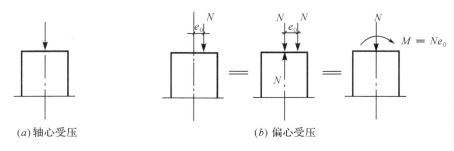

(a) 轴心受压   (b) 偏心受压

图 7.1   轴心受压和偏心受压构件受力图

混凝土的非均匀性、配筋的不对称以及施工制作误差等原因,往往存在着或多或少的初始偏心距,但有些构件,如屋架的受压腹杆 AB(图 7.2(a)) 和恒载较大的等跨多层房屋的中间柱 CD(图7.2(b)) 等,因为主要承受轴向压力,由于上述原因引起的偏心距很小,一般可忽略弯矩的影响,近似按轴心受压构件设计。

偏心受压构件有拱结构的上弦杆、单层厂房排架柱(图 7.2(c)、(d))、框架柱和烟囱筒壁等。

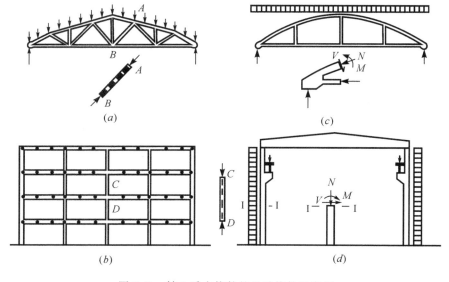

图 7.2   轴心受力构件的几种构件示意图

7.1   轴心受压构件正截面承载力的计算

钢筋混凝土轴心受压柱,按照箍筋配置方式和作用的不同分为两类:① 配有纵向钢筋和普通箍筋的柱;② 配有纵向钢筋和螺旋形箍筋的柱(图 7.3(a)、(b))。

7.1.1　配有纵向钢筋及普通箍筋的柱

　　配有纵向钢筋及普通箍筋柱的截面形状大多为正方形或矩形,当建筑上有要求时,也采用圆形或多边形,纵向钢筋沿截面周边对称布置,箍筋沿柱高等间距布置。

　　轴心受压构件的受压承载力主要由混凝土承受,但亦需配置纵向钢筋,其作用是:① 与混凝土共同承受压力,以提高构件正截面受压承载力;② 提高构件变形能力,改善受压破坏时的脆性;③ 承受可能产生的偏心弯矩、混凝土收缩及温度变化引起的拉应力;④ 减小混凝土的徐变变形。

　　横向箍筋的作用是:① 防止纵向钢筋受力后压屈;② 改善构件破坏时的脆性;③ 与纵向钢筋形成刚性较好的骨架。

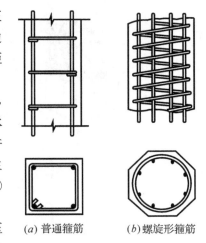

(a) 普通箍筋　　　(b) 螺旋形箍筋

图 7.3　箍筋的形式

一、短柱的受力性能及破坏形态

　　轴心受压柱可分为短柱和长柱两类,当柱的长细比 l_0/b 满足以下条件时属短柱:

　　　　矩形截面柱 $l_0/b \leqslant 8$;

　　　　圆形截面柱 $l_0/d \leqslant 7$;

　　　　任意截面柱 $l_0/i \leqslant 28$。

其中 l_0 为柱的计算长度,b 为矩形截面短边尺寸,d 为圆截面直径,i 为截面的最小回转半径。

　　轴心受压短柱的试验表明,在轴心荷载作用下,整个截面的应变基本上是均匀分布的。当外荷载较小时,压缩变形的增加与外荷载的增长成正比,当外荷载增大后,变形增加的速度将大于外荷载增长的速度,配置的纵向钢筋数量越少,这种现象越明显。随着外荷载的增加,柱中出现微细裂缝。临近破坏时,柱中出现与荷载方向平行的纵向裂缝,混凝土保护层开始剥落,箍筋之间的纵向钢筋因发生压屈而向外凸出,混凝土被压碎,构件破坏,如图 7.4(a) 所示。

　　图 7.4(b) 表示从加荷开始,轴心受压短柱中钢筋和混凝土应力变化的情况。

　　当荷载较小时,混凝土处于弹性工作阶段(图7.4(b) 中之Ⅰ),混凝土和钢筋中的应力按弹性规律分布,它们和外荷载 N 之间基本上是线性关系。由于钢筋与混凝土之间的粘结,钢筋的压应变 ε'_s 和混凝土的压应变 ε_c 相同,即:

$$\varepsilon'_s = \varepsilon_c$$

将 $\varepsilon'_s = \sigma'_s/E_s$ 和 $\varepsilon_c = \sigma_c/E_c$ 代入上式,可得

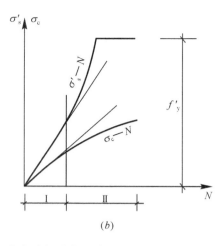

图 7.4　短柱的破坏形态及受力性能

$$\sigma_s' = \frac{E_s}{E_c}\sigma_c = \alpha_E \sigma_c \tag{7.1}$$

可见,钢筋应力和混凝土应力之比为两者弹性模量的比值 α_E,亦即钢筋应力为混凝土应力的 α_E 倍。

随着荷载增大,混凝土塑性变形发展,构件进入弹塑性工作阶段(图 7.4(b) 中之 Ⅱ),钢筋应力和混凝土应力之间不再保持弹性工作阶段的线性关系,而由下式决定:

$$\sigma_s' = \frac{E_s}{E_c'}\sigma_c = \frac{E_s}{\nu E_c}\sigma_c = \frac{1}{\nu}\alpha_E \sigma_c \tag{7.2}$$

由于混凝土变形模量 E_c' 和弹性系数 ν 均随荷载增大而不断降低,因此从式(7.2)可见,钢筋应力和混凝土应力的比值不断增大,表明混凝土应力的增长速度逐渐变慢,钢筋应力的增长速度逐渐加快,也就是截面中混凝土承受外荷载的比值不断降低,钢筋承受外荷载的比值不断增加,这种现象称为钢筋和混凝土之间的应力重分布,这是随着荷载不断增大,由于混凝土的弹塑性性质所引起的。

柱子在使用过程中,承受的荷载大部分为长期作用的恒载。在恒定荷载长期、持续地作用下,混凝土将发生徐变变形,而钢筋在常温下不会产生徐变,因此,混凝土的徐变在钢筋中产生压缩变形,钢筋的压应力进一步增大。由于外荷载保持不变,则由平衡条件可知,混凝土的压应力将逐渐减小。从图 7.5 可见,混凝土压应力 σ_c 的变化幅度较小,钢筋压应力 σ_s' 的变化幅度较大,这种变化一开始较快,经过一定时间,大约 150 天之后逐渐趋向稳定。这说明由于混凝土的徐变也在钢筋和混凝土之间引起了应力重分布。这种应力重分布的幅度还与纵向钢筋的配筋率 ρ' 有关,ρ' 越大,钢筋产生的压缩变形越小,钢筋应力增加也越少,混凝土应力降低就越多。反之,ρ' 越小,钢筋应力增加越多,混凝土应力降低越少。

若在荷载持续作用过程中突然卸载(图 7.5)则钢筋力图恢复其全部弹性压缩变形,而混凝土只能恢复其全部压缩变形中的弹性变形部分,因为徐变变形是不可恢复的。因此,在钢筋和混凝土之间就产生了变形差,由于这时钢筋与混凝土之间的粘结并未破坏,钢筋的回弹变形受到混凝土的阻碍,从而使钢筋受压,混凝土受拉。若配筋率过高,当混凝土中产生的拉应力达到其抗拉强度时,构件中将产生与其轴线垂直的贯通裂缝。所以,在使用过程中有可能卸去大部分荷载的轴心受压构件(如贮料仓斗等结构的柱子)纵向钢筋的配筋率不宜过高。此外,卸荷后如果再加荷至原有数值,则钢筋和混凝土的应力仍按原曲线变化(图 7.5)。

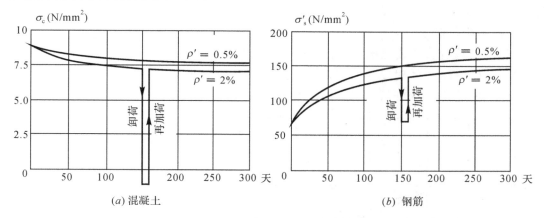

图 7.5　受压柱在突然卸载后钢筋和混凝土的应力变化

素混凝土轴心受压柱达到最大荷载时的压应变值一般在 $0.0015 \sim 0.002$ 左右,钢筋混凝土柱则在 $0.0025 \sim 0.0035$ 之间。柱中配置纵向钢筋后,能起到调整混凝土应力的作用,较好地发挥混凝土的塑性性能,使破坏时的压应变值得到增加,改善了受压破坏时的脆性性质。

工程设计时,取混凝土的压应变值 $\varepsilon_0 = 0.002$ 作为轴心受压构件破坏时的控制条件,认为此时混凝土应力达到轴心抗压强度设计值 f_c,相应的纵向钢筋应力取为 $\sigma'_s = \varepsilon_0 E_s = 0.002 \times 2 \times 10^5 = 400 \text{N/mm}^2$,对于 HPB300,HRB335 和 HRB400 等热轧钢筋的抗拉强度设计值均小于 400N/mm^2,故他们的抗压强度设计值只能取其抗拉强度设计值。当钢筋的抗拉强度设计值大于 410N/mm^2 时,则抗压强度设计值亦只能取为 410N/mm^2。

二、长柱的破坏形态和稳定系数 φ

如前所述,钢筋混凝土柱由于各种原因,存在初始偏心距,加荷后将产生附加弯矩和相应的侧向挠度。对短柱来说,附加弯矩影响不大,可忽略不计,但对长细比较大的长柱,在附加弯矩作用下将产生不可忽视的侧向挠度,而侧向挠度又进一步加大了初始偏心距。随着荷载的增加,侧向挠度和附加弯矩将不断增大,这种相互影响的结果,使长柱最终在轴向力和弯矩的共同作用下发生破坏。破坏时,首先在受压一侧(凹边)出现较长的纵向裂缝,箍筋间的纵向钢筋被压弯向外凸出,侧向挠度急剧发展;在柱的受拉一侧(凸边)混凝土被拉裂,出现以一定间距分布的水平裂缝,最后柱子发生破坏(图 7.6)。

对于长细比很大的细长柱,还有可能发生失稳破坏。

试验表明,长柱的受压承载力将低于其他条件相同的短柱受压承载力。《规范》采用

稳定系数 φ 来表示长柱受压承载力降低的程度,φ 为长柱受压承载力 N_u^l 和短柱受压承载力 N_u^s 的比值

$$\varphi = \frac{N_u^l}{N_u^s}$$

稳定系数 φ 主要与构件的长细比 l_0/b 有关,图 7.7 为国内外试验结果。可见,l_0/b 越大,φ 值越小,构件的受压承载力降低越多。

根据试验数据,由数理统计得到下列经验公式:

当 $l_0/b = 8 \sim 34$ 时,$\overline{\varphi} = 1.177 - 0.021 l_0/b$

当 $l_0/b = 35 \sim 50$ 时,$\overline{\varphi} = 0.87 - 0.012 l_0/b$

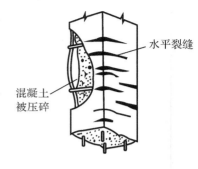

图 7.6 长柱受压破坏形态

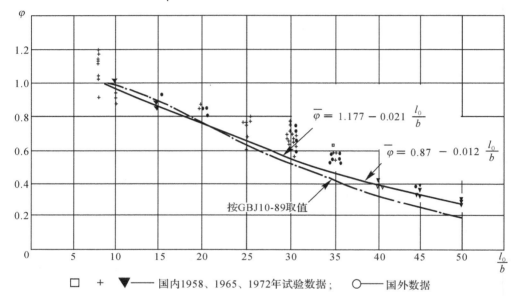

图 7.7 受压长柱长细比和稳定系数的试验值

《规范》对稳定系数 φ 的取值见表 7.1。

表 7.1 钢筋混凝土轴心受压构件的稳定系数 φ

l_0/b	$\leqslant 8$	10	12	14	16	18	20	22	24	26	28
l_0/d	$\leqslant 7$	8.5	10.5	12	14	15.5	17	19	21	22.5	24
l_0/i	$\leqslant 28$	35	42	48	55	62	69	76	83	90	97
φ	1.0	0.98	0.95	0.92	0.87	0.81	0.75	0.70	0.65	0.60	0.56
l_0/b	30	32	34	36	38	40	42	44	46	48	50
l_0/d	26	28	29.5	31	33	34.5	36.5	38	40	41.5	43
l_0/i	104	111	118	125	132	139	146	153	160	167	174
φ	0.52	0.48	0.44	0.40	0.36	0.32	0.29	0.26	0.23	0.21	0.19

注:表中 l_0 为构件计算长度;b 为矩形截面的短边尺寸;d 为圆形截面的直径;i 为截面的最小回转半径。

对于长细比 l_0/b 较大的构件,考虑到荷载初始偏心距和长期荷载作用对构件承载力的不利影响较大,表中 φ 的取值比上述经验公式所得平均值还要降低一些,以保证安全。对长细比 $l_0/b < 20$ 的构件,考虑到过去的使用经验,φ 的取值略微提高一些,以节约用钢量。

构件的计算长度 l_0 与构件两端的支承情况有关,一般情况下:

(1) 两端均为不动铰 　　　　　　　　　　$l_0 = l$

(2) 两端均为固定 　　　　　　　　　　　$l_0 = 0.5l$

(3) 一端固定,一端为不动铰 　　　　　　$l_0 = 0.7l$

(4) 一端固定,一端自由 　　　　　　　　$l_0 = 2.0l$

其中 l 为支点间构件的实际长度。

实际工程中,支座情况并非是理想的固定或不动铰支座,应根据上述原则结合具体情况进行分析。《规范》对单层房屋排架柱及框架结构各层柱的计算长度 l_0 均作了具体规定,见附表 23 和 24。

三、正截面受压承载力计算

根据上述受力性能分析,轴心受压柱正截面承载力由混凝土和钢筋两部分组成,其截面应力如图 7.8 所示。对于长柱的受压承载力,通过稳定系数 φ 对短柱的受压承载力予以折减,可得普通箍筋柱的正截面受压承载力计算公式为:

$$N \leqslant N_u = 0.9\varphi(f_c A + f'_y A'_s) \qquad (7.3)$$

式中,N——轴向压力设计值;

　　N_u—— 正截面受压承载力设计值;

　　φ—— 钢筋混凝土构件的稳定系数,按表 7.1 取用;

　　f_c—— 混凝土轴心抗压强度设计值,对现浇柱,当截面的长边或直径小于 300mm 时,f_c 应乘以系数0.8,当构件质量(如混凝土成型、截面和轴线尺寸等)确有保证时,可不受此限;

　　A—— 构件截面面积,当纵向钢筋的配筋率 ρ'
　　　　$\geqslant 3\%$ 时,式中 A 应改用混凝土截面面积 $A_c = A - A'_s$;

　　f'_y—— 纵向钢筋的抗压强度设计值;

　　A'_s—— 全部纵向钢筋的截面面积。

　　0.9—— 为保持与偏心受压构件正截面承载力具有相近可靠度而采用的系数。

轴心受压普通箍筋柱正截面的承载力计算也有截面设计和截面复核两类问题。

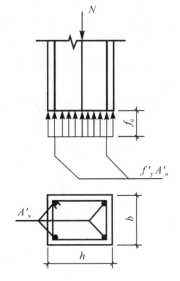

图 7.8　轴心受压柱正截面受压承载力钢筋和混凝土应力图

1. 截面设计

已知纵向力 N,当选定混凝土强度等级和钢筋级别后,还有两个未知数 A 及 A'_s,但只有一个公式(7.3),不能求解。因此,一般根据构造要求或参照同类工程先初步假定截面尺寸,然后根据 l_0/b 查表得 φ 值,再按式(7.3)计算出纵向受压钢筋截面面积 A'_s:

$$A'_s = (\frac{N}{\varphi} - f_c A)/f'_y$$

求得 A'_s 后,应验算配筋率 $\rho' = A'_s/A$ 是否合适(见7.6.3节)。如果所得 ρ' 过大或过小,则应调整截面尺寸后重新计算 A'_s。

也可先假定纵向钢筋的配筋率 ρ',一般可在常用范围 $0.5\% \sim 2\%$ 内取用,并假定 $\varphi = 1$,则由公式(7.3)可得截面面积 A:

$$A = \frac{N}{0.9\varphi(f_c + f'_y\rho')}$$

求得 A 后,即可确定截面尺寸,再按 l_0/b 查表得 φ 值,最后计算所需的钢筋截面面积 A'_s。

2. 截面复核

已知 f_c,f'_y,A 和 A'_s,则可从式(7.3)直接求得截面的最大受压承载力设计值。

[**例题7.1**] 有一多层钢筋混凝土现浇框架结构的二层柱,柱高 $H = 4.5$m,截面尺寸为 $400\text{mm} \times 400\text{mm}$;承受轴心压力设计值 $N = 2600$kN;混凝土强度等级为C30,纵向钢筋用 HRB400 级钢筋,箍筋为 HPB300 级钢筋。要求计算纵向钢筋 A'_s 并选配箍筋。

[解]

(1) 确定稳定系数 φ。由附表24,$l_0 = 1.25H = 1.25 \times 4.5 = 5.625$(m)

$l_0/b = 5625/400 = 14.06$,由表7.1查得 $\varphi = 0.918$。

(2) 计算纵向钢筋截面面积 A'_s。由式(7.3),

$$A'_s = \frac{N/(0.9\varphi) - f_c A}{f'_y} = \frac{2600 \times 10^3/(0.9 \times 0.918) - 14.3 \times 400 \times 400}{360}$$
$$= 2386(\text{mm}^2)$$

(3) 验算配筋率:

$$\rho' = \frac{A'_s}{A} = \frac{2386}{400 \times 400} = 1.49\% > \rho'_{\min}(= 0.55\%)$$

满足要求。

(4) 选配钢筋。纵向钢筋选 4⊈28,实配 $A'_s = 2463\text{mm}^2$ $> 2386\text{mm}^2$。箍筋选 $\phi 8 @200$,

$$d = 6\text{mm} \doteq d/4(= 25/4 = 6.25\text{mm})$$
$$= 6\text{mm}(因 \rho' = 1.2\% < 3\%)$$
$$S = 300\text{mm} < 400\text{mm}(绑扎骨架)$$
$$\leqslant b(= 400\text{mm})$$
$$< 15d(= 15 \times 25 = 375\text{mm})$$

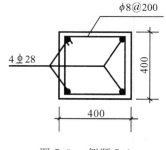

图 7.9 例题 7.1

[**例题7.2**] 有一多层钢筋混凝土现浇框架结构的底层柱,柱高 $H = 6.0$m;承受轴

心压力设计值 $N = 2400\mathrm{kN}$(包括自重);混凝土强度等级为 C30,纵向钢筋为 HRB400 级钢,箍筋为 HPB300 级钢筋。要求设计该柱。

[解]

(1) 估算截面尺寸。先假定 $\rho' = 1\%$,$\varphi = 1$。由式(7.3) 得:

$$A = \frac{N}{0.9\varphi(f_\mathrm{c} + f'_\mathrm{y}\rho')} = \frac{2400 \times 10^3}{0.9 \times 1 \times (14.3 + 360 \times 0.01)} = 148976(\mathrm{mm}^2)$$

正方形柱边长 $b = \sqrt{148976} = 386(\mathrm{mm})$,　　取 $b = 400\mathrm{mm}$。

(2) 确定稳定系数 φ,由附表 24 得:

$$l_0 = 1.0H = 1.0 \times 6 = 6\mathrm{m}, \qquad l_0/b = 6000/400 = 15$$

查表 7.1 得 $\varphi = 0.895$。

(3) 计算纵向钢筋截面面积 A'_s:

$$A'_\mathrm{s} = (\frac{N}{0.9\varphi} - f_\mathrm{c}A)/f'_\mathrm{y} = (\frac{2400 \times 10^3}{0.9 \times 0.895} - 14.3 \times 400^2)/360 = 1921(\mathrm{mm}^2)$$

(4) 验算配筋率 ρ':

$$\rho' = \frac{A'_\mathrm{s}}{A} = \frac{1921}{400 \times 400} = 1.2\% > \rho'_{\min}(= 0.55\%)$$

(5) 选配钢筋。纵向钢筋选 $4\Phi25$,实配 $A'_\mathrm{s} = 1964\mathrm{mm}^2 > 1921\mathrm{mm}^2$

箍筋选 $\phi8@350$:

$$d = 8\mathrm{mm} > d/4 = 25/4 = 6.25\mathrm{mm}$$
$$> 6\mathrm{mm}(\rho' = 1.2\% < 3\%)$$
$$S = 350 < 400\mathrm{mm}(绑扎骨架)$$
$$< b(= 400\mathrm{mm})$$
$$< 15d(= 15 \times 25 = 375(\mathrm{mm}))$$

[例题 7.3]　　有一现浇钢筋混凝土轴心受压柱,柱高 $H = 4.0\mathrm{mm}$,柱计算长度 $l_0 = 0.7H$,柱截面尺寸为 $250\mathrm{mm} \times 250\mathrm{mm}$;混凝土强度等级为 C25,已配纵向钢筋 $4\Phi20$(HRB335 级钢筋)。要求计算该柱能承受的轴心压力设计值。

[解]

(1) 验算纵向钢筋配筋率 ρ':

$$\rho' = \frac{A'_\mathrm{s}}{A} = \frac{1256}{250 \times 250} = 2\% > \rho'_{\min}(= 0.6\%)$$

(2) 确定稳定系数 φ 由

$$l_0/b = 0.7 \times 4000/250 = 11.2$$

查表 7.1 得 $\varphi = 0.962$。

(3) 计算轴心压力设计值。截面边长 $h = 250\mathrm{mm} < 300\mathrm{mm}$,

故　　　　　　　$f_\mathrm{c} = 0.8 \times 11.9 = 9.52\mathrm{N/mm}^2$

从式(7.3) 得:

$$N_\mathrm{u} = 0.9 \times 0.962(9.52 \times 250 \times 250 + 300 \times 1256) = 841(\mathrm{kN})$$

7.1.2　配有纵向钢筋及螺旋形箍筋的柱

一、受力性能

螺旋形箍筋柱的截面大多为圆形或多边形。纵向钢筋沿截面周边布置,外面配置连续的间距较密的螺旋形箍筋或焊接环筋,如图 7.10 所示。

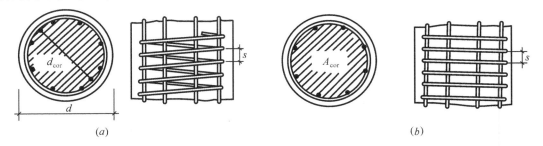

图 7.10　螺旋箍筋柱与焊接环箍筋柱

在轴心压力作用下,柱子将产生横向变形。当横向变形受到约束时,混凝土的抗压强度将得到提高,螺旋形箍筋柱就是应用了这一约束混凝土的原理,沿柱高连续缠绕间距很密的螺旋形箍筋,起到一个套筒的作用,亦称套箍作用,它限制了核芯混凝土的横向变形,使被螺旋箍筋包住的核芯混凝土处于三向受压状态,从而提高了柱的承载能力和变形能力,增强了构件的延性。因为这种柱子是通过配置横向钢筋来间接地提高柱的受压承载力,故又称间接钢筋柱。螺旋箍筋可采用强度等级较高的钢筋。

图 7.11 为截面尺寸和混凝土强度等级完全相同的普通箍筋柱和螺旋形箍筋柱在短期荷载作用下,轴力 N 与压应变 ε 的 N—ε 关系曲线比较图。

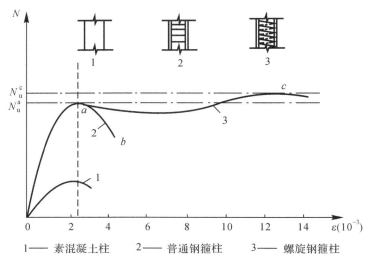

1——素混凝土柱　　2——普通钢箍柱　　3——螺旋钢箍柱

图 7.11　各种钢筋混凝土柱受压性能比较

从图中可见：

（1）普通箍筋柱随荷载增大，混凝土中的压应力也逐渐增加，当达到其轴心抗压强度 f_c 时，N—ε 曲线 $0ab$ 达到荷载峰值，即极限荷载 N_u^a，过 a 点后，曲线下降，构件破坏。

（2）螺旋箍筋柱，从加荷开始至荷载达到第一个峰值 N_u^a 时，其 N—ε 曲线与普通箍筋柱的 N—ε 曲线基本相同，但过 a 点后，螺旋箍筋柱并未破坏，尚能继续加荷。

（3）当荷载较小时，螺旋箍筋受力很小，混凝土也未受到约束，随荷载增加，螺旋箍筋中拉应力不断增大，当加荷至相当于普通箍筋柱的极限荷载 N_u^a，即 N—ε 曲线上的第一个峰值时，螺旋箍筋外围的混凝土保护层开始剥落，混凝土截面面积减少，使荷载有所下降，N—ε 曲线上出现一个低谷。但核芯部分混凝土由于受到螺旋箍筋的约束仍能继续受压，其抗压强度将超过轴心抗压强度 f_c，补偿了外围混凝土所承担的荷载，N—ε 曲线又逐渐回升。随着荷载继续增加，螺旋箍筋中的拉应力也不断增大，直至达到抗拉屈服强度，不能再约束核芯部分混凝土的横向变形，核芯部分混凝土的抗压强度也不能再提高，最后，混凝土压碎，构件破坏。此时 N—ε 曲线 $0ac$ 上出现第二个峰值，即到达螺旋形箍筋柱的极限荷载 N_u^c，它大于普通箍筋柱的极限荷载 N_u^a，同时，也大大增强了变形能力和延性，柱子的应变可达 0.01 以上。

（4）螺旋箍筋柱第二个峰值 N_u^c 的大小与螺旋箍筋的间距有关，间距越小，其值越大。

二、正截面受压承载力的计算

根据第 1 章所述圆柱体混凝土三向受压试验的结果，约束混凝土的轴心抗压强度 f 可按下式计算：

$$f = f_c + 4\sigma_r \tag{7.4}$$

式中，f_c—— 混凝土轴心抗压强度；

σ_r—— 当螺旋箍筋应力达到抗拉屈服强度时，核芯混凝土受到的径向压应力值。

图 7.12 为沿柱截面直径截出的螺旋箍筋的脱离体，由平衡条件可得：

$$\sigma_r s d_{cor} = 2 f_y A_{ss1} \tag{7.5}$$

从公式（7.5）可得：

$$\sigma_r = \frac{2 f_y A_{ss1}}{s d_{cor}} = \frac{2 f_y A_{ss1} \pi d_{cor}}{4 \cdot \frac{\pi d_{cor}^2}{4} s} = \frac{f_y A_{ss0}}{2 A_{cor}} \tag{7.6}$$

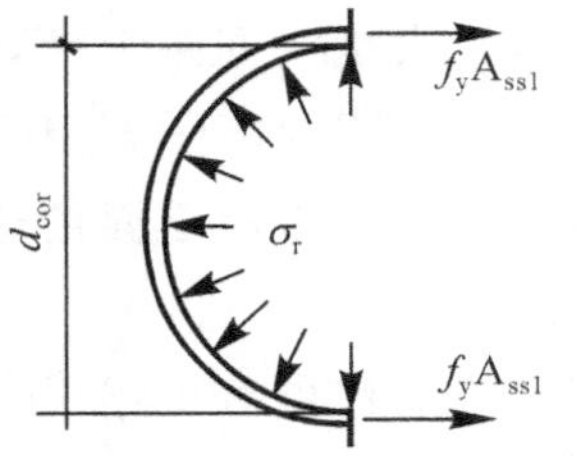

图 7.12 螺旋箍筋受力平衡图

式中，A_{ss1}—— 单根螺旋式或焊接环等间接钢筋的截面面积；

f_y—— 间接钢筋的抗拉强度设计值；

s—— 沿构件轴线方向间接钢筋的间距；

d_{cor}—— 构件的核芯直径（取箍筋内表面）；

A_{cor}—— 构件的核芯截面面积（取箍筋内表面间面积）；

A_{ss0}—— 间接钢筋的换算截面面积，即按体积相等的条件，把螺旋式或焊接环等间

接钢筋换算为沿柱轴线方向单位长度上相当的纵向钢筋的截面面积,

$$A_{ss0} = \frac{\pi d_{cor} A_{ss1}}{s} \tag{7.7}$$

根据纵向力的平衡,即可得出螺旋箍筋柱正截面受压承载力 N_u 的计算式:

$$N_u = f A_{cor} + f_y' A_s' = (f_c + 4\sigma_r) A_{cor} + f_y' A_s' \tag{7.8}$$

将公式(7.6)代入上式可得:

$$N_u = 0.9(f_c A_{cor} + f_y' A_s' + 2\alpha f_y A_{ss0}) \tag{7.9}$$

设计时当轴向力设计值为 N 时可得:

$$N \leqslant N_u = 0.9(f_c A_{cor} + f_y' A_s' + 2\alpha f_y A_{ss0}) \tag{7.10}$$

上式等号右边括号前的 0.9 是为了保持与偏心受压构件正截面承载力计算具有相近可靠度而取用的系数。括号内的第一项为核芯混凝土无约束时的受压承载力,第二项为纵向钢筋的受压承载力,第三项即为受到螺旋箍筋约束后核芯混凝土受压承载力的增值。试验表明,当混凝土强度等级大于 C50 时,间接钢筋对构件受压承载力的影响将减小,因此在第三项中乘以折减系数 α,当混凝土强度等级 $\leqslant$ C50 时,取 $\alpha = 1$,C80 时,取 $\alpha = 0.85$,其间按线性内插法取用。

为了保证螺旋箍筋外面的混凝土保护层不致过早剥落,按公式(7.10)算得的螺旋箍筋柱正截面受压承载力不应大于按公式(7.3)算得的普通箍筋柱正截面受压承载力的 1.5 倍。同时当有下列情况之一时,不考虑间接钢筋的影响,而按普通箍筋柱的公式(7.3)计算其正截面受压承载力:

(1)当 $l_0/d > 12$ 时,因长细比较大,由于纵向弯曲的影响,其承载力较低,横向变形不显著,使螺旋箍筋不能发挥作用。

(2)当按式(7.10)算得的受压承载力小于按式(7.3)算得的承载力时。

(3)当 $A_{ss0} < (A_s'/4)$ 时,即间接钢筋的换算截面面积小于全部纵向钢筋截面面积的 1/4 时,或当螺旋箍筋间距 $s > d_{cor}/5$(d_{cor} 为截面核芯直径)及 $s > 80mm$ 时,认为间接钢筋的数量太少或间距太大,约束混凝土横向变形的效果不明显。但箍筋间距 s 也不应小于 40mm,否则不便于浇灌混凝土。

纵向钢筋通常沿截面周边均匀配置,一般为 6 ~ 8 根,常用的纵向钢筋配筋率为 $\rho' = 0.8\% \sim 2.5\%$。

螺旋箍筋柱虽有上述优点,但因施工复杂,用钢量较多,故只在荷载较大、柱截面尺寸受到限制时才采用。但由于它能较大幅度地提高柱子的延性,故在抗震设计中有所应用。

[例题 7.4] 某房屋底层大厅现浇钢筋混凝土圆形截面柱,直径 400mm,柱高 $H = 6.0m$,柱计算长度 $l_0 = 0.7H$;承受轴心压力设计值 $N = 2600kN$,混凝土强度等级为 C30,纵向钢筋用 HRB335 级钢筋,螺旋箍筋用 HPB300 级钢筋。

要求计算截面配筋。

[解]

(1)检查 l_0/d 的适用条件:

$$l_0/d = 0.7H/d = 0.7 \times 6 \times 10^3/400 = 10.5 < 12 \qquad \text{(满足要求)}$$

（2）计算柱的核芯截面面积 A_{cor}：

$$d_{cor} = 400 - 2 \times 30 = 340 \text{(mm)}$$

$$A_{cor} = \pi d_{cor}^2/4 = \pi \times 340^2/4 = 90792 \text{(mm}^2\text{)}$$

（3）选配纵向钢筋 A_s'

选用纵向钢筋配筋率 $\rho' = 0.025$，

$$A_s' = \rho'A = 0.025 \times \pi \times 400^2/4 = 3142 \text{(mm}^2\text{)}$$

选 9Φ22，实配纵向钢筋截面面积 $A_s' = 3421\text{mm}^2 > 3142\text{(mm}^2\text{)}$。

（4）计算螺旋箍筋并检查适用条件

从公式（7.10）可得：

$$A_{ss0} = \left[\frac{N}{0.9} - (f_c A_{cor} + f_y' A_s')\right]/2\alpha f_y$$

$$= \left[\frac{2600 \times 10^3}{0.9} - (14.3 \times 90792 + 300 \times 3421)\right] \div (2 \times 1 \times 270)$$

$$= 1045 \text{(mm}^2\text{)} > \frac{A_s'}{4}\left(= \frac{3421}{4} = 855 \text{(mm}^2\text{)}\right) \qquad \text{(满足要求)}$$

螺旋箍筋选 $d = 8\text{mm}$，$A_{ss1} = 50.3\text{mm}^2$，从公式（7.7）得

$$s = \frac{\pi d_{cor} A_{ss1}}{A_{ss0}} = \frac{3.1416 \times 340 \times 50.3}{1045} = 51 \text{(mm)}$$

选取 $s = 50\text{mm} < 80 \text{(mm)}$

$$< d_{cor}/5 = 340/5 = 68 \text{(mm)}$$

$$> 40 \text{(mm)} \qquad \text{(满足要求)}$$

（5）检查螺旋箍筋柱承载力适用条件

按实配螺旋箍筋 $d = 8\text{(mm)}$，$s = 50\text{(mm)}$ 重新计算其受压承载力 N_{u1}（式 7.9）：

$$A_{ss0} = \frac{\pi d_{cor} A_{ss1}}{s} = \frac{\pi \times 340 \times 50.3}{50} = 1075 \text{(mm}^2\text{)}$$

$$N_{u1} = 0.9(f_c A_{cor} + f_y' A_s' + 2\alpha f_y A_{ss0})$$

$$= 0.9 \times (14.3 \times 90792 + 300 \times 3421 + 2 \times 1 \times 270 \times 1045)$$

$$= 0.9 \times (1298326 + 1026300 + 564300)$$

$$= 2600 \text{(kN)}$$

按普通箍筋柱计算受压承载力 N_{u2}（式 7.3）：

$$l_0/d = 10.5，\text{查表 7.1 得 } \varphi = 0.95$$

$$N_{u2} = 0.9\varphi(f_c A + f_y' A_s')$$

$$= 0.9 \times 0.95\left(14.3 \times \frac{\pi \times 400^2}{4} + 300 \times 3421\right)$$

$$= 0.855(1797 \times 10^3 + 1026 \times 10^3)$$

$$= 2414 \text{(kN)}$$

$$N_{u1} = 2600\text{kN} > N_{u2}(= 2414 \text{(kN)})$$

$$< 1.5 N_{u2}(= 1.5 \times 2414 = 3621 \text{(kN)}) \qquad \text{(满足要求)}$$

7.2 矩形截面偏心受压构件正截面承载力的计算

7.2.1 偏心受压短柱的破坏形态

偏心受压构件正截面受压的破坏形态与偏心距 $e_0 = M/N$ 的大小、纵向钢筋的用量以及钢筋和混凝土的强度等因素有关。一般,可能有以下几种情况。

1. 偏心距 e_0 很小

当偏心距 e_0 很小时,构件全截面受压(图 7.13(a)),中和轴位于截面以外,靠近轴向力 N 一侧的压应力较大。随着荷载增大,这一侧混凝土先被压碎,构件破坏,该侧受压钢筋 A'_s 的应力也达到受压屈服强度。而远离轴向力 N 一侧的混凝土未被压碎,钢筋 A_s 虽受压,但未达到受压屈服强度。

2. 偏心距 e_0 较小

当偏心距较第一种情况稍大时(图 7.13(b)),截面大部分受压,小部分受拉,中和轴离受拉钢筋 A_s 很近,不论受拉钢筋 A_s 数量多少,其应力都很小。破坏也总是发生在靠近轴向力 N 的受压一侧,破坏时,混凝土被压碎,受压钢筋 A'_s 的应力达到受压屈服强度。接

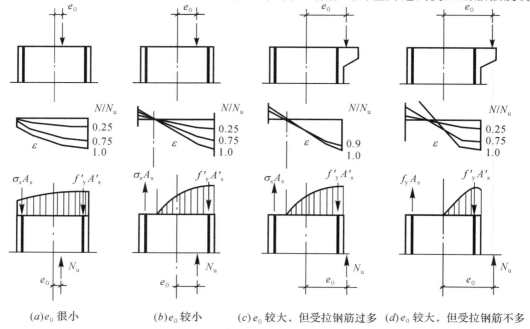

(a) e_0 很小   (b) e_0 较小   (c) e_0 较大,但受拉钢筋过多   (d) e_0 较大,但受拉钢筋不多

图 7.13　不同偏心距 e_0 时截面的应变和应力图

近破坏时,受拉一侧混凝土中可能出现少量横向裂缝,但受拉钢筋 A_s 的应力未达到受拉屈服强度。

3. 偏心距 e_0 较大,但受拉钢筋 A_s 数量过多

加荷后,如同第二种情况,同样是部分截面受压,部分截面受拉(图 7.13(c)),受拉区先出现横向裂缝。所不同的是,由于受拉钢筋 A_s 的数量很多,故其应力增长缓慢,中和轴距受拉钢筋较近。随着荷载增大,破坏也是发生在受压一侧混凝土被压碎,受压钢筋 A'_s 应力达到受压屈服强度,构件破坏。但受拉一侧受拉钢筋 A_s 的应力未能达到受拉屈服强度,这种破坏形态类似于受弯构件的超筋梁。

4. 偏心距 e_0 较大,但受拉钢筋 A_s 数量不过多

由于偏心距 e_0 较大,部分截面受压,部分截面受拉(图 7.13(d)),受拉区亦首先出现横向裂缝。但与第 3 种情况不同的是,随着荷载增加,拉区裂缝不断开展延伸,由于受拉钢筋 A_s 数量不多,其应力增长较快,并首先达到受拉屈服强度,中和轴向受压区移动,使受压区高度急剧减小,受压应变增加很快。最后,压区边缘混凝土达到极限压应变,混凝土被压碎,构件破坏,受压钢筋 A'_s 应力也达到受压屈服强度。其破坏形态与配有受压钢筋的双筋截面的适筋梁相似。

从偏心受压构件的破坏原因、破坏性质以及影响受压承载力的主要因素来看,上述四种破坏情况可以归纳为以下两类主要破坏形态。

第一类:受拉破坏 —— 大偏心受压破坏。

上述第四种情况(图 7.13(d)),即属于这类破坏形态。

破坏特征是远离轴向力 N 一侧的受拉钢筋 A_s 首先达到受拉屈服强度,然后靠近轴向力 N 一侧截面边缘混凝土的压应变达到极限压应变,混凝土被压碎,构件破坏。破坏时,如果混凝土受压区高度不过小,则受压钢筋 A'_s 也可以达到受压屈服强度。

从加荷开始,随着荷载增加,受拉区出现横向水平裂缝,并逐渐开展。接近破坏时,横向水平裂缝显著开展,并形成一条主要破坏裂缝。由于受拉钢筋 A_s 受拉屈服,构件变形急剧增大,中和轴上升,受压区不断缩小,压力不断增大。破坏时,受压区出现纵向裂缝,破坏时有明显预兆,属塑性破坏。

构件破坏情况如图 7.14(a) 所示。

试验表明,从加荷开始至构件破坏,截面的平均应变都较好地符合平截面假定。

形成受拉破坏的条件是:荷载偏心距 e_0 较大,同时受拉钢筋的数量又不过多。

当截面尺寸给定后,构件的受压承载力主要取决于受拉钢筋 A_s 的数量及强度。

由于这种破坏过程的特征与适筋的双筋截面梁类似,且其破坏始于受拉钢筋 A_s 受拉屈服,故称受拉破坏。又由于它发生于偏心距 e_0 较大的情况,故又称大偏心受压破坏。

第二类:受压破坏 —— 小偏心受压破坏。

上述第 1,2,3 种情况,如图 7.13(a),(b),(c) 所示都属于这类破坏形态。

在荷载作用下,截面全部受压或大部分受压。破坏特征是靠近轴向力 N 一侧的混凝土首先被压碎,这一侧受压钢筋 A'_s 的应力达到受压屈服强度。远离轴向力 N 一侧的钢筋 A_s 可能受压,也可能受拉,但应力均很小而未达到屈服强度。

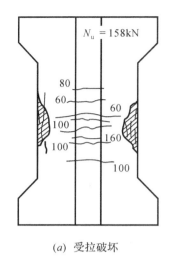 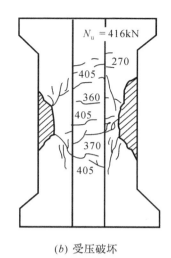

(a) 受拉破坏   (b) 受压破坏

图 7.14   偏心受压构件的破坏类型

当一侧受拉时,受拉区横向水平裂缝可能有,也可能没有,但开展不显著,没有明显的主裂缝。

破坏时无明显预兆,具有脆性破坏性质。混凝土强度等级越高,破坏越具有突然性。构件破坏情况,如图 7.14(b) 所示。

试验表明,从加荷开始至构件破坏,截面的平均应变亦符合平截面假定。

形成受压破坏的条件是偏心距 e_0 较小,或偏心距虽较大但受拉钢筋 A_s 的数量过多。

当截面尺寸给定后,构件受压承载力主要取决于压区混凝土及受压钢筋 A'_s 的数量和强度。

由于这种破坏始于靠近轴向力 N 一侧混凝土被压碎,故称受压破坏。又由于它发生于偏心距 e_0 较小的情况,故又称小偏心受压破坏。

在受拉破坏(大偏心受压破坏)和受压破坏(小偏心受压破坏)之间的界限状态,称为界限破坏。破坏特征是在受拉钢筋 A_s 的应力达到受拉屈服强度的同时,受压区边缘混凝土的应变达到极限压应变 ε_{cu} 被压坏。此时的轴向力称为界限轴向压力 N_b,偏心距称为界限偏心距 e_{0b}。

界限破坏可作为判别大偏心受压和小偏心受压破坏的条件。

图 7.15 为偏心受压构件的应变图,其中 ad 线表示界限破坏情况,受拉钢筋 A_s 的应变达到屈服时应变 $\varepsilon_y = f_y/E_s$,受压区边缘混凝土的应变同时达到极限压应变 ε_{cu},受压区高度为 x_{cb}。从图中可见,当 $x_c < x_{cb}$ 时为大偏心受压破坏,如 ab 线和 ac 线,受拉钢筋 A_s 的应变 $\varepsilon_s > \varepsilon_y$,受压区边缘混凝土应变达到极限压应变 ε_{cu}。当 $x_c > x_{cb}$ 时,为小偏心受压破坏,如 ae 线和 af 线,受拉钢筋 A_s 的应变分别为 $\varepsilon_s < \varepsilon_y$ 和 $\varepsilon_s = 0$,受压区边缘混凝土的应变达到极限压应变 ε_{cu}。钢筋 A_s 的应变亦可能为压应变如 $a'g$ 线,而 $a''h$ 线表示轴心受压破坏时截面上的均匀压应变 $\varepsilon_0 = 0.002$。

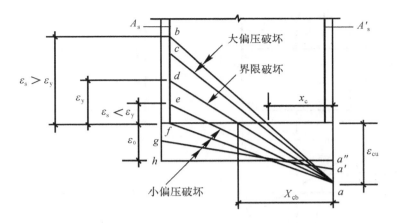

图 7.15　偏压构件破坏时的应变图

7.2.2　正截面受压承载力计算的基本公式及判别条件

一、基本公式

由于偏心受压构件正截面破坏特征与受弯构件正截面破坏特征是类似的,因此,其正截面受压承载力计算的一般原理与受弯构件基本相同。即:

(1) 采用了与建立受弯构件正截面承载力计算式相同的基本假定;

(2) 混凝土压应力图形也采用等效矩形应力图,其强度为 $\alpha_1 f_c$,矩形应力图的高度,即受压区计算高度亦即 $x = \beta_1 x_{cb}$。

据此,按图 7.16 的应力图形,根据平衡条件,可得到大偏心和小偏心受压构件正截面受压承载力计算的基本公式如下。

大偏心受压构件(图 7.16(a)):

$$\sum N = 0 \qquad N \leqslant N_u = \alpha_1 f_c bx + f'_y A'_s - f_y A_s \qquad (7.11)$$

$$\sum M_{A_s} = 0 \qquad Ne \leqslant N_u e = \alpha_1 f_c bx \left(h_0 - \frac{x}{2}\right) + f'_y A'_s (h_0 - a'_s) \qquad (7.12)$$

式中,e 为轴向压力 N 作用点至纵向受拉钢筋合力点之间的距离,$e = e_0 + h/2 - a_s$。

小偏心受压构件(图 7.16(b)):

$$\sum N = 0 \qquad N \leqslant N_u = \alpha_1 f_c bx + f'_y A'_s - \sigma_s A_s \qquad (7.13)$$

$$\sum M_{A_s} = 0 \qquad Ne \leqslant N_u e = \alpha_1 f_c bx \left(h_0 - \frac{x}{2}\right) + f'_y A'_s (h_0 - a'_s) \qquad (7.14)$$

式中,σ_s 为远离轴向力 N 一侧钢筋 A_s 中应力,可按第 4 章 4.3.5 节有关公式计算,即:

$$\sigma_s = f_y \frac{\xi - \beta_1}{\xi_b - \beta_1} \qquad (4.38a)$$

当混凝土强度等度不超过 C50 时,β_1 取为 0.8,则上式简化为

$$\sigma_s = f_y \frac{\xi - 0.8}{\xi_b - 0.8} \qquad (4.38)$$

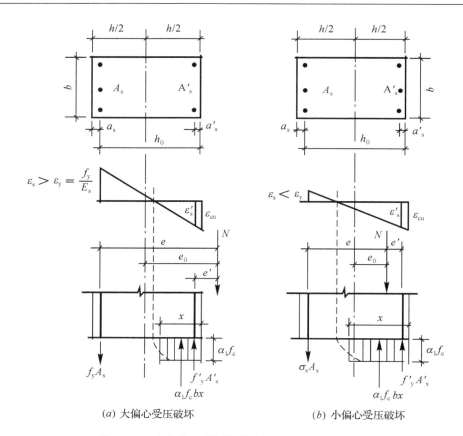

图 7.16　大小偏心受压构件破坏时截面的等效应力图

$$-f'_y \leqslant \sigma_s \leqslant f_y$$

当 $\xi < 0.8$ 时，σ_s 取正号，为拉应力；

$\xi > 0.8$ 时，σ_s 取负号，为压应力；

$\xi = 0.8$ 时，$\sigma_s = 0$，中和轴通过钢筋 A_s 的合力中心。

比较公式(7.11)～(7.14)四个大、小偏心受压计算公式可见，只有式(7.11)与(7.13)中钢筋 A_s 的应力不同，大偏心受压时，A_s 应力到达受拉屈服强度 f_y，小偏心受压时，A_s 应力为 σ_s，它可能受拉，亦可能受压，一般均未达到屈服强度。

二、判别条件

由于大、小偏心受压构件从加荷开始至构件破坏，截面的平均应变亦符合平截面假定，故可应用与受弯构件同样方法，从大、小偏心受压构件界限破坏时的应变图(图7.15)，并取受压区边缘混凝土的极限压应变值为 $\varepsilon_{cu} = 0.0033$(当混凝土强度等级不超过 C50 时)和 $\varepsilon_y = f_y/E_s$，即可得实际相对界限受压区高度 ξ_{cb} 为：

$$\xi_{cb} = \frac{x_{cb}}{h_0} = \frac{1}{1 + f_y/0.0033 E_s} \tag{4.20}$$

将 $x_b = 0.8 x_{cb}$ 代入上式，即得相对界限受压区高度 ξ_b：

$$\xi_b = \frac{x_b}{h_0} = \frac{0.8}{1 + f_y/0.0033E_s} \tag{4.22}$$

于是可得判别条件为：

大偏心受压构件 $\xi \leqslant \xi_b$ 或 $x \leqslant x_b = \xi_b h_0$；

小偏心受压构件 $\xi > \xi_b$ 或 $x > x_b = \xi_b h_0$。

式中，x 和 ξ 分别为偏心受压构件矩形截面受压区高度和相对受压区高度。

7.2.3　附加偏心距 e_a 和初始偏心距 e_i

轴向力 N 至截面形心的距离称荷载偏心距 $e_0(e_0 = M/N)$。

如前所述，荷载偏心距 e_0 往往会由于荷载作用位置的偏差、构件施工时的偏差、混凝土质量的非均匀性以及非对称配筋等原因，发生偏大或偏小的情况，都可能产生附加偏心距 e_a，特别当偏心距 e_0 较小时，其影响较明显。为了设计安全可靠，应对荷载偏心距 e_0 再加上一个附加偏心距 e_a 予以增大，即在工程设计时，应采用初始偏心距 e_i 来代替荷载偏心距 e_0，即取：

$$e_i = e_0 + e_a$$

参照国外规范的经验《规范》规定 e_a 值应取 20mm 和偏心方向截面最大尺寸的 1/30 两者中的较大值。(即 $e_h = h/30 \geqslant 20mm$)

7.2.4　长柱纵向弯曲的影响及柱端截面附加弯矩的计算

钢筋混凝土偏心受压构件在偏心轴向压力 N 作用下，将产生纵向弯曲，如图 7.17 所示。

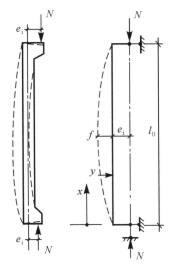

图 7.17　偏心力引起的纵向弯曲

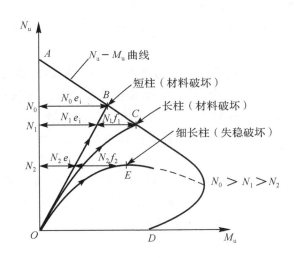

图 7.18　长柱破坏时增大的弯矩

在弯矩作用平面内,构件中部控制截面处将产生最大的侧向挠度 f,因而在该截面上轴向压力 N 的偏心距将由初始偏心距 e_i 增大至 $e_i + f$,截面上的弯矩也相应从 Ne_i 增大至 $N(e_i + f)$,从而导致构件受压承载力的降低。通常将弯矩 Ne_i 称为一阶弯矩,弯矩 Nf 称为二阶弯矩或附加弯矩。这就是轴向压力在挠曲杆件中产生的二阶效应(P-δ 效应)是偏压构件中由轴向压力在产生了挠曲变形的杆件内引起的曲率和弯矩增量。

对长细比较小的受压构件,由侧向挠度引起的二阶弯矩不大,对构件受压承载力无明显影响,计算时一般可予以忽略。但对长细比较大的受压构件,二阶弯矩可能占相当大的比重,计算时必须考虑其影响。

一、偏心受压柱的破坏类型

工程实际中,钢筋混凝土偏心受压柱,按其长细比的不同,可分为短柱、长柱和细长柱,按其破坏性质,可分为材料破坏和失稳破坏。

图 7.18 表示截面尺寸、配筋、材料强度、支承情况和轴向力偏心距等完全相同,仅长细比不同的三个偏心受压构件,从加荷开始至破坏的轴向力和弯矩 N—M 的关系曲线,曲线 $ABCD$ 是偏压构件破坏时正截面承载力 N_u—M_u 的相关曲线。

1. 短柱

当柱的长细比较小时,在偏心轴向力 N 作用下,侧向挠度 f 很小。试验表明,二阶弯矩一般不超过一阶弯矩的 5%,因此,设计时可忽略其影响,这种柱称为短柱。

对矩形截面柱,当长细比 $l_0/h \leqslant 5$ 时称一般为短柱,h 为柱截面的高度。

图 7.18 中直线 OB 为短柱从加荷开始至破坏点 B 的 N—M 关系曲线。由于短柱的纵向弯曲很小,可认为偏心距 e_i 自始至终是一个不变的常数,N 与 M 的关系为线性,其变化轨迹是一条直线。当 N 值达到最大值 N_0 时,N—M 关系线与 N_u—M_u 相关曲线相交,这表明当轴向力达到最大值时,截面发生破坏,亦即构件的破坏是由于控制截面上的材料达到其极限强度而引起的,这种破坏类型称为材料破坏。

对短柱,在计算其正截面受压承载力时,可不考虑二阶弯矩的影响。

2. 长柱

随着柱子长细比的增大,二阶弯矩的影响已不能忽略。

图 7.18 中曲线 OC 是长柱从加荷开始至破坏点 C 的 N—M 关系曲线,由于长柱中侧向挠度 f 随轴向力 N 的加大呈非线性增大,因此弯距 M 比轴向力 N 增大更快,N 与 M 不再保持线性关系,其变化轨迹是一条曲线。

当 N 达到最大值 N_1 时,N—M 关系曲线亦能与 N_u—M_u 相关曲线相交,故长柱的破坏类型亦属材料破坏,但它是在受纵向弯曲影响下的材料破坏。

对矩形截面,一般当长细比为 $5 < l_0/h \leqslant 30$ 时属长柱,在计算其正截面受压承载力时应考虑二阶弯矩的影响。

3. 细长柱

长细比很大的柱称为细长柱。图 7.18 中 OE 曲线为细长柱自加荷开始至破坏点 E 的 N—M 关系曲线,其弯曲程度比长柱更大。当 N 达到最大值 N_2 时,侧向挠度 f 突然增大,此时即使增加很小的轴向力,也可引起弯矩不收敛的增加,导致构件破坏。

此时,N—M 关系曲线不再与 N_u—M_u 相关曲线相交,表明当轴向力达到最大值时,控制截面上钢筋和混凝土中的应力均未达到其极限强度。这种破坏类型已不再属于材料破坏,而属于失稳破坏。

当轴向力达到最大值 N_2 的 E 点后,如果能控制荷载逐渐减小以保持构件的继续变形,则随着侧向挠度 f 的增大和荷载的减小,截面也可达到材料破坏,但此时的受压承载力已远小于失稳破坏时的承载力。

由上述可见,图 7.18 所示三种柱子的荷载偏心距 e_i 虽是相同的,但随着长细比的增大,其正截面受压承载力 N_u,从短柱到长柱到细长柱依次降低,即 $N_2 < N_1 < N_0$。

因此,《规范》规定弯矩作用平面内截面对称的偏心受压构件,当同一主轴方向的杆端弯矩比 M_1/M_2 不大于 0.9,且设计轴压比不大于 0.9,若构件的长细比满足公式(7.15)的要求,可不考虑轴向压力在该方向挠曲杆件中产生的附加弯矩影响,否则应考虑附加弯矩影响

$$\frac{l_0}{i} \leqslant 34 - 12(M_1/M_2) \tag{7.15}$$

式中:M_1,M_2—— 偏心受压构件两端截面按结构分析确定的对同一主轴的组合弯矩设计值,绝对值较大端为 M_2,绝对值较小端为 M_1,当构件按单曲率弯曲时,M_1/M_2 取正值,否则取负值;

l_0—— 构件的计算长度,可近似取偏心受压构件相应主轴方向上下支撑点之间的距离;

i—— 偏心方向的截面回转半径。

二、柱端截面附加弯矩

实际工程中最多遇到的是长柱,因此在确定偏心受压构件的内力设计值时,一般需考虑构件侧向挠曲而引起的附加弯矩(即二阶弯矩)

《规范》将柱端截面附加弯矩的计算采用两个增大系数,偏心距调节的数 C_m 和弯矩增加系数 η_{ns},即偏心受压柱的设计弯距在考虑了附加弯距影响后为原柱端最大弯矩 M_2 乘以偏心距调节系数 C_m 和弯矩增大系数 η_{ns}。

三、偏心距调节系数 C_m

对于弯矩作用平面内截面对称的偏心受压构件,同一主轴方向两端的杆端弯矩大多不相同,但也存在单曲率弯曲(M_1/M_2 为正)时两者大小接近的情况,即比值 M_1/M_2 大于 0.9,此时,该柱在柱两端相同方向,几乎在相同大小的弯矩作用下将产生最大的偏心距,使该柱处于最不利的受力状态。因此,在这种情况下,需考虑偏心距调节系数。《规范》规定偏心距调节系数采用下式计算:

$$C_m = 0.7 + 0.3\frac{M_1}{M_2} \geqslant 0.7 \tag{7.16}$$

四、弯矩增大系数 η_{ns}

弯矩增大系数是考虑侧向挠度的影响,如图(7-17),考虑柱的侧向挠度 f 后,柱中截面弯矩可表示为:

$$M = N(e_0 + f) = N\frac{e_0 + f}{e_0}e_0 = N\eta_{ns}e_0$$

式中 $\eta_{ns} = \dfrac{e_0 + f}{e_0} = 1 + \dfrac{f}{e_0}$ 称为弯矩增大系数

从上式可见,计算 η_{ns} 需先计算长柱受偏心轴向力 N 作用后,柱高中点控制截面的侧向挠度值 f。

1. 侧向挠度 f 的曲率表达式

以两端铰接柱为例,试验表明,两端铰接柱的挠曲线接近正弦曲线(图 7-17),故假定

$$y = f\sin\frac{\pi x}{l_0}$$

由上式可求得柱任意截面的曲率 φ

$$\varphi = \frac{\mathrm{d}^2 y}{\mathrm{d}x^2} = f\frac{\pi^2}{l_0^2}\frac{\sin\pi x}{l_0}$$

当构件达到最大承载力时,柱高度中点控制截面处的曲率为最大,将 $x = \dfrac{l_0}{2}$ 代入上式,并近似取 $\pi^2 \approx 10$,可得极限曲率

$$\varphi = f\frac{\pi^2}{l_0^2} \approx 10\frac{f}{l_0^2}$$

从上式可知与构件极限曲率对应的侧向挠度为:

$$f = \varphi\frac{l_0^2}{10}$$

于是计算侧向挠度 f 的问题转化为计算极限曲率 φ

2. 计算极限曲率 φ

根据平截面假定,截面曲率可表示为

$$\varphi = \frac{\varepsilon_c}{x_c} = \frac{\varepsilon_c + \varepsilon_s}{h_0}$$

当界限破坏时

$$\varepsilon_c = \varepsilon_{cu}, \ \varepsilon_s = f_y/E_s$$

则界限破坏时的曲率为

$$\varphi_b = \frac{\varepsilon_{cu} + f_y/E_s}{h_0}$$

由于偏心受压构件实际破坏形态和界限破坏有一定差别,故应对 φ_b 进行修正,即乘以 ξ_c 的系数:

$$\varphi = \varphi_b\xi_c = \frac{\varepsilon_{cu} + f_y/E_s}{h_0}\xi_c$$

式中 ξ_c 为偏心受压构件截面曲率 φ 的修正系数。

试验表明,在大偏心受压破坏时,实测曲率 φ 与 φ_b 相差不大,在小偏心受压破坏时,曲率 φ 随偏心距的减小而降低。故《规范》规定,对大偏心受压构件,取 $\xi_c = 1$,对小偏心受压构件,用 N 的大小来反映偏心距的影响。

在界限破坏时,对常用的 HPB300、HRB400、HRB500 钢筋和 C50 及以下等级的混凝土界限受压区高度为 $x_b = \xi_b h_0 = (0.491 \sim 0.376) h_0$,若取 $h_0 = 0.9h$,则 $x_b = 0.442h \sim 0.518h$,近似取 $x_b = 0.5h$,则界限破坏时的轴力可近似取为 $N_b = f_c b x_b = 0.5 f_c b h = 0.5 f_c A$(即截面纵筋的拉力和压力基本平衡,其中 A 为构件截面面积),由此可得 ξ_c 的表达式为

$$\xi_c = \frac{N_b}{N} = \frac{0.5 f_c A}{N} \tag{7.17}$$

当 $N < N_b$ 截面发生破坏时,为大偏心受压破坏,取 $\xi_c = 1$,当 $N > N_b$ 截面发生破坏时,为小偏心受压破坏,$\xi_c < 1$。

在荷载长期作用下,混凝土的徐变将使构件的截面曲率和侧向挠度增大,考虑徐变的影响取 $1.25\varepsilon_{cu} = 1.25 \times 0.0033 = 0.004125$,$f_y/E = 0.00225$,$h/h_0 = 1.1$,即钢筋强度采用 400MPa 和 500MPa 的平均值 $f_y = 450$MPa,考虑附加偏心距后以 $M_2/N + e_a$ 代替 e_0,代入上式 η_{ns} 式得:

$$\eta_{ns} = 1 + \frac{\varphi d_0^2}{10 e_0} = 1 + \frac{\varepsilon_{cu} + f_y/E_s}{h_0} \xi_c \frac{l_0^2}{10 e_0}$$

可得《规范》中弯矩增大系数 η_{us} 计算公式

$$\eta_{ns} = 1 + \frac{1}{1300(M_2/N + e_a)/h_0} \left(\frac{l_0}{h}\right)^2 \xi_c \tag{7-18}$$

式中: M_2—— 偏心受压构件两端截面按结构分析确定的弯矩设计值中绝对值较大的弯矩的设计值;

N—— 与弯矩设计值 M_2 相应的轴向压力设计值;

e_a—— 附加偏心距,按 7.2.3 节规定确定;

h—— 截面高度;对环形截面,取外直径;对圆形截面,取直径;

h_0—— 截面有效高度;对环形截面,取 $h_0 = r_2 + r_s$;对圆形截面,取 $h_0 = r + r_s$;此处,r,r_2 和 r_s 按《规范》附录 E 第 $E0.3$ 条和第 $E.0.4$ 条计算。

ξ_c—— 截面曲率修正系数,按公式(7.17)计算,当计算值大于 1.0 时取 1.0;

五、控制截面设计弯矩的计算

除排架结构柱以外的偏心受压构件,在其偏心方向上考虑杆件自身挠曲影响(即附加弯矩或二阶弯距)的控制截面弯距设计值可按下式计算:

$$M = C_m \eta_{ns} M_2 \tag{7.19}$$

式中: C_m—— 偏心距调节系数,按公式(7.16)计算;

η_{ns}—— 弯矩增大系数,按公式(7.17)和(7.18)计算;

M_2—— 偏心受压构件两端截面按结构分析确定的弯矩设计值中绝对值较大的弯矩设计值。

六、柱的计算长度 l_0

根据理论分析和工程实践,对偏心受压柱和轴心受压柱的计算长度 l_0 可按下列规定确定。

1. 刚性屋盖单层房屋排架柱、露天吊车柱和栈桥柱的计算长度 l_0,按附表 23 取用。

2. 一般多层房屋中梁柱为刚接的框架结构,各层柱的计算长度 l_0,按附表 24 取用。

3. 当水平荷载产生的弯矩设计值占总弯矩设计值的 75% 以上时,框架柱的计算长度 l_0 可按下列两个公式计算,并取其中的较小值:

$$l_0 = [1 + 0.15(\psi_u + \psi_l)]H \tag{7.20}$$

$$l_0 = (2 + 0.2\psi_{min})H \tag{7.21}$$

式中:ψ_u、ψ_l—— 柱的上端、下端节点处交汇的各柱线刚度之和与交汇的各梁线刚度之和的比值;

ψ_{min}—— 比值 ψ_u、ψ_l 中的较小值;

H—— 柱的高度,按附表 24 的注采用。

节点处的 ψ(即 ψ_u 和 ψ_l)可按下式计算:

$$\psi = \frac{\sum(E_{cc,i}I_{c,i}/H_i)}{\sum(E_{cb,i}I_{b,i}/l_i)} \tag{7.22}$$

式中:$E_{cc,i}$、$I_{c,i}$、H_i—— 分别为第 i 根柱的混凝土弹性模量、截面惯性矩(可不考虑配筋的影响)和柱的高度;

$E_{cb,i}$、$I_{b,i}$、l_i—— 分别为第 i 根梁的混凝土弹性模量、截面惯性矩(可不考虑配筋的影响)和梁的轴线跨度。

7.2.5 非对称配筋偏心受压构件截面配筋的计算

当偏心受压构件截面两侧所配钢筋 A_s 和 A_s' 的数量不相同时,称该截面为非对称配筋截面。大、小偏心受压构件承载力的计算公式是不相同的,因此,在计算前,应先对构件进行大、小偏心受压的判别。

一、判别条件

如前所述,当截面相对受压区高度 $\xi \leqslant \xi_b$ 或 $x \leqslant \xi_b h_0$(ξ_b 为相对界限受压区高度)时为大偏心受压,$\xi > \xi_b$ 或 $x > \xi_b h_0$ 时为小偏心受压。但在设计截面时,当 A_s 和 A_s' 尚未确定前,无法从基本公式(7.11)～(7.14)中求解 ξ 或 x 值。为此,需要再寻求一种可供初步判别的条件。

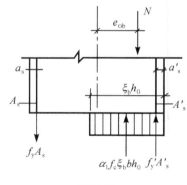

图 7.19

根据界限破坏时的应力分布图(图 7.19),可以写出如下两个平衡方程式:

$$\sum N = 0 \quad N_b = \alpha_1 f_c b \xi_b h_0 + f_y' A_s' - f_y A_s \tag{7.23}$$

$$\sum M_{A_s} = 0$$

$$N_b(e_{0b} + h/2 - a_s) = \alpha_1 f_c b h_0^2 \xi_b (1 - 0.5\xi_b) + f_y' A_s'(h_0 - a_s') \quad (7.24)$$

从以上两式可得：

$$e_{0b} = \frac{\alpha_1 f_c b h_0^2 \xi_b (1 - 0.5\xi_b) + f_y' A_s'(h_0 - a_s')}{\alpha_1 f_c b h_0 \xi_b + f_y' A_s' - f_y A_s}$$

$$- \frac{h}{2} + a_s$$

将上式分子分母同除以 $\alpha_1 f_c b h_0$ 经整理后得：

$$e_{0b} = \left[\frac{\xi_b(\frac{h}{h_0} - \xi_b) + (\frac{f_y'}{\alpha_1 f_c}\rho' + \frac{f_y}{\alpha_1 f_c}\rho)(1 - \frac{a_s}{h_0})}{2(\xi_b + \frac{f_y'}{\alpha_1 f_c}\rho' - \frac{f_y}{\alpha_1 f_c}\rho)} \right] h_0 \quad (7.25)$$

由上式可见，e_{0b} 随配筋率 ρ 和 ρ' 的减少而减少，当材料选定后 ρ 和 ρ' 为最小值时，将得到 e_{0b} 的最小值 $(e_{0b})_{min}$，则当实际的 $e_{0b} \leqslant (e_{0b})_{min}$ 时，截面将属于小偏心受压情况。

现取《规范》规定的最小配筋率 $\rho = 0.2\%$，$\rho' = 0.2\%$，设 h 为 $1.05h_0$，$a_s = a_s'$ 为 $0.05h_0$，并将常用的混凝土强度等级 C20～C50 以及 HRB335 和 HRB400 级钢筋的有关数据代入公式(7.25)，可得界限偏心距 e_{0b} 的计算值如表 7.2。

表 7.2　界限偏心距 e_{0b} 计算值

混凝土强度等级	HRB335 级钢筋	HRB400 级钢筋
C20	$0.358h_0$	$0.404h_0$
C30	$0.322h_0$	$0.358h_0$
C40	$0.304h_0$	$0.335h_0$
C50		$0.323h_0$

由表中可见，e_{0b} 一般均大于 $0.3h_0$，故近似取 $(e_{0b})_{min} \doteqdot 0.3h_0$ 作为大偏心和小偏心受压的初步判别条件。进行截面配筋计算时：

当 $e_{0b} \leqslant 0.3h_0$ 时，属于小偏心受压情况；

当 $e_{0b} > 0.3h_0$ 时，可能为大偏心受压，也可能为小偏心受压，但可先按大偏心受压情况计算，待求得 x 或 ξ 后，再按 $x \leqslant \xi_b h_0$ 的判别条件进行最后判别。

二、大偏心受压构件截面的配筋计算

先计算 e_i。如果 $e_i > 0.3h_0$，可先按大偏心受压公式计算（按图 7.16(a)）；但需用 e_i 代替式(7.12)中的 e_0：

$$N \leqslant \alpha_1 f_c bx + f_y' A_s' - f_y A_s \quad (7.26)$$

$$Ne \leqslant \alpha_1 f_c bx(h_0 - \frac{x}{2}) + f_y' A_s'(h_0 - a_s') \quad (7.27)$$

$$e = e_i + \frac{h}{2} - a_s$$

$$e_i = e_0 + e_a$$

式中，N 为轴向力设计值。

适用条件：

$$x \leqslant \xi_{\mathrm{b}} h_0$$

$$x \geqslant 2a_{\mathrm{s}}'$$

上述第一个适用条件为钢筋 A_{s} 的应力达到抗拉强度设计值的条件，也是大、小偏心受压的最终判别条件；第二个条件为靠近轴向压力 N 一侧钢筋 A_{s}' 的应力达到抗压强度设计值的必要条件。

大偏心受压构件截面设计时，经常会遇到以下两种情况：

1. 第一种情况 —— A_{s} 和 A_{s}' 均为未知

从公式（7.26）和（7.27）可见，由两个方程不能求解三个未知数 x，A_{s} 和 A_{s}'。此时可与受弯构件双筋截面一样，以纵向钢筋 A_{s} 和 A_{s}' 的总用量最小为原则，近似取 $x = x_{\mathrm{b}} = \xi_{\mathrm{b}} h_0$ 作为补充条件，以充分发挥混凝土的受压作用，将其代入公式（7.27）可得：

$$A_{\mathrm{s}}' = \frac{Ne - \xi_{\mathrm{b}}(1 - 0.5\xi_{\mathrm{b}})\alpha_1 f_{\mathrm{c}} b h_0^2}{f_{\mathrm{y}}'(h_0 - a_{\mathrm{s}}')} = \frac{Ne - \alpha_{\mathrm{s,max}}\alpha_1 f_{\mathrm{c}} b h_0^2}{f_{\mathrm{y}}'(h_0 - a_{\mathrm{s}}')} \tag{7.28}$$

如从上式求得的 $A_{\mathrm{s}}' \geqslant \rho_{\mathrm{min}}' bh$，即可直接代入公式（7.26）计算 A_{s} 值：

$$A_{\mathrm{s}} = \xi_{\mathrm{b}} b h_0 \frac{\alpha_1 f_{\mathrm{c}}}{f_{\mathrm{y}}} + A_{\mathrm{s}}' \frac{f_{\mathrm{y}}'}{f_{\mathrm{y}}} - \frac{N}{f_{\mathrm{y}}} \tag{7.29}$$

从上式求得的 A_{s} 如果为负值或小于最小配筋率，应取 $A_{\mathrm{s}} = \rho_{\mathrm{min}} bh$，$\rho_{\mathrm{min}}$ 为偏心受压构件受拉钢筋的最小配筋率（见附表18）。

如果按公式（7.28）求得的 A_{s}' 为负值或小于受压构件一侧纵向钢筋的最小配筋率 ρ_{min}'，则不能将 A_{s}' 值直接代入公式（7.28）求解 A_{s}，而应取 $A_{\mathrm{s}}' = \rho_{\mathrm{min}}' bh$，然后按下述 A_{s}' 为已知的第二种情况求解 A_{s} 值。

2. 第二种情况 —— A_{s}' 为已知

当 A_{s}' 为已知时，只有两个未知数 x 和 A_{s}，故可直接由公式（7.26）和（7.27）求解。

为计算方便，可利用受弯构件正截面承载力计算系数表（附表15），再将轴向力 N 转换为作用在钢筋 A_{s} 重心处的压力 N 及截面上的弯矩 Ne（图7.20），并和受弯构件双筋

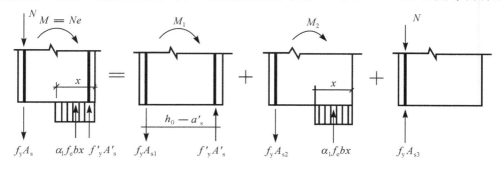

图7.20　偏心受压构件利用受弯单筋载面计算的图形分解

截面一样，将弯矩 Ne 分解为 M_1 和 M_2 两部分。

M_1 为已知的 A_{s}' 与相应受拉钢筋 $A_{\mathrm{s}1}$ 组成的弯矩，相当于纯弯时的双筋截面，即：

$$M_1 = f'_y A'_s (h_0 - a'_s)$$

$$A_{s1} = f'_y A'_s / f_y$$

M_2 为压区混凝土与相应受拉钢筋 A_{s2} 组成的弯矩,相当于纯弯时的单筋截面,即:

$$M_2 = Ne - M_1$$

$$\alpha_s = M_2 / (\alpha_1 f_c b h_0^2)$$

然后即可利用附表 15 查取 γ_s,(或按式 $\gamma_s = (1 + \sqrt{1 - 2\alpha_s})/2$ 计算),可较为方便地计算 A_{s2}:

$$A_{s2} = M_2 / (f_y \gamma_s h_0)$$

总的受拉钢筋,按图 7.20 可得:

$$A_s = A_{s1} + A_{s2} - A_{s3} = A_{s1} + A_{s2} - N/f_y$$

在计算过程中,应注意:

(1) 如果 $\alpha_s > \alpha_{s,max}$ 或 $x > x_b$,表明已知的 A'_s 数量不够,则应按第一种情况,即 A_s 和 A'_s 均为未知的情况重新计算,使其满足大偏心受压的适用条件 $x \leqslant x_b = \xi_b h_0$。

(2) 如果求得的 $x < 2a'_s$,或 $\gamma_s h_0 > h_0 - a'_s$,则应取 $x = 2a'_s$,按下式计算 A_s:

$$A_s = \frac{Ne'}{f_y (h_0 - a'_s)} = \frac{N(e_i - h/2 + a'_s)}{f_y (h_0 - a'_s)} \tag{7.30}$$

如果所求得的 A_s 小于最小配筋率,则应按受压构件一侧纵向钢筋最小配筋率配筋,即取 $A_s = \rho_{min} bh$。

[例题 7.5]　已知钢筋混凝土偏心受压柱截面尺寸为 $b \times h = 400mm \times 500mm$,柱子的计算长度为 $l_0 = 5.0m$;承受轴向力设计值 $N = 900kN$,柱两端作用弯矩设计值 $M_1 = 350kN \cdot m$,$M_2 = 350kN \cdot m$,混凝土强度等级为 C25,纵向钢筋为 HRB400 级钢筋,箍筋为 HPB300 级钢筋,$a_s = a'_s = 40mm$。

要求按非对称配筋作截面配筋计算。

[解]

(1) 计算框架柱设计弯矩

由于 $M_1/M_2 = 350/350 = 1 > 0.9$,$i = \sqrt{\dfrac{I}{A}} = \sqrt{\dfrac{4167 \times 10^6}{2 \times 10^5}} = 144(mm)$,则 $l_0/i = 5000/144 = 34.7 > 34 - 12(M_1/M_2) = 22$,

因此,需计算附加弯矩。根据式(7.17),(7.16)可得:

$$\xi_c = \frac{0.5 f_c A}{N} = 1.32 > 1,取 1.0$$

$$c_m = 0.7 + 0.3 \frac{M_1}{M_2} = 1.0 > 0.7,取 c_m = 1.0$$

$$e_a = h/30 = 500/30 = 17(mm) < 20(mm)\ 取\ e_a = 20(mm)$$

根据(7.18)

$$\eta_{us} = 1 + \frac{1}{1300(M_2/N + e_a)/h_0} \left(\frac{l_0}{h}\right)^2 \xi_c$$

$$= 1 + \frac{1}{1300\left(\frac{350 \times 10^6}{900 \times 10^3} + 20\right) \div 460}\left(\frac{5 \times 10^3}{500}\right)^2 \times 1 = 1.087$$

代入式(7.19)计算框架设计弯矩：

$$M = C_m \eta_{ns} M_2 = 1.0 \times 1.087 \times 350 = 380.5 (\text{kN} \cdot \text{m})$$

（2）判别大、小偏正受压

$$e_0 = M/N = 380.5/900 = 0.423(\text{mm}) = 423(\text{mm})$$

$$e_i = e_0 + e_a = 423 + 20 = 443(\text{mm}) > 0.3h_0 (= 138(\text{mm}))$$

故可先按大偏心受压计算

（3）计算 A'_s 及 A_s

由式(7.28)计算 A'_s：

$$e = e_i + \frac{h}{2} - a_s = 443 + 500/2 - 40 = 653(\text{mm}),$$

$$\xi_b = \frac{0.8}{1 + f_y/0.0033E_s} = \frac{0.8}{1 + 360/0.0033 \times 2 \times 10^5} = 0.518,$$

$$A'_s = \frac{Ne - \alpha_1 f_c b h_0^2 \xi_b (1 - 0.5\xi_b)}{f'_y(h_0 - a'_s)}$$

$$= \frac{900 \times 10^3 \times 653 - 1.0 \times 11.9 \times 400 \times 460^2 \times 0.518 \times (1 - 0.5 \times 0.518)}{360(460 - 40)}$$

$$= \frac{587.7 \times 10^6 - 386.61 \times 10^6}{0.1512 \times 10^6}$$

$$= 1330(\text{mm}^2) > \rho_{min} bh (= 0.002 \times 400 \times 500 = 400(\text{mm}))$$

代入式(7.29)计算 A_s：

$$A_s = \frac{\alpha_1 f_c b h_0 \xi_b + f'_y A'_s - N}{f_y}$$

$$= \frac{1.0 \times 11.0 \times 400 \times 460 \times 0.518 + 360 \times 1330 - 900 \times 10^3}{360}$$

$$= \frac{1134213 + 478800 - 900000}{360} = 1981 \text{mm}^2$$

（4）选配钢筋及验算配筋率：

受压钢筋 A'_s 选用 HRB400 级，4Φ22，（供 $A'_s = 1520\text{mm}^2 > 1330\text{mm}^2$），受拉钢筋 A_s 同样选用 HRB400 级，4Φ25，（供 $A_s = 1964\text{mm}^2 \approx 1981\text{mm}^2$）全部纵向钢筋的配筋率：

$$\rho = \frac{A'_s + A_s}{bh} = \frac{1520 + 1964}{400 \times 500} = 1.74\% > \rho_{min} (= 0.55\%) \qquad (\text{满足要求})$$

[例题 7.6]　某矩形截面柱，计算长度 $l_0 = 4\text{m}$，截面尺寸 $b \times h = 350\text{mm} \times 450\text{mm}$。混凝土强度等级为 C30，钢筋采用 HRB400。作用有轴向压力设计值 $N = 300\text{kN}$，两端弯矩设计值 $M_1 = 260\text{kN} \cdot \text{m}$，$M_2 = 280\text{kN} \cdot \text{m}$，试按非对称配筋计算 A_s 和 A'_s。

[解]　（1）确定钢筋和混凝土的材料强度及几何参数

C30 混凝土，$f_c = 14.3\text{N/mm}^2$；HRB400 级钢筋，$f_y = f'_y = 360\text{N/mm}^2$；

$b = 350\text{mm}$，$h = 450\text{mm}$，$a_s = a'_s = 40\text{mm}$，$h_0 = 450 - 40 = 410\text{mm}$；

HRB400 级钢筋，C30 混凝土，$\beta_1 = 0.8$，$\xi_b = 0.518$。

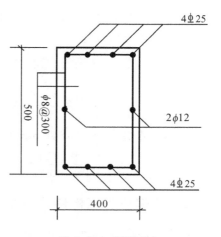

图 7.21　例题 7.5

（2）求框架柱设计弯矩 M

由于 $M_1/M_2 = 0.928$，$i = \sqrt{\dfrac{I}{A}} = 129.8(\text{mm})$，则 $l_0/i = 30.8 > 34 - 12(M_1/M_2) = 23$，因此，需要考虑附加弯矩影响。根据式（7.16）～式（7.18）有：

$$\xi_c = \frac{0.5 f_c A}{N} = 3.75 > 1.0，取 1.0$$

$$C_m = 0.7 + 0.3 \frac{M_1}{M_2} = 0.978;$$

$$e_a = \frac{h}{30} = \frac{450}{30} = 15(\text{mm}) < 20(\text{mm}),$$

取 $e_a = 20(\text{mm})$

$$\eta_{ns} = 1 + \frac{1}{1300(M_2/N + e_a)/h_0}\left(\frac{l_0}{h}\right)^2 \xi_c = 1.098$$

代入式（7.19）计算框架柱设计弯矩：
$$M = C_m \eta_{ns} M_2 = 0.978 \times 1.098 \times 280 = 300.67(\text{kN} \cdot \text{m})$$

（3）求 e_i，判别大、小偏心受压

$$e_0 = \frac{M}{N} = \frac{300.67}{300} = 1002(\text{mm})$$

$$e_i = e_0 + e_a = 1002 + 20 = 1022(\text{mm}) > 0.3h_0 = 123(\text{mm})$$

故先按大偏心受压情况计算。

（4）求 A_s 及 A_s'

$$e = e_i + \frac{h}{2} - a_s = 1207(\text{mm})$$

取 $\xi = \xi_b = 0.518$，则由式（7.28）有：

$$A_s' = \frac{Ne - \xi_b(1 - 0.5\xi_b)\alpha_1 f_c b h_0^2}{f_y'(h_0 - a_s')}$$

$$= \frac{300000 \times 1207 - 0.518 \times (1 - 0.5 \times 0.518) \times 1 \times 14.3 \times 350 \times 410^2}{360 \times (410 - 40)}$$

$$= 294\text{mm}^2 < A_s' = \rho_{min}'bh = 0.002 \times 350 \times 450 = 315(\text{mm})$$

取 $A_s' = \rho_{min}'bh = 0.002 \times 350 \times 450 = 315(\text{mm}^2)$，选 3Φ16[$A_s' = 603(\text{mm}^2)$]。

因此该题转变成已知受压钢筋 $A_s' = 603\text{mm}^2$，求受拉钢筋 A_s 的问题。由式（7.28）有：

$$\alpha_s = \frac{Ne - f_y'A_s'(h - a_s')}{\alpha_1 f_c b h_0^2} = \frac{300 \times 10^3 \times 1207 - 360 \times 603 \times (410 - 40)}{1.0 \times 14.3 \times 350 \times 410^2} = 0.358$$

则

$$\xi = 1 - \sqrt{1 - 2a_s} = 1 - \sqrt{1 - 2 \times 0.358} = 0.467 < \xi_b = 0.518$$

$$X = \xi h_0 = 0.467 \times 410 = 191.5 \text{mm} > 2a_s = 80 \text{(mm)}$$

代入式(7.11)有：

$$A_s = \frac{\alpha_1 f_c bx + f'_y A'_s - N}{f_y}$$

$$= \frac{1.0 \times 14.3 \times 350 \times 191.5 + 360 \times 603 - 300 \times 10^3}{360} = 2432 \text{(mm}^2\text{)}$$

选 5Φ25[供 $A_s = 2454$(mm²) > 2432(mm²)]，则全部纵向钢筋的配筋率为：

$$\rho = \frac{603 + 2454}{350 \times 450} = 1.94\% > 0.55\% \qquad \text{（满足要求）}$$

三、小偏心受压构件截面配筋的计算

对小偏心受压构件，一般情况下，破坏发生在靠近轴向力 N 一侧，称为正向破坏。但当轴向力 N 很大、偏心距 e_0 很小，且 A_s 的数量又较少时，破坏有可能发生在远离轴向力 N 一侧，称为反向破坏。截面设计时，除按正向破坏计算配筋外，还应对反向破坏进行验算。此外，对小偏心受压构件还必须进行垂直于弯矩作用平面的验算。

1. 正向破坏时的计算公式

正向破坏时受压承载力计算的基本方程仍可按图 7.16(b) 写出：

$$N = \alpha_1 f_c bx + f'_y A'_s - \sigma_s A_s \tag{7.31}$$

$$Ne = \alpha_1 f_c bx \left(h_0 - \frac{x}{2}\right) + f'_y A'_s (h_0 - a'_s) \tag{7.32}$$

$$e = e_i + \frac{h}{2} - a_s \qquad e_i = e_0 + e_a$$

$$\sigma_s = f_y \frac{\xi - \beta_1}{\xi_b - \beta_1}, \qquad -f'_y \leqslant \sigma_s \leqslant f_y \tag{4.38a}$$

适用条件：

$$\xi > \xi_b \quad \text{或} \quad x > \xi_b h_0$$

2. 远离轴向力 N 一侧钢筋 A_s 的应力 σ_s

小偏心受压破坏时，A_s 应力 σ_s 可能受拉，也可能受压。一般情况下，应力都比较小，未能达到抗拉或抗压屈服强度。但当轴向力 N 很大、偏心距 e_0 很小，全截面受压情况时，σ_s 可能达到抗压屈服强度，此时，若混凝土强度等级不超过 C50，$\beta_1 = 0.8$，截面相对受压区高度 ξ_y 可从下式算出，即令：

$$\sigma_s = f_y \frac{\xi_y - 0.8}{\xi_b - 0.8} = -f'_y$$

则得

$$\xi_y = 0.8 + (0.8 - \xi_b) f'_y / f_y$$

当 $f'_y = f_y$ 时

$$\xi_y = 1.6 - \xi_b$$

由此可见，当 $\xi \geqslant 1.6 - \xi_b$ 时，钢筋 A_s 的应力将达到抗压屈服强度，即 $\sigma_s = -f'_y$。

若混凝土强度等级超过 C50，则当 $\xi \geqslant 2\beta_1 - \xi_b$ 时，$\sigma_s = -f'_y$。

3. 正向破坏时截面配筋的计算步骤

(1) 先计算 e_i，当 $e_i \leqslant 0.3h_0$ 时，必为小偏心受压。

(2) 选定 A_s。由基本公式(7.31)和(7.32)求解时，有三个未知数 x(或 ξ)，A_s 和 A'_s，而可用的方程只有两个，因此需补充一个条件才能求解。此时可以 $(A_s + A'_s)$ 的总用钢量最小为原则，按最小配筋率来配置 A_s。

一般情况下，小偏心受压破坏时，A_s 的应力均较小，此时可按最小配筋率 $\rho_{\min}$，取 $A_s = \rho_{\min} bh = 0.002bh$ 代入公式(7.31)及(7.32)求解 x 或 ξ，然后计算出 σ_s 值。

如果 $\sigma_s > 0$，表明 A_s 的应力系拉应力，如果 $\sigma_s < 0$，表明 A_s 的应力为压应力。

(3) 计算 A'_s。A_s 选定后，即可代入式(7.31)及(7.32)，消去 A'_s 后求解 x 或 ξ 值，此时，可能会遇到以下三种情况：

1) $\xi_b < \xi < 1.6 - \xi_b$

表示 A_s 的应力 σ_s 未达到受压屈服强度，此时可将求得的 x 或 ξ 值直接代入式(7.32)计算出 A'_s 值，并应满足 $A'_s \geqslant \rho'_{\min} bh$；

2) $1.6 - \xi_b \leqslant \xi < h/h_0$

表示 A_s 的应力 σ_s 已达到受压屈服强度，故应取 $\sigma_s = -f'_y$，代入式(7.31)及(7.32)后得到：

$$N = \alpha_1 f_c bx + f'_y A'_s + f'_y A_s \tag{7.33}$$

$$Ne = \alpha_1 f_c bx \left(h_0 - \frac{x}{2}\right) + f'_y A'_s (h_0 - a'_s) \tag{7.34}$$

再将选定的 A_s 值代入上式联解 x 及 A'_s，同样应满足 $A'_s \geqslant \rho'_{\min} bh$；

3) $\xi > 1.6 - \xi_b$，且 $\xi > h/h_0$

表示不仅 A_s 的应力 σ_s 已达到受压屈服强度，且已全截面受压，中和轴已在截面以外，于是应取 $\sigma_s = -f'_y$ 及 $x = h$ 代入式(7.32)后求解 A'_s：

$$A'_s = \frac{Ne - \alpha_1 f_c bh (h_0 - 0.5h)}{f'_y (h_0 - a'_s)} \tag{7.35}$$

从上式求得的 A'_s 应满足 $A'_s \geqslant \rho'_{\min} bh$。

4. 反向破坏验算

如前所述，小偏心受压构件在轴向力 N 很大、偏心距 e_0 很小(一般当 $N \geqslant \alpha_1 f_c bh$ 时)，且远离轴向力 N 一侧钢筋 A_s 的数量又相对较少时，构件的破坏有可能首先发生在远离轴向力 N 一侧的反向破坏，A_s 的应力 σ_s 将达到抗压屈服强度。

为了防止 A_s 配置过少而发生反向破坏，应对小偏心受压构件进行验算，根据图 7.22 所示截面应力图，可写出验算公式：

$$\sum M_{A'_s} = 0$$

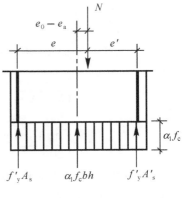

图 7.22

$$Ne' \leqslant \alpha_1 f_c bh \left(\frac{h}{2} - a'_s\right) + f'_y A_s (h_0 - a'_s) \tag{7.36}$$

$$e' = \frac{h}{2} - a'_s - (e_0 - e_a) \tag{7.37}$$

附加偏心距 e_a 可能为正值,亦可能为负值,当取 e_a 为负值从 e_0 中减去时,所得 e' 值为最大,则从式(7.36)可见,相应的 A_s 值亦最大,为最不利情况。如果式(7.36)尚不满足,则应增加 A_s 的用量。

5. 垂直于弯矩作用平面受压承载力的验算

当作用于偏心受压构件上的轴向力 N 较大,弯矩作用平面内的荷载偏心距较小,而截面宽度又较小于截面高度 h 时,垂直于弯矩作用平面的受压承载力有可能起控制作用。因此,除应进行弯矩作用平面内受压承载力的计算外,还应对垂直于弯矩作用平面的受压承载力进行验算。经分析,特别是对小偏心受压构件更需注意。

为简化计算,可按轴心受压构件受压承载力的计算方法验算,注意此时应取垂直于弯矩作用平面的截面宽度 b 来计算长细比 l_0/b,并取用相应的稳定系数 φ。但可不计入弯矩的作用。

[例题 7.7] 已知钢筋混凝土矩形截面柱的截面尺寸为 $b \times h = 300\text{mm} \times 500\text{mm}$,柱的计算长度为 $l_0 = 6\text{m}$,承受轴向压力设计值 $N = 2000\text{kN}$,弯矩设计值 $M_1 = 96\text{kN} \cdot \text{m}$,$M_2 = 120\text{kN} \cdot \text{m}$,混凝土强度等级为 C40,纵向钢筋用 HRB400 级钢筋,箍筋用 HPB335 级钢筋,$a_s = a'_s = 40\text{mm}$。

要求计算截面配筋。

[解]

(1) 计算柱的设计弯矩值:

$$M_1/M_2 = 96/120 = 0.8 < 0.9, i = \sqrt{\frac{I}{A}} = 144.3\text{mm},$$

$$l_0/i = 600/144.3 = 41.5 > 34 - 12\left(\frac{M_1}{M_2}\right) = 24.4$$

需考虑附加弯矩影响

$$\xi_c = \frac{0.5 f_c A}{N} = \frac{0.5 \times 19.1 \times 300 \times 500}{2000 \times 10^3} = 0.716$$

$$C_m = 0.7 + 0.3 M_1/M_2 = 0.94, e_a = \frac{h}{30} = \frac{500}{30} = 16.67 < 20, \text{取 } 20\text{mm}$$

$$\eta_{ns} = 1 + \frac{1}{1300(M_2/N + e_a)/h_0}\left(\frac{l_0}{h}\right)^2 \xi_c$$

$$= 1 + \frac{1}{1300\left(\frac{120 \times 10^6}{2000 \times 10^3} + 20\right)/460}\left(\frac{6000}{500}\right)^2 \times 0.716 = 1.456$$

设计弯矩 $M = C_m \eta_{ns} M_2 = 0.94 \times 1.456 \times 120 = 164.2\text{kN} \cdot \text{m}$

(2) 判别大小偏心

$$e_0 = M/N = 164.2 \times 10^6/2000 \times 10^3 = 82.1\text{mm},$$

$$e_i = e_0 + e_a = 82.1 + 20 = 102.1\text{mm} < 0.3h_0 (= 0.3 \times 460 = 138\text{mm})$$

属于小偏心受压

（3）选定 A_s：

$$N(= 2000\text{kN}) < \alpha_1 f_c bh (= 1 \times 19.1 \times 300 \times 500 = 2865\text{kN})$$

故不需要按反向破坏、验算，取

$$A_s = \rho'_{min} bh = 0.002 \times 300 \times 500 = 300\text{mm}^2$$

选 2$\underline{\Phi}$16。实配 $A_s = 402\text{mm}^2 > 300\text{mm}^2$

（4）计算 A'_s：

$$e = e_i + h/2 - a_s = 102.1 + 250 - 40 = 312.1\text{mm}$$

$$e' = h/2 - e_i - a'_s = 250 - 102.1 - 40 = 107.9\text{mm}$$

由式（7.31）及（7.32）可得

$$\begin{cases} N = \alpha_1 f_c bh_0 \xi + f'_y A'_s - f_y \dfrac{\xi - 0.8}{\xi_b - 0.8} A_s \\ Ne = \alpha_1 f_c bh_0^2 \xi(1 - 0.5\xi) + f'_b A'_s (h_0 - a'_s) \end{cases}$$

$$\begin{cases} 2000 \times 10^3 = 1 \times 19.1 \times 300 \times 460\xi + 360A'_s - 360 \dfrac{\xi - 08}{0.518 - 0.8} \times 402 \\ 2000 \times 10^3 \times 312.1 = 1 \times 19.1 \times 300 \times 460^2 \xi(1 - 0.5\xi) + 360A'_s(460 - 40) \end{cases}$$

联解以上两式可得

$$\xi = 0.715$$

$$A'_s = 443\text{mm}^2 > \rho'_{min} bh (= 0.002 \times 300 \times 500 = 300\text{mm}^2)$$

（5）选筋钢筋

A'_s 选 2$\underline{\Phi}$18，实配 $A'_s = 509\text{mm}^2 > 443\text{mm}^2$

$$\rho' = \frac{A_s + A'_s}{bh} = \frac{402 + 509}{300 \times 500} = 0.61\% > 0.55\%$$

（6）垂直于弯距作用平面的验算

$$l_0/b = 6 \times 10^3/300 = 20，查表 7.1 得 \varphi = 0.75$$

$$N_u = 0.9 \times \varphi(f_c A + f'_y A'_s) = 0.9 \times 0.75 \times [19.1 \times 300 \times 500 + 360 \times (402 + 509)]$$
$$= 2155\text{kN} > N(2000\text{kN}) \qquad\qquad （满足要求）$$

［例题 7.8］　有一矩形截面偏心受压构件，截面尺寸为 $b \times h = 300\text{mm} \times 500\text{mm}$，构件计算长度为 $l_0 = 4.5\text{m}$；承受轴向压力设计值 $N = 2800\text{kN}$，柱两端弯矩设计值 $M = 100\text{kN} \cdot \text{m}$；混凝土强度等级为 C30，纵向钢筋用 HRB335 级钢筋，$a_s = a'_s = 45\text{mm}$。

要求计算截面配筋。

［解］

（1）计算柱设计弯矩

$$M_1/M_2 = 1.0 > 0.9，i = \sqrt{\frac{I}{A}} = 144\text{mm}，l_0/i = \frac{4500}{144} = 31.25 > 34 - 12\left(\frac{M_1}{M_2}\right) = 22,$$

需要计算附加弯矩

$$C_m = 0.7 + 0.3M_1/M_2 = 1.0 > 0.7, \xi_c = \frac{0.5f_cA}{N} = \frac{0.5 \times 14.3 \times 300 \times 500}{2800 \times 10^3}$$

$$= 0.383$$

$$e_a = h/30 = 500/30 = 17\text{mm} < 20\text{mm}, 取 e_a = 20\text{mm}$$

$$\eta_{ns} = 1 + \frac{1}{1300(M_2/N + e_a)/h_0}(\frac{l_0}{h})^2\xi_c$$

$$= 1 + \frac{1}{1300[(100 \times 10^6/2800 \times 10^3) + 20]/455}(\frac{4.5 \times 10^3}{500})^2 \times 0.383 = 1.195$$

$$M = C_m\eta_{ns}M_2 = 1.0 \times 1.195 \times 100 = 119.5\text{kN} \cdot \text{m}$$

（2）判别大、小偏心

$$e_i = e_0 + e_a = M_2/N + e_a = 119.5 \times 10^6/2800 \times 10^3 + 20$$

$$= 62.7\text{mm} < 0.3h_0(= 136.5\text{mm})$$

属小偏心受压

（3）选定 A_s：

$$N(= 2800\text{kN}) > \alpha_1 f_c bh = 1.0 \times 14.3 \times 300 \times 500 = 2145\text{kN}$$

有可能发生反向破坏，应按式（7.36）计算 A_s。

$$e' = \frac{h}{2} - a'_s - (e_0 - e_a) = 500/2 - 40 - (42.7 - 20) = 187.3\text{mm}$$

$$A_s = \frac{Ne' - \alpha_1 f_c bh(\frac{h}{2} - a'_s)}{f'_b(h_0 - a'_s)}$$

$$= \frac{2800 \times 10^3 \times 187.3 - 1 \times 14.3 \times 300 \times 500 \times (500/2 - 40)}{300 \times (455 - 45)}$$

$$= 602\text{mm}^2$$

选 3Φ18，实配 $A_s = 763\text{mm}^2 > 602\text{mm}^2$

（4）计算 A'_s：

$$e = e_i + \frac{h}{2} - a_s = 62.7 + 500/2 - 45 = 267.7\text{mm}$$

由公式（7.31）及（7.32）可得：

$$\begin{cases} 2800 \times 10^3 = 1 \times 14.3 \times 300 \times 455\xi + 300A'_s - 300 \times \dfrac{\xi - 0.8}{0.55 - 0.8} \times 763 \\ 2800 \times 10^3 \times 267.7 = 1 \times 14.3 \times 300 \times 455^2\xi(1 - 0.5\xi) + 300 \times A'_s(455 - 45) \end{cases}$$

联解以上两式得：

$$\xi = 0.972 < 1.6 - \xi_b(= 1.6 - 0.55 = 1.05)$$

$$A'_s = 2487\text{mm}^2 > \rho'_{min}bh(= 0.002 \times 300 \times 500 = 300\text{mm})$$

选 4Φ28，实配 $A'_s = 2463\text{mm}^2(\approx 2487\text{mm}^2，相差在 1\% 以内，满足要求)$

$$\rho' = \frac{763 + 2463}{300 \times 500} = 2.15\% > 0.6\%$$

（5）垂直于弯矩作用平面验算

$l_0/b = 4500/300 = 15$，由表 7.1 得 $\varphi = 0.90$

$N_n = 0.9 \times \varphi(f_c A + f_y' A_s') = 0.9 \times 0.9 \times [14.3 \times 300 \times 500 + 300 \times (763 + 2463)]$
$\qquad = 2521\text{kN} < N(= 2800\text{kN})$

不能满足要求，需增加钢筋用量。显然，此时增加 A_s 配筋量更加合理，由轴心受压承载力公式得：

$$N = N_n = 0.9 \times \varphi(f_c A + f_n' A_s')$$
$$2800 \times 10^3 = 0.9 \times 0.9(14.3 \times 300 \times 500 + 300 \times A_s')$$

求解得 $A_s' = 4373\text{mm}^2$

由于偏心受压侧已配 2463mm² 的钢筋，因此只需将受拉侧的钢筋用量提高至 4373 − 2463 = 1919² 即可。

选受拉一侧钢筋采用 4Φ25，实配 $A_s = 1964\text{mm}^2 > 1910\text{mm}^2$

由上例可见，对小偏心受压构件，应注意验算垂直于弯矩作用平面的受压承载力。

[例题 7.9]　有一钢筋混凝土偏心受压柱，截面尺寸为 $b \times h = 400\text{mm} \times 600\text{mm}$，构件计算长度为 $l_0 = 4\text{m}$；承受轴向压力设计值 $N = 5000\text{kN}$，柱两端弯矩设计值均为 $M = 54\text{kN} \cdot \text{m}$；混凝土强度等级为 C30，纵向受力钢筋用 HRB400 级钢筋。

要求计算截面配筋。

[解]

（1）计算设计弯值、判别大、小偏心：

$M_1/M_2 = 1 > 0.9$，$i = \sqrt{\dfrac{I}{A}} = 173(\text{mm})$，则 $l_0/i = 4 \times 10^3/173 = 23.12 > 34 - 12(M_1/M_2) = 22$

需计算附加弯矩

$C_m = 0.7 + 0.3 M_1/M_2 = 1 \geqslant 0.7$，取 $C_m = 1.0$，$\xi_b = 0.518$，$e_a = h/30 = 20(\text{mm})$

$\xi_c = \dfrac{0.5 f_c A}{N} = 0.343$，$\eta_{ns} = 1 + \dfrac{1}{1300(M_2/N + e_a)/h_0}\left(\dfrac{l_0}{h}\right)^2 \xi_c = 1.213$

柱设计弯矩值　$M = C_m \eta_{ns} M_2 = 1.0 \times 1.213 \times 54 \times 10^6 = 65.5(\text{kN} \cdot \text{M})$

判别大小偏压　$e_i = e_0 + e_a = \dfrac{65.5 \times 10^6}{5000 \times 10^3} + 20 = 33(\text{mm}) < 0.3 h_0(= 0.3 \times 540 = 162(\text{mm})$，

属小偏心受压。

（2）选定 A_s：

$\qquad N(= 5000\text{kN}) > \alpha_1 f_c bh (= 1 \times 14.3 \times 400 \times 600 = 3432(\text{kN}))$

有可能发生反向破坏，应按式（7.31）验算

$\qquad A_s = \rho_{min}' bh = 0.002 \times 400 \times 600 = 480(\text{mm}^2)$

$\qquad e' = h/2 - a_s' - (e_0 - e_a) = 600/2 - 40 - (13.0 - 20) = 267(\text{mm})$

$\qquad Ne' = 5000 \times 10^3 \times 267 = 1335(\text{kN} \cdot \text{m})$

$$\alpha_1 f_c bh \left(\frac{h}{2} - a'_s \right) + f'_y A_s (h_0 - a'_s)$$

$$= 1 \times 14.3 \times 400 \times 600 \times \left(\frac{600}{2} - 40 \right) + 360 \times 480 \times (560 - 40)$$

$$= 982(\text{kN} \cdot \text{m}) < Ne'(= 1335(\text{kN} \cdot \text{m}))$$

表明所配置的 A_s 不足,应按反向破坏重求 A_s

$$A_s = \frac{Ne' - \alpha_1 f_c bh \left(\frac{h}{2} - a'_s \right)}{f'_y (h_0 - a'_s)}$$

$$= \frac{5000 \times 10^3 \times 267 - 1 \times 14.3 \times 400 \times 600 \times \left(\frac{600}{2} - 40 \right)}{360 \times (560 - 40)}$$

$$= 2366(\text{mm}^2) > \rho'_{\min} bh (= 480(\text{mm}^2))$$

选 $4 \Phi 28$,实配 $A_s = 2463(\text{mm}^2) > 2366(\text{mm}^2)$

(3)计算 A'_s:

$$e = e_i + h/2 - a_s = 33 + 600/2 - 40 = 293(\text{mm})$$

由式(7.31)和(7.32)得:

$$5000 \times 10^3 = 1 \times 14.3 \times 400 \times 560\xi + 360A'_s - 360 \frac{\xi - 0.8}{0.518 - 0.8} \times 2463$$

$$5000 \times 10^3 \times 293 = 1 \times 14.3 \times 400 \times 560^2 \xi(1 - 0.5\xi) + 360A'_s(560 - 40)$$

联解以上两式得

$$\xi = 1.012 < 1.6 - \xi_b (= 1.6 - 0.518 = 1.082)$$

$$A'_s = 3034(\text{mm}^2)$$

(4)选配纵向钢筋及箍筋:

A'_s 选 $4 \Phi 32$,实配 $A'_s = 3217(\text{mm}^2) > 3034(\text{mm}^2)$

(5)垂直弯矩作用平面的验算:

$l_0/b = 4 \times 10^3 / 400 = 10$,由表 7.1 得 $\varphi = 0.98$

$$N_u = 0.9\varphi(f_c A + f'_y A'_s) = 0.9 \times 0.98 \times [14.3 \times 400 \times 600 + 360 \times (2463 + 3217)]$$
$$= 4831(\text{kN}) < N(= 5000\text{kN})$$

改选 A_s 为 $4 \Phi 32$,$A_s = 3217\text{mm}^2$,经验算 $N_u = 5070\text{kN} > N(= 5000\text{kN})$。(满足要求)

$$\rho' = \frac{2 \times 3217}{400 \times 600} = 2.7\% > 0.55\%$$

7.2.6　非对称配筋偏心受压构件截面承载力的复核

截面复核时,一般已知截面尺寸、材料强度等级、钢筋用量及构件计算长度,复核时需分别对 ① 弯矩作用平面;② 垂直于弯矩作用平面的受压承载力进行复核。

一、弯矩作用平面受压承载力的复核

通常会有以下两种情况。

1. 已知荷载偏心距 e_0，要求计算轴向力设计值 N

截面复核时，亦需先判别大、小偏心受压情况，此时可先按大偏心受压的截面应力图形（图 7.16(a)）对轴向力 N 作用点取矩，再求解受压区高度 x。

对偏心受压构件，为解题方便，通常可对未知值取矩建立平衡方程式，如求 A_s 时可对 A_s' 取矩，求 A_s' 时可对 A_s 取矩。截面复核时，由于轴向力 N 是未知值，故可对 N 取矩，建立弯矩平衡方程式求解 x：

$$\sum M_N = 0$$

$$\alpha_1 f_c bx \left(e_i - \frac{h}{2} + \frac{x}{2} \right) + f_y' A_s' \left(e_i - \frac{h}{2} + a_s' \right) - f_y A_s \left(e_i + \frac{h}{2} - a_s \right) = 0 \qquad (7.38)$$

从公式（7.38）求解 x，求得 x 后，可能会有以下几种情况：

（1）$2a_s' \leqslant x \leqslant \xi_b h_0$：确系大偏心受压，可将 x 直接代入式（7.26）求得截面能承受的轴向力设计值 N。

（2）$x < 2a_s'$：可取 $x = 2a_s'$，对受压钢筋 A_s' 取矩 $\sum M_{A'} = 0$，从公式（7.30）计算轴向力设计值 N。

（3）$x > \xi_b h_0$：为小偏心受压，由于 A_s 的应力 σ_s 一般未达到屈服强度，当混凝土强度等级不超过 C50 时，$\beta_1 = 0.8$，应取用 $\sigma_s = f_y(\xi - 0.8)/(\xi_b - 0.8)$ 代替公式（7.38）等号右面的 f_y 而得到下式：

$$\alpha_1 f_c bx \left(e_i - \frac{h}{2} + \frac{x}{2} \right) + f_y' A_s' \left(e_i - \frac{h}{2} + a_s' \right) - f_y \frac{\xi - 0.8}{\xi_b - 0.8} A_s \left(e_i + \frac{h}{2} - a_s \right) = 0 \quad (7.39)$$

按上式重求 x。

（4）$x/h_0 = \xi < (1.6 - \xi_b)$：可将 x 或 ξ 直接代入小偏心受压公式（7.32）求解轴向力设计值 N。

（5）$x/h_0 = \xi \geqslant (1.6 - \xi_b)$ 表明 A_s 应力已达到受压屈服强度，应取 $\sigma_s = -f_y'$ 代替公式（7.38）等号左边的 f_y 后得：

$$\alpha_1 f_c bx \left(e_i - \frac{h}{2} + \frac{x}{2} \right) + f_y' A_s' \left(e_i - \frac{h}{2} + a_s' \right) + f_y' A_s \left(e_i + \frac{h}{2} - a_s \right) = 0 \quad (7.40)$$

由上式求解 x 后代入小偏心受压公式（7.33），求解轴向力设计值 N。

（6）当 $x/h_0 = \xi > (1.6 - \xi_b)$，且 $\xi > h/h_0$，应取 $\sigma_s = -f_y'$，$x = h$，从式（7.35）求解轴向力设计值 N。

小偏心受压构件还有可能发生远离轴向力 N 一侧的反向破坏，故尚应按公式（7.36）计算出轴向力设计值 N，并与以上按正向破坏求得的轴向力设计值 N 比较，取两者中之较小值。

2. 已知轴向力设计值 N，要求计算截面能承受的弯矩设计值 M

首先要判别大小偏心，但可先按大偏心受压计算公式（7.26）求解 x，即

$$x = \frac{N - f'_y A'_s + f_y A_s}{\alpha_1 f_c b}$$

求得 x 后,可能会有以下几种情况:

(1) $2a'_s \leqslant x \leqslant \xi_b h_0$:确属大偏心受压,可将 x 直接代入公式(7.27)计算出 e 及 e_0 值,则截面能承受的弯矩设计值为 $M = Ne_0$。

(2) $x < 2a'_s$,可取 $x = 2a'_s$,按式(7.30)计算 e',再计算 e_0。

(3) $x > \xi_b h_0$,表明属小偏心受压,故应按小偏心受压公式(7.31)求解 x 或 ξ 值。

(4) $x/h_0 = \xi < (1.6 - \xi_b)$,表明 A_s 的应力未达到抗压强度设计值,故可将 x 或 ξ 值直接代入公式(7.37)计算出 e 及 e_0 值,则截面能承受的弯矩设计值为 $M = Ne_0$;

(5) $x/h_0 = \xi \geqslant (1.6 - \xi_b)$,表明 A_s 的应力已达到抗压强度设计值,应取 $\sigma_s = -f'_y$,从公式(7.33),即 $N = \alpha_1 f_c bx + f'_y A'_s + f'_y A_s$ 中求解 x 值,再代入公式(7.34)计算出 e 及 e_0 值,最后计算出截面能承受的弯矩设计值 $M = Ne_0$。

(6) 当 $x/h_0 = \xi > (1.6 - \xi_b)$,且 $\xi > h/h_0$ 时,应取 $\sigma_s = -f'_y$,$x = h$,代入式(7.35)求解出 e 及 e_0 值,然后计算出截面能承受的弯矩设计值 $M = Ne$。

对小偏心受压构件,要再按反向破坏计算公式(7.36)求解 e_0 及 M 值,然后与按正向破坏求得的 e_0 及 M 值比较,取两者中之较小者。

二、垂直于弯矩作用平面受压承载力的复核

计算方法与 7.1.1 节所述相同。计算所得的轴向力设计值 N 应与弯矩作用平面受压承载力复核计算所得的轴向力设计值 N 比较,取两者中之较小者。

[例题 7.10] 一偏心受压柱 $b \times h = 450\text{mm} \times 500\text{mm}$,$a_s = a'_s = 40\text{mm}$,柱计算高度 $l_0 = 5.5\text{m}$,轴力设计值 $N = 900\text{kN}$,已配钢筋 A'_s:4Φ16,A_s:4Φ20,两端弯矩相等,钢筋采用 HRB400,混凝土采用 C30。试按两端弯矩相等,计算柱端能承受的弯矩设计值。

[解]

(1) 确定钢筋和混凝土的材料强度及几何参数

C30 混凝土,$f_c = 14.5\text{N/mm}^2$;HRB400 级钢筋,$f_y = f'_y = 360\text{N/mm}^2$;$b = 450\text{mm}$,$h = 500\text{mm}$,$a_s = a'_s = 40\text{mm}$,$h_0 = h - 40 = 460\text{mm}$;HRB400 级钢筋,C30 混凝土,$\beta_1 = 0.8$,$\xi_b = 0.518$;

4Φ16,$A'_s = 804\text{mm}^2$;4Φ20,$A_s = 1256\text{mm}^2$。

(2) 判别大、小偏心受压

按式(7.23)求界限轴力 N_b:

$$\begin{aligned} N_b &= \alpha_1 f_c bh_0 \xi_b + f'_y A'_s - f_y A_s \\ &= 1.0 \times 14.5 \times 450 \times 460 \times 0.518 + 360 \times 804 - 360 \times 1256 \\ &= 1392.1\text{kN} > N = 900(\text{kN}) \end{aligned}$$

故为大偏心受压柱。

(3) 求 $x(\xi)$

由式(7.26)计算得:

$$x = \frac{N - f'_y A'_s + f_y A_s}{\alpha_1 f_c b} = \frac{900 \times 10^3 - 360 \times 804 + 360 \times 1256}{1.0 \times 14.5 \times 450} = 163 (\text{mm})$$

且 $2a'_s = 80\text{mm} \leqslant x \leqslant \xi_b h_0 = 0.518 \times 460 = 238\text{mm}$。确系大偏心受压。

（4）求 e_0

由式（7.27）计算得

$$e = \frac{\alpha_1 f_c b x (h_0 - 0.5x) + f'_y A'_s (h_0 - a'_s)}{N}$$

$$= \frac{1 \times 14.5 \times 450 \times 163 \times (460 - 0.5 \times 163) + 360 \times 804 \times (460 - 40)}{900000}$$

$$= 582 (\text{mm})$$

$$e_a = \frac{h}{30} = 16.7(\text{mm}) < 20(\text{mm}), \text{取 } e_a = 20(\text{mm})$$

由 e 计算可得

$$e_0 = 582 + 40 - 250 - 20 = 352(\text{mm})$$

（5）求 M_2

截面弯矩设计值为：

$$M = N e_0 = 900 \times 352 = 316.8(\text{kN} \cdot \text{m})$$

由式（7.16）有：

$$C_m = 0.7 + 0.3\frac{M_1}{M_2} = 1 > 0.7$$

代入式（7.18），再和式（7.19）得：

$$\frac{M}{M_2} = C_m \eta_{ns} = C_m \left[1 + \frac{1}{1300(M_2/N + e_a)/h_0}\left(\frac{l_0}{h}\right)^2 \xi_c \right]$$

大偏心受压构件取 $\xi_c = 1$，代入相关数值，得到 M_2 的二次方程，可解出：

$$M_2 = 280.6(\text{kN} \cdot \text{m})$$

［例题 7.11］　偏心受压柱，截面尺寸 $b \times h = 400\text{mm} \times 450\text{mm}$，计算长度 $l_0 = 4.5\text{m}$，已配纵筋 A'_s（$4\Phi20$），A_s（$4\Phi16$）。柱两端弯距相等，钢筋为 HRB400 级，混凝土强度等级为 C30 设荷载偏心距 $e_0 = 100\text{mm}$（假设已考虑弯矩增大系数和偏心距调节系数）。试求柱子所能承受的轴力设计值。

［解］

（1）确定钢筋和混凝土的材料强度及几何参数

C30 混凝土，$f_c = 14.5\text{N/mm}^2$；HRB400 级钢筋，$f_y = f'_y = 360\text{N/mm}^2$；

$b = 400\text{mm}$，$h = 450\text{mm}$，$a_s = a'_s = 40\text{mm}$，$h_0 = h - 40 = 410\text{mm}$；

HRB400 级钢筋，C30 混凝土，$\beta_1 = 0.8$，$\xi_b = 0.518$；

$4\Phi16$，$A'_s = 804\text{mm}^2$；$4\Phi20$，$A_s = 1256\text{mm}^2$。

（2）判别大、小偏心受压

$$e_a = \frac{h}{30} = \frac{500}{30} = 17\text{mm} < 20\text{mm}, \text{故取 } e_a = 20\text{mm}$$

$$e_i = e_0 + e_a = 100 + 20 = 120\text{mm} < 0.3h_0 = 123\text{mm}$$

为小偏心受压。

（3）求 N

在图 7.16(b) 中对 N 的作用点建立力矩平衡方程可得：

$$A_s\sigma_s e + A'_s f'_y e' = \alpha_1 f_c bx\left(\frac{x}{2} - \frac{h}{2} + e_i\right)$$

$$e = e_i + \frac{h}{2} - a_s = 120 + 225 - 40 = 305\text{mm}$$

$$e' = \frac{h}{2} - e_i - a'_s = 225 = -120 - 40 = 65\text{mm}$$

以上各式与式（7.38）联立整理后得：

$$x^2 - 208.8x - 6862.1 = 0$$

求解得 $x = 237.7$，

$$\xi = \frac{x}{h_0} = 0.580$$

$$\xi > \xi_b = 0.518$$

$$< 2\beta_1 - \xi_b = 1.08$$

受压区高度表明力矩平衡方程中 A_s 钢筋的应力取为 σ_s 符合假设。

由式（7.32）计算 N：

$$N = \frac{\alpha_1 f_c bx(h_0 - 0.5x) + f'_y A'_s(h_0 - a'_s)}{e} = 1667.2\text{kN}$$

7.2.7　对称配筋偏心受压构件截面承载力的计算

构件截面两侧配置钢筋的数量及其级别均相同，即取 $A_s = A'_s$，$f_y = f'_y$ 和 $a_s = a'_s$ 时，称为对称配筋。它具有构造简单和施工方便的优点，在工程实践中有广泛应用。特别在不同荷载效应组合下，构件截面中可能产生方向相反的正、负弯矩，当两者数值相差不大，或相差数值虽较大，但按对称配筋设计，纵向钢筋总的用量比按非对称配筋设计增加不多时，宜采用对称配筋。装配式柱为了吊装时不致发生差错，一般亦均采用对称配筋。

一、大、小偏心的判别

由于对称配筋时取 $A_s = A'_s$，$f_y = f'_y$，因此从大偏心受压基本公式（7.26），可以很方便地求得受压区混凝土计算高度，即：

$$x = N/\alpha_1 f_c b \tag{7.41}$$

当 $x \leqslant \xi_b h_0$ 时为大偏心受压，否则为小偏心受压。

但对称配筋设计时，由于人为地使 A_s 用量与 A'_s 相同，且破坏时取 A_s 的应力为抗压强度设计值 f'_y，故按式（7.41）判别大、小偏心，有时会发生误判。为此，可增加一个判别条件，即同时应用非对称配筋截面设计时采用的判别条件：

（1）当 $e_i > 0.3h_0$，且 $x \leqslant \xi_b h_0$ 时为大偏心受压；

(2) 当 $e_i \leqslant 0.3h_0$；或 $e_i > 0.3h_0$，且 $x > \xi_b h_0$ 时为小偏心受压。

二、大偏心受压截面配筋的计算

按式（7.41）求得 x 后，可能有以下两种情况：

(1) 当 $2a_s' \leqslant x \leqslant \xi_b h_0$，可将 x 值直接代入公式（7.27）求解 A_s'，并令 $A_s = A_s'$，则得：

$$A_s'(=A_s) = \frac{N(e_i + h/2 - a_s) - \alpha_1 f_c bx(h_0 - x/2)}{f_y'(h_0 - a_s')}$$

$$= \frac{N(e_i - 0.5h + 0.5x)}{f_y'(h_0 - a_s')} \tag{7.42}$$

(2) 当 $x < 2a_s'$，则可取 $x = 2a_s'$，代入式（7.30）求解 A_s，并令 $A_s' = A_s$，则得：

$$A_s(=A_s') = \frac{N(e_i - h/2 + a_s')}{f_y(h_0 - a_s')} \tag{7.43}$$

三、小偏心受压截面配筋计算

在小偏心受压基本公式（7.31）和（7.32）中，以 $A_s f_y = A_s' f_y'$ 代入后，即可得：

$$N = \alpha_1 f_c bh_0 \xi + f_y' A_s' - f_y A_s \frac{\xi - \beta_1}{\xi_b - \beta_1}$$

$$= \alpha_1 f_c bh_0 \xi + f_y' A_s' \left(\frac{\xi_b - \xi}{\xi_b - \beta_1}\right) \tag{7.44}$$

$$Ne = \alpha_1 f_c bh_0^2 \xi(1 - 0.5\xi) + f_y' A_s'(h_0 - a_s') \tag{7.45}$$

从以上两式中消去 $f_y' A_s'$ 化简后可得：

$$Ne \frac{\xi_b - \xi}{\xi_b - \beta_1} = \alpha_1 f_c bh_0^2 \xi(1 - 0.5\xi) \frac{\xi_b - \xi}{\xi_b - \beta_1} + (N - \alpha_1 f_c bh_0 \xi)(h_0 - a_s') \tag{7.46}$$

可见公式（7.46）为 ξ 的三次方程式，直接求解很不方便。为了便于设计，对称配筋的小偏心受压构件可采用以下近似方法，根据小偏心受压破坏，式（7.46）等号右边第一项中之 $\xi(1 - 0.5\xi)$ 的变化范围大致为 $0.4 \sim 0.5$，近似取为常数 0.43，将其代入式（7.46），经整理后可得求解 ζ 的近似公式如下：

$$\xi = \frac{N - \xi_b \alpha_1 f_c bh_0}{\dfrac{Ne - 0.43\alpha_1 f_c bh_0^2}{(\beta_1 - \xi_b)(h_0 - a_s')} + \alpha_1 f_c bh_0} + \xi_b \tag{7.47}$$

求得 ξ 后，代入公式（7.45）求解 A_s'，并令 $A_s = A_s'$：

$$A_s'(=A_s) = \frac{Ne - \xi(1 - 0.5\xi)\alpha_1 f_c bh_0^2}{f_y'(h_0 - a_s')} \tag{7.48}$$

对称配筋的偏心受压构件，由于截面两侧所配纵向钢筋数量相同，不会发生反向破坏，因此，只需按正向破坏情况进行计算。

但仍需复核垂直于弯矩作用平面的受压承载力。

四、截面受压承载力的复核

截面受压承载力的复核与不对称配筋截面承载力复核的方法相同，但在有关计算

中应取 $A_s = A_s'$，$f_y = f_y'$，且复核时亦只需考虑正向破坏情况。

[例题 7.12] 偏心受压柱截面尺寸为 $b \times h = 400\text{mm} \times 450\text{mm}$。轴向力设计值 $N = 500\text{kN}$，两端弯矩设计值均为 $350\text{kN} \cdot \text{m}$，计算长度 $l_0 = 5\text{m}$。混凝土强度等级为 C30，纵向钢筋为 HRB400 级钢筋，试按对称配筋计算柱子的纵向钢筋。

[解]

（1）确定钢筋和混凝土的材材强度及几何参数

C30 混凝土，$f_c = 14.3\text{N/mm}^2$；HRB400 级钢筋，$f_y = f_y' = 360\text{N/mm}^2$；$b = 400\text{mm}$，$a_s = a_s' = 40\text{mm}$，$h = 450\text{mm}$，$h_0 = 450 - 40 = 410\text{mm}$；HRB400 级钢筋，C30 混凝土，$\beta_1 = 0.8$，$\xi_b = 0.518$。

（2）求设计弯矩 M

因 $M_1/M_2 = 1 > 0.9$，$i = \sqrt{\dfrac{I}{A}} = 129.9\text{mm}$，则 $l_0/i = 38.5 > 34 - 12(M_1/M_2) = 22$，需要考虑附加弯矩影响。根据式（7.16）～式（7.18）有：

$$\xi_c = \frac{0.5 f_c A}{N} = 2.57 > 1.0，取 1.0$$

$$C_m = 0.7 + 0.3 \frac{M_1}{M_2} = 1$$

$$e_s = \frac{h}{30} = \frac{450}{30} = 15(\text{mm}) < 20(\text{mm})，取 e_a = 20(\text{mm})$$

$$\eta_{ns} = 1 + \frac{1}{1300(M_2/N + e_s)/h_0}\left(\frac{l_0}{h}\right)^2 \xi_c = 1.14$$

代入式（7.19）计算柱设计弯矩：

$$M = C_m \eta_{ns} M_2 = 1 \times 1.14 \times 350 = 399(\text{kN} \cdot \text{m})$$

（3）判别大、小偏心受压

由式（7.41）得：

$$\xi = \frac{N}{\alpha_1 f_c b h_0} = \frac{500 \times 10^3}{1.0 \times 14.3 \times 400 \times 410} = 0.213 < \xi_b = 0.518$$

为大偏心受压，则

$$x = \xi h_0 = 0.213 \times 410 = 87.3\text{mm} > 2a_s' = 80(\text{mm})$$

（4）求 A_s 及 A_s'

$$e_0 = \frac{M}{N} = \frac{399}{500} = 0.789\text{m} = 798(\text{mm})$$

$$e_i = e_0 + e_B = 798 + 20 = 818(\text{mm})$$

$$e = e_i + \frac{h}{2} - a_s = 818 + 225 - 40 = 1003(\text{mm})$$

将以上数据代入式（7.42）有：

$$A_s = A_s' \frac{Ne - \alpha_1 f_c b x \left(h_0 - \dfrac{x}{2}\right)}{f_y'(h_0 - a_s')}$$

$$= \frac{500 \times 10^3 \times 1003 - 1.0 \times 14.3 \times 400 \times 87.3 \times (410 - \frac{87.3}{2})}{360 \times (410 - 40)}$$

$$= 2391(\text{mm}^2)$$

（5）选筋验算配筋率

每边选 5$\underline{\Phi}$25[($A_s = A'_s = 2454(\text{mm}^2)$,HRB400 级]，则全部纵向钢筋的配筋率为：

$$\rho = \frac{4908}{400 \times 450} = 2.72\% > 0.55\% \qquad \text{（满足要求）}$$

[例题 7.13] 偏心受压柱 $b \times h = 450\text{mm} \times 500\text{mm}$,$a_s = a'_s = 40\text{mm}$。作用轴面力设计值 2200kW,两端弯矩均为 200kN·m,计算长度 $l_0 = 40\text{m}$。纵筋为 HRB400 级钢筋,混凝土强度等级为 C35。

要求按对称配筋计算 A_s 和 A'_s。

[解]

（1）确定钢筋和混凝土的材料强度及几何参数

C35 混凝土,$f_c = 16.7\text{N/mm}^2$;HRB400 级钢筋,$f_y = f'_y = 360\text{N/mm}^2$;

$b = 450\text{mm}$,$h = 500\text{mm}$,$a_s = a'_s = 40\text{mm}$,$h_0 = h - 40 = 460\text{mm}$;HRB400 级钢筋,C35 混凝土,$\beta_1 = 0.8$,$\xi_b = 0.518$。

（2）求框架柱设计弯矩 M

由于 $M_1/M_2 = 1$,$i = \sqrt{\frac{I}{A}} = 144.3\text{mm}$,则 $l_0/i = 27.7 > 34 - 12(M_1/M_2) = 22$,因此,需要考虑附加弯矩影响。根据式(7.16)～式(7.18)有：

$$\xi_c = \frac{0.5 f_c A}{N} = 0.85$$

$$C_m = 0.7 + 0.3 \frac{M_1}{M_2} = 1$$

$$e_a = \frac{h}{30} = \frac{500}{30} = 16.7(\text{mm}) < 20(\text{mm}),\text{取 } e_a = 20(\text{mm})$$

$$\eta_{ns} = 1 + \frac{1}{1300(M_2/N + e_a)/h_0}\left(\frac{l_0}{h}\right)^2 \xi_c = 1.174$$

代入式(7.19)计算柱设计弯矩有：

$$M = C_m \eta_{ns} M_2 = 1 \times 1.174 \times 200 = 234.8(\text{kN·m})$$

（3）判别大、小偏心受压

由式(7.41)得

$$\xi = \frac{N}{\alpha_1 f_c b h_0} = \frac{2200 \times 10^3}{1.0 \times 16.7 \times 450 \times 460} = 0.636 > \xi_b = 0.518$$

为小偏心受压。

（4）求 $A_s = A'_s$

$$e_0 = \frac{M}{N} = \frac{234.8 \times 10^6}{2200 \times 10^3} = 106.7(\text{mm})$$

$$e_i = e_0 + e_a = 106.7 + 20 = 126.7 \text{(mm)}$$

$e = e_i + \dfrac{h}{2} - a_s = 336.7\text{mm}$，则由公式(7.47)有：

$$\xi = \frac{N - \xi_b \alpha_1 f_c b h_0}{\dfrac{Ne - 0.43\alpha_1 f_c b h_0^2}{(\beta_1 - \xi_b)(h_0 - a_s')} + \alpha_1 f_c b h_0} + \xi_b$$

$$= \frac{2200 \times 10^3 - 0.518 \times 16.7 \times 450 \times 460}{\dfrac{2200 \times 10^3 \times 336.7 - 0.43 \times 1.0 \times 16.7 \times 450 \times 460^2}{(0.8 - 0.518) \times (460 - 40)} + 1.0 \times 16.7 \times 450 \times 460}$$

$$+ 0.518 = 0.622$$

与其他数据一同代入式(7.45)有：

$$A_s = A_s' = \frac{Ne - \alpha_1 f_c b h_0^2 \xi(1 - 0.5\xi)}{f_y'(h_0 - a_s')}$$

$$= \frac{2200 \times 10^3 \times 336.7 - 1.0 \times 16.7 \times 450 \times 460^2 \times 0.622 \times (1 - 0.5 \times 0.622)}{360 \times (460 - 40)}$$

$$= 392 \text{(mm}^2) < 0.002bh = 450 \text{(mm}^2)$$

需按最小配筋率配筋。

(5) 选钢筋验算配筋率

每边选 $2\Phi22[A_s = A_s' = 760\text{(mm}^2)$，HRB400 级]，则全部纵向钢筋的配筋率为：

$$\rho = \frac{760 \times 2}{450 \times 500} = 0.68\% > 0.55\%$$

每边配筋率为 $0.34\% > 0.2\%$，满足要求。

(6) 垂直弯矩作用平面承载力校核(略)。

7.2.8　正截面受压承载力 N_u 和 M_u 的相关关系和应用

一、N_u 和 M_u 的相关关系

给定截面(包括截面尺寸、材料强度及配筋数量)的偏心受压构件达到承载能力极限状态时，截面所能承受的轴向力设计值 N_u 和弯矩设计值 M_u 是相关的，或者说截面可以在不同的 N_u 和 M_u 的组合下达到承载力极限状态。

下面以对称配筋截面为例说明 N_u 和 M_u 的相关关系(图7.23)。

1. 大偏心受压破坏的 N_u—M_u 相关曲线($\xi \leqslant \xi_b$)

大偏心受压基本公式如前所述为：

$$N_u = \alpha_1 f_c bx + f_y' A_s' - f_y A_s \tag{7.22}$$

$$N_u e = \alpha_1 f_c bx(h_0 - x/2) + f_y' A_s'(h_0 - a_s') \tag{7.23}$$

$$e = e_i + h/2 - a_s'$$

对称配筋时，将 $A_s = A_s'$ 和 $f_y = f_y'$ 代入公式(7.22)得：

$$x = N_u / \alpha_1 f_c b \qquad (7.41)$$

将式(7.41)代入式(7.27),经整理后得:

$$M_u(= N_u e_i) = -\frac{N_u^2}{2\alpha_1 f_c b} + \frac{h}{2}N_u +$$
$$f_y' A_s'(h_0 - a_s') \qquad (7.49)$$

从式(7.49)可见,N_u 和 M_u 之间是二次函数关系,如图 7.23 中的曲线 ab 所示。

2. 小偏心受压破坏时的 $N_u - M_u$ 相关曲线($\xi_b < \xi < h/h_0$)

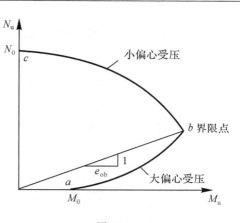

图 7.23

小偏心受压基本公式为:

$$N_u = \alpha_1 f_c b h_0 \xi + f_y' A_s' - f_y A_s \frac{\xi - 0.8}{\xi_b - 0.8} \qquad (7.35)$$

$$N_u e = \alpha_1 f_c b h_0^2 \xi (1 - 0.5\xi) + f_y' A_s'(h_0 - a_s') \qquad (7.32)$$

$$e = e_i + h/2 - a_s$$

对称配筋时,将 $A_s = A_s'$ 和 $f_y = f_y'$ 代入公式(7.31)得:

$$\xi = \frac{N_u(\xi_b - 0.8) - f_y' A_s' \xi_b}{\alpha_1 f_c b h_0(\xi_b - 0.8) - f_y' A_s'} \qquad (7.50)$$

从公式(7.32)可得:

$$M_u(= N_u e) = -N(h/2 - a_s) + \xi(1 - 0.5\xi)\alpha_1 f_c b h_0^2 + f_y' A_s'(h_0 - a_s') \qquad (7.51)$$

从式(7.51)可见,M_u 和 ξ 之间为二次函数关系,而从式(7.50)可见,ξ 和 N_u 之间为一次函数关系,因此,N_u 和 M_u 之间亦为二次函数关系,如图 7.23 中的曲线 bc 所示。

当 $\xi > h/h_0$ 时,同样可以推出 N_u 与 M_u 的相关关系,但为一次函数的直线关系。

二、$N_u - M_u$ 相关曲线的意义

(1)整条相关曲线分为大偏心受压破坏(图7.23中ab段)和小偏心受压破坏(bc段)两个曲线段。a 点 $N = 0$,$M = M_0$,为纯弯构件正截面受弯承载力;c 点 $M = 0$,$N = N_0$,为轴心受压构件正截面受压承载力;b 点为大、小偏心受压的界限点。整条曲线展示了某一截面(截面尺寸、配筋数量和材料强度均已给定时)从受弯构件的受弯承载力至偏心受压构件受压承载力至轴心受压构件受压承载力之间的全过程变化规律。由图可见,受弯构件和轴心受压构件只是偏心受压构件的两种特定情况。

(2)曲线 abc 上任意一点的坐标(N_u,M_u)代表截面承载力的一组内力组合及其荷载偏心距 e_0。若给出的一组内力值(N,M)位于 $N_u - M_u$ 相关图中曲线的内侧,表明截面在该组内力组合下尚未达到承载力极限状态,因此是安全的;若位于曲线外侧,表明截面的承载力不足。

(3)对大偏心受压破坏,N_u 随 M_u 的增大而增大;对小偏心受压破坏,N_u 将随 M_u 的增大而减小。

三、N_u—M_u 相关曲线的用途

（1）对于各种截面（包括不同截面尺寸、配筋数量及材料强度）可制成一系列 N_u—M_u 相关曲线或计算表格，在进行截面设计或复核时，可从这些曲线或表格中很方便地直接查到所需钢筋的截面面积或截面承载力 N_u 及 M_u 值。

图 7.24 就是按原规范（GBJ10－89）有关公式计算所得 N_u—M_u 相关曲线图表的一个实例。

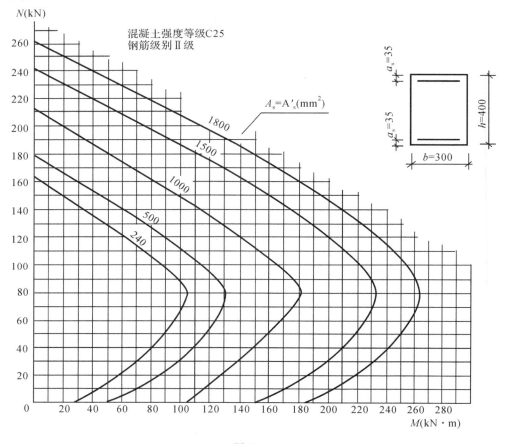

图 7.24

如果需设计矩形截面偏心受压柱，已知截面尺寸为 $b×h = 300mm × 400mm$，承受轴向力设计值为 $N = 140kN$，弯矩设计值为 $M = 200kN·m$，混凝土强度等级为 C25，纵向钢筋用 II 级钢筋，则由已知 N 和 M 值，可从图 7.25 曲线中直接查到对称配筋截面所需钢筋的截面面积 $A_s = A'_s = 1700mm^2$。

在电算设计尚未普及的年代，可以利用上述图表进行方便的设计，目前利用电算设计将为更加方便。

（2）偏心受压柱的控制截面上，由于各种荷载效应的组合，往往作用有很多组 N 和 M 的内力组合值，例如单层厂房的排架柱和多层房屋中的框架柱。如果对每一组内力组

合都进行配筋计算,工作量相当大。在不用计算机的情况下,将化费很多时间。此时,亦可利用 N_u—M_u 相关关系,筛选掉大部分不起控制的内力组合,判断出少数几组可能起控制作用的内力,然后再用手算或利用图表进行截面配筋计算,从而可大大减少计算工作量。

7.3　工字形截面偏心受压构件正截面承载力的计算

为了节省混凝土和减轻构件自重,对于截面尺寸较大(一般当截面高度 $h > 600\text{mm}$ 时)的柱子可采用工字形截面,它在工程中(如单层工业厂房)广泛应用,工字形截面尺寸的构造要求详见7.5.1节。

工字形截面偏心受压构件的破坏特征、设计原则和计算方法均与矩形截面相同,截面设计和复核时,同样可分为大偏心受压和小偏心受压两种情况,判别方法亦与矩形截面相同。

7.3.1　非对称配筋工字形截面正截面受压承载力的计算

一、大偏心受压($\xi \leqslant \xi_b$)

与 T 形梁类似,按受压区高度 x 的不同,有两种情况。

1. $x \leqslant h'_f$

表明受压区在翼缘内,这时可按受压翼缘计算宽度为 b'_f 的矩形截面计算,从图 7.25(a) 可得出基本计算公式:

$$N = \alpha_1 f_c b'_f x + f'_f A'_s - f_y A_s \tag{7.52}$$

$$Ne = \alpha_1 f_c b'_f x \left(h_0 - \frac{x}{2}\right) + f'_y A'_s (h_0 - a'_s) \tag{7.53}$$

$$e = e_i + \frac{h}{2} - a_s$$

适用条件:$2a'_s \leqslant x \leqslant h'_f$。

2. $x > h'_f$

表明受压区已进入腹板内,则从图 7.25(b) 可得出基本计算公式:

$$N = \alpha_1 f_c (b'_f - b) h'_f + \alpha_1 f_c bx + f'_y A'_s - f_y A_s \tag{7.54}$$

$$Ne = \alpha_1 f_c(b_f' - b)h_f'(h_0 - h_f'/2) + \alpha_1 f_c bx(h_0 - x/2) + f_y'A_s'(h_0 - a_s')$$

(7.55)

适用条件：$h_f' < x \leqslant \xi_b h_0$。

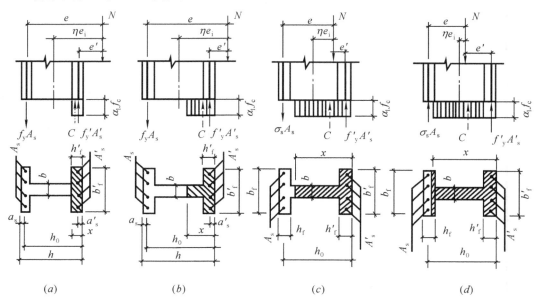

图 7.25

二、小偏心受压($\xi > \xi_b$)

1. 靠近轴向力 N 一侧的混凝土先压坏(正向破坏)

小偏心受压时,受压区已进入腹板内,根据受压区高度 x 的不同,也有两种情况:

(1) 当 $x \leqslant h - h_f$,表明受压区为 T 形,按图 7.25(c) 可得出基本计算公式:

$$N = \alpha_1 f_c(b_f' - b)h_f' + \alpha_1 f_c bx + f_y'A_s' - \sigma_s A_s$$

(7.56)

$$Ne = \alpha_1 f_c(b_f' - b)h_f'(h_0 - h_f'/2) + \alpha_1 f_c bx(h_0 - x/2) + f_y'A_s'(h_0 - a_s')$$

(7.57)

$$\sigma_s = f_y \frac{\xi - 0.8}{\xi_b - 0.8}, \qquad -f_y' \leqslant \sigma_s \leqslant f_y,$$

$$e = e_i + h/2 - a_s$$

适用条件：$\xi_b h_0 < x \leqslant h - h_f$。

(2) 当 $x > h - h_f$,表明受压区已进入下翼缘,受压区为工字形,此时,可按图 7.26(d) 得出基本计算公式:

$$N = \alpha_1 f_c(b_f' - b)h_f' + \alpha_1 f_c bx + \alpha_1 f_c(b_f - b)(h_f - h + x) + f_y'A_s' - \sigma_s A_s$$

(7.58)

$$Ne = \alpha_1 f_c(b_f' - b)h_f'(h_0 - h_f'/2) + \alpha_1 f_c bx(h_0 - x/2)$$
$$+ \alpha_1 f_c(b_f - b)(h_f - h + x)(h_f/2 + h/2 - x/2 - a_s) + f_y'A_s'(h_0 - a_s')$$

(7.59)

适用条件：$h - h_f < x \leqslant h$。

2. 当 $N > f_c A$ 时,可能发生远离轴向力 N 一侧的混凝土先被压坏(反向破坏),因此尚应按下式进行验算。

与矩形截面计算公式(7.37)相似,应考虑 e_a 与 e_0 反向。对钢筋 A'_s 合力中心取矩得到验算公式:

$$N[h/2 - a'_s - (e_0 - e_a)] \leqslant \alpha_1 f_c [b'_f h'_f + b_f h_f + (h - h'_f - h_f)b](\frac{h}{2} - a'_s) + f'_y A_s (h_0 - a'_s)$$

$$(7.60)$$

7.3.2　对称配筋工字形截面正截面受压承载力的计算

在实际工程中,工字形截面的预制柱一般采用对称配筋。

一、大偏心受压

在式(7.52)中,令 $A_s = A'_s, f_y = f'_y$,可得

$$x = N/\alpha_1 f_c b'_f \tag{7.61}$$

求得 x 后,可能有以下几种情况:

1. 当 $2a'_s \leqslant x \leqslant h'_f$

表明受压区在翼缘内,故可按宽度为 b'_f 的矩形截面计算,从式(7.53)令 $A_s = A'_s$,则得:

$$A'_s (= A_s) = \frac{Ne - \alpha_1 f_c b'_f x(h_0 - x/2)}{f'_y(h_0 - a'_s)} = \frac{N(e_i - 0.5h + 0.5x)}{f'_y(h_0 - a'_s)} \tag{7.62}$$

2. 当 $x < 2a'_s$

可取 $x = 2a'_s$,代入式(7.62)得:

$$A'_s (= A_s) = \frac{N(e_i - 0.5h + a'_s)}{f'_y(h_0 - a'_s)} \tag{7.63}$$

3. 当 $x > h'_f$

表明受压区已进入腹板内,则令 $A_s = A'_s$ 和 $f_y = f'_y$ 代入公式(7.54)后重新计算 x:

$$x = \frac{N - \alpha_1 f_c (b'_f - b) h'_f}{\alpha_1 f_c b} \tag{7.64}$$

当按式(7.64)求得的 $x \leqslant \xi_b h_0$,表明截面仍属大偏心受压,则从式(7.55)中计算 A'_s,并令 $A_s = A'_s$ 得:

$$A'_s (= A_s) = \frac{Ne - \alpha_1 f_c (b'_f - b) h'_f (h_0 - h'_f/2) - \alpha_1 f_c bx(h_0 - x/2)}{f'_y(h_0 - a'_s)} \tag{7.65}$$

二、小偏心受压

按式(7.64)求得的 $x > \xi_b h_0$,表明为小偏心受压,此时应按式(7.56)和(7.57)或式(7.58)和(7.59)联合求解,则与对称配筋矩形截面相同,亦将得到 ξ 的三次方程。为简化计算,也采用同样方法得到 ξ 的近似计算式(当混凝土强度等级 < C50 时):

$$\xi = \frac{N - \alpha_1 f_c [\xi_b b h_0 + (b'_f - b) h'_f]}{\dfrac{Ne - \alpha_1 f_c [0.43 b h_0^2 + (b'_f - b) h'_f (h_0 - 0.5 h'_f)]}{(0.8 - \xi_b)(h_0 - a'_s)} + \alpha_1 f_c b h_0} + \xi_b \qquad (7.66)$$

求得 ξ 后即可得 $x = \xi h_0$。

如果 $x \leqslant h - h_f$，应将 x 值代入公式(7.57)后计算 A'_s，并取 $A_s = A'_s$，即得：

$$A'_s (= A_s) = \frac{Ne - \alpha_1 f_c [(b'_f - b) h'_f (h_0 - h'_f/2) + bx(h_0 - x/2)]}{f'_y (h_0 - a'_s)} \qquad (7.67)$$

如 $x > h - h_f$，应将 x 代入式(7.59)计算 A'_s，并取 $A_s = A'_s$ 即得：

$$A'_s (= A_s) =$$
$$\frac{Ne - \alpha_1 f_c [(b'_f - b) h'_f (h_0 - h'_f/2) + bx(h_0 - x/2) + (b_f - b)(h_f - h + x)(h_f/2 + h/2 - x/2 - a_s)]}{f'_y (h_0 - a'_s)}$$

$$(7.68)$$

对称配筋工字形截面小偏心受压构件与矩形截面一样，亦只需作正向破坏受压承载力计算，无需作反向破坏验算。

[例题7.14] 某钢筋混凝土工字形截面柱，其截面尺寸为 $h_f = h'_f = 120mm$，$b'_f = b_f = 400mm$，$h = 800mm$，$b = 120mm$。混凝土强度等级为 C30，纵向钢筋用 HRB400 钢筋，采用对称配筋。柱子的轴向力设计值 $N = 800kN$，柱两端的弯矩设计值均为 $M_1 = M_2 = 600kN \cdot m$，假设 $\eta_{ns} = 1.15$。试计算所需纵向钢筋截面面积 A_s 和 A'_s。

[解]

(1) 计算设计弯矩 M

$C_m = 0.7 + 0.3 \dfrac{M_1}{M_2} = 1$，$\eta_{ns} = 1.15$，则由式(7.19)有：

$$M = C_m \eta_{ns} M_2 = 1 \times 1.15 \times 600 = 690 (kN \cdot m)$$

(2) 判别大、小偏心受压构件

由公式(7.64)得：

$$x = \frac{N - \alpha_1 f_c (b'_f - b) h'_f}{\alpha_1 f_c b} = \frac{800000 - 1.0 \times 14.3 \times (400 - 120) \times 120}{1.0 \times 14.3 \times 120}$$
$$= 186.2 (mm)$$

可见 $h'_f = 120mm < x < \xi_b h_0 = 0.518 \times 760 = 393.68mm$，确属大偏心受压构件。但受压区已近入腹板。

(3) 求配筋 $A_s (A'_s)$

$$e_0 = \frac{M}{N} = \frac{600}{800} = 0.8625m = 862.5 (mm)$$

$$e_a = \frac{h}{30} = \frac{800}{30} = 26.7mm > 20mm，取 e_a = 26.7 (mm)$$

$$e_i = 862.5 + 26.7 = 889.2$$

$$e = e_i + \frac{h}{2} - a_s = 889.2 + 400 - 40 = 1249.2 (mm)$$

再根据式(7.65)有：

$$A_s = A'_s = \frac{Ne - \alpha_1 f_c [bx(h_0 - 0.5x) + (b'_f - b)h'_f(h_0 - 0.5h'_f)]}{f'_y(h_0 - a'_s)}$$

$$= \frac{800000 \times 1249.2 - 14.3 \times [120 \times 186.2 \times (760 - 0.5 \times 186.2) + (400 - 120) \times 120 \times (760 - 0.5 \times 120)]}{360 \times (760 - 40)}$$

$$= 1736(\text{mm}^2)$$

（4）选筋验算配筋率

每边选 4Φ25（$A_s = A'_s = 1964\text{mm}^2$，HRB400 级），构件的全截面面积 A 为

$$A = bh + (b'_f - b)h'_f + (b_f - b)h_f$$

$$= 120 \times 800 + (400 - 120) \times 120 + (400 - 120) \times 120 = 163200(\text{mm}^2)$$

则全部纵向钢筋的配筋率为：

$$\rho = \frac{1964 \times 2}{163200} = 2.41\% > 0.55\%$$　　　　　　　　　　（满足要求）

7.4　沿截面腹部均匀配置纵向钢筋偏心受压构件正截面承载力的计算

　　沿截面腹部均匀配置等直径等间距的纵向受力钢筋，且每侧不少于四根钢筋的矩形、T 形和 I 形截面偏心受压构件，正截面承载力的计算可根据正截面承载力计算方法的基本假定（4.2.1 节）列出平衡方程进行计算。但由于计算公式较繁，不便于设计应用，为此，经过一定的简化，给出了下列公式：

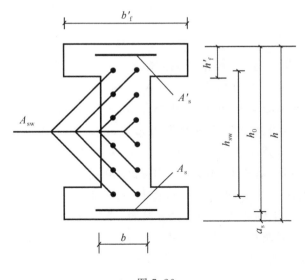

图 7.26

$$N \leqslant \alpha_1 f_c [\xi b h_0 + (b'_f - b) h'_f] + f'_y A'_s - \sigma_s A_s + N_{sw} \tag{7.69}$$

$$Ne \leqslant \alpha_1 f_c [\xi(1 - 0.5\xi) b h_0^2 + (b'_f - b) h'_f (h_0 - \frac{h'_f}{2})] + f'_y A'_s (h_0 - a'_s) + M_{sw} \tag{7.70}$$

$$N_{sw} = (1 + \frac{\xi - \beta_1}{0.5 \beta_1 \omega}) f_{yw} A_{sw} \tag{7.71}$$

$$M_{sw} = [0.5 - (\frac{\xi - \beta_1}{\beta_1 \omega})^2] f_{yw} A_{sw} h_{sw}] \tag{7.72}$$

式中，A_{sw}——沿截面腹部均匀配置的全部纵向钢筋截面面积；

$\quad\quad f_{yw}$——沿截面腹部均匀配置的纵向钢筋强度设计值(附表4)

$\quad\quad N_{sw}$——沿截面腹部均匀配置的纵向钢筋所承担的轴向压力，当$\xi > \beta_1$时，取$\xi = \beta_1$计算；

$\quad\quad M_{sw}$——沿截面腹部均匀配置的纵向钢筋的内力对A_s重心的力矩，当$\xi > \beta_1$时，取$\xi = \beta_1$计算；

$\quad\quad \omega$——均匀配置纵向钢筋区段的高度h_{sw}与截面有效高度h_0的比值，$\omega = h_{sw}/h_0$，宜选取$h_{sw} = h_0 - a'_s$。

受拉边或受压较小边钢筋A_s中的应力σ_s以及在计算中是否考虑受压普通钢筋和受压较小边翼缘受压部分的作用，可根据(7.2)和(7.3)两节中有关规定确定。

7.5 双向偏心受压构件正截面承载力的计算

在钢筋混凝土结构工程中，经常会遇到轴向力N在截面的两个主轴方向都有偏心距e_{0x}和e_{0y}(图7.27)，或者同时承受轴向力N及两个方向弯矩M_x和M_y共同作用的构件。这类构件称为双向偏心受压构件，如框架结构的角柱、管道支架和水塔的柱子等。

双向偏心受压构件的钢筋多沿截面周边布置，其破坏形态与单向偏心受压构件相似，也可分为大偏心受压破坏和小偏心受压破坏，从加荷开始至构件破坏，其平均应变亦符合平截面假定。因此，对于双向偏心受压构件正截面承载力的计算，也可采用与单向偏心受压构件正截面承载力计算相同的基本假定。但双向偏心受压构件截面破坏时，其中和轴一般不与截面主轴相垂直，而是倾斜的，受压区形状较为复杂。根据偏心距大小的不同，受压区面积可能是三角形，也可能是四边形和五边形，如图7.28所示。

双向偏心受压构件破坏时，钢筋的应力也不均匀，有些钢筋的应力可达到其屈服强度，有些钢筋的应力则较小，若按正截面承载力的一般计算方法来计算其截面承载力，将十分复杂。因此，在国内外工程设计中大多采用较为简便的近似计算方法，下面介绍

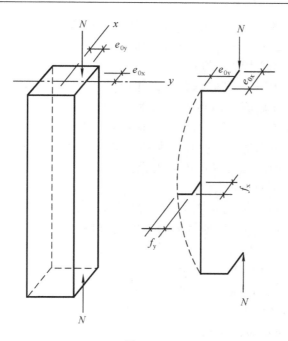

图 7.27

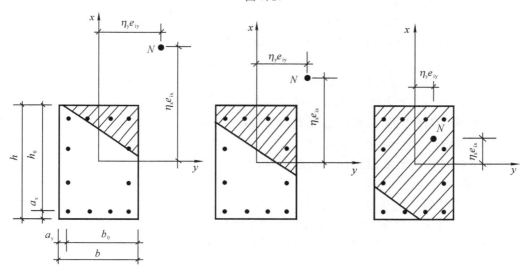

图 7.28　双向偏心受压构件截面

倪克勤(N. V. Nikitin)计算方法。

　　这是一种应用弹性阶段应力叠加的近似计算方法。截面设计时,必须先拟定截面尺寸和钢筋的配置方案,然后按下述公式复核截面所能承受的轴向力设计值 N。如果不满足,需重新调整构件截面尺寸和配筋,再进行复核,直至满足设计要求。可见,这种方法实质上是一种试算法,而不是直接设计截面的方法。复核公式如下:

$$N \leqslant N_{u} = \cfrac{1}{\cfrac{1}{N_{ux}} + \cfrac{1}{N_{uy}} - \cfrac{1}{N_{u0}}} \tag{7.73}$$

305

式中，N——双向偏心受压时，作用于构件上轴向力的设计值；

N_u——双向偏心受压时，在 x 轴和 y 轴方向的计算偏心距分别为 e_{ix} 和 e_{iy} 时截面的受压承载力设计值；

N_{ux}——轴向力作用于 x 轴时，并考虑相应的计算偏心距 e_{ix} 后，按全部纵向钢筋计算的构件截面的偏心受压承载力设计值；

N_{uy}——轴向力作用于 y 轴时，考虑相应的计算偏心距 e_{iy} 后，按全部纵向钢筋计算的构件截面的偏心受压承载力设计值；

N_{u0}——构件截面的轴心受压承载力设计值。

公式(7.73)的推导如下：

假定材料处于弹性阶段，在轴向力 N_{u0}，N_{ux}，N_{uy} 和 N 作用下，截面内的应力都达到材料所能承受的容许应力 $[\sigma]$，根据材料力学方法可得：

$$[\sigma] = N_{u0}/A_0 \tag{7.74}$$

$$[\sigma] = N_{ux}(1/A_0 + e_{ix}/W_{0x}) \tag{7.75}$$

$$[\sigma] = N_{uy}(1/A_0 + e_{iy}/W_{0y}) \tag{7.76}$$

$$[\sigma] = N(1/A_0 + e_{ix}/W_{0x} + e_{iy}/W_{0y}) \tag{7.77}$$

式中，A_0——构件的换算截面面积；

W_{0x}——x 方向的换算截面抵抗矩；

W_{0y}——y 方向的换算截面抵抗矩。

合并式(7.74)～(7.77)，消去 $[\sigma]$ 后即得公式(7.73)。

构件截面的轴心受压承载力设计值 N_{u0}，可按式(7.3)计算，但应取等号，将 N 以 N_{u0} 代替，且不考虑稳定系数 φ 及系数 0.9。

构件截面的偏心受压承载力设计值 N_{ux}，可按下列情况计算：

(1) 当纵向钢筋沿截面两对边配置时，N_{ux} 可按第(7.2.5)、(7.2.7)、(7.3.1)(7.3.2)节的规定进行计算，但应取等号，并将 N 以 N_{ux} 代替。

(2) 当纵向钢筋沿截面腹部均匀配置时，N_{ux} 可按第(7.4)节的规定进行计算，但应取等号，并将 N 以 N_{ux} 代替。

构件截面的偏心受压承载力设计值 N_{uy} 可采用与 N_{ux} 相同的方法计算。

双向偏心受压构件正截面承载力的计算，除上述倪克勤方法外，还可按《规范》第6.2.21条及附录 E 的方法进行计算。两种方法可任选一种。

7.6　受压构件的构造要求

7.6.1　截面形式及尺寸

轴心受压构件的截面一般为正方形，便于制作；当建筑设计有要求时，也可采用圆形或多边形截面。

用离心法制造的柱、桩和电杆等,则采用环形截面。

偏心受压柱的截面一般为矩形,长短边的比值常为 1.5 ～ 2.5,长边应在弯矩作用方向。当矩形截面的长边大于 600mm 时,特别在装配式单层厂房中,宜尽量采用工字形截面,以节省混凝土和减轻自重。工字形截面的翼缘厚度不宜小于 100mm,否则会使构件过早开裂,靠近柱脚处的混凝土亦容易碰坏;腹板厚度不宜小于 80mm,以减少浇灌混凝土的困难(图 7.29)。在地震区,工字形截面柱的腹板宜再加厚。

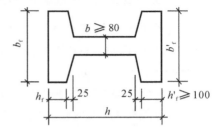

图 7.29　工字形截面形状

当工字形截面柱腹板开孔时,宜在孔洞周边每边设置 2 ～ 3 根直径不小于 8mm 的加强钢筋,每个方向加强钢筋的截面面积不宜小于该方向被截断钢筋的截面面积。腹板开孔的工字形截面柱,当孔的横向尺寸小于柱截面高度的一半,孔的竖向尺寸小于相邻两孔之间的净间距时,柱的刚度可按实腹工字形截面柱计算,但在计算承载力时应扣除孔洞的削弱部分。当开孔尺寸超过上述规定时,柱的刚度和承载力应按双肢柱计算。

柱截面的尺寸不宜太小,一般不宜小于 250mm × 250mm,因为柱的长细比越大,其受压承载力越低,不能充分利用材料强度。柱的长细比一般宜限制在 $l_0/h \leqslant 30$,l_0 为柱的计算长度,b 为矩形截面柱的短边尺寸。

为了便于模板制作,当柱截面的边长尺寸小于 800mm 时,截面尺寸可以 50mm 为模数;大于 800mm 时,则常以 100mm 为模数。

7.6.2　混凝土的强度等级

混凝土强度等级对受压构件的正截面受压承载力影响较大,采用强度等级较高的混凝土可减小构件截面尺寸,降低自重,节约钢材,是经济合理的。一般采用强度等级为 C25 ～ C50,有需要时,也可采用强度等级更高的高强混凝土。

根据混凝土的基本材料性能,《规范》提出构件抗震要求的最高和最低混凝土强度等级的限制条件,以保证构件在地震力作用下有必要的承载力和延性。基于高强度混凝土的脆性性质,对地震高烈度区高强混凝土的应用应有所限制。设防烈度为 9 度时,混凝土强度等级不宜超过 C60;设防烈度为 8 度时,不宜超过 C70;框支梁、框支柱以及一级抗震等级的框架梁、柱、节点混凝土强度等级不应低于 C30;其他各类结构构件,不应低于 C20。

7.6.3　纵向受力钢筋

一、纵向受力钢筋的级别和直径

纵向受力普通钢筋宜选用 HRB400、HRB500、HRBF400、HRBF500 钢筋,也可采用 HRB335、HRBF335、HPB300、RRB400 钢筋。抗压强度设计值取与抗拉强度相同,但不应大于 410N/mm² 见附录 4。

受压构件中,纵向受力钢筋的直径不宜小于 12mm,通常在 12～32mm 范围内选用,且宜选用直径较粗、根数较少的钢筋,以便形成刚性较好的骨架。

二、纵向钢筋的布置

受压构件中纵向受力钢筋的根数不得少于 4 根。轴心受压构件中的纵向受力钢筋应沿构件截面四周均匀布置,偏心受压构件则应配置在垂直弯矩作用平面的两个对边;圆柱中纵向受力钢筋宜沿周边均匀布置,根数不宜少于 8 根,且不应少于 6 根。轴心受压柱中各边的纵向受力钢筋,其中距不应大于 300mm。较粗的钢筋应配置于截面角部。

混凝土保护层厚度和受弯构件一样与环境类别及混凝土强度等级有关,如处于一类环境(即室内正常环境),混凝土强度等级为 C25～C45 时,柱子混凝土保护层最小厚度为 30mm,其他详见附表 19。处于一类环境但由工厂生产的预制柱,当混凝土强度等级不低于 C20 时,其保护层厚度可按附表 19 中的规定减少 5mm,处于二类环境(即室外及室内高湿度环境)但由工厂生产的预制柱,当表面采取有效保护措施时,保护层厚度可按附表 19 中一类环境的数值取用。当柱中纵向受力钢筋的混凝土保护层厚度大于 40mm 时,应对保护层采取有效的防裂构造措施。柱中箍筋和构造钢筋的保护层厚度当处于一类环境时不应小于 20mm。

当柱子等构件为垂直位置浇灌混凝土时,纵向受力钢筋净间距不应小于 50mm,对处于水平位置浇灌混凝土的预制柱,其纵向受力钢筋的最小净间距,可按梁的有关规定取用。

当偏心受压柱的截面高度 $h \geqslant 600$mm 时,在柱的两个侧面应配置直径为 10～16mm 的纵向构造钢筋,其间距不宜大于 300mm,并应设置复合箍筋或拉筋(图 7.30)。

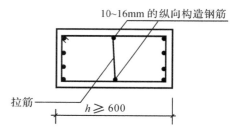

图 7.30　纵向构造钢筋与拉筋的布置

三、纵向受力钢筋的搭接

柱子的纵向受力钢筋如由于长度不够或因设置施工缝的需要,可将钢筋进行搭接,有关搭接的问题可参见第 2.5.3 节。这里再将有关柱中纵向钢筋的搭接问题简述如下。

受力钢筋的接头宜设置在受力较小处,在同一根钢筋上宜少设接头,柱中相邻纵向受力钢筋的搭接接头宜相互错开。

当受拉钢筋的直径 $d > 28$mm 及受压钢筋的直径 $d > 32$mm 时,不宜采用绑扎搭接接头。

位于同一连接区段内的受拉钢筋搭接接头面积百分率,对柱类构件,不宜大于 50%。当工程中确有必要增大受拉钢筋搭接接头面积百分率时,对柱类构件可根据实际情况放宽。

纵向受拉钢筋绑扎搭接接头的搭接长度,当纵向钢筋搭接接头面积百分率 $\leqslant 25$ 和 50 时,分别为 $1.2l_a$ 和 $1.4l_a$ 且应 $\geqslant 300$mm,l_a 为纵向受拉钢筋的锚固长度,按第 2.5.1 节公式 (2.33) 确定。

纵向受压钢筋绑扎搭接接头的搭接长度不应小于纵向受拉钢筋搭接长度的 0.7 倍,且在任何情况下不应小于 200mm。

多高层房屋中,一般在楼板面处要设置施工缝,上、下层柱需做成接头,一般将下层柱的纵向钢筋伸出楼面一段搭接长度 l_1,然后与上层柱的纵向钢筋相互搭接(图 7.31(a));当上、下层柱截面尺寸不同时,可在梁高范围内,将下层柱的纵向钢筋弯折一倾角,其斜度宜小于 1/6,然后伸入上层柱(图 7.31(b));也可采用附加短筋与上、下层柱纵向钢筋搭接的方法(图 7.31(c))。

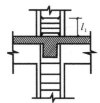 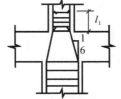 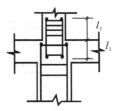

(a) 下层柱纵筋伸出楼面　(b) 下层柱纵筋弯折后伸入上层柱　(c) 用附加短筋与上下层柱纵筋连接

图 7.31　上下柱接头的各种方法

在搭接长度范围内应加密箍筋,其具体要求见第 2.5.3 节中之表 2.4。

受压钢筋直径较大时,应增加配箍要求,以防止局部挤压裂缝;当其直径 $d > 25$mm 时,尚应在搭接接头两个端面外 100mm 范围内各设置两个箍筋。

四、纵向钢筋的配筋率

一般纵向受力钢筋的配筋率,对大偏心受压构件宜取 1% ～ 2%,对小偏心受压及轴心受压构件宜取 0.5% ～ 2.0%。

受压构件截面上全部纵向钢筋的最小配筋率视纵筋强度等级不同,取为 $\rho'_{min} = 0.5\%$ ～ 0.6%,见附表 18。偏心受压构件中,截面每侧纵向受力钢筋的最小配筋率 $\rho'_{min} = 0.2\%$。

柱中全部纵向钢筋的配筋率不宜大于 5%。当配筋率过大时,如果在短期内加荷速度过快,混凝土的塑性变形来不及充分发展,有可能引起混凝土过早破坏;此外在荷载长期作用下,徐变使混凝土中的压应力降低较多,如果有些构件在荷载持续过程中突然卸荷,由于混凝土的徐变变形大部分不可恢复,而钢筋的回弹有可能使混凝土中出现拉应力,甚至引起开裂;再考虑到经济和施工方便,故对柱中最大配筋率作出了上述限制。

7.6.4 箍 筋

一、箍筋的直径及间距

受压构件当作用有剪力时,应按第 5 章 5.10 节所述进行斜截面受剪承载力的计算,确定箍筋的强度级别、箍筋的直径及间距,亦称按计算配箍。当按构造配箍时,柱内箍筋直径及间距按附表 22 取用。

柱中纵向受力钢筋搭接长度范围内的箍筋要加强,参见第 2.5.3 节中的表 2.4。

二、箍筋的形式

柱及其他受压构件中的周边箍筋应做成封闭式;圆柱中箍筋的搭接长度不应小于第 2.5.1 节规定的锚固长度 l_a,且末端应做成 135° 弯钩,弯钩末端平直段长度不应小于箍筋直径的 5 倍。箍筋也可焊成封闭环式。

当柱中各边纵向钢筋不多于 3 根,或当柱截面短边 $b \leqslant 400$mm,但各边纵向钢筋不多于 4 根时,可采用单个箍筋(图 7.32(a))。

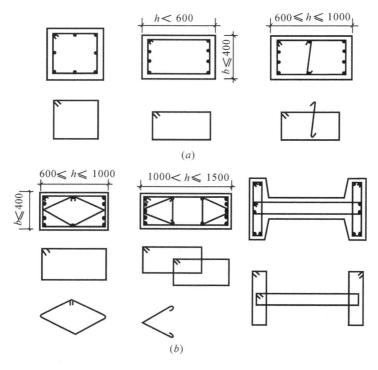

图 7.32 各种箍筋的形式

当柱截面短边 $b \leqslant 400$mm,但各边纵向钢筋多于 4 根;或当柱截面短边 $b \geqslant 400$mm,且各边纵向钢筋多于 3 根时,应设置复合箍筋(图 7.32(b))。对非矩形截面,布置纵向钢筋时要求每隔一根位于箍筋转角处,但不允许采用有内折角的箍筋(图 7.33),因内折角箍筋受力后有拉直趋势,将使内折角处的混凝土崩裂。

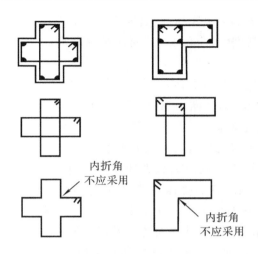

图 7.33　异形柱的箍筋形式

复习思考题

7.1　轴心受压柱中配置纵向钢筋的作用是什么?为什么不宜采用高强度钢筋?如果用高强度钢筋,其设计强度应如何取值?

7.2　比较普通箍筋柱与螺旋箍筋柱中箍筋的作用,并以 N—ε(轴向力 — 应变)曲线说明螺旋箍筋柱的受压承载力和延性均比普通箍筋柱高。

7.3　对受压构件中纵向钢筋的直径和根数有何构造要求?对箍筋的直径和间距又有何构造要求?

7.4　上、下柱接头处,对纵向钢筋和箍筋各有哪些构造要求?

7.5　为什么柱中最大配筋率不宜超过 5%?为什么要控制最小配筋率?偏心受压构件中比较经济合理的配筋率是多少?

7.6　轴心受压柱在恒定荷载的长期作用下会产生什么现象?对截面中纵向钢筋和混凝土的应力将产生什么影响?

7.7　进行螺旋箍筋柱正截面受压承载力计算时,有哪些限制条件?为什么要作出这些限制?

7.8　偏心受压构件的正截面有哪几种破坏形态?试从破坏原因和破坏特征加以说明,并绘出其截面应力图。

7.9　偏心受压构件当偏心距很大时,是否有可能发生受压破坏?当偏心距很小时,是否有可能发生受拉破坏?

7.10　偏心受压构件有几种破坏类型,试在 M—N 相关图中加以表示并作说明。

7.11　采用附加偏心距 e_a 的作用是什么?有什么规定?

7.12　什么叫二阶效应?在什么情况下需要考虑框架柱端的附加弯矩,如何计算?偏心距调节系数 C_m 和弯矩增大系数 η_{ns} 的含义是什么?

7.13　在进行不对称配筋的矩形截面偏心受压构件设计截面时,可否仅由 e_i 小于或大于 $0.3h_0$ 的条件来判别大、小偏心,试问在对称配筋时是否也可以用上述条件来进行判别?

7.14　对于矩形截面偏心受压构件,在什么情况下,A_s 应按下式计算:$A_s = Ne'/[f_y(h_0 - a'_s)]$,式中 e' 为轴向力 N 至 A'_s 合力点的距离。

7.15　不对称配筋矩形截面,大偏心受压正截面承载力的计算和双筋受弯构件正截面承载力的计算有何相似之处?试用应力图表示,并指出其主要异同点。

7.16　小偏心受压构件正截面承载力计算时,为什么要进行"反向破坏"的验算?如何验算?为什么对称配筋的小偏心受压破坏时,可不作"反向破坏"的验算?

7.17　为什么要复核垂直于弯矩作用平面的受压承载力?用什么方法?

7.18　矩形截面偏心受压构件在对称配筋时,如果 $e_i > 0.3h_0$,而按 $x = N/(f_{cm}b)$ 求得的 $x > \xi_b h_0$,试问应判别为大偏心受压还是小偏心受压?为什么?

7.19　对称配筋矩形截面小偏心受压正截面承载力计算时,在求解 x(或 ξ)时会遇到 x(或 ξ)的三次方程,此时可采用什么方法得到 x(或 ξ)的近似计算公式?

7.20　工字形截面对称配筋偏心受压柱在判别大、小偏心时,先用公式 $x = N/(\alpha_1 f_c b'_f)$ 计算 x,试问当求得的 x 遇到以下五种情况时,应如何计算 $A'_s(= A_s)$?

(1) $2a'_s \leqslant x \leqslant h'_f$　　(2) $x < 2a'_s$　　(3) $\xi_b h_0 \geqslant x > h'_f$

(4) $h - h_{hf} \geqslant x > \xi_b h_0$　　(5) $x > h - h_f$

7.21　画出偏心受压构件 N_u—M_u 相关曲线,说明其意义和用途。

7.22　编制非对称配筋矩形截面大偏心受压构件截面设计时的计算框图。

7.23　编制非对称配筋矩形截面小偏心受压构件截面设计时的计算框图。

7.24　编制非对称配筋矩形截面偏心受压构件截面复核时,当已知荷载偏心距 e_0,要求计算纵向力 N 时的计算框图。

7.25　编制非对称配筋矩形截面偏心受压构件截面复核时,当已知纵向力 N,要求计算荷载偏心距 e_0 及弯矩设计值 M 时的计算框图。

习　　题

7.1　已知钢筋混凝土柱的截面为正方形,边长为 350mm,柱的计算长度 $l_0 = 6.4$m;混凝土强度等级为 C30,纵向钢筋用 HRB400 级钢筋、箍筋用 HPB300 级钢筋。柱承受轴向压力设计值为 $N = 1250$kN。要求计算所需纵向钢筋的截面面积,选定直径及根数,并按构造要求选定箍筋直径及间距。

7.2　图 7.34 所示为某结构物底层的钢筋混凝土柱,其计算长度 $l_0 = 1.0H$,H 为从基础顶面到一层楼顶面的距离。由上层柱及本层楼盖传下来总

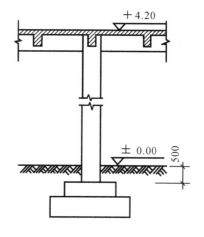

图 7.34　习题 7.2

的轴向力设计值 $N = 1000\text{kN}$(未包括本层柱自重)。要求按轴心受压构件设计该柱截面。纵向受力钢筋采用 HRB335 级钢筋,箍筋采用 HPB300 级钢筋,混凝土强度等级为 C25。

7.3　某一圆形截面钢筋混凝土轴心受压柱直径为 300mm,柱的计算长度 $l_0 = 3.4\text{m}$;混凝土强度等级为 C25,纵向钢筋用 HRB335 级钢筋 $8\,\text{\textcircled{\#}}\,16\,(A'_s = 1608\text{mm}^2)$。若采用螺旋箍筋为 HPB300 级钢筋,直径为 $\phi 8$,间距 $s = 40\text{mm}$。混凝土净保护层厚度取为 25mm。要求计算该柱能承受的轴向压力设计值。

7.4　有一钢筋混凝土偏心受压柱,其截面尺寸为 $b \times h = 300\text{mm} \times 500\text{mm}$,取 $a_s = a'_s = 40\text{mm}$,柱的计算长度 $l_0 = 4.0\text{m}$;混凝土强度等级为 C30,纵向钢筋为 HRB400 级钢筋。承受轴向力设计值 $N = 305\text{kN}$,柱两端的弯矩值相同 $M = 280\text{kN·m}$。要求计算:

(1) 采用非对称配筋,计算所需的 A_s 和 A'_s;

(2) 如果已配置了受压钢筋 A'_s 为 HRB400 级钢筋 4⌀18,计算所需的 A_s;

(3) 采用对称配筋,计算所需的 $A_s(=A'_s)$;

(4) 比较上述三种情况的钢筋用量。

7.5　已知一钢筋混凝土柱,截面尺寸为 $b \times h = 400\text{mm} \times 500\text{mm}$,柱的计算长度 $l_0 = 6.8\text{m}$。混凝土强度等级为 C30,纵向钢筋用 HRB400 级钢筋、箍筋用 HPB300 级钢筋。该柱承受轴向力设计值 $N = 315\text{kN}$,柱两端弯矩设计值 $M_1 = 120\text{kN·m}$,$M_2 = 155\text{kN}$,取 $a_s = a'_s = 40\text{mm}$。采用非对称配筋要求计算所需的 A_s 和 A'_s,选用箍筋并绘出截面配筋图。

7.6　有一非对称配筋矩形截面偏心受压柱,截面尺寸为 $b \times h = 400\text{mm} \times 500\text{mm}$,柱的计算长度 $l_0 = 7.0\text{m}$;混凝土强度等级为 C25,纵向钢筋用 HRB400 级钢筋、箍筋用 HPB300 级钢筋。承受轴向力设计值 $N = 2100\text{kN}$,柱两端截面承受的弯矩设计值分别为 $M_1 = 132\text{kN·m}$、$M = 185\text{kN·m}$,取 $a_s = a'_s = 40\text{mm}$。要求计算所需的 A_s 及 A'_s,选用箍筋并绘出截面配筋图。

7.7　已知钢筋混凝土偏心受压柱截面尺寸为 $b \times h = 400\text{mm} \times 600\text{mm}$,取 $a_s = a'_s = 40\text{mm}$,混凝土强度等级为 C30,纵向钢筋用 HRB400 级钢筋;构件计算长度 $l_0 = 4.4\text{m}$;承受轴向力设计值 $N = 5280\text{kN}$,柱两端截面承受的弯矩设计值 M 分别为 24.2kN·m 和 37.4kN·m。要求计算截面配筋 A_s 及 A'_s,并绘制截面配筋图。

7.8　已知一钢筋混凝土偏心受压柱,截面尺寸为 $b \times h = 300\text{mm} \times 500\text{mm}$,柱的计算长度 $l_0 = 4.0\text{m}$;混凝土强度等级为 C35,纵向钢筋用 HRB400 级钢筋。靠近轴向力 N 一侧,已配有钢筋 3⌀18($A'_s = 763\text{mm}^2$),另一侧已配有钢筋 3⌀25($A_s = 1473\text{mm}^2$),取 $a_s = a'_s = 40\text{mm}$。若轴向力在截面长边方向的荷载偏心距 $e_0 = 100\text{mm}$。柱两端作用的弯矩相同。要求计算该柱能承受的轴向力设计值 N 和弯矩设计值 M。

7.9　某一偏心受压构件的截面尺寸为 $b \times h = 400\text{mm} \times 600\text{mm}$;混凝土强度等级为 C30,纵向钢筋用 HRB400 级钢筋,已配有 A'_s 为 4⌀22 和 A_s 为 4⌀20,取 $a_s = a'_s = 40\text{mm}$。构件的计算长度 $l_0 = 4.0\text{m}$。若作用于该构件的轴向力设计值 $N = 1200\text{kN}$,假设柱子一端弯矩为另一端弯矩的 0.80 倍。要求计算截面在长边 h 方向能承受的弯矩设计

值 M。

7.10 某钢筋混凝土偏心受压柱,截面尺寸为 $b \times h = 300mm \times 400mm$,混凝土强度等级为 C30,纵向钢筋为 HRB400 级钢筋;柱的计算长度 $l_0 = 3.6m$。截面采用对称配筋,取 $a_s = a'_s = 40mm$。该柱的控制截面上作用有以下两组内力的设计值,(假设弯矩为调整后的截面控制弯矩):

第一组:$N = 364kN$,$M = 151kN \cdot m$;

第二组:$N = 225kN$,$M = 148kN \cdot m$。

要求:

(1) 先用 N_u—M_u 相关关系判断哪一组内力更不利;

(2) 再通过计算确定每组内力作用下所需的 A_s 及 A'_s,以验证原判断是否正确。

7.11 有一对称配筋矩形截面偏心受压柱,截面尺寸为 $b \times h = 400mm \times 600mm$。柱的计算长度 $l_0 = 4.0m$;承受轴向力设计值 $N = 2500kN$,柱子两端截面的弯矩设计值分别为 287kN·m 和 345kN·m;混凝土强度等级为 C30,纵向钢筋采用 HRB400 级钢筋。箍筋采用 HPB300 级钢筋。取 $a_s = a'_s = 40mm$,要求计算所需的 $A'_s (= A_s)$,并绘制截面配筋图。

7.12 已知一 T 形截面偏心受压构件,翼缘位于受压较大一侧,其截面尺寸为 $b = 300mm$,$h = 600mm$,$b'_f = 500mm$,$h'_f = 120mm$。取 $a_s = a'_s = 40mm$,混凝土强度等级为 C30,纵向钢筋采用 HRB400 级钢筋;箍筋采用 HPB300 级钢筋。构件的计算长度为 $l_0 = 4.5m$。承受轴向力设计值 $N = 1096kN$,柱子两端截面弯矩设计值均为 $M = 350kN \cdot m$。要求按非对称配筋计算所需的 A_s 及 A'_s,选定箍筋并绘制截面配筋图。

7.13 某柱采用对称配筋工字形截面柱,其截面尺寸如图7.35所示。柱的计算长度 $l_0 = 9.3m$。混凝土强度等级为 C30,纵向钢筋用 HRB400 级钢筋,取 $a_s = a'_s = 40mm$。柱上作用有轴向力设计值 $N = 740kN$,柱两端截面弯矩设计值均为 $M = 294kN \cdot m$。要求按对称配筋计算截面所需钢筋 $A'_s (= A_s)$,选用箍筋并绘制截面配筋图。

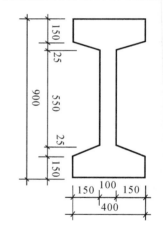

图 7.35 习题 7.13

第 8 章

受拉构件正截面承载力的计算

导 读

通过本章学习,要求:(1)了解大、小偏心受拉的界限;(2)能进行大、小偏心受拉构件正截面承载力的计算。

受拉构件可分为轴心受拉和偏心受拉两类,当轴向拉力作用于构件截面形心轴时,称为轴心受拉构件;当轴向拉力作用线偏离构件截面形心轴时或构件上既作用有拉力,又作用有弯矩时,称为偏心受拉构件。

由于施工等各种原因,真正的轴心受拉构件是很少的,但对桁架或屋架的下弦杆或受拉腹杆、拱的拉杆、圆形水池和圆形贮罐的池壁以及承受内压力环形截面管道的管壁等,通常近似将它们看作是轴心受拉构件。矩形水池的池壁、浅仓的壁板以及工业厂房中双肢柱的肢杆等都属于偏心受拉构件。

偏心受拉构件除作用有拉力和弯矩外,还作用有剪力,因此,除了按本章所述计算其正截面承载力外,还应按第 5 章所述计算其斜截面受剪承载力。由于混凝土抗拉强度低,因此钢筋混凝土受拉构件在使用荷载作用下都是带裂缝工作的,因此尚需按第 9 章所述验算其裂缝宽度。如果对抗裂要求较高,在使用阶段严格要求不出现裂缝或一般要求不出现裂缝的结构 —— 如水池和油罐等,普通钢筋混凝土结构难以满足要求,可采用预应力混凝土结构(第 10 章)。

8.1 轴心受拉构件正截面承载力的计算

轴心受拉构件在混凝土开裂前,混凝土和钢筋共同变形,共同承受拉力。开裂后,开裂截面的混凝土退出工作,拉力由钢筋承受,当钢筋应力达到抗拉屈服强度时,截面到达受拉承载力极限状态,破坏时混凝土早已被拉裂,全部拉力均由钢筋承受,与单独的钢拉杆相同,但混凝土能对钢筋起到有效的防护作用,且增大了构件的抗拉刚度。

轴心受拉构件正截面受拉承载力的计算公式如下:

$$N \leqslant N_u (= f_y A_s) \qquad (8.1)$$

式中,N——轴向拉力设计值;

$\quad N_u$——截面受拉承载力设计值;

$\quad f_y$——钢筋抗拉强度设计值;

$\quad A_s$——全部纵向钢筋截面面积。

必须注意,轴心受拉构件中纵向受拉钢筋的接头必须采用焊接接头。

8.2 偏心受拉构件正截面承载力的计算

图8.1所示为矩形截面偏心受拉构件,截面上作用有轴向拉力 N,其偏心距为 e_0,取距轴向拉力 N 较近一侧的钢筋为 A_s,较远一侧钢筋为 A'_s。随荷载偏心距 e_0 的大小不同,截面受力性能及破坏形态亦不相同。按破坏形态的不同,偏心受拉可分为小偏心受拉和大偏心受拉两种情况。本节仅讨论矩形截面偏心受拉构件的承载力计算。

8.2.1 大偏心和小偏心受拉的界限

一、小偏心受拉

这是指轴向拉力 N 作用在钢筋 A_s 和 A'_s 之间,即 $e_0 < h/2 - a_s$(h 为截面高度,a_s 为 A_s 合力点至截面近边距离)的情况。

当偏心距 e_0 很小时,如图8.1(a)所示,荷载作用下全截面受拉,裂缝贯通整个截面,并以一定间距分布。

当偏心距 e_0 增大时,如图8.1(b)所示,在混凝土开裂前,截面部分受拉、部分受压,拉区和压区的合力分别为 T 和 C。当截面开裂后,受拉混凝土随即退出工作,拉力 T 全部转由 A_s 承受。由于纵向拉力 N 处于 A_s 和 A'_s 之间,A_s 位于 N 外侧,为了保持力的平衡,截面上不可能再保持受压区,亦即原来的受压区将转变为受拉区,并使截面裂通,A'_s 也变为受拉钢筋,如图 8.1(c)所示。

因此,只要轴向拉力 N 作用在 A_s 和 A'_s 之间,即 $e_0 < h/2 - a_s$ 时,不论偏心距 e_0 的大小如何,构件破坏时均为全截面受拉,裂缝贯通整个截面,外荷载轴向拉力全部由钢筋 A_s 和 A'_s 承受,这种情况称为小偏心受拉破坏。

二、大偏心受拉

这是指轴向拉力 N 不是作用在钢筋 A_s 和 A_s' 的合力点之间,即 $e_0 > h/2 - a_s$ 时的情况。

在荷载作用下,截面部分受拉部分受压。与小偏心受拉不同的是,由于偏心距 e_0 较大,轴向拉力 N 不是作用在 A_s 合力点和 A_s' 合力点之间。为了保持力的平衡,截面仍需保留受压区,从而使受拉区裂缝的开展受到抑制,裂缝不会裂通整个截面,如图 8.1(d) 所示。

如果截面的配筋量适当,破坏时靠近轴向拉力 N 一侧的钢筋 A_s 首先达到抗拉屈服强度,随着裂缝开展,受压区面积进一步减小,直至截面边缘混凝土达到极限压应变被压

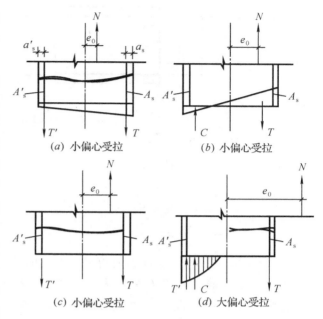

图 8.1 大小偏心受拉构件

碎。此时,远离 N 一侧的钢筋 A_s' 也能达到抗压强度,这就是大偏心受拉破坏。其破坏形态与大偏心受压的破坏形态类似,只不过截面承受的是轴向拉力,方向与轴向压力相反。

但当钢筋 A_s 的配筋率过高,A_s' 的配筋率又过小时,受拉钢筋 A_s 在未达到抗拉屈服强度前,受压区混凝土已被压坏,破坏前无预兆,属脆性破坏,受拉钢筋 A_s 亦未得到充分利用,对这种情况,工程设计时应予避免。

8.2.2 矩形截面小偏心受拉正截面承载力的计算

小偏心受拉构件到达受拉承载力极限状态时,截面早已裂通,混凝土已全部退出工作,轴向拉力全部由受拉钢筋承受,钢筋 A_s 和 A_s' 的应力可能都达到抗拉屈服强度,也可能近轴向拉力 N 一侧钢筋 A_s 的应力能达到抗拉屈服强度,而远离 N 一侧钢筋 A_s' 的应力达不到抗拉屈服强度,这与轴向拉力 N 作用点位置及钢筋 A_s 和 A_s' 的比值有关。

截面设计时,为了使总用钢量($A_s + A_s'$)最小,应使 A_s 和 A_s' 的应力均能达到抗拉屈服强度,故从图 8.2 根据平衡条件,分别对 A_s' 合力点和 A_s 合力点取矩可得:

$$\sum M_{A_s'} = 0$$
$$Ne' \leqslant f_y A_s (h_0 - a_s')$$
$$A_s = \frac{Ne'}{f_y (h_0 - a_s')} \tag{8.2}$$
$$e' = \frac{h}{2} - a_s' + e_0$$

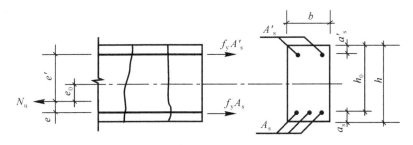

图 8.2　小偏心受拉构件受力图

$$\sum M_{A_s} = 0$$

$$Ne \leqslant f_y A'_s (h_0 - a'_s)$$

$$A'_s = \frac{Ne}{f_y(h_0 - a'_s)} \tag{8.3}$$

$$e = \frac{h}{2} - a_s - e_0$$

按式(8.2)和式(8.3)计算所得 A_s 和 A'_s 的截面面积均不应小于 $\rho_{\min} bh$,其中 $\rho_{\min}$ 为受拉钢筋最小配筋率,b 及 h 分别为截面宽度和高度。

若将 e 及 e' 值代入式(8.2)和式(8.3),并取 $Ne_0 = M, a_s = a'_s$,可得:

$$A_s = \frac{N(\frac{h}{2} - a'_s + e_0)}{f_y(h_0 - a'_s)} = \frac{N}{2f_y} + \frac{M}{f_y(h_0 - a'_s)} \tag{8.4}$$

$$A'_s = \frac{N(\frac{h}{2} - a_s - e_0)}{f_y(h_0 - a'_s)} = \frac{N}{2f_y} - \frac{M}{f_y(h_0 - a'_s)} \tag{8.5}$$

从式(8.4)和式(8.5)可见,等号右边第一项反映轴向拉力 N 所需的配筋,第二项反映弯矩 $M = Ne_0$ 所需的配筋。显然,随 M 增大使钢筋 A_s 的用量增加,使钢筋 A'_s 的用量减少。因此,设计时如果有多组不同内力组合值,计算 A_s 时应取最大 N 和最大 M 的内力组合值;计算 A'_s 时应取最大 N 和最小 M 的内力组合值。

截面复核时,A_s, A'_s, f_y, e_0, a_s 和 a'_s 均为已知,故可分别从式(8.2)和式(8.3)求出 N 值,并取其较小者。

对称配筋时,为了达到内外力平衡,远离轴向力 N 一侧钢筋 A'_s 的应力达不到其抗拉屈服强度。因此,截面设计时应按式(8.2)确定 A_s,并取 $A'_s = A_s$。

8.2.3　矩形截面大偏心受拉构件正截面承载力的计算

大偏心受拉构件到达受拉承载力极限状态时,靠近轴向拉力 N 一侧钢筋 A_s 的应力达到抗拉屈服强度,受压区混凝土的应力图形仍可简化为矩形应力图形,其应力达到混凝土抗压强度,远离轴向拉力 N 一侧受压钢筋 A'_s 的应力达到其抗压强度。从图 8.3 根据平衡条件,可得受拉承载力计算公式:

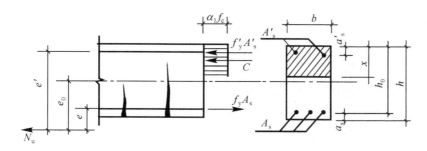

图 8.3 大偏心受拉构件截面等效应力图

$$\sum N = 0 \quad N \leqslant N_u = f_y A_s - f'_y A'_s - \alpha_1 f_c b x \tag{8.6}$$

$$\sum M_{A_s} = 0 \quad Ne \leqslant \alpha_1 f_c b x \left(h_0 - \frac{x}{2} \right) + f'_y A'_s (h_0 - a'_s) \tag{8.7}$$

$$e = e_0 - \frac{h}{2} + a_s$$

适用条件：$2a'_s \leqslant x \leqslant \xi_b h_0$；$A_s \geqslant \rho_{min} bh$，$\rho_{min}$ 取 $45 f_t / f_y$ 和 0.002 中之较大者。

比较式(8.6)，式(8.7)和大偏心受压构件计算公式(7.37)和式(7.38)可见，大偏心受拉和大偏心受压承载力的计算公式是相似的，所不同的只是轴向力为拉力。

一、截面设计

1. A_s 和 A'_s 均未知时

为了使总用钢量 $A_s + A'_s$ 最少，故取 $x = x_b = \xi_b h_0$，代入式(8.7)可得：

$$A'_s = \frac{Ne - \xi_b (1 - 0.5\xi_b) \alpha_1 f_c b h_0^2}{f'_y (h_0 - a'_s)}$$

即

$$A'_s = \frac{Ne - \alpha_{s,max} \alpha_1 f_c b h_0^2}{f'_y (h_0 - a'_s)} \tag{8.8}$$

将上式求得的 A'_s 代入式(8.6)可得：

$$A_s = \frac{N}{f_y} + \xi_b \frac{\alpha_1 f_c}{f_y} b h_0 + \frac{f'_y}{f_y} A'_s \tag{8.9}$$

A_s 和 A'_s 应分别满足偏心受拉构件受拉钢筋和受压钢筋的最小配筋率 ρ_{min} 和 ρ'_{min}（见附表18）。

若从式(8.8)求得的 A'_s 小于最小配筋率或为负值时，应按附表18最小配筋率 ρ'_{min} 配置 $A'_s = \rho'_{min} bh$，此时 A'_s 变为已知，应按下面一种情况计算 A_s。

2. A'_s 已知，求 A_s

将已知的 A'_s 代入公式(8.7)求解 x，然后将 x 值代入公式(8.6)求解 A_s。

如果计算所得 $x > \xi_b h_0$，表明已知 A'_s 太少，则应按 A'_s 和 A_s 均为未知的第一种情况计算；如果计算所得 $x < 2a'_s$，表明 A'_s 应力未能达到抗压强度，此时可近似取 $x = 2a'_s$，并对 A'_s 合力点取矩计算 A_s：

$$\sum M_{A'} = 0 \qquad A_s = \frac{Ne'}{f_y(h_0 - a'_s)} \qquad (8.10)$$

$$e' = e_0 + \frac{h}{2} - a'_s$$

然后再按不考虑受压钢筋 A'_s 的作用,取 $A'_s = 0$ 计算 A_s,并与公式(8.10)计算结果比较,取两者中之较小值。

按上述方法将 A'_s 值代入公式(8.7)求解 x 值时需解 x 的二次方程,因此亦可加以分解后按以下方法计算 A_s。

已知 A'_s 能承受的弯矩:

$$M_1 = f'_y A'_s (h_0 - a'_s)$$

相应所需的钢筋 A_{s1} 为:

$$A_{s1} = f'_y A'_s / f_y$$

受压区混凝土应承受的弯矩为:

$$M_2 = Ne - M_1$$

$$\alpha_s = \frac{M_2}{\alpha_1 f_c b h_0^2} = \frac{Ne - M_1}{\alpha_1 f_c b h_0^2} < \alpha_{s,max}$$

由 α_s 查表或按下式计算 γ_s:

$$\gamma_s = \frac{1 + \sqrt{1 - 2a_s}}{2}$$

所需相应的钢筋 A_{s2} 为:

$$A_{s2} = \frac{M_2}{f_y \gamma_s h_0}$$

所需钢筋 A_s 总的截面面积为:

$$A_s = A_{s1} + A_{s2} + \frac{N}{f_y}$$

按上式计算 A_s 前,同样亦需检查 $x \geqslant 2a'_s$ 的适用条件,否则应按式(8.10)计算 A_s。

3. 对称配筋

由于取 $A'_s = A_s$,$f'_y = f_y$,$a'_s = a_s$ 后,将其代入公式(8.6)可知所得 x 为负值,表明受压钢筋 A'_s 的应力未能达到抗压强度 f'_y,因此亦属于 $x < 2a'_s$ 情况,故仍可近似取 $x = 2a'_s$。对 A'_s 合力点取矩,按式(8.10)计算 A_s 后令 $A'_s = A_s$,然后再按不考虑 A'_s 的作用,令 $A'_s = 0$ 计算 A_s,取两者中之较小者配筋。

大偏心受拉构件一般均为受拉破坏,所以轴向拉力 N 及弯矩 M 越大,截面越危险。因此,在多组内力组合中应取:① N_{max} 及相应的 $\pm M$;② M_{max} 及相应的 N。

二、截面复核

由于 A_s,A'_s,f_y,f'_y,b,h,a_s 及 a'_s 均为已知,故可从式(8.6)及式(8.7)联解 x 及 N。x 必须满足适用条件 $2a'_s \leqslant x \leqslant \xi_b h_0$。

如果 $x > \xi_b h_0$,表明受拉钢筋 A_s 配置过多,其应力未能达到抗拉屈服强度 f_y,而压区混凝土已先压坏,此时需用 $\sigma_s = f_y (\frac{\xi - 0.8}{\xi_b - 0.8})$ 代替式(8.6)中之 f_y,重新求解 x 及 N。

如果 $x < 2a_s'$,仍近似取 $x = 2a_s'$,按式(8.10)求解 N。

[例题 8.1]　有一钢筋混凝土偏心受拉构件,截面尺寸为 $b \times h = 250\text{mm} \times 400\text{mm}$;承受拉力设计值 $N = 750\text{kN}$,弯矩设计值 $M = 65\text{kN} \cdot \text{m}$;混凝土强度等级为 C25,受力钢筋用 HRB335 级钢筋,取 $a_s = a_s' = 40\text{mm}$。

要求计算截面所需钢筋截面面积 A_s 及 A_s' 并选配钢筋。

[解]

(1) 判别破坏类型:

$$e_0 = M/N = 65 \times 10^6 / 750 \times 10^3 = 87(\text{mm}) < h/2 - a_s (= 400/2 - 40 = 160(\text{mm}))$$

属小偏心受拉破坏。

(2) 计算 A_s 和 A_s':

$$e = h/2 - a_s - e_0 = 400/2 - 40 - 87 = 73(\text{mm})$$
$$e' = h/2 - a_s + e_0 = 400/2 - 40 + 87 = 247(\text{mm})$$
$$h_0 = 400 - 40 = 360(\text{mm})$$

按式(8.2)及式(8.3)计算

$$A_s = \frac{Ne'}{f_y(h_0 - a_s')} = \frac{750 \times 10^3 \times 247}{300 \times (360 - 40)} = 1930(\text{mm}^2) > \rho_{\min} bh$$

$$= 0.002 \times 250 \times 400 = 200(\text{mm}^2)(\rho_{\min} = 0.2\% > 45\frac{f_t}{f_y}$$

$$= 45\frac{1.27}{300} = 0.19\%)$$

$$A_s' = \frac{Ne}{f_y(h_0 - a_s')} = \frac{750 \times 10^3 \times 73}{300 \times (360 - 40)} = 570(\text{mm}^2) > 200\text{mm}^2$$

A_s 选 4Φ25,实配 $A_s = 1964\text{mm}^2 > 1930\text{mm}^2$;

A_s' 选 2Φ20,实配 $A_s' = 628\text{mm}^2 > 570\text{mm}^2$。

[例题 8.2]　有一钢筋混凝土偏心受拉板,板厚 $h = 200\text{mm}$,每米宽的板上承受轴向拉力设计值 $N = 300\text{kN}$,弯矩设计值 $M = 65\text{kN} \cdot \text{m}$;混凝土强度等级为 C25,受力钢筋用 HRB335 级钢筋,取 $a_s = a_s' = 25\text{mm}$。

要求计算截面所需钢筋截面面积 A_s 及 A_s',并选配钢筋。

[解]

(1) 判别破坏类型:

$$e_0 = M/N = 65 \times 10^6 / 300 \times 10^3 = 217(\text{mm}) > h/2 - a_s (= 200/2 - 25 = 75(\text{mm}))$$

属大偏心受拉破坏。

(2) 计算 A_s':

$$e = e_0 - h/2 + a_s = 217 - 100 + 25 = 142(\text{mm})$$

$$h_0 = h - 25 = 200 - 25 = 175 (\text{mm})$$

取 $x = x_b = \xi_b h_0$，$\xi_b = 0.55$，$\alpha_{s,max} = 0.4$，按式(8.8)可得：

$$A'_s = \frac{Ne - \alpha_{s,max} \alpha_1 f_c b h_0^2}{f'_y (h_0 - a'_s)}$$

$$= \frac{300 \times 10^3 \times 142 - 0.40 \times 1 \times 11.9 \times 1000 \times 175^2}{300 \times (175 - 25)} < 0$$

A'_s 应按最小配筋率 $\rho'_{min} = 0.2\%$ 配置：

$$A'_s = 0.002 \times 1000 \times 200 = 400 (\text{mm}^2)$$

选 $\Phi10@180$ 的钢筋，从附表 16 可知，实配 $A'_s = 436\text{mm}^2 > 400\text{mm}^2$。

问题已转化为已知 A'_s 求 A_s 的问题，此时 x 亦已不再是 x_b 了，故需重求 x 或 ξ。

（3）计算 A_s。已配 $A'_s = 436\text{mm}^2$ 能承受的弯矩为：

$$M_1 = f'_y A'_s (h_0 - a'_s) = 300 \times 436 \times (175 - 25) = 19.62 \times 10^6 (\text{N} \cdot \text{mm})$$

受压区混凝土应承受的弯矩为：

$$M_2 = Ne - M_1 = 300 \times 10^3 \times 142 - 19.62 \times 10^6 = 22.98 \times 10^6 (\text{N} \cdot \text{mm})$$

$$a_s = \frac{M_2}{\alpha_1 f_c b h_0^2} = \frac{22.98 \times 10^6}{1 \times 11.9 \times 1000 \times 175^2} = 0.063 < a_{s,max} (= 0.40)$$

$$\xi = 1 - \sqrt{1 - 2\alpha_s} = 1 - \sqrt{1 - 2 \times 0.063} = 0.065$$

$$x = \xi h_0 = 0.065 \times 175 = 11.4 (\text{mm}) < 2a'_s (= 2 \times 25 = 50 (\text{mm}))$$

近似取 $x = 2a'_s$，按式(8.10)计算 A_s：

$$e' = e_0 + h/2 - a_s = 217 + 100 - 25 = 292 (\text{mm})$$

$$A_s = \frac{Ne'}{f_y (h_0 - a'_s)} = \frac{300 \times 10^3 \times 292}{300 \times (175 - 25)} = 1946 (\text{mm}^2) > \rho_{min} bh = 0.002 \times 200$$

$\times 1000 = 400 (\text{mm}^2)$

$$45 \frac{f_t}{f_y} = 45 \times \frac{1.27}{300} = 0.19\% < 0.2\%$$

再按不考虑 A'_s 作用的情况，取 $A'_s = 0$ 计算 A_s：

$$\alpha_s = \frac{Ne}{\alpha_1 f_c b h_0^2} = \frac{300 \times 10^3 \times 142}{1 \times 11.9 \times 1000 \times 175^2} = 0.117$$

$$\gamma_s = \frac{1 + \sqrt{1 - 2\alpha_s}}{2} = \frac{1 + \sqrt{1 - 2 \times 0.117}}{2} = 0.938$$

$$A_{s1} = \frac{Ne}{f_y \gamma_s h_0} = \frac{300 \times 10^3 \times 142}{300 \times 0.938 \times 175} = 865 (\text{mm}^2)$$

$$A_s = A_{s1} + A_{s2} + \frac{N}{f_y} = 865 + 0 + \frac{300 \times 10^3}{300} = 1865 (\text{mm}^2) < 1946 \text{mm}^2$$

A_s 选 $\Phi16@100$ 的钢筋，实配 $A_s = 2011\text{mm}^2 > 1865\text{mm}^2$。

从以上计算可见，按 $A'_s = 0$ 计算所需钢筋 A_s 比按 $x = 2a'_s$ 计算减少 $1946 - 1865 = 81 (\text{mm}^2)$，两种方法计算 A_s 的截面面积相差不超过 5%。为简化计算，仅按 $x = 2a'_s$ 计算 A_s 已可满足工程计算要求。

复习思考题

8.1　大、小偏心受拉的界限如何划分?它和大、小偏心受压界限的划分有何不同?

8.2　试从破坏形态、截面应力和计算公式来比较:

(1) 大偏心受拉与大偏心受压有何相同和不同之处?

(2) 小偏心受拉与小偏心受压有何相同和不同之处?

习　　题

8.1　有一钢筋混凝土圆筒储仓,壁厚 $h = 160\text{mm}$,经内力分析,在 1m 高的垂直截面内作用有环向轴心拉力设计值 $N = 280\text{kN}$,混凝土强度等级为 C25,纵向受力钢筋用 HRB335 级钢筋。要求计算其环向受拉钢筋 A_s。

8.2　有一钢筋混凝土偏心受拉构件,矩形截面尺寸为 $b \times h = 250\text{mm} \times 400\text{mm}$,承受轴向拉力设计值 $N = 700\text{kN}$,弯矩设计值 $M = 80\text{kN} \cdot \text{m}$;混凝土强度等级为 C25;纵向受力钢筋用 HRB400 级钢筋,取 $a_s = a'_s = 40\text{mm}$。要求计算截面所需钢筋 A_s 及 A'_s 并选配 钢筋。

8.3　有一钢筋混凝土受拉板,板厚为 $h = 300\text{mm}$。每米宽的板上轴向拉力设计值 $N = 250\text{kN}$,弯矩设计值 $M = 150\text{kN} \cdot \text{m}$,混凝土强度等级为 C25,纵向受力钢筋用 HRB400 级钢筋,取 $a_s = a'_s = 40\text{mm}$。要求计算所需钢筋的截面面积 A_s 及 A'_s,并选配钢筋。

第 9 章

钢筋混凝土构件正常使用
极限状态的验算

导 读

本章内容是结构构件正常使用极限状态的验算,主要是针对受弯构件的变形和裂缝宽度进行验算,通过学习要求:(1)了解控制变形的目的,理解变形的特点;(2)能进行短期刚度 B_1、长期刚度 B 和最大挠度的计算。计算挠度的重点是刚度,钢筋混凝土作为弹塑性材料与材料力学的弹性材料不同,使得刚度的计算比较繁复,学习时注意建立刚度计算式的过程和特点。理解刚度计算中用到的三个系数的含义:1. 裂缝截面的内力臂系数 η;2. 受拉钢筋应变不均匀系数 φ;3. 受压区边缘混凝土平均应变综合系数 ζ,并能进行相关的计算;(3)了解裂缝控制的目的,明确裂缝控制三个等级的要求,能写出其表达式;(4)了解常见的两种裂缝计算理论,两者对影响裂缝的因素有何不同见解;(5)掌握平均裂缝宽度和最大裂缝宽度的计算,以及各类构件裂缝截面钢筋应力的计算;(6)了解控制和减小裂缝宽度的措施以及由非荷载原因引起的各种裂缝,有什么对应的措施;(7)了解结构舒适度的要求,它应该包括很多内容,目前《规范》尚只限于对舒适度有要求的大跨楼盖结构需进行竖向自振频率的验算。

钢筋混凝土构件除必须进行承载能力极限状态的计算外,还应进行正常使用极限状态的验算。如对受弯构件应避免构件可能因变形过大或裂缝过宽而影响构件适用性和耐久性功能的要求。

9.1   变形控制的目的和要求

变形控制的目的主要有以下 3 方面。

1. 使用功能的要求

例如多层工业厂房楼盖结构中的梁和板,如果挠度过大,将影响仪器设备的正常工作,影响产品的加工精度。屋面结构中,如果梁板挠度过大,将使屋面积水引起渗漏。对于有动力效应的楼盖结构,应具有适当的刚度,以免结构发生颤动,增大结构内力。又如由于梁的变形,梁端转角过大,将引起其在砖墙或砖柱上支承面积和支承反力作用位置的变化,从而可能危及砖墙或砖柱的稳定,以及墙体产生沿梁或楼板的水平裂缝。

2. 防止非结构构件的损坏

如果房间的分隔墙采用脆性材料,则当支承梁板的挠度过大时,将导致其开裂、装修脱落乃至损坏。挠度也不应影响门窗等的正常启闭。

3. 结构外观要求

构件的变形应满足人们感觉上能接受的程度,如果挠度过大,将引起使用者心理上的不适和不安全感。但由于构件所处位置及每个人的感觉均有所不同,因此很难得出一个统一的尺度,一般认为挠度控制在 $l_0/250 \sim l_0/300$(l_0 为梁的计算跨度)以内是可以接受的。

根据上述要求,《规范》规定了受弯构件的允许挠度值。

按正常使用极限状态的要求,受弯构件最大挠度的计算值 f 不应超过附表 10 的允许挠度值 $[f]$,即:

$$f \leqslant [f] \tag{9.1}$$

最大挠度计算值应按荷载效应的准永久组合,并考虑荷载长期作用的影响进行计算,对预应力构件最大挠度计算值应按荷载效应的标准组合,并考虑荷载长期作用的影响。

9.2　受弯构件变形的验算

9.2.1　钢筋混凝土受弯构件变形的特点

由材料力学已知,匀质弹性材料梁的挠度 f 可按下式计算:

$$f = C \frac{M l_0^2}{EI} \tag{9.2}$$

式中,M——弯矩设计值;

　　l_0——梁的计算跨度;

　　EI——梁截面的抗弯刚度,E 为材料弹性模量,I 为截面惯性矩;

　　C——与荷载类型及支承条件有关的系数,如简支梁均布荷载作用时 $C = 5/48$,

简支梁跨中单个集中荷载作用时 $C = 1/12$ 等。

钢筋混凝土梁的挠度同样可按式(9.2)计算,但抗弯刚度不同,对匀质弹性材料梁,当截面尺寸与材料选定后,抗弯刚度 EI 为一常数,梁的挠度 f 与弯矩 M 成正比,f—M 的关系如图 9.1 中虚线所示,为线性关系。

本书第 4 章中已指出钢筋混凝土受弯构件正截面工作有三个阶段,每个阶段的变形均有其各自特点。

第 Ⅰ 阶段:截面开裂前。钢筋混凝土梁与匀质弹性材料梁相似,基本上处于弹性工作阶段,弯矩 M 与挠度 f 大致为线性关系(图9.1),梁的短期刚度基本上为一常数,可近似按下式计算:

$$B_s = 0.85 E_c I_0 \qquad (9.3)$$

式中,B_s—— 梁的短期刚度;

E_c—— 混凝土的弹性模量;

I_0—— 换算截面的惯性矩;

0.85—— 考虑到接近开裂时,受拉区混凝土塑性变形的发展使刚度有所下降而取用的一个折减系数。

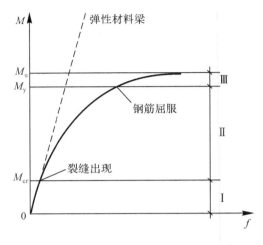

图 9.1　梁的 M-f 曲线

第 Ⅱ 阶段:从截面开裂至纵向受拉钢筋屈服(图9.1)。这是一个带裂缝工作阶段。弯矩与挠度的关系 M—f 变为一条曲线,随着弯矩的增大,挠度的增长比弯矩增加更快,反映截面刚度在不断降低,不再保持一个常值,而是一个随弯矩而变的变值,因此它比匀质弹性材料梁刚度的计算要复杂得多。

第 Ⅲ 阶段:从纵向受拉钢筋屈服至构件破坏。在此阶段,弯矩增加不多,但变形迅速增加,M—f 大致接近于一水平段,刚度急剧下降,直至构件失去继续抵抗变形的能力,水平段越长,表示构件破坏前延性越好。

受弯构件在使用期间处于带裂缝工作的第二阶段,因此,钢筋混凝土受弯构件变形计算的重点是受拉区开裂后截面刚度的计算。此时截面刚度随弯矩大小而变化,与沿构件纵轴线各截面的应力应变状态有关,为此需首先了解裂缝开展过程中钢筋和混凝土应力应变的变化规律。

经对开裂后梁纯弯段(图9.2)的试验研究可知:

1. 受拉钢筋的应变

裂缝出现前,纵向受拉钢筋的应变沿梁长近于均匀分布,裂缝出现后,裂缝截面混凝土退出工作,不再参与受拉,拉力转由钢筋承受,其应力突然增大,因此裂缝截面钢筋具有最大的应变 ε_s(或应力 σ_s)值。离开裂缝截面,钢筋应力通过粘结逐渐传递给混凝土,使混凝土又参与受拉。随着远离裂缝截面,混凝土应力不断增大,钢筋应力不断减小。由于混凝土参与受拉程度的不同,裂缝之间钢筋应变(或应力)的分布是不均匀的,可理想化为呈波浪形变化(图9.2(c)),受拉钢筋应变的峰值 ε_s(或应力 σ_s)位于裂缝截

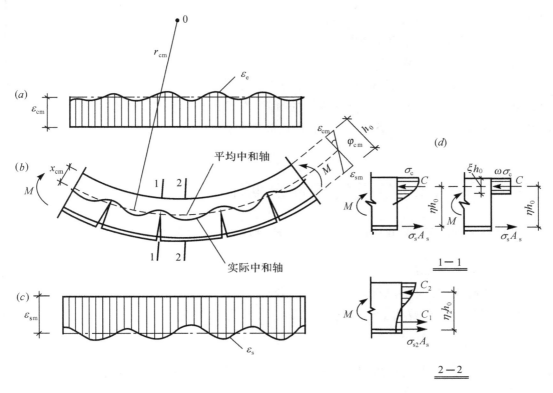

图 9.2　梁受力后纯弯段钢筋和混凝土的应变及开裂和未裂的截面应力图

面处,受拉钢筋的平均应变值为 ε_{sm},其差值为 $\Delta\varepsilon_s = \varepsilon_s - \varepsilon_{sm}$。$\varepsilon_{sm}$ 和 ε_s 两者间的关系用系数 ψ 来表示:

$$\psi = \varepsilon_{sm}/\varepsilon_s = 1 - \Delta\varepsilon_s/\varepsilon_s \tag{9.4}$$

式中 ψ 称为裂缝间纵向受拉钢筋应变(或应力)不均匀系数,其实质是反映了拉区混凝土参与受拉的程度。随着弯矩增大,粘结力逐渐遭到破坏,混凝土参与受拉的程度逐渐减小,受拉钢筋平均应变 ε_{sm} 逐渐增大,ε_s 与 ε_{sm} 的差值 $\Delta\varepsilon_s$ 逐渐减小,当受拉钢筋屈服、构件接近破坏时,拉区混凝土基本退出工作,ε_{sm} 接近 ε_s,即 $\varepsilon_{sm} \doteq \varepsilon_s$,此时 $\psi \doteq 1$,可见 $\psi > 1$ 是没有物理意义的。

2. 受压混凝土的应变

由于裂缝截面中和轴上升、受压区高度减小,因此该截面受压区边缘混凝土的应变 ε_c(或应力 σ_c)值亦最大,裂缝之间混凝土的应变则较小,沿构件长度混凝土压应变的分布也是不均匀的(图 9.2(a)),但其变化的幅度比受拉钢筋应变变化的幅度要小得多。如受压区边缘混凝土平均应变为 ε_{cm},则同样可建立如下关系式:

$$\psi_c = \frac{\varepsilon_{cm}}{\varepsilon_c} \tag{9.5}$$

式中,ψ_c 称为截面受压区边缘混凝土应变不均匀系数。

3. 中和轴位置

随着裂缝的出现,截面中和轴的高度 x_c 亦呈波浪形变化。裂缝截面的 x_c 较小,裂缝

之间截面的 x_c 较大,其平均中和轴高度用 x_{cm} 表示,则该截面称为平均截面。随着弯矩增大,x_{cm} 减小,即平均中和轴位置上升。

4. 平均截面的平截面假定

从以上分析可知,裂缝截面的应变分布不符合平截面假定,但试验表明,在纵向受拉钢筋的应力达到屈服强度之前及达到的瞬间,在梁的纯弯段内,对于平均截面受拉钢筋和受压混凝土的平均应变 ε_{sm} 和 ε_{cm} 沿截面高度是按直线规律分布的,仍符合平截面假定。

9.2.2 受弯构件短期刚度 B_s 的计算

由材料力学可知,梁截面曲率 φ_c、刚度 EI 和弯矩 M 之间有如下关系:

$$\varphi_c = \frac{M}{EI} \tag{9.6}$$

钢筋混凝土梁同样可应用上式,但必须结合其变形特点对截面曲率和刚度进行修正,如用短期刚度 B_s 替代上式中的 EI,则式(9.6)可改写为:

$$\varphi_c = \frac{M}{B_s} \tag{9.7}$$

从上式可知,梁截面刚度可通过曲率进行计算,因此计算刚度的问题转化为计算曲率的问题。

在试验研究和理论分析的基础上,梁截面平均曲率 φ_{cm} 可通过以下方法计算。

一、变形协调关系

受弯构件中纵向受拉钢筋和截面受压区边缘混凝土的平均应变符合平截面假定,故从图 9.2(b) 应变和曲率的几何关系,可得平均曲率 φ_{cm} 的计算式:

$$\varphi_{cm} = \frac{\varepsilon_{sm} + \varepsilon_{cm}}{h_0} \tag{9.8}$$

式中,ε_{sm}——纵向受拉钢筋的平均应变;

ε_{cm}——截面受压区边缘混凝土的平均应变;

h_0——截面有效高度。

二、材料应力－应变关系

因裂缝截面的应力比较明确且计算方便,故将式(9.8)中纵向受拉钢筋和截面受压边缘混凝土的平均应变 ε_{sm} 和 ε_{cm} 转换为裂缝截面之应变 ε_s 和 ε_c,再通过应力－应变关系用应力 σ_s 和 σ_c 来表示。

纵向受拉钢筋的平均应变为 $\varepsilon_{sm} = \psi \varepsilon_s$,纵向受拉钢筋屈服前应力－应变为线性关系,即 $\varepsilon_s = \sigma_s / E_s$,故得:

$$\varepsilon_{sm} = \psi \varepsilon_s = \psi \frac{\sigma_s}{E_s} \tag{9.9}$$

截面受压区边缘混凝土平均应变同样可写为 $\varepsilon_{cm} = \psi_c \varepsilon_c$，考虑到混凝土的塑性变形，取用变形模量 $E'_c = vE_c$，则 $\varepsilon_c = \sigma_c / vE_c$，故得：

$$\varepsilon_{cm} = \psi_c \varepsilon_c = \psi \frac{\sigma_c}{vE_c} \tag{9.10}$$

三、静力平衡条件

为计算方便，将裂缝截面受压区混凝土的实际应力图形转换为等效矩形应力图形（图9.2(d)），设其平均应力为 $\omega\sigma_c$（ω 为应力图形系数）、受压区高度为 $x = \xi h_0$（ξ 为受压区高度系数）、内力臂为 ηh_0（η 为使用阶段裂缝截面内力臂系数），根据静力平衡条件，分别对受压区混凝土合力 c 和纵向受拉钢筋合力处取矩得：

$$\sum M_c = 0$$
$$M = A_s \sigma_s \eta h_0$$
$$\sigma_s = \frac{M}{A_s \eta h_0} \tag{9.11}$$

$$\sum M_{A_s} = 0$$
$$M = c\eta h_0 = \omega\sigma_c \xi h_0 b \eta h_0$$
$$\sigma_c = \frac{M}{\omega\xi\eta bh_0^2} \tag{9.12}$$

将式（9.11）和（9.12）分别代入式（9.9）和（9.10），再代入式（9.8）可得：

$$\varphi_{cm} = M\left[\frac{\psi}{A_s E_s \eta h_0^2} + \frac{1}{\zeta E_c bh_0^3}\right] \tag{9.13}$$

式中，ζ 称为受压区边缘混凝土平均应变综合系数，它包含了五个参数，即 $\zeta = \omega\xi\eta v/\psi_c$。

将式（9.13）代入式（9.7），并取 $\alpha_E = E_s/E_c$，$\rho = A_s/bh_0$，即可得短期刚度 B_s 的计算式为：

$$B_s = \frac{M}{\varphi_{cm}} = \frac{E_s A_s h_0^2}{\dfrac{\psi}{\eta} + \dfrac{\alpha_E \rho}{\zeta}} \tag{9.14}$$

9.2.3　系数 η, ψ, ζ 的计算式

一、裂缝截面内力臂系数 η

裂缝截面内力臂系数 η 与配筋率、混凝土强度及截面形状等因素有关。随着荷载增大，裂缝不断向上开展，受压区高度不断减小，内力臂不断增大。但试验表明，在使用荷载作用下，截面相对受压区高度 $\xi (= x/h_0)$ 和内力臂的变化都不大，对常用混凝土强度等级和常用配筋率的矩形截面，内力臂系数 η 大致在 $0.83 \sim 0.93$ 之间，为简化计算，一般可近似取 $\eta = 0.87$。

当考虑配筋系数 $\alpha_E \rho$ 的影响时，根据理论分析，η 亦可按下式计算：

$$\eta = 1 - \frac{0.4}{1 + 2\gamma_f'}\sqrt{\alpha_E \rho} \tag{9.15}$$

式中，γ_f'—— 受压翼缘面积与腹板有效截面面积的比值，$\gamma_f' = (b_f' - b)h_f'/bh_0$；

　　　　α_E—— 钢筋弹性模量与混凝土弹性模量的比值，$\alpha_E = E_s/E_c$；

　　　　ρ—— 纵向受拉钢筋配筋率，$\rho = A_s/bh_0$。

二、受拉钢筋应变不均匀系数 ψ

《规范》根据试验结果(图9.3)，提出了裂缝间纵向受拉钢筋应变不均匀系数 ψ 的统计公式：

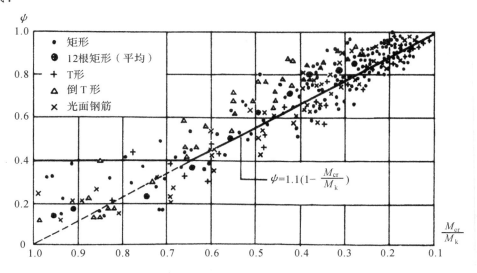

图9.3　φ 与 M_{cr}/M_k 关系的实验图

$$\psi = \omega_1\left(1 - \frac{M_{cr}}{M_k}\right) \tag{9.16}$$

式中，ω_1—— 系数，与钢筋和混凝土的握裹力有一定关系，取为 1.1；

　　　　M_{cr}—— 构件混凝土截面的抗裂弯矩；

　　　　M_k—— 按荷载短期效应的标准组合计算的弯矩值。

　　　　M_{cr} 和 M_k 的计算式如下：

$$M_{cr} = 0.8[0.5bh + (b_f - b)h_f]\eta_{cr}hf_{tk} \tag{9.17}$$

$$M_k = \sigma_s A_s \eta h_0 \tag{9.18}$$

式中，b, h—— 截面的宽度和高度；

　　　　b_f, h_f—— 受拉区翼缘的宽度和高度；

　　　　η_{cr}—— 截面开裂时内力臂系数；

　　　　f_{tk}—— 混凝土抗拉强度标准值；

　　　　0.8—— 考虑混凝土收缩等因素的影响系数。

将式(9.17)和(9.18)代入式(9.16)，并近似取 $h/h_0 = 1.1$，$\eta_{cr}/\eta = 0.67$，则可得到以钢筋应力 σ_s 为主要参数的 ψ 计算式为：

$$\psi = 1.1 - 0.65 \frac{f_{tk}}{\rho_{te}\sigma_s} \tag{9.19}$$

式中，f_{tk}—— 混凝土抗拉强度标准值；

ρ_{te}—— 按有效受拉混凝土截面面积 A_{te} 计算的纵向受拉钢筋的配筋率，$\rho_{te} = A_s/A_{te}$，对受弯构件，$A_{te} = 0.5bh + (b_f - b)h_f$（图 9.4），当 $\rho_{te} < 0.01$ 时，取 $\rho_{te} = 0.01$；

σ_{sk}—— 构件纵向受拉钢筋的应力，对普通钢筋混凝土构件，按荷载效应准永久组合计算，钢筋应力 $\sigma_{sq} = M_q/0.87h_0A_s$；对预应力混凝土构件，按荷载效应标准组合 M_k 计算钢筋应力 σ_{sk}；

当计算出的 $\psi < 0.2$ 时，取 $\psi = 0.2$，因为当 M_k 或 σ_s 较小时，按式（9.19）算出的 ψ 值偏小，导致过高估计截面刚度 B_s；当计算出的 $\psi > 1$ 时，如前所述是没有物理意义的，此时只能取 $\psi = 1.0$。

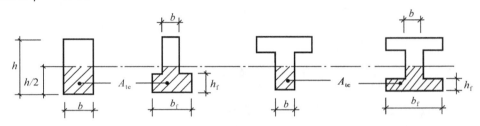

图 9.4　不同截面 ρ_{te} 的取值

从式（9.19）可知，纵向受拉钢筋的应变不均匀系数 ψ 随钢筋应力 σ_s 的提高而增大，即随弯矩的增大而增大，由于 σ_s 的增大，裂缝进一步开展，混凝土参与受拉的程度减小，使 ψ 值增大，刚度 B_s 降低，挠度增大。可见钢筋混凝土梁在开裂后的使用阶段，截面刚度 B_s 是一个随弯矩 M 而变化的变数。

ψ 值还随混凝土抗拉强度的提高而减小，混凝土抗拉强度越高，其参与受拉的程度越大，ψ 将减小，刚度将增大，挠度将减小。

ψ 值还与 ρ_{te} 有关，ρ_{te} 越小，表明钢筋周围混凝土相对截面较大，混凝土参与受拉程度也越大，因此 ρ_{te} 越小，ψ 值亦越小，刚度越大，挠度减小。

三、受压区边缘混凝土平均应变综合系数 ζ

受压区边缘混凝土的平均应变综合系数 ζ 综合了 5 个参数，它们在使用荷载作用下变化均不大。试验表明，ζ 值随荷载增大而减小，但在使用荷载范围内基本稳定，故对 ζ 的取值可不考虑荷载效应弯矩 M 的影响。为了简化计算，根据实测资料回归，直接给出了 $\alpha_E\rho/\zeta$ 的经验公式（图 9.5）：

$$\frac{\alpha_E\rho}{\zeta} = 0.2 + \frac{6\alpha_E\rho}{1 + 3.5\gamma_f'} \tag{9.20}$$

式中 γ_f' 为受压翼缘面积与腹板有效截面面积的比值，$\gamma_f' = (b_f' - b)h_f'/(bh_0)$，当 $h_f' > 0.2h_0$ 时，取 $h_f' = 0.2h_0$。因翼缘过高时，靠近中和轴的部分翼缘受力较小，若按实际 h_f' 计算所得刚度值将偏高。如果计算 γ'_f 时需考虑受压钢筋对截面刚度的影响,则可取 $\gamma'_f = \dfrac{(b'_f - b)h'_f}{bh_0} + \alpha_E \rho'$,$\rho' = A'_s/bh_0$。

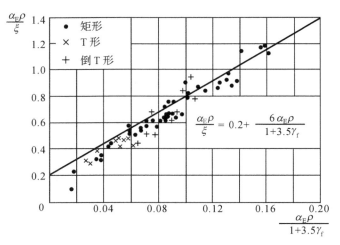

图 9.5　$\dfrac{\alpha_E \rho}{\xi}$ 的实验回归线

将上述 η,ψ 和 ζ 三个系数的取值及计算式代入式(9.14)即可得矩形、T 形、倒 T 形和工字形截面受弯构件短期刚度 B_s 的计算公式:

$$B_s = \frac{E_s A_s h_0^2}{1.15\psi + 0.2 + \dfrac{6\alpha_E \rho}{1 + 3.5\gamma'_f}} \tag{9.21}$$

式中,E_s—— 纵向受拉钢筋的弹性模量;

$\quad A_s$—— 纵向受拉钢筋的截面面积;

$\quad h_0$—— 截面的有效高度;

$\quad 1.15$—— 内力臂系数 $\eta(= 0.87)$ 的倒数;

$\quad \psi$—— 裂缝间纵向受拉钢筋应变不均匀系数

$$\psi = 1.1 - 0.65 \frac{f_{tk}}{\rho_{te}\sigma_{sq}} \genfrac{}{}{0pt}{}{\geqslant 0.2}{\leqslant 1.0}$$

$\quad \alpha_E$—— 纵向受拉钢筋与混凝土弹性模量之比值,$\alpha_E = E_s/E_c$;

$\quad \rho$—— 纵向受拉钢筋配筋率,$\rho = A_s/bh_0$;

$\quad \gamma'_f$—— 受压翼缘截面面积与腹板有效截面面积的比值,$\gamma'_f = (b'_f - b)h'_f/bh_0$,$h'_f >$ $0.2h_0$ 时,取 $h'_f = 0.2h_0$。

9.2.4　刚度 B 的计算

在荷载长期作用下,钢筋混凝土受弯构件的刚度将随时间逐渐降低,挠度不断增大,因为:

332

（1）受压区混凝土的徐变使混凝土的受压应变 ε_{cm} 不断增大；

（2）混凝土的收缩；

（3）钢筋与混凝土之间的粘结滑移徐变、裂缝间受拉混凝土的应力松弛，导致受拉区混凝土逐渐退出工作，使受拉钢筋应变 ε_{sm} 不断增大。

在以上因素中，混凝土的徐变和收缩起主要作用，因此凡是影响混凝土徐变和收缩的因素都将影响荷载长期作用下的刚度，如受压钢筋 A'_s 的配筋率 ρ'，加荷时混凝土的龄期及构件使用环境的温度、湿度等。长期挠度增长的规律亦与混凝土徐变和收缩的规律相似，前 6 个月增长较快，随后逐渐减缓，一年后趋于收敛，但数年后仍能发现变形有很小的增长。

荷载长期作用下的刚度 B 可按下法计算：

一、采用荷载标准组合时（对预应力混凝土结构构件）

作用在构件上的实际荷载中仅有一部分为长期作用，故可将按荷载效应标准组合计算的弯矩 M_k（取计算区段内的最大弯矩值）分为两部分：一部分为按荷载效应准永久组合计算的弯矩 M_q；另一部分则为短期作用的荷载效应值 $(M_k - M_q)$，故 $M_k = M_q + (M_k - M_q)$。从图9.6所示计算模式，可建立曲率、刚度和弯矩三者间的关系。

在 M_q 作用下，构件先产生一个短期曲率 φ_{c1}，在 M_q 的持续作用下，曲率将增大 θ 倍，即

$$\varphi_{c1} = \theta \times \frac{M_q}{B_s} \qquad (9.22)$$

在荷载效应 $(M_k - M_q)$ 短期作用下产生的曲率 φ_{c2} 为：

$$\varphi_{c2} = \frac{M_k - M_q}{B_s} \qquad (9.23)$$

设在 M_k 作用下，构件的总曲率为 φ_c，则叠加式（9.22）和式（9.23）可得：

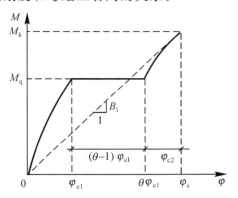

图 9.6　长期刚度 B 与曲率 φ 弯矩 M 的关系图

$$\varphi_c = \theta\varphi_{c1} + \varphi_{c2} = \theta\frac{M_q}{B_s} + \frac{M_k - M_q}{B_s} \qquad (9.24)$$

根据从上式求得的总曲率，即可得到在 M_k 作用下长期刚度 B 的计算式：

$$B = \frac{M_k}{\varphi_c}$$

将式（9.24）代入上式整理后，即得长期刚度 B 的计算式：

$$B = \frac{M_k}{M_q(\theta - 1) + M_k}B_s \qquad (9.25)$$

式中 θ 取为 2

二、采用荷载准永久组合时（对钢筋混凝土结构构件）

$$B = \frac{B_s}{\theta} \qquad (9.26)$$

式(9.25)(9.26)中,θ 为考虑荷载长期作用对挠度增大的影响系数,它是长期荷载作用下挠度 f 与短期荷载作用下挠度 f_s 的比值,$\theta = f/f_s$。

受弯构件的长期挠度试验表明,受压钢筋对混凝土的徐变起着约束作用,从而将减小长期荷载作用下的挠度。《规范》同时参考国外规范的规定,给出了 θ 的取值如下:

当 $\rho' = 0$ 时,取 $\theta = 2.0$;

当 $\rho' = \rho$ 时,取 $\theta = 1.6$;

当 ρ' 为中间数值时,θ 按直线内插法取用。此处 $\rho' = A_s'/(bh_0)$,$\rho = A_s/(bh_0)$。

截面形状对长期荷载作用下的挠度也有影响,对翼缘位于受拉区的倒 T 形截面,由于在短期荷载作用下,受拉区混凝土参与受拉的程度较矩形截面为大,因此在长期荷载作用下,受拉区混凝土退出工作的影响也较大,挠度增大亦较多,故对 θ 值需再乘以 1.2 的增大系数。

9.2.5 受弯构件的挠度计算

根据以上求得的截面刚度,钢筋混凝土受弯构件的挠度就可按结构力学或材料力学的方法得出。但如前所述,钢筋混凝土受弯构件开裂后的截面刚度不仅与其截面尺寸有关,还与截面弯矩的大小有关。

图 9.7 所示为一承受均布荷载的简支梁,其弯矩是中间大、两边小,但截面刚度却是中间小、两边大,跨中截面有最大弯矩 M_{max},但截面刚度为最小 B_{min},弯矩越小刚度越大。尽管整根梁的截面尺寸是相同的,但各截面的刚度均不相同。

按变刚度计算梁的变形,将带来一定的复杂性。考虑到近支座截面的刚度虽较大,但对挠度计算值影响不大。为简化计算,实用上《规范》假定各同号弯矩(正弯矩或负弯矩)区段内的刚度相等,并取用该区段内最大弯矩 M_{max} 截面处的刚度,对允许出现裂缝的构件,它就是该区段内的最小刚度 B_{min},故称最小刚度原则。例如对连

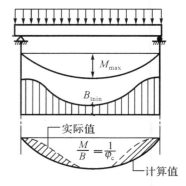

图 9.7 均布荷载简支梁沿跨度的弯矩和刚度 B 示意图

续梁或框架梁,就可取用跨中最大正弯矩截面和支座最大负弯矩截面的刚度分别作为该正、负弯矩区段内的计算刚度。

当计算跨度内的支座截面刚度不大于跨中截面刚度的两倍或不小于跨中截面刚度的 1/2 时,该跨也可按等刚度构件计算。

采用最小刚度按等刚度方法计算构件挠度,相当于使近支座截面刚度比实际刚度减小,计算曲率 $\varphi_c = M/B_{min}$ 比实际曲率增大。但由材料力学可知,支座附近曲率对简支梁变形影响不大,且使挠度计算值偏大。另一方面,由于梁中斜裂缝开展,还存在剪切变形,而按上述方法计算挠度时,只考虑了弯曲变形,故使挠度计算值又偏小。一般情况下,计算的偏大值和偏小值大致相互抵消,使试验梁挠度的实测值与计算值符合较好,

误差不大。因此,采用最小刚度原则用等刚度方法计算钢筋混凝土受弯构件的挠度已可满足工程要求。

但需指出,对斜裂缝开展较大的薄腹梁等构件,若按上述方法计算挠度值,可能偏小较多,但目前尚未有具体计算方法,因此按上述方法计算得出的挠度值应予以适当增大。

[例题 9.1]　有一矩形截面简支梁,计算跨度 $l_0 = 6.0\text{m}$,截面尺寸为 $b \times h = 250\text{mm} \times 500\text{mm}$;混凝土强度等级为 C30,已配有 HRB400 级钢筋 4Φ22;梁承受永久荷载标准值 $g_k = 16 \text{ kN/m}$,可变荷载标准值 $q_k = 15\text{kN} \cdot \text{m}$(准永久值系数 $\psi_q = 0.4$)。

要求验算构件的挠度 f,挠度的限值为$[f] = l_0/200$。

[解]:

(1) 计算 M_q:

$$M_q = \frac{1}{8}(g_k + \psi_q q_k)l_0^2 = \frac{1}{8} \times (16 + 0.4 \times 15) \times 6^2 = 99(\text{kN} \cdot \text{m})$$

(2) 计算 σ_{sq} 及 ψ:

$$A_{te} = 0.5bh = 0.5 \times 250 \times 500 = 62500(\text{mm}^2)$$

$$\rho_{te} = A_s/A_{te} = 1520/62500 = 0.0243 > 0.01$$

$$h_0 = h - a_s = 500 - (30 + 22/2) = 459(\text{mm})$$

$$\sigma_{sq} = \frac{M_q}{0.87h_0 A_s} = \frac{99 \times 10^6}{0.87 \times 459 \times 1520} = 163.10(\text{N/mm}^2)$$

$$\psi = 1.1 - 0.65\frac{f_{tk}}{\rho_{te}\sigma_{sq}} = 1.1 - 0.65\frac{2.01}{0.0243 \times 163.10} = 0.770 \begin{matrix} > 0.2 \\ < 1.0 \end{matrix}$$

(3) 计算 B_s 及 B:

$$\alpha_E = E_s/E_c = 2.0 \times 10^5/3.0 \times 10^4 = 6.67$$

$$\rho = A_s/bh_0 = 1520/(250 \times 460) = 0.0132$$

$$\gamma_f' = 0$$

$$B_s = \frac{E_s A_s h_0^2}{1.15\psi + 0.2 + \dfrac{6\alpha_E \rho}{1 + 3.5\gamma_f'}}$$

$$= \frac{2 \times 10^5 \times 1520 \times 459^2}{(1.15 \times 0.770) + 0.2 + \dfrac{6 \times 6.67 \times 0.0132}{1 + 3.5 \times 0}}$$

$$= \frac{640.47 \times 10^{11}}{0.8855 + 0.2 + 0.5243} = \frac{640.47 \times 10^{11}}{1.4089}$$

$$= 39786 \times 10^{11}(\text{N} \cdot \text{mm}^2)$$

$\rho' = 0$,取 $\theta = 2$

$$B = \frac{B_s}{\theta} = \frac{397.86 \times 10^{11}}{2} = 198.93 \times 10^{11}(\text{N} \cdot \text{mm}^2)$$

(4) 计算 f:

$$f = \frac{5}{48} \times \frac{M_q l_0^2}{B} = \frac{5}{48} \times \frac{99 \times 10^6 \times 6^2 \times 10^6}{198.95 \times 10^{11}} = 18.66(\text{mm}^2)$$

（5）验算：

$$f(= 18.66\text{mm}) < [f](= l_0/200 = 6 \times 10^3/200 = 30(\text{mm}))$$

（满足要求）

9.3　裂缝控制的目的和等级

钢筋混凝土各类受力构件中裂缝的出现是不可避免的，因为混凝土的抗拉强度很低，在不大的拉应力下就可能出现裂缝。

9.3.1　裂缝控制的目的

一、防护钢筋腐蚀，提高构件的耐久性

这是长期以来被广泛认为控制裂缝宽度的理由。钢筋在混凝土碱性介质中表面形成保护膜（亦称钝化膜），以保护钢筋不致生锈。当混凝土保护层厚度不足，碳化深度达到钢筋表面，或氯化物渗透至钢筋表面，使保护膜破坏后，钢筋才开始腐蚀。钢筋的腐蚀是一种膨胀过程，最终将导致混凝土沿钢筋方向的劈裂破坏。

近20多年来，国内外对裂缝宽度与钢筋腐蚀的关系作了大量试验研究和调查分析。这些研究、分析以及在慕尼黑所作的暴露试验都表明，在开始的2～4年内，裂缝宽度对钢筋腐蚀确有明显影响，但在10年以后，这种影响就大为减小，当前一般认为裂缝宽度对钢筋腐蚀的影响，或者说对结构耐久性的影响将不像以往想像的那么严重。因此，国内外总的趋势是对处于室内正常环境中，混凝土构件中垂直于构件轴线的垂直裂缝（亦称横向裂缝）的宽度限值予以适当放宽，而对处于室外或室内高湿度环境中构件的裂缝宽度应适当从严掌握。

从防护钢筋腐蚀，提高构件耐久性而言，采用高质量的混凝土，保证其密实性以及采用适宜的混凝土保护层厚度是十分重要的。

二、结构外观的要求

在使用荷载作用下，裂缝的宽度应加以限制，使其不致影响结构的外观和引起使用者心理上的不安。影响结构外观的裂缝与其所处位置、长度、表面特征、光线以及与使用者观察的距离等诸多因素有关，而每个使用者对裂缝的感觉以及心理上能接受的程度也往往不同，因此，从结构外观要求出发，拟定一个恰当的裂缝宽度是不容易的。经调查研究，一般认为裂缝宽度超过0.3mm就会引起人们的关注，因此，应将裂缝宽度控制在这个能被大多数人能接受的水平。

9.3.2　裂缝控制等级

关于裂缝控制等级,首先需要探讨确定裂缝控制等级时需要考虑的因素,其次是划分裂缝控制的等级。

一、确定裂缝等级的因素

1. 功能要求

结构构件的裂缝控制等级首先应根据其使用功能的要求加以确定,对使用时不允许开裂或渗漏的构件(如贮液气罐池或压力管道等),设计时应保证其严格不出现裂缝,或一般不出现裂缝;对裂缝存在不影响其正常使用的构件,设计时可允许其出现一定宽度的裂缝。

2. 环境条件

结构构件所处环境的相对湿度是确定裂缝控制等级的重要因素。在相对湿度低于60%的环境中,混凝土中的钢筋很少发生腐蚀,即使发生也是极轻微的;当相对湿度在60%以上时,腐蚀将随湿度的增大而加剧;在干湿循环环境中,钢筋腐蚀最为严重;而在永久饱和的混凝土中,钢筋不会腐蚀,因为水堵住了氧气流向钢筋。

国内规范组曾对在室内正常环境条件下(即每年仅较短时间出现较高的相对湿度)使用了 12～70 年的 30 余个带裂缝的构件进行了调查研究,通过凿开混凝土保护层,对裂缝处的钢筋进行观察,结果表明,不论构件表面裂缝宽度的大小、构件使用时间的长短以及地区的差异,凡是构件上不出现结露或水膜的,裂缝处的钢筋基本上未发现有明显锈蚀的痕迹。国外的暴露试验也得出了同样的结论。因此,国内外都主张放宽处于室内正常环境条件下构件的裂缝宽度,但考虑到不致影响构件的外观和让使用者产生不安,《规范》取用了最大裂缝宽度的限值为 0.3mm;对处于年平均相对湿度小于 60% 的地区,在室内环境条件下的受弯构件,其最大限值可放宽至 0.4mm;对受力比较复杂的屋架和托架等主要屋面承重结构及需作疲劳验算的吊车梁,由于操作频繁,满载机会较多,过宽的裂缝对构件是不利的,因此即使处于室内正常环境条件下,亦应适当从严控制,其限值为 0.2mm。此外,调查中还发现横向裂缝处有因箍筋锈蚀而导致混凝土开裂现象,因此,混凝土顺箍筋开裂产生的横向裂缝也是一个应予重视的问题。

对在露天或室内高湿度环境中使用了 10～70 年的 30 个构件亦同样进行了调查,剖形观察表明,裂缝处钢筋均有不同程度的表面锈蚀,当裂缝宽度小于 0.2mm 时,只有轻微的表面锈蚀;但当裂缝宽度大于 0.2mm 时,锈蚀就比较严重。国外同类试验研究也得到相同的结论。故《规范》对处于室外或室内高湿度环境条件下(如浴室及与土壤直接接触)的构件,其最大裂缝宽度的限值取为 0.2mm。

对处于有严重腐蚀性环境中(如含酸或含氯等)的构件、表面温度高于 60℃ 的结构(如烟囱等)以及处于液体压力下的结构,其裂缝控制要求应符合我国专门标准的有关规定。

3. 钢筋对腐蚀的敏感性

钢筋对腐蚀的敏感程度是不同的。HPB300 级、HRB335 级和 HRB400 级这类热轧钢筋对腐蚀的敏感性比较轻微。预应力钢丝、钢铰线和热处理钢筋等对腐蚀就比较敏感，还会发生应力腐蚀。附表 11 中对结构构件最大裂缝宽度的限值适用于采用上述热轧钢筋和预应力钢丝等，当采用其他类别的钢丝和钢筋时，其裂缝控制要求应按其他专门标准确定。

4. 荷载长期作用影响

荷载短期作用和长期作用下，构件的抗裂度和裂缝宽度均不相同。在荷载长期作用下，裂缝宽度将随时间进一步增大，可参见第 9.4.5 节。

综上所述，根据正常使用极限状态的要求，钢筋混凝土和预应力混凝土构件应按所处环境类别和结构类别确定相应的裂缝控制等级和最大裂缝宽度限值。

二、裂缝控制等级

根据上述确定裂缝控制等级的影响因素，《规范》规定，对钢筋混凝土和预应力混凝土构件，应按下列规定进行受拉边缘应力或正截面裂缝宽度验算：

1. 一级裂缝控制等级构件，在荷载标准组合下，受控边缘应力应符合下列规定，即构件受拉边缘混凝土不允许产生拉应力：

$$\sigma_{ck} - \sigma_{pc} \leqslant 0$$

2. 二级裂缝控制等级，在荷载标准组合下，受拉边缘应力应符合下列规定，即构件受拉边缘混凝土允许产生拉应力，但拉应力值不得不大于混凝土抗拉强度的标准值：

$$\sigma_{ck} - \sigma_{pc} \leqslant f_{tk}$$

3. 三级裂缝控制等级时，对钢筋混凝土构件允许出现裂缝，最大裂缝宽度可按荷载准永久组合并考虑长期作用影响的效应计算，对预应力混凝土构件的最大裂缝宽度可按荷载标准组合并考虑长期作用影响的效应计算最大裂缝宽度应符合下列规定：

$$w_{max} \leqslant w_{lim}$$

对环境类别为二 a 类的预应力混凝土构件，在荷载准永久组合下，受拉边缘应力尚应符合下列规定：

$$\sigma_{cq} - \sigma_{pc} \leqslant f_{tk}$$

以上式中：σ_{ck}、σ_{cq}——荷载标准组合、准永久组合下抗裂验算边缘的混凝土法向应力；

σ_{pc}——扣除全部预应力损失后在抗裂验算边缘混凝的预压应力；

f_{tk}——混凝土轴心抗拉强度标准值，见附表 1；

w_{max}——按荷载的标准组合或准永久组合并考虑长期作用影响计算的最大裂缝宽度；

w_{lim}——最大裂缝宽度限值，见附表 11

按上述要求，裂缝控制等级可概括为两类，一类是严格要求或一般要求不出现裂缝的构件（即一级和二级裂缝控制等级），对他们主要是进行抗裂度的验算，方法是验算构件受拉边缘混凝土的应力,一般只有采用预应力混凝土结构才能满足要求。另一类是允许出现裂缝的三级裂缝控制等级,一般是普通混凝土和有些预应力混凝土构件,它们仍是带裂缝工作的,因此无需作抗裂度的验算而是验算最大裂缝宽度。

9.4　裂缝宽度的验算

影响裂缝宽度和间距的因素很多,由于问题的复杂性,对裂缝宽度和间距的计算至今只有一些半理论半经验的方法。各种裂缝理论对裂缝开展机理及计算变量的选择均有不同的观点,下面对两种常见的理论作一简要介绍。

9.4.1　粘结 — 滑移理论

这是最早提出的一种裂缝理论,是 Saliger.R 于 1936 年根据拉杆试验提出的,直至 60 年代一直为世界各国应用于裂缝宽度的计算。

一、裂缝开展机理

图 9.8 为一钢筋混凝土拉杆,当轴拉力很小、构件尚未出现裂缝前,钢筋和混凝土中的拉应力 σ_s 和 σ_c 沿构件轴线都是均匀分布的(图 9.8(b))。随着轴拉力增大,当混凝土拉应变达到其极限拉应变时,构件将出现第一条裂缝1—1(图 9.8(a)),第一条裂缝出现的位置是随机的,这是由于各截面混凝土实际抗拉强度的离散性、收缩和温差产生的微裂缝以及拉区混凝土的局部削弱(如箍筋处)等。当混凝土的抗拉强度分布有几个最薄弱的截面时,将同时产生数条第一批裂缝。第一条裂缝出现时构件所能承受的轴拉力称为抗裂轴力 N_{cr}。

第一条裂缝出现后,由于钢筋的受拉应变比混凝土大得多,钢筋和混凝土不再保持应变协调,受拉张紧的混凝土分别向裂缝截面两边回缩,混凝土与钢筋表面产生相对滑移,形成一条内外宽度相近的裂缝,故称粘结 — 滑移理论。开裂后,裂缝截面混凝土退出工作,应力为零,全部拉力由钢筋承受,使受拉钢筋的应变和应力突然增大,形成一峰值(图 9.8(c))。

由于沿钢筋长度上的应力发生了变化,从而产生了粘结应力(图 9.8(d))。通过粘结应力,钢筋又将部分拉应力传给混凝土,使混凝土拉应力又逐渐增大,钢筋拉应力逐渐减小,在离开裂缝截面一定长度后,钢筋与混凝土的应变又趋于一致,粘结应力消失,混凝土与钢筋也不再产生相对滑移。

在轴拉力略为增大后,离开第一条裂缝两侧距离各为 $l_{cr,min}$ 的 2—2 和 3—3 截面(图 9.8(a))中,当混凝土拉应力 σ_c 达到其抗拉强度时,又具备了出现裂缝的条件,$l_{cr,min}$ 称为裂

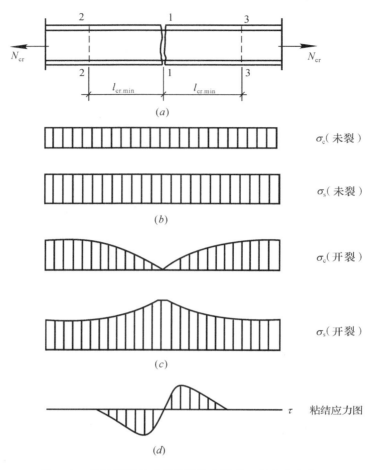

图 9.8　拉杆开裂前后受拉钢筋和混凝土的应力变化图

缝最小间距或称应力传递长度。显而易见,当离开裂缝截面的距离 $l < l_{cr,min}$ 时,不可能再在其间出现裂缝。

一般,在荷载标准值作用下,构件中裂缝基本出齐,间距基本稳定,裂缝大致成等间距分布。如果再增大荷载,只会使已有裂缝宽度增大,一般将不再出现新裂缝。

图 9.9 所示为在构件两个薄弱截面出现了第一批(两条)裂缝 1—1 和 2—2,其间距为 l,则在两裂缝截面处,混凝土的拉应力 σ_c 亦均为零,拉力全部由钢筋承受;在 l 区段内,混凝土拉应力 σ_c 将分别从 1—1 和 2—2 两个裂缝截面向中间逐步增大,当 $l < 2l_{cr,min}$ 时,则两裂缝之间将不可能再出现新的裂缝,因为通过粘结应力的积累,尚不足以使混凝土中的拉应力达到抗拉强度而开裂,故可认为裂缝的最大间距为 $2l_{cr,min}$,因此理论上平均裂缝间距 l_{cr} 可认为介于 $l_{cr,min}$ 和 $2l_{cr,min}$ 之间,即 $l_{cr} \doteq 1.5 l_{cr,min}$。实际上,裂缝间距是很分散的,平均裂缝间距大致为 $l_{cr} = (0.67 \sim 1.33) l_{cr,min}$。

二、平均裂缝间距 l_{cr}

图 9.10 所示为一轴心受拉构件,在抗裂轴力 N_{cr} 作用下,1—1 截面为开裂截面,拉

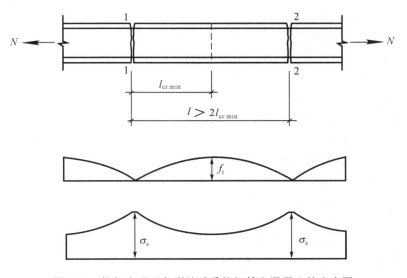

图 9.9　拉杆出现两条裂缝后受拉钢筋和混凝土的应力图

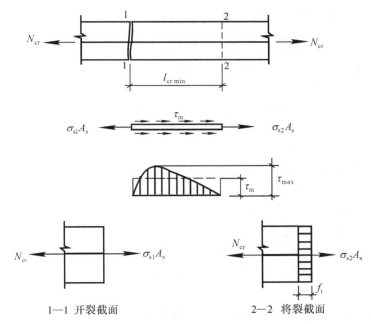

1—1 开裂截面　　　　　　　　2—2 将裂截面

图 9.10　拉杆开裂和将裂截面的应力图

力全部由钢筋承受;2—2 截面为即将开裂截面,拉力由钢筋和混凝土共同承受。若取
1—1 和 2—2 两截面间受拉钢筋为脱离体,根据静力平衡条件可得:

$$\sigma_{s1} A_s = \sigma_{s2} A_s + \tau_m u l_{cr,min} \tag{9.28}$$

式中, σ_{s1} —— 裂缝截面 1—1 的钢筋拉应力;

　　　A_s —— 钢筋截面面积;

　　　σ_{s2} —— 将开裂截面 2—2 的钢筋拉应力;

　　　τ_m —— 平均粘结应力;

u—— 全部受拉钢筋的总周长;

$l_{cr,min}$—— 最小裂缝间距。

从图 9.10 可知:

$$\sigma_{s1} = N_{cr}/A_s \tag{9.29}$$

$$\sigma_{s2} = (N_{cr} - N_c)/A_s \tag{9.30}$$

N_c 为将开裂截面混凝土承受的拉力:

$$N_c = f_t A_c \tag{9.31}$$

式中,f_t—— 混凝土抗拉强度设计值;

A_c—— 混凝土截面面积。

将式(9.29)～(9.31)及 $\rho = A_s/A_c$ 代入式(9.28),即得最小裂缝间距 $l_{cr,min}$ 为:

$$l_{cr,min} = \frac{f_t A_c}{\tau_m u} = \frac{f_t A_s}{\tau_m \rho u} \tag{9.32}$$

当构件配有几根直径为 d 的钢筋时,

$$A_s = n\pi d^2/4, \qquad u = n\pi d$$

代入(9.32)式可得最小裂缝间距 $l_{cr,min}$ 为:

$$l_{cr,min} = \frac{f_t}{4\tau_m} \cdot \frac{d}{\rho} \tag{9.33}$$

当配置不同钢种、不同直径的钢筋时,式(9.33)中之 d 应改为等效直径 d_{eq},见式(9.37)。

如上所述,平均裂缝间距 $l_{cr} = 1.5 l_{cr,min}$,将式(9.33)代入即可得平均裂缝间距为:

$$l_{cr} = 1.5 l_{cr,min} = 1.5 \cdot \frac{f_t}{4\tau_m} \cdot \frac{d}{\rho} = k\frac{d}{\rho} \tag{9.34}$$

由于不同强度等级混凝土的 τ_m 值大致与 f_t 成比例,f_t/τ_m 接近于常数,故上式中 $1.5 f_t/4\tau_m$ 可用系数 k 表示。

从式(9.34)可见,影响平均裂缝间距的主要变量为钢筋直径和配筋率之比 d/ρ。

综上所述,粘结 — 滑移理论认为:

(1)裂缝的开展主要由于钢筋和混凝土之间不再保持变形协调关系,出现了相对滑动,开裂截面混凝土沿钢筋向两边滑移回缩,钢筋表面裂缝宽度与构件表面宽度大致相同。

(2)裂缝的间距取决于钢筋与混凝土之间粘结应力的大小及其分布,影响裂缝间距的主要变量是钢筋的直径和截面配筋率之比 d/ρ。

但需指出,式(9.34)为一通过原点的直线方程,而试验表明,即使 ρ 很大时,平均裂缝间距也并不等于零,而是趋于某一常数。此外,在推导式(9.34)时,假定开裂截面混凝土的拉应力是均匀分布的,但实际的拉应力分布并非均匀,这说明粘结 — 滑移理论将 d/ρ 作为影响裂缝间距的惟一变量是不全面的。

9.4.2　无滑移理论

20世纪60年代,B. B. Broms 和 G. D. Base 提出了与粘结 — 滑移理论不同的观点。他们的试验研究和理论分析主要有以下内容。

一、混凝土保护层的厚度 c 是影响裂缝宽度和间距的主要变量

裂缝随保护层厚度 c 的增大而增大,裂缝在钢筋处宽度很小,但向构件表面逐渐增大。构件表面某点的裂缝宽度与该点至最近钢筋的距离成正比,形成外宽内窄的喇叭形,这与粘结 — 滑移理论认为混凝土沿钢筋向两边滑移,裂缝宽度内外相近的看法不同。无滑移理论认为,裂缝的开展是由于钢筋外围混凝土的回缩,而在近钢筋处的混凝土却有远大于其极限拉应变的拉伸应变,这是由于存在内裂缝的缘故。B. B. Broms 曾将拉伸试件加荷至裂缝达到一定宽度后,用压缩空气在裂缝中注入树脂,保持荷载不变,待树脂结硬后卸荷,将试件剖开,结硬的树脂保持裂缝原有的宽度,证实了构件表面的裂缝宽度最大,钢筋处裂缝宽度仅为表面宽度的 $1/5 \sim 1/7$。日本的后藤也做过类似试验,证实裂缝两侧钢筋的肋处有宽度很小的内部斜裂缝。这些都表明,保护层厚度不但对裂缝宽度有很大影响,同时也对裂缝间距有影响。试验表明,当保护层厚度从 30mm 减至 15mm 时,平均裂缝间距减小了 30% 左右。

这种对裂缝开展机理的解释实质上是认为钢筋与混凝土之间有充分的粘结,不发生相对滑移,故称无滑移理论。

二、钢筋的有效约束区

为什么离钢筋越远裂缝宽度越大呢?主要是由于钢筋与混凝土之间存在着粘结握裹,钢筋对受拉张紧混凝土的回缩起着约束作用。但这种约束作用有一定范围,离钢筋越近,混凝土受到的约束作用越大,回缩越小,裂缝越细。随着距离的增大,约束作用减弱,混凝土回缩增大。当超过某个范围后,外表混凝土回缩更为自由,回缩量亦更大,钢筋对表面裂缝的宽度将不起控制作用。钢筋能对混凝土回缩起约束作用的范围称为钢筋的有效约束区(或称钢筋的有效埋置区)。

可见,随着混凝土保护层厚度增大,外表混凝土比靠近钢筋内表混凝土所受的约束作用要小,因此外表裂缝宽度较大。同时,当构件出现第一条裂缝后,只有离开该裂缝较远处,外表混凝土的拉应力才可能增大到抗拉强度,而出现第二条裂缝。这表明,裂缝间距亦随混凝土保护层厚度 c 的增大而增大。

钢筋约束区的概念实质上反映了截面钢筋的合理布置是控制裂缝宽度的有效方法。

试验表明,钢筋间距较大的单向板(图 $9.11(a)$)和高度较大而钢筋集中配置在梁底部的 T 形梁(图 $9.12(a)$),在钢筋附近的裂缝分布较密,宽度较小。离开钢筋约束区,在板的钢筋之间和梁的腹部将形成间距和宽度都比较大的集中裂缝;若适当减小板中钢筋的间距(图 $9.11(b)$),或在 T 形梁腹部合理配置部分钢筋(图 $9.12(b)$),使截面大部分受拉区处于钢筋有效约束区的覆盖下,则明显可见能有效地防止出现这种集中裂缝而形成较密较细的裂缝,以达到控制裂缝的目的。

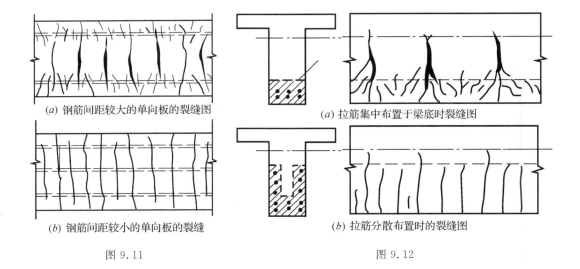

(a) 钢筋间距较大的单向板的裂缝图

(a) 拉筋集中布置于梁底时裂缝图

(b) 钢筋间距较小的单向板的裂缝

(b) 拉筋分散布置时的裂缝图

图 9.11　　　　　　　　　　　　　　　图 9.12

9.4.3　《规范》裂缝平均间距 l_{cr} 的计算式

我国 1974 年的规范曾采用了粘结 — 滑移理论,将钢筋直径和配筋率之比 d/ρ 作为计算平均裂缝间距的主要变量。1989 年的规范进一步考虑了混凝土保护层厚度 c 和钢筋有效约束区的影响,可以说是采用了两种理论的结合,并将平均裂缝间距 l_{cr} 的计算模式取为:

$$l_{cr} = K_1 c + K_2 d/\rho_{te} \tag{9.35}$$

式中,K_1,K_2 为待定系数,由于影响因素很多,目前还难从理论上得到,只能由试验确定。上式等号右边第一项反映了由保护层厚度 c_s 所决定的最小应力传递长度;第二项反映相对滑移引起的应力传递长度的增值,式中取用按有效受拉混凝土面积 A_{te} 计算的纵向受拉钢筋的配筋率 ρ_{te}(见第 9.2.3 节之二)代替粘结 — 滑移理论变量 d/ρ 中之 ρ 值。

新《规范》仍采用原规范的模式,经对各类受力构件的平均裂缝间距的试验数据进行统计分析表明,构件最外层纵向受拉钢筋外边缘至受拉区底边的距离 c_s 不大于 65mm 时,对配置带肋钢筋混凝土构件的平均裂缝间 l_{cr} 距按下式计算:

$$l_{cr} = \beta(1.9 c_s + 0.08 \frac{d_{eq}}{\rho_{te}}) \tag{9.36}$$

$$d_{eq} = \frac{\sum n_i d_i^2}{\sum n_i v_i d_i} \tag{9.37}$$

$$\rho_{te} = \frac{A_s}{A_{te}} \tag{9.38}$$

式中,β—— 系数,对轴心受拉构件,取 $\beta = 1.1$;对其他受力构件,均取 $\beta = 1.0$;

c_s—— 最外层纵向受拉钢筋外边缘至受拉区底边的距离(mm),当 $c_s < 20$ 时,取 $c_s = 20$;当 $c_s > 65$ 时,取 $c_s = 65$;

d—— 纵向受拉钢筋的直径；

d_{eq}—— 当配置不同钢种、不同直径的钢筋时，受拉区纵向受拉钢筋的等效直径（mm）；

d_i—— 受拉区第 i 种纵向钢筋的公称直径；

n_i—— 受拉区第 i 种纵向钢筋的根数；

v_i—— 受拉区第 i 种纵向钢筋的相对粘结特性系数，按表 9.1 采用；

ρ_{te}—— 按有效受拉混凝土截面面积计算的纵向受拉钢筋配筋率（见第 9.2.3 节之二）。

表 9.1　钢筋的相对粘结特性系数

钢筋类别	非预应力钢筋		先张法预应力钢筋			后张法预应力钢筋		
	光面钢筋	带肋钢筋	带肋钢筋	螺旋肋钢丝	钢绞线	带肋钢筋	钢绞线	光面钢丝
v_i	0.7	1.0	1.0	0.8	0.6	0.8	0.5	0.4

注：对环氧树脂涂层带肋钢筋，其相对粘结特性系数应按表中系数的 0.8 倍取用。

9.4.4　平均裂缝宽度 w_m 的计算

平均裂缝宽度 w_m 是平均裂缝间距 l_{cr} 区段内，钢筋的伸长值 $\varepsilon_{sm} l_{cr}$ 与混凝土伸长值 $\varepsilon_{cm} l_{cr}$ 之差，从图 9.13 可写出下式：

$$w_m = \varepsilon_{sm} l_{cr} - \varepsilon_{cm} l_{cr} = \varepsilon_{sm} l_{cr} (1 - \frac{\varepsilon_{cm}}{\varepsilon_{sm}}) \tag{9.39}$$

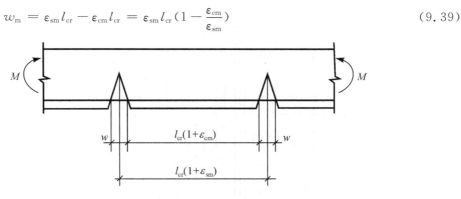

图 9.13　裂缝宽度示意图

试验表明，混凝土受拉平均应变 ε_{cm} 比纵向受拉钢筋的平均应变 ε_{sm} 小得多，其比值大致为 $\varepsilon_{cm}/\varepsilon_{sm} = 0.15$，令 $(1 - \varepsilon_{cm}/\varepsilon_{sm}) = \alpha_c$，则 $\alpha_c = 0.85$，并取 $\varepsilon_{sm} = \psi \sigma_s / E_s$，则式（9.39）可表示为：

$$w_m = \alpha_c \psi \frac{\sigma_s}{E_s} l_{cr} = 0.85 \psi \frac{\sigma_s}{E_s} l_{cr} \tag{9.40}$$

式中，α_c—— 反映裂缝间混凝土伸长对裂缝宽度影响的系数，对受弯、偏心受压构件取 $\alpha_c = 0.77$，其他构件取 $\alpha_c = 0.85$；

ψ——裂缝间纵向受拉钢筋应变不均匀系数:当 $\psi < 0.2$ 时,取 $\psi = 0.2$;当 $\psi > 1$ 时,取 $\psi = 1$;对直接承受重复荷载的构件,取 $\psi = 1$(见第 9.2.3 节);

σ_s——按荷载效应的准永久组合并考虑长期作用的影响计算的钢筋混凝土构件纵向受拉钢筋的应力;

E_s——钢筋的弹性模量(附表10);

l_{cr}——构件裂缝的平均间距(式 9.36)。

9.4.5　最大裂缝宽度 w_{max}

从平均裂缝宽度计算最大裂缝宽度时,需要考虑以下两个因素。

一、短期裂缝宽度的扩大系数 τ_s(短期最大裂缝宽度)

由于混凝土的非均匀性,裂缝宽度的分布也是不均匀的,有宽有窄。图 9.14 为从多条梁的纯弯段内量测了1000多条裂缝的实际宽度 w' 与每条梁实测平均裂缝宽度 w'_m 的比值进行统计后画成的统计直方图。由图可见,其分布规律基本符合正态分布。若取具有 95% 的保证率作为最大计算裂缝宽度取值的依据,则由图可得受弯构件最大裂缝计算宽度与平均裂缝宽度的比值为 1.66。亦即短期裂缝宽度的扩大系数 $\tau_s = 1.66$。同样,偏心受压构件的 τ_s 亦为 1.66。轴心受拉和偏心受拉构件由于早期粘结破坏较为严重,宽度较大的裂缝出现频率较大,最大计算裂缝宽度与平均裂缝宽度的比值为 1.9。扩大系数 τ_s 取值的保证率约为 95%。

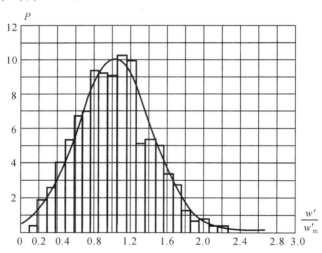

图 9.14　梁实例裂边宽度的统计直方图

二、荷载长期作用影响的扩大系数 τ_l

在荷载长期作用下,受拉区混凝土由于应力松弛和粘结滑移徐变逐渐退出工作,使纵向受拉钢筋的应变随时间不断增大,裂缝不断加宽。根据长期加荷试验得出的实测结果,长期裂缝宽度与短期裂缝宽度之比平均为 1.66,考虑到长期荷载在总荷载中只占一定比例,故取荷载长期作用影响的扩大系数为 $\tau_l = 1.50$。

在考虑了上述两个因素后,对矩形、T 形、倒 T 形和工字形截面的钢筋混凝土各类受力构件,从公式(9.40)和(9.36)可得到最大裂缝宽度的计算式为:

$$w_{max} = \alpha_c \tau_s \tau_l \psi \frac{\sigma_s}{E_s} \beta \left(1.9 c_s + 0.08 \frac{d_{eq}}{\rho_{te}}\right) \tag{9.41}$$

令 $\alpha_c \tau_s \tau_l \beta = \alpha_{cr}$,则上式为:

$$w_{max} = \alpha_{cr} \psi \frac{\sigma_s}{E_s} \left(1.9 c + 0.08 \frac{d_{eq}}{\rho_{te}}\right) \tag{9.42}$$

$$\psi = 1.1 - 0.65 \frac{f_{tk}}{\rho_{te} \sigma_s} \quad \begin{matrix} > 0.2 \\ < 1.0 \end{matrix} \tag{9.43}$$

$$d_{eq} = \frac{\sum n_i d_i^2}{\sum n_i v_i d_i} \tag{9.44}$$

$$\rho_{te} = \frac{A_s}{A_{te}} > 0.01 \tag{9.45}$$

式中,α_{cr}—— 构件受力特征系数,

构件受力特征系数 α_{cr}

类　　型	$\alpha_{cr} (= \alpha_c \tau_c \tau_e \beta)$	
	钢筋混凝土构件	预应力混凝土构件
受弯、偏心受压	$1.9(0.77 \times 1.66 \times 1.5 \times 1.0)$	1.5
偏心受拉	$2.4(0.85 \times 1.9 \times 1.5 \times 1.0)$	—
轴心受拉	$2.7(0.85 \times 1.9 \times 1.5 \times 1.1)$	2.2

ψ—— 裂缝间纵向受拉钢筋应变不均匀系数:当 $\psi < 0.2$ 时,取 $\psi = 0.2$;当 $\psi > 1$ 时,取 $\psi = 1$;对直接承受重复荷载的构件,取 $\psi = 1$;

σ_s—— 按荷载效应的准永久组合计算时,钢筋混凝土构件纵向受拉钢筋的应力取 σ_{sq};或按标准组合计算的预应力混凝土构件纵向受拉钢筋的等效应力取 σ_{sk};

E_s—— 钢筋弹性模量按附表 7 取用;

c_s—— 最外层纵向受拉钢筋外边缘至受拉区底边的距离(mm):当 $c_s < 20$ 时,取 $c_s = 20$;当 $c_s > 65$ 时,取 $c_s = 65$;

ρ_{te}—— 按有效受拉混凝土截面面积计算的纵向受拉钢筋配筋率;在最大裂缝宽度计算中,当 $\rho_{te} < 0.01$ 时,取 $\rho_{te} = 0.01$;否则将使最大裂缝宽度的计算值偏小;

A_s—— 纵向受拉钢筋的截面面积;

A_{te}—— 有效受拉混凝土截面面积;对受弯、偏心受压和偏心受拉构件,取 $A_{te} = 0.5bh + (b_f - b)h_f$,此处 b_f、h_f 为受拉翼缘的宽度和高度,见图 9.4;

d_{eq}—— 受拉区纵向钢筋的等效直径(mm);对无粘性后张构件,仅为受拉区纵向受拉钢筋的等效直径(mm)

d_i—— 受拉区第 i 种纵向钢筋的公称直径(mm);

n_i——受拉区第 i 种纵向钢筋的根数,对于有粘结预应力钢铰线取钢绞线束数;

v_i——受拉区第 i 种纵向钢筋的相对粘结特性系数,按表 9.1 取用。

对承受吊车荷载但不需作疲劳验算的受弯构件,可将按式(9.42)计算求得的最大裂缝宽度乘以系数 0.85;

对 $e_0/h_0 \leqslant 0.55$ 的偏心受压构件,可不验算裂缝宽度。

板类构件的最大裂缝宽度亦按公式(9.42)计算,并按相应的裂缝宽度限值进行控制,但按式(9.42)计算所得的最大裂缝宽度是指构件侧表面纵向受拉钢筋截面重心水平处的裂缝宽度,对板类构件,这一裂缝宽度往往是难以观测的。如果由于检验要求或外观要求,需知道板底(或梁底)裂缝宽度 w'_{max} 时,可按公式(9.42)求得的最大裂缝宽度 w_{max},近似地按平截面假定计算(图 9.15):

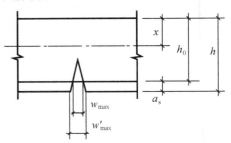

图 9.15　板底裂缝宽度示意图

$$w'_{max} = \frac{h-x}{h_0 - x} w_{max} \tag{9.46}$$

式中,x 为截面受压区高度,可近似取 $x = 0.35h_0$,代入上式即得:

$$w'_{max} = (1 + 1.5\frac{a_s}{h_0}) w_{max} \tag{9.47}$$

式中,a_s——受拉钢筋截面重心至构件截面近边的距离;

h_0——构件截面的有效高度。

9.4.6　裂缝截面钢筋应力 σ_s 的计算

对普通钢筋混凝土构件裂缝截面纵向受拉钢筋的应力 σ_s 按荷载效应的准永久组合 σ_{sq} 进行计算。

1. 轴心受拉构件

$$\sigma_{sq} = \frac{N_q}{A_s} \tag{9.48}$$

2. 受弯构件

$$\sigma_{sq} = \frac{M_q}{\eta h_0 A_s} = \frac{M_q}{0.87 h_0 A_s} \tag{9.49}$$

3. 偏心受拉构件

对于小偏心受拉构件,可参照图 9.16(a);对于大偏心受拉构件,当截面有受压区存在时,假定受压区合力点与受压钢筋 A'_s 合力点相重合,可参考图 9.16(b)。由力矩平衡条件可知,不论大、小偏心受拉构件,即不论轴向拉力作用在 A_s 和 A'_s 合力点之间或之外,均近似地取内力臂 $z = h_0 - a'_s$,因此可采用同一计算式:

$$\sigma_{sq} = \frac{N_q e'}{A_s(h_0 - a'_s)} \tag{9.50}$$

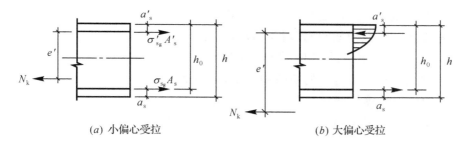

(a) 小偏心受拉　　　　　　　　(b) 大偏心受拉

图 9.16　偏拉构件裂缝截面受力示意图

4. 偏心受压构件

按图 9.17 对受压区合力点 C 取矩,由力矩平衡条件可得:

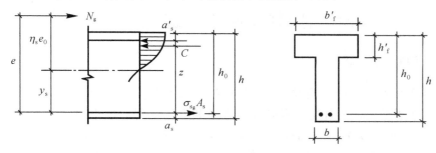

图 9.17　偏压构件裂缝截面应力图

$$\sigma_{sq} = \frac{N_q(e-z)}{A_s z} \tag{9.51}$$

$$z = \left[0.87 - 0.12(1-\gamma'_f)(\frac{h_0}{e})^2\right]h_0 \quad z \leqslant 0.87h_0 \tag{9.52}$$

$$e = \eta_s e_0 + y_s \tag{9.53}$$

$$\gamma'_f = \frac{(b'_f - b)h'_f}{bh_0} \tag{9.54}$$

$$\eta_s = 1 + \frac{1}{4000e_0/h_0}(\frac{l_0}{h})^2 \tag{9.55}$$

式(9.48) ~ (9.55)中:

N_q——按荷载效应的准永久组合计算的轴向力值;

M_q——按荷载效应的准永久组合计算的弯矩值;对偏心受压构件不考虑二阶效应的影响;

A_s——受拉区纵向钢筋截面面积,对轴心受拉构件,取全部纵向钢筋截面面积;对偏心受拉构件,取受拉较大边的纵向钢筋截面面积;对受弯、偏心受压构件,取受拉区纵向钢筋截面面积;

e'——轴向拉力作用点至受压区或受拉较小边纵向钢筋合力点的距离;

e——轴向压力作用点至纵向受拉钢筋合力点之间的距离;

z——纵向受拉钢筋合力点至截面受压区合力点之间的距离,且不大于 $0.87h_0$;

η_s——使用阶段的轴向压力偏心距增大系数,当 $l_0/h \leqslant 14$ 时,取 $\eta_s = 1.0$;

y_s—— 截面重心至纵向受拉钢筋合力点的距离；

γ'_f—— 受压翼缘截面面积与腹板有效截面面积的比值：

b'_f、h'_f—— 受压区翼缘的宽度、高度；当 $h'_f > 0.2h_0$ 时，取 $h'_f = 0.2h_0$；

e_0—— 荷载准永久组合下的初始偏心距，取为 M_q/N_q；

l_0—— 构件的计算长度；

h_0—— 截面的有效高度；

h—— 截面的高度；

b—— 腹板的宽度。

y_s—— 截面重心至纵向受拉钢筋合力点的距离。

对预应力混凝土构件 σ_s 按荷载效应的标准值组合进行计算。

9.4.7 控制及减小裂缝宽度的措施

一、合理布置钢筋

根据钢筋有效约束区的概念，采用合理的钢筋布置是控制和减小裂缝宽度的有效措施，在满足《规范》对纵向受力钢筋最小直径和钢筋之间的最小净间距的前提下，梁内采用直径略小、根数略多，并沿截面受拉边均匀布置的配筋方式，较之根数少、直径大的配筋方式，可以有效地分散裂缝、减小裂缝宽度。但也不宜配置根数太多、直径过细的钢筋，配筋过密会使混凝土浇灌振捣困难，影响混凝土密实性。

欧洲混凝土协会及国际预应力混凝土协会制订的标准规范（CEB—FIP Model Code），根据试验研究，对钢筋的有效约束区作了如图 9.18 所示的规定，图 9.18(a) 为梁，图 9.18(b) 为板，图 9.18(c) 为梁的腹板或墙。这是从配筋构造上对裂缝进行控制，当纵向钢筋间距大于 15 倍钢筋直径时，控制裂缝的效果将明显降低。

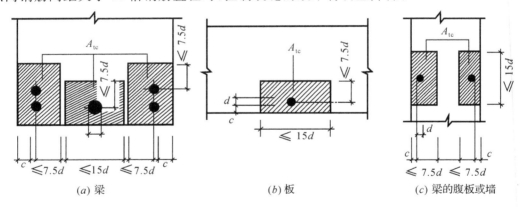

(a) 梁   (b) 板   (c) 梁的腹板或墙

图 9.18　钢筋有效约束区的范围

二、采用合适的混凝土保护层厚度

从式(9.42)可见，减小混凝土保护层厚度，虽可减小裂缝宽度，但保护层薄了，混凝土易于碳化，钢筋易受锈蚀，从而降低构件的耐久性，因此适当增加保护层厚度，并保证混凝土浇灌和振捣的密实性,这样做虽然会使裂缝宽度的计算值有所增加,但对防止钢筋锈蚀,提高构件耐久性还是有利的。对混凝土保护层厚度较大的构件,当在外观上的要求允许时,可根据实践经验,对附表 11 中所规定的裂缝宽度允许值适当放宽。

三、尽可能采用带肋钢筋

从表 9.1 可见,在钢筋混凝土构件中配置光面钢筋,其相对粘结特性系数较之热轧带肋钢筋降低 30%,表明带肋钢筋与混凝土的粘结较光面钢筋要好得多,裂缝宽度也将减小。故梁的配筋中应尽可能采用热轧带肋钢筋 HRB335 及 HRB400 级钢筋。

[例题 9.2]　有一钢筋混凝土 T 形截面梁,截面尺寸为 $b \times h = 200\text{mm} \times 500\text{mm}$, $b'_f = 600\text{mm}$,$h'_f = 60\text{mm}$,配有 HRB335 级钢筋 3Φ20;混凝土强度等级为 C25;梁承受按荷载效应的准永久组合计算的弯矩值为 $M_q = 81\text{kN·m}$。

要求验算其最大裂缝宽度是否满足《规范》要求。

[解]

(1) 计算 σ_{sq},ρ_{te} 及 ψ:

$$\sigma_{sq} = \frac{M_q}{0.87h_0 A_s} = \frac{81 \times 10^6}{0.87 \times (500 - 40) \times 942} = 214.86 (\text{N/mm}^2)$$

$$\rho_{te} = \frac{A_s}{A_{te}} = \frac{A_s}{0.5bh} = \frac{942}{0.5 \times 200 \times 500} = 0.0188 > 0.01$$

$$\psi = 1.1 - 0.65 \frac{f_{tk}}{\rho_{te}\sigma_{sq}} = 1.1 - 0.65 \frac{1.78}{0.0188 \times 214.86} = 0.814 \begin{array}{c} > 0.2 \\ < 1.0 \end{array}$$

(2) 计算 w_{max}:

$$w_{max} = \alpha_{cr}\psi\frac{\sigma_{sq}}{E_s}(1.9c_s + 0.08\frac{d_{eq}}{\rho_{te}})$$

$$= 1.9 \times 0.814 \times \frac{214.86}{2.0 \times 10^5} \times (1.9 \times 30 + 0.08 \times \frac{20}{0.0188})$$

$$= 0.236\text{mm}$$

(3) 验算

$$w_{max} = 0.236\text{mm} < w_{lin}(= 0.3\text{mm})$$

最大裂缝宽度满足《规范》限值。

[例题 9.3]　有一钢筋混凝土偏心受压柱,其矩形截面尺寸为 $b \times h = 400\text{mm} \times 700\text{mm}$,柱的计算长度为 $l_0 = 6.5\text{m}$;受拉钢筋 A_s 和受压钢筋 A'_s 均用 HRB400 级钢筋 4Φ22,混凝土强度等级为 C30;截面承受按荷载效应的准永久组合计算的轴向压力值 $N_q = 600\text{kN}$,弯矩值 $M_q = 300\text{kN·m}$。

要求验算裂缝宽度是否满足《规范》要求(构件处于一类环境)。

[解]:

(1) 计算 e,z:

$$h_0 = h - a_s = 700 - 40 = 660 (\text{mm})$$

$$e_0 = M_q/N_q = 300/600 = 0.5 (\text{m}) = 500 (\text{mm})$$

$$e_0/h_0 = 500/660 = 0.76 > 0.55(需验算裂缝宽度)$$
$$l_0/h_0 = 6500/660 = 9.86 < 14,取\ \eta_s = 1.0。$$

轴向压力作用点至纵向受拉钢筋 A_s 合力点距离 e 为：

$$e = \eta_s e_0 + y_s = \eta_s e_0 + h/2 - a_s = 1 \times 500 + \frac{700}{2} - 40 = 810(\text{mm})$$

内力臂高度 z 为：

$$z = \left[0.87 - 0.12(1 - \gamma'_f)(\frac{h_0}{e})^2\right]h_0$$

$$= \left[0.87 - 0.12 \times (1 - 0) \times (\frac{660}{810})^2\right]660$$

$$= 522(\text{mm}) < 0.87h_0(= 0.87 \times 660 = 574(\text{mm}))$$

（2）计算 σ_{sq}, ρ_{te} 及 ψ：

$$\sigma_{sq} = \frac{N_q(e - z)}{A_s z} = \frac{600 \times 10^3 \times (810 - 522)}{1520 \times 522} = 217.79(\text{N/mm}^2)$$

$$\rho_{te} = \frac{A_s}{A_{te}} = \frac{A_s}{0.5bh} = \frac{1520}{0.5 \times 400 \times 700} = 0.0109 > 0.01$$

$$\psi = 1.1 - 0.65\frac{f_{tk}}{\rho_{te}\sigma_{sq}} = 1.1 - 0.65 \times \frac{2.01}{0.0109 \times 217.79} = 0.547 \begin{matrix} > 0.2 \\ < 1.0 \end{matrix}$$

（3）计算 w_{max}：

$$w_{max} = \alpha_{cq}\psi\frac{\sigma_{sq}}{E_s}(1.9c_s + 0.08\frac{d_{eq}}{\rho_{te}})$$

$$= 1.9 \times 0.547 \times \frac{217.79}{2 \times 10^5} \times (1.9 \times 30 + 0.08 \times \frac{22}{0.0109})$$

$$= 0.247(\text{mm})$$

（4）验算：

$$w_{max} = 0.247\text{mm} < w_{lim}(= 0.3\text{mm})$$

最大裂缝宽度满足《规范》要求。

[例题 9.4] 有一钢筋混凝土矩形截面偏心受拉构件，截面尺寸为 $b \times h = 250\text{mm} \times 400\text{mm}$，配置 HRB335 级钢筋，$A_s$ 为 3Φ25，A'_s 为 2Φ14，混凝土强度等级为 C25；混凝土保护层厚度 $c = 25\text{mm}$；截面承受按荷载效应的准永久组合计算的轴向拉力值 $N_q = 550\text{kN}$，弯矩值 $M_q = 62\text{kN} \cdot \text{m}$。

要求验算裂缝宽度是否满足《规范》的要求限值。

[解]：

（1）计算 ρ_{te} 及 e'：

$$\rho_{te} = A_s/A_{te} = 1473/(0.5 \times 250 \times 400) = 0.0295 > 0.01$$

$$a_s = c + d/2 = 25 + 25/2 = 38(\text{mm}),取\ a_s = 40(\text{mm})$$

$$a'_s = c + d/2 = 25 + 14/2 = 32(\text{mm}),取\ a'_s = 40(\text{mm})$$

$$h_0 = h - a_s = 400 - 40 = 360(\text{mm})$$

$$e_0 = M_q/N_q = (62 \times 10^6)/(550 \times 10^3) = 113(\text{mm})$$

$$< h/2 - a_s = 400/2 - 40 = 160(\text{mm})$$

$$e' = e_0 + h/2 - a'_s = 113 + \frac{400}{2} - 40 = 273(\text{mm})$$

（2）计算 σ_{sq} 及 ψ：

$$\sigma_{sq} = \frac{N_k e'}{A_s(h_0 - a'_s)} = \frac{550 \times 10^3 \times 273}{1473 \times (360 - 40)} = 318.55(\text{N/mm}^2)$$

$$\psi = 1.1 - \frac{0.65 f_{tk}}{\rho_{te}\sigma_{sq}} = 1.1 - 0.65 \times \frac{1.78}{0.0295 \times 318.55} = 0.977 \begin{array}{l} > 0.2 \\ < 1.0 \end{array}$$

（3）计算 w_{max}：

$$w_{max} = \alpha_{cr}\psi\frac{\sigma_{sq}}{E_s}\left(1.9c + 0.08\frac{d_{eq}}{\rho_{te}}\right)$$

$$= 2.4 \times 0.977 \times \frac{318.55}{2 \times 10^5} \times \left(1.9 \times 28 + 0.08 \times \frac{25}{0.0295}\right)$$

$$= 0.452(\text{mm})$$

（4）验算：

$$w_{max} = 0.452(\text{mm}) > w_{lim}(= 0.3\text{mm})$$

最大裂缝宽度未满足《规范》要求的限值，此时应采取有效措施，可参见 9.4.7 节。

9.5　非荷载引起的裂缝

荷载是引起裂缝的主要原因，第9.4节主要阐述了各类受力构件在荷载作用下引起的裂缝以及裂缝控制和横向裂缝（垂直于纵向钢筋的裂缝）宽度的计算方法。

除荷载外，还有很多非荷载原因引起的裂缝。对某些结构而言，非荷载原因或几种不同原因同时影响引起的裂缝可能更为严重。但由于引起裂缝的原因很复杂，目前还没有完善的可供实际应用的计算方法，因此设计施工时应加以重视，采用某些由工程经验积累的行之有效的措施。

一、温度变化引起的裂缝

结构或构件的混凝土因外部温度变化会引起体积变形，它与外力无关。当结构或构件能自由伸缩不受约束时，就不会引起开裂，如变形受到约束时，混凝土中将产生拉应力，当其超过混凝土的抗拉强度时将导致开裂，约束作用越大，拉应力越高，裂缝宽度越大。如连续浇灌大面积的板或较长的墙，当其暴露在大气中受到温度变化的影响时就会发生上述情况。设法消除约束，允许结构能自由变形或有意识地使变形集中于某些部位并采取相应措施，可以避免因温差引起的开裂。例如墙、板、路面、桥面或其他结构构件中设置伸缩缝就是一种有效措施。《规范》对钢筋混凝土结构规定了伸缩缝的最大间距（附表 25）也是为了防止温度变化和混凝土收缩可能引起的裂缝，《规范》第 8.1.1 和 8.1.4 条还列出了在某些情况下，对伸缩缝的最大间距宜适当减小或可适当增大的规定。例如对屋面无保温或隔热措施的排架结构，位于气候干燥地区、夏季炎热且暴雨频繁地区的结构或经常处于高温作用下的结构，附表 25 规定的伸缩缝最大间距尚宜适当减小。

如果在较长区段内不设伸缩缝，则要采取必要的结构和施工措施，如进行温度应力的估算，对温度影响较大部位，如房屋顶层、内纵墙端开间等部位宜适当提高配筋率，合理配置构造钢筋，对预防开裂均能起到较好效果。

还有些结构如烟囱，在使用过程中由于内外温差很大，会在其外表面形成垂直裂缝。又如核反应堆压力容器，在紧急情况关闭期间，由于骤然冷却，也可能导致严重开裂，这些都需要在结构和施工中采取必要的措施。

二、混凝土收缩引起的裂缝

混凝土的收缩也会引起体积变形，混凝土如能自由收缩不受约束，也不会产生拉应力。当收缩变形受到各种约束时，混凝土中亦将产生拉应力，可能导致开裂。约束作用可以不同形式出现，钢筋就是一种内部约束，配筋率较高的构件或薄壁构件，均有可能在构件未受荷前即出现初始收缩裂缝。如四边自由支承的混凝土板，因收缩不受约束，板四周很少出现裂缝，如果板边缘受到诸如砖墙的外部约束，将出现与板边大致成 $45°$ 的一系列平行裂缝。又如当梁腹板高度较大（$h_w \geqslant 450mm$），偏心受压柱截面高度较大（$h > 600mm$）时，均有可能在梁或柱的侧面产生垂直于构件轴线的收缩裂缝，为此需沿梁和柱截面高度两侧面设置构造钢筋。根据工程经验，新《规范》对纵向构造钢筋的最大间距和最小配筋率均给出了规定。

当混凝土收缩较大，或室内结构因施工外露时间较长时，对附表 25 中规定的钢筋混凝土结构伸缩缝最大间距尚应适当减小。

在施工阶段采取防裂措施是国内外通用的减小混凝土收缩不利影响的有效方法。我国常用的做法是设置后浇带。根据工程实践经验，施工时通常将主体结构混凝土每隔 $30 \sim 40m$，预留一条宽度为 $700 \sim 1000mm$ 的后浇带，将结构构件混凝土全部临时断开，使已浇混凝土可自由收缩，减少收缩应力，待主体结构混凝土浇灌两个月以上时，再用高标号混凝土浇灌后浇带。后浇带须贯通结构整个横断面，选择对结构受力影响较小部位，且避免全部钢筋在同一平面内搭接，搭接要求及搭接长度可参见第 2.5 节中有关规定。合理设置有效的后浇带并有可靠经验时，可适当增大伸缩缝间距（附表 25），但不能用后浇带代替伸缩缝。

此外，减小混凝土收缩的措施亦均有利于减小收缩裂缝，如在混凝土配料方面选用粒径大、弹性模量高、级配良好的骨料，严格控制砂石含泥量，减少水泥用量，降低水灰比和加强养护以提高混凝土的密实性和抗拉强度。

三、塑性混凝土的裂缝

塑性混凝土的开裂发生在混凝土浇灌后的几小时内,这时混凝土还处于塑性状态。塑性开裂有两种情况,一种是塑性收缩裂缝,另一种是塑性下沉引起的裂缝。

塑性收缩开裂不同于上述混凝土结硬后的收缩,它不受混凝土中钢筋的影响,比较普遍地出现在大面积的板和壳表面,在混凝土浇灌后数小时,因气温高,风速大,养护不好,表面水分蒸发过快,其速度超过了混凝土本身泌水速度而造成的。板面裂缝呈不规则的鸡爪形(见图 9.19(a)),一般均为细微的表面裂缝,但有的表面宽度可达 1～2mm,但从表面向内很快减小。塑性收缩裂缝可通过混凝土良好的配合比和加强养护、避免水分过快蒸发来减少或防止。

塑性下沉是由于混凝土在凝固过程中,较重的固体颗粒向下移动,水分向上移动,产生泌水现象引起的。若下沉的固体颗粒受到模板或钢筋,特别是位于构件顶部直径较大钢筋的阻碍,混凝土将向钢筋两侧下沉,使钢筋处的沉降与两侧的沉降相差过大,就在顶部钢筋上方出现沿钢筋的纵向裂缝(图 9.19(b)),这种裂缝的深度一般可至钢筋顶面,从而引起钢筋锈蚀。但塑性下沉可通过改善混凝土配合比,减少泌水,加大保护层厚度来防止;将表面重新抹面压光也可使裂缝闭合。

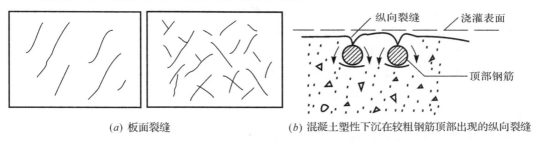

(a) 板面裂缝　　　(b) 混凝土塑性下沉在较粗钢筋顶部出现的纵向裂缝

图 9.19

四、水泥水化热引起的裂缝

大体积混凝土施工时,如大体积基础、大截面地梁、厚度大的地下混凝土墙以及水工结构等,内部混凝土由于水泥水化热与外表已冷却的混凝土之间的温差,或新老混凝土叠合面由于新浇混凝土水泥水化热和已冷却的老混凝土之间的温差,均会引起温度应力,如超过混凝土早期抗拉强度时,就会形成裂缝。防止这类裂缝需进行专门的温控设计:如浇灌时合理的分层分块,采用低热大坝水泥,预冷骨料和预埋冷却水管等。

五、碱 — 骨料化学反应引起的裂缝

水泥的碱液与活性骨料的硅酸盐化学反应后会析出体积增大数倍的胶体,使混凝土胀裂。其特点是裂缝中充满白色沉淀。

六、钢筋锈蚀引起的裂缝

当构件处于恶劣环境或混凝土密实性较差,水气或有害气体通过裂缝作用于钢筋,

或因保护层厚度太薄发生碳化,使钢筋表面保护膜遭到破坏时,均会使钢筋锈蚀。钢筋锈蚀是一个膨胀过程,体积可膨胀 2 ～ 4 倍,这种效应可在钢筋周围的混凝土中产生相当大的拉应力,引起沿钢筋的纵向裂缝,这是一种先锈后裂的顺筋裂缝,一旦发生就严重恶化,导致保护层混凝土成片剥落,并有可能使钢筋锈断。

氯离子是引起钢筋锈蚀的主要因素之一,为控制氯离子的总量,对混凝土拌和物中的氯含量必须先加以限制。

对于钢筋腐蚀的危害程度,沿钢筋的纵向裂缝要比横向裂缝严重得多,应引起足够重视。

七、地基不均匀沉降引起的裂缝

地基不均匀沉降或构件支座过大沉降差均会在结构构件中产生应力,从而引起开裂。

当地基各部分土质不一,建筑物各部分层数和荷载相差很大时,均应设置沉降缝,将基础和上部结构自下至上用沉降缝分开(伸缩缝可仅设置在上部结构部分),使结构各部分可自由沉降。但设置沉降缝会给建筑立面的处理、结构和施工增加难度,地下室也易渗水。

许多工程在设计与施工中采用措施调整各部分的沉降差,减少由于不均匀沉降产生的结构内力。如高层建筑主楼与裙房之间,层数与荷载都相差很多,当地基条件较好,沉降计算比较可靠时,可采取措施控制沉降,如先施工主楼,待主楼沉降基本稳定后,再施工裙房,使两者沉降值接近。主楼部分采用箱基、筏基或桩基尽量减少沉降值,裙房部分采用条基加大土压力,调整两者间的沉降差值。主楼与裙房之间也可预留后浇带,但不能代替沉降缝。

目前《规范》有关裂缝控制的验算,主要是对荷载作用下各类受力构件中的垂直裂缝(横向裂缝),在正常设计、正常施工和正常使用情况下,这类垂直裂缝往往可得到控制,不致造成严重的危害。但上述各种非荷载原因引起的裂缝较之垂直裂缝可能引起更为严重的后果,特别当几种原因共同作用时,情况更为复杂,但目前还缺乏有效的对策,只能根据裂缝特征(如裂缝形式、宽度和长度及其变化规律、裂缝是否贯穿等)分析裂缝产生的原因,评估其对结构的危害性,采取相应的预防和处理措施。

9.6　结构舒适度的控制要求

欧洲建筑设计标准 ENV1991 − 1 专门指出,"正常使用极限状态应考虑人的舒适度","正常使用极限状态需要对导致人不舒适的振动加以考虑,振动舒适度应该满足ISO2631 的要求"。1991 年版的 ISO10137 中,对建筑物在振动环境下的适用性作了一定的规定。而亚洲混凝土模式规范 —ACMC2001 则提出:"应考虑使用者舒适的性能",且"所有性能指标要用可靠度来衡量。"我国新《规范》中首次对结构舒适度提出要求,建议对大跨度混凝土楼盖结构进行自振频率的验算。

楼板结构在正常使用状态下不能有过大的变形,是楼板正常使用极限状态设计的基本要求,各国规范对于楼板变形的正常使用极限状态,一般是通过两种途径来保证:(1)是规定楼板在荷载效应准永久值下的挠度 f 不应超过规定的限值见附录 10;(2)是规定受弯构件截面的最小高跨比。大量的工程实践表明,这些规定对于常见的建筑材料和施工工艺,常用开间大小($<$ 6mm)的楼板结构来说,是可以满足正常使用要求的。但是,近几十年来,建筑设计施工技术发生了很大变化,计算方法的进步、轻质高强材料的使用使得结构体系变得更轻、更柔、阻尼更小,楼板尤其是大跨度楼板因人的日常活动引起的振动舒适度问题就逐步表现出来。有研究结果表明,当楼板的跨度 l 和楼板振动的基频 f_1 不满足 $f_1 \geqslant 24/\sqrt{l}$ 的要求时,就应该考虑楼板的振动舒适度问题。

浙江大学在大跨度楼板结构振动舒适度方面作了一些研究工作,新《规范》也提出了"对大跨度混凝土楼盖结构,宜进行竖向自振频率验算,其自振频率不宜低于下列要求:住宅和公寓 5Hz,办公楼和旅馆 4Hz、大跨度公共建筑 3Hz,工业建筑及有特殊要求的建筑根据使用功能提出要求。"

复习思考题

9.1　采用材料力学公式计算钢筋混凝土受弯构件变形时,为什么要对其抗弯刚度 EI 进行修正。

9.2　建立受弯构件短期刚度 B_s 的计算公式时根据什么假定?通过什么途径?写出平均曲率 φ_{cm} 的表达式。

9.3　短期刚度 B_s 计算公式中的三个系数 ψ, η 及 ζ 各具有什么意义?

9.4　在长期荷载作用下,受弯构件的挠度为什么会增大?

9.5　如何在短期刚度 B_s 的基础上计算受弯构件的刚度 B?

9.6　为什么挠度增大系数 θ 与受压钢筋 A'_s 的配筋率 ρ' 有关?

9.7　提高受弯构件截面刚度有哪些措施?什么措施较为有效?

9.8　什么是受弯构件挠度计算时的最小刚度原则?计算挠度时为什么可采用截面最小刚度?在什么情况下可按截面等刚度计算挠度?

9.9　除荷载作用外,引起钢筋混凝土构件开裂的原因还有哪些?

9.10　有哪些原因可能引起受弯构件中沿受拉钢筋的纵向裂缝?

9.11　《规范》确定裂缝控制等级时考虑了哪些因素?

9.12　粘结 — 滑移理论和无滑移理论对影响裂缝间距和裂缝宽度的主要因素有什么不同观点?

9.13　画出受弯构件截面开裂前后受拉钢筋和混凝土中的应力变化图以及粘结应力分布图。

9.14 构件在使用阶段,裂缝间距为什么会趋于稳定?

9.15 什么是受拉钢筋的有效约束区?根据这个概念,配筋时应注意些什么问题?

9.16 受弯构件平均裂缝宽度的计算式是如何确定的?

9.17 从平均裂缝宽度计算最大裂缝宽度时应考虑哪些因素?如何考虑?

9.18 减小裂缝宽度有哪些措施?其中哪些措施较为有效?

9.19 《规范》对结构舒适度规定了哪些要求?

习　题

9.1 有一钢筋混凝土工字形截面受弯构件,截面尺寸如图 9.20 所示,混凝土强度等级为 C30,受拉区配置 HRB335 级钢筋 6ϕ20(放两排)、受压区配置 HPB300 级钢筋 6ϕ12;梁承受荷载准永久组合计算的弯矩值 M_q = 400kN·m;梁的计算跨度为 l_0 = 9.0m;梁的允许挠度值为 $[f]$ = $l_0/300$。要求验算梁的挠度。

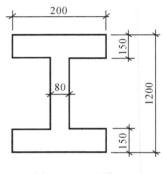

图 9.20 习题 9.1

9.2 有一钢筋混凝土屋架下弦杆,截面尺寸为 $b \times h$ = 200mm × 160mm,已配有纵向受拉钢筋 4ϕ16(HRB335 级钢筋),混凝土强度等级为 C25;梁承受按荷载准永久组合计算的轴向拉力值 N_q = 145kN。要求验算最大裂缝宽度是否满足《规范》要求。

9.3 有一钢筋混凝土矩形截面简支梁,计算跨度 l_0 = 7.2m,截面尺寸为 $b \times h$ = 250mm × 700mm;混凝土强度等级为 C25;梁承受均布线荷载,其中均布永久荷载标准值(已包括梁自重)g_k = 20kN/m,可变荷载标准值 q_k = 10kN/m(准永久值系数 ψ_q = 0.5),按正截面承载力计算已配置纵向受拉钢筋 2ϕ22 + 2ϕ20(HRB335 级钢筋,A_s = 1388mm²)。要求验算:

(1) 最大挠度值是否满足 $l_0/250$ 的要求;

(2) 最大裂缝宽度是否满足 0.3mm 的要求。

9.4 有一钢筋混凝土四孔空心板(图 9.21);计算跨度 l_0 = 3.9m;混凝土强度等级为 C25,纵向钢筋采用 HRB335 级钢筋 5ϕ10;板面承受永久荷载标准值(已包括板自重)2.75kN/m²,可变荷载标准值 2.5kN/m²(准永久值系数 ψ_q = 0.5);要求验算:

(1) 最大挠度是否满足 $l_0/200$ 的要求;

(2) 最大裂缝宽度是否满足 0.3mm 的要求。

(答:折算后工字形截面尺寸为:腹板宽度 b = 188mm,$b'_f \times h'_f$ = 570mm × 28mm)

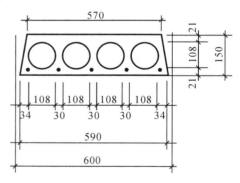

图 9.21 习题 9.4

9.5　有一钢筋混凝土矩形截面偏心受压柱,其计算长度 $l_0 = 5.0m$,截面尺寸 $b \times h = 400mm \times 600mm$,混凝土强度等级为 C30,用 HRB400 级钢筋对称配筋,A_s 和 A_s' 各为 4Φ22,承受由荷载准永久组合产生的轴向压力值 $N_q = 350kN$,荷载偏心距 $e_0 = 515mm$。要求验算最大裂缝宽度是否满足《规范》要求。

9.6　有一钢筋混凝土矩形截面偏心受拉杆,截面尺寸为 $b \times h = 220mm \times 140mm$,混凝土强度等级为 C30,已配置 HRB335 级钢筋 A_s 和 A_s' 各为 3Φ20,按荷载准永久组合计算的轴向拉力值 $N_q = 260kN$,弯矩值 $M_q = 6.25kN \cdot m$。要求验算最大裂缝宽度是否满足《规范》要求。

第 **10** 章

预应力混凝土构件的计算

导 读

　　(1) 理解预应力混凝土的基本概念、施加预应力的方法、预应力结构对钢筋和混凝土材料的要求;(2) 能合理选择张拉控制应力,能计算预应力的各项损失,知道不同张拉方法时,预应力损失值的分批组合;(3) 详细理解不同张法方法时,预应力轴心受拉构件和受弯构件,从张拉钢筋开始至构件破坏应力变化的全过程,最好能画出各过程的应力图,他们是预应力构件计算的基础,是施工阶段和使用阶段计算的依据,所以是学习预应力混凝土构件计算的一个重点,但也是一个难点,不搞清这些图形,不可能正确进行预应力构件的计算,会使自己陷入一片迷茫。计算时特别要稿清楚使用阶段三个阶段。1. 加荷至混凝土中应力为零 —— 消压状态;2. 加荷至裂缝即将出现 —— 抗裂极限状态;3. 破坏阶段 —— 承载力极限状态的三张应力图;(4) 能进行轴心受拉构件承载力、裂缝宽度和施工阶段的计算和验算;了解局部承压的意义,掌握局部承压的计算方法;(5) 能进行预应力受弯构件正截面受弯承载力、斜截面受剪承载力、正截面和斜截面抗裂度、对允许出现裂缝构件的裂缝宽度以及施工阶段各项目的计算和验算;(6) 能合理运用预应力构件的构造措施;(7) 一般了解部分预应力和无粘结预应力混凝土结构的性能;(8) 理解等效荷载和平衡荷载法的概念,它对设计预应力混凝土结构,特别是连续结构,如连续梁等将为变得更为方便有效。

10.1　　预应力混凝土的基本概念

　　混凝土具有抗压强度高和抗拉强度低的特点,其极限拉应变很小,大致为$(0.1 \sim 0.15) \times 10^{-3}$,当混凝土的拉应变达到和超过该值时将开裂,此时钢筋中的拉应力只有

$\sigma_s = (0.1 \sim 0.15) \times 10^{-3} \times 2 \times 10^5 = (20 \sim 30) \text{N/mm}^2$（以 HRB400 级钢筋为例），大致为其抗拉强度设计值 360N/mm^2 的 $6\% \sim 8\%$ 左右。随着荷载的增加，裂缝宽度也将不断增大。如前所述，普通钢筋混凝土受弯构件和轴心受拉构件在使用荷载作用下都是带裂缝工作的。混凝土开裂后，构件刚度降低，变形也增大。若要限制构件的裂缝和变形，势必加大构件截面尺寸和增加钢筋用量，这显然是不经济也不合理的。因此，对在使用条件下不允许出现裂缝和对抗裂要求较高的结构，如贮水池、贮油罐、核电站的安全壳等，以及处于高湿度或有侵蚀性环境中的工业厂房、水工和海洋结构等，普通钢筋混凝土结构就难以满足使用要求，使其应用领域受到一定限制。

此外，在普通钢筋混凝土结构中亦难以合理利用高强度材料。因为提高混凝土强度等级对其抗拉强度提高得很少，对提高构件抗裂度和刚度的效果也很小。采用高强度钢筋可以节约钢材、降低造价，但受到裂缝宽度的制约，当裂缝宽度达到 $0.2 \sim 0.3\text{mm}$ 时，相应钢筋应力约为 $150 \sim 250\text{N/mm}^2$，如果采用高强度钢筋，进一步提高钢筋应力，则裂缝宽度将不能满足正常使用极限状态的要求。由于无法利用高强度材料，构件截面尺寸和钢筋用量均不能减少，导致构件自重过大，使普通钢筋混凝土结构难以在大跨、高层、重载以及特种结构中应用。

为了克服上述不足，很早就提出了预应力的概念。所谓预应力就是在结构尚未承受外荷载作用前，预先对构件受拉区混凝土施加一个预压应力，造成一种人为的应力状态。当构件承受外荷载后，混凝土中将产生拉应力，于是混凝土中事先已存在的预压应力将全部或部分抵消荷载产生的拉应力，使结构构件在正常使用状态下，不出现裂缝或推迟出现裂缝，从而提高结构的抗裂性能，扩大其使用领域。

其实这种预应力原理在我们日常生活中早已有了应用。如常用的木桶，就是用铁箍或竹箍将桶壁一块块的木板箍紧，使桶壁产生环向预压应力将木板挤紧不致漏水，而在铁箍中则产生了预拉应力。

现以受弯构件为例，进一步说明预应力的基本概念。图 10.1(a) 为一简支梁，在荷载作用前，预先在其受拉区施加一对人为的偏心压力 N_p，则在构件下边缘混凝土中将产生压应力 σ_{pc}；图 10.1(b) 表示在外荷载作用下，构件下边缘混凝土中将产生拉应力 σ_c；截面上最后的应力状态就是两者的叠加，如图 10.1(c) 所示。这时构件下边缘混凝土中可能是压应力（当 $\sigma_{pc} > \sigma_c$）或零应力（当 $\sigma_{pc} = \sigma_c$）；也可能出现拉应力（当 $\sigma_{pc} < \sigma_c$）。如果混凝土中拉应力未超过其抗拉强度，一般也不会开裂。可见，由于预压应力 σ_{pc} 的作用，可部分或全部抵消由外荷载在构件下边缘引起的拉应力，从而推迟裂缝的出现，提高构件的抗裂度。对在使用荷载作用下允许出现裂缝的构件，则将起到减小裂缝宽度的作用。

因此可以认为，预应力混凝土是根据需要人为地引入某一数值与分布的内应力，用以部分或全部抵消外荷载应力的一种配筋混凝土；也可以理解为预应力混凝土是根据需要人为地引入某一数值的反向荷载，用以部分或全部抵消使用荷载的一种配筋混凝土。

根据施加预应力值的大小，欧洲国际混凝土委员会和国际预应力混凝土协会（CEB—FIP）曾将配筋混凝土划分为以下四个等级：

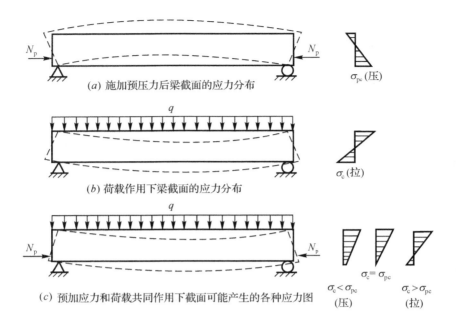

(a) 施加预压力后梁截面的应力分布

(b) 荷载作用下梁截面的应力分布

(c) 预加应力和荷载共同作用下截面可能产生的各种应力图

图 10.1　预应力的基本概念

第 Ⅰ 级 —— 全预应力混凝土

在使用荷载作用下,截面受拉边缘混凝土为压应力或零应力,不出现拉应力。它相当于我国《规范》裂缝控制等级中的一级抗裂,即严格要求不出现裂缝。

第 Ⅱ 级 —— 有限预应力

在使用荷载作用下,允许截面受拉边缘混凝土出现拉应力,但需加以限制,使其不超过混凝土抗拉强度值,在不同程度上控制混凝土的开裂。它相当于我国《规范》中的二级抗裂,即一般要求不出现裂缝。

第 Ⅲ 级 —— 部分预应力

在使用荷载作用下,允许截面受拉边缘混凝土产生大于其抗拉强度的拉应力,即允许出现裂缝,但需限制最大裂缝宽度,使其不超过使用要求的限值。它相当于我国《规范》三级抗裂要求,即允许出现裂缝。

第 Ⅳ 级 —— 普通钢筋混凝土

这种分类法将预应力混凝土和普通钢筋混凝土作为统一的配筋混凝土系列。这一系列的两个界限是全预应力混凝土和普通钢筋混凝土,其间的广大领域则为有限预应力和部分预应力混凝土。需要指出,不能将这种分类法误认为是质量的等级,似乎 Ⅰ 级比 Ⅱ 级好,Ⅱ 级比 Ⅲ 级好等,而盲目要求采用 Ⅰ 级。设计者应该根据结构使用功能的要求和所处环境条件,合理选用预应力度,即通过选用其中的某一等级,求得结构或构件的最优设计方案。

预应力混凝土与普通钢筋混凝土相比,具有以下优点:

(1) 提高了结构抗裂性能和抗渗性能;改善结构的耐久性。

(2) 可以合理有效地利用高强度钢筋和高强度混凝土,从而节约钢材,减小截面尺寸,减轻结构自重,得到较好的技术经济指标。

（3）可以提高构件刚度,减少变形,降低截面高度,增加室内净高或降低房屋总高度。

（4）在重复荷载作用下,构件抗疲劳性能较好,因为钢筋和混凝土应力变化幅度相对较小。

（5）预应力技术可作为大跨度结构分段预制后的拼装手段,常用于房屋或桥梁工程中。

（6）预应力技术可用以调整结构的内力和变形,作为保证结构稳定的一种手段,也可用于各类结构物的修复和加固。

（7）扩大了在工程中的应用领域。

预应力混凝土的不足之处是施工技术要求较高,需要专门的张拉机具和锚夹具,施工周期较长等。但随着科学技术的日益进步,这种状况将不断得到改进。

预应力的概念虽然提出较早,但真正用于工程实践不过是上世纪 20 ～ 30 年代的事,至今还不到 100 年,实际上直至 1945 年第二次世界大战结束后,预应力混凝土才开始大量推广应用。

我国预应力混凝土是随着第一个五年计划于上世纪 50 年代开始发展起来的,当时要进行大规模工业建设,但钢材紧缺,能用于预应力混凝土的高强钢筋更缺。因此从一开始我国预应力就沿着一条自力更生、土法上马、有别于国外的独特道路发展起来的。当时主要采用中、低强度冷加工钢筋为主,用冷拉钢筋建造了一大批装配式单跨和多跨单层工业厂房以代替钢结构,节约了大量钢材;用冷拔低碳钢丝用先张法在长线台座上生产了大量中小型预应力预制构件,如小梁、桁条、空心板等,跨度为 3 ～ 4m 的冷拔丝预应力混凝土空心板,作为楼板和屋面板几乎在居住和民用房屋中普遍采用,那时,强度较高的钢丝则用于重载大跨的桥梁和吊车梁等结构构件中。

上世纪 80 年代以来,高强钢筋供应增多,随着部分预应力理论传播、无粘结预应力筋的推广以及钢绞线束张锚体系的研制成功,使我国预应力混凝土登上了一个新台阶。

大跨度大柱网多层多跨的预应力混凝土框架结构广泛应用于民用、公共和工业建筑。

高层建筑如雨后春笋,拔地而起,高度超过 100m 的高层建筑在全国已不计其数。高层建筑的结构体系有框架结构、剪力墙结构、筒体结构以及它们之间相互组合的结构体系,如框架 — 剪力墙、框架 — 筒体、框架 — 剪力墙 — 筒体以及筒中筒、成束筒等。用于多层和高层建筑的楼层结构也是形式多样,如平板楼盖、扁梁 — 平板楼盖、密肋楼盖和井字梁楼盖等,其中有采用有粘结预应力筋和无粘结预应力筋。先张法预制应力混凝土预制构件也得到大量应用,如工字形和 T 形截面梁,跨度为 10 ～ 25m 的双 T 板和跨度为 6 ～ 18m 的 SP 板,两者既可用作楼板也可用作墙体。

1990 年建成我国当时最高的高层建筑 —— 广州广东国际大厦,该大楼地上 63 层,地下 2 层,总高 199m,为筒中筒结构体系,楼盖为大跨无粘结预应力混凝土平板结构。

预应力混凝土单项工程的规模也越来越大,如首都国际机场新航站楼,工字形平面,建筑面积达 28 万 m²,中央大厅为框架 — 剪力墙结构;新建5层汽车停车楼总面积 17 万 m²,亦为框架 — 剪力墙结构,基础是预应力混凝土筏式基础,楼板均采用无粘结部分预应力混凝土结构,预应力筋为低松弛钢绞线,抗拉强度标准值 $f_{ptk} = 1860\text{N}/\text{mm}^2$,夹片式锚具,上部结构混凝土强度等级为 C60。

2000 年刚投入使用的杭州萧山机场候机楼由三部分组成:高架桥道路采用有粘结预应力纵向主框架;航站楼采用 12m × 12m 大柱网结构,框架柱为直径 1.0m 的圆柱,楼盖采用无粘结扁梁 — 大平板结构;登机廊采用预应力混凝土井式楼盖。

北京、天津、南京及上海等地的电视塔都采用了预应力技术,其中 1994 年建成的上海东方明珠电视塔,高 468m,当时是国内也是亚洲最高的电视塔。

很多特种结构也广泛采用了预应力混凝土结构,如大容量水池、水塔、蛋形污泥消化池、贮罐、仓斗,乃至技术要求较高的核电站安全壳,海上石油开采平台及地下结构等。

预应力斜拉索结构近年来在房屋建筑中也得到了应用,如北京亚运会游泳馆屋盖结构用 24 根预应力斜拉索将跨度为 117m 的屋盖主钢梁斜拉在建筑物两端高度分别为 70m 和 60m 的混凝土塔筒上。2000 年建成的浙江黄龙体育中心可容纳 6 万观众的看台屋盖采用了斜拉网壳大悬挑空间结构,用 36 根预应力斜拉索,张拉后一端锚固在两座高 90m、相距 250m 的混凝土双肢塔楼上,另一端锚固于网壳上弦平面的内环梁上。

绝大部分公路桥和很多铁路桥也都采用了预应力混凝土结构,有连续梁、悬臂梁、斜拉索和悬索桥等多种形式。1991 年建成的杭州钱塘江二桥,长 1340m 的铁路正桥采用了预应力混凝土箱形截面连续梁,其连续长度在当时为国内之冠。近年建成的汕头海湾大桥是我国首座大跨度现代悬索公路桥,为三跨预应力混凝土箱形加劲梁,主跨 452m,桥面净宽 24.20m,6 车道,该桥地处海湾,设计中创造性地解决了地质构造复杂、潮汐影响大、强台风和大地震等复杂技术问题。

预应力混凝土也在土木工程的其他诸多领域得到广泛的应用。

下面举出一些国外著名的预应力混凝土建筑物。

德国法兰克福机场的飞机库,为世界最大的飞机库之一,270m × 100m 的大跨度屋盖采用预应力轻混凝土悬索板带结构;加拿大多伦多预应力混凝土电视塔高达 549m,为世界上最高的高耸结构物,上部塔身及基础均采用现浇后张全预应力混凝土结构;1989 年挪威建造的位于北海水深 216m 的格尔法克斯 C 型(Gullfaks C)石油开采平台,面积 16 万 m²,高 262m,是世界上最大的预应力海洋平台之一,由 24 只直径 28m、高 56m 的预应力油罐和用以支承上部结构的四根高 165m 的预应力混凝土管柱组成,管柱下部直径 28m,顶部 12.8m,施工只用了三年半时间,设计和施工中都采用了不少新技术,创造了很多新纪录,被国际预应力混凝土协会 FIP 评为 1990 年度杰出工程。

从上述工程实例可见,高效预应力混凝土除采用高强钢筋和混凝土外,还应具有符合建筑和使用功能要求的合理结构体系与先进的预应力工艺体系。

随着我国五年计划的实施预应力混凝土结构得到了很大的发展,随着第十二个五年计划以及西部大开发战略的实施,预应力混凝土结构必将得到更大的发展。

10.2　施加预应力的方法

对混凝土施加预应力的方法有很多种,一般是通过张拉钢筋(称为预应力钢筋),利用钢筋的回缩来挤压混凝土,使混凝土受到预压应力,钢筋受到预拉应力;或在张拉钢筋的同时使混凝土受到预压。预应力钢筋可配置于混凝土体内(称体内束),也可以置于混凝土结构体外(称体外束)。根据钢筋受拉和浇灌混凝土的先后次序,通常将施加预应力的方法分为先张法和后张法两大类。

10.2.1　先张法

一、先张法施工工序和适用范围

先张法是在浇灌混凝土之前先张拉钢筋,其施工工序如下(图 10.2):

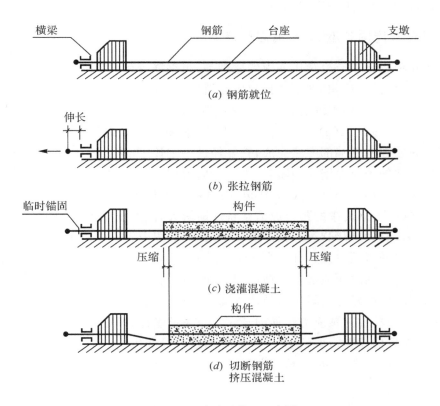

图 10.2　先张法施工工序图

（1）先在台座上或钢模上布置钢筋。

（2）张拉钢筋并将其临时锚固在台座或钢模上。

（3）安装模板，绑扎非预应力钢筋。

（4）浇灌混凝土。

（5）待混凝土养护至设计规定的放张强度等级（一般不低于构件设计强度等级的 75%）后切断或放松预应力钢筋（常称放张），当预应力钢筋回缩时将挤压混凝土，使混凝土获得预压应力。

先张法的生产有固定台座法和钢模机组流水线法两种。先张法的生产工艺比较简单，质量易于保证，成本也较低。且便于运输，除用于生产中小型构件，如跨度较小的空心板、预制小梁及中小型吊车梁外，近年来也生产跨度较大的双 T 板和 SP 空心板，他们既可用作楼板和屋面板，也可用作墙板。

露天长线台座一般长为 100m 左右，占地较多，为了加快台座周转，可采用蒸汽养护。

预制厂生产先张法混凝土构件所用的预应力钢筋大部分是靠粘结锚固的单根钢筋。

先张法最适宜于定型构件大批量工厂化生产，由于工厂生产质量容易控制，也有利于采用各种新材料、新工艺和新技术，以生产强度高、尺寸准确、表面光洁和耐久性好的高质量构件，产品大多用于房屋和桥梁。

二、预应力传递长度 l_{tr} 和锚固长度 l_a

先张法在混凝土中产生预压应力的原理是：当钢筋受到张拉时产生拉伸变形，截面缩小，待切断放松钢筋后，其端部的预拉应力消失，钢筋欲回复至原有截面，但在构件端部以内，钢筋的回缩受到周围混凝土的阻拦，造成径向压应力，并在钢筋和混凝土之间产生粘结应力，如图 10.3(a) 所示。通过粘结应力使混凝土受到预压应力。但这种传递预应力的过程并非在构件端部突然完成，它要经过一定长度，称为预应力传递长度 l_{tr}。

当构件端部的预应力钢筋切断后，由于预应力钢筋的回缩，在预应力钢筋和混凝土之间将产生相对滑移 S（图 10.3(d) 中 abc 的面积）。随着与端部距离 x 的增大，由于粘结应力的积累，预应力钢筋中的预拉应力又将逐渐增大，混凝土中受到的预压应力也将相应增大。预应力钢筋的回缩减少，相对滑移也减小，如图 10.3(d) 所示。当 a—b 截面间的全部粘结应力能平衡预拉力 N_p 时，自 b 截面开始，预应力钢筋才能建立起稳定的预拉应力 σ_p（图 10.3(b)），同时相应混凝土截面建立起稳定的预压应力 σ_{pc}（图 10.3(c)）。这时预应力钢筋的回缩量恰好与混凝土的弹性压缩应变相等而两者共同变形，相对滑移消失，$S_b = 0$。因此 a—b 段称为预应力钢筋的预应力传递长度 l_{tr}，一般亦称 a—b 段为先张法构件的自锚区。为简化计算，a—b 间的 σ_p 和 σ_{pc} 均按直线变化。

预应力的传递长度 l_{tr} 可按下式计算：

$$l_{tr} = \alpha \frac{\sigma_{pe}}{f'_{tk}} d \tag{10.1}$$

式中，α—— 预应力钢筋的外形系数，见表 2.2；

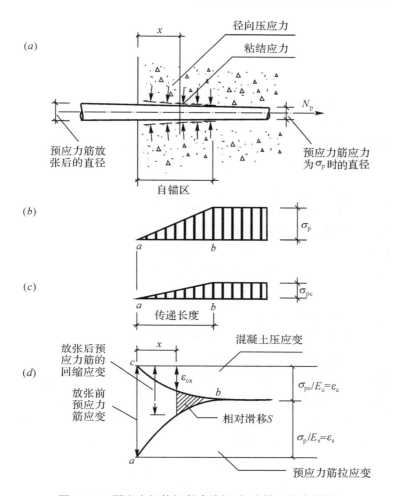

图 10.3　预应力钢筋切断或放松后，自锚区应力变化

σ_{pe}——放张时预应力钢筋的有效预应力；

f'_{tk}——与放张时混凝土立方体抗压强度 f'_{cu} 相应的轴心抗拉强度标准值；

d——预应力钢筋的公称直径。

当采用骤然放松预应力钢筋的施工工艺时，l_{tr} 对光面预应力钢线，l_{tr} 的起点应从距构件末端 $0.25l_{tr}$ 处开始计算。

先张法构件在承载力计算及抗裂度验算时，均应考虑预应力钢筋在其预应力传递长度 l_{tr} 范围内实际预应力值的变化，予以相应折减。

在计算先张法预应力混凝土构件端部锚固区正截面和斜截面受弯承载力时，预应力钢筋必须经过足够的锚固长度后才能充分发挥作用，其应力才可能达到其抗拉强度设计值 f_{py}。因此，锚固区内的预应力钢筋抗拉强度设计值可按下列规定取用：即在锚固起点处为零，在锚固终点处为 f_{py}，两者之间按线性内插法确定；显然，预应力钢筋的锚固长度 l_a 应大于其应力传递长度 l_{tr}。预应力钢筋的锚固长度按式（2.33）取用。

当采用骤然放松预应力钢筋的施工工艺时，l_{tr} 和 l_a 的起点均应从距构件末端 $0.25l_{tr}$

处开始计算。

10.2.2 后张法

后张法是在构件的混凝土达到一定强度后再张拉钢筋的方法。施工工序如下（图 10.4）：

（1）先浇灌构件的混凝土，并在浇灌前在构件中预留孔道，预留孔可采用预埋薄钢带卷成的波纹管或钢管，或用充压橡胶管、钢管抽芯成型。

（2）待混凝土达到设计规定允许张拉的强度等级（一般不低于构件设计强度等级的 75％）后，将预应力钢筋穿入预留孔道，将非张拉端先锚固好，再在另一端张拉，如构件较长也可采用两端张拉。张拉时张拉机具顶住构件端部，利用构件作为支点张拉钢筋，因此后张法在张拉钢筋时，混凝土就同时受到了预压。

（3）待钢筋张拉达到控制应力后，用锚具将其锚固在构件上，此时由锚具建立预压力。

（4）最后向预留孔道内压浆。

按上述工序制作的构件称为有粘结后张法预应力混凝土结构。如果在浇灌混凝土时不预留孔道，直接将无粘结预应力钢筋置于混凝土内，待混凝土达到要求的强度等级后张拉钢筋，称为无粘结预应力混凝土结构。无粘结预应力钢筋用钢绞线或高强钢丝，外涂润滑防锈专用油脂，再用注塑机注塑成形为高压聚乙烯套管。在预留孔道比较困难的连续结构或其他结构中，使用无粘结预应力筋施工就比较方便，但无粘结预应力筋与混凝土无粘结，仅靠两端锚具建立预压力，两者各自变形，详见本章第 10.9.2 节。

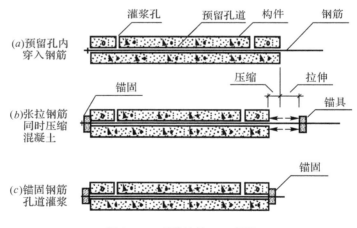

图 10.4 后张法施工工序图

后张法制作一般在施工现场进行，故适宜现浇混凝土整体结构。其合理适用范围为制作大型构件，如大跨度屋架、屋面梁及重级工作制吊车梁，以避免运输困难；曲线配筋的连续梁板结构以及曲面或形状复杂的壳体等；双向预加应力结构，如楼面大跨度平板、双向密肋板及井式楼盖等；体外配筋的结构，如圆形或环形水池、油罐等，预应力筋按螺旋形沿结构外壁进行环向张拉；当构件跨度很大时，可先将其分成若干块预制，然后利用后张法手段拼装成整体。

后张法由于张拉力较大，故对锚具和张拉机具的要求较高；而锚具在构件上不能取下重复使用，成本较高；后张法施工工序较多，对施工要求也较高。从预留孔道、施加预压力、抽管到压浆，封堵锚固区等每道工序都应严格按照操作规程，稍有不慎就将造成事故，且难以检查和发现隐患，如抽管时间不当，将使抽管困难或发生塌孔事故；又如孔道内压浆不实，预留孔道中有未经灌实的空隙、空洞、甚至漏灌，均易使钢筋受到腐蚀，影响构件耐久性。

目前国内外已认识到后张法预应力混凝土结构除需依靠优良的设计和材料标准外，操作人员还须经专业训练，并具有高度责任心，才能保证结构的安全性和耐久性。国外早在上世纪 50 年代已走上专业公司的发展道路，如国际上著名的弗雷西涅（Freyssinet）及 VSL 公司都有一支具有创新和开拓能力、精通专业的队伍以及自己的张拉系列专利，他们的分公司遍布全球，国际上一些大型工程都由他们分包，如我国大亚湾核电站安全壳、韩国 10 万 m³ 液化石油贮罐等。

如上所述，先张法和后张法是以张拉钢筋和浇灌混凝土次序的先后来区分的，但其实质上的差别在于建立预应力方法的不同。

（1）先张法是在放松预应力钢筋时才对混凝土产生压缩，而后张法是在张拉预应力钢筋的同时即对混凝土进行了预压。

（2）先张法是通过预应力钢筋与混凝土之间的粘结对混凝土施加预压应力，预应力钢筋靠粘结应力自锚建立预应力，先张法的锚具只起临时锚固作用，预应力钢丝放松后，即可取下重复使用，故有时称这种锚具为夹具；而后张法则是通过锚具对混凝土施加预压应力，因此锚具是后张法构件的一部分，不能取下再用。

张拉预应力钢筋的方法除用机具张拉外，还可采用电热法。张拉时在钢筋两端接电，在低电压下输入强电流。由于钢筋电阻较大，使钢筋受热膨胀伸长，当伸长至预定长度后，拧紧钢筋端部的螺帽或插入垫板，将预应力钢筋锚固在构件上。当切断电流，预应力钢筋回缩受阻，从而使混凝土建立起预压应力。电热法亦常用于后张法预应力混凝土环形结构。

此外，利用膨胀水泥拌和混凝土浇灌在配有钢筋的构件中，亦可取得预压混凝土的效果，这种混凝土称自应力混凝土。

上面介绍了先张法和后张法的区别，各自的优缺点及适用范围，应结合工程实际合理地选择预应力施工方案。

需要指出，当前工程中采用无粘结预应力钢筋现浇后张结构较多，这从填补我国预应力混凝土结构的空白，赶上国际水平方面来说是需要的；但也应该认识到这不是预应力混凝土发展的惟一方向。现在人们又重新开始重视先张预应力混凝土预制装配式与半装配式（预制与现浇相结合）结构体系，这是十分必要的。北美西欧等国也由于无粘结预应力钢筋价格比较昂贵，现浇后张结构造价也高，难以与预制结构竞争，只能在有特殊要求的工程中合理选用。当前发达国家预制预应力混凝土构件产品大致要占全部预应力混凝土年产量的 80% ～ 90%。

我国先张法预应力混凝土预制构件的生产与应用已有三四十年的实践经验,具有一定生产规模和技术力量的大中型预制厂在全国数以百计,只要进行适当的设备更新、技术改造与人员培训,先张法预制装配式或半装配式结构将会得到更大的发展,逐渐成为我国高效预应力结构发展的主要方向。

10.2.3　锚　具

锚具是预应力混凝土构件施工中用于锚固预应力钢筋的工具。在先张法结构中,锚具用以临时固定预应力钢筋,张拉结束至混凝土达到要求的强度后,锚具即可取下,重复使用。在后张法构件中,锚具长期固定在构件上传递预压应力,成为构件的一部分。锚具锚固性能不好将导致预应力的损失。

国内外锚具的种类很多,按锚固预应力钢筋的基本原理分类,锚具可分为两大类:第一类是利用楔作用原理,产生对预应力钢筋的摩擦挤压作用,将预应力钢筋楔紧锚固,简称摩阻式锚具,或称楔紧式锚具;第二类依靠预应力钢筋端部形成的镦头或螺帽垫板直接支承在构件的混凝土上,简称支承式锚具。锚具往往与张拉机具配套使用,形成一个系列。下面仅就工程中常用的几种锚具作简要介绍。

一、摩阻式锚具

摩阻式锚具由于构造的不同又可分为锥塞式和夹片式两种。

1. 锥塞式锚具

有一种锥塞式锚具称弗列西涅(Freyssinet)式锚具。它由锚环和锚塞组成,如图10.5 所示。锚环为一个有锥形孔的圆柱体,锚塞为截锥体形,均用 45 号优质碳素钢锻制。张拉预应力钢筋时使用双作用千斤顶,这种千斤顶有两个油缸,分别起两种作用,一种作用是夹住钢筋进行张拉;另一种作用是张拉至控制应力后,反方向将锚塞顶入锚

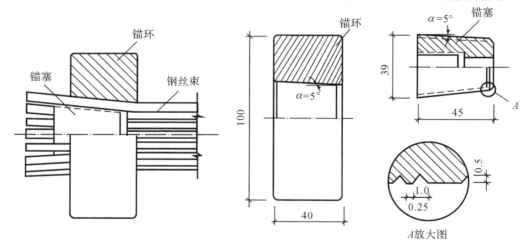

图 10.5　锥塞式锚具

环,预应力钢丝或钢绞线就被夹紧在锚环和锚塞之间,不能再回缩至张拉前的长度。

这是一种属于钢丝束或钢绞线束通过锚环和环塞之间摩擦力和挤压作用进行锚固的摩阻式锚具。

锥塞式锚具可用于锚固 12 ～ 24 根直径为 5 ～ 9mm 的预应力钢丝束,或直径为 9.5mm 和 12.7mm 和 15.2mm,由 7 根 ϕ^s 高强钢丝组成的钢绞线束。

锥塞式锚具配以双作用千斤顶,张拉和锚固的效率较高,施工方便,在预应力混凝土屋架、屋面梁等房屋建筑及桥梁等土木工程中应用较为广泛。缺点是相对滑移较大,且不易保证每根钢丝或钢绞线中应力的均匀性。

2. 夹片式锚具

(1) JM 型锚具

JM 型锚具由锚环和若干夹片组成,如图 10.6 所示。夹片为楔形,横截面呈扇形,每块夹片两侧各有一个圆弧形槽,槽内有齿纹,依靠摩擦力有效地夹住预应力钢筋。夹片块数与钢筋束的根数相同,一般有 3 ～ 6 块。锚环分甲型和乙型两种,甲型锚环为一有锥形孔的圆柱体,使用时直接置于构件端部的垫板上;乙型锚环在圆柱体外部增加正方形肋板,使用时锚环埋在构件端部不外露。甲型锚具加工和使用方便,采用较多。

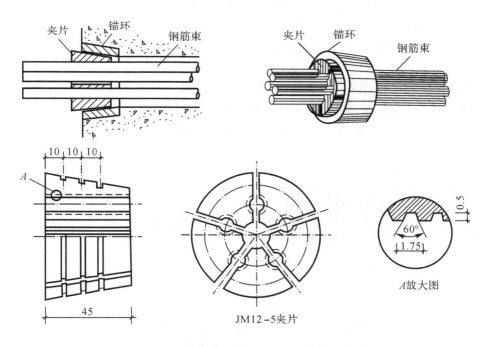

图 10.6 JM 型锚具

张拉时亦采用与之配套的双作用千斤顶,如 YC60 型等。夹住钢筋张拉至控制应力后,反方向将夹片顶入锚环内并顶紧,从而将预应力钢筋锚紧。

JM 型锚具的锚固原理也是预应力钢筋依靠摩擦力通过夹片的楔入作用将预压力传给锚环,再通过垫板将预压力传至构件混凝土,所以也是一种摩阻式锚具。

JM-12 锚具可锚固 3～6 根直径为 9.5mm 和 12.7mm 的钢绞线束,JM-15 锚具可用于张拉和锚固直径为 15.2mm($7\phi^s5mm$) 钢绞线束。

JM 型锚具的锚环和夹片均需用高强度钢材制作,加工精度要求也较高。它既可用于张拉端,亦可用于非张拉端,但由于成本较高,故非拉端可采用镦头锚具,比较简单和经济。

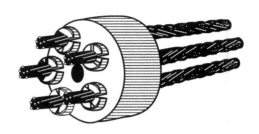

图 10.7　XM 型锚具

JM 型锚具广泛用于单层、多层工业与民用建筑和中、小跨桥梁中。

(2) XM 型锚具

XM 型锚具由锚块和锥形夹片组成,如图 10.7 所示,圆形锚块上有多个圆孔,每个圆孔内有三个锥形夹片,夹住一根钢绞线或钢丝,利用楔作用原理,依靠摩擦力将其锚固,形成一个锚固单元,一个锚块上根据需要可有多个锚固单元形成群锚。圆孔内的三个锥形夹片按 120° 均分的开缝沿轴向有偏转角(称斜开缝),偏转角方向与钢绞线中的扭角相反,有利于锚固钢绞线和钢丝。

XM 型锚具体系中有配套用的千斤顶,如 YCD 型等。

XM 型锚具一般可锚固 3～9 根乃至更多根的钢绞线束或钢丝束。

由于各锚固单元独立工作,因而锚固可靠。

(3) QM 型锚具

QM 型锚具的工作原理与 XM 型锚具相似,如图 10.8 所示。锚具由锚板与夹片组成,分单孔和多孔两类,多孔锚具称群锚。根据钢绞线和钢丝束的根数,在锚板上配置相应的孔数。同一束中的每根钢绞线或钢丝束均分开锚固,也是由一组为三片的楔形夹片

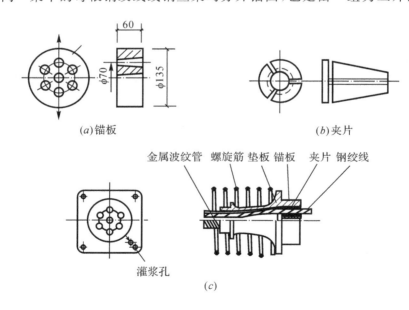

(a)锚板　　　　　　　　　　　　　　(b)夹片

(c)

图 10.8　QM 型锚具

夹紧(夹片亦按 120° 均分,但直开缝,有斜向细齿),各自独立安放在锚板的一个锥形孔中,在楔作用下,钢绞线越拉越紧,任何一副夹片滑移、碎裂或钢绞线断裂,都不影响同束中其他钢绞线的锚固,因此具有锚固可靠、互换性能好、自锚性强的优点。

锚具下锚头由喇叭形铸铁管和螺旋筋组成(图 10.8(c)),喇叭形铸铁管与端头垫板铸成整体,这是为解决混凝土承受大吨位局部压力,构件端部受力复杂,配筋密集及使预应力孔道与端头垫板垂直,保证锚具位置正确而采取的构造措施。垫板上还设有灌浆孔。图 10.8 所示为锚固 6 根直径为 15.2mm 的钢绞线束的 QM15－6 型锚具,曾在南京五台山综合训练馆 35m 楼面梁中得到应用。

XM 型和 QM 型锚具是 20 世纪 80 年代后期研制成功的,曾应用于郑州黄河大桥 40m 主梁的预应力钢绞线束、杭州钱塘江二桥和北京、天津、南京等地的电视塔工程以及杭州黄龙体育中心等不少大跨度和高层建筑中。

(4) OVM 型锚具

这也是一种夹片式锚具,与 QM 型锚具相似,不同的是将夹片由三块改为两块,并在夹片背面上锯有一条弹性槽,以方便施工和提高锚固性能,可用于锚固钢绞线及高强钢丝。在张拉空间较小或在环形预应力结构中,当采用与 OVM 型锚具配套的变角张拉工艺时,张拉十分方便。OVM 锚具曾应用于南京长江二桥、北京西客站、南京新华大厦及黄河小浪底等工程中。

二、支承式锚具

1. 镦头锚具

镦头锚具由锚环、外螺帽、内螺帽和垫板组成,如图 10.9 所示。

锚环上布置有多个圆孔,圆孔数与需要张拉钢丝的根数相同,张拉前预先将这些钢丝穿过锚环上圆孔,用热镦或冷镦将钢丝端头镦粗成球形圆头,然后连同锚环一起穿过构件中的预留孔道,再在锚环上套上螺帽。由千斤顶通过外螺帽张拉预应力钢丝,边张拉

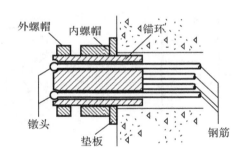

图 10.9　镦头锚具

边拧紧内螺帽,张拉力通过内螺帽、垫板传至构件端部混凝土形成预压力。

镦头锚具可用于张拉单根或多根预应力钢丝束。非张拉端亦可用镦头钢丝和锚板进行锚固。配套使用的千斤顶有 YC20、YC120 和 YCQ—600 型等。

镦头锚具损失较小,但钢丝端部需镦头,下料长度要求严格,允许偏差小,施工要求较高。

这种锚具较适用于直线预应力钢丝,可多次反复张拉。在桥梁工程中可锚固多达 200 多根钢丝组成的拉索。

2. 螺丝端杆锚具

锚固单根粗钢筋最常用的是螺丝端杆锚具(图 10.10),也可以在张拉端采用螺丝端

杆锚具,而在非张拉端采用镦头锚具或帮条锚具(图 10.11 和 10.12)锚固。

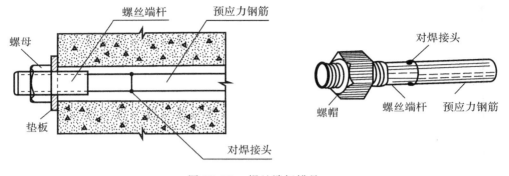

图 10.10　螺丝端杆锚具

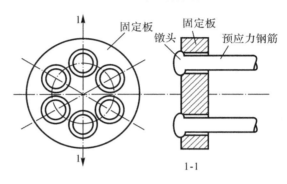

图 10.11　镦头锚具

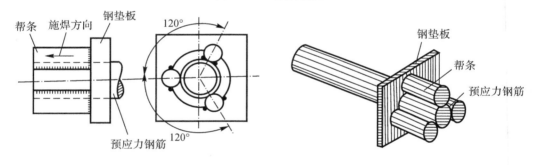

图 10.12　帮条锚具

　　螺丝端杆锚具由螺丝端杆和螺帽组成,端杆的无螺纹端与预应力钢筋对焊。螺丝端杆的强度应高于预应力钢筋的强度,一般用热处理钢制成。

　　张拉用普通千斤顶,将其带螺纹的拉杆端拧紧在螺丝端杆的螺纹上进行张拉,至控制应力后,拧紧螺丝端杆上的螺帽,通过构件端部钢垫板的承压作用将预压力传至构件混凝土上。

　　螺丝端杆锚具是锚固直径为 18 ～ 40mm 单根粗钢筋最常用的锚具。它的优点是构造简单,滑移较小,且便于再次张拉,但要求下料长度比较精确,并应注意预应力钢筋与螺丝端杆焊接接头的质量,以免焊口断裂造成事故。

　　非张拉端亦可采用镦头锚具,如图 10.11 所示。将预应力钢筋的端头用镦头机通过热镦或冷镦,镦粗成球形圆头,然后将镦粗头支承在锚固板孔端而形成锚固。

非张拉端还可采用帮条锚具,它用三根长度约为 50 ～ 60mm 的短钢筋按 120° 角度分焊在预应力钢筋和厚度约为 15 ～ 20mm 的钢板上组成,如图 10.12 所示。

螺丝端杆锚具适用于长度较短,配置直线预应力钢筋的构件,如预应力屋架的下弦杆等。

10.3　预应力混凝土材料

10.3.1　钢　　筋

预应力混凝土构件中,使混凝土建立预压应力是通过张拉钢筋来实现的。钢筋在预应力混凝土构件中,从张拉开始直至构件破坏,始终处于高应力状态,因此必然对预应力钢筋提出较高的质量要求。主要有以下几方面:

1. 高强度

为了使预应力混凝土构件在混凝土产生弹性压缩、收缩和徐变后,仍能建立起较高的预压应力,就需要采用较高的张拉应力,因此要求预应力钢筋应有较高的抗拉强度。

2. 与混凝土有足够的粘结强度

这一点对先张法预应力混凝土构件尤为重要,因为在预应力传递长度内,钢筋和混凝土之间的粘结强度是先张法构件建立预压应力和可靠自锚的保证。

3. 良好的加工性能

如良好的可焊性,以及钢筋经过冷镦或热镦后不致影响原来的物理力学性能等。

4. 具有一定的塑性

为了改善预应力混凝土构件的脆性性质,要求预应力钢筋具有一定的延伸率,这在构件处于低温环境和冲击荷载条件下尤为重要。一般要求冷拉热轧钢筋的延伸率不小于 6%,光面钢丝不小于 4%。

5. 低松弛

预应力钢筋张拉后,在长度保持不变的情况下,其应力将随时间的增长而降低,这种现象称为应力松弛。

预应力钢筋张拉后固定在台座上或构件上都会产生应力松弛,从而引起预应力损失,降低钢筋中的预拉应力。

预应力钢筋的松弛与钢材品种性质有关,高强钢丝、钢绞线及冷拔低碳钢丝的应力松弛较大,热轧钢筋较小。

6. 耐腐蚀

具有高应力的预应力钢丝,当腐蚀存在时,将以更快的速度被腐蚀,这种现象称为应力腐蚀。因此,随着预应力混凝土结构在腐蚀性环境中的应用,如海洋结构等,对耐腐蚀的研究开始引起注意。

近年来,我国预应力混凝土结构用的钢筋有了进一步的发展,研制开发了一批钢筋新品种,强度有了很大提高,规格也有增加。以往常用的中强度预应力钢筋已逐渐被替代。目前使用的预应力钢筋有以下 4 类。

一、钢绞线

有三根绞结和七根绞结两种钢绞线 ϕ^s。如七根钢绞线的公称直径(钢绞线外接圆直径) 分别为 9.5mm、12.7mm、15.2mm、17.8mm 和 21.6mm。其极限强度标准值大多为 1720 ~ 1960N/mm²,具有延性好、性能稳定、锚固可靠等优点。七根钢绞线由于面积较大,比较柔软,施工也较方便。

上世纪 90 年代国内已引进多条生产这种低松弛的钢绞线生产线,并已大批量生产,能满足预应力钢筋的需要,这是当前预应力混凝土结构的首选高效预应力钢筋,也是使用得较为广泛的预应力钢筋。在先张法和后张法结构中均可应用。

高强度、低松弛的钢绞线目前已在高层和大跨度建筑、铁路和公路桥梁、特种结构及土木工程的各领域中使用。

二、消除应力钢丝

消除应力钢丝系用高碳钢轧制成盘圆后,经过多次冷拔,冷拔后的钢丝内部有较大的内应力存在,故需再经低温回火处理以消除内应力,故称消除应力钢丝。

根据钢丝表面形状,消除应力钢丝有二个品种:一种是光面钢丝 ϕ^P,另一种是表面有螺旋肋的钢丝 ϕ^H,后者与混凝土的粘结性能显然比光面钢丝要好。

消除应力钢丝的直径一般有 5mm、7mm、9mm 三种,极限强度设计值在 1470N/mm² 至 1860N/mm² 之间,不同品种的钢丝有不同的直径,可见附表 5 ~ 6。他们亦用于房屋结构及土木工程各领域。

三、预应力螺纹钢筋 ϕ^T

这是一种直径较粗,宜用于后张法的预应力钢筋,其与混凝土的粘结也较好。直径有 18mm 至 50mm 等五种,其极限强度标准值为 980N/mm² 至 1230N/mm²。

四、中强度预应力钢丝

有光面 ϕ^{PM} 和螺旋肋 ϕ^{HM} 两种,宜用于中小型预应力构件。直径有 5mm、7mm 和 9mm 三种,其极限强度标准值为 800N/mm²、970N/mm² 和 1270N/mm²。

上述预应力钢筋强度的标准值和设计值均见附表 5 ~ 6。

国外对预应力钢筋也在发展一种高强度、粗直径、低松弛和耐腐蚀的精轧螺纹钢筋,可用带有螺纹的套管进行连接,无需焊接接长,并可用螺帽进行锚固,施工方便可靠。

作为新的预应力材料,还有纤维增强塑料(FRPS),包括玻璃纤维增强塑料、碳素纤维增强塑料和芳纶纤维增强塑料等,由树脂包裹,经过挤压加工处理后制成。这些新材料的主要优点是在各种环境下具有耐久和抗腐蚀特性,重量轻、强度高、耐疲劳和无磁性等,但延性较差。

他们可用作预应力和非预应力钢筋,这些材料具有线弹性应力－应变关系,直至拉断,其性能与钢筋和预应力钢材不同,要求用新的材料试验方法和新的设计方法。

上世纪70年代德国首先用玻璃纤维增强塑料作为预应力筋代替预应力钢筋用于试验性人行桥。最早用碳素纤维增强塑料和芳纶纤维增强塑料作为预应力筋修建过人行桥、自行车桥及公路桥。

总的来说,这是一种有希望有前途的新配筋材料,但目前这种材料还处于开发阶段,在材料及应用上还要进行广泛深入的研究和工程试验,还不能简单地替换目前预应力混凝土和钢筋混凝土中的钢筋。

10.3.2　混凝土

预应力混凝土构件对混凝土性能的要求有以下几方面。

一、高强度

对构件施加预应力也可以说是借助于混凝土较高的抗压强度来弥补其抗拉强度的不足,因此采用的混凝土应具有较高的抗压强度,一般不宜低于C40,使能承受较高的预压应力,发挥高强钢筋的效用,减小混凝土的徐变,同时有效地减小构件截面尺寸,减轻构件自重。

对于先张法预应力构件,提高混凝土强度等级可相应提高其粘结强度,减小预应力传递长度。

要不断提高 C50 ～ C60 级高强混凝土的应用比重。提高工程应用中的匀质性、不透水性、低收缩性及可泵性。

二、收缩和徐变小

主要是为了减少由于混凝土收缩和徐变引起的预应力损失,提高有效预应力值。强度高的混凝土弹性模量大,徐变亦小。

三、快硬和早强

混凝土如果能较快地获得强度,则可尽早施加预应力,加快施工进度,特别对先张法构件,可以加快台座、模板和夹具的周转。

四、发展轻骨料混凝土,减轻结构自重

综上所述,在选择混凝土强度等级时,应综合考虑施加预应力的方法、构件跨度大小、使用条件以及预应力钢筋类型等因素。

从施加预应力方法看,先张法构件混凝土强度等级应高于后张法构件,因先张法放松钢筋时才使混凝土受到预压应力,比后张法施工多一项应力损失;同时可及早放松钢

丝,加速台座周转。

大跨度结构应采用较高强度等级的混凝土,这有利于减小截面尺寸,因大跨及大型结构的自重是主要荷载。

需承受动力荷载的结构(如吊车梁等),应比仅承受静力荷载的结构选用较高强度等级的混凝土,因前者的粘结易遭破坏。

国外预应力结构采用混凝土的强度等级较高,常用的有 $60 \sim 80\text{N/mm}^2$(圆柱体试件),也有的高达 $90 \sim 100\text{N/mm}^2$。

10.4　张拉控制应力和预应力损失

10.4.1　张拉控制应力 σ_{con}

张拉预应力钢筋时允许的最大张拉应力称为张拉控制应力,亦即张拉钢筋时张拉设备(如千斤顶油压表)所控制的总张拉力除以预应力钢筋的截面面积所得到的应力值。

钢筋张拉越紧,张拉控制应力越高,混凝土获得的预压应力越大,构件的抗裂度也越高。但不是张拉控制应力越高越好,张拉控制应力的取值主要应根据构件的抗裂要求而定。如果张拉控制应力过高,会带来以下一些问题:

(1)张拉控制应力过高,它与预应力钢筋强度标准值的比值过大(σ_{con}/f_{pyk}),构件出现裂缝时的荷载和极限荷载将十分接近,这使构件破坏前缺乏足够的预兆,构件延性较差。

(2)当构件施工采用超张拉工艺时,可能会使个别钢筋的应力超过其屈服强度,产生永久变形或发生脆断。

(3)增加预应力钢筋的应力松弛损失。

(4)构件反拱值可能过大。

(5)对张拉设备、机具和锚具等要求均较高,经济效益不好。

因此,《规范》规定了张拉控制应力 σ_{con} 应符合表 10.1 规定,对消除应力钢丝、钢绞线和中强度预应力钢丝的张拉控制应力值不应小于 $0.4f_{ptk}$,对预应力螺纹钢筋不宜小于 $0.5f_{pyk}$。

表 10.1　张拉控制应力 σ_{con} 限值

项　次	钢　　种	张拉控制应力限值
1	消除应力钢丝、钢绞线	$0.75f_{ptk}$
2	预应力螺纹钢筋	$0.85f_{pyk}$
3	中强度预应力钢丝	$0.70f_{ptk}$

表中 f_{ptk} 为预应力钢筋强度的标准值,因为对预应力钢筋进行张拉的过程,同时也是对它进行检验的过程,因此,σ_{con} 可直接与强度标准值相联系。

表 10.1 所列 σ_{con} 的数值在下列情况下允许提高 $0.05f_{ptk}$,或 $0.05f_{pyk}$:

(1)为提高构件在制作、运输及吊装等施工阶段的抗裂性能而在使用阶段的受压区内设置的预应力钢筋。

(2)为了部分抵消由于应力松弛、摩擦、钢筋分批张拉以及预应力钢筋与张拉台座间的温差等原因产生的预应力损失,而对预应力钢筋进行超张拉时。

10.4.2　预应力损失值 σ_l

钢筋张拉完毕或经历一段时间后,由于张拉工艺和材料性能等原因,钢筋中的张拉应力将逐渐降低,这种降低称为预应力损失。预应力损失会降低预应力效果,降低构件的抗裂度和刚度,如预应力损失过大,会使构件过早出现裂缝,甚至起不到预应力的作用。

在发展预应力混凝土初期,一方面由于材料强度很低,另一方面对预应力损失认识不足,结果是通过张拉钢筋对混凝土构件施加预压力后不久,由于混凝土的收缩和徐变等损失,使在混凝土中已建立的预压应力几乎丧失殆尽。直至本世纪 30 年代,随着高强度钢材的大量生产、张拉机具和锚具的发展以及理论研究的进展,预应力混凝土才真正能应用于工程实践。

因此,正确估算和采用某些措施,尽可能减少预应力损失,是设计预应力混凝土构件的一个重要问题。

引起预应力损失的因素很多,要精确地进行计算是十分复杂的,这是因为:

(1)某些因素,如混凝土的收缩和徐变、钢筋的松弛,使预应力损失值随时间的增长和环境的变化而不断发生变化,因而可认为预应力损失是一个随机过程。

(2)许多因素相互影响,某一因素引起的预应力损失往往受到另一因素的制约,如混凝土的收缩和徐变使构件缩短、钢筋回缩,导致预应力值降低,从而又使徐变损失减小等。

因此,对于这种相互影响导致预应力损失的计算是十分复杂的。在工程设计中,为了简化,采用将各种因素引起的预应力损失值叠加的办法来估算预应力的总损失值,下面分别讨论各种因素引起的预应力损失值。

一、张拉端锚具变形和钢筋内缩引起的预应力损失值 σ_{l1}

1. 预应力直线钢筋

预应力钢筋张拉完毕,用锚具锚固在台座和构件上时,由于锚具变形和锚具、螺帽、垫板与构件之间缝隙的挤紧以及钢筋和楔块在锚具中的滑移内缩,引起预应力损失 σ_{l1},可按下式计算:

$$\sigma_{l1} = \frac{\alpha}{l}E_s \tag{10.2}$$

式中，α——张拉端锚具的变形和钢筋内缩值(mm)，按表 10.2 取用；

　　　l——张拉端至锚固端之间的距离(mm)；

　　　E_s——预应力钢筋弹性模量。

表 10.2　锚具变形和钢筋内缩值 α(mm)

锚　具　类　别		α
支承式锚具(钢丝束镦头锚具等)	螺帽缝隙	1
	每块后加垫板的缝隙	1
锥塞式锚具(钢丝束的钢质锥形锚具等)		5
夹片式锚具	有顶压时	5
	无顶压时	6～8

注:1. 表中的锚具变形和钢筋内缩值也可根据实测数据确定；

　　2. 其他类型的锚具变形和钢筋内缩值应根据实测数据确定。

块体拼成的结构，其预应力损失尚应计及块体间填缝的预压变形。当采用混凝土或砂浆为填缝材料时，每条填缝的预压变形值可取为 1mm。

2. 预应力曲线钢筋或折线钢筋

后张法预应力曲线或折线钢筋由于锚具变形和预应力钢筋内缩时，将产生反向摩擦。这种因反向摩擦作用引起的预应力损失值在张拉端最大，随着与张拉端的距离增大而逐渐减小直至消失，如图 10.13 所示。

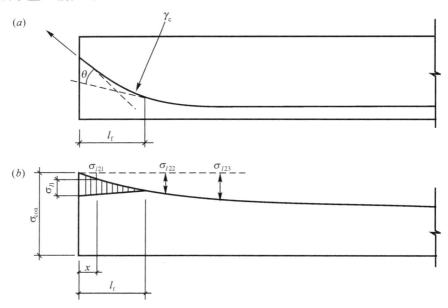

图 10.13　预应力曲线筋摩擦损失计算

损失值 σ_{l1} 可根据预应力曲线或折线钢筋与孔壁之间反向摩擦影响长度 l_f 范围内预应力钢筋总变形值，与锚具变形和预应力钢筋内缩值相等的条件确定。

抛物线形预应力钢筋可近似按圆弧形曲线预应力钢筋考虑，当其对应的圆心角 $\theta \leqslant$ 30° 时，由于锚具变形和钢筋内缩，在反向摩擦影响长度 l_f 范围内的预应力损失值 σ_{l1} 可按下式计算：

$$\sigma_{l1} = 2\sigma_{con} l_f \left(\frac{\mu}{\gamma_c} + \kappa\right)\left(1 - \frac{x}{l_f}\right) \tag{10.3}$$

反向摩擦影响范围的长度 l_f 可按下式计算：

$$l_f = \sqrt{\frac{\alpha E_s}{1000 \sigma_{con}(\mu/\gamma_c + \kappa)}} \tag{10.4}$$

式中，γ_c——圆弧形曲线预应力钢筋的曲率半径(以 m 计)；

　　　μ——预应力钢筋与孔道壁之间的摩擦系数，按表 10.3 取用；

　　　κ——考虑孔道每米长度局部偏差的摩擦系数，按表 10.3 取用；

　　　x——张拉端至计算截面的距离(以 m 计)，亦可取该段孔道在纵轴上的投影长度，当 $x > l_f$ 时，取 $x = l_f$；

　　　α——锚具变形和钢筋内缩值，按表 10.2 取用；

　　　E_s——预应力钢筋的弹性模量。

表 10.3　摩擦系数

孔道成型方式	κ	μ	
		钢绞线、钢丝束	预应力螺纹钢筋
预埋金属波纹管	0.0015	0.25	0.50
预埋塑料波纹管	0.0015	0.15	—
预埋钢管	0.0010	0.30	—
抽芯成型	0.0014	0.55	0.60
无粘结预应力筋	0.0040	0.09	—

注：摩擦系数也可根据实测数据确定

锚具变形和钢筋内缩的预应力损失值 σ_{l1} 只考虑张拉端，因为锚固端的锚具在张拉过程中已被挤紧。

二、预应力钢筋与孔道壁之间摩擦引起的预应力损失值 σ_{l2}

预应力钢筋与孔道壁之间的摩擦引起的预应力损失值 σ_{l2} 包括：① 沿孔道长度上局部位置偏移；② 曲线弯道摩擦影响。

由于孔道长度上局部位置偏移引起的摩擦系数 κ 与下列因素有关：预应力钢筋的表面形状；孔道成型的质量状况(如孔道不直、孔道尺寸偏差、孔壁粗糙等)；预应力钢筋接头的外形(如对焊接头偏心、弯折等)；预应力钢筋与孔壁接触程度(预应力钢筋与孔壁之间的间隙值和预应力钢筋在孔道中的偏心距数值等)。

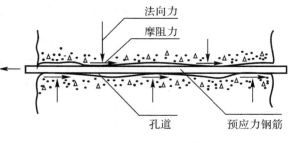

图 10.14　预应力筋张拉时与孔道壁
摩擦引起应力损失

从图 10.14 可见，预应力钢筋张拉

时与孔壁的某些部位接触产生法向力,它与张拉力成正比,并在与张拉相反方向产生摩阻力,使钢筋中的预拉应力减小,离张拉端越远,预拉应力值越小。

当采用曲线预应力钢筋时,预应力钢筋在弯道处也会产生垂直于孔壁的法向力,从而引起摩擦力,它与曲线孔道部分的曲率有关(图 10.13),在曲线预应力钢筋摩擦损失中,预应力钢筋与曲线弯道之间的摩擦引起的损失是控制因素。

预应力钢筋与孔道壁之间摩擦引起的预应力损失值 σ_{l2} 可按下式计算:

$$\sigma_{l2} = \sigma_{con}\left(1 - \frac{1}{e^{\kappa x + \mu\theta}}\right) \tag{10.5}$$

当 $(\kappa x + \mu\theta) \leqslant 0.3$ 时,σ_{l2} 可按以下近似公式计算:

$$\sigma_{l2} = (\kappa x + \mu\theta)\sigma_{con} \tag{10.6}$$

式中,θ 为从张拉端至计算截面曲线孔道各部分切线的夹角之和(rad);其他符号均与式(10.3)和(10.4)相同。

在公式(10.5)中,对按抛物线,圆弧曲线变化的空间曲线及可分段后叠加的广义空间曲线,夹角之和可按下列近似公式计算。

抛物线、圆弧曲线: $\qquad \theta = \sqrt{\alpha_v^2 + \alpha_h^2}$

广义空间曲线: $\qquad \theta = \sum \sqrt{\Delta\alpha_v^2 + \Delta\alpha_h^2}$

式中:α_v、α_h—— 按抛物线、圆弧曲线变化的空间曲线在竖直向、水平向投影所形成抛物线、圆弧曲线的弯转角;

$\Delta\alpha_v$、$\Delta\alpha_h$—— 广义空间曲线预应力筋在竖直向、水平向投影所形成分段曲线的弯转角增量。

为了减少摩擦损失 σ_{l2},可采用以下措施:

(1) 对较长的构件或弯曲角度较大时,可在两端进行张拉,则计算中的孔道长度即可减少 $1/2$,σ_{l2} 亦可减少一半。

(2) 采用超张拉工艺,有如下两种方法可供选用:

$$0 \longrightarrow 1.05\sigma_{con} \xrightarrow{\text{持荷 2 分钟}} \sigma_{con}$$

$$0 \longrightarrow 1.03\sigma_{con}$$

三、预应力钢筋与台座间温差引起的预应力损失值 σ_{l3}

先张法预应力混凝土构件常采用加热养护以加速台座周转。当温度升高时,所浇混凝土尚未硬结,与钢筋亦未粘结成整体,这时,预应力钢筋温度将高于台座温度,两者间的温差使预应力筋受热伸长。但钢筋是被张紧并锚固在台座上的,不能自由伸长,故钢筋的张紧程度有所放松,亦即使张拉应力降低,产生应力损失值 σ_{l3}。降温时,混凝土与预应力筋已建立起粘结力,两者一起回缩,由于钢筋和混凝土的温度线膨胀系数相近,因此所损失的钢筋应力值 σ_{l3} 已不能恢复。

设台座与预应力筋之间的温差为 Δt(以 ℃ 计),当钢筋的温度线膨胀系数为 $\alpha = 1 \times 10^{-5}/℃$,则 σ_{l3} 可按下式计算:

$$\sigma_{l3} = \alpha E_s \Delta t = 1 \times 10^{-5} \times 2 \times 10^5 \times \Delta t = 2\Delta t (\text{N/mm}^2) \tag{10.7}$$

为了减少温差损失，可采用两阶段升温养护制度。第一阶段升温不超过温差 $\Delta t = 20℃$，养护至混凝土强度达到 $7.5 \sim 10\text{N/mm}^2$ 后，预应力筋与混凝土已建立起一定的粘结力。再升温时，混凝土与钢筋同时伸长，因而预应力筋的应力不会再降低。然后再升温至规定养护温度，则第二阶段将无预应力损失，因此，$\sigma_{l3} = 2 \times 20 = 40\text{N/mm}^2$。

四、预应力钢筋应力松弛引起的预应力损失值 σ_{l4}

钢筋在高应力下，具有随时间增长而产生塑性变形的性能。在钢筋长度保持不变的条件下，钢筋应力会随时间的增长而降低，这种现象称应力松弛。预应力筋张拉后固定在台座或构件上时，都会引起应力松弛，这种由于应力松弛引起预应力钢筋应力的降低值称为 预应力钢筋应力松弛损失值 σ_{l4}。

钢筋应力松弛与以下因素有关：

(1) 钢筋性能：预应力钢丝和钢绞线有普通松弛和低松弛两种，前者的应力松弛损失要大于后者。

(2) 张拉时的初始应力值和钢筋极限强度的比值：当初始应力 $\sigma_{con} \leqslant 0.7 f_{ptk}$ 时，应力松弛与初始应力成线性关系；当初始应力 $\sigma_{con} > 0.7 f_{ptk}$ 时，应力松弛显著增大，在高应力下，短时间的松弛可达到低应力下较长时间才能达到的数值。当初始应力 $\sigma_{con} \leqslant 0.5 f_{ptk}$ 时，实际的应力松弛值已很小，为简化计算，取其损失值为零。

(3) 与时间有关：张拉初期松弛发展很快，1 000 小时后增加缓慢，5 000 小时后仍有所发展，在张拉后的前两分钟内，松弛值大约为总松弛值的 30%，5 分钟内约为 40%，24 小时内完成 80% ~ 90%。

根据以上特性，为了减少应力松弛损失，可采用以下任意一种超张拉方法。

$$0 \longrightarrow 1.05\sigma_{con} \xrightarrow{\text{持荷 2 分钟}} \sigma_{con}$$

$$0 \longrightarrow 1.03\sigma_{con}$$

预应力钢筋的应力松弛损失 σ_{l4} 可按以下规定取用：

对消除应力钢丝、钢绞线；

(1) 普通松弛

$$\sigma_{l4} = 0.4\psi\left(\frac{\sigma_{con}}{f_{ptk}} - 0.5\right)\sigma_{con} \tag{10.8}$$

此处，一次张拉 $\psi = 1.0$；超张拉 $\psi = 0.9$。

(2) 低松弛

当 $\sigma_{con} \leqslant 0.7 f_{ptk}$ 时

$$\sigma_{l4} = 0.125\left(\frac{\sigma_{con}}{\sigma_{ptk}} - 0.5\right)\sigma_{con} \tag{10.9}$$

当 $0.7 f_{ptk} < \sigma_{con} \leqslant 0.8 f_{ptk}$ 时

$$\sigma_{l4} = 0.2\left(\frac{\sigma_{con}}{\sigma_{ptk}} - 0.575\right)\sigma_{con} \tag{10.10}$$

当 $\sigma_{con} \leqslant 0.5 f_{ptk}$ 时

$$\sigma_{l4} = 0$$

对预应力螺纹钢筋：

(1) 一次张拉： $\quad \sigma_{l4} = 0.04\sigma_{con}$ （10.11）

(2) 超张拉： $\quad \sigma_{l4} = 0.03\sigma_{con}$ （10.12）

对中强度预应力钢丝：

$$\sigma_{l4} = 0.08\sigma_{con}$$

五、混凝土收缩、徐变引起的预应力损失值 σ_{l5}

混凝土的收缩使构件体积缩小，在预压力作用下，混凝土沿受压方向还要产生徐变，亦使构件的长度缩短，使预应力钢筋随之回缩，引起收缩和徐变损失值 σ_{l5}。由于收缩和徐变是伴随产生的，两者的影响因素很相似，还由于收缩和徐变引起钢筋应力变化的规律也很相似且相互作用，所以一般可合并考虑两者所产生的预应力损失。

根据国内对混凝土收缩、徐变的试验研究表明，应考虑预应力钢筋和非预应力钢筋配筋率对 σ_{l5} 值的影响，其影响可通过构件的总配筋率 $\rho(\rho = \rho_p + \rho_s)$ 来反映。

混凝土收缩、徐变引起受拉区和受压区纵向预应力钢筋的预应力损失值 σ_{l5}、σ'_{l5} 可按以下公式计算：

1. 先张法构件

$$\sigma_{l5} = \frac{60 + 340 \dfrac{\sigma_{pc}}{f'_{cu}}}{1 + 15\rho} \qquad (10.13)$$

$$\sigma'_{l5} = \frac{60 + 340 \dfrac{\sigma'_{pc}}{f'_{cu}}}{1 + 15\rho'} \qquad (10.14)$$

2. 后张法构件

$$\sigma_{l5} = \frac{55 + 300 \dfrac{\sigma_{pc}}{f'_{cu}}}{1 + 15\rho} \qquad (10.15)$$

$$\sigma'_{l5} = \frac{55 + 300 \dfrac{\sigma'_{pc}}{f'_{cu}}}{1 + 15\rho'} \qquad (10.16)$$

式中，σ_{pc}，σ'_{pc}——受拉区和受压区预应力钢筋在各自合力点处的混凝土法向压应力，此时仅考虑与时间相关的混凝土预压前的第一批预应力损失，非预应力钢筋中的应力 σ_{l5}、σ'_{l5} 应取为零；σ_{pc} 和 σ'_{pc} 值不得大于 $0.5f'_{cu}$，当 σ'_{pc} 为拉应力时，取 $\sigma'_{pc} = 0$；计算 σ_{pc} 和 σ'_{pc} 时可根据构件制作情况考虑自重的影响；

f'_{cu}——施加预应力时，混凝土立方体抗压强度；

ρ，ρ'——受拉区和受压区预应力钢筋和非预应力钢筋的配筋率。

对先张法构件：

$$\rho = \frac{A_p + A_s}{A_0}, \quad \rho' = \frac{A_p' + A_s'}{A_0}$$

对后张法构件：

$$\rho = \frac{A_p + A_s}{A_n}, \quad \rho' = \frac{A_p' + A_s'}{A_n}$$

对于对称配置预应力钢筋和非预应力钢筋的构件，取 $\rho = \rho'$，此时配筋率 ρ 和 ρ' 应按其钢筋总截面面积的 1/2 进行计算；对仅配置一束或一根预应力钢筋的轴心受拉构件，计算 ρ 及 ρ' 时，预应力钢筋的截面面积取实际钢筋截面面积的 1/2。

由式（10.13）～（10.16）可见，后张法 σ_{l5} 的取值比先张法构件要低些，这是因为后张法构件在施加预应力时，混凝土的收缩已完成了一部分；此外，σ_{l5} 与相对初应力 σ_{pc}/f_{cu}' 为线性关系，故式（10.13）～（10.16）给出的是线性徐变条件下的应力损失，故必须符合 $\sigma_{pc} \leqslant 0.5 f_{cu}'$ 的条件，否则将产生非线性徐变，预应力损失值将显著增加。

以上各式是在一般相对湿度下给出的公式，《规范》规定：当结构处于年平均相对湿度低于 40% 的环境下，σ_{l5} 和 σ_{l5}' 值应增加 30%。

当采用泵送混凝土时，宜根据实际情况考虑混凝土收缩徐变引起预应力损失值的增大。

对重要结构构件，当需要考虑与时间相关的混凝土收缩徐变及钢筋应力松弛引起的预应力损失值时，可按《规范》附录 κ 进行计算。

混凝土收缩和徐变引起的预应力损失在总损失值中所占的比重是比较大的。

为了减少损失，应采取减少混凝土收缩和徐变值的各种措施，如采用强度等级较高的水泥、减少水泥用量、降低水灰比、骨料有良好的级配、振捣密实及改善养护条件等。

六、环形结构的预应力损失值 σ_{l6}

用螺旋式预应力钢筋配筋的环形结构，由于预应力钢筋对混凝土的局部挤压，将引起预应力损失值 σ_{l6}。

混凝土受到挤压后，环形结构的直径将减小 2δ（δ 为挤压变形值），如图 10.15 所示，则 σ_{l6} 可按下式计算：

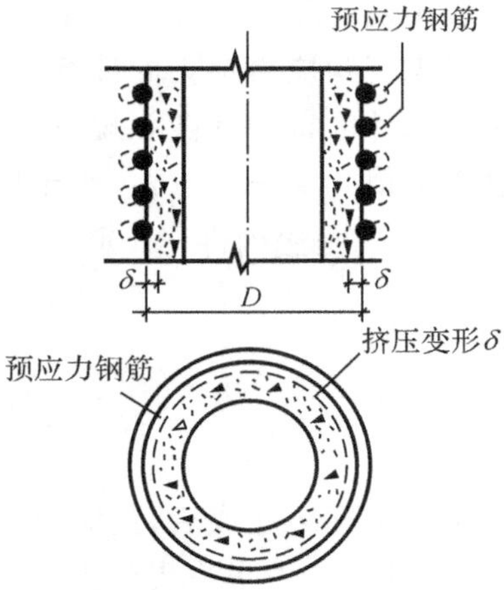

图 10.15　环形结构预应力筋对混凝土局部挤压引起应力损失

$$\sigma_{l6} = \varepsilon_s E_s = \frac{\delta}{R} E_s \tag{10.17}$$

从上式可见，σ_{l6} 与环形构件半径 R 成反比，直径越大，σ_{l6} 越小，故《规范》规定：

当直径 $D \leqslant 3\text{m}$ 时，$\sigma_{l6} = 30\text{N/mm}^2$；

当直径 $D > 3\text{m}$ 时，$\sigma_{l6} = 0$。

除上述 6 种预应力损失值外，后张法构件当配筋较多时，需采用分批张拉。此时，后批钢筋张拉时所产生的混凝土弹性压缩或伸长将对先批张拉钢筋处的混凝土产生压缩变形,而使先批张拉钢筋中原来建立的预应力值降低,故称分批张拉损失。若分若干批张拉,则每批张拉时都将逐次降低应力值,且数值均不相同。此时可将先批张拉钢筋的张拉控制应力值 σ_{con} 增加或减少 $\alpha_E\sigma_{pci}$,此处 $\alpha_E = E_s/E_c$,σ_{pci} 为后批张拉钢筋在先批张拉钢筋重心处产生的混凝土法向应力。当采用相同的张拉控制应力值时,应计算分批张拉预应力损失值。

10.4.3　预应力损失值的组合

上述各项预应力损失不是先张法或后张法构件中都产生的,且各项损失也不是同时产生的,而是按不同张拉方法分批产生的。为了构件应力分析和计算需要,可将各项预应力损失值加以组合,通常把混凝土预压前产生的损失称第一批预应力损失,以 $\sigma_{l\mathrm{I}}$ 表示,混凝土预压后产生的损失称第二批预应力损失,以 $\sigma_{l\mathrm{II}}$ 表示。各阶段预应力损失值的组合见表 10.4。

表 10.4　各阶段预应力损失值的组合

项次	预应力损失值的组合	先张法构件	后张法构件
1	混凝土预压前(第一批)的损失	$\sigma_{l1} + \sigma_{l2} + \sigma_{l3} + \sigma_{l4}$	$\sigma_{l1} + \sigma_{l2}$
2	混凝土预压后(第二批)的损失	σ_{l5}	$\sigma_{l4} + \sigma_{l5} + \sigma_{l6}$

注:先张法构件由于钢筋应力松弛引起的损失值 σ_{l4} 在第一批和第二批损失中所占的比例,如需区分,可根据实际情况确定。

表中对先张法构件考虑了有转向装置的摩擦损失 σ_{l2}(具体取值按实际情况确定)。

考虑到预应力损失的计算值与实际值可能有一定误差,而且有时误差可能较大,为了保证构件的抗裂性能,《规范》规定了总的预应力损失的最小值,即当计算所得的预应力总损失值 $\sigma_l = \sigma_{l\mathrm{I}} + \sigma_{l\mathrm{II}}$ 小于以下数值时,应按以下数值取用:

先张法构件　　$100\mathrm{N/mm^2}$;

后张法构件　　$80\mathrm{N/mm^2}$。

10.4.4　有效预应力值

混凝土预压完成后,预应力钢筋中所建立的预应力值称为有效预应力值。由于施工方法的不同,在先张法或后张法构件中有效预应力值是不同的。

1. 后张法构件

由于在张拉钢筋时,构件混凝土已同时受到预压,因此后张法构件在预应力损失全部出现后,预应力钢筋中所建立起来的有效预应力值即为张拉控制应力值减去总的预应力损失值,即

$$\sigma_{pe} = \sigma_{con} - \sigma_l \qquad\qquad (10.18)$$

2. 先张法构件

在张拉钢筋时,混凝土尚未浇灌,张紧的钢筋是锚固在台座上的。直至放松预应力钢筋时,混凝土才受到预压,此时,混凝土产生弹性压缩,如果混凝土压缩应变为 ε_c,则

预应力钢筋也同样产生压缩应变 ε_p，且 $\varepsilon_p = \varepsilon_c$，从而使预应力钢筋的应力减小了 $\Delta\sigma_p = \varepsilon_p E_{ps} = \varepsilon_c E_{ps} = \dfrac{\sigma_{pc}}{E_c} E_{ps} = \alpha_{EP}\sigma_{pc}$，此处 $\alpha_{Ep} = E_{ps}/E_c$。

因此，在预应力损失全部出现后，先张法构件在预应力钢筋中所建立的有效预应力值应为：

$$\sigma_{pe} = (\sigma_{con} - \sigma_l) - \Delta\sigma_p = \sigma_{con} - \sigma_l - \alpha_{Ep}\sigma_{pc} \tag{10.19}$$

10.5　预应力混凝土轴心受拉构件的应力分析

掌握应力分析是学习预应力混凝土构件计算的基础。

在预应力混凝土构件中，钢筋和混凝土的应力在张拉、放张、产生预应力损失、构件运输安装、承受使用荷载以及破坏等各阶段是不相同的。一般说来，先张法放松预应力钢筋和后张法张拉预应力钢筋时，材料的应力达到受荷以前的最大值。随着预应力损失的产生，应力逐渐减小；开始加荷后，随荷载增大，预应力钢筋的拉应力又增加，而混凝土的压应力则逐渐变小，有时可能变为拉应力。

在对先张法或后张法预应力混凝土构件作各阶段的应力分析时，通常将其分为两个阶段——施工阶段和使用阶段，其中又包括若干个不同的受力过程。

10.5.1　后张法预应力混凝土构件的应力分析

一、施工阶段

1. 在预制构件的预留孔道中穿入预应力钢筋

如图 10.16(a) 所示。

2. 张拉预应力钢筋，预压混凝土

如图 10.16(b) 所示。

在张拉过程中产生摩擦损失 σ_{l2}，预应力钢筋中拉应力为：

$$\sigma_p = \sigma_{con} - \sigma_{l2} \tag{10.20}$$

非预应力钢筋中为压应力：

$$\sigma_s = -\alpha_{ES}\sigma_{pc} \tag{10.21}$$

式中，α_{ES} 为非预应力钢筋和混凝土弹性模量之比，$\alpha_{ES} = E_s/E_c$；σ_{pc} 为混凝土中预压应力，可由截面上力的平衡条件求得：

$$\sigma_p A_p + \sigma_s A_s = \sigma_{pc} A_c \tag{10.22}$$

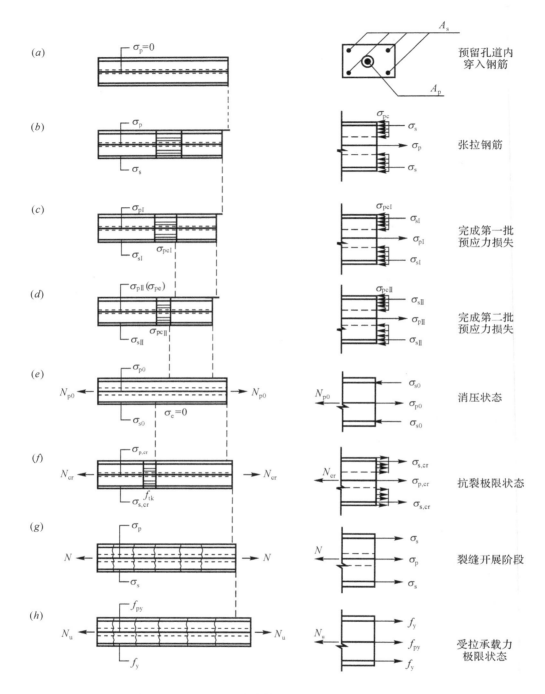

图 10.16　后张法预应力构件受力全过程中的截面应力

式中，A_c 为混凝土面积，$A_c = A - A_h - A_s$，A 为构件截面面积，A_h 为预留孔面积。将式（10.20）和（10.21）代入式（10.22）可得：

$$(\sigma_{con} - \sigma_{l2}) A_p = \alpha_{ES} \sigma_{pc} A_s + \sigma_{pc} A_c$$

化简得：

$$\sigma_{pc} = \frac{(\sigma_{con} - \sigma_{l2})A_p}{A_c + \alpha_{ES}A_s} = \frac{(\sigma_{con} - \sigma_{l2})A_p}{A_n} \tag{10.23}$$

式中，A_n 称为净截面面积。

$$A_n = A_c + \alpha_{ES}A_s = A - A_h - A_s + \alpha_{ES}A_s = A - A_h + (\alpha_{ES} - 1)A_s \tag{10.24}$$

3. 完成第一批预应力损失 σ_{lI}

如图 10.16(c) 所示。

预应力钢筋张拉完毕锚固后，由于锚具变形和钢筋内缩引起预应力损失 σ_{l1}，至此完成了第一批预应力损失 $\sigma_{lI} = \sigma_{l1} + \sigma_{l2}$。此时，

预应力钢筋中拉应力为：

$$\sigma_{pI} = \sigma_{con} - \sigma_{lI} \tag{10.25}$$

非预应力钢筋中为压应力：

$$\sigma_{sI} = -\alpha_{ES}\sigma_{pcI} \tag{10.26}$$

混凝土中的预压应力 σ_{pcI} 同样可由截面上力的平衡条件求得：

$$\sigma_{pI}A_p + \sigma_{sI}A_s = \sigma_{pcI}A_c$$

将式(10.25)和(10.26)代入上式，化简后可得：

$$\sigma_{pcI} = \frac{(\sigma_{con} - \sigma_{lI})A_p}{A_n} = \frac{N_{pI}}{A_n} \tag{10.27}$$

式中，N_{pI} 为完成第一批预应力损失后，预应力钢筋的合力，即 $N_{pI} = (\sigma_{con} - \sigma_{lI})A_p$。

4. 完成第二批预应力损失 σ_{lII}，建立有效预应力值

如图 10.16(d) 所示。

随着时间增长，将产生钢筋应力松弛损失 σ_{l4} 和混凝土收缩徐变损失 σ_{l5}，完成第二批应力损失 $\sigma_{lII} = \sigma_{l4} + \sigma_{l5}$，至此应力损失全部出现，$\sigma_l = \sigma_{lI} + \sigma_{lII}$。此时，预应力钢筋中应力即为有效预应力值：

$$\sigma_{pe}(= \sigma_{pII}) = \sigma_{con} - \sigma_l \tag{10.28}$$

上式中略去了因混凝土预压应力减少 $\sigma_{pcI} - \sigma_{pcII}$ 后引起的钢筋弹性回复，从而使预应力钢筋中应力有所增长的影响。

非预应力钢筋中压应力为：

$$\sigma_{sII} = -(\alpha_{ES}\sigma_{pcII} + \sigma_{l5}) \tag{10.29}$$

混凝土中的有效预压应力亦可由截面上力的平衡条件求得：

$$\sigma_{pII}A_p + \sigma_{sII}A_s = \sigma_{pcII}A_c$$

将式(10.28)和(10.29)代入上式，化简后即得：

$$\sigma_{pcII} = \frac{(\sigma_{con} - \sigma_l)A_p - \sigma_{l5}A_s}{A_n} = \frac{N_{pII}}{A_n} \tag{10.30}$$

式中，N_{pII} 为完成全部预应力损失后，预应力和非预应力钢筋的合力，即 $N_{pII} = (\sigma_{con} - \sigma_l)A_p - \sigma_{l5}A_s$。

N_{pII} 亦可视为一外力，反向作用于净截面面积 A_n 上，其所产生的应力即为式

(10.30) 表达的 $\sigma_{pcⅡ}$，其中混凝土收缩徐变对非预应力钢筋系产生压应力 $\sigma_{l5}A_s$，亦可被视为一作用的外力，但它使混凝土受拉。

二、使用阶段 —— 荷载作用阶段

1. 加荷至混凝土应力为零 —— 消压状态

如图 10.16(e) 所示，在外荷载轴心拉力作用下，混凝土中产生拉应力 σ_c，当其与混凝土中的有效预压应力 $\sigma_{pcⅡ}$ 抵消时，即 $\sigma_c - \sigma_{pcⅢ} = 0$ 时，混凝土中应力为零，称为截面的消压状态，相当于普通钢筋混凝土构件受荷前的情况。

预应力钢筋中增加的拉应力为 $\alpha_{EP}\sigma_c = \alpha_{EP}\sigma_{pcⅡ}$，因此预应力钢筋中拉应力为：

$$\sigma_{po} = \sigma_{con} - \sigma_l + \alpha_{EP}\sigma_{pcⅡ} \tag{10.31}$$

非预应力钢筋中应力为：

$$\sigma_{so} = -(\alpha_{ES}\sigma_{pcⅡ} + \sigma_{l5}) + \alpha_{ES}\sigma_{pcⅡ} = -\sigma_{l5} \tag{10.32}$$

由截面力的平衡条件可得，当混凝土应力为零时所需施加的轴心拉力 N_{p0} 为：

$$\begin{aligned}
N_{p0} &= \sigma_{po}A_P + \sigma_{so}A_s = (\sigma_{con} - \sigma_l + \alpha_{EP}\sigma_{pcⅡ})A_p - \sigma_{l5}A_s \\
&= (\sigma_{con} - \sigma_l)A_p + \alpha_{EP}\sigma_{pcⅡ}A_p - \sigma_{l5}A_s \\
&= N_{pⅡ} + \alpha_{EP}\sigma_{pcⅡ}A_p = \sigma_{pcⅡ}A_n + \alpha_{EP}\sigma_{pcⅡ}A_p
\end{aligned}$$

$$N_{p0} = \sigma_{pcⅡ}(A_n + \alpha_{EP}A_p) = \sigma_{pcⅡ}A_0 \tag{10.33}$$

式中，A_0 为换算截面面积，$A_0 = A_n + \alpha_{EP}A_p$。

2. 加荷至裂缝即将出现 —— 抗裂极限状态

如图 10.16(f) 所示，随着荷载继续增加，混凝土中的拉应力不断增大，当其达到混凝土的抗拉强度 f_{tk} 时，混凝土将开裂，此时混凝土中的应力增量为 f_{tk}，则预应力钢筋中应力增量为 $\alpha_{EP}f_{tk}$（若考虑混凝土的塑性变形，此值应为 $2\alpha_{EP}f_{tk}$）。因此预应力钢筋中的拉应力为：

$$\sigma_{p,cr} = (\sigma_{con} - \sigma_l + \alpha_{EP}\sigma_{pcⅡ}) + \alpha_{EP}f_{tk} \tag{10.34}$$

非预应力钢筋中的应力为：

$$\sigma_{s,cr} = \alpha_{ES}f_{tk} - \sigma_{l5} \tag{10.35}$$

由截面力的平衡条件可得，裂缝即将出现时所需施加的轴心拉力 N_{cr} 为：

$$\begin{aligned}
N_{cr} &= \sigma_{p,cr}A_p + \sigma_{s,cr}A_s + f_{tk}A_c \\
&= [(\sigma_{con} - \sigma_l + \alpha_{EP}\sigma_{pcⅡ}) + \alpha_{EP}f_{tk}]A_p + (\alpha_{ES}f_{tk} - \sigma_{l5})A_s + f_{tk}A_c \\
&= N_{p0} + f_{tk}(A_c + \alpha_{EP}A_p + \alpha_{ES}A_s) \\
&= \sigma_{pcⅡ}A_0 + f_{tk}A_0
\end{aligned}$$

$$N_{cr} = (\sigma_{pcⅡ} + f_{tk})A_0 \tag{10.36}$$

从上式可见，预应力混凝土轴拉构件抗裂性能之所以能提高，就是其抗裂轴力 N_{cr} 比非预应力混凝土构件的抗裂轴力增加了 $\sigma_{pcⅡ}A_0$ 一项，其数值将比 $f_{tk}A_0$ 项大得多。

3. 破坏阶段 —— 承载力极限状态

此时裂缝已充分开展，裂缝截面混凝土相继退出工作，如图 10.16(g) 所示。

预应力钢筋和非预应力钢筋中的应力分别达到其抗拉强度设计值 f_{py} 和 f_y,构件随即破坏,如图 10.16(h) 所示。

破坏时截面能承受的极限荷载 N_u 为:

$$N_u = f_{py}A_p + f_y A_s \tag{10.37}$$

从上式可见,极限轴力不因施加预应力而有所提高,与普通钢筋混凝土轴拉构件的承载力基本相同。

10.5.2　先张法预应力混凝土构件的应力分析

与后张法构件一样,亦可分为施工阶段和使用阶段。

一、施工阶段

1. 台座上穿预应力钢筋

由于尚未张拉,预应力钢筋中应力 $\sigma_p = 0$,如图 10.17(a) 所示。

2. 张拉预应力钢筋

预应力钢筋一端先锚固在台座上,另一端张拉至张拉控制应力 σ_{con},并临时锚固在台座上。

这时预应力钢筋中的应力为 $\sigma_p = \sigma_{con}$,总的预拉力 $\sigma_{con}A_p$ 全部由台座承受,如图 10.17(b) 所示。

3. 完成第一批应力损失 $\sigma_{l\mathrm{I}}$

如图 10.17(c) 所示。

预应力钢筋张拉后浇灌混凝土。当预应力钢筋张拉结束而锚固在台座上时,由于锚具变形和钢筋内缩、蒸汽养护的温差以及钢筋应力松弛,将产生第一批预应力损失 $\sigma_{l\mathrm{I}} = \sigma_{l1} + \sigma_{l3} + \sigma_{l4}$。

这时预应力钢筋中的拉应力从 σ_{con} 降低为 $\sigma_p = \sigma_{con} - \sigma_{l\mathrm{I}}$。

由于预应力钢筋尚未放松,故混凝土亦未受力,$\sigma_{pc} = 0$。

4. 放松预应力钢筋,预压混凝土

如图 10.17(d) 所示。

当混凝土达到设计规定的放张强度(一般不低于设计强度的 75%),在预应力钢筋和混凝土之间已具有一定粘结强度时,放松预应力钢筋。

预应力钢筋放松后将回缩,由于粘结应力阻止其回缩,从而挤压混凝土。设混凝土受到的预压应力为 $\sigma_{pc\mathrm{I}}$,由于预应力钢筋和混凝土共同变形,故预应力钢筋中的拉应力相应减少了 $\alpha_{EP}\sigma_{pc\mathrm{I}}$,此时预应力钢筋中的应力 $\sigma_{p\mathrm{I}}$ 为:

$$\sigma_{p\mathrm{I}} = \sigma_{con} - \sigma_{l\mathrm{I}} - \alpha_{EP}\sigma_{pc\mathrm{I}} \tag{10.38}$$

非预应力钢筋中产生的预压应力为:

$$\sigma_{s\mathrm{I}} = -\alpha_{ES}\sigma_{pc\mathrm{I}} \tag{10.39}$$

混凝土中的预压应力 $\sigma_{pc\mathrm{I}}$ 可由截面内力的平衡条件求得:

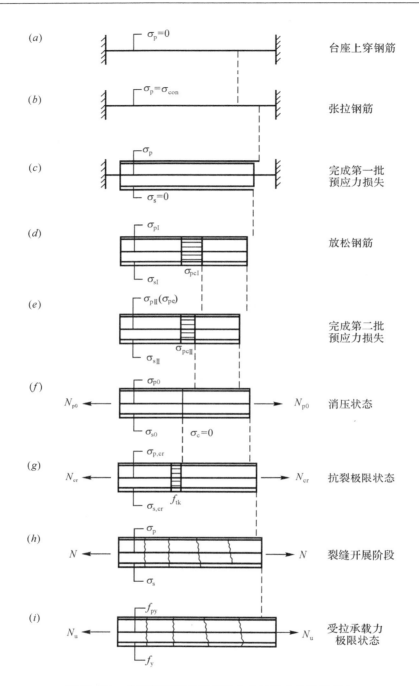

图 10.17　先张拉预应力构件受力全过程中的截面应力

$$\sigma_{pI} A_p + \sigma_{sI} A_s = \sigma_{pcI} A_c \tag{10.40}$$

将式(10.38)和(10.39)代入上式化简后可得：

$$\sigma_{pcI} = \frac{(\sigma_{con} - \sigma_{lI}) A_p}{A_0} = \frac{N_{p0I}}{A_0} \tag{10.41}$$

式中，N_{p0I} 为第一批预应力损失出现后预应力钢筋的合力。N_{p0I} 亦可视为反向作用于换算截面面积上的外力，σ_{pcI} 即为其产生的压应力。

5. 完成第二批应力损失 σ_{lII}

如图 10.17(e) 所示。

由于混凝土的收缩和徐变产生第二批预应力损失 $\sigma_{lII} = \sigma_{l5}$，至此完成预应力的总损失 $\sigma_l = \sigma_{lI} + \sigma_{lII}$。在此过程中，钢筋和混凝土进一步受压缩短，预应力钢筋中的拉应力由 σ_{pI} 降低至 σ_{pII}，混凝土中的压应力也相应地由 σ_{pcI} 降低至 σ_{pcII}。

由于出现了第二批预应力损失 σ_{lII}，预应力钢筋中应力将减少 σ_{lII}，混凝土中预压应力亦减少了 $\sigma_{pcI} - \sigma_{pcII}$，从而使混凝土的弹性压缩有所恢复（即伸长），因此预应力钢筋中的拉应力将恢复 $\alpha_{EP}(\sigma_{pcI} - \sigma_{pcII})$，此时预应力钢筋中的应力 σ_{pII} 即为有效预应力值 $\sigma_{pe}(= \sigma_{pII})$，可按下式计算：

$$\sigma_{pe}(= \sigma_{pII}) = \sigma_{pI} - \sigma_{lII} + \alpha_{EP}(\sigma_{pcI} - \sigma_{pcII})$$
$$= (\sigma_{con} - \sigma_{lI} - \alpha_{EP}\sigma_{pcI}) - \sigma_{lII} + \alpha_{EP}(\sigma_{pcI} - \sigma_{pcII})$$
$$= (\sigma_{con} - \sigma_{lI} - \sigma_{lII}) - \alpha_{EP}\sigma_{pcII}$$
$$\sigma_{pe}(= \sigma_{pII}) = (\sigma_{con} - \sigma_l) - \alpha_{EP}\sigma_{pcII} \tag{10.42}$$

与后张法构件预应力钢筋中的有效预应力值（见式 10.28）相比，先张法构件需多减去 $\alpha_{EP}\sigma_{pcII}$ 一项。即当张拉控制应力值 σ_{con} 相同时，先张法构件预应力钢筋中的有效预应力值 σ_{pe} 要比后张法低 $\alpha_{EP}\sigma_{pcII}$。这是由于先张法构件在放松预应力钢筋时混凝土才受到预压，而后张法在张拉预应力钢筋时混凝土已同时受到了预压。

非预应力钢筋中的压应力将比 σ_{sI} 增大 σ_{l5}：

$$\sigma_{sII} = -(\sigma_{sI} + \sigma_{l5}) = -(\alpha_{ES}\sigma_{pcI} + \sigma_{l5}) \tag{10.43}$$

混凝土中预压应力 σ_{pcII} 可由截面上力的平衡条件求得：

$$\sigma_{pII}A_p + \sigma_{sII}A_s = \sigma_{pcII}A_c$$

将式（10.42）和（10.43）代入上式，经整理后可得：

$$\sigma_{pcII} = \frac{(\sigma_{con} - \sigma_l)A_p - \sigma_{l5}A_s}{A_c + \alpha_{EP}A_p + \alpha_{ES}A_s} = \frac{N_{p0II}}{A_0} \tag{10.44}$$

式中，N_{p0II} 为预应力及非预应力钢筋的合力：

$$N_{p0II} = (\sigma_{con} - \sigma_l)A_p - \sigma_{l5}A_s \tag{10.45}$$

从式（10.44）可见，完成全部预应力损失后的应力状态，亦可将 N_{p0II} 视为外力，反向作用于换算截面面积 A_0 上所产生的应力状态。

二、使用阶段

1. 加荷至混凝土中应力为零 —— 消压状态

如图 10.17(f) 所示。

随着轴心拉力作用的增大，预应力钢筋中的拉应力不断增大，非预应力钢筋中的压应力逐渐减小。由轴心拉力在混凝土中产生的拉应力 σ_c 将逐渐抵消混凝土中的预压应力 σ_{pcII}，当 $\sigma_c - \sigma_{pcII} < 0$ 时，混凝土仍处于受压状态，当 $\sigma_c = \sigma_{pcII}$ 时，混凝土中应力为零，

此时的应力状态即为消压状态。

消压状态时所需施加的外荷载,即轴拉力 N_{p0} 可从下式求得:

$$\sigma_c - \sigma_{pc\,II} = \frac{N_{p0}}{A_0} - \sigma_{pc\,II} = 0$$

$$N_{p0} = \sigma_{pc\,II} A_0 \tag{10.46}$$

预应力钢筋中拉应力 σ_{p0} 为:

$$\sigma_{p0} = \sigma_{p\,II} + \alpha_{EP}\sigma_c = (\sigma_{con} - \sigma_l) - \alpha_{EP}\sigma_{pc\,II} + \alpha_{EP}\sigma_{pc\,II}$$

$$\sigma_{p0} = \sigma_{con} - \sigma_l \tag{10.47}$$

与后张法构件消压状态时预应力钢筋中的拉应力(见式(10.31))相比,先张法构件 σ_{p0} 中少了 $\alpha_{EP}\sigma_{pc\,II}$ 一项。

非预应力钢筋中压应力 σ_{s0} 为:

$$\sigma_{s0} = -\sigma_{s\,II} + \alpha_{ES}\sigma_c = -(\alpha_{ES}\sigma_{pc\,II} + \sigma_{l5}) + \alpha_{ES}\sigma_{pc\,II}$$

$$\sigma_{s0} = -\sigma_{l5} \tag{10.48}$$

2. 加荷至裂缝即将出现 —— 抗裂极限状态

当轴拉力继续增大超过 N_{p0},即 $\sigma_c - \sigma_{pc\,II} > 0$ 时,混凝土中将出现拉应力。随轴拉力不断增大,当混凝土中拉应力增大至抗拉强度 f_{tk} 时,混凝土将开裂,如图 10.17(g) 所示,构件截面到达抗裂极限状态。此时截面所能承受的轴拉力即为抗裂轴力 N_{cr}。

这一阶段预应力钢筋中的拉应力 $\sigma_{p,cr}$ 为:

$$\sigma_{p,cr} = \sigma_{p0} + \alpha_{EP}f_{tk} = (\sigma_{con} - \sigma_l) + \alpha_{EP}f_{tk} \tag{10.49}$$

非预应力钢筋中应力 $\sigma_{s,cr}$ 为:

$$\sigma_{s,cr} = \sigma_{s0} + \alpha_{ES}f_{tk} = -\sigma_{l5} + \alpha_{ES}f_{tk} \tag{10.50}$$

抗裂轴力 N_{cr} 可由截面上力的平衡条件求得:

$$N_{cr} = \sigma_{p,cr}A_p + \sigma_{s,cr}A_s + f_{tk}A_c$$

将式(10.49)及(10.50)代入上式,经整理后可得:

$$N_{cr} = (\sigma_{pc\,II} + f_{tk})A_0 \tag{10.36}$$

从上式可见,先张法构件的抗裂轴力与后张法构件完全相同,与普通钢筋混凝土轴拉构件的抗裂轴力相比,同样也增大了 $\sigma_{pc\,II}A_0$ 一项。

3. 破坏阶段 —— 承载力极限状态

如图 10.17(i) 所示。

随着荷载进一步增大,钢筋拉应力亦不断增大,裂缝不断开展,裂缝截面的混凝土相继退出工作。当预应力和非预应力钢筋中的应力分别达到抗拉强度设计值 f_{py} 和 f_y 时,构件即告破坏,此时截面到达承载力极限状态,它能承受的极限轴力 N_u 为:

$$N_u = f_{py}A_p + f_y A_s \tag{10.37}$$

可见,先张法构件的承载力与后张法构件相同,亦不因施加预应力后而有所提高。

从上述后张法和先张法预应力轴拉构件的应力分析,可归纳出预应力混凝土的以下特点:

（1）预应力钢筋始终处于高应力状态，σ_{con} 为预应力钢筋在构件受荷前承受的最大应力。

（2）混凝土在外荷载达到消压轴力 N_{po} 以前，一直承受着压应力，充分利用了混凝土抗压强度高的性能。

（3）预应力混凝土出现裂缝的时间比普通钢筋混凝土构件大大推迟，抗裂性能大为提高，但裂缝出现时的荷载和极限荷载比较接近，因此延性较差。

（4）预应力混凝土构件和普通混凝土构件的承载力基本相同。

10.6　预应力混凝土轴心受拉构件的计算

预应力混凝土轴心受拉构件一般应进行荷载作用阶段的承载力计算、抗裂度或裂缝宽度的验算，此外还应进行施工阶段的验算。

10.6.1　承载能力的计算

预应力混凝土轴心受拉构件除配置预应力钢筋外，一般尚需配置非预应力构造钢筋，以承受张拉时发生的偏心或运输吊装时可能出现的拉应力。对三级抗裂要求的构件，尚需增配部分非预应力钢筋以与预应力钢筋共同承受外拉力。

在荷载作用下，当构件到达承载力极限状态时，全部轴向拉力由预应力钢筋 A_p 和非预应力钢筋 A_s 承受，它们分别达到抗拉强度设计值 f_{py} 和 f_y，破坏时的截面应力分布如图 10.18 所示。

承载力计算式如下：
$$N \leqslant N_u (= f_{py}A_p + f_yA_s) \tag{10.51}$$
式中，N——轴心拉力设计值；

$\quad\quad N_u$——截面受拉承载力设计值；

$\quad\quad f_{py}, f_y$——预应力和非预应力钢筋抗拉强度设计值；

$\quad\quad A_p, A_s$——预应力和非预应力钢筋截面面积。

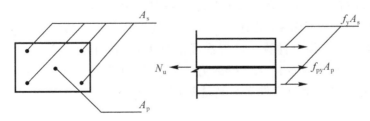

图 10.18　预应力轴心受拉柱破坏时截面受力图

10.6.2　抗裂度计算

根据构件的功能要求、使用环境、钢材对锈蚀的敏感性以及荷载作用的时间,如前所述,《规范》将预应力混凝土和普通钢筋混凝土构件的裂缝分为三个等级,分别采用拉应力和裂缝宽度进行控制,其验算条件如下:

一级抗裂 —— 严格要求不出现裂缝的构件

在荷载效应的标准组合下,构件中不允许出现拉应力,即要求:

$$\sigma_{ck} - \sigma_{pc\,II} \leqslant 0 \tag{10.52}$$

二级抗裂 —— 一般要求不出现裂缝的构件

在荷载效应的标准组合下,允许构件出现拉应力,但不应超过其抗拉强度标准值,即要求:

$$\sigma_{ck} - \sigma_{pc\,II} \leqslant f_{tk} \tag{10.53}$$

式中,σ_{ck},σ_{cq} —— 在荷载效应的标准组合和准永久组合下抗裂验算边缘混凝土的法向应力,

$$\sigma_{ck} = N_k / A_0$$

$$\sigma_{cq} = N_q / A_0$$

N_k,N_q —— 按荷载效应的标准组合和准永久组合计算的轴心拉力设计值;

A_0 —— 换算截面面积;

$$A_0 = A_c + \alpha_{EP} A_p + \alpha_{ES} A_s$$

$\sigma_{pc\,II}$ —— 扣除全部预应力损失后在抗裂验算边缘混凝土的预压应力值,按式(10.30)和(10.44)计算;

f_{tk} —— 混凝土的抗拉强度标准值,按附表1取用。

10.6.3　裂缝宽度的验算

对裂缝控制等级为三级,在使用阶段允许出现裂缝的预应力混凝土轴心受拉构件,应进行裂缝宽度的验算。计算最大裂缝宽度 ω_{max} 不应超过附表11规定的限值 ω_{lim}。计算公式与钢筋混凝土轴心受拉构件的裂缝计算公式基本相同。区别在于:

(1)纵向受拉钢筋等效应力 σ_{sk} 的计算。等效应力是指在该钢筋合力点处混凝土预压应力抵消后(混凝土法向应力为零)钢筋中的应力增量,可视其为等效于钢筋混凝土构件中的钢筋应力 σ_{sk}。下面 σ_{sk} 的计算式10.58就是基于上述假定给出的。

(2)由于在预应力损失计算中已考虑了混凝土收缩和徐变的影响,因此裂缝宽度中荷载长期作用的影响系数 τ_l 由1.5折减为1.2,故受力特征系数 α_{cr} 将从2.7改为2.2。

预应力混凝土轴心受拉构件最大裂缝宽度 ω_{max}(mm)计算式如下:

$$\omega_{max} = 2.2\psi \frac{\sigma_{sk}}{E_{ps}}(1.9c + 0.08\frac{d_{eq}}{\rho_{te}}) \tag{10.55}$$

$$\psi = 1.1 - 0.65 \frac{f_{tk}}{\rho_{te}\sigma_{sk}} \quad \begin{matrix} \geqslant 0.4 \\ \leqslant 1.0 \end{matrix} \tag{10.56}$$

$$\rho_{te} = \frac{A_p + A_s}{A_{te}} \geqslant 0.01 \tag{10.57}$$

$$\sigma_{sk} = \frac{N_k - N_{p0}}{A_p + A_s} \tag{10.58}$$

式中，N_k——荷载效应标准组合的轴心拉力值；

$\quad\quad N_{p0}$——截面上混凝土法向预应力为零时预应力及非预应力钢筋的合力，即消压轴力，后张法和先张法构件分别按式(10.33)和式(10.46)计算；

其他符号均同式(9.42)。

10.6.4　施工阶段的验算

先张法放松预应力钢筋或后张法张拉预应力钢筋时，由于预应力损失尚未全部完成，因此，混凝土将受到最大的预压应力。而这时混凝土的强度可能尚未达到抗压强度的设计值，有时可能仅为抗压强度设计值的 75%。

此外，对后张法构件，预压力还在构件端部的锚具下形成很大的局部压力。

因此，必须进行施工阶段的验算，它包括构件受压承载力和锚固区局部受压承载力（只对后张法构件）两个方面。

一、预压混凝土时构件受压承载力的验算

不论先张法或后张法构件都必须进行此项验算。

当先张法放松钢筋或后张法张拉钢筋时，混凝土受到预压，构件一般处于全截面受压状态，此时截面上的混凝土法向压应力应满足以下条件：

$$\sigma_{cc} \leqslant 0.8 f'_{ck} \tag{10.59}$$

式中，f'_{ck}——与施工阶段混凝土立方体抗压强度 f'_{cu} 相应的抗压强度标准值；

$\quad\quad \sigma_{cc}$——先张法放松预应力钢筋或后张法张拉预应力钢筋终止时计算截面混凝土受到的预压应力，为安全考虑，对先张法构件只计及第一批预应力损失；对后张法构件，不计预应力损失：

先张法构件

$$\sigma_{cc}(= \sigma_{pcI}) = \frac{(\sigma_{con} - \sigma_{lI})A_p}{A_0} \tag{10.60}$$

后张法构件

$$\sigma_{cc} = \frac{\sigma_{con}A_p}{A_n} \tag{10.61}$$

二、后张法构件张拉端部锚固区局部受压承载力的验算

后张法构件的预压力是通过锚具经垫板传给混凝土的。由于锚具下垫板面积不大，

而锚具所承受的预压力很大,故使锚具下出现很大的局部压应力。这种压应力要经过一定距离才能扩散到整个截面上,如图 10.19 所示。

局部受压混凝土处于三向应力状态,与纵向压应力 σ_x 相垂直的还有横向应力 σ_y 和 σ_z。近垫板处,σ_y 为压应力,远垫板处为拉应力。当横向拉应力 σ_y 超过混凝土抗拉强度时,构件端部将出现纵向裂缝,并导致锚固区局部承压破坏。为此,可在局部受压区内配置横向间接钢筋,如焊接方格钢筋网片或螺旋式钢筋,如图 10.20 所示。

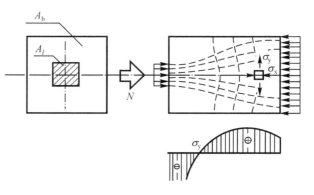

图 10.19　后张法预应力构件端部预压应力分布图

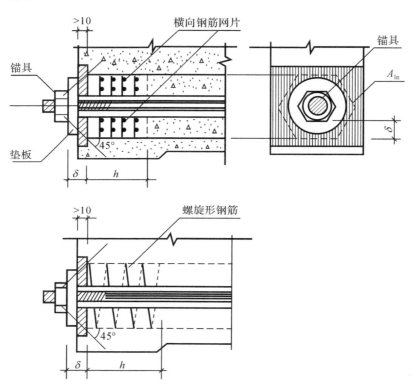

图 10.20　后张拉预应力构件端部锚固区配置的间接钢筋

设置横向间接钢筋后,可提高锚固区局部受压区的承载力,防止局部受压破坏。

因此,对后张法构件的张拉锚固区应进行局部受压区截面尺寸和局部受压承载力两方面的验算。

1. 局部受压区截面尺寸的验算

配置间接钢筋后可提高局部受压区承载力,但也不是无限的,当配筋过多时,局部承压板底面下的混凝土会产生过大的下沉变形,因此,间接钢筋的配筋率不能太高,亦即局部受压区的截面尺寸不能太小。为此,配置间接钢筋的混凝土结构构件,当局部受压区的截面尺寸符合下式要求时,可限制下沉变形不致过大。

$$F_l \leqslant 1.35\beta_c\beta_l f'_c A_{\mathrm{ln}} \tag{10.62}$$

$$\beta_l = \sqrt{\dfrac{A_\mathrm{b}}{A_l}} \tag{10.63}$$

式中,F_l——局部受压面上作用的局部荷载或局部压力设计值;对后张法预应力混凝土构件中的锚头局部受压区的压力设计值,应取 1.2 倍张拉控制力,即取 $1.2\sigma_{\mathrm{con}}A_\mathrm{p}$,系数 1.2 是因为当预应力作为荷载效应考虑,且对结构不利时,采用的荷载效应分项系数;

　　f'_c——混凝土轴心抗压强度设计值;在后张法预应力混凝土构件的张拉阶段验算中,可根据相应阶段的混凝土立方体抗压强度 f'_{cu} 值,按附表 1 的规定以线性内插法确定;

　　β_c——混凝土强度影响系数,以反映混凝土强度等级提高对局部受压的影响。当混凝土强度等级 $\leqslant$ C50 时,取 $\beta_c = 1.0$;当 C80 时,取 $\beta_c = 0.8$,其间按线性内插法确定;

　　β_l——混凝土局部受压时的强度提高系数;

　　A_l——混凝土局部受压面积,计算中不扣除孔道面积,否则将出现孔道面积越大,β_l 值越高的不合理现象。当有垫板时可考虑预压力沿锚具边缘在垫板中按 45° 角度扩散后传至混凝土的受压面积;

　　A_b——局部受压的计算底面积,也不扣除孔道面积。其重心与 A_l 重心重合,计算中按同心、对称的原则取值,对常用情况,按图 10.21 取用;

　　A_{ln}——混凝土局部受压净面积,取用方法与 A_l 相同。对后张法构件,应在混凝土局部受压面积中扣除孔道、凹槽部分的面积。

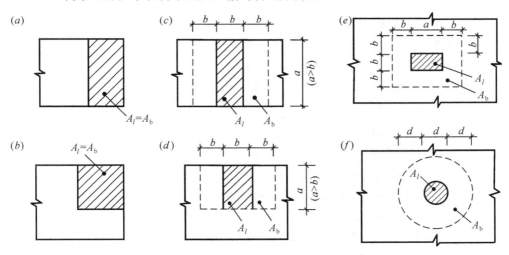

A_l——混凝土局部受压面积;A_b——局部受压的计算底面积

图 10.21　局部受压的计算底面积

2. 局部受压承载力的验算

当配置焊接方格网式或螺旋式间接钢筋且其核心面积 A_{cor} 不小于 A_e 时,锚固区的局部受压承载力由混凝土项承载力和间接钢筋项承载力组成。后者与体积配筋率有关;且随混凝土强度等级的提高,该项承载力有降低趋势,为反映这个特性,公式中引入了间接钢筋对混凝土约束的折减系数 α。

局部受压承载力按下式验算(图 10.20):

$$F_l \leqslant 0.9(\beta_c\beta_l f'_c + 2\alpha\rho_v\beta_{cor} f_{yv})A_{ln} \tag{10.64}$$

$$\beta_l = \sqrt{\frac{A_b}{A_l}} \tag{10.65}$$

$$\beta_{cor} = \sqrt{\frac{A_{cor}}{A_l}} \tag{10.66}$$

当配置焊接方格网式钢筋时,其体积配筋率按下式计算:

$$\rho_v = \frac{n_1 A_{s1} l_1 + n_2 A_{s2} l_2}{A_{cor} s} \tag{10.67}$$

此时,钢筋网两个方向上单位长度内钢筋截面面积的比值不宜大于 1.5,这是为了避免长短两个方向配筋相差过大而使钢筋强度不能充分发挥。

当配置螺旋式钢筋时,其体积配筋率按下式计算:

$$\rho_v = \frac{4A_{ss1}}{d_{cor} s} \tag{10.68}$$

式(10.64 ~ 10.68)中:

β_{cor} —— 配置间接钢筋的局部受压承载力提高系数;

A_{cor} —— 方格网式或螺旋式间接钢筋内表面范围内的混凝土核心面积,其重心应与 A_l 的重心重合,计算中仍按同心、对称的原则取值,并应符合 $A_l \leqslant A_{cor} \leqslant A_b$,当 $A_{cor} > A_b$ 时,取 $A_{cor} = A_b$,以保证充分发挥间接钢筋的作用;A_{cor} 中亦不扣除孔道面积;

α —— 间接钢筋对混凝土约束的折减系数,当混凝土强度等级 $\leqslant$ C50 时,$\alpha = 1.0$;C80 时,$\alpha = 0.85$,其间按线性内插法取用;

ρ_v —— 间接钢筋的体积配筋率(核心面积 A_{cor} 范围内单位混凝土体积所含间接钢筋的体积),不应小于 0.5%;

n_1, A_{s1} —— 方格网沿 l_1 方向的钢筋根数及单根钢筋的截面面积(图 10.22(a));

n_2, A_{s2} —— 方格网沿 l_2 方向的钢筋根数及单根钢筋的截面面积(图 10.22(a));

A_{ss1} —— 单根螺旋式间接钢筋的截面面积;

d_{cor} —— 螺旋式间接钢筋内表面范围内的混凝土截面直径(图 10.22(b));

s —— 方格网式或螺旋式间接钢筋的间距,宜取 30 ~ 80mm(图 10.22)。

f_{yv} —— 间接钢筋抗拉强度设计值,按附表 4 规定取用。

其他符号均同式 10.62 和 10.63。

当不满足验算公式(10.64)的要求时,可根据具体情况调整锚具位置,加大垫板尺寸,扩大端部锚固区截面尺寸或提高混凝土强度等级。

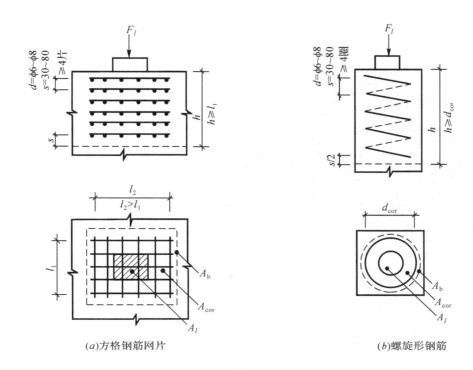

图 10.22　局部受压区的间接钢筋

[**例题 10.1**]　有一 18m 长预应力混凝土屋架下弦杆,截面尺寸为 150mm × 200mm。采用后张法施工,当混凝土达到设计规定的强度后,在一端张拉预应力钢筋,并进行超张拉,采用 JM-12 型锚具,预留孔道用金属波纹管成型直径为 53mm。混凝土强度等级为 C45($f_c = 21.1\text{N/mm}^2$、$f_{ck} = 29.6\text{N/mm}^2$、$f_{tk} = 2.51\text{N/mm}^2$、$E_c = 3.35 \times 10^4\text{N/mm}^2$);预应力钢筋采用钢绞线 $6\phi^s9.5$($f_{ptk} = 1720\text{N/mm}^2$、$f_{py} = 1220\text{N/mm}^2$、$E_p = 1.95 \times 10^5\text{N/mm}^2$);非预应力钢筋采用 HRB335 级钢筋 $4\Phi10$($f_y = 300\text{N/mm}^2$、$E_s = 2.0 \times 10^5\text{N/mm}^2$)。永久荷载和可变荷载产生的轴心拉力标准值分别为 $N_{GK} = 270\text{kN}$、$N_{QK} = 110\text{kN}$,准永久值系数 $\psi_q = 0.5$。要求裂缝控制等级为二级。该下弦杆截面及构件端部构造如图 10.23 所示。

要求设计该下弦杆。

[**解**]

一、承载力计算,配置预应力钢筋 A_p

1. 按荷载效应基本组合计算轴心拉力设计值,本题由可变荷载效应控制

$$N = r_G S_{Gk} + r_Q S_{Qk} = 1.2 \times 270 + 1.4 \times 110 = 478.0\text{kN}$$

2. 承载力设计值计算

按构造要求,截面四角配置 HRB335 级非预应力钢筋 $4\Phi10$,$A_s = 314\text{mm}^2$。

$$N_u = A_p f_{py} + A_s f_y = A_p \times 1220 + 314 \times 300 = 1220A_p + 94200$$

401

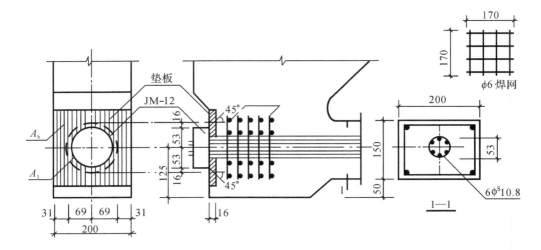

图 10.23　例题 10.1

3. 配置预应力钢筋

由 $N \leqslant N_u$ 得：

$$A_p = \frac{N - A_s f_y}{f_{py}} = \frac{478.0 \times 10^3 - 94.2 \times 10^3}{1220} = \frac{424.3 \times 10^3}{1.22 \times 10^3} = 314.6mm$$

选用一束钢绞线，$6\phi^s 9.5$，$A_p = 6 \times 54.8 = 328.8mm^2 > 314.6mm^2$（满足要求）

二、使用阶段抗裂度验算

1. 截面几何特征

截面混凝土面积：

$$A_c = A - A_h - A_s = 150 \times 200 - \frac{\pi}{4} \times (53)^2 - 314 = 27480mm^2$$

$$\alpha_{EP} = \frac{E_p}{E_c} = \frac{1.95 \times 10^5}{3.35 \times 10^4} = 5.82$$

$$\alpha_{ES} = \frac{E_s}{E_c} = \frac{2.0 \times 10^5}{3.35 \times 10^4} = 5.97$$

净截面面积：

$$A_n = A_c + \alpha_{ES} A_s = 27480 + 5.97 \times 314 = 29355mm^2$$

换算截面面积：

$$A_0 = A_n + \alpha_{EP} A_p = 29355 + 5.82 \times 355.8 = 31426mm^2$$

2. 张拉控制应力 σ_{con}

$$\sigma_{con} = 0.75 f_{ptk} = 0.75 \times 1720 = 1290N/mm^2$$

3. 预应力损失 σ_l 计算

1）锚具变形计算 σ_{l1}

$$\sigma_{l1} = \frac{\alpha}{l} E_p = \frac{5}{18 \times 10^3} \times 1.95 \times 10^5 = 54N/mm^2$$

2）孔道壁摩擦损失

$$\mu\theta + kx = 0 + 0.0015 \times 18 = 0.027 < 0.2$$

故可按简化公式计算

$$\sigma_{l2} = \sigma_{con}(\mu\theta + kx) = 1290(0 + 0.027) = 35\text{N/mm}^2$$

3）第一批预应力损失值

$$\sigma_{lI} = \sigma_{l1} + \sigma_{l2} = 54 + 35 = 89\text{N/mm}^2$$

4）应力松弛损失

$$\sigma_{l4} = 0.4\psi\left(\frac{\sigma_{con}}{f_{ptk}} - 0.5\right)\sigma_{con}$$

超张拉，取 $\psi = 0.9$

$$\sigma_{l4} = 0.4 \times 0.9\left(\frac{1290}{1720} - 0.5\right) \times 1290$$

$$= 0.36 \times (0.75 - 0.5) \times 1290 = 116\text{N/mm}^2$$

5）混凝土收缩徐变损失

$$\sigma_{PCI} = \frac{(\sigma_{con} - \sigma_{lI})A_p}{A_n}$$

$$= \frac{(1290 - 89) \times 355.8}{29355} = 14.56\text{N/mm}^2$$

$$\sigma_{PCI}/f'_{cu} = 14.56/45 = 0.324 < 0.5$$

$$\rho = \frac{A_p + A_s}{2A_n} = \frac{355.8 + 314}{2 \times 29355} = 0.0114$$

$$\sigma_{l5} = \frac{55 + 300\dfrac{\sigma_{pcI}}{f'_{cu}}}{1 + 15\rho}$$

$$= \frac{55 + 300 \times (14.56/45)}{1 + 15 \times 0.0114} = \frac{152}{1.171} = 130\text{N/mm}^2$$

6）第二批预应力损失值

$$\sigma_{lII} = \sigma_{l4} + \sigma_{l5} = 116 + 130 = 246\text{N/mm}^2$$

7）预应力总损失值

$$\sigma_l = \sigma_{lI} + \sigma_{lII} = 89 + 246 = 335\text{N/mm}^2 > 80\text{N/mm}^2$$

4. 裂缝控制等效级为二级的验算。

在荷载效应的标准组合下应满足：

$$\sigma_{ck} - \sigma_{pcII} \leqslant f_{tk}$$

在荷载效应的标准组合下轴心拉力值：

$$N_k = N_{gk} + N_{QK} = 270 + 110 = 380\text{kN}$$

$$\sigma_{ck} = \frac{N_K}{A_o} = \frac{380 \times 10^3}{31426} = 12.09\text{N/mm}^2$$

$$\sigma_{pcII} = \frac{(\sigma_{con} - \sigma_l)A_p - \sigma_{ls}A_s}{A_n}$$

$$= \frac{(1290 - 335) \times 355.8 - 130 \times 314}{29355}$$

$$= 10.18 \text{N/mm}^2$$

$$\sigma_{ck} - \sigma_{pcII} = 12.09 - 10.18 = 1.82 \text{N/mm}^2 < f_{tk}(= 2.51 \text{N/mm}^2)$$

（满足要求）

三、施工阶段受压承载力验算

验算公式：

$$\sigma_{cc} < 0.8 f'_{ck}$$

$$\sigma_{cc} = \frac{\sigma_{con} A_p}{A_n} = \frac{1290 \times 328.8}{29355} = 14.45 \text{N/mm}^2$$

$$0.8 f'_{ck} = 0.8 \times 29.6 = 23.68 \text{N/mm}^2 > \sigma_{cc}(= 14.45 \text{N/mm}^2)$$

（满足要求）

四、锚固区局部受压验算

1. 局部受压区截面尺寸验算

验算公式：

$$F_l \leqslant 1.35 \beta_c \beta_l f'_c A_{ln}$$

$$F_l = 1.2 \sigma_{con} A_p = 1.2 \times 1290 \times 328.8 = 508982 \text{N}$$

JM-12 型锚具直径 106mm，垫板厚 16mm，按 45° 角度扩散计算 A_l

$$A_l = \frac{\pi}{4}(106 + 2 \times 16)^2 = 14957 \text{mm}^2$$

A_b 按图 10.21 可取直径为 3 倍（106＋2×106）的圆面积，但已超出下弦杆截面面积，因下弦杆截面宽度为 200mm，故取 A_b 为：

$$A_b = 200 \times 200 = 40000 \text{mm}^2$$

$$\beta_l = \sqrt{\frac{A_b}{A_l}} = \sqrt{\frac{40000}{14957}} = 1.64$$

$$A_{ln} = A_l - \frac{\pi}{4}(53)^2 = 14957 - \frac{\pi}{4} \times 2809 = 12751 \text{mm}^2$$

$$1.35 \beta_c \beta_l f'_c A_{ln} = 1.35 \times 1.0 \times 1.64 \times 21.1 \times 12751 = 595668 \text{N} > F_l(= 508982 \text{N})$$

（满足要求）

2. 局部承压承载力验算

验算式为：

$$F_l \leqslant 0.9(\beta_c \beta_l f'_c + 2\alpha \rho_v \beta_{cor} f_y) A_{ln}$$

间接钢筋采用 HPB300 级钢筋（$f_y = 270 \text{N/mm}^2$），五片 φ6 焊接网片，间距 $s = 50 \text{mm}$，长度 $l_1 = l_2 = 170 \text{mm}$（图 10.23）

$$A_{cor} = 170 \times 170 = 28900 \text{mm}^2$$

$$\beta_{cor} = \sqrt{\frac{A_{cor}}{A_l}} = \sqrt{\frac{28900}{14957}} = 1.39$$

$$\rho_v = \frac{n_1 A_{s1} l_1 + n_2 A_{s2} l_2}{A_{cor} S} = \frac{2 \times 4 \times 28.3 \times 170}{28900 \times 50}$$

$$= 0.027 > 0.5\%$$

$$0.9 \times (\beta_c \beta_l f'_c + 2\alpha \rho_v \beta_{cor} f_y) A_{ln}$$

$$= 0.9 \times (1.0 \times 1.64 \times 21.1 + 2 \times 1.0 \times 0.027 \times 1.39 \times 270) \times 12751$$

$$= 0.9 \times (34.6 + 20.27) \times 12751 = 629683 \text{N} > F_l (= 508982 \text{N})$$

（满足要求）

10.7　预应力混凝土受弯构件的应力分析

预应力混凝土受弯构件在建筑工程中应用广泛,如空心板、大型屋面板、吊车梁、双 T 板、SP 板、屋面大梁、屋架、桁架及连续梁板框架结构等。

预应力受弯构件除用直线配筋外,还可以按照受力需要配置曲线预应力钢筋,如后张法大型受弯构件及连续梁板等超静定结构。

受弯构件有时还需要在梁顶部受压区设置预应力钢筋 A'_p,其作用是防止张拉预应力钢筋或运输吊装过程中可能在梁顶面产生预拉应力而出现裂缝。如果允许出现裂缝,则需限制其宽度,但 A'_p 应尽可能少放,因为它将降低构件的抗裂度和承载能力。

受弯构件除配置预应力钢筋外,有时还需要配置一定数量的非预应力钢筋 A_s,其作用是:① 根据三级抗裂要求,只需对部分钢筋进行张拉;② 避免构件在施工过程中可能开裂。

10.7.1　计算原则和计算方法

一、将预应力钢筋中的总拉力 N_p 视为作用在构件上的外压力

这一点与预应力轴心受拉构件是相同的,不同的是轴拉构件中的 A_p 和 A_s 都是对称布置的,故在预压力 N_p 作用下,构件截面混凝土中产生的预压应力是均匀分布的(图 10.24(a))。但受弯构件中 A_p 大多布置在梁底部受拉一边,预压力 N_p 对截面来说是一个偏心压力,截面中应力分布是不均匀的,有可能全截面受到预压应力,也有可能一部分截面受到预压应力,一部分截面受到预拉应力(图 10.24(b))。

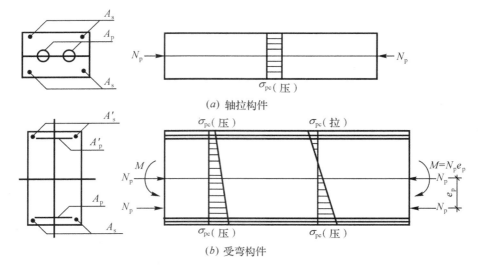

图 10.24　预应力作用于不同构件截面混凝土中的预压应力

二、应力的计算方法

预应力构件在使用阶段大多不开裂,故可近似地将构件视为弹性体,应用材料力学的公式计算应力,但需采用换算截面面积及其几何特征值。

由预加压力在混凝土中产生的法向应力,可采用下式计算:

先张法构件

$$\sigma_{pc} = \frac{N_{p0}}{A_0} \pm \frac{N_{p0}e_{p0}}{I_0}y \tag{10.69}$$

后张法构件

$$\sigma_{pc} = \frac{N_p}{A_n} \pm \frac{N_p e_{pn}}{I_n}y \pm \frac{M_2}{I_n}y \tag{10.70}$$

式中,

$$A_0 = A_c + \alpha_{EP}(A_p + A_p') + \alpha_{ES}(A_s + A_s')$$
$$= A + (\alpha_{EP} - 1)(A_p + A_p') + (\alpha_{ES} - 1)(A_s + A_s') \tag{10.71}$$

$$A_n = A_c + \alpha_{ES}(A_s + A_s') = A - A_h + (\alpha_{ES} - 1)(A_s + A_s') \tag{10.72}$$

式(10.70)中 M_2 为由预加力 N_p 在后张法预应力混凝土超静定结构中产生的次弯矩。通常对预应力钢筋由于布置上的几何偏心引起的内弯矩 $N_p e_{np}$ 以 M_1 表示。后张法预应力混凝土连续梁等超静定结构中由于存在支座等多余约束,由弯矩 M_1 对超静定结构引起的变形受到支座等约束时,将产生支座反力,称为次反力,由次反力引起的弯矩称为次弯矩 M_2。在计算由预加力在截面中产生的混凝土法向应力时应考虑该次弯矩 M_2 的影响。按弹性分析计算时, $M_2 = M_r - M_1$, M_r 为由预加力 N_p 的等效荷载在结构构件截面上产生的弯矩值(详见《规范》第 10.1.5 条)。由结构构件各截面次弯矩 M_2 的分布按结构力学方法可计算次剪力。

三、预应力钢筋及非预应力钢筋合力的计算

1. 先张法构件

第一批应力损失出现后

$$N_{p0\,I} = (\sigma_{con} - \sigma_{l\,I})A_p + (\sigma'_{con} - \sigma'_{l\,I})A'_p \tag{10.73}$$

第二批应力损失出现后

$$N_{p0\,II}\,(N_{p0}) = (\sigma_{con} - \sigma_l)A_p + (\sigma'_{con} - \sigma'_l)A'_p - \sigma_{l5}A_s - \sigma'_{l5}A'_s \tag{10.74}$$

2. 后张法构件

第一批应力损失出现后

$$N_{p\,I} = (\sigma_{con} - \sigma_{l\,I})A_p + (\sigma'_{con} - \sigma'_{l\,I})A'_p \tag{10.75}$$

第二批应力损失出现后

$$N_{p\,II}\,(N_p) = (\sigma_{con} - \sigma_l)A_p + (\sigma'_{con} - \sigma'_l)A'_p - \sigma_{l5}A_s - \sigma'_{l5}A'_s \tag{10.76}$$

式(10.73) ~ 式(10.76) 等式中,当等号右边第二项与第一项应力相同时取正号,相反时取负号。

混凝土收缩徐变使构件缩短,使预应力钢筋受压而降低了其中的应力,其降低值即为收缩徐变损失值 σ_{l5};同样它使非预应力钢筋受压产生压力 $\sigma_{l5}A_s$ 和 $\sigma'_{l5}A'_s$,但使混凝土受拉,它与预应力使混凝土受压恰好相反,故在式(10.74) 和式(10.76) 中取"—"号。

当 $(A_s + A'_s) < 0.4(A_p + A'_p)$ 时,为简化计算,可不考虑 A_s 由于混凝土收缩徐变引起的内力,在式(10.74) 和式(10.76) 中取 $\sigma_{l5} = \sigma'_{l5} = 0$;当 $A'_p = 0$ 时可取 $\sigma'_{l5} = 0$。

四、计算合力 N_{p0} 或 N_p 位置,即计算偏心距 e_{p0} 或 e_{pn}

先张法构件计算 N_{p0} 至换算截面重心轴,或后张法构件计算 N_p 至净截面重心轴的距离,可按求平行力系合力作用点的方法,如图 10.25 所示。

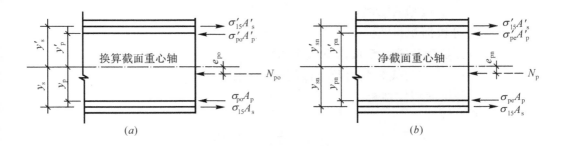

图 10.25　预应力钢筋及非预应力钢筋合力位置

1. 先张法构件

第一批应力损失出现后

$$e_{p0\,I} = \frac{(\sigma_{con} - \sigma_{l\,I})A_p y_p - (\sigma'_{con} - \sigma'_{l\,I})A'_p y'_p}{N_{p0\,I}} \tag{10.77}$$

第二批应力损失出现后

$$e_{p0}(= e_{p0 \text{II}}) = \frac{(\sigma_{con} - \sigma_l)A_p y_p - (\sigma'_{con} - \sigma'_l)A'_p y'_p - \sigma_{l5} A_s y_s + \sigma'_{l5} A'_s y'_s}{N_{p0 \text{II}}} \quad (10.78)$$

2. 后张法构件

第一批应力损失出现后

$$e_{pn \text{I}} = \frac{(\sigma_{con} - \sigma_{l \text{I}})A_p y_{pn} - (\sigma'_{con} - \sigma'_{l \text{I}})A'_p y'_{pn}}{N_{p \text{I}}} \quad (10.79)$$

第二批应力损失出现后

$$e_{pn}(= e_{pn \text{II}}) = \frac{(\sigma_{con} - \sigma_l)A_p y_{pn} - (\sigma'_{con} - \sigma'_l)A'_p y'_{pn} - \sigma_{l5} A_s y_{sn} + \sigma'_{l5} A'_s y'_{sn}}{N_{p \text{II}}}$$

$$(10.80)$$

五、计算截面几何特征值

计算截面几何特征值最好分项(混凝土和钢筋)、分块(非矩形截面)列表进行计算。先张法换算截面或后张法净截面重心轴位置按下式计算:

$$y_0(= y_n) = \frac{\sum_{i=1}^{n} A_i y_i}{\sum_{i=1}^{n} A_i} \quad (10.81)$$

换算截面及净截面惯性矩分别为:

$$I_0 = \sum_{i=1}^{n} A_i(y_0 - y_i)^2 + \sum_{i=1}^{n} I_i \quad (10.82a)$$

$$I_n = \sum_{i=1}^{n} A_i(y_n - y_i)^2 + \sum_{i=1}^{n} I_i \quad (10.82b)$$

式中,y_0,y_n—— 分别为先张法构件换算截面重心轴和后张法构件净截面重心轴至截面下边缘的距离;

A_i—— 分块面积;

y_i—— 分块面积重心至截面下边缘的距离;

I_0,I_n—— 分别为换算截面及净截面的惯性矩;

I_i—— 分块面积惯性矩。

10.7.2　先张法受弯构件应力分析

图10.26为先张法受弯构件施工阶段和使用阶段各过程的应力分析图,图中只按配置预应力钢筋的情况加以分析。

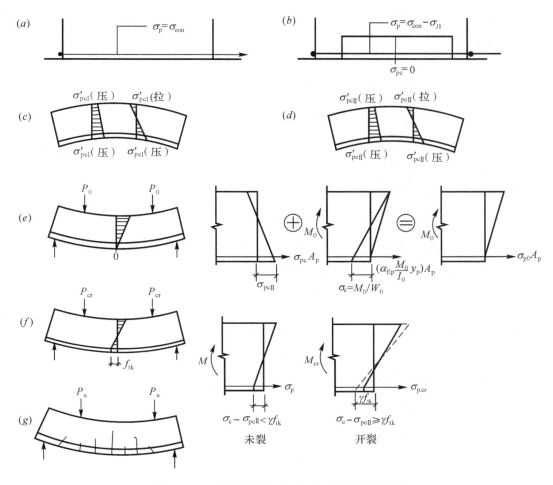

图 10.26　先张法受弯构件预加应力全过程分析

一、施工阶段

1. 台座上张拉钢筋

此时预应力钢筋中的拉应力为 $\sigma_p = \sigma_{con}$，混凝土尚未浇灌（图 10.26(a)）

2. 完成第一批预应力损失 $\sigma_{l\,I}$

钢筋张拉完毕后，临时锚固在台座上，接着浇灌混凝土和蒸汽养护，从而产生锚具变形和钢筋内缩的应力损失 σ_{l1}、温差损失 σ_{l3} 及预应力钢筋的应力松弛损失 σ_{l4}。至此，完成第一批预应力损失 $\sigma_{l\,I} = \sigma_{l1} + \sigma_{l3} + \sigma_{l4}$。

此时预应力钢筋中的拉应力降为 $\sigma_p = \sigma_{con} - \sigma_{l\,I}$。由于预应力钢筋仍锚固在台座上未放松，故混凝土尚未受到挤压，其应力为零（图 10.26(b)）。

3. 预压混凝土（图 10.26(c)）

待混凝土强度达到其设计强度等级的 75% 以上时，可放松预应力钢筋，由于预应力钢筋的回缩使混凝土受到预压产生压缩变形。而张紧的预应力钢筋由于缩短变松，从而损失了部分预应力,其值为预应力钢筋重心处混凝土应力 σ_{pc} 的 α_{EP} 倍。因此,预应力钢筋 A_p 中的应力降为:

$$\sigma_{p0\,I} = \sigma_{con} - \sigma_{l\,I} - \alpha_{EP}\sigma_{pc} \tag{10.83}$$

预应力钢筋重心处混凝土的应力为:

$$\sigma_{pc} = \frac{N_{p0\,I}}{A_0} + \frac{N_{p0\,I}e_{p0\,I}}{I_0}y_p \tag{10.84}$$

$$N_{p0\,I} = (\sigma_{con} - \sigma_{l\,I})A_p \tag{10.85}$$

式中,y_p 为换算截面重心轴至预应力钢筋 A_p 重心处的距离。

构件上、下边缘混凝土应力 $\sigma'_{pc\,I}$ 和 $\sigma_{pc\,I}$ 为:

$$\sigma_{pc\,I}(\sigma'_{pc\,I}) = \frac{N_{p0\,I}}{A_0} \pm \frac{N_{p0\,I}e_{p0\,I}}{I_0}y_0(y'_0) \tag{10.86}$$

式中,y'_0 和 y_0 分别为换算截面重心轴至构件上、下边缘的距离。

4. 完成全部预应力损失(图 10.26(d))

随着时间增长,由于混凝土收缩和徐变产生第二批预应力损失 $\sigma_{l\,II} = \sigma_{l5}$,至此,完成了全部预应力损失 $\sigma_l = \sigma_{l\,I} + \sigma_{l\,II}$。

此时预应力钢筋中的应力即为有效预应力值:

$$\sigma_{pe}(= \sigma_{p0\,II}) = \sigma_{con} - \sigma_l - \alpha_{EP}\sigma_{pc} \tag{10.87}$$

式中 σ_{pc} 为预应力钢筋重心处混凝土的应力,计算式如下:

$$\sigma_{pc} = \frac{N_{p0\,II}}{A_0} + \frac{N_{p0\,II}e_{p0\,II}}{I_0}y_p \tag{10.88}$$

$$N_{p0\,II} = (\sigma_{con} - \sigma_l)A_p \tag{10.89}$$

构件上、下边缘混凝土应力 $\sigma'_{pc\,II}$ 和 $\sigma_{pc\,II}$ 为:

$$\sigma_{pc\,II}(\sigma'_{pc\,II}) = \frac{N_{p0\,II}}{A_0} \pm \frac{N_{p0\,II}e_{p0\,II}}{I_0}y_0(y'_0) \tag{10.90}$$

式(10.88)中 y_p 同式(10.84),式(10.90)中 y_0 和 y'_0 同式(10.86)。

二、使用阶段

1. 消压状态

当构件尚未施加外荷载时,其下边缘混凝土中已存在预压应力 $\sigma_{pc\,II}$。在外荷载作用下,构件下边缘混凝土中将产生拉应力 $\sigma_c = M_0/W_0$(M_0 为外荷载产生的弯矩,W_0 为换算截面受拉边缘的弹性抵抗矩),它逐渐抵消预压应力,当 $\sigma_c < \sigma_{pc\,II}$,即 $\sigma_c - \sigma_{pc\,II} < 0$ 时,截面下边缘仍处于受压状态;当 $\sigma_c = \sigma_{pc\,II}$,即 $\sigma_c - \sigma_{pc\,II} = 0$ 时,截面下边缘混凝土应力为零,这种应力状态称为截面下边缘的消压状态(图 10.26(e))。此时所施加的外荷载为 P_0,产生的弯矩为 M_0,称为消压弯矩,可按下式计算:

$$\sigma_c - \sigma_{pc\,II} = \frac{M_0}{W_0} - \sigma_{pc\,II} = 0$$

$$M_0 = \sigma_{pc\,II}W_0 \tag{10.91}$$

需要指出,对于轴拉构件,当轴拉力增大至 N_{p0} 时,整个截面上各点混凝土的应力全部为零,即处于全截面消压状态(图 10.16(e) 及 10.17(f))。而受弯构件当弯矩增大至消压弯矩 M_0 时,只有截面下边缘混凝土的应力为零,截面上其他各点混凝土的应力都不等于零。

在计算预应力混凝土受弯构件的承载力及裂缝宽度时,要用到构件截面上各点混凝土法向预应力皆为零(即全截面消压状态)时预应力钢筋 A_p 和 A'_p 中的应力 σ_{p0} 和 σ'_{p0},以及预应力钢筋和非预应力钢筋的合力 N_{p0} 及其偏心距 e_{p0},此时可计算如下。

预应力钢筋 A_p 合力点处混凝土法向应力等于零时,预应力钢筋中的应力 σ_{p0} 为:

$$\sigma_{p0} = \sigma_{pe} + \alpha_{Ep}\frac{M_0}{I_0}y_p = (\sigma_{con} - \sigma_l - \alpha_{EP}\sigma_{pc}) + \alpha_{EP}\frac{M_0}{I_0}y_p$$

$$\sigma_{p0} = \sigma_{con} - \sigma_l \tag{10.92}$$

当配有预应力钢筋 A'_p 时,同样可求得其应力 σ'_{p0} 为:

$$\sigma'_{p0} = \sigma'_{con} - \sigma'_l \tag{10.93}$$

当计及非预应力钢筋 A_s 及 A'_s 的影响后,预应力及非预应力钢筋的合力值 N_{p0} 可按下式计算:

$$N_{p0} = \sigma_{p0}A_p + \sigma'_{p0}A'_p - \sigma_{l5}A_s - \sigma'_{l5}A'_s \tag{10.94}$$

N_{p0} 至换算截面重心轴的距离 e_{p0} 为:

$$e_{p0} = \frac{\sigma_{p0}A_p y_p - \sigma'_{p0}A'_p y'_p - \sigma_{l5}A_s y_s + \sigma'_{l5}A'_s y'_s}{\sigma_{p0}A_p + \sigma'_{p0}A'_p - \sigma_{l5}A_s - \sigma'_{l5}A'_s} \tag{10.95}$$

对后张法构件,可按同样方法求得:

$$\sigma_{p0} = \sigma_{con} - \sigma_l + \alpha_{EP}\sigma_{pc} \tag{10.96}$$

$$\sigma'_{p0} = \sigma'_{con} - \sigma'_l + \alpha_{EP}\sigma'_{pc} \tag{10.97}$$

将以上两式代入式(10.94) 及(10.95),同样可得后张法构件的 N_p 及 e_{pn}。

2. 加荷至构件即将开裂

当外荷载产生的拉应力抵消完构件下边缘混凝土中的预压应力时,混凝土中将出现拉应力。当构件下边缘混凝土中的拉应力达到其抗拉强度 f_{tk} 时,构件并不立即出现裂缝。由于混凝土的塑性,受拉区应力并非按线性变化,而呈曲线分布(图 10.26(f))。按曲线分布的应力图形所能抵抗的弯矩较下边缘应力为 f_{tk} 的三角形应力图形所能抵抗的弯矩大。为便于抗裂计算,可将曲线分布的应力图形折算成下边缘为 γf_{tk} 的等效三角形应力图形(γ 为混凝土构件的截面抵抗矩塑性影响系数,$\gamma > 1$)),因此,只有当 $\sigma_c - \sigma_{pc\,II} = \gamma f_{tk}$ 时,截面才可能出现裂缝,达到抗裂极限状态。这时截面能承受的弯矩即为抗裂弯矩 M_{cr},从以上所述可得:

$$\frac{M_{cr}}{W_0} - \sigma_{pc\,II} = \gamma f_{tk}$$

$$M_{cr} = (\sigma_{pc\,II} + \gamma f_{tk})W_0 \tag{10.98a}$$

或

$$M_{cr} = M_0 + \gamma f_{tk}W_0 \tag{10.98b}$$

式中,W_0—— 换算截面受拉边缘的弹性抵抗矩;

γ——受拉区混凝土的截面抵抗矩塑性影响系数,可按式计算,$\gamma = (0.7 + \dfrac{120}{h})\gamma_m$,$\gamma_m$为截面抵抗矩塑性影响系数基本值,见附表 26。

从式(10.98b)可见,抗裂弯矩 M_{cr} 即为构件下边缘混凝土应力为零时的消压弯矩 M_0,再加上一项相当于普通钢筋混凝土受弯构件的抗裂弯矩 $\gamma f_{tk} W_0$。

3. 加荷至构件破坏,到达承载能力极限状态

如图 10.26(g)所示。

位于受拉区预应力钢筋 A_p 中的应力达到抗拉强度设计值 f_{py},非预应力钢筋 A_s 和 A'_s 的应力亦可分别达到抗拉和抗压强度设计值 f_y 和 f'_y,只有位于受压区预应力钢筋 A'_p 的应力 σ'_p 可能受拉,也可能受压;也有可能达到抗压强度设计值,也可能达不到(详见 10.8.1 节)。截面受压区边缘混凝土的压应变达到极限压应变 ε_{cu},应力达到抗压强度设计值。

后张法构件的应力分析与先张法构件基本相同,下面仅指出其不同点。

(1)后张法在张拉预应力钢筋时,混凝土即同时受到预压,与先张法要到放松预应力钢筋时混凝土才受到预压的情况不同。

因此,在出现第一批及第二批预应力损失后(图 10.26(c),(d)两个过程),后张法构件预应力钢筋中的应力应为 $\sigma_{pI} = \sigma_{con} - \sigma_{lI}$ 和 $\sigma_{pe}(= \sigma_{pII}) = \sigma_{con} - \sigma_l$。与先张法构件式(10.83)和(10.87)比较,可见均少了 $\alpha_{EP}\sigma_{pc}$ 这一项。

(2)对后张法构件施工阶段的应力进行分析时,应取用净截面积 A_n 及其几何特征值,来代替先张法构件中的换算截面积 A_0 及其几何特征值。但进行使用阶段的应力分析时,不论先张法还是后张法构件,均取用换算截面积 A_0 及其几何特征值。

(3)后张法构件处于全截面消压状态时,预应力钢筋 A_p 和 A'_p 中的应力分别为:

$$\sigma_{p0} = \sigma_{con} - \sigma_l + \alpha_{EP}\sigma_{pc} \tag{10.96}$$

$$\sigma'_{p0} = \sigma'_{con} - \sigma'_l + \alpha_{EP}\sigma'_{pc} \tag{10.97}$$

可见,与先张法构件式(10.92)和(10.93)比较,以上两式分别增加了 $\alpha_{EP}\alpha_{pc}$ 和 $\alpha_{EP}\sigma'_{pc}$ 一项。

10.8 预应力混凝土受弯构件的计算

预应力混凝土受弯构件一般应进行正截面和斜截面承载力计算、正截面和斜截面抗裂度或裂缝宽度及变形的验算,此外还应进行构件制作、运输和吊装等施工阶段的验算。

后张法预应力混凝土连续梁等超静定结构,在进行正截面受弯承载力计算及抗裂验算时,在弯矩设计值中次弯矩 M_2 应参与组合;在进行斜截面受剪承载力计算及抗裂验算时,在剪力设计值中次剪力应参与组合。当预应力作为荷载效应考虑时,在对截面

进行受弯及受剪承载力计算时,当参与组合的次弯矩、次剪力对结构不利时,预应力分项系数应取 1.2,有利时应取1.0;在对截面进行受弯及受剪的抗裂验算时,参与组合的次弯矩和次剪力的预应力分项系数取 1.0。

10.8.1　正截面承载力的计算

一、受压区预应力钢筋 A_p' 的应力 σ_p'

试验表明,预应力混凝土受弯构件到达承载力极限状态时,受拉区预应力钢筋 A_p 及非预应力钢筋 A_s 均能达到抗拉强度设计值,受压区非预应力钢筋 A_s' 也能达到抗压强度设计值,而受压区的预应力钢筋 A_p' 有可能达到其抗压强度设计值,也有可能达不到,也有可能受拉。因此在建立承载力计算公式时,要首先确定 A_p' 在构件到达承载力极限状态时的应力 σ_p'。

A_p' 在荷载作用前存在着有效预拉应力 σ_{pe}',但从加荷开始至构件破坏,A_p' 中则产生压应力,设为 $\Delta\sigma_p'$(图 10.27),因此 A_p' 中的应力应为:

$$\sigma_p' = \sigma_{pe}' - \Delta\sigma_p' \tag{10.98}$$

1. 加荷前 A_p' 中的有效预拉应力 σ_{pe}'

(1) 先张法构件:

$$\sigma_{pe}' = \sigma_{con}' - \sigma_l' - \alpha_{EP}\sigma_{pc}' \tag{10.99a}$$

(2) 后张法构件:

$$\sigma_{pe}' = \sigma_{con}' - \sigma_l' \tag{10.99b}$$

式中,σ_{pc}' 为 A_p' 合力点处混凝土的预压应力。

2. 从加荷至构件破坏过程中 A_p' 中产生的压应力 $\Delta\sigma_p'$

可通过应变进行计算:

$$\Delta\sigma_p' = \Delta\varepsilon_p' E_{ps} = \Delta\varepsilon_{pc}' E_{ps}$$

式中,$\Delta\varepsilon_p'$ 和 $\Delta\varepsilon_{pc}'$ 分别为 A_p' 和 A_p' 合力点处混凝土从加荷开始至构件破坏时的应变差。

加荷时,A_p' 合力点处混凝土的应变为 σ_{pc}'/E_c;破坏时,A_p' 合力点处混凝土的应变为 $\varepsilon_u = 2000\times10^{-6}$,则从加荷开始至破坏 A_p' 合力点处混凝土的应变差为:

$$\Delta\varepsilon_{pc}' = \varepsilon_u - \sigma_{pc}'/E_c$$

因此可得

$$\Delta\sigma_p' = \Delta\varepsilon_p' E_{ps} = \Delta\varepsilon_{pc}' E_{ps} = \left(\varepsilon_u - \frac{\sigma_{pc}'}{E_c}\right)E_{ps} = \varepsilon_u E_{ps} - \alpha_{EP}\sigma_{pc}'$$

$$= 2000\times10^{-6}\times2\times10^5 - \alpha_{EP}\sigma_{pc}' = 400 - \alpha_{EP}\sigma_{pc}'$$

$$\Delta\sigma_p' = f_{py}' - \alpha_{EP}\sigma_{pc}' \tag{10.100}$$

式中,f_{py}' 为 A_p' 的抗压强度设计值。

3. 构件到达承载力极限状态时 A_p' 中的应力 σ_p'

可将式(10.99)和(10.100)代入式(10.98)即得:

（1）先张法构件：

$$\sigma'_p = \sigma'_{pe} - \Delta\sigma'_p = (\sigma'_{con} - \sigma'_l - \alpha_{EP}\sigma'_{pc}) - (f'_{py} - \alpha_{EP}\sigma'_{pc})$$

$$\sigma'_p = (\sigma'_{con} - \sigma'_l) - f'_{py} = \sigma'_{p0} - f'_{py} \qquad (10.101a)$$

（2）后张法构件：

$$\sigma'_p = \sigma'_{pe} - \Delta\sigma'_p = (\sigma'_{con} - \sigma'_l) - (f'_{py} - \alpha_{EP}\sigma'_{pc})$$

$$= (\sigma'_{con} - \sigma'_l + \alpha_{EP}\sigma'_{pc}) - f'_{py}$$

$$\sigma'_p = \sigma'_{p0} - f'_{py} \qquad (10.101b)$$

式中，σ'_{p0} 为 A'_p 合力点处混凝土预压应力为零时，先张法和后张法构件 A'_p 中的应力，计算时"+"号为拉应力，"−"号为压应力。

从式（10.101a）和（10.101b）可见，A'_p 至构件破坏时可能受压，亦可能受拉，如图 10.27 所示。如果 A'_p 中为拉应力，则将降低截面承载力，因此宜尽可能少配或不配 A'_p。

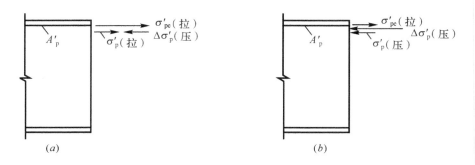

图 10.27　预应力构件受压区预应力钢筋的应力

二、界限破坏时相对受压区的高度 ξ_b

由第 4 章可知，配置有屈服点钢筋的混凝土构件相对受压区高度的计算式为：

$$\xi_b = \frac{\beta_1 x_{cb}}{h_0} = \frac{\beta_1 \varepsilon_{cu}}{\varepsilon_{cu} + \varepsilon_y} = \frac{\beta_1}{1 + \dfrac{\varepsilon_y}{\varepsilon_{cu}}} = \frac{\beta_1}{1 + \dfrac{f_y}{E_s \varepsilon_{cu}}}$$

$$(10.102)$$

对配置无屈服点钢筋的预应力混凝土构件，根据条件屈服点定义，应考虑 0.2% 的残应变，钢筋达到条件屈服点时的拉应变如图 10.28 所示为：

$$\varepsilon_{py} = 0.002 + f_{py}/E_{ps}$$

再考虑到钢筋的预拉应变 $\varepsilon_{p0} = \sigma_{p0}/E_{ps}$，需要在预应力钢筋强度设计值 f_{py} 中减去 A_p 合力点处混凝土预压应力为零时 A_p 中的预拉应力 σ_{p0}，如图 10.29 所示，故式

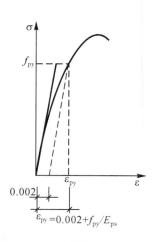

图 10.28　无屈服点预应力钢筋达到条件屈服点时的拉应变

（10.102）应修改为：

$$\xi_b = \frac{\beta_1}{1 + \dfrac{0.002}{\varepsilon_{cu}} + \dfrac{f_{py} - \sigma_{p0}}{E_{ps}\varepsilon_{cu}}}$$

$$（10.103）$$

式中，σ_{p0} 为 A_p 合力点处混凝土预压应力为零时，预应力钢筋 A_p 中的应力。

对先张法构件：

$$\sigma_{p0} = \sigma_{con} - \sigma_l \qquad （10.92）$$

对后张法构件：

$$\sigma_{p0} = \sigma_{con} - \sigma_l + \alpha_{EP}\sigma_{pc} \qquad （10.96）$$

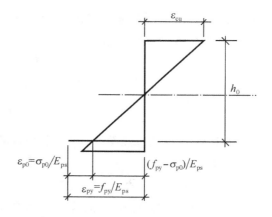

图 10.29　界限破坏时预应力受拉
纵筋的应变图

式（10.103）中，当混凝土强度等级 ≤ C50 时，$\beta_1 = 0.8$，当 C80 时，$\beta_1 = 0.74$，其间按线性内插法确定；当混凝土强度等级 ≤ C50 时，$\varepsilon_{cu} = 0.0033$，否则按式（4.2$b$）计算。

三、矩形截面正截面承载力的计算

1. 基本公式

如图 10.30 所示，根据平衡条件可得：

$$\sum x = 0$$

$$f_{py}A_p + f_y A_s = \alpha_1 f_c bx + f'_y A'_s - \sigma'_p A'_p \qquad （10.104）$$

$$\sum M = 0$$

$$M \leqslant M_u, \qquad M_u = \alpha_1 f_c bx \left(h_0 - \frac{x}{2}\right) + f'_y A'_s (h_0 - a'_s) - \sigma'_p A'_p (h_0 - a'_p)$$

$$（10.105）$$

式中，受压时 σ'_p 用"－"号，受拉时用"＋"号，可见当受拉时，式（10.105）中最后一项为负值，即截面承载力将降低。

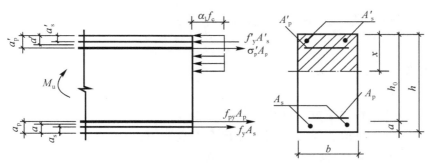

图 10.30　矩形截面受弯构件正截面受弯承载力计算

为了控制受拉钢筋总配筋率过少,使构件具有应有的延性,以防止预应力受弯构件开裂后的突然脆断,要求正截面受弯承载力设计值尚应符合下列要求:

$$M_u \geqslant M_{cr} \tag{10.106}$$

$$M_{cr} = (\sigma_{cr} + rf_{tk})W_0 \tag{10.142}$$

$$r = \left(0.7 + \frac{120}{h}r_m\right) \tag{10.143}$$

M_{cr} 的计算式可见本章第 10.8.6 节变形验算。

2. 适用条件

(1) $x \leqslant \xi_b h_0$;

(2) $x \geqslant 2a'$,a' 为 A'_p 和 A'_s 的合力点至受压区边缘的距离,当受压区未配置 A'_p 时,a' 用 a'_s 代替。

如果 $x < 2a'$,可近似按以下方法计算:

当 σ'_p 为压应力时,可取 $x = 2a'$,对受压区合力点取矩:

$$M \leqslant f_{py}A_p(h - a_p - a') + f_yA_s(h - a_s - a') \tag{10.107}$$

当 σ'_p 为拉应力时,可取 $x = 2a'_s$,对 A'_s 取矩 $\sum M_{A'} = 0$ 可得:

$$M \leqslant f_{py}A_p(h - a_p - a'_s) + f_yA_s(h - a_s - a'_s) + \sigma'_pA'_p(a'_p - a'_s) \tag{10.108}$$

四、T 形及工字形截面承载力的计算

1. 第一类 T 形截面($x \leqslant h'_f$)

如图 10.31(a) 所示。

当符合下列条件时:

$$f_{py}A_p + f_yA_s \leqslant \alpha_1 f_c b'_f h'_f + f'_yA'_s - \sigma'_pA'_p \tag{10.109}$$

可按宽度为 b'_f 的矩形截面计算,即:

$$\sum x = 0$$

$$f_{py}A_p + f_yA_s = \alpha_1 f_c b'_f x + f'_yA'_s - \sigma'_pA'_p \tag{10.110}$$

$$\sum M = 0$$

$$M \leqslant M_u, \qquad M_u = \alpha_1 f_c b'_f x\left(h_0 - \frac{x}{2}\right) + f'_yA'_s(h_0 - a'_s) - \sigma'_pA'_p(h_0 - a'_p) \tag{10.111}$$

尚应符合 $\qquad M_u \geqslant M_{cr}$

适用条件:$x \geqslant 2a'$

当 $x < 2a'$ 时,按以下方法计算。

σ'_p 为压应力时,可取 $x = 2a'$,对受压区合力点取矩:

$$M \leqslant f_{py}A_p(h - a_p - a') + f_yA_s(h - a_s - a') \tag{10.112}$$

σ'_p 为拉应力时,可取 $x = 2a'_s$ 对 A'_s 取矩 $\sum M_{A'} = 0$ 得:

$$M \leqslant f_{py}A_p(h - a_p - a'_s) + f_yA_s(h - a_s - a'_s) + \sigma'_pA'_p(a'_p - a'_s) \tag{10.113}$$

2. 第二类 T 形截面 ($x > h'_f$)

如图 10.31(b) 所示。

当符合下列条件时

$$f_{py}A_p + f_yA_s > \alpha_1 f_c b'_f h'_f + f'_yA'_s - \sigma'_pA'_p \tag{10.114}$$

可按下式计算:

$$\sum x = 0$$

$$f_{py}A_p + f_yA_s = \alpha_1 f_c bx + \alpha_1 f_c (b'_f - b)h'_f + f'_yA'_s - \sigma'_pA'_p \tag{10.115}$$

$$\sum M = 0$$

$$M \leqslant M_u,$$

$$M_u = \alpha_1 f_c bx \left(h_0 - \frac{x}{2}\right) + \alpha_1 f_c (b'_f - b)h'_f \left(h_0 - \frac{h'_f}{2}\right) + f'_yA'_s(h_0 - a'_s) - \sigma'_pA'_p(h_0 - a'_p) \tag{10.116}$$

适用条件为 $x \leqslant \xi_b h_0$。

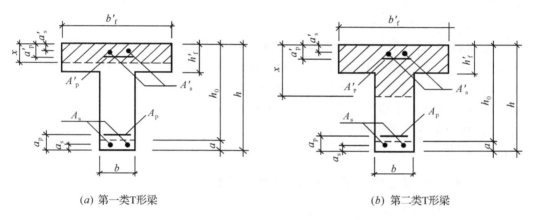

(a) 第一类T形梁　　　　　　　　　　　　　(b) 第二类T形梁

图 10.31　两类预应力 T 形梁截面图

10.8.2　斜截面受剪承载力的计算

一、预应力对斜截面受剪承载力的影响

试验研究表明,预应力混凝土受弯构件比普通钢筋混凝土受弯构件有较高的斜截面受剪承载力,这主要是由于受拉区混凝土中预压应力的作用,延缓和抑制了斜裂缝的开展,增大了剪压区高度,以及加大了斜裂缝之间骨料的咬合作用,从而提高了受剪承载力。

对预应力混凝土受弯构件受剪承载力的计算,为方便起见,在普通钢筋混凝土受弯构件斜截面受剪承载力计算公式的基础上,再加上一项由于预压力作用所提高的受剪承载力 V_p。

由于预应力钢筋合力点至换算截面重心轴的偏心距 e_p 一般变化不大,为简化计算,可忽略这一因素的影响,而只考虑预应力和非预应力钢筋合力 N_{p0} 这一主要影响因素。根据矩形截面配有箍筋的预应力混凝土梁的试验结果,偏安全地取 V_p 为:

$$V_p = 0.05N_{p0} \tag{10.116}$$

式中,N_{p0} 为计算截面上混凝土法向预应力等于零时的纵向预应力及非预应力钢筋的合力可按式(10.94)计算。

但试验研究亦表明,受剪承载力的提高程度虽与预压应力大小有关,但其作用也不是无限的。当换算截面重心轴处混凝土预压应力和混凝土抗压强度 f_c 之比超过 $0.3 \sim 0.4$ 后,预压应力的有利作用就有下降趋势,故《规范》规定当 $N_{p0} > 0.3f_c A_0$ 时,取 $N_{p0} = 0.3f_c A_0$。

对于先张法预应力构件,如果斜截面受拉区始端在预应力传递长度 l_{tr} 范围内时,用公式(10.116)计算 N_{p0} 时应考虑 l_{tr} 的影响(见10.2.1节之二),即应由 $\sigma_{p0}l/l_{tr}$ 代替 σ_{p0} 来计算 N_{p0},σ_{p0}

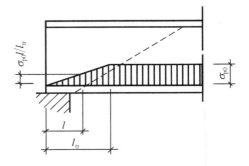

图 10.32　预应力传道长度范围内有效预应力值的变化

为预应力钢筋合力点处混凝土法向预应力为零时预应力钢筋中的应力,见公式(10.92)和(10.96),l 为斜截面受拉区始端至构件端部的距离(图10.32),l_{tr} 按式(10.1)计算。在进行斜截面抗裂度验算时亦应考虑这一情况。

对预应力混凝土连续梁以及使用阶段允许出现裂缝(即三级抗裂)的预应力混凝土简支梁,因目前尚缺乏足够的试验资料,为偏安全起见,《规范》规定暂不考虑预应力的有利作用,即在计算斜截面受剪承载力时,取 $V_p = 0$。

二、预应力混凝土受弯构件斜截面受剪承载力的计算

对均布荷载作用下矩形、T 形和工字形截面的预应力混凝土受弯构件,当配有箍筋时,斜截面受剪承载力可按下式计算:

$$V \leqslant V_{cs} + V_p \tag{10.118}$$

$$V_{cs} = 0.7f_t bh_0 + f_{yv}\frac{nA_{sv1}}{S}h_0$$

$$V_p = 0.05N_{p0} \quad (当 N_{p0} > 0.3f_c A_0 时,取 N_{p0} = 0.3f_c A_0)$$

对集中荷载作用下的独立梁(包括作用有多种荷载,其中集中荷载对支座截面或节点边缘所产生的剪力值占总剪力值的 75% 以上的情况),斜截面受剪承载力计算公式(10.118)中 V_{cs} 的计算式改为:

$$V_{cs} = \frac{1.75}{\lambda + 1.0}f_t bh_0 + f_{yv}\frac{nA_{sv1}}{S}h_0$$

$$1.5 \leqslant \lambda \leqslant 3.0$$

三、同时配有箍筋和弯起钢筋时的计算

对矩形、T 形和工字形截面的预应力混凝土受弯构件,当同时配有箍筋和弯起钢筋

时,斜截面受剪承载力计算公式为:

$$V \leqslant V_{cs} + V_p + 0.8 f_y A_{sb} \sin\alpha_s + 0.8 f_{py} A_{pb} \sin\alpha_p \qquad (10.119)$$

式中, A_{pb}, f_{py}—— 预应力弯起钢筋的截面面积和抗拉强度设计值;

α_p—— 预应力弯起钢筋的弯起角度。

其他符号均与第 5 章斜截面受剪承载力计算公式相同。在计算 N_{p0} 时,不考虑预应力弯起钢筋的作用。

四、斜截面受剪承载力计算公式的上下限值

1. 上限值 —— 截面尺寸限制条件

为了防止发生斜压破坏或梁的腹板压坏及限制在使用阶段的斜裂缝宽度,同时也是斜截面受剪破坏的最大配箍条件。为了考虑高强混凝土特点,引入随混凝土强度提高对受剪截面限制值降低的折减系数 β_c,故矩形、T 形、I 形截面受弯构件的受剪截面尺寸应符合以下条件:

当 $h_w/b \leqslant 4$(普通构件)时,　　　$V \leqslant 0.25\beta_c f_c b h_0$

当 $h_w/b \geqslant 6$(薄腹构件)时,　　　$V \leqslant 0.20\beta_c f_c b h_0$

当 $4 < h_w/b < 6$ 时,按线性内插法确定。

当混凝土强度等级 $\leqslant$ C50 时,取 $\beta_c = 1.0$;C80 时,取 $\beta_c = 0.8$;其间按线性内插法确定。

对 T 形和 I 形截面的简支受弯构件,当有实践经验时,允许 $V \leqslant 0.3\beta_c f_c b h_0$,对受拉边倾斜的构件,当有实践经验时,其受剪截面的控制条件可适当放宽。

2. 下限值 —— 最小配箍条件

为了防止斜拉破坏及箍筋配置过少,配箍率必须满足最小配箍率 $\rho_{sv,min} = 0.24 f_t/f_{yv}$ 的要求。

当满足以下条件时,可不进行斜截面受剪承载力的计算,而仅需按构造要求配置箍筋,见附表 20 及附表 21,但配箍率亦须满足最小配箍率的要求。

(1) 对矩形、T 形和工字形截面的一般受弯构件:

$$V \leqslant 0.7 f_t b h_0 + 0.05 N_{p0} \qquad (10.120)$$

(2) 对集中荷载作用下的独立梁(包括作用有多种荷载,且其中集中荷载对支座截面或节点边缘所产生的剪力值占总剪力值的 75% 以上的情况):

$$V \leqslant \frac{1.75}{\lambda + 1.0} f_t b h_0 + 0.05 N_{p0} \qquad (10.121)$$

$$1.5 \leqslant \lambda \leqslant 3.0$$

式中, V—— 构件斜截面上的最大剪力设计值;

N_{p0}—— 计算截面上混凝土法向预压应力等于零时的预应力及非预应力钢筋的合力。

如果式(10.120)和式(10.121)不能满足,应通过计算配置箍筋,且满足最小配箍率要求。

10.8.3　正截面抗裂度的验算

预应力混凝土构件应按所处环境类别和结构类别,根据附表11的规定,确定相应的裂缝控制等级或最大裂缝宽度限值。

一、一级 —— 严格要求不出现裂缝的构件

要求在荷载效应的标准组合下,抗裂验算边缘混凝土的法向应力为压应力或零应力,即应符合下式要求:

$$\sigma_{\text{ck}} - \sigma_{\text{pc}\,\text{II}} \leqslant 0 \tag{10.122}$$

二、二级 —— 一般要求不出现裂缝的构件

要求在荷载效应的标准组合下,抗裂验算边缘混凝土中允许出现拉应力,但不应大于混凝土抗拉强度的标准值,即应符合下式要求:

$$\sigma_{\text{ck}} - \sigma_{\text{pc}\,\text{II}} \leqslant f_{\text{tk}} \tag{10.123}$$

式中,σ_{ck} —— 荷载效应的标准组合下抗裂验算边缘混凝土的法向应力

$$\sigma_{\text{ck}} = M_{\text{k}}/W_0;$$

M_{k} —— 荷载效应的标准组合时的弯矩值;

W_0 —— 换算截面对抗裂验算边缘的弹性抵抗矩;

$\sigma_{\text{pc}\,\text{II}}$ —— 扣除全部预应力损失后,抗裂验算边缘混凝土中的有效预压应力值,对先张法构件,尚应考虑在预应力传递长度 l_{tr} 范围内的实际预压应力值的变化,

先张法构件

$$\sigma_{\text{pc}\,\text{II}} = \frac{N_{\text{p0}\,\text{II}}}{A_0} + \frac{N_{\text{p0}\,\text{II}}\, e_{\text{p0}\,\text{II}}}{I_0} y_0$$

$$N_{\text{p0}\,\text{II}}\,(N_{\text{p0}}) = (\sigma_{\text{con}} - \sigma_l) A_{\text{p}} + (\sigma'_{\text{con}} - \sigma'_l) A'_{\text{p}} - \sigma_{l5} A_{\text{s}} - \sigma'_{l5} A'_{\text{s}}$$

后张法构件

$$\sigma_{\text{pc}\,\text{II}} = \frac{N_{\text{p}\,\text{II}}}{A_{\text{n}}} + \frac{N_{\text{p}\,\text{II}}\, e_{\text{pn}\,\text{II}}}{I_{\text{n}}} y_{\text{n}}$$

$$N_{\text{p}\,\text{II}}\,(N_{\text{p}}) = (\sigma_{\text{con}} - \sigma_l) A_{\text{p}} + (\sigma'_{\text{con}} - \sigma'_l) A'_{\text{p}} - \sigma_{l5} A_{\text{s}} - \sigma'_{l5} A'_{\text{s}}$$

A_0, I_0 —— 换算截面面积及其惯性矩;

$e_{\text{p0}\,\text{II}}$ —— $N_{\text{p0}\,\text{II}}$ 至换算截面形心轴的距离;

y_0 —— 换算截面形心轴至抗裂验算边缘的距离;

$A_{\text{n}}, I_{\text{n}}$ —— 净截面面积及其惯性矩;

$e_{\text{pn}\,\text{II}}$ —— $N_{\text{p}\,\text{II}}$ 至净截面形心轴距离;

y_{n} —— 净截面形心轴至抗裂验算边缘的距离。

10.8.4　斜截面抗裂度的验算

一、验算公式

斜裂缝的出现主要是由于主拉应力超过了混凝土的抗拉强度。斜截面抗裂度的验算主要是对验算截面最危险点的主拉应力 σ_{tp} 和主压应力 σ_{cp} 进行验算,即采用限制斜截面上混凝土应力的办法来控制斜截面的抗裂度。

验算主压应力,主要是由于主压应力过大时将引起较大的横向变形,使斜截面抗裂性能降低。此外,过大的主压应力会使构件腹板部分被压坏,其影响对薄腹梁尤为显著。

斜截面抗裂度验算公式如下。

1. 对严格要求不出现裂缝的一级抗裂构件

$$\sigma_{tp} \leqslant 0.85 f_{tk} \tag{10.124}$$

$$\sigma_{cp} \leqslant 0.6 f_{ck} \tag{10.125}$$

2. 对一般要求不出现裂缝的二级抗裂构件

$$\sigma_{tp} \leqslant 0.95 f_{tk} \tag{10.126}$$

$$\sigma_{cp} \leqslant 0.6 f_{ck} \tag{10.127}$$

抗裂度验算属于正常使用极限状态的验算,故以上各式中均采用混凝土抗拉和抗压强度的标准值 f_{tk} 和 f_{ck}。

在斜裂缝出现前,构件基本上处于弹性工作阶段,故斜截面上混凝土的主拉应力 σ_{tp} 和主压应力 σ_{cp} 可按材料力学公式计算:

$$\left.\begin{array}{r}\sigma_{tp} \\ \sigma_{cp}\end{array}\right\} = \frac{\sigma_x + \sigma_y}{2} \pm \sqrt{\left(\frac{\sigma_x - \sigma_y}{2}\right)^2 + \tau^2} \tag{10.128}$$

计算混凝土的主应力时,应选择跨度内不利位置的截面(弯矩和剪力都较大的截面,或形状有突变的截面);在沿截面高度上,应选择对该截面换算截面重心处及截面宽度极大改变处(如工字形截面上、下翼缘与腹板交界处)进行验算。

对先张法构件,尚应考虑预应力传递长度 l_{tr} 范围内预应力的折减。

以下将逐一介绍公式(10.128)中 σ_x,σ_y 和 τ 的计算方法,当为拉应力时取"+"号、压应力时取"-"号。

二、混凝土法向应力 σ_x 的计算

混凝土法向应力由预加力和荷载两者产生。

1. 预应力在计算纤维处产生的混凝土法向应力

应取用预应力损失全部出现后,混凝土中的预压应力值。

(1) 先张法构件:

$$\sigma_{pc} = \frac{N_{p0\,\text{II}}}{A_0} \pm \frac{N_{p0\,\text{II}} e_{p0\,\text{II}}}{I_0} y$$

（2）后张法构件：

$$\sigma_{pc} = \frac{N_{pII}}{A_n} \pm \frac{N_{pII} e_{pnII}}{I_n} y$$

2. 荷载效应的标准组合值在计算纤维处产生的混凝土法向应力

$$\sigma_c = \frac{M_k y}{I_0}$$

式中，y——换算截面重心轴至计算纤维的距离；

I_0——换算截面的惯性矩；

M_k——按荷载效应的标准组合计算的弯矩值。

3. σ_x 的计算式

叠加上述 1 和 2 两项，即得 σ_x 的计算式：

$$\sigma_x = \sigma_{pc} + \frac{M_k y}{I_0} \tag{10.129}$$

三、混凝土竖向压应力 σ_y 的计算

对预应力混凝土吊车梁在集中力 F_k（标准值）或预应力弯起钢筋的垂直分力 $N_{pII}\sin\alpha_p$ 作用下，在集中力作用点两侧各 $0.6h$ 的长度范围内，混凝土中将产生局部的竖向压应力、法向应力和剪应力，虽然它们都对斜截面的主应力产生影响，但其中局部竖向压应力 σ_y 的影响是主要的，局部剪应力的影响是次要的，局部法向应力的影响则更小。因此计算主应力时，主要考虑局部竖向压应力 σ_y 和局部剪应力 τ 的影响。

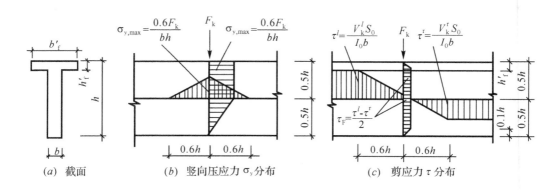

(a) 截面　　　(b) 竖向压应力 σ_y 分布　　　(c) 剪应力 τ 分布

图 10.33　吊车梁集中荷载作用点附近的应力分布

图 10.33(b) 为集中荷载 F_k 作用下，竖向压应力 σ_y 的分布图形。实际应力分布图形为曲线，为简化计算，以直线分布图形代替。从图中可见，竖向压应力 σ_y 沿梁高度方向的分布是上面大下面小，并逐渐减小为零。沿水平方向的分布也是变化的，在集中力作用截面处最大，并随距集中力距离的增大而减小。$\sigma_{y,max} = 0.6F_k/bh$（图 10.33($b$)）。这是依据弹性理论分析加以简化并经试验验证后给出的。

计算 σ_y 时,对预应力弯起钢筋则取图 10.34 中所示〈2〉号弯起钢筋,即取计算截面 Ⅰ-Ⅰ 两侧各 $h/4$ 范围内的弯起钢筋(h 为截面高度)。

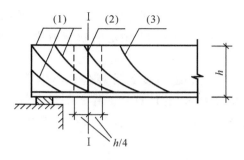

图 10.34　计算 σ_y 时选用的弯起钢筋

四、混凝土剪应力 τ 的计算

混凝土的剪应力 τ 由荷载(剪力值 V_k)产生的剪应力和预应力弯起钢筋的预加力在计算纤维处产生的剪应力相叠加,按公式(10.130)进行计算。当计算截面上作用有扭矩时,尚应计入扭矩引起的剪应力。对后张法预应力混凝土超静定结构构件,在计算剪力时,尚应计入预加力引起的次剪力。

$$\tau = \frac{[V_k - \sum \sigma_{pe} A_{pb} \sin\alpha_p] S_0}{b I_0} \tag{10.130}$$

式中,V_k—— 按荷载效应的标准组合计算的剪力值;

$\quad\quad\sigma_{pe}$—— 预应力弯起钢筋的有效预应力;

$\quad\quad A_{pb}$—— 计算截面上同一弯起平面内的预应力弯起钢筋截面面积,取用图 10.34 中〈1〉号钢筋,即只考虑超过验算截面规定范围并伸向支座端的预应力弯起钢筋;

$\quad\quad\alpha_p$—— 预应力弯起钢筋的弯起角度;

$\quad\quad S_0$—— 计算纤维以上部分的换算截面面积对构件换算截面重心轴的面积矩;

$\quad\quad I_0$—— 换算截面惯性矩;

$\quad\quad b$—— 梁腹板宽度。

式中,$\sum \sigma_{pe} A_{pb} \sin\alpha_p$ 为计算取用的预应力弯起钢筋的垂直分力,其前面的负号(式(10.130))表明预应力弯起钢筋的垂直分力对抵抗剪力是有利的。

对预应力混凝土吊车梁,从图 10.33(c)可见,在集中力作用点两侧各 $0.6h$ 的长度范围内,由集中荷载标准值 F_k 产生的混凝土剪应力的简化分布图形及其取值,图中 V_k^l 和 V_k^r 分别为集中力标准值 F_k 作用点左侧和右侧的剪力标准值;τ^l 和 τ^r 分别为集中力标准值 F_k 作用点左侧和右侧 $0.6h$ 处截面上的剪应力;集中荷载标准值 F_k 作用截面上的剪应力值 τ_F 为:

$$\tau_F = \frac{\tau^l - \tau^r}{2} \tag{10.131}$$

对先张法构件进行斜截面抗裂度验算时,同样需要考虑预应力传递长度 l_{tr} 范围内应力的实际变化。

10.8.5　预应力混凝土受弯构件正截面裂缝宽度的计算

对于裂缝控制等级为三级的预应力混凝土受弯构件,允许其出现裂缝,但应限制其宽度,计算最大裂缝宽度 $\omega_{\max}$ 时应按荷载效应的标准组合并考虑长期作用的影响。裂缝限值 $\omega_{\lim}$ 按附表 11 规定的数值取用,并应满足下式:

$$\omega_{\max} \leqslant \omega_{\lim} \tag{10.132}$$

最大裂缝宽度的计算公式与钢筋混凝土受弯构件的计算公式基本相同,区别是:① 钢筋应力 σ_{sk} 的计算;② 由于在预应力损失中已考虑了混凝土收缩和徐变的影响,因此裂缝宽度计算式中构件受力特征系数 α_{cr} 取为 1.5。

对环境类别为二 a 类的预应力混凝土构件,在荷载准永久组合下,受拉边缘应力尚应符合下列规定:

$$\sigma_{cq} - \sigma_{pc} \leqslant f_{tk} \tag{10.132a}$$

式中,σ_{cq}—— 荷载效应准永久值组合下,受拉边缘混凝土的应力;

σ_{pc}—— 预应力在受拉边缘混凝土中的预应力(预应力损失全部出现后);

f_{tk}—— 混凝土抗拉标准值。

一、最大裂缝宽度的计算式

$$w_{\max} = 1.5\psi \frac{\sigma_{sk}}{E_{ps}}\left(1.9c + 0.08\frac{d_{eq}}{\rho_{te}}\right) \tag{10.133}$$

式中符号均与公式(9.42)相同,σ_{sk} 为受拉区纵向钢筋的等效应力。

二、受拉区纵向钢筋等效应力 σ_{sk} 的计算

预应力混凝土受弯构件受拉区纵向钢筋(包括预应力和非预应力钢筋 A_p 和 A_s)的等效应力,是指在该钢筋合力点处混凝土预压应力抵消后(即消压状态,混凝土法向应力为零)的应力增量,可将其视为等效于钢筋混凝土受弯构件中的钢筋应力。这和预应力混凝土轴拉构件中的概念是相同的。

此时,可把预应力和非预应力钢筋的合力 N_{p0}(钢筋合力点处混凝土法向应力为零时)作为压力与荷载效应标准组合的弯矩值 M_k 一起作用于构件截面上,如图 10.35(a)所示,为一弯压受力状态,将其转换为图 10.35(b),即为偏心受压受力状态,这样预应力混凝土受弯构件就等效于钢筋混凝土偏心受压构件。

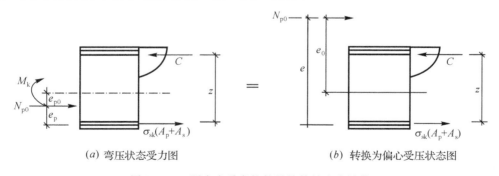

(a) 弯压状态受力图   (b) 转换为偏心受压状态图

图 10.35   预应力受弯构件纵筋等效应力计算

从图 10.35(a)对受压区合力点取矩,即可得受拉区纵向钢筋(包括 A_p 及 A_s)的等

效应力 σ_{sk}：

$$\sigma_{sk} = \frac{M_k - N_{p0}(z - e_p)}{(A_p + A_s)z} \tag{10.134}$$

$$z = \left[0.87 - 0.12(1 - \gamma'_f)\left(\frac{h_0}{e}\right)^2\right]h_0 \tag{10.135}$$

$$e = \frac{M_k}{N_{p0}} + e_p \tag{10.136}$$

式中，M_k—— 荷载效应标准组合时的弯矩值；

$\quad\quad N_{p0}$—— 正截面全截面消压，即混凝土法向预应力等于零时，预应力钢筋和非预应力钢筋的合力（见式(10.94)）：

$$N_{p0} = \sigma_{p0}A_p + \sigma'_{p0}A'_p - \sigma_{l5}A_s - \sigma'_{l5}A'_s$$

对先张法构件：

$$\sigma_{p0} = (\sigma_{con} - \sigma_l), \qquad \sigma'_{p0} = (\sigma'_{con} - \sigma'_l)$$

对后张法构件：

$$\sigma_{p0} = (\sigma_{con} - \sigma_l + \alpha_{EP}\sigma_{pc}), \qquad \sigma'_{p0} = (\sigma'_{con} - \sigma'_l + \alpha_{EP}\sigma'_{pc})$$

$\quad\quad z$—— 受拉区全部纵向受拉钢筋合力点至受压区合力点的距离（即内力臂），按公式(10.135)计算，其中 e 按公式(10.136)计算；

$\quad\quad e_p$—— N_{p0} 至受拉区全部纵向钢筋合力点距离，按图10.35(a)、(b) 所示截面受力情况可得：

$$N_{p0}e = M_k + N_{p0}e_p$$

改写后即为式(10.136)：

$$e = \frac{M_k}{N_{p0}} + e_p$$

$\quad\quad A_p, A_s$—— 受拉区预应力钢筋和非预应力钢筋的截面面积。

对后张法预应力超静定结构，尚需考虑次弯矩 M_2 的影响，则式(10.134)应改为下式：

$$\sigma_{sk} = \frac{M_k \pm M_2 - N_{p0}(z - e_p)}{(A_p + A_s)z} \tag{10.137}$$

10.8.6　变形验算

预应力混凝土受弯构件的挠度由两部分组成，一部分是在荷载作用下产生的挠度 f_1，另一部分是预应力作用产生的反拱 f_2。

一、荷载作用下的挠度 f_1

1. 使用阶段不出现裂缝构件的短期刚度 B_s 的计算式

在按裂缝控制等级要求的荷载效应标准组合作用下，短期刚度可按下式计算：

$$B_s = 0.85E_cI_0 \tag{10.138}$$

式中，0.85——刚度折减系数，考虑到使用阶段不出现裂缝的构件，受拉区混凝土开裂
　　　　　　　前已出现一定的塑性变形而采用的系数；

E_c——混凝土的弹性模量；

I_0——换算截面的惯性矩。

2. 使用阶段允许出现裂缝构件短期刚度 B_s 的计算式

$$B_s = \frac{0.85 E_c I_0}{k_{cr} + (1 - k_{cr})w} \tag{10.139}$$

$$k_{cr} = \frac{M_{cr}}{M_k} \tag{10.140}$$

$$\omega = (1.0 + \frac{0.21}{\alpha_E \rho})(1 + 0.45\gamma_f) - 0.7 \tag{10.141}$$

$$M_{cr} = (\sigma_{pc\,II} + \gamma f_{tk})W_0 \tag{10.142}$$

式中，k_{cr}——预应力混凝土受弯构件正截面的开裂弯矩 M_{cr} 与按荷载效应标准值组合
　　　　　　　的弯矩值 M_k 的比值，当 $k_{cr} > 1.0$ 时，取 $k_{cr} = 1.0$；

E_c——混凝土弹性模量；

I_0——换算截面惯性矩；

α_E——钢筋弹性模量和混凝土弹性模量的比值：$\alpha_E = E_s / E_c$；

ρ——纵向受拉钢筋的配筋率，$\rho = (\alpha_1 A_p + A_s)/(bh_0)$，对灌浆的后张预应力筋取
　　　　$\alpha_1 = 1.0$，对无粘结后张预应力筋取 $\alpha_1 = 0.3$

γ_f——受拉翼缘截面面积与腹板有效截面面积的比值：$\gamma_f = (b_f - b)h_f/(bh_0)$，其
　　　　中 b_f、h_f 分别为受拉翼缘的宽度和高度；

$\sigma_{pc\,II}$——扣除全部预应力损失后，由预加力在抗裂验算边缘产生的混凝土预压
　　　　　　应力；

r——混凝土构件的截面抵抗矩塑性影响系数；

W_0——构件换算截面受拉边缘的弹性抵抗矩。

式 10.139 适用于 $0.4 \leqslant (M_{cr}/M_k) \leqslant 1.0$ 的情况，对预压时预拉区出现裂缝的构件，
B_s 值应降低 10%。

混凝土构件的截面抵抗矩塑性系数 r 可按下式计算。

$$\gamma = (0.7 + \frac{120}{h})\gamma_m \tag{10.143}$$

式中，γ_m——混凝土构件的截面抵抗矩塑性影响系数的基本值，可按正截面应变保持平
　　　　　　　面的假定，并取受拉区混凝土应力图形为梯形、受拉边缘混凝土极限拉应
　　　　　　　变为 $2f_{tk}/E_c$ 确定；对常用的截面形状，r_m 值可按附表 26 取用；

h——截面高度（mm）；当 $h < 400$ 时；取 $h = 400$；当 $h > 1600$ 时，取 $h = 1600$；对
　　　圆形、环形截面，取 $h = 2r$，此处，r 为圆形截面半径或环形截面的外环半径。

3. 荷载长期作用影响的截面刚度 B 的计算式

预应力混凝土受弯构件，不论其在使用阶段是否开裂，按荷载效应的标准组合，并
考虑荷载长期作用影响的刚度 B 仍可按式（9.25）计算，即：

$$B = \frac{M_k}{(\theta - 1)M_q + M_k}B_s \tag{9.25}$$

对预应力混凝土受弯构件，取 $\theta = 2.0$，则上式可简化为：

$$B = \frac{M_k}{M_q + M_k}B_s \tag{10.144}$$

4. 计算荷载作用下的挠度 f_1

求得刚度 B 后，即可按一般结构力学力法计算构件的挠度 f_1：

$$f_1 = \alpha \frac{M_k l_0^2}{B} \tag{10.145}$$

式中，α—— 挠度系数；

$\quad\quad M_k$—— 荷载效应标准组合时的弯矩设计值；

$\quad\quad l_0$—— 构件的计算跨度；

$\quad\quad B$—— 按荷载效应标准组合，并考虑荷载长期作用影响的截面刚度。

二、预加力作用下的反拱值 f_2

预应力混凝土受弯构件在使用阶段，由于偏心预压力的作用产生反拱，反拱值可按两端作用有端弯矩 $N_p e_p$ 的简支梁进行计算。在施加预应力阶段，构件基本上按弹性体工作，故截面刚度可按弹性刚度 $E_c I_0$ 确定。考虑到预加压力的长期作用，混凝土产生徐变，构件的反拱值约增大一倍。计算反拱值时，偏心预压力 N_{p0} 及偏心距 e_{p0} 均应按第二批应力损失出现后情况考虑。因此预应力混凝土受弯构件（计算跨度为 l_0）的长期反拱值 f_2 可按下式计算：

对先张法构件：

$$f_2 = 2 \times \frac{N_{p0\,\text{II}}\, e_{p0\,\text{II}}\, l_0^2}{8E_c I_0} \tag{10.146}$$

对后张法构件：

$$f_2 = 2 \times \frac{N_{p\,\text{II}}\, e_{pn\,\text{II}}\, l_0^2}{8E_c I_n} \tag{10.147}$$

三、预应力混凝土受弯构件的挠度 f

叠加上述第一和第二两项即可得预应力混凝土受弯构件的挠度 f 为：

$$f = f_1 - f_2 \tag{10.148}$$

并应满足 $f \leqslant [f]$。

对永久荷载相对于可变荷载较小的预应力混凝土构件，应考虑反拱过大对正常使用的不利影响，并应采取相应的设计和施工措施。

10.8.7　施工阶段的验算

一、施工阶段的受力状态

预应力混凝土受弯构件在张拉（或放张）、运输和吊装等施工阶段的受力状态和构件在使用阶段的受力状态不同。从图 10.36(a) 可见,在张拉钢筋时,构件受到偏心预压力,截面下边缘受压,上边缘可能受拉或受压;运输吊装时,支点或吊点距梁端有一定距离,梁端伸臂部分在自重作用下产生负弯矩,亦使支点或吊点截面下边缘受压,上边缘受拉,如图 10.36(b) 所示,它与偏心预压力作用下产生的负弯矩是叠加的,因此施工阶

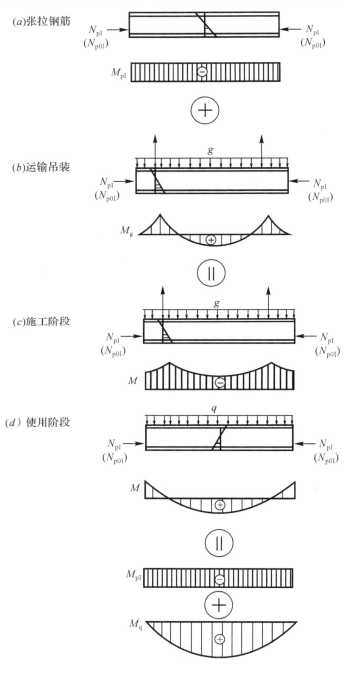

图 10.36 施工阶段验算图

段的受力状态(图 10.36(c))与使用阶段大部分截面下边缘受拉、上边缘受压的受力状态(图 10.36(d))不同,从而造成不利的受力状态。

当截面上边缘(预拉区)混凝土的拉应力超过其抗拉强度时将开裂,由于预压力是长期作用在构件上的,因此开裂后的裂缝还将随时间的增长而不断开展,预拉区裂缝虽然在使用荷载作用下将会闭合,对构件的强度影响不大,但对构件在使用阶段的抗裂性能和刚度将产生不利影响,因此对施工阶段应进行抗裂度的验算。

截面下边缘(预压区)受压,如果压应力过大,也会产生纵向裂缝,因此需要进行强度验算。

综上所述,为了确保预应力混凝土结构构件在施工阶段的安全,除应进行施工阶段承载能力极限状态的验算外,还要针对施工阶段的不同情况,对构件截面边缘的混凝土法向应力进行下述验算。

二、施工阶段预拉区允许出现拉应力的构件或预压时全截面受压构件的验算

① 验算条件

在预加力、构件自重及施工荷载(必要时应考虑动力系数)作用下,截面边缘纤维的混凝土法向应力(拉应力 σ_{ct} 和压应力 σ_{cc})应符合下列规定。

$$\sigma_{ct} \leqslant f'_{tk} \tag{10.149}$$

$$\sigma_{cc} \leqslant 0.8 f'_{ck} \tag{10.150}$$

式中,σ_{ct},σ_{cc}——相应施工阶段计算截面边缘纤维的混凝土拉应力及压应力;

f'_{tk},f'_{ck}——与各施工阶段混凝土立方体抗压强度 f'_{cu} 相应的抗拉强度标准值和抗压强度标准值。

简支构件的端截面预拉区边缘纤维混凝土拉应力允许大于 f'_{tk},但不应大于 $1.2 f'_{tk}$

② σ_{ct} 和 σ_{cc} 的计算

(1) 在预加力作用下,截面边缘的混凝土法向应力如图 10.36(a) 所示。

先张法构件

$$\sigma_{pcI}(\text{或 } \sigma'_{pcI}) = \frac{N_{p0I}}{A_0} \pm \frac{N_{p0I} e_{p0I}}{I_0} y_0(y'_0) \tag{10.151}$$

后张法构件

$$\sigma_{pcI}(\text{或 } \sigma'_{pcI}) = \frac{N_{pI}}{A_n} \pm \frac{N_{pI} e_{pnI}}{I_n} y_n(y'_n) \tag{10.152}$$

式中,y'_0,y_0——分别为换算截面重心轴至截面上、下边缘的距离;

y'_n,y_n——分别为净截面重心轴至截面上、下边缘的距离。

(2) 在构件自重及施工荷载作用下(应考虑动力系数 1.5),截面边缘的混凝土法向应力

$$\sigma_c = \frac{N_k}{A_0} \pm \frac{M_k}{W_0} \tag{10.153}$$

式中,N_k 和 M_k 分别为构件自重及施工荷载的标准组合在计算截面上产生的轴向力值及弯矩值。

当运输和吊装中仅有构件悬臂自重作用时(图10.36(b)),吊点截面上、下边缘的混凝土法向应力值为:

$$\sigma_{c\pm} = \frac{1.5M_g}{I_0}y_0'$$ (10.154)

$$\sigma_{c\mp} = \frac{1.5M_g}{I_0}y_0$$ (10.155)

式中,M_g 为构件悬臂自重产生的弯矩值,计算如下:

$$M_g = \frac{1}{2}gl_l^2$$ (10.156)

式中,g 为梁单位长度自重;l_l 为吊点至梁端的悬臂长度,一般可取 $l_l = (1/10 \sim 1/12)l$,l 为梁的长度。

(3) 叠加(1)和(2)两项即得(图10.37)

$$\sigma_{cc}(或\ \sigma_{ct}) = \sigma_{pcI} + \frac{N_k}{A_0} + \frac{M_k}{W_0}$$ (10.157)

在计算式(10.151)~ 式(10.157)时,当 σ_{pcI} 为压应力时取"+"号,为拉应力时取"一"号;当 N_k 为轴向压力时取"+"号,为轴向拉力时取"一"号;当 M_k 产生的边缘纤维应力为压应力时取"+"号,为拉应力时取"一"号。

国内外试验及实践均表明,一般构件在预加应力过程中不会因纵向弯曲而失稳,故在计算 σ_{cc} 时可不考虑其影响。

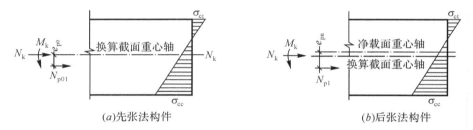

图 10.37　施工阶段截面边缘混凝土应力计算

③ 预拉区纵向钢筋的配筋率

施工阶段预拉区允许出现拉应力的构件除应满足验算公式(10.149)和(10.150)外,为了防止由于混凝土收缩和温差作用而引起的预拉区裂缝,还要求预拉区纵向钢筋的配筋率 $(A_p' + A_s')/A \geq 0.15\%$,其中 A 为构件的截面面积。对于后张法构件,考虑到在施工阶段 A_p' 与混凝土之间无粘结力或粘结力尚不可靠,故在上述配筋率计算中不考虑 A_p'。

预拉区纵向钢筋的直径大宜大于 14mm,并应沿构件预拉区的外边缘均匀配置。

施工阶段预应区不允许出现裂缝的板类构件,预拉区纵向钢筋的配筋可根据具体情况和实践经验确定。

后张法受弯构件尚需对锚具下局部受压进行验算,验算方法与后张法轴心受拉构件相同。

[例题 10.2]　有一工字形截面预应力混凝土梁,跨度为9m、计算跨度 $l_0 = 8.75$m、

净跨度 $l_n = 8.50\text{m}$；截面尺寸如图 10.38 所示。承受均布永久荷载标准值 $g_K = 16\text{kN/m}$（已包括梁自重）、可变荷载标准值 $q_K = 14\text{kN/m}$，准永久值系数 $\psi_q = 0.5$。在 50m 长线台座上采用先张法施工，超张拉，养护温差 $\Delta t = 20℃$，当混凝土达到设计规定的强度等级时放松预应力钢筋。预应力钢筋采用消除应力钢丝（$f_{ptk} = 1470\text{N/mm}^2$、$f_{py} = 1040\text{N/mm}^2$、$f'_{py} = 410\text{N/mm}^2$、$E_p = 2.05 \times 10^5\text{N/mm}^2$），受拉区配置 $10\phi^H 9$（$A_p = 636.2\text{mm}^2$）、受压区配置 $4\phi^H 9$（$A'_p = 254.5\text{mm}^2$）；箍筋用 HPB300 级钢筋（$f_{yk} = 300\text{N/mm}^2$、$f_{yv} = 270\text{N/mm}^2$）$\phi 8$@200 双肢箍 $A_{SV1} = 50.3\text{mm}^2$；混凝土强度等级为 C40（$f_{ck} = 26.8\text{N/mm}^2$、$f_{tk} = 2.39\text{N/mm}^2$、$f_c = 19.1\text{N/mm}^2$、$f_t = 1.71\text{N/mm}^2$、$E_c = 3.25 \times 10^4\text{N/mm}^2$）。要求裂缝控制等级为二级；允许挠度值为 $l_0/300$。

要求验算此梁各阶段的承载能力、抗裂度及挠度。

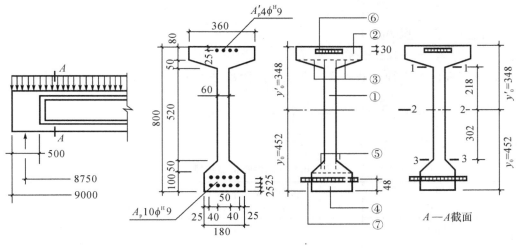

图 10.38　例题 13

[解]

一、内力计算

1. 荷载效应基本组合（用于计算承载力）
经与由永久荷载效应控制的组合比较后，应取由可变荷载效应控制组合的计算值。
跨中最大弯矩设计值

$$M_{max} = \frac{1}{8}(r_G g_k + r_Q q_k)l_0^2 = \frac{1}{8}(1.2 \times 16 + 1.4 \times 14)8.75^2 = 371.33\text{kN} \cdot \text{m}$$

支座边剪力设计值

$$V_{max} = \frac{1}{2}(r_G g_k + r_Q q_k)l_n = \frac{1}{2}(1.2 \times 16 + 1.4 \times 14)8.5 = 164.9\text{kN} \cdot \text{m}$$

2. 荷载效应标准组合（用于正常使用阶段验算）
跨中弯矩标准值

$$M_k = \frac{1}{8}(g_k + q_k)l_0^2 = \frac{1}{8}(16 + 14)8.75^2 = 287.11\text{kN}$$

支座边剪力标准值

$$V_k = \frac{1}{2}(g_k + q_k)l_n = \frac{1}{2}(16 + 14)8.5 = 127.5 \text{kN} \cdot \text{m}$$

3. 荷载效应准永久组合(用于正常使用阶段验算)

跨中弯矩准永久值

$$M_q = \frac{1}{8}(g_k + \psi_q q_k)l_0^2 = \frac{1}{8}(16 + 0.5 \times 14)8.75^2 = 220.12 \text{kN} \cdot \text{m}$$

二、计算换算截面面积 A_0 及其几何特征值

截面分块计算,分块如图 10.38 所示,有关参数值列表计算见表 10.5。

$$\alpha_{E_p} = \frac{E_p}{E_c} = \frac{2.05 \times 10^5}{3.25 \times 10^4} = 6.31$$

1. 换算截面面积 A_0

$$A_0 = 99229 \text{mm}^2$$

2. 换算截面重心轴至截面底边及上边之距离分别为 y_0 及 y_0':

$$y_0 = \frac{\sum S_i}{A_0} = \frac{4486.59 \times 10^4}{99229} = 452 \text{mm}$$

$$y_0' = 800 - 452 = 348 \text{mm}$$

表 10.5　截面特征参数值

编号	A_i (mm^2)	y_i (mm)	$S_i = A_i y_i$ (mm^3)	$(y_0 - y_i)$ (mm)	$A_i(y_0 - y_i)^2$ $(\text{mm})^4$	I_i $(\text{mm})^4$
1	$(800 - 80 - 100) \times 60$ $= 37200$	410	1525.2×10^4	42	6562.08×10^4	$\frac{1}{12} \times 60 \times 620^3$ $= 119164.0 \times 10^4$
2	$360 \times 80 = 28800$	760	2188.8×10^4	308	273208.32×10^4	$\frac{1}{12} \times 360 \times 80^3$ $= 1536.0 \times 10^4$
3	$\frac{1}{2}(360 - 60) \times 50 = 7500$	703	527.25×10^4	251	47250.75×10^4	$\frac{2}{36}150 \times 50^3$ $= 104.0 \times 10^4$
4	$180 \times 100 = 18000$	50	90.0×10^4	402	290887.2×10^4	$\frac{1}{12} \times 180 \times 100^3$ $= 1500.0 \times 10^4$
5	$\frac{1}{2}(180 - 60) \times 50 = 3000$	117	35.1×10^4	335	33667.5×10^4	$\frac{2}{36} \times 60 \times 50^3$ $= 42.0 \times 10^4$
6	$(6.31 - 1) \times 254.5 = 1351$	770	104.03×10^4	318	13661.85×10^4	
7	$(6.31 - 1) \times 636.2 = 3378$	48	16.21×10^4	404	55134.36×10^4	
	$A_0 = 99229$		4486.59×10^4		720372.06×10^4	122346×10^4

3. 换算截面惯性矩 I_0 为:

$$I_0 = \sum I_i + \sum A_i(y_0 - y_i)^2 = 122346 \times 10^4 + 720372.06 \times 10^4$$
$$= 842718 \times 10^4 \text{mm}^4$$

三、张拉控制应力

$$\sigma_{con} = 0.7 f_{ptk} = 0.7 \times 1470 = 1029 \text{N/mm}^2$$

$$\sigma'_{con} = 0.5 f_{ptk} = 0.5 \times 1470 = 735 \text{N/mm}^2$$

四、计算预应力损失值 σ_l

1. 第一批预应力损失 σ_{lI}

锚具损失

$$\sigma_{l1} = \sigma'_{l1} = \frac{\alpha}{l} E_p = \frac{5}{50 \times 10^3} \times 2.05 \times 10^5 = 20.5 \text{N/mm}^2$$

温差损失

$$\sigma_{l3} = \sigma'_{l3} = 2\Delta t = 2 \times 20 = 40 \text{N/mm}^2$$

钢筋应力松弛损失（超张拉）

$$\sigma_{l4} = 0.4\psi \left(\frac{\sigma_{con}}{f_{ptk}} - 0.5 \right) \sigma_{con}$$

超张拉 $\psi = 0.9$

$$\sigma_{l4} = 0.4 \times 0.9 \left(\frac{1029}{1470} - 0.5 \right) 1029 = 74 \text{N/mm}^2$$

$$\sigma'_{l4} = 0.4 \times 0.9 \left(\frac{735}{1470} - 0.5 \right) 735 = 0$$

第一批预应力损失值

$$\sigma_{lI} = \sigma_{l1} + \sigma_{l3} + \sigma_{l4} = 20.5 + 40 + 74 = 134.5 \text{N/mm}^2$$

$$\sigma'_{lI} = \sigma'_{l1} + \sigma'_{l3} + \sigma'_{l4} = 20.5 + 40 + 0 = 60.5 \text{N/mm}^2$$

第一批预应力损失后的 N_{poI} 和 e_{poI}

$$N_{poI} = (\sigma_{con} - \sigma_{lI}) A_p + (\sigma'_{con} - \sigma'_{lI}) A'_p$$
$$= (1029 - 134.5) \times 636.2 + (735 - 60.5) \times 254.5 = 740741 \text{N}$$

$$y_p = y_0 - a_p = 452 - 48 = 404 \text{mm}$$

$$y'_p = y'_0 - a'_p = 348 - 30 = 318 \text{mm}$$

$$e_{poI} = \frac{(\sigma_{con} - \sigma_{lI}) A_p y_p - (\sigma'_{con} - \sigma'_{lI}) A'_p y'_p}{N_{poI}}$$

$$= \frac{(1029 - 134.5) \times 636.2 \times 404 - (735 - 60.5) \times 254.5 \times 318}{740741}$$

$$= 236.7 \text{mm}$$

第一批预应力损失后，在预应力钢筋 A_p 合力点及 A'_p 合力点水平处的混凝土预压应力 σ_{pcI} 及 σ'_{pcI}

$$\sigma_{pcI} = \frac{N_{poI}}{A_0} + \frac{N_{poI} e_{poI} y_p}{I_0} = \frac{740741}{99229} + \frac{740741 \times 236.7 \times 404}{842718 \times 10^4}$$

$$= 7.46 + 8.41 = 15.87 \text{N/mm}^2$$

$$\sigma'_{pcI} = \frac{N_{poI}}{A_o} - \frac{N_{poI}e_{poI}y'_p}{I_o} = \frac{740741}{99229} - \frac{740741 \times 236.7 \times 318}{842718 \times 10^4}$$

$$= 7.46 - 6.62 = 0.84 \text{N/mm}^2$$

2. 第二批预应力损失值 $\sigma_{l\text{II}}$

$$\rho = \frac{A_p}{A_0} = \frac{636.2}{99229} = 0.0064$$

$$\rho' = \frac{A'_p}{A_0} = \frac{254.6}{99229} = 0.0026$$

$$\sigma_{l5} = \frac{60 + 340 \dfrac{\sigma_{pcI}}{f'_{cu}}}{1 + 15\rho} = \frac{60 + 340 \times (15.87/40)}{1 + 15 \times 0.0064} = \frac{60 + 135}{1 + 0.096} = 178 \text{N/mm}^2$$

$$\sigma'_{l5} = \frac{60 + 340 \dfrac{\sigma'_{pcI}}{f'_{cu}}}{1 + 15\rho'} = \frac{60 + 340 \times (0.84/40)}{1 + 15 \times 0.0026} = \frac{60 + 7.14}{1 + 0.039} = 65 \text{N/mm}^2$$

第二批预应力损失值 $\sigma_{l\text{II}}$

$$\sigma_{l\text{II}} = \sigma_{l5} = 178 \text{N/mm}^2$$

$$\sigma'_{l\text{II}} = \sigma'_{l5} = 65 \text{N/mm}^2$$

总预应力损失值 σ_l

$$\sigma_l = \sigma_{l\text{I}} + \sigma_{l\text{II}} = 134.5 + 178 = 313 \text{N/mm}^2$$

$$\sigma'_l = \sigma'_{l\text{I}} + \sigma'_{l\text{II}} = 60.5 + 65 = 126 \text{N/mm}^2$$

预应力钢筋 A_p 合力点处及 A'_p 合力点处混凝土法向应力等于零时的预应力钢筋 A_p 及 A'_p 中应力：

$$\sigma_{p0} = \sigma_{con} - \sigma_l = 1029 - 313 = 716 \text{N/mm}^2$$

$$\sigma'_{p0} = \sigma'_{con} - \sigma'_l = 735 - 126 = 609 \text{N/mm}^2$$

预应力钢筋 A_p 及 A'_p 的合力 N_{p0} 及合力点的偏心距 e_{p0}：

$$N_{p0} = \sigma_{p0}A_p + \sigma'_{p0}A'_p = 716 \times 636.2 + 609 \times 254.5 = 610510 \text{N} = 610.5 \text{kN}$$

$$e_{p0} = \frac{\sigma_{p0}A_py_p - \sigma'_{p0}A'_py'_p}{N_{p0}} = \frac{716 \times 636.2 \times 404 - 609 \times 254.5 \times 318}{610510}$$

$$= 220.71 \text{mm}$$

五、正截面受弯承载力验算

A'_p 的应力 $\sigma'_p = \sigma'_{p0} - f'_{py} = 609 - 410 = 199 \text{N/mm}^2$（拉应力）

$$x = \frac{f_{py}A_p + \sigma'_pA'_p}{\alpha_1 f_c b'_f} = \frac{1040 \times 636.2 + 199 \times 254.5}{1.0 \times 19.1 \times 360}$$

$$= 104 \text{mm} < h'_f \left(= 80 + \frac{50}{2} = 105 \text{mm}\right)$$

$$> 2a'_p (= 2 \times 30 = 60 \text{mm})$$

x 位于翼缘内，数值较小，可不必验算 $x \leqslant \xi_b h_0$ 的条件，按第一类 T 形梁计算承载力设计值：

$$M_u = \alpha_1 f_c b'_f x (h_0 - \frac{x}{2}) - \sigma'_p A'_p (h_0 - a'_p)$$

$$= 1.0 \times 19.1 \times 360 \times 104 \times (800 - 48 - \frac{104}{2})$$

$$- 199 \times 254.5 \times (800 - 48 - 30)$$

$$= 464006749 N \cdot mm = 464.01 kN \cdot m > M_{max}(= 371.33 kN \cdot m)$$

（满足要求）

$$M_{cr} = (\sigma_{pc} + r f_{tk}) W_0 \tag{10.42}$$

$$\sigma_{pc} = \sigma_{pcⅡ} = 13.39 N/mm^2（见次页之七）$$

$$r = (0.7 + 120/h) r_m = (0.7 + 120/800) \times 1.5 = 1.275 \tag{10.143}$$

$$W_0 = I_0/y_0 = 842718 \times 10^4 mm^4/452mm = 1860.3 \times 10^4 mm^3$$

$$M_{cr} = (13.39 + 1.275 \times 2.39) \times 18.603 \times 10^4$$

$$= (13.39 + 3.05) \times 1860.3 \times 10^4$$

$$= 30583.33 \times 10^4 = 305.83 kN \cdot m$$

$$M_u(= 464.01 kN \cdot m) > M_{cr}(= 305.83 kN \cdot m)$$

（满足要求）

六、斜截面受剪承载力验算

1. 验算截面尺寸

$$h_w = 800 - 150 - 130 = 520mm$$

$$h_w/b = 520/60 = 8.7 > 6$$

$$0.2\beta_c f_c b h_0 = 0.2 \times 1.0 \times 19.1 \times 60 \times (800 - 48) = 172358N$$

$$= 172.39 kN > V_{max}(= 164.9 kN \cdot m)$$

（满足要求）

2. 验算斜截面受剪承载力

（1）计算预应力钢筋的预应力传递长度 l_{tr}

$$\sigma_{peⅠ} = \sigma_{con} - \sigma_{lⅠ} - \alpha_{EP}\sigma_{pcⅠ} = 1029 - 134.5 - 6.31 \times 15.87 = 794.36 N/mm^2$$

$$l_{tr} = \alpha \frac{\sigma_{peⅠ}}{f'_{tk}} d = 0.13 \times \frac{794.36}{2.39} \times 9 = 389mm < 500mm（梁端至支座边距离）$$

计算斜截面受剪承载力时,可不考虑预应力传递长度的影响。

（2）计算 V_{cs}

$$V_{cs} = 0.7 f_t b h_0 + f_{yv} \frac{n A_{sv1}}{s} h_0$$

$$= 0.7 \times 1.71 \times 60 \times 752 + 270 \times \frac{2 \times 50.3}{200} \times 752$$

$$= 156137.76N = 156.14 kN$$

（3）计算 V_p

$$V_p = 0.05 N_{p0}$$

N_{p0} 为计算截面上混凝土法向预应力为零时的预应力钢筋的合力,由上述第四节已知：

$$N_{p0} = 610510\text{N} > 0.3f_cA_0 = 0.3 \times 19.1 \times 99229 = 568582\text{N}$$

故 N_{p0} 只能取 $0.3f_cA_0$，因此得

$$V_p = 0.05 \times 568582 = 28429\text{N} = 28.41\text{kN}$$

（4）验算斜截面受剪承载力

$$V_u = V_{cs} + V_p = 156.14 + 28.43 = 184.57\text{kN} > V_{max} = 164.9\text{kN}$$

（满足要求）

七、使用阶段正截面抗裂度验算

在荷载效应的标准组合下应满足下式：

$$\sigma_{ck} - \sigma_{pc\text{II}} \leqslant f_{tk}$$

σ_{ck} 为荷载效应标准组合下，抗裂验算边缘（梁截面下边缘）的混凝土法向应力

$$\sigma_{ck} = \frac{M_k y_0}{I_0} = \frac{287.11 \times 10^6 \times 453}{842718 \times 10^4} = 15.43\text{N/mm}^2$$

$\sigma_{pc\text{II}}$ 为扣除全部预应力损失后，抗裂验算边缘（梁截面下边缘）混凝土的预压应力

$$\sigma_{pc\text{II}} = \frac{N_{p0}}{A_0} + \frac{N_{p0} e_{p0} y_0}{I_0} = \frac{610510}{99229} + \frac{610510 \times 220.71 \times 452}{842718 \times 10^4} = 13.39\text{N/mm}^2$$

$$\sigma_{ck} - \sigma_{pc\text{II}} = 15.47 - 13.39 = 2.08\text{N/mm}^2 < f_{tk}(= 2.39\text{N/mm}^2)$$

（满足要求）

八、使用阶段斜截面抗裂验算

验算取截面重心处及截面腹板厚度改变处（即上、下翼缘与腹板交界处），如图 10.38 中 $A-A$ 截面所示之 $2-2$、$1-1$ 及 $3-3$ 三个点。

$A-A$ 截面处按荷载效应标准组合计算的弯矩值和剪力值可近似取为：

$$M_k \doteq 0; \quad V_k \doteq 127.5\text{kN}$$

1. 混凝土法向应力 σ_x 的计算

$$\sigma_x = \sigma_{pc\text{II}} + \frac{M_k y_0}{I_0}$$

因 $M_k = 0$，故由荷载产生的混凝土法向应力等于零。

$\sigma_{pc\text{II}}$ 为扣除全部预应力损失后，在计算纤维处产生的混凝土法向应力。

$$\sigma_{pc\text{II}} = \frac{N_{p0}}{A_0} \pm \frac{N_{p0} e_{p0} y}{I_0}$$

$$= \frac{610510}{99229} \pm \frac{610510 \times 220.71}{842718 \times 10^4} y$$

$$= 6.15 \pm 0.016y$$

$A-A$ 截面 $1-1$ 点处：$\sigma_{x1} = 6.15 - 0.016 \times 217.7 = 2.67\text{N/mm}^2$（压应力）

$A-A$ 截面 $2-2$ 点处：$\sigma_{x2} = 6.15\text{N/mm}^2$（压应力）

$A-A$ 截面 $3-3$ 点处：$\sigma_{x3} = 6.15 + 0.016 \times 302.3 = 10.98\text{N/mm}^2$（压应力）

2. 剪应力 τ 计算

$$\tau = \frac{V_k S_0}{b I_0} = \frac{127.5 \times 10^3}{60 \times 842718 \times 10^4} S_0 = 0.253 \times 10^{-6} S_0$$

$A - A$ 截面 $1 - 1$ 点处：

$$S_{01} = \sum_{i=1}^{4} A_i y_i = 28800 \times (348 - 40) + 7500 \times (348 - 80 - \frac{50}{3})$$

$$+ 60 \times 50 \times (348 - 80 - \frac{50}{2}) + 1215 \times (348 - 30)$$

$$= 8870400 + 1884975 + 729000 + 386370$$

$$= 11870745 \text{mm}^3$$

$$\tau_1 = 0.253 \times 10^{-6} \times 11870745 = 3.00 \text{N/mm}^2$$

$A - A$ 截面 $2 - 2$ 点处：

$$S_{02} = \sum_{i=1}^{4} A_i y_i = 28800 \times (348 - 40) + 7500 \times (348 - 80 - \frac{50}{3})$$

$$+ 60 \times \frac{1}{2} \times (348 - 80)^2 + 1215 \times (348 - 30)$$

$$= 8870400 + 1884975 + 2154720 + 386370$$

$$= 13296465 \text{mm}^3$$

$$\tau_2 = 0.253 \times 10^{-6} \times 13296465 = 3.36 \text{N/mm}^2$$

$A - A$ 截面 $3 - 3$ 点处：

$$S_{03} = \sum_{i=1}^{4} A_i y_i = 28800 \times (348 - 40) + 7500 \times (348 - 80 - \frac{50}{3})$$

$$+ 60 \times (800 - 150 - 80) \times (302.3 - \frac{570}{2}) + 1215$$

$$\times (348 - 30)$$

$$= 8870400 + 1884975 + 34200 + 386370$$

$$= 11175945 \text{mm}^3$$

$$\tau_3 = 0.253 \times 10^{-6} \times 11175945 = 2.83 \text{N/mm}^2$$

3. 主应力计算

$A - A$ 截面 $1 - 1$ 点处：

$$\left.\begin{array}{c} \sigma_{tp1} \\ \sigma_{cp1} \end{array}\right\} = \frac{\sigma_{x1}}{2} \pm \sqrt{\left(\frac{\sigma_{x1}}{2}\right)^2 + \tau_1^2}$$

$$= \frac{-2.67}{2} \pm \sqrt{\left(\frac{-2.67}{2}\right)^2 + (3.0)^2}$$

$$= -1.34 \pm \sqrt{1.78 + 9} = -1.34 \pm 3.28$$

$$= \begin{cases} +1.94 \text{N/mm}^2（拉应力） \\ -4.62 \text{N/mm}^2（压应力） \end{cases}$$

$A - A$ 截面 $2 - 2$ 点处：

$$\left.\begin{array}{l}\sigma_{\mathrm{tp2}} \\ \sigma_{\mathrm{cp2}}\end{array}\right\} = \frac{\sigma_{x2}}{2} \pm \sqrt{\left(\frac{\sigma_{x2}}{2}\right)^2 + \tau_2^2}$$

$$= \frac{-6.15}{2} \pm \sqrt{\left(\frac{-6.15}{2}\right)^2 + (3.36)^2}$$

$$= -3.22 \pm \sqrt{9.46 + 11.29} = -3.22 \pm 4.56$$

$$= \begin{cases} +1.34\mathrm{N/mm^2}（拉应力） \\ -7.78\mathrm{N/mm^2}（压应力） \end{cases}$$

$A-A$ 截面 $3-3$ 点处：

$$\left.\begin{array}{l}\sigma_{\mathrm{tp3}} \\ \sigma_{\mathrm{cp3}}\end{array}\right\} = \frac{\sigma_{x3}}{2} \pm \sqrt{\left(\frac{\sigma_{x3}}{2}\right)^2 + \tau_3^2}$$

$$= \frac{-10.98}{2} \pm \sqrt{\left(\frac{-10.98}{2}\right)^2 + (2.83)^2}$$

$$= -5.49 \pm \sqrt{30.14 + 8.00} = -5.49 \pm 6.18$$

$$= \begin{cases} +0.69\mathrm{N/mm^2}（拉应力） \\ -11.67\mathrm{N/mm^2}（压应力） \end{cases}$$

最大主拉应力 $\sigma_{\mathrm{tp}} = \sigma_{\mathrm{tp1}} = 1.34\mathrm{N/mm^2} < 0.95 f_{\mathrm{tk}}(=0.95 \times 2.39) = 2.27\mathrm{N/mm^2}$）

最大主压应力 $\sigma_{\mathrm{cp}} = \sigma_{\mathrm{cp3}} = 11.67\mathrm{N/mm^2} < 0.6 f_{\mathrm{ck}}(=0.6 \times 26.8) = 16.08\mathrm{N/mm^2}$）

（满足要求）

九、使用阶段挠度验算

1. 按荷载效应的标准组合并考虑荷载长期作用影响的挠度值 f_1 的计算

根据抗裂度验算，梁一般不会出现裂缝，故短期刚度 B_{s} 可取为：

$$B_{\mathrm{s}} = 0.85 E_{\mathrm{c}} I_0 = 0.85 \times 3.25 \times 10^4 \times 842718 \times 10^4$$

$$= 2.32 \times 10^{14}\mathrm{N \cdot mm^2}$$

$$B = \frac{M_{\mathrm{k}}}{(\theta - 1)M_{\mathrm{q}} + M_{\mathrm{k}}} B_{\mathrm{s}}$$

$$= \frac{287.11 \times 10^3}{(2-1) \times 220.12 \times 10^3 + 287.11 \times 10^3} \times 2.32 \times 10^{14}$$

$$= \frac{287.11 \times 10^3}{507.23 \times 10^3} \times 2.32 \times 10^{14}$$

$$= 1.313 \times 10^{14}\mathrm{N \cdot mm^2}$$

$$f_1 = \frac{5}{384} \times \frac{(g_{\mathrm{k}} + q_{\mathrm{k}})l_0^4}{B}$$

$$= \frac{5}{384} \times \frac{(16 + 14) \times (8.75 \times 10^3)^4}{1.313 \times 10^{14}}$$

$$= \frac{5}{384} \times \frac{30 \times 58.62 \times 10^{14}}{1.313 \times 10^{14}} = 17.4\mathrm{mm}$$

2. 预压力产生的长期反拱值 f_2 的计算

将预压力视为作用于构件两端的端弯矩 $N_{p0}e_{p0}$，并按第二批预应力损失出现后情况考虑。

$$f_2 = 2 \times \frac{N_{p0}e_{p0}l_0^2}{8E_cI_0} = 2 \times \frac{610510 \times 220.71 \times 8.75^2 \times 10^6}{8 \times 3.25 \times 10^4 \times 842718 \times 10^4}$$

$$= 2 \times 4.71 = 9.42 \text{mm}$$

3. 使用阶段的挠度值 f 及验算

$$f = f_1 - f_2 = 17.40 - 9.42 = 7.98 \text{mm}$$

$$\frac{f}{l_0} = \frac{7.98}{8.75 \times 10^3} = \frac{1}{1096} < \frac{1}{300}$$
（满足要求）

十、施工阶段验算

1. 放松预应力钢筋时承载力及抗裂验算

要求施工阶段预拉区允许出现拉应力，计算时仅考虑第一批预应力损失值。

截面上边缘混凝土的应力 σ_{ct}

$$\sigma_{ct} = \sigma'_{pcI} = \frac{N_{poI}}{A_0} - \frac{N_{poI}e_{poI}y'_0}{I_0}$$

$$= \frac{740741}{99229} - \frac{740741 \times 216.7 \times 347}{842718 \times 10^4}$$

$$= 7.46 - 6.61 = 0.85 \text{N/mm}^2（压应力）< f_{tk}(= 2.39 \text{N/mm}^2)$$
（满足要求）

截面下边缘混凝土的应力 σ_{cc}

$$\sigma_{cc} = \sigma_{pcI} = \frac{N_{p0I}}{A_0} + \frac{N_{p0I}e_{p0I}y_0}{I_0}$$

$$= \frac{740741}{99229} + \frac{740741 \times 236.7 \times 453}{842718 \times 10^4}$$

$$= 7.46 + 9.42 = 16.88 \text{N/mm}^2（压应力）$$

$$< 0.8f'_{ck}(= 0.8 \times 26.8 = 21.44 \text{N/mm}^2)$$
（满足要求）

2. 吊装时承载力及抗裂验算

梁截面面积 $A = 94500 \text{mm}^2 = 0.0945 \text{m}^2$

梁每延长米自重 $g = 0.0945 \times 1.0 \times 25 = 2.36 \text{kN/m}$

设吊点距梁端部为 $l = 700 \text{mm} = 0.7 \text{m}$

取吊装时动力系数为 1.5

由梁自重在吊点截面产生的弯矩值 M_g 为：

$$M_g = \frac{1}{2}gl^2 \times 1.5 = \frac{1}{2} \times 2.36 \times 0.7^2 \times 1.5 = 0.8673 \text{kN} \cdot \text{m}$$

吊装时由梁自重在吊点截面上、下边缘产生的应力 σ_g' 及 σ_g 为:

$$\sigma_g' = \frac{M_g y_0'}{I_0} = \frac{0.8673 \times 10^6 \times 348}{842718 \times 10^4} = 0.036 \text{N/mm}^2 (\text{拉应力})$$

$$\sigma_g = \frac{M_g y_0}{I_0} = \frac{0.8673 \times 10^6 \times 452}{842718 \times 10^4} = 0.047 \text{N/mm}^2 (\text{压应力})$$

在预压力和梁自重作用下,吊点截面的上边缘混凝土中的拉应力 σ_{ct} 和下边缘混凝土中的压应力 σ_{cc} 分别为:

$$\sigma_{ct} = -0.24 + 0.036 = -0.20 \text{N/mm}^2 (\text{压应力})$$
$$< f_{tk}' (= 2.39 \text{N/mm}^2)$$
$$\sigma_{cc} = 16.88 + 0.047 = 16.93 \text{N/mm}^2 (\text{压应力})$$
$$< 0.8 f_{ck} (= 0.8 \times 26.8 = 21.44 \text{N/mm}^2)$$

（满足要求）

预拉区纵向钢筋配筋率验算

$$\frac{A_p'}{A} = \frac{254.5}{94500} = 0.27\% > 0.15\%$$

（满足要求）

10.9 预应力引起的等效荷载与荷载平衡法

10.9.1 预应力的等效荷载

预应力筋对梁的作用,可用一组等效荷载来代替。这种等效荷载一般由两部分组成:① 在结构锚固区引入的压力和某些集中弯矩;② 由预应力筋曲率引起的垂直于束中心线的横向分布力,或由预应力筋转折引起的集中力。该横向力可以抵抗作用在结构上的外荷载,因此也可以称之为反向荷载。

一、曲线预应力筋的等效荷载

曲线预应力筋在预应力连续梁中最为常见,且通常都采用沿梁长曲率固定不变的二次抛物线形。图 10.39(b) 所示为一单跨梁,配置一抛物线筋,跨中的偏心距为 f,梁端的偏心距为零。所以由预应为 N_p 产生的弯矩图也是抛物线的,跨中处弯矩最大值为 $N_p \cdot f$,离左端 x 处的弯矩值为:

$$M = \frac{4 N_p f}{l^2}(l-x)x \tag{10.158}$$

将 M 对 x 求二次导数，即可得出这弯矩引起的等效荷载 q，即

$$q = \frac{\mathrm{d}^2 M}{\mathrm{d} x^2} = -\frac{8 N_p f}{l^2} \qquad （向上） \qquad (10.159)$$

式中的负号表示方向向上，故曲线筋的等效荷载为向上的均布荷载，如图 10.39(b) 所示。

此外，曲线预应力筋在梁端锚固处的作用力与梁纵轴有一倾角，可由曲线筋的抛物线方程求导数得到。

$$y = f\left[\frac{x}{l} - \left(\frac{x}{l}\right)^2\right] \qquad (10.160)$$

$$\left(\frac{\mathrm{d} y}{\mathrm{d} y}\right)_{x=0 或 1} = \tan\theta = \pm\frac{4f}{l} \qquad (10.161)$$

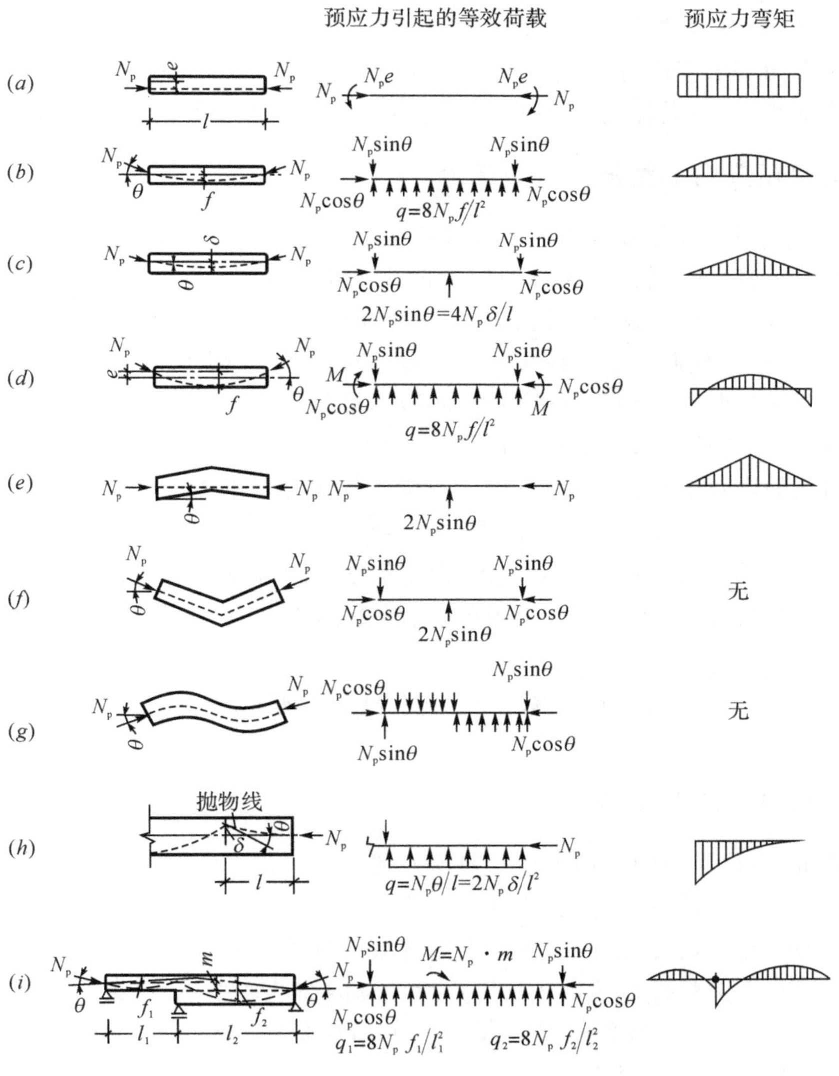

图 10.39　预应力引起的等效荷载及弯矩

441

由于抛物线的矢高 f 相对于跨度 l 甚一小,可近似取

$$\tan\theta \approx \sin\theta \approx \theta; \cos\theta \approx 1.0$$

所以,梁端部的水平作用力为 $N_p \cdot \cos\theta \approx N_p$

梁端部的竖向作用力为 $N_p \cdot \sin\theta \approx \dfrac{4N_p f}{l}$

水平作用力 N_p 对梁体混凝土为一轴向压力,使梁全截面产生纵向预压应力;而端部的竖向作用力直接传入支承结构,可不予考虑。

二、折线预应力筋的等效荷载

图 10.39(c) 为一折点位于跨中的简支梁,预应力筋的两端都通过混凝土截面的形心,其斜率为 θ,预加力为 N_p,从力的平衡可见,预应力筋在两端张力 N_p 作用下,在跨中折点处对梁体混凝土产生一个向上的竖向分力 $2N_p \cdot \sin\theta = 4N_p \delta / l$,在两端锚具处对混凝土端面各产生一个向下的竖向分力 $N_p \cdot \sin\theta$ 和一个水平压力 $N_p \cdot \cos\theta \approx N_p$。如果张拉端作用力不在梁轴线上,与梁轴线尚有偏心 e,则梁端等效荷载中还产生一个弯矩 $N_p \cdot e$。

三、常用预应力筋线形及等效荷载

常用的预应力筋线形及其引起的等效荷载和弯矩如图 10.39 所示。如果梁形心轴不是直线,而预应力筋为直线,并通过两端混凝土截面的形心,则除梁端面承受的水平力 N_p 外,梁内各截面尚应考虑由于偏心距 e 引起的弯矩(图 10.39(e))。对截面高度有变化的构件,应计入不同截面重心差在交界处引起的集中弯矩(图 10.39(h))。

预应力筋张拉时对结构产生的内力和变形,可以用等效荷载求出,此即等效荷载分析法。由于用等效荷载所求得结构中的弯矩已包括了偏心预加力引起的主弯矩和由支座次反力引起的次弯矩在内,所以是预应力所产生的总弯矩 M_r,而主弯矩 M_1 的计算甚为简单,由此可由 M_r 反算次弯矩 M_2,即 $M_2 = M_r - M_1$。

使用等效荷载法可以简化预应力连续结构的分析与设计,该方法与普通钢筋混凝土的计算方法相近,亦便于应用我国现行的《混凝土结构设计规范》进行工程设计。

10.9.2　荷载平衡法

一、荷载平衡法的原理

如上节所述,预应力的作用可用等效荷载代替,且等效荷载的分布形式可设计为与外荷载的分布形式相同。如外荷载为均布荷载,其弯矩图形为二次抛物线,则预应力束的线形可取抛物线,这样的预应力束产生的等效荷载将与外荷载的作用方向相反,可使梁上一部分以至全部的外荷载被预加力产生的反向荷载所抵消。平衡荷载确定后,可由平衡荷载推求所需的 N_p 值和矢高 f 值。当外荷载为集中荷载时,预应力束应为折线形,其弯折点应在集中荷载作用的截面部位(图 10.40)。如果外荷载在同一跨内既有均布荷载;又有集中荷载作用,则该跨预应力束的线形可取曲线与折线的结合。

当外荷载全部被预应力所平衡时,梁承受的竖向荷载为零。这时的梁如同一根轴心受压的构件,只受到轴心压力 N_p 的作用而没有弯矩,也没有竖向挠度。

荷载平衡法由林同炎教授于 1963 年在美国著文提出,该法简化了对预应力连续梁的分析。采用这个方法就像分析非预应力结构一样,避开了次弯矩的问题,为预应力连续梁、板、壳体和框架的设计提供了一种很有用的分析工具。

荷载平衡法的基本原理可用图 10.41 所示的承受均布荷载的简支梁来进一步说明。在荷载平衡状态下,该梁承受预加力和被平衡掉的荷载 q_b,梁处于平直状态,没有反拱和挠度,梁截面只承受一个均布的压应力 $\sigma = N_p/A_c$(图 10.41(a))。如果梁承受的荷载超过 q_b,由荷载差额 q_{nb} 引起的弯矩 M_{nb} 引起的应力可用材料力学公式 $\sigma = My/I$ 求得(图 10.41(b)),这个应力与 N_p/A 相叠加即可得到在 q 作用下的截面混凝土应力(图 10.41(c))。上述计算说明,在达到平衡状态之后,对预应力梁的分析就变成了对非预应力梁的分析。

应当注意,为了达到荷载平衡,简支梁两端的预应力筋中心线必须通过截面重心,即偏心距应为零,否则该端部弯矩将干扰梁的平衡,使梁仍处于受弯状态。

二、荷载平衡法设计步骤

以下就图所示具有端跨、中间跨和悬臂跨并承受均布荷载的典型预应力混凝土连续梁说明其设计步骤:

(1)首先按经验选择并试算截面尺寸、由跨高比确定截面高度,而截面高度与宽度之比 h/b 约为 $2 \sim 2.5$。

(2)选定需要被平衡的荷载值 q_b:

$$q_b = q_c + q_D + k_{qL} \tag{10.162}$$

其中,k_{qL} 一般取活荷载的准永久部分。这样的取值将使结构长期处于水平状态而不会

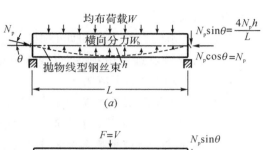

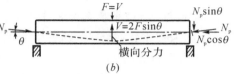

图 10.40　荷载平衡法

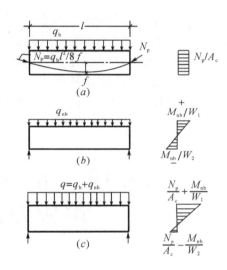

图 10.41　简支梁截面在平衡荷载和不平衡荷载下的应力

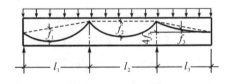

图 10.42　典型的连续梁荷载平衡

发生挠度或反拱。

（3）选定预应力筋束形和偏心距。

根据荷载特点选定抛物线、折线等束形，在中间支座处的偏心距和跨中截面的矢高要尽量大，端支座偏心距应为零。

（4）根据每跨需要被平衡掉的荷载求出各跨要求的预应力（初始张拉力 N_{con} 约等于 $1.2 \sim 1.25 N_{pe}$），取各跨中求得最大预应力值 N_p 作为整根连续梁的预加力。调整各跨的垂度使满足 N_p 与被平衡荷载的关系。

（5）计算未被平衡掉的荷载 q_{nb} 引起的不平衡弯矩 M_{nb}，将梁当作非预应力连续梁按弹性分析方法进行计算。

（6）核算关键截面应力，应力计算公式为：

$$\sigma = \frac{N_p}{A} \pm \frac{M_{nb}}{W} \tag{10.163}$$

如求得的顶、底纤维应力都不超过许可限值，设计可进行下去。如应力超过规定，则返工，一般应加大预应力或改变截面。

（7）修正如图 10.42 所示的理论束形，使中间支座处预应力筋的锐角弯折改为反向相接的平缓曲线，并核算这种修正给弯矩带来的影响。这种修改都要引起次弯矩，但这种弯矩对板的影响不大，可以忽略，对梁的影响有可能比较大。

10.10 部分预应力和无粘结预应力混凝土结构

10.10.1 部分预应力混凝土结构

在预应力混凝土结构发展的早期，认为只有在使用荷载作用下，截面混凝土不出现拉应力的全预应力结构才是真正的预应力结构。对抗裂性能要求较高的结构，即在使用阶段严格要求不出现裂缝以及处于有严重侵蚀性环境中的结构，采用全预应力无疑是必要的，但对所有预应力结构都设计为全预应力结构则是不合理和不经济的。因为结构的抗裂性能，主要取决于使用功能的要求及其所处的环境条件，不是抗裂等级越高，预应力结构的质量等级就越高。对使用阶段只要求一般不出现裂缝或允许出现一定宽度裂缝的结构，如果设计为全预应力结构，将会带来以下一些问题：

（1）施加预应力太大，势必对张拉机具提出更高的要求，锚具用钢量增加，施工费用也相应提高。

（2）张拉端锚具下承受较大压力，为了加强局部受压承载力，需配置附加钢筋网片，从而增加了用钢量。

（3）预加应力过大，施工过程中预拉区可能开裂。

（4）降低了构件破坏时的延性。

（5）构件反拱大，预压区混凝土长期处于高压应力状态，由于徐变引起的反拱还会不断发展，从而影响结构的正常使用，引起非结构构件的损坏，如导致楼面粉刷层及隔墙开裂等。

为了改善上述缺点，上世纪 40 年代就提出了部分预应力混凝土的概念。

部分预应力混凝土就是适当降低施加的预应力或采用混合配筋的方法，即仅对一部分高强度钢筋施加预应力，另配一部分非预应力钢筋。

混合配筋的部分预应力混凝土结构具有以下优点：

（1）减少了张拉工作量和张拉费用，节约了锚具。

（2）节约了部分高强度的预应力钢筋，经济合理地利用了部分非预应力钢筋。因为在全预应力混凝土结构中，预应力钢筋的数量一般是由抗裂要求决定的，其用量往往会超过承载力的需要量，同时也节约了由于预加应力过高而增加的附加钢筋。

（3）能控制不希望的反拱值。

（4）可合理控制裂缝，非预应力钢筋可以分散裂缝并约束其宽度，部分预应力混凝土还有一个重要特性，即在全部使用荷载作用下，允许结构出现某一允许宽度的裂缝，但当全部或部分活荷载移去后，由于预应力的存在，裂缝将闭合或变细，如果能很好地利用这一特性，将会进一步发挥部分预应力混凝土的经济效益。

（5）由于配置了非预应力钢筋，因而提高了结构的延性，改善了全预应力混凝土破坏时的脆性。

由此可见，混合配筋的部分预应力混凝土结构兼具全预应力混凝土与普通钢筋混凝土两者的优点，既能较好地控制使用荷载作用下的裂缝宽度与挠度，破坏前又具有较好的延性。因此，混合配筋的部分预应力混凝土结构于上世纪 50 年代已在国内外实际工程中应用，但直至 1970 年第六届国际预应力会议上才肯定了这种低预应力度的部分预应力混凝土的优越性，从此在工程中应用越来越多，成为预应力混凝土结构的重要发展方向之一。

在实际工程中，设计人员应根据结构使用功能的要求、所处环境条件以及不同荷载情况，有针对性地采用各种不同的预应力混凝土结构。

对抗裂要求较高，即严格要求不出现裂缝的结构或处于侵蚀性环境中的结构，应设计为全预应力混凝土结构，大多数结构则可设计为部分预应力混凝土结构。

设计者还可根据荷载情况合理控制裂缝，如在荷载短期效应组合下，允许出现一定宽度的裂缝，而在荷载长期效应组合下，使已开展的裂缝处于闭合状态。因为在荷载短期效应组合时取用的是可变荷载的标准值，即最大可变荷载，但其作用的时间是短暂的；长期作用的可变荷载为其准永久值，大部分准永久值约为其标准值的 50% 左右。因此，如果能保证结构在荷载长期效应组合下，裂缝处于闭合状态，偶尔在较大的荷载短期作用下，结构短暂的开裂，且其宽度能在允许限值内，又在结构的某些部位配置有若干非预应力钢筋,则这样的部分预应力结构不仅有很好的结构性能,也有很好的耐久性,并具有较好的技术经济效益。建立裂缝短期开展和长期开展的概念,对设计部分预应力混凝土结构是很有意义的。

部分预应力混凝土结构在我国已较多地在连续梁、大柱网框架结构以及高层建筑楼盖结构中应用,在铁路和公路桥梁中亦多有应用,均取得了良好的经济效益。

10.10.2 无粘结预应力混凝土结构

一、概　　述

一般后张法结构,当张拉完毕,孔道内灌浆后,预应力钢筋与混凝土之间就产生了粘结,称为有粘结预应力混凝土结构,但施工工序多,周期长,对连续结构施工尤为困难。如连续梁在荷载作用下,跨中截面为正弯矩、支座截面为负弯矩,预应力钢筋的布置最好与最不利内力组合时的弯矩包络图形状相一致,因此预应力钢筋势必经多次弯折,才能形成多波连续曲线,这给预留孔道、穿筋和灌浆等工序带来很大困难,从而发展了无粘结预应力混凝土结构。

无粘结预应力混凝土结构就是在预应力钢绞线束或光面高强钢丝束表面涂以润滑防锈材料,一般用专用油脂或环氧涂层,再用注塑机注塑成聚乙烯套管,然后就可像普通钢筋一样,按要求位置直接放入模板中浇灌混凝土,待混凝土达到要求的强度后便可张拉钢筋。

由于预应力钢筋与混凝土之间没有粘结,故称无粘结预应力混凝土结构。

涂料的作用在于减小张拉时的摩擦力,并对预应力钢筋起防锈作用。要求在预期使用温度范围内(一般在 $-20 \sim 70℃$)涂料不开裂、不发脆、不液化流淌;与混凝土、预应力钢筋以及包裹材料不起化学作用;在结构使用寿命期间具有良好的化学稳定性。涂料可用沥青、油脂或树脂等。

无粘结预应力筋要求做到全封闭、全防水,防止其受到腐蚀,确保无粘结预应力结构的耐久性。

无粘结预应力钢筋的锚具必须有防腐蚀和防火措施予以保护,锚具区最好用混凝土全封闭或涂以环氧树脂水泥浆。

无粘结预应力筋适宜于分散、单排布置、单根张拉,工艺简单,张拉设备轻巧,施工方便,有利于分散布筋和高空作业,适用于大面积整体或平板结构、扁梁－平板结构、密肋楼盖及连续多跨曲线布置的梁板结构中。

二、无粘结预应力混凝土结构的分类

无粘结预应力结构按是否配有粘结的非预应力钢筋分为纯无粘结预应力和无粘结部分预应力结构两类。

1. 纯无粘结预应力混凝土结构

只配无粘结预应力钢筋的结构称为纯无粘结预应力混凝土结构。与有粘结预应力混凝土相比,其受力性能具有以下特点:

(1) 在荷载作用下,有粘结预应力混凝土梁中,预应力钢筋的应变与其周围混凝土的应变是相同的,应力由截面的局部变形决定,最大应力出现在最大弯矩截面,预应力钢筋的应力沿全长是不相同的,如普通钢筋混凝土梁中的受拉钢筋。

无粘结预应力混凝土梁中,由于预应力钢筋与混凝土之间没有粘结,能产生纵向相对滑动,如果忽略摩擦的影响,可认为预应力钢筋的应力沿全长是相同的,似拉杆拱中的拉杆,其应变等于预应力钢筋全长周围混凝土应变变化的平均值。

因此,当梁受压区混凝土达到极限压应变时,无粘结预应力钢筋的应变将比相应有粘结预应力钢筋的应变低。当梁截面达到受弯承载力极限状态时,无粘结预应力钢筋的应力将低于有粘结预应力钢筋的应力,不能达到其抗拉强度设计值。

(2) 有粘结预应力混凝土梁由于粘结力的存在,挠度较小,开裂荷载较高,裂缝细而密;纯无粘结预应力混凝土梁的挠度较大,开裂荷载较低,裂缝比较集中,特别在低配筋梁中一般只出现一条或少数几条裂缝,其宽度和高度随荷载增加急剧发展,使梁顶混凝土很快达到极限压应变,致使破坏突然发生,呈脆性。由此可见,纯无粘结预应力混凝土梁开裂后,梁的受力性能相似于带拉杆的扁拱而不再像梁。

(3) 纯无粘结预应力混凝土梁的受弯承载力视配筋多少,比相应有粘结预应力混凝土梁的受弯承载力约低 $10\% \sim 30\%$。

2. 无粘结部分预应力混凝土

除配置无粘结预应力钢筋外,还配置部分非预应力有粘结钢筋的结构(混合配筋),称为无粘结部分预应力混凝土结构。它是部分预应力和无粘结预应力混凝土的结合。试验表明,配置非预应力有粘结钢筋后,不仅改善了纯无粘结预应力混凝土梁的受力性能,还有利于提高梁的受弯承载力。与纯无粘结预应力混凝土梁相比,无粘结部分预应力混凝土梁具有以下特点:

(1) 无粘结部分预应力混凝土梁开裂后的性能与相应有粘结预应力钢筋混凝土的梁相似,具有梁的受力性能,与纯无粘结预应力混凝土梁有显著不同。

(2) 无粘结部分预应力混凝土梁的荷载—挠度($M—f$)曲线仍具有三折线形式,表明与普通钢筋混凝土梁相似,正截面具有三个不同的工作阶段,从第 Ⅱ 阶段进入第 Ⅲ 阶段是由非预应力钢筋屈服引起,此时无粘结预应力钢筋仍处于弹性工作阶段,荷载与挠度呈直线关系,直至无粘结预应力钢筋进入明显的非线性范围才改变为曲线。

纯无粘结预应力混凝土梁的荷载—挠度曲线不仅没有第 Ⅲ 阶段,连第 Ⅱ 阶段也没有明显的直线段。

(3) 无粘结部分预应力混凝土梁由于受到非预应力有粘结钢筋的约束,裂缝条数和间距均与配有同样非预应力钢筋的普通钢筋混凝土梁十分接近,完全改变了纯无粘结预应力混凝土梁只出现一条或少数几条裂缝的情况。

(4) 由于无粘结部分预应力混凝土梁的裂缝分布较为均匀,使等弯矩区段内的梁受压区混凝土在接近极限荷载时压应变的分布比较均匀(不像纯无粘结预应力混凝土梁那样会发生应变集中的现象),在接近极限弯矩时,极限压应变平均值仍稳定在 3×10^{-6} 左右,与混合配筋有粘结部分预应力混凝土梁无明显差别。

(5)混合配筋梁的无粘结预应力筋虽仍具有和纯无粘结预应力筋相似的特点(如忽略摩擦影响后沿全长的应力相同和梁破坏时的极限应力不超过其条件屈服强度等),但其极限应力值要比纯无粘结梁中无粘结预应力筋的应力值高,且与梁的跨高比有关。

无粘结部分预应力混凝土梁中的非预应力钢筋在适筋破坏时,均能达到其抗拉屈服强度,并对无粘结预应力筋极限应力的提高有明显作用。

近年来,无粘结部分预应力混凝土结构在国内的梁板结构、框架结构以及桥梁结构中得到推广应用。如北京国际新闻广播电视交流中心大厦的多功能大厅,其顶部 13 根跨度为 $21 \sim 24m$ 的大梁就采用了无粘结部分预应力混凝土;又如广州 63 层的广东国际大厦,从第 7 层至第 63 层的楼板亦均采用大跨度无粘结部分预应力混凝土平板结构,是国内外高层建筑中采用无粘结部分预应力混凝土平板结构较多的建筑。由于采用了这项新技术,楼板厚度减至 220mm,比原普通钢筋混凝土平板减薄了 80mm,不仅节约了混凝土和钢材,而且增加了楼层净高和使用空间。由于减轻了结构自重,对基础也是十分有利的。

三、无粘结部分预应力受弯构件正截面承载力计算

影响无粘结部分预应力混凝土构件抗弯能力的因素较多,如无粘结预应力筋有效预应力的大小、无粘结预应力筋与普通钢筋的配筋率、受弯构件跨高比、荷载种类、无粘结预应力筋与管壁之间的摩擦力、束的形状和材料性能等。因此受弯破坏状态下无粘结预应力筋的极限应力需通过试验来求得。根据国内进行的无粘结预应力梁(板)试验,得出了无粘结预应力梁于梁破坏瞬间的极限应力,主要与配筋率、有效预应力、材料设计强度、跨高比以及荷载形式有关。

下述计算系采用我国现行行业标准《无粘结预应力混凝土结构技术规程》(JGJ92)的表达式,以综合配筋指标 ξ_p 为主要参数,考虑了跨高比变化影响。为反映在连续多跨梁板中应用,增加了考虑连续梁影响的设计应力折减系数。在设计框架梁时,无粘结预应力筋外形布置宜与弯矩包络图相接近,以防止在框架梁顶部反弯点附近出现裂缝。

1. 在进行无粘结部分预应力矩形截面受弯构件正截面承载力计算时,无粘结预应力筋的应力设计值 σ_{pu} 宜按下式计算

$$\sigma_{pu} = \sigma_{pe} + \Delta \sigma_p \tag{10.164}$$

$$\Delta \sigma_p = (240 - 335\xi_p)[0.45 + 5.5h/l_0]l_2/e_1 \tag{10.165}$$

$$\xi_p = \frac{\sigma_{pe}A_p + f_y A_s}{f_c bh_p} \tag{10.166}$$

对于不少于 3 跨的连续梁、连续单向板及连续双向板,$\Delta \sigma_p$ 取值不应小于 $50N/mm^2$。

无粘结预应力筋的应力设计值 σ_{pu} 尚应符合下列条件:

$$\sigma_{pu} \leqslant f_{py} \tag{10.167}$$

式中：σ_{pe}—— 扣除全部预应力损失后，无粘结应力筋中的有效预应力（N/mm²）；

$\Delta\sigma_p$—— 无粘结预应力筋中的应力增量；

ξ_p—— 综合配筋特征值，不宜大于 0.4；对于连续梁、板，取各跨内支座和跨中截面综合配筋特征值的平均值；

h—— 受弯构件截面高度；

h_p—— 无粘结预应力筋合力点至截面受压边缘的距离；

l_1—— 连续无粘结预应力筋两个锚固端间的总长度；

l_2—— 与 l_1 相关的由活荷载最不利布置图确定的荷载跨长度之和。

翼缘位于受压区的 T 形、工字形截面的受弯构件，当受压区高度大于翼缘高度时综合配筋特征值 ξ_p 可按下式地算：

$$\xi_p = \frac{\sigma_{pe}A_p + f_yA_s - f_c(b_f'-b)h_f'}{f_cbh_p} \tag{10.168}$$

此处 h_f' 为 T 形，工字形截面受压区翼缘高度、b_f' 为翼缘计算亮度

根据计算所得无粘结预应力筋的应力设计值 σ_{pu}，即可进行无粘结预应力混凝土正面受弯承载力计算。

2. 无粘结部分预应力混凝土受弯构件的受拉区纵向普通钢筋的配置

在无粘结预应力受弯构件的受拉区，配置一定数量的普通钢筋可以避免该类构件在极限状态下发生脆性破坏现象，并改善开裂状态下构件的裂缝性能和延性性能。纵向普通钢筋截面面积 A_s 的配置应符合下列规定：

（1）单向板

$$A_s \geqslant 0.002bh \tag{10.169}$$

式中：b—— 截面高度；

h—— 截面高度。

纵向钢筋直径不应小于 8mm，间距不应大于 200mm。

（2）梁

试验表明，在梁中采用无粘结预应力筋和普通钢筋的混合配筋方案，可改善正常使用下的性能。在全部配筋中有粘结纵向普通钢筋的拉力占到承载力设计值 M_u 产生总拉力的 25% 或更多时，可更有效地改善无粘结预应力梁的性能，如裂缝分布、间距和宽度以及变形性能，可能达到接近有粘结预应力梁的性能。

纵向普通钢筋截面面积 A_s 应取下列两式计算结果的较大值：

$$A_s \geqslant \frac{1}{3}\left(\frac{\sigma_{pu}h_p}{f_yh_s}\right)A_p \tag{10.170}$$

$$A_s \geqslant 0.003bh \tag{10.171}$$

式中：h_s—— 纵向受拉普通钢筋合力点至截面受压边缘的距离。

纵向受拉普通钢筋直径不宜小于 14mm，且宜均匀分布在梁的受拉边缘。

对按一级裂缝控制等级设计的梁，当无粘结预应力筋承担不小于 75% 的弯矩设计值时，纵向受拉普通钢筋面积应满足承载力计算和 $A_s \geqslant 0.03bh$ 的要求。

10.11　预应力混凝土构件的构造要求

预应力混凝土构件的构造要求,除应满足普通钢筋混凝土结构构件的有关规定外,尚应根据其特点,采取相应的措施。

10.11.1　一般构造要求

一、截面形式和尺寸

预应力混凝土构件的截面形式应根据构件的受力特点进行合理选择。对轴心受拉构件,通常采用正方形或矩形截面;对受弯构件,除荷载和跨度均较小的梁和板可采用矩形截面外,通常宜采用 T 形或工字形截面。此外,沿受弯构件纵轴,其截面形式可以根据受力要求予以改变。例如对于屋面大梁和吊车梁,其跨中可采用工字形截面,而在支座处为了承受较大的剪力以及有足够的面积布置锚具,往往做成矩形。

由于预应力混凝土构件的抗裂度和刚度均较大,故其截面尺寸可比普通钢筋混凝土构件小些。对于预应力混凝土受弯构件,截面高度一般可取 $h = (1/20 \sim 1/10)l$,最小可取 $l/35$(l 为构件跨度)。这大致相当于相同跨度普通钢筋混凝土构件截面高度的70%。翼缘宽度一般可取$(1/3 \sim 1/2)h$,在工字形屋面梁中,可减小至 $h/5$。翼缘高度一般可取$(1/10 \sim 1/6)h$,腹板宽度可以薄些,根据构造要求和施工条件可取$(1/12 \sim 1/8)h$。

二、预应力纵向钢筋

在受弯构件中,当受拉区只配置直线预应力钢筋 A_p 时(图 10.43(a)),在张拉过程中,预拉区可能出现较大的拉应力,甚至在预拉区产生裂缝。在构件运输或吊装时,此拉应力还可能增大,为了改善这种情况,可在预拉区设置预应力钢筋 A'_p(图 10.43(b))。根据截面形状和尺寸的不同,A'_p一般可取$(1/6 \sim 1/4)A_p$。但在预拉区设置 A'_p 会降低构件的抗裂度和承载能力,因此在大跨度梁中一般宜将部分预应力钢筋在靠近支座区段向上弯起(图 10.43(c)),而不在预拉区设置 A'_p,这不仅能提高斜截面的抗裂度和承载能力,而且还可避免梁端头锚具过于集中。有时也可采用折线形钢筋(图 10.43(d))。在弯折处应加密箍筋或沿弯折处内侧设置钢筋网片。

三、非预应力纵向钢筋

在预应力混凝土构件中,除配置预应力钢筋外,往往还设置数量、长度和位置等都

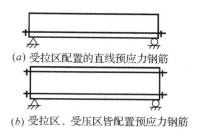

(a) 受拉区配置的直线预应力钢筋　　(c) 配置弯起的预应力钢筋

(b) 受拉区、受压区皆配置预应力钢筋　　(d) 配置折线形预应力钢筋

图 10.43　预应力纵向钢筋配置的各种形式

比较灵活的非预应力纵向钢筋。如果对受拉区部分钢筋施加的预应力已能满足裂缝控制的要求,则其余按承载力计算所需的受拉钢筋可采用非预应力钢筋。

在预应力混凝土构件预拉区设置非预应力钢筋,可以防止施工阶段因混凝土收缩、温差引起的预拉区裂缝,同时,可以承受施加预应力过程中产生的拉应力和控制预拉区裂缝的宽度。所以,《规范》分别对施工阶段预拉区允许出现拉应力的构件规定了预拉区纵向钢筋的配筋率,已如 10.8.7 节所述。

10.11.2　先张法预应力混凝土构件的构造要求

一、预应力钢筋的并筋布置

当先张法预应力钢丝配筋密集,按单根方式布置有困难时,可采用相同直径钢丝并筋的配筋形式。并筋对锚固及预应力传递性能的影响由等效直径反映。并筋的等效直径对双并筋取 $1.4d$;对三并筋取 $1.7d$(以上 d 均为单筋直径)。

并筋的保护层厚度、钢筋间径、预应力传递长度及正常使用极限状态验算,如挠度和裂缝宽度验算等,均应按等效直径考虑。

根据我国经验,预应力钢丝并筋不宜超过 3 根;对热处理钢筋及钢绞线,因工程经验不多,当需并筋时应采取可靠的措施,如加配螺旋筋或采用缓慢放张预应力的工艺等。

二、预应力钢丝的净间距

先张法预应力钢筋之间的净间距应根据便于浇灌混凝土和施加预应力、保证预应力钢筋锚固的可靠性和预应力传递性能等要求确定,一般不宜小于其公称直径的 2.5 倍的和混凝土粗骨料最大粒径的 1.25 倍,且符合下列规定:

对预应力钢丝　　　≥ 15mm

对三股钢绞线　　　≥ 20mm

对七股钢绞线　　　≥ 25mm

当混凝土振捣密实性具有可靠保证时,端间距可放宽至最大粗骨科粒径的 1.0 倍。

三、构件端部的加强措施

先张法预应力钢筋放张时,由于局部挤压造成的环向拉应力,在预应力传递长度范围内容易导致构件端部混凝土出现劈裂裂缝,因此,构件端部应采取一定的构造措施,以保证自锚端的局部承载力。

1. 对单根配置的预应力钢筋,包括单根钢绞线或单根并束筋,其端部宜设置长度大于 150mm,且不少于 4 圈的螺旋筋。当有可靠经验时,亦可利用支座垫板上的插筋代替螺旋筋,但插筋数量不应少于 4 根,其长度不宜小于 120mm。以上均如图 10.44 所示。

2. 对分散布置的多根预应力钢筋,在构件端部 $10d$(d 为预应力钢筋的公称直径)且不小于 100mm 范围内设置 $3 \sim 5$ 片与预应力钢筋垂直的钢筋网片。

3. 对采用预应力钢丝配筋的薄板,在板端 100mm 范围内应适当加密横向钢筋。

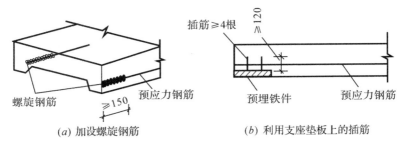

图 10.44　构件自锚端的加强措施

4. 槽形板类构件,应在构件端部 100mm 长度范围内沿构件板面设置附加横向钢筋。

四、对各种预制构件配置防裂钢筋的要求

为防止预应力构件端部及预拉区的裂缝,根据多年的工程实践经验,对下述各种预制构件应配置必要的防裂钢筋。

1. 对预制肋形板,宜设置加强其整体性和横向刚度的横肋。端横肋的受力钢筋应弯入纵肋内。当采用先张长线法生产有端横肋的预应力混凝土肋形板时,应在设计和制作上采取防止放张预应力时端横肋产生裂缝的有效措施。

2. 在预应力混凝土屋面梁、吊车梁等构件靠近支座的斜向主拉应力较大部位,宜将一部分预应力钢筋弯起。

3. 对预应力钢筋在构件端部全部弯起的受弯构件或直线配筋的先张法构件,当构件端部与下部支承结构焊接时,应考虑混凝土收缩、徐变及温度变化所产生的不利影响,宜在构件端部可能产生裂缝的部位设置足够的非预应力纵向构造钢筋。

10.11.3　后张法预应力混凝土构件的构造要求

一、预留孔道的要求

为防止后张法预应力构件在施工阶段受力后发生沿孔道的裂缝和破坏,对后张法预制构件及框架梁等提出了后张法预应力钢丝束和钢绞线束预留孔道的规定。

1. 对预制构件,孔道之间的水平净间距宜 ≥ 50mm,且不宜小于粗骨料粒长的 1.25 倍;孔道至构件边缘的净间距宜 ≥ 30mm,且不宜小于孔道直径的一半,如图 10.45 所示。

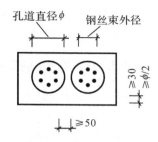

图 10.45　对后张比预留孔道的要求

2. 在现浇混凝土梁中,预留孔道在竖直方向的净间距不应小于孔道外径;水平方向的净间距不应小于 1.5 倍孔道外径。不宜小于粗骨料粒长的 1.25 倍;从孔道外壁至构件边缘的净间距,梁底宜 ≥ 50mm,梁侧宜 ≥ 40mm。裂缝控制等级为三级的梁,上述净间距分别宜 ≥ 60mm 和 50mm。

3. 预留孔道的内径应比预应力束外径及需穿过孔道的连接器外径大 6～15mm。且孔道的截面积宜为穿入预应力束截面积的 3.0～4.0 倍。

4. 当有可靠经验并能保证混凝土浇筑质量时,预应力筋孔道可水平并列贴紧布置,但并排的数量不应超过 2 束。

5. 在构件两端及曲线孔道的高点应设置灌浆孔或排气泌水孔,其孔距宜 ≥ 20m。

预应力钢筋张拉锚固后,孔道中应灌入水泥浆,用以保护预应力钢筋免受腐蚀,并使预应力钢筋与其周围混凝土粘结,共同工作,共同变形。水泥浆强度不宜低于 C20,其水灰比宜为 0.4～0.5,为了减少收缩,宜掺入一定量的外加剂,如 0.01% 水泥用量的铝粉等。

6. 凡制作时需要预先起拱的构件,预留孔道宜随构件同时起拱。

7. 在现浇楼板中采用扁形锚固体系时,穿过每个预留孔道的预应力筋数量宜为 3～5 根;在常用荷载情况下,孔道在水平方向的净间距不应超过 8 倍板厚及 1.5m 中的较大值;

8. 预留孔道可采用预埋金属波纹管、塑料波纹管以及钢管或钢管抽芯成型等方法。

目前对于配有大吨位、多跨连续及空间曲线预应力钢丝束或钢绞线束已较多采用预埋金属波纹管,它由薄钢带用卷管机压波后卷成,具有重量轻、刚度好、弯折和连接方便、与混凝土粘结性能好等优点。金属波纹管一般为圆形,有内径为 40～100mm 等各种规格。

二、曲线预应力钢筋的曲率半径

当采用曲线预应力束时,其曲率必经 r_p 宜按下列公式确定,但不宜小于 4m:

$$r_p \geqslant \frac{P}{0.35 f_c d_p} \tag{10.173}$$

式中:P——预应力筋的合力设计值,可按下述第三节端部锚固的加强措施中之第二款规定确定;

$\qquad r_p$——预应力束的曲率半径(m);

$\qquad d_p$——预应力束孔道的外径;

$\qquad f_c$——混凝土轴心抗压强度设计值,当验算张拉阶段曲率半径时,可取与施工阶段混凝土立方体抗压强度 f'_{cu} 对应的抗压强度设计值 f'_c。

对于折线配筋的构件,在预应力束弯折处的曲率半径可适当减小。当曲率半径 r_p 不满足上述要求时,可在曲线预应力束弯折处内侧设置钢筋网片或螺旋筋。

三、端部锚固的加强措施

构件端部在预应力钢筋的锚具下及张拉设备支承处,由于张拉预应力钢筋,产生很大的局部压力,张拉后常会在端部锚固区出现纵向水平裂缝,为了控制这些裂缝,同时也为了防止沿孔道产生劈裂,应采取下述加强措施:

1. 采用普通垫板时,应按本章第 10.6.4 节的要求进行局部受压承载力的验算,并配置间接钢筋对混凝土进行局部加强,其体积配筋率应 $\geqslant 0.5\%$,垫板的刚性扩散角应取 $45°$;

构件端部的尺寸应考虑锚具的布置、张拉设备的尺寸和局部受压的要求,必要时应适当加大。对外露的金属锚具应采取可靠的防锈措施。

2. 局部受到承载力计算时,局部压力设计值对有粘结预应力混凝土构件取 1.2 倍张拉控制应力,对无粘结预应力混凝土取 1.2 倍张拉控制应力和 f_{ptk} 中的较大值,f_{ptk} 为无粘结预应力筋的抗拉强度标准值;

3. 当采用整体铸造垫板时,其局部受压区的设计应符合相关标准的规定;

4. 在上述局部受压间接钢筋配置区以外,尚应在构件端部长度 l 不小于 $3e$(e 为截面重心线上部或下部预应力钢筋的合力点至邻近边缘的距离),但不大于 $1.2h$(h 为构件端部截面高度),高度为 $2e$ 的附加配筋区范围内,应均匀配置防劈裂附加箍筋或网片(参见《规范》图10.3.8),其配筋面积可按下式计算:

$$A_{sb} \geqslant 0.18\left(1 - \frac{l_l}{l_b}\right)\frac{P}{f_{yv}} \tag{10.174}$$

且体积配筋率不应小于 0.5%

式中:P—— 作用在构件端部截面重心线上部或下部预应力的合力设计值,可按本节第 2 条规定确定;

l_l、l_b—— 分别为沿构件高度方向 A_l、A_b 的边长或直径;

f_{yv}—— 附加防劈裂钢筋的抗拉设计值。

5. 当构件端部预应力需集中布置在截面下部或集中布置在上部和下部时,应在构件端部 $0.2h$ 范围内设置附加竖向防端面裂缝构造钢筋(参见《规范》图10.3.8),其截面面积应符合下列公式要求:

$$A_{sv} = \frac{T_s}{f_{yv}} \tag{10.175}$$

$$T_s = \left(0.25 - \frac{e}{h}\right)P \tag{10.176}$$

当 e 大于 $0.2h$ 时,可根据实际情况适当配置构造钢筋。竖向防端面裂缝钢筋宜靠近端面配置,可采用焊接钢筋网,封闭式箍筋或其他的形式,且宜采用带肋钢筋。

式中:T_s—— 锚固端端面拉力;

P—— 作用在构件端部截面重心线上部或下部预应力筋的合力设计值,可按上述第 2 款的规定确定；

e—— 截面重心线上部或下部预应力筋合力点至截面近边缘的距离；

h—— 为构件端部截面高度。

当构件截面上部和下部均有预应力筋时,附加竖向钢筋的总截面面积应按上部和下部的预应力合力分别计算的数值叠加后采用。

在构件横向亦应按上述方法计算柱端面裂缝钢筋,并与上述竖向钢筋形成网片筋布置。

四、为保证端面有局部凹进的后张法预应力混凝土构件端部锚固区的强度和裂缝控制,应增设折线构造钢筋(图10.46)或其他有效的构造钢筋。

五、构件端部尺寸应考虑锚具的布置、张拉设备的尺寸和局部受压的要求,必要时应适当加大。

六、后张预应力混凝土外露金属锚具,应采取可靠的防腐及防火措施,并应符合下列规定:

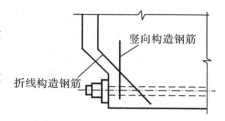

图 10.46　端部凹进处构造钢筋

1. 无粘结预应力筋外露锚具应采用注有足量防腐油脂的塑料帽封闭锚具端头,并应采用无收缩砂浆或细石混凝土封闭;

2. 采用混凝土封闭时,混凝土强度等级宜与构件混凝土强度等级一致,且不应低于C30 封锚混凝土与构件混凝土应可靠粘结,如锚具在封闭前应将周围混凝土界面凿毛并冲洗干净,且宜配置 $1 \sim 2$ 片钢筋网,钢筋网应与构件混凝土拉结;

3. 采用无收缩砂浆或混凝土封闭保护时,其锚具及预应力筋端部的保护层厚度不应小于:一类环境时 20mm,二$_a$、二$_b$ 类环境时 50mm,三$_a$、三$_b$ 类环境时 80mm;

4. 对处于二$_b$、三$_a$、三$_b$ 类环境条件时的无粘结预应力锚固体系应采用全封闭的防腐蚀体系,其封锚端及各连接部位应能承受 10kPa 的静水压力而不得透水。

复习思考题

10.1　对构件施加预应力的作用是什么?为什么在预应力混凝土构件中可有效地利用高强钢筋,而在普通钢筋混凝土构件中则不合适?

10.2　哪些构件和构件的哪些部位最适宜施加预应力?

10.3　先张法和后张法预应力混凝土施工工艺的主要区别是什么?

10.4　先张法和后张法都是通过张拉钢筋对混凝土施加预压应力,它们对混凝土传递预压应力的方法有何不同?

10.5　对预应力混凝土结构所用的钢筋和混凝土各有哪些要求?

10.6　什么是张拉控制应力 σ_{con}?σ_{con} 为什么不能取值过高?

10.7　施工时可采取哪些措施以减少预应力损失值?

10.8　什么是钢筋的应力松弛?它为什么会引起预应力的损失?

10.9　为什么混凝土的收缩和徐变会引起预应力的损失?计算此项损失值时,应取用构件截面哪一部位的混凝土预压应力值?

10.10 预应力损失值如何分批?先张法和后张法的第一批和第二批应力损失中各包括哪些项目?

10.11 写出换算截面面积 A_0 和净截面面积 A_n 的计算式。什么情况下要采用 A_0?什么情况下要采用 A_n?

10.12 先张法和后张法预应力混凝土轴心受拉构件在以下各阶段时,预应力钢筋和混凝土中的应力有何不同?为什么?写出它们的计算式:

(1) 施工阶段当全部预应力损失值出现后;

(2) 使用阶段当截面混凝土中预压应力为零时。

10.13 如果先张法和后张法轴心受拉构件采用相同的控制应力 σ_{con} 值,并设预应力损失值 σ_l 也相同,试问当处于消压状态时,两种构件预应力钢筋中的应力是否相同?如果不同,说明其原因。

10.14 预应力混凝土轴心受拉和受弯构件正截面的抗裂性能为什么都比非预应力混凝土构件高?试用计算式加以分析说明。

10.15 对后张法构件张拉端部的锚固区应作哪些验算?如何验算?

10.16 写出受弯构件正截面混凝土预压应力为零时,预应力和非预应力钢筋合力 N_{p0} 及其偏心距 e_{p0} 的计算式。

10.17 对先张法和后张法构件,当受拉区钢筋 A_p 合力点处的混凝土预压应力为零时,A_p 中应力 σ_{p0} 的计算式有何不同?

10.18 在受弯构件截面受压区配置预应力钢筋 A_p' 的作用是什么?它对正截面受弯承载力和抗裂度有何影响?试分别写出先张法和后张法受弯构件到达承载力极限状态时,A_p' 中应力 σ_p' 的计算式。

10.19 如何确定预应力混凝土受弯构件相对界限受压区的高度 ξ_b?

10.20 预应力混凝土受弯构件斜截面受剪承载力与非预应力构件有何不同?为什么?

10.21 写出预应力混凝土受弯构件正截面抗裂度验算时,对一级和二级抗裂要求的验算式。

10.22 工字形截面预应力混凝土梁在斜截面抗裂度验算时,如何取用验算截面和验算点的位置?写出验算公式。

10.23 什么是预应力钢筋的自锚?什么是预应力钢筋的预应力传递长度 l_{tr}?

10.24 先张法构件施工时为什么要注意预应力钢筋的放松问题?它对 l_{tr} 有何影响?

10.25 预应力混凝土受弯构件的变形为什么比非预应力构件的变形小?简述其计算方法。

10.26 计算由外荷载产生的挠度和由预应力产生的反拱时,是否采用相同的截面抗弯刚度?

10.27 允许出现裂缝的预应力混凝土受弯构件在计算裂缝宽度时,应对非预应力构件的裂缝宽度计算公式作哪些修正？

10.28　为什么要对预应力混凝土受弯构件进行施工阶段的验算？写出其验算公式。

10.29　什么是预应力引起的等效荷载？

10.30　荷载平衡法的基本原理是什么？它对连续结构的设计带来哪些方便？

10.31　什么是部分预应力混凝土？有何特点？

10.32　什么是无粘结预应力混凝土？有何特点？

10.33　无粘结部分预应力混凝土与纯无粘结预应力混凝土相比有什么特点？

习　题

10.1　有一跨度为 12m 的预应力混凝土屋架下弦杆，如图 10.47 所示。截面尺寸为 $180\text{mm} \times 250\text{mm}$。采用后张法施工，混凝土达到设计强度等级后张拉钢筋，在构件一端张拉；一次张拉，用钢质锥形锚具（直径为 100mm，垫板厚度为 16mm），预埋金属波纹管成型，预留孔道直径为 $D = 50\text{mm}$。

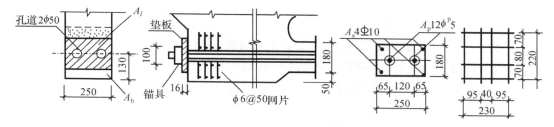

图 10.47　习题 10.1

下弦杆承受轴心拉力设计值为 $N = 532\text{kN}$；标准组合值 $N_k = 430\text{kN}$，准永久组合值 $N_q = 390\text{kN}$。裂缝控制等级为二级。

预应力钢筋 A_p 用 2 束 $12\phi^P5$ 的钢丝束，非预应力钢筋 A_s 用 HRB335 级钢筋 $4\Phi10$；间接钢筋为四片焊接钢筋网片（$l_1 = 220\text{mm}$，$l_2 = 230\text{mm}$），用 HPB300 级钢筋，直径为 $\phi6$，间距为 50mm；混凝土强度等级为 C40。

要求计算：

（1）预应力损失值；

（2）验算承载力；

（3）使用阶段抗裂度的验算；

（4）施工阶段强度及锚固区局部受压的验算。

10.2　有一宽度为 0.9m，跨度为 3.6m 的先张法预应力混凝土空心板，计算跨度 $l_0 = 3.48\text{m}$，截面尺寸如图 10.48(a) 所示。空心板承受永久荷载标准值 $G_k = 3\text{kN/m}^2$，可变荷载标准值 $Q_k = 3.5\text{kN/m}^2$，准永久值系数 $\psi_q = 0.5$。结构重要性系数 $r_0 = 1.0$。要求裂缝控制等级为二级。挠度限值 $l_0/300$。混凝土强度等级采用 C40；预应力钢筋采用消除应力螺旋肋钢丝（低松弛）$9\phi^H5$（$f_{ptk} = 1570\text{N/mm}^2$、$f_{py} = 1110\text{N/mm}^2$、$E_{ps} = 2.05 \times$

10^5)。在长度为 80m 的台座上生产,一次张拉,采用蒸汽养护,张拉钢丝与台座之间的温

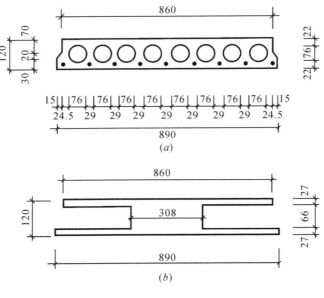

图 10.45　习题 10.2

度差为 $\Delta t = 25℃$,当混凝土达到设计强度等级时放松预应力钢丝,要求施工时预拉区不允许出现裂缝;吊装时吊点距构件端部 350mm。构件自重的标准值为 1.718kN/m。截面有效高度取 $h_0 = 100mm$(本题荷载效应基本组合中由可变荷载效应控制)。

要求计算:

(1) 换算截面面积 A_0 及惯心距 I_0,换算截面重心轴至截面下边缘的距离 y_0;

(2) 正截面承载力验算;

(3) 预应力损失值;

(4) 正截面抗裂度验算;

(5) 挠度验算;

(6) 施工阶段验算。

提示:先将空心板中的圆孔按面积相等、惯性矩相等、重心位置不变的原则换算成等效矩形孔,然后将原空心板折算成等效工字形截面进行计算。

附　　表

附表 1　混凝土强度标准值和设计值（N/mm²）

强度种类	混　凝　土　强　度　等　级													
	C15	C20	C25	C30	C35	C40	C45	C50	C55	C60	C65	C70	C75	C80
f_{ck}	10.0	13.4	16.7	20.1	23.4	26.8	29.6	32.4	35.5	38.5	41.5	44.5	47.4	50.2
f_{tk}	1.27	1.54	1.78	2.01	2.20	2.39	2.51	2.64	2.74	2.85	2.93	2.99	3.05	3.11
f_c	7.2	9.6	11.9	14.3	16.7	19.1	21.1	23.1	25.3	27.5	29.7	31.8	33.8	35.9
f_t	0.91	1.10	1.27	1.43	1.57	1.71	1.80	1.89	1.96	2.04	2.09	2.14	2.18	2.22

注：混凝土轴心抗压、轴心抗拉疲劳强度设计值 f_c^f、f_t^f 应按本表中强度设计值 f_c、f_t 乘疲劳强度修正系数 r_p 后确定。r_p 应根据受压或受拉疲劳应力比值 ρ_c^f 按附表 3 采用；当混凝土受拉—压疲劳应力作用时，受压或受拉疲劳强度修正系数 r_p 均取 0.60。疲劳应力比值 ρ_c^f 应按下式计算 $\rho_c^f = \sigma_{c,min}^f \div \sigma_{c,max}^f$，式中 $\sigma_{c\,min}^f$、$\sigma_{c\,max}^f$ 系构件疲劳验算时，截面同一纤维上混凝土的最小应力和最大应力。

附表 2　混凝土弹性模量和疲劳变形模量（× 10⁴ N/mm²）

混凝土强度等级	C15	C20	C25	C30	C35	C40	C45	C50	C55	C60	C65	C70	C75	C80
E_c	2.20	2.55	2.80	3.00	3.15	3.25	3.35	3.45	3.55	3.60	3.65	3.70	3.75	3.80
E_c^f				1.3	1.4	1.5	1.55	1.6	1.65	1.7	1.75	1.8	1.85	1.9

注：① 混凝土的剪切变形模量 G_c 可按相应弹性模量值的 0.40 倍采用 ② 混凝土的泊松比 v_c 可按 0.2 采用。

附表 3　混凝土受压疲劳强度修正系数 γ_p

ρ_c^f	$0 \leqslant \rho_c^f < 0.1$	$0.1 \leqslant \rho_c^f < 0.2$	$0.2 \leqslant \rho_c^f < 0.3$	$0.3 \leqslant \rho_c^f < 0.4$	$0.4 \leqslant \rho_c^f < 0.5$	$\rho_c^f \geqslant 0.5$
γ_p	0.68	0.74	0.80	0.86	0.93	1.00

混凝土受拉疲劳强度修正系数 γ_p

ρ_c^f	$0 \leqslant \rho_c^f < 0.1$	$0.1 \leqslant \rho_c^f < 0.2$	$0.2 \leqslant \rho_c^f < 0.3$	$0.3 \leqslant \rho_c^f < 0.4$	$0.4 \leqslant \rho_c^f < 0.5$
γ_p	0.63	0.66	0.69	0.72	0.74

ρ_c^f	$0.5 \leqslant \rho_c^f < 0.6$	$0.6 \leqslant \rho_c^f < 0.7$	$0.7 \leqslant \rho_c^f < 0.8$	$\rho_c^f \geqslant 0.8$	—
γ_p	0.76	0.80	0.90	1.00	—

注：直接承受疲劳荷载的混凝土构件，当采用蒸汽养护时，养护温度不宜高于 60℃。

附表 4　普通钢筋强度标准值和设计值

牌号	符号	公称直径 d(mm)	屈服强度标准值 f_{yk}(N/mm²)	极限强度标准值 f_{ytk}(N/mm²)	抗拉强度设计值 f_y(N/mm²)	抗压强度设计值 f_y'(N/mm²)
HPB300	Φ	6～22	300	420	270	270
HRB335 HRBF335	Φ Φ^F	6～50	335	455	300	300
HRB400 HRBF400 RRB400	Φ Φ^F Φ^R	6～50	400	540	360	360
HRB500 HRBF500	Φ Φ^F	6～50	500	630	435	410

注：① 横向钢筋的抗拉设计值 f_{yv} 应按表中 f_y 的数值采用，用作受剪、受扭、受冲切承载力计算时，其数值大于

360N/mm³ 时应取 360N/mm²；

②RRB400 钢筋不宜用作重要部位的钢筋,不应用于直接承受疲劳荷载的构件。

附表 5   预应力筋强度标准值（N/mm²）

种 类		符 号	公称直径 d（mm）	屈服强度标准值 f_{pyk}	极限强度标准值 f_{ptk}
中强度预应力钢丝	光面 螺旋肋	ϕ^{PM} ϕ^{HM}	5、7、9	620	800
				780	970
				980	1270
预应力螺纹钢筋	螺纹	ϕ^{T}	18、25、32、40、50	785	980
				930	1080
				1080	1230
消除应力钢丝	光面 螺旋肋	ϕ^{P} ϕ^{H}	5	—	1570
				—	1860
			7	—	1570
			9	—	1470
				—	1570
钢绞线	1×3 （三股）	ϕ^{S}	8.6、10.8、12.9	—	1570
				—	1860
				—	1960
	1×7 （七股）		9.5、12.7、15.2、17.8	—	1720
				—	1860
				—	1960
			21.6	—	1960
				—	1860

注：极限强度为 1960MPa 级的钢绞线作后张预应力配筋时,应有可靠的工程经验。

附表 6   预应力筋强度设计值（N/mm²）

种 类	极限强度标准值 f_{ptk}	抗拉强度设计值 f_{py}	抗压强度设计值 f'_{py}
中强度预应力钢丝	800	510	410
	970	650	
	1270	810	
消除应力钢丝	1470	1040	410
	1570	1110	
	1860	1320	
钢绞线	1570	1110	390
	1720	1220	
	1860	1320	
	1960	1390	
预应力螺纹钢筋	980	650	410
	1080	770	
	1230	900	

注：当预应力筋的强度标准值不符合本表的规定时,其强度设计值应进行相应的比例换算。

附表 7 钢筋的弹性模量($\times 10^5 \text{N/mm}^2$)

牌号或种类	弹性模量 E_s
HPB300 钢筋	2.10
HRB335、HRB400、HRB500 钢筋 HRBF335、HRBF400、HRBF500 钢筋 RRB400 钢筋 预应力螺纹钢筋	2.00
消除应力钢丝、中强度预应力钢丝	2.05
钢绞线	1.95

注:必要时可采用实测的弹性模量。

附表 8 普通钢筋疲劳应力幅限值(N/mm^2)

疲劳应力比值 ρ_s^f	疲劳应力幅限值 Δf_y^f	
	HRB335	HRB400
0	175	175
0.1	162	162
0.2	154	156
0.3	144	149
0.4	131	137
0.5	115	123
0.6	97	106
0.7	77	85
0.8	54	60
0.9	28	31

注:当纵向受拉钢筋采用闪光接触对焊连接时,其接头处的钢筋疲劳应力幅限值应按表中数值乘以系数 0.80 取用。

附表 9 预应力筋疲劳应力幅限值(N/mm^2)

疲劳应力比值 ρ_p^f	疲劳应力幅限值 Δf_{py}^f	
	钢绞线	消除应力钢丝
	$f_{ptk} = 1570$	$f_{ptk} = 1570$
0.7	144	240
0.8	118	168
0.9	70	88

注:1. 当 ρ_{sv}^f 不小于 0.9 时,可不作预应力筋疲劳验算;

2. 当有充分依据时,可对表中规定的疲劳应力幅限值作适当调整。

附表 10 受弯构件的挠度限值

构 件 类 型	挠 度 限 值
吊车梁:手动吊车	$l_0/500$
电动吊车	$l_0/600$
屋盖、楼盖及楼梯构件: 当 $l_0 < 7\text{m}$ 时 当 $7\text{m} \leqslant l_0 \leqslant 9\text{m}$ 时 当 $l_0 > 9\text{m}$ 时	 $l_0/200(l_0/250)$ $l_0/250(l_0/300)$ $l_0/300(l_0/400)$

注:① 表中 l_0 为构件的计算跨度;计算悬臂构件的挠度限值时,其计算跨度 l_0 按实际悬臂长度的 2 倍取用;

② 表中括号内的数值适用于使用上对挠度有较高要求的构件;

③ 如果构件制作时预先起拱,且使用上也允许,则在验算挠度时,可将计算所得的挠度值减去起拱值,对预应力混凝土构件,尚可减去预加应力所产生的反拱值;

④ 构件制作时的起拱值和预应力所产生的反拱值,不宜超过构件在相应荷载组合作用下的计算挠度值;

⑤ 当构件对使用功能和外观占较高要求时,设计可对挠度限值适当加严。

附表 11　结构构件的裂级控制等级及最大裂缝宽度的限值(mm)

环境类别	钢筋混凝土结构		预应力混凝土结构	
	裂缝控制等级	$w_{\lim}$	裂缝控制等级	$w_{\lim}$
一	三级	0.30(0.40)	三级	0.20
二 a				0.10
二 b		0.20	二级	—
三 a、三 b			一级	—

注:① 表中的规定适用于采用热轧钢筋的钢筋混凝土构件和采用预应力钢丝、钢绞线及预应力螺纹钢筋的预应力混凝土构件;当采用其他类别的钢丝或钢筋时,其裂缝控制要求可按专门标准确定;
②　对处于年平均相对湿度小于60%地区一级环境下的受弯构件,其最大裂缝宽度限值可采用括号内的数值;
③　在一类环境下,对钢筋混凝土屋架、托架及需作疲劳验算的吊车梁,其最大裂缝宽度限值应取为0.20mm;对钢筋混凝土屋面梁和托梁,其最大裂缝宽度限值应取为0.30mm;
④　在一类环境下,对预应力混凝土屋架、托架及双向板体系,应按二级裂缝控制等级进行验算;对一类环境下的预应力混凝土屋面梁、托梁、单向板,按表中二 a 级环境的要求进行验算;在一类和二 a 类环境下需作疲劳验算的预应力混凝土吊车梁,应按裂缝控制等级不低于二级的构件进行验算;
⑤　表中规定的预应力混凝土构件的裂缝控制等级和最大裂缝宽度限值仅适用于正截面的验算;预应力混凝土构件的斜截面裂缝控制验算应符合规范第 7 章的有关规定;
⑥　对于烟囱、筒仓和处于液体压力下的结构构件,其裂缝控制要求应符合专门标准的有关规定;
⑦　对于处于四、五类环境下的结构构件,其裂缝控制要求应符合专门标准的有关规定。
⑧　表中的最大裂缝宽度限值为用于验算荷载作用引起的最大裂缝宽度;
⑨　混凝土保护层厚度较大的构件,可根据实践经验对表中最大裂缝宽度限值适当放宽。

附表 12　钢筋的公称直径、公称截面面积及理论重量

公称直径 (mm)	不同根数钢筋的公称截面面积(mm²)									单根钢筋理论重量 (kg/m)
	1	2	3	4	5	6	7	8	9	
6	28.3	57	85	113	142	170	198	226	255	0.222
8	50.3	101	151	201	252	302	352	402	453	0.395
10	78.5	157	236	314	393	471	550	628	707	0.617
12	113.1	226	339	452	565	678	791	904	1017	0.888
14	153.9	308	461	615	769	923	1077	1231	1385	1.21
16	201.1	402	603	804	1005	1206	1407	1608	1809	1.58
18	254.5	509	763	1017	1272	1527	1781	2036	2290	2.00(2.11)
20	314.2	628	942	1256	1570	1884	2199	2513	2827	2.47
22	380.1	760	1140	1520	1900	2281	2661	3041	3421	2.98
25	490.9	982	1473	1964	2454	2945	3436	3927	4418	3.85(4.10)
28	615.8	1232	1847	2463	3079	3695	4310	4926	5542	4.83
32	804.2	1609	2413	3217	4021	4826	5630	6434	7238	6.31(6.65)
36	1017.9	2036	3054	4072	5089	6107	7125	8143	9161	7.99
40	1256.6	2513	3770	5027	6283	7540	8796	10053	11310	9.87(10.34)
50	1963.5	3928	5892	7856	9820	11784	13748	15712	17676	15.42(16.28)

注:括号内为预应力螺纹钢筋的数值。

附表 13　钢绞线的公称直径、公称截面面积及理论重量

种　类	公称直径(mm)	公称截面面积(mm²)	理论重量(kg/m)
1×3	8.6	37.7	0.296
	10.8	58.9	0.462
	12.9	84.8	0.666

种　类	公称直径(mm)	公称截面面积(mm²)	理论重量(kg/m)
1×7 标准型	9.5	54.8	0.430
	12.7	98.7	0.775
	15.2	140	1.101
	17.8	191	1.500
	21.6	285	2.237

附表 14　钢丝的公称直径、公称截面面积及理论重量

公称直径(mm)	公称截面面积(mm²)	理论重量(kg/m)
5.0	19.63	0.154
7.0	38.48	0.302
9.0	63.62	0.499

附表 15　钢筋混凝土矩形截面受弯构件正截面受弯承载力计算系数表

ξ	γ_s	α_s	ξ	γ_s	α_s
0.01	0.995	0.010	0.33	0.835	0.275
0.02	0.990	0.020	0.34	0.830	0.282
0.03	0.985	0.030	0.35	0.825	0.289
0.04	0.980	0.039	0.36	0.820	0.295
0.05	0.975	0.048	0.37	0.815	0.301
0.06	0.970	0.058	0.38	0.810	0.309
0.07	0.965	0.067	0.39	0.805	0.314
0.08	0.960	0.077	0.40	0.800	0.320
0.09	0.955	0.085	0.41	0.795	0.326
0.10	0.950	0.095	0.42	0.790	0.332
0.11	0.945	0.104	0.43	0.785	0.337
0.12	0.940	0.113	0.44	0.780	0.343
0.13	0.935	0.121	0.45	0.775	0.349
0.14	0.930	0.130	0.46	0.770	0.354
0.15	0.925	0.139	0.47	0.765	0.359
0.16	0.920	0.147	0.48	0.760	0.365
0.17	0.915	0.155	0.49	0.755	0.370
0.18	0.910	0.164	0.50	0.750	0.375
0.19	0.905	0.172	0.51	0.745	0.380
0.20	0.900	0.180	0.52	0.740	0.385
0.21	0.895	0.188	0.528	0.736	0.389
0.22	0.890	0.196	0.53	0.735	0.390
0.23	0.885	0.203	0.54	0.730	0.394
0.24	0.880	0.211	0.544	0.728	0.396
0.25	0.875	0.219	0.55	0.725	0.400
0.26	0.870	0.226	0.556	0.722	0.401
0.27	0.865	0.234	0.56	0.720	0.403
0.28	0.860	0.241	0.57	0.715	0.408
0.29	0.855	0.248	0.58	0.710	0.412
0.30	0.850	0.255	0.59	0.705	0.416
0.31	0.845	0.262	0.60	0.700	0.420
0.32	0.840	0.269	0.614	0.693	0.426

注：① 查表：

$$\alpha_s = \frac{M}{\alpha_1 f_c b h_0^2}, \qquad \xi = \frac{x}{h_0} = \frac{f_y A_s}{\alpha_1 f_c b h_0} \qquad A_s = \frac{M}{f_y \gamma_s h_0} \qquad 或 \qquad A_s = \xi \frac{\alpha_1 f_c}{f_y} b h_0$$

制表：

$$\alpha_s = \xi(1 - 0.5\xi), \xi = 1 - \sqrt{1 - 2\alpha_s} \qquad \gamma_s = 1 - 0.5\xi = \frac{1 + \sqrt{1 - 2\alpha_s}}{2}$$

② 表中 $\xi = 0.52$ 以下的数值不适用于 HRB400 级及 RRB400 级钢筋；$\xi = 0.55$ 以下的数值不适用于 HRB335 级钢筋。

附表 16   每米板宽各种配筋间距下的钢筋截面面积（mm²）

直径 d (mm)	钢 筋 间 距 （mm）															
	70	75	80	85	90	100	120	125	140	150	160	180	200	220	225	250
6	404	377	354	333	314	283	236	226	202	189	177	157	141	129	126	113
6/8	561	524	491	462	437	393	327	314	281	262	246	218	196	179	175	157
8	719	671	629	592	559	503	419	402	359	335	314	279	251	229	224	201
8/10	920	859	805	758	716	644	537	515	460	429	403	358	322	293	287	258
10	1121	1047	981	924	872	785	654	628	561	523	491	436	393	357	349	314
10/12	1369	1277	1198	1127	1064	958	798	766	684	639	599	532	479	436	426	383
12	1616	1508	1414	1331	1257	1131	942	905	808	754	707	628	565	514	503	452
12/14	1907	1780	1669	1571	1483	1335	1113	1068	954	890	834	742	668	607	594	534
14	2199	2052	1924	1811	1710	1539	1283	1231	1099	1026	962	855	770	700	684	616
16	2871	2680	2512	2365	2235	2011	1677	1609	1436	1341	1257	1117	1005	914	894	805
18	3636	3393	3181	2994	2828	2545	2121	2036	1104	1697	1591	1414	1273	1157	1131	1018
20	4489	4189	3928	3696	3491	3142	2618	2514	2244	2095	1964	1746	1571	1428	1397	1257

注：钢筋直径为分数时，如 6/8，8/10，… 等，表示两种直径的钢筋间隔放置。

附表 17   分布钢筋的直径及间距（mm）

项次	受力钢筋 直径	受力钢筋间距										
		70	75	80	90	100	110	125	140	150	160	200
1	6～8	$\phi6@250$										
2	10	$\phi6@200$ $\phi8@250$			$\phi6@250$							
3	12	$\phi8@200$			$\phi8@250$				$\phi6@250$			
4	14	$\phi8@200$		$\phi8@250$		$\phi8@300$						
5	16	$\phi8@150$ $\phi10@250$		$\phi8@200$		$\phi8@250$						

注：① 板中单位长度上的分布钢筋的截面面积，不应小于单位宽度上受力钢筋截面面积的 15%，且不宜小于该方向板截面面积的 0.15% 其间距不应大于 250mm。

② 在集中荷载较大的情况下，分布钢筋的截面面积应适当增加，其间距不宜大于 200mm。

附表 18　纵向受力钢筋的最小配筋百分率 $\rho_{\min}$ (%)

受　力　类　型			最小配筋百分率
受压构件	全部纵向钢筋	强度级别 500N/mm²	0.5
		强度级别 400N/mm²	0.55
		强度级别 300N/mm²、335N/mm²	0.60
	一侧纵向钢筋		0.20
受弯构件、偏心受拉、轴心受拉构件一侧的受拉钢筋			0.20 和 $45f_t/f_y$ 中的较大者

注:① 受压构件全部纵向钢筋最小配筋百分率,当采用 C60 及以上强度等级的混凝土时,应按表中规定增加 0.1;
　　② 板类受弯构件(不包括悬臂板)的受拉钢筋,当采用强度级别 400N/mm²、500N/mm² 的钢筋时,其最小配筋百分率应允许采用 0.15 和 $45f_t/f_y$ 中的较大者;
　　③ 偏心受拉构件的受压钢筋,应按受压构件一侧纵向钢筋考虑;
　　④ 受压构件的全部纵向钢筋和一侧纵向钢筋的配筋率以及轴心受拉构件和小偏心受拉构件一侧受拉钢筋的配筋率均应按构件的全截面面积计算;
　　⑤ 受弯构件、大偏心受拉构件一侧受拉钢筋的配筋率应按全截面面积扣除受压翼缘面积 $(b_f'-b)h_f'$ 后的截面面积计算;
　　⑥ 当钢筋沿构件截面周边布置时,"一侧纵向钢筋"系指沿受力方向两个对边中的一边布置的纵向钢筋;
　　⑦ 卧置于地基上的混凝土板,板中受拉钢筋的最小配筋率可适当降低,但不小于 0.15%。

附表 19　混凝土保护的最小厚度 c(mm)

环境等级	板墙壳	梁柱杆
一	15	20
二 a	20	25
二 b	25	35
三 a	30	40
三 b	40	50

注:① 混凝土强度级不大于 C25 时,表中保护层厚度数值应增加 5mm;
　　② 本表适用设计使用年限为 50 年的混凝土结构;
　　③ 一类环境中,设计使用年限为 100 年的混凝土结构的保护层厚度应增加 40%。
　　④ 钢筋混凝土基础宜设置混凝土垫层,基础中钢筋的混凝土保护层厚度应从垫层顶面算起,且不应小于 40mm。

附表 20　梁中箍筋的最小直径

梁　　高　h(mm)	箍筋最小直径(mm)
$h \leqslant 800$	6
$h > 800$	8
梁中配有计算需要的纵向受压钢筋时	$d/4$

注:d 为纵向受压钢筋的最大直径。

附表 21　梁中箍筋的最大间距(mm)

梁高 h	$V > 0.7f_t bh_0 + 0.05N_{p0}$	$V \leqslant 0.7f_t bh_0 + 0.05N_{p0}$
$150 < h \leqslant 300$	150	200
$300 < h \leqslant 500$	200	300
$500 < h \leqslant 800$	250	350
$h > 800$	300	400

附表 22　柱内箍筋的直径和间距

项次	箍　筋　直　径		箍　筋　间　距	
1	热轧钢筋	$\geqslant d/4$，$\geqslant 6mm$	绑扎骨架中	$\leqslant 15d$，$\leqslant b$，$\leqslant 400mm$
2	全部纵筋配筋率 $> 3\%$	$d \geqslant 8mm$	全部纵筋配筋率 $> 3\%$	$\leqslant 10d$，$\leqslant 200mm$ 箍筋末端做成 $135°$ 弯钩其平直段长度 $\geqslant 10d$ 或采用焊接封闭环式箍筋

注：① b 为柱截面短边尺寸；
　② d 为纵向受力钢筋直径,当考虑箍筋直径时为受力钢筋最大直径；当考虑间距时为最小直径。

附表 23　刚性屋盖单层房屋排架柱、露天吊车柱和栈桥柱的计算长度

柱　的　类　别		l_0		
		排架方向	垂直排架方向	
			有柱间支撑	无柱间支撑
无吊车房屋柱	单跨	$1.5H$	$1.0H$	$1.2H$
	两跨及多跨	$1.25H$	$1.0H$	$1.2H$
有吊车房屋柱	上　柱	$2.0H_u$	$1.25H_u$	$1.5H_u$
	下　柱	$1.0H_l$	$0.8H_l$	$1.0H_l$
露天吊车柱和栈桥柱		$2.0H_l$	$1.0H_l$	—

注：① 表中 H 为从基础顶面算起的柱子全高；H_l 为从基础顶面至装配式吊车梁底面或现浇式吊车梁顶面的柱子下部高度；H_u 为从装配式吊车梁底面或从现浇式吊车梁顶面算起的柱子上部高度；
　② 表中有吊车房屋排架柱的计算长度,当计算中不考虑吊车荷载时,可按无吊车房屋柱的计算长度采用,但上柱的计算长度仍可按有吊车房屋采用；
　③ 表中有吊车房屋排架柱的上柱在排架方向的计算长度,仅适用于 $H_u/H_l \geqslant 0.3$ 的情况；当 $H_u/H_l < 0.3$ 时,计算长度宜采用 $2.5H_u$。

附表 24　框架结构各层柱的计算长度

楼　盖　类　型	柱　的　类　别	l_0
现浇楼盖	底　层　柱	$1.0H$
	其余各层柱	$1.25H$
装配式楼盖	底　层　柱	$1.25H$
	其余各层柱	$1.5H$

注：表中 H 为底层柱从基础顶面到一层楼盖顶面的高度；对其余各层柱为上、下两层楼盖顶面之间的高度。

附表 25　　钢筋混凝土结构伸缩缝最大间距（m）

结　构　类　别		室内或土中	露　　天
排架结构	装配式	100	70
框架结构	装配式	75	50
	现浇式	55	35
剪力墙结构	装配式	65	40
	现浇式	45	30
挡土墙、地下室墙壁等类结构	装配式	40	30
	现浇式	30	20

注：① 装配整体式结构房屋的伸缩缝间距，可根据结构的具体情况取表中装配式结构与现浇式结构之间的数值；

② 框架－剪力墙结构或框架－核心筒结构房屋的伸缩缝间距，可根据结构的具体情况，取表中框架结构与剪力墙结构之间的数值；

③ 当屋面无保温或隔热措施时，框架结构、剪力墙结构的伸缩缝间距宜按表中露天栏的数值取用；

④ 现浇挑檐、雨罩等外露结构的伸缩缝间距不宜大于 12m。

附表 26　　截面抵抗矩塑性影响系数基本值 γ_m

项次	1	2	3		4		5
截面形状	矩形截面	翼缘位于受压区的 T 形截面	对称 I 形截面或箱形截面		翼缘位于受拉区的倒 T 形截面		圆形和环形截面
			$b_f/b \leqslant 2$、h_f/h 为任意值	$b_f/b > 2$、$h_f/h < 0.2$	$b_f/b \leqslant 2$、h_f/h 为任意值	$b_f/b > 2$、$h_f/h < 0.2$	
γ_m	1.55	1.50	1.45	1.35	1.50	1.40	$1.6 - 0.24 r_1/r$

注：① 对 $b_f' > b_f$ 的 I 形截面，可按项次 2 与项次 3 之间的数值采用；对 $b_f' < b_f$ 的 I 形截面，可按项次 3 与项次 4 之间的数值采用；

② 对于箱形截面，b 系指各肋宽度的总和；

③ r_1 为环形截面的内环半径，对圆形截面取 r_1 为零；

④ 混凝土构件的截面抵抗短塑性影响系数 γ 按下式计算：

$$\gamma = (0.7 + \frac{120}{h})\gamma_m$$

式中 γ_m 见上表，h 为截面高度，当 $h < 400mm$ 时，取 $h = 400mm$；

当 $h > 1600mm$ 时，取 $h = 1600mm$；对圆形、环形截面，取 $h = 2r$，此处，r 为圆形截面半径或环形截面的外环半径。

参考文献

[1] 中华人民共和国国家标准.建筑结构可靠度设计统一标准(GB50068—2001).北京:中国建筑工业出版社,2001

[2] 中华人民共和国国家标准.混凝土结构设计规范(GB50010—2010).北京:中国建筑工业出版社,2011

[3] 中华人民共和国国家标准.建筑结构荷载规范(GB50009—2001).北京:中国建筑工业出版社,2002

[4] 中华人民共和国国家标准.混凝土结构工程施工质量验收规范(GB50204—2002).北京:中国建筑工业出版社,2002

[5] 国家建委建筑科学研究院.钢筋混凝土结构研究报告选集.北京:中国建筑工业出版社,1977

[6] 中国建筑科学研究院.钢筋混凝土结构研究报告选集(2).北京:中国建筑工业出版社,1981

[7] 中国建筑科学研究院.钢筋混凝土结构设计与构造(1985年设计规范背景资料汇编),1985

[8] 滕智明主编.钢筋混凝土基本构件(第二版).北京:清华大学出版社,1987

[9] 车宏亚主编.钢筋混凝土结构原理.天津:天津大学出版社,1990

[10] 丁大钧主编.混凝土结构学.北京:中国铁道出版社,1985

[11] 王祖华主编.混凝土与砌体结构(上下册).广州:华南理工大学出版社,1992

[12] 蓝宗建主编.混凝土结构设计原理.南京:东南大学出版社,2002

[13] 王振东等主编.钢筋混凝土结构构件计算.哈尔滨建筑工程学院印,1986

[14] 天津大学,同济大学,南京工学院.钢筋混凝土结构.北京:中国建筑工业出版社,1980

[15] 白绍良主编.钢筋混凝土及砖石结构(上册).北京:中央广播电视大学出版社,1986

[16] 庄崖屏,江见鲸等.钢筋混凝土基本构件设计(第二版).北京:地震出版社,1993

[17] 袁必果主编.钢筋混凝土及砖石结构.武汉:武汉大学出版社,1992

[18] 王传志,滕智明主编.钢筋混凝土结构理论.北京:中国建筑工业出版社,1985

[19] 周氏等.现代钢筋混凝土基本理论.上海:上海交通大学出版社,1989

[20] 张洪学,张峻然主编.钢筋混凝土结构概念计算与设计.北京:中国建筑工业出版社,1992

[21] 施岚清等主编.混凝土结构设计规范应用指南.北京:地震出版社,1990

［22］ 全国结构工程科学的未来研讨会.结构工程科学的未来论文集.北京:清华大学出版社,1988

［23］ 赵国藩等.工程结构可靠度.北京:水利电力出版社,1984

［24］ 丁大钧.钢筋混凝土构件抗裂度裂缝和刚度.南京:南京工学院出版社,1986

［25］ 欧洲国际混凝土委员会(CEB)编制.白生翔译.开裂和变形计算手册.1981

［26］ Leonhardt F,胡贤章等译.钢筋混凝土结构裂缝与变形验算.北京:水利电力出版社,1983

［27］ Leonhardt F,程积高译.钢筋混凝土结构配筋原理.北京:水利电力出版社,1984

［28］ 杜拱辰.现代预应力混凝土结构.北京:中国建筑工业出版社,1988

［29］ 华东预应力中心.现代预应力混凝土工程实践与研究.北京:光明日报出版社,1989

［30］ 林同炎,NED H. BURNS 著,路湛沁等译.预应力混凝土结构设计.北京:中国铁道出版社,1984

［31］ 赵西安.钢筋混凝土高层建筑结构设计.北京:中国建筑工业出版社,1992

［32］ 中国科技咨询中心预应力技术联络网.预应力技术简讯.北京:中建建筑科学技术研究院,1995—2001

［33］ 浙江省建设厅、浙江省土木建筑学会.浙江建筑.杭州:《浙江建筑》杂志社,1998—2002

［34］ 金伟良,赵羽习.混凝土结构耐久性.北京:科学出版社,2002

［35］ 宋志刚.基于烦恼率模型的工程结构振动舒适度设计新理论.杭州:浙江大学博士论文,2003

［36］ 中国建筑科学研究院.国内外"混凝土结构设计规范"对比研究,2010

［37］ 中国工程建设标准化协会标准.纤维混凝土结构技术规范(CECS 38:2004).北京:中国计划出版社,2004

［38］ Park R,Paulay T. Reinforced Concrete Structures. 1975

［39］ Ferguson P M. Reinforced Concrete Fundamentals. 4th Edition. John Wiley & Sons,Inc. ,1979

［40］ Winter G. Design of Concrete Structures. 9th Edition. 1980

［41］ Baker A L L. Limit-state Design of Reinforced Concrete. Cement and Concrete Association. 1970

［42］ Branson D E. Deformation of Concrete Structures. McGRAW-HILL International Book Company，1977

［43］ Сахновский К В. Железоьетонные конструкции. Госстройииэдат. Москва. 1959